ENCYCLOPÉDIE DES TRAVAUX PUBLICS

ROUTES ET CHEMINS VICINAUX

ANGERS, IMPRIMERIE BURDIN ET Cie, RUE GARNIER, 4

ENCYCLOPÉDIE
DES
TRAVAUX PUBLICS

Fondée par M.-C.t LECHALAS, inspr génal des Ponts et Chaussées

ROUTES
ET
CHEMINS VICINAUX

ROUTES

TRACÉ. RÉDACTION DES PROJETS. CONSTRUCTION. ENTRETIEN

PAR

CLES-LÉON DURAND-CLAYE

INGÉNIEUR EN CHEF
PROFESSEUR A L'ÉCOLE NATIONALE DES PONTS ET CHAUSSÉES

CHEMINS VICINAUX

PAR

LÉOPOLD MARX

INSPECTEUR GÉNÉRAL DES PONTS ET CHAUSSÉES EN RETRAITE
MEMBRE DU COMITÉ CONSULTATIF DE LA VICINALITÉ

PARIS
LIBRAIRIE POLYTECHNIQUE
BAUDRY ET Cie, LIBRAIRES-ÉDITEURS
RUE DES SAINTS-PÈRES, 15
MÊME MAISON A LIÈGE

1885

ERRATA

Page 30, ligne 23, au lieu de $0^{m},10$, lisez 0,10.

— 35, note, au lieu de *Annaes*, lisez *Annales des*.

— 38, ligne 24, au lieu de $\frac{v}{2}$, lisez $\frac{v}{6}$.

— 62, ligne 24, au lieu de $\frac{p}{6}$, lisez $\frac{\rho}{6}$.

— 72, ligne 24, au lieu de $-\frac{F}{P}$, lisez $\frac{F}{P}$.

— 72, ligne 25, au lieu de *ments pécifique*, lisez *ment spécifique*.

— 85, ligne 21, au lieu de *cotés déterminés*, lisez *cotes déterminées*.

— 115, dernière ligne, au lieu de F, lisez E.

— 119, ligne 3 en remontant, au lieu de $\frac{K}{I}$, lisez $\frac{K}{C}$.

— 122, ligne 14, au lieu de C^{o}, lisez C_{o}.

— 123, ligne 1, au lieu de *srea*, lisez *sera*.

— 123, ligne 8, au lieu de *et*, lisez *est*.

— 123, ligne 4 en remontant, au lieu de *sur*, lisez *est*.

— 130, ligne 3, au lieu de $\frac{F}{T}$, lisez $\frac{F}{T}$.

— 139, ligne 5, au lieu de $\frac{1}{7}$, lisez $\frac{1}{7}$.

— 141, ligne 1, au lieu de *Lechelas*, lisez *Lechalas*.

— 153, ligne 21, au lieu de $\frac{1}{2}$, lisez $\frac{1}{2}$.

— 153, ligne 26, au lieu de $b=2.00$, $a=3,00$, lisez $b=2^{m},00$ $a=3^{m},00$.

— 162, ligne 5, au lieu de *de*, lisez *ou*.

— 173, dernière ligne, au lieu de *jusqu'au*, lisez *jusqu'en*.

— 177, tableau, colonne 2, ligne 1, au lieu de 1,00, lisez 15,00.

— 191, ligne 4, au lieu de $\left(\frac{1}{2}l_0p_0-F\right)$, lisez $\left(\frac{1}{2}l_0^2p_0-F\right)$.

— 191, ligne 6, au lieu de $\frac{1}{2}l_Rp_R$, lisez $\frac{1}{2}l_R^2p_R$.

— 191, ligne 18, au lieu de z_R+D, lisez z_R+D'.

— 196, ligne 12, au lieu de z, lisez z_1.

— 197, ligne 10, au lieu de *gues*, lisez *lignes*.

— 210, ligne 1, au lieu de x^2, lisez x'^2.

— 211, dernière ligne, au lieu de HL, JK, lisez HL.JK.

— 211, dernière ligne, au lieu de $\left(l+\frac{y}{p}\right.$ lisez $\left(l+\frac{y}{p}\right)x$.

— 213, ligne 5 en remontant, au lieu de $\int_0^L {}_2y\,dx$, lisez $\int_0^L \frac{y}{2}y\,dx$.

— 214, ligne 23, au lieu de D, lisez E.

— 242, ligne 11, au lieu de *Oc*, lisez *On*.

— 274, ligne 7, au lieu de *c*, lisez C.

— 275, ligne 4, au lieu de 0,04, lisez $0^{h},04$.

— 307, ligne 14, au lieu de $P^{\frac{4}{3}}$, lisez $P^{\frac{1}{3}}$.

— 308, ligne 6, au lieu de $\frac{P^{\frac{4}{3}}}{R^{\frac{2}{3}}}$, lisez $\frac{P^{\frac{4}{3}}}{R^{\frac{2}{3}}}$.

— 314, ligne 7, au lieu de *s'arrondissent et*, lisez *s'arrondissent, et*.

— 382, ligne 4 en remontant, au lieu de d, lisez $\frac{d}{L}$.

— 382, ligne 3 en remontant, au lieu de 1000 *pavés*, lisez C *pavés*.

— 385, ligne 2 en remontant, au lieu de A, lisez A'.

— 439, ligne 2 en remontant, au lieu de *á*, lisez *a*,

TABLE DES MATIÈRES

ROUTES

TROISIÈME PARTIE

CONSTRUCTION DES ROUTES

CHAPITRE VI. **Terrassements.**

§ 1er. *Fouille.*

QUATRIÈME PARTIE

ENTRETIEN DES ROUTES

CHAPITRE IX. Généralités.

CHAPITRE X. Entretien des chaussées empierrées.

CHEMINS VICINAUX

PREMIÈRE PARTIE

DISPOSITIONS GÉNÉRALES

INTRODUCTION

CHAPITRE PREMIER : DÉFINITIONS

CHAPITRE DEUXIÈME : FORMES DES DIVERSES PARTIES

INTRODUCTION

SOMMAIRE :

1. Diverses espèces de voies de communication. — On désigne sous le nom de voies de communication toutes les parties du globe terrestre qui sont naturellement ou ont été rendues artificiellement aptes au transport des hommes et des choses.

Les voies naturelles sont celles que l'homme a trouvées toutes faites, et pour lesquelles il n'a eu qu'à combiner un moyen de transport approprié. Telles sont les mers et les rivières, sur lesquelles il a suffi de placer un corps flottant, un bateau, et de le mettre en mouvement, en utilisant l'action des courants, les forces naturelles telles que le vent, ou la force motrice empruntée soit aux muscles des hommes ou des animaux, comme dans le halage ou dans l'emploi des rames, soit aux machines à vapeur.

Ces modes de transport constituent ce qu'on appelle la navigation, maritime ou fluviale.

On pourrait encore ranger dans la classe des voies de communication naturelles l'air atmosphérique, où l'on est parvenu à effectuer des transports. Mais le véhicule approprié, le ballon, est encore dans un tel état d'imperfection, surtout quant au mode de propulsion, que ce genre de transports n'est pas entré dans la pratique courante. On n'y a recours que dans des cas exceptionnels, par exemple pour faire sortir d'une ville assiégée un petit nombre de personnes, des dépêches et quelques légers paquets. Aussi l'aérostation est-elle restée jusqu'ici une annexe de l'art militaire, auquel se rapportent les rares applications sérieuses qui en ont été faites.

Les autres voies sont artificielles, c'est-à-dire créées de toutes pièces par la main de l'homme. Ce sont les canaux, les chemins de fer, les routes et chemins.

Ici, ce sont les voies de communication qui sont appropriées aux modes de transport.

Veut-on effectuer les transports par bateaux, on creuse des canaux, que l'on remplit d'eau : c'est la navigation artificielle.

Veut-on faire traîner des voitures par des moteurs à vapeur, on les place sur des rails pour les guider, et on fait des chemins de fer.

Les voitures sont-elles destinées à être tirées par des chevaux : on construit des routes ou chemins.

2. Classification des routes et chemins. — Les deux expressions de route et de chemin sont équivalentes, et représentent un seul et même genre de voie de communication.

La langue usuelle réserve le nom de routes aux chemins de principale importance, et cette distinction n'est que relative. Un petit chemin vicinal passe pour route dans le hameau qu'il dessert, et une large avenue est quelquefois appelée chemin aux abords d'une grande ville.

Officiellement, les voies sont des routes, lorsqu'elles sont construites ou entretenues aux frais de l'État ou des départements; et des chemins, lorsqu'elles le sont, en tout ou en partie, aux frais des communes qu'elles traversent ou qui les utilisent.

On distingue les routes en routes nationales, entièrement à la charge de l'État, et routes départementales, à la charge des départements. Les chemins sont vicinaux ou ruraux, suivant qu'ils réunissent plusieurs communes ou sections de communes ou ne servent qu'aux usages d'une seule localité. On trouvera la classification des chemins des diverses catégories dans l'ouvrage de M. l'Inspecteur général Marx, à la fin du volume.

Bien que, dans le présent traité, on ait eu particulièrement en vue les routes nationales, toute la partie technique en est également applicable aux routes départementales et aux chemins de toute nature, pour lesquels les règles de la construction et de l'entretien sont absolument les mêmes.

3. Statistique des voies de communication. — La longueur des voies de communication de toute nature, en France, est approximativement la suivante :

Routes nationales	38.000 kil.
Routes départementales.	38.000
Chemins vicinaux	586.000
Total pour les routes et chemins classés.	662.000
Chemins de fer	30.000
Voies navigables.	13.000
Total. . .	705.000 kil.

Cette statistique ne comprend pas les chemins ruraux, dont on ne connaît pas le développement.

La construction de ces voies de communication a coûté des sommes très importantes, et l'entretien qu'exige leur conservation entraîne chaque année des dépenses considérables. Ces frais peuvent se résumer en nombres ronds approximatifs comme l'indique le tableau suivant :

DÉSIGNATION des voies de communication.	LONGUEUR	FRAIS de premier établissement.		FRAIS ANNUELS d'entretien et de surveillance	
		par kilomètre	totaux.	par kilomètre	totaux.
	kilom.	fr.	millions	fr.	millions.
Routes nationales........	38.000	30.000	1.140	700	27
Routes départementales...	38.000	20.000	760	500	19
Chemins vicinaux	586.000	8.000	4.688	250	115
Totaux pour les routes et chemins........	662.000		6.588		161
Canaux de navigation	5.000	170 000	850	1.200	6
Rivières (amélioration) ...	8.000	40.000	320	700	6
Chemins de fer..........	30.000	410.000	11.300	5 500	165
Totaux... ...	705.000		19.058		338

On voit que les dépenses de construction des routes et chemins classés représentent environ le tiers de celles qui ont été faites sur les diverses voies de communication, et que la dépense de leur entretien en atteint près de la moitié.

La circulation des personnes et des choses qui se déplacent par les voies de communication est énorme.

Sur les chemins de fer, le nombre des voyageurs transportés à un kilomètre s'élève par an à plus de 7 milliards, ou à près de 250.000 voyageurs à distance entière. Le poids des marchandises est d'environ 12 milliards 1/4 de tonnes kilométriques, ou de 400.000 tonnes à distance entière. Il faut ajouter à ces nombres plus d'un million de tonnes de bagages et messageries et de 4 millions de têtes de bétail, dont le parcours est indéterminé.

Sur les routes nationales et départementales, il passe en chaque point, par jour, une moyenne qui approche de 200 chevaux attelés. Leur charge utile moyenne, abstraction faite du poids des voyageurs, atteint environ une demi-tonne par cheval. Il se transporte donc sur les routes environ 100 tonnes de chargement utile à distance entière, soit, en tonnes transportées à un kilomètre, 7 millions 1/2 par jour, et 2 milliards 3/4 par an.

On n'a pas de relevés exacts de la circulation sur les chemins vicinaux. Mais on admet que, dans son ensemble, elle présente un résultat sensiblement équivalent à celui des routes.

Il en résulterait que sur l'ensemble des routes et des chemins vicinaux, la circulation s'élèverait à 5 milliards 1/2 de tonnes kilométriques, c'est-à-dire presqu'à la moitié de celles qui utilisent les chemins de fer.

Pour les chemins ruraux, on ne possède pas de données.

Sur les canaux, il circule à peu près 1300 millions de tonnes kilométriques, et 700 millions sur les rivières, soit deux milliards pour l'ensemble des voies navigables. C'est à peu près les 3/8 du résultat constaté sur les routes et chemins classés.

Ces transports se font dans les conditions de dépense suivante. Sur les chemins de fer, le prix moyen payé pour le transport d'une personne ou d'une tonne de marchandise à 1 kilomètre varie entre cinq centimes et six centimes. Il est à peu près quatre fois plus considérable sur les routes et chemins, et moitié moindre sur les voies navigables.

En tenant compte des produits de toute nature, les chemins de fer perçoivent annuellement environ un milliard pour les transports qu'ils effectuent.

Sur les routes et chemins vicinaux, le tonnage est deux fois moindre ; mais le prix de l'unité est quatre fois plus grand. Il est donc présumable que les transports sur les routes et chemins vicinaux donnent lieu à une dépense double de celle qui se fait sur les chemins de fer.

4. Conclusion. — Ces quelques renseignements statistiques suffisent pour donner une idée de l'importance des diverses voies de communication en France, et du rôle considérable qui incombe aux ingénieurs chargés de leur conservation et de leur développement.

Ils indiquent en même temps la part relative qui revient à chaque catégorie de voie. Ainsi, on peut remarquer que l'ouverture des chemins de fer n'a pas eu pour conséquence l'abandon des routes, qui ont conservé une circulation très considérable. Il en est résulté seulement quelques changements de direction dans cette circulation, mais non une diminution sensible dans sa valeur absolue. L'énorme trafic que font les chemins de fer s'est créé de toutes pièces, sans pour ainsi dire rien enlever aux autres voies de communication.

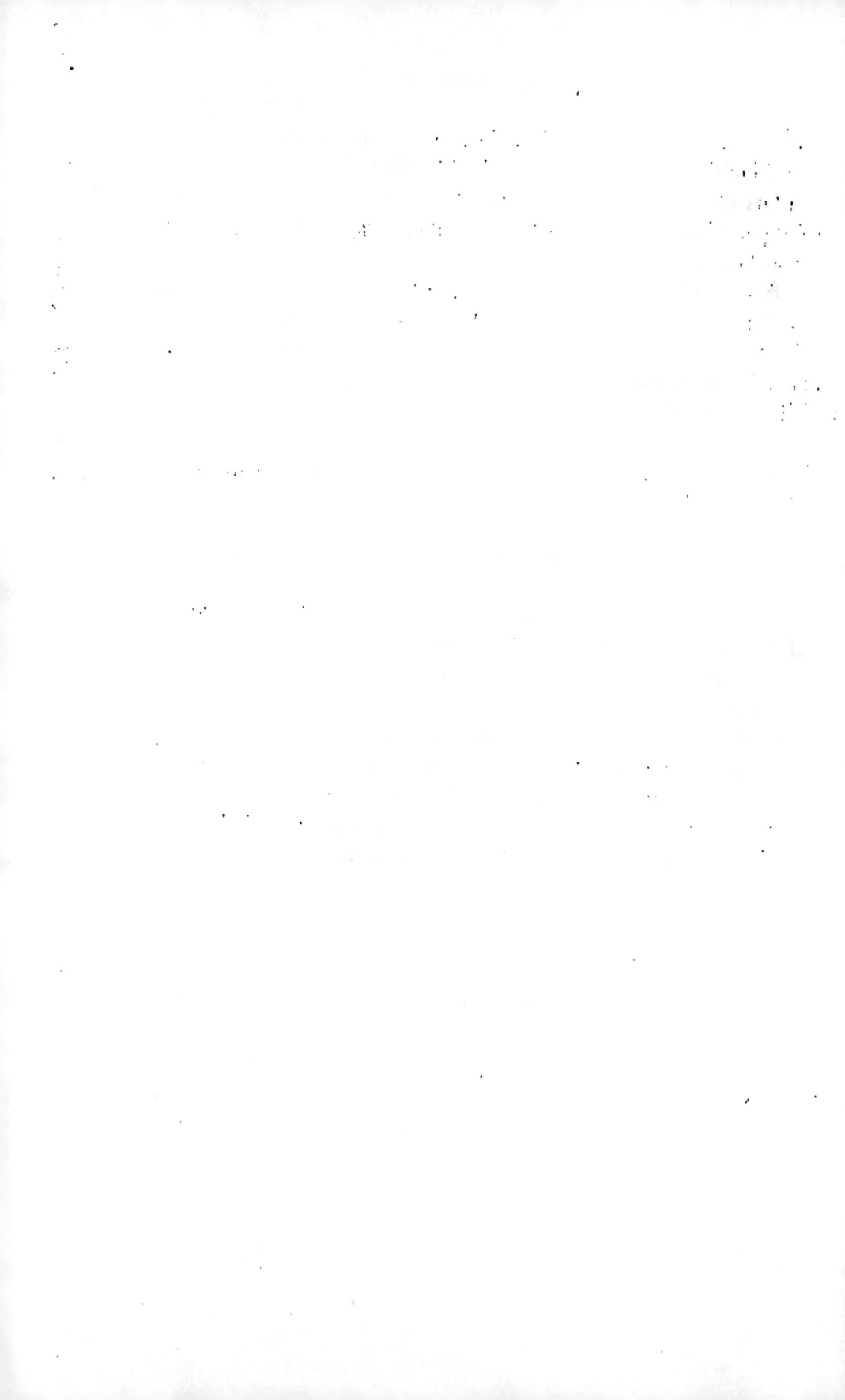

CHAPITRE PREMIER

DÉFINITIONS

SOMMAIRE :

5. Diverses parties d'une route. — 6. Axe. — 7. Profils en long et en travers. — 8. Paliers, pentes et rampes.

5. Diverses parties d'une route. — Une route étant une voie de communication destinée à recevoir des voitures traînées par des chevaux, la partie la plus importante est celle où se fait la circulation de ces voitures. On l'appelle la *chaussée*. C'est une surface à peu près plane et horizontale, qui présente une dureté suffisante pour porter le poids des voitures.

A droite et à gauche de la chaussée sont les *accotements*. Ce sont des parties moins résistantes, qui encadrent la chaussée, et où la circulation n'a pas lieu ou n'a lieu qu'exceptionnellement.

Lorsque les accotements font saillie sur la chaussée, on les nomme *trottoirs*.

Dans certaines parties, les routes sont bordées par des rigoles qu'on appelle *fossés*.

Sur d'autres points, elles sont bordées au contraire par des bourrelets en saillie, que l'on nomme *banquettes*.

On dit qu'une route est en *déblai* ou en *tranchée* lorsque la chaussée est à un niveau inférieur à celui du sol environnant.

Le *talus de déblai* est la surface suivant laquelle on a dû découper le terrain, lorsqu'on a enlevé de la terre pour placer la chaussée au niveau qu'elle occupe.

Une route est en *remblai* ou en *levée*, lorsque la chaussée est à un niveau plus élevé que le sol voisin.

Le *talus de remblai* est la surface suivant laquelle on a dressé les terres qu'il a fallu rapporter pour mettre la chaussée à son niveau.

Si on observe une route en la regardant transversalement, c'est-à-dire perpendiculairement à sa direction, on trouve donc au milieu une chaussée AB, à droite et à gauche des accotements AC et BD, puis, en bordure, un fossé CEF ou une banquette DGH. Il y a toujours une chaussée et des accotements, mais le fossé et la banquette n'existent pas partout.

A partir de là jusqu'au terrain naturel, c'est-à-dire jusqu'à celui qui n'a pas été modifié pour l'assiette de la route, se trouvent les talus, talus de déblai FI ou de remblai HK, suivant que le terrain naturel est plus haut ou plus bas que la route.

6. Axe. — Si par le milieu M de la chaussée, on fait passer une génératrice ML constamment verticale, elle décrit une surface qui est *l'axe* de la route. Rigoureusement cet axe est un cône dont le sommet est au centre de la terre. Mais comme le plus souvent on ne s'occupe à la fois que de portions réduites de la surface du globe terrestre, où les verticales sont sensiblement parallèles, on considère ordinairement l'axe d'une route comme un cylindre.

Dans les parties où les milieux successifs de la chaussée sont en ligne droite, l'axe est un plan vertical.

Tracé. — L'intersection de l'axe avec la sphère terrestre est le *tracé* de la route. Ordinairement, négligeant la courbure de la terre, on considère le tracé comme la trace sur un plan horizontal de l'axe supposé cylindrique.

7. Profils en long et en travers. — L'intersection de l'axe avec la surface de la chaussée constitue le *profil en long* de cette surface.

Si l'on développe sur un plan le cylindre formé par l'axe, le profil en long se développe sous la forme d'une ligne se rapprochant de l'horizontale, mais plus ou moins sinueuse suivant les variations de niveau des diverses parties de la route.

S'il ne s'agit pas d'une route existante, mais d'une route simplement projetée, l'axe ne coupe pas la chaussée, mais le sol tel qu'il est avant la construction. Cette intersection est encore un profil en long, mais c'est le profil en long du terrain naturel.

Si l'on fait, en un point d'une route, une section par un plan perpendiculaire à l'axe, on obtient un *profil en travers*. Ainsi la figure ci-dessus représente le profil en travers d'une route munie d'un fossé et d'une banquette, en déblai sur la gauche et en remblai sur la droite.

Si l'on considère l'intersection de ce plan transversal avec le sol avant l'exécution de la route, on a le profil en travers du terrain naturel. Telle est la ligne QNPR.

8. Paliers, pentes et rampes. — La route est dite en *palier* dans les parties où le profil en long est de niveau.

Elle est en *rampe* lorsque le profil en long va en montant, en *pente* quand il descend.

Ces deux expressions sont relatives au sens dans lequel on suppose que l'on progresse sur la route. Si on se retourne pour la parcourir en sens contraire, les pentes deviennent des rampes, et réciproquement.

La déclivité des pentes et des rampes se mesure par le rapport de leur hauteur totale à leur longueur, ou, ce qui revient au même, par le rapport d'une fraction quelconque de leur hauteur à la longueur correspondante.

Ainsi, on dit qu'une pente ou une rampe est de 5 centimètres par mètre ($0^m,05$ pour 1 mètre), ou simplement de un vingtième $\left(\frac{1}{20} \text{ ou } 0,05\right)$.

CHAPITRE II

FORMES GÉNÉRALES
DES DIFFÉRENTES PARTIES

SOMMAIRE :

§ 1er

CHAUSSÉE

9. Nature des chaussées. — La chaussée, étant la partie destinée à la circulation des voitures, doit présenter une résistance suffisante pour ne pas se déformer sous les pressions qu'elle supporte.

Le sol naturel serait trop mou : on le garnit de matériaux plus durs.

On distingue deux sortes de chaussées : les chaussées empierrées et les chaussées pavées. Les premières sont formées de cailloux ou de pierres cassées jetés pêle-mêle. Les pavages sont composés de pierres posées à la main et serrées les unes contre les autres.

Le mode de construction des chaussées sera indiqué en détail au chap. VII.

10. Largeur. — La largeur des chaussées est réglée de façon à satisfaire aux besoins de la circulation. Elle doit être au moins suffisante pour que deux voitures puissent se croiser sans sortir de la chaussée, tout en conservant leur allure, et ne soient pas exposées à se choquer.

Il est convenable, à cet effet, de laisser disponibles : 1° un intervalle de $0^m,50$ entre les parties les plus saillantes des voitures qui se croisent ; 2° une revanche de $0^m,25$ entre les bords de la chaussée et les roues des voitures.

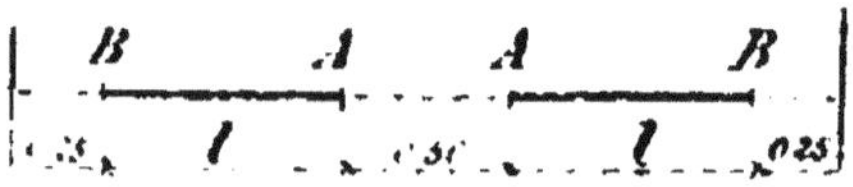

Si donc on représente par l la largeur AB des voitures, et par x la largeur de la chaussée, on devra faire : $x = 2\,l +$ 1 mètre.

La police du roulage autorise des essieux de $2^m,50$ de longueur au plus, et des chargements ayant la même largeur. Il convient donc de faire $l = 2^m,50$, d'où l'on déduit $x =$ 6 mètres. Telle est en effet la largeur des chaussées sur les routes importantes.

En réalité, ces limites sont rarement atteintes ; la longueur des essieux n'arrive presque jamais à 2 mètres, et les chargements ne dépassent guère la même largeur. On peut donc se contenter de supposer $l = 2$ mètres, et par suite de faire $x =$ 5 mètres. C'est la largeur que l'on adopte le plus généralement aujourd'hui pour les routes nouvelles, qui sont rarement de premier ordre.

Le croisement de voitures de $2^m,50$ de largeur y serait encore assez facile, ces voitures marchant lentement et n'ayant pas besoin d'une très grande latitude. En effet, les roues sont placées en retraite par rapport à l'extrémité de l'essieu, par suite de la saillie du moyeu sur leur plan. Cette retraite est d'environ $0^m,12$, mais se trouve portée à $0^m,15$ au point d'appui des roues sur le sol, par suite d'une certaine inclinaison qu'on leur donne sur la verticale. Si donc on suppose, sur une chaussée de 5 mètres, des chargements de $2^m,50$, ils pourront encore s'y croiser, à la condition que la roue extérieure se place près du bord ou sur le bord même de la chaussée : la voiture s'écarte alors de l'axe d'une quantité égale à la retraite des roues, quantité qui peut atteindre $0^m,15$, et il reste un jeu de $0^m,30$ entre les deux voitures.

Cette largeur de 5 mètres est un minimum au-dessous duquel il est fâcheux de descendre. Toutefois, par économie, et sur des chemins où la circulation est faible, on réduit quelquefois la largeur de la chaussée à 4 mètres et même à 3 mètres ; mais alors les croisements ne peuvent avoir lieu sans que les roues descendent sur l'accotement, ce qui présente de nombreux inconvénients, ainsi qu'on le verra plus loin.

Lorsqu'au contraire la circulation est très active, il est bon de régler la largeur de façon que 3 voitures puissent se rencontrer à la fois ; car deux voitures d'allures différentes peuvent se trouver de front au moment où elles sont croisées par une troisième venant en sens inverse. La formule qui donne la largeur de la chaussée est alors $x = 3l + 1^m,50$, et, si l'on y fait $l = 2$ mètres, on trouve $x = 7^m,50$.

Il est bien rare que les besoins de la circulation soient tels qu'une largeur de $7^m,50$ ne suffise pas.

Si les accotements sont en saillie, la chaussée se trouve limitée par des trottoirs, et les roues n'en peuvent sortir, mais il n'y a pas d'inconvénient à ce qu'elles en atteignent les bords. On peut alors supprimer la revanche de $0^m,25$ laissée entre les roues et le bord de la chaussée, et réduire la largeur de celle-ci de $0^m,50$. Trois voitures peuvent alors se croiser facilement sur une largeur de 7 mètres.

Dans les rues des grandes villes, où il y a un mouvement très actif de véhicules à allures très diverses, et où une partie des voitures stationnent le long des maisons, il faut au moins la place de quatre voitures de front. Comme dans ce cas il y a toujours des trottoirs, la largeur se règle par la formule $x = 4l + 1^m,50$ qui, pour $l = 2$ mètres, donne $x = 9^m,50$.

On peut même être conduit à des largeurs beaucoup plus grandes. Ainsi les chaussées des grandes rues et des boulevards de Paris ont jusqu'à 15 et 20 mètres, et malgré cela leur largeur est encore insuffisante sur certains points.

Si une largeur de 5 à 6 mètres est suffisante pour deux

voitures qui se croisent, il n'en est pas de même quand on considère deux voitures d'allure différente marchant dans le même sens. Dans le premier cas, chacune se détourne un peu sur sa droite et elles s'évitent. Mais quand une voiture rapide doit dépasser une voiture lente, les choses ne sont pas aussi simples. La voiture lente, qui est lourdement chargée, et qui occupe le milieu de la chaussée, ne se dérange pas immédiatement, quand elle veut bien se déranger. Son conducteur peut n entendre pas ou faire semblant de ne pas entendre la voiture rapide. Celle-ci est obligée de se mettre au pas et d'appeler l'attention du conducteur par des cris ou des claquements de fouet, auxquels il n'est pas toujours fait droit. Force lui est alors de suivre au pas, ou bien de faire descendre les roues sur l'un des accotements, si la chaussée n'est pas suffisamment large pour livrer passage latéralement à une voiture, pendant que le milieu est occupé par une autre.

Il conviendrait donc, en vue de ce genre de rencontre, d'adopter partout la largeur qui convient pour trois voitures de front, 7 mètres entre trottoirs ou $7^m,50$ entre accotements.

Néanmoins, par économie, on satisfait rarement à cette condition, et on se contente ordinairement de 5 à 6 mètres.

Quelques ingénieurs ont pensé que la largeur des chaussées devait se régler, non d'après le nombre de voitures appelées à y passer de front, mais en raison de l'importance de la circulation, de telle façon que la fatigue superficielle des chaussées fût uniformément la même sur toute leur étendue. La largeur s'obtient alors par le calcul suivant. Désignant par l la largeur des voitures, et par x celle de la chaussée, on remarque que si $x = l$ les voitures ne pourront suivre qu'une piste, et que si x est plus grand, il restera, tant à droite qu'à gauche d'une piste centrale, une largeur disponible $x-l$ où les voitures pourront se répandre à volonté. On admet qu'elles iront indistinctement partout et que la fatigue imposée à la chaussée se trouvera répartie uniformément sur la largeur $x-l$; on admet, en outre, qu'il y a sur les bords une bande de $0^m,25$ où les roues ne passent jamais, en sorte que la largeur sur laquelle se répartit cette fatigue est seulement $x - 0^m,50 - l$. La fatigue d'une chaussée étant, toutes choses égales d'ailleurs, proportionnelle à la circulation, si on désigne par n le nombre qui représente l'intensité de la circulation, le rapport $\frac{n}{x - 0^m,50 - l}$ doit être constant, et, pour deux circulations données n et n', les largeurs doivent être réglées par la relation $\frac{n}{x - 0^m,50 - l} = \frac{n'}{x' - 0^m,50 - l}$ d'où $x' = \frac{n'}{n} x + (0^m,50 + l) \left(1 - \frac{n'}{n}\right)$.

Étant connue la largeur x qui convient à une circulation n, cette formule donne la largeur x' qui conviendra à la circulation n'.

Malheureusement la première donnée est difficile à déterminer. Quels sont les cas où l'on est assuré que x est en rapport convenable avec n? En d'autres termes, à quelle limite de largeur commence l'encombrement pour une circulation donnée ?

On se demande en outre quel intérêt il peut y avoir à imposer la même fatigue aux routes sur tous les points de leur surface. On verra, dans la partie relative à l'entretien, que l'usure d'une route se mesure par le cube des matériaux désagrégés, et que ce cube est sensiblement proportionnel à l'intensité de la circulation. Il est indépendant de l'étendue de la surface où elle se répartit.

Ce calcul conduit d'ailleurs à des chaussées trop larges dans bien des cas. Or l'excès de largeur est une source de dépenses supplémentaires, tant pour la construction que pour l'entretien de la route.

11 Bombement. — Il reste à voir quelle forme superficielle convient à une chaussée de largeur déterminée.

Dans le sens longitudinal, elle est nécessairement inclinée suivant les déclivités du profil en long. Dans le sens transversal, on lui donne une forme convexe, dont la flèche constitue le *bombement* de la chaussée.

Chaussées planes. — Au premier abord, il paraîtrait rationnel de dresser la surface de la chaussée suivant un plan. Son profil en travers serait alors une ligne droite horizontale.

normale par conséquent aux pressions qu'elle reçoit de la pesanteur. Si cette droite est inclinée ou remplacée par une courbe, les points d'appui du véhicule ne sont plus de niveau et la pesanteur agit obliquement au plan qui les réunit. Il en résulte une composante transversale qui tend à faire glisser le véhicule latéralement. Si le frottement des roues sur la chaussée n'est pas assez grand, comme il arrive dans des temps de verglas ou sur des pavés polis ou garnis de boue grasse, elles glissent et la voiture se met de travers. Les chevaux emploient pour faire équilibre à cette composante transversale une partie de leur force, qui est perdue pour la traction. En outre, si les chevaux n'ont pas les quatre pieds de niveau, ils éprouvent une gêne qui les fatigue et à laquelle ils sont très sensibles. Le profil horizontal plan paraît donc le plus rationnel.

Mais, quelque soin que l'on prenne, un tel profil ne se conserve pas longtemps. La circulation est toujours plus active sur le milieu que sur les bords, en sorte que bientôt, au lieu d'être plane, la chaussée devient creuse, et, en fait, ce cas se ramène au suivant.

Chaussées creuses — Dans les parties en palier, une chaussée creuse retient l'eau comme une cuvette. Or l'eau stagnante est le plus terrible ennemi de la circulation et de la conservation des routes. Elle rend mobiles les matériaux des chaussées et ramollit le sous-sol; la résistance des véhicules à la traction se trouve ainsi augmentée dans une énorme proportion, en même temps que l'usure de la chaussée est accélérée.

Dans les pentes, l'eau ne séjourne pas, mais s'écoule en suivant l'axe de la route. Par les grandes pluies, surtout les pluies d'orages, elle ravine la chaussée, qui se dégrade profondément et devient même dangereuse.

Cette disposition était néanmoins fréquemment employée autrefois. Elle était encore recommandée en 1775 par le plus illustre des ingénieurs du siècle dernier[1], pour les fortes pentes. Son but principal était de supprimer les fossés, sujets à être profondément bouleversés par les eaux. La chaussée

1. Trésaguet, *Mémoire sur la construction et l'entretien des chemins de la généralité de Limoges.*

creuse ramenait toutes les eaux de la route sur son axe. Quand elle était en matériaux très durs, comme les pavés, elle résistait; mais, le plus souvent, construite en empierrement, elle se ravinait. On cherchait à y remédier en posant un caniveau pavé dans l'axe de la route, sur un ou deux mètres de largeur. Mais le mal s'aggravait : le pavage s'usait moins vite que le reste de la chaussée et faisait bientôt saillie sur elle; les eaux alors ne se réunissaient pas sur l'axe, mais, arrêtées par la saillie du caniveau pavé, elles coulaient à côté, sur la partie non consolidée. Le ravinement n'était donc pas évité, mais simplement déplacé, et la route se détériorait aussi vite. Le danger restait le même, et même augmentait par suite de la saillie brusque des bordures du caniveau.

Les chaussées creuses offrent en outre un certain obstacle au croisement des voitures, qui pour s'éviter doivent quitter le milieu et aller sur les bords, et ont alors à monter. Il se produit à ce moment une résistance supplémentaire; si l'attelage a peine à la vaincre, ou si la chaussée est glissante, les voitures peuvent se choquer.

Chaussées bombées. — Sur les profils bombés, la plupart de ces inconvénients disparaissent. L'eau qui tombe à la surface de la chaussée est immédiatement rejetée sur les bords, en suivant à chaque instant la ligne de plus grande pente, c'est-à-dire, une normale à l'axe dans les paliers, et une oblique dans les pentes. En aucun cas, il n'y a accumulation de l'eau sur la même direction. On évite donc à la fois la stagnation des eaux et les ravinements.

Le croisement des voitures y est facile; car, pour s'éviter, elles ont à descendre.

Il y subsiste toutefois le défaut inhérent à toute chaussée qui n'est pas dressée suivant un plan horizontal. Si la voiture n'est pas sur le milieu, elle est penchée et les chevaux n'ont pas les pieds de niveau. Pour éviter la gêne qui en résulte pour eux, ils se placent instinctivement sur l'axe, et, si la voiture est montée, son conducteur a tendance à les y diriger.

Ornières. — Mais cette tendance est le plus grand danger auquel soient exposées les routes. Si tous les chevaux se mettent sur l'axe, toutes les roues suivent la même piste, et il se produit bientôt des frayés, puis des ornières.

Or les ornières, outre qu'elles forment des réservoirs où s'accumule l'eau, sont une énorme entrave pour la circulation. Les roues qui y sont engagées y trouvent un fond ramolli, où le tirage est augmenté. Le fond des ornières n'est jamais plat ni leur direction bien rectiligne; elles présentent des sinuosités en plan et en élévation, et ces dernières ne se correspondent pas dans les deux ornières. Il en résulte pour les voitures un mouvement de roulis, qui les détériore, qui est désagréable pour les voyageurs et qui fatigue les chevaux. Les roues viennent souvent à frotter contre les bords de l'ornière et ce frottement s'ajoute à la résistance due au roulement proprement dit. Cette résistance est aggravée quand la voie de la voiture, c'est-à-dire, l'intervalle entre les roues, est à peine aussi large ou aussi étroite que celle des ornières. Si la voiture n'a pas du tout la voie, elle doit mettre une roue dans une ornière et l'autre roue sur la chaussée, et elle progresse en restant constamment inclinée et même exposée à verser.

Mais tout cela n'est rien à côté de la difficulté qu'éprouve à sortir de l'ornière une roue qui y est engagée. Soit ABCD la coupe transversale d'une ornière, où est engagée une roue MN. Pour en sortir, la roue se pose contre l'un des bords CD, s'arc-boute sur le bourrelet au point D et la voiture se soulève en tournant autour de ce point. Le cheval est obligé d'exercer un effort supplémentaire suffisant pour obtenir ce résultat. Si l'on considère la roue vue de face, et que l'on désigne par P le poids de la roue et de sa charge, l'effort F qu'exerce le cheval pour la sortir de l'ornière, d'abord considérable, va en diminuant et devient nul lorsque le centre O

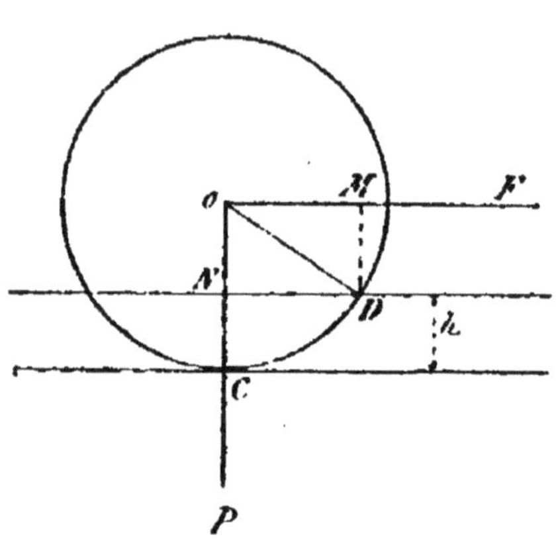

de la roue est parvenu au-dessus du point d'arc-boutement D. Mais au commencemem il faut qu'il satisfasse à l'équation des moments : $F \times MD = P \times ND$; d'où l'on déduit, en désignant par h la profondeur de l'ornière et R le rayon de la roue :

$$F = P\sqrt{\frac{1}{\left(1-\frac{h}{R}\right)^2}-1}$$

Ainsi, $\frac{h}{R}$ variant de $\frac{1}{10}$ à $\frac{1}{5}$, le rapport de F à P varie de 0,435 à 0,75, tandis que, sur les plus mauvais chemins sans ornières, l'effort de traction ne dépasse pas le dixième de la charge.

Le plus souvent, cet effort est supérieur à celui qu'on peut attendre d'un cheval, et on doit recourir à des artifices, comme celui d'abattre une partie du bourrelet de l'ornière pour offrir à la roue un plan incliné où elle puisse monter. Il y a là une perte de temps, et surtout une fatigue considérable pour les chevaux, que l'on commence toujours par exciter jusqu'à la limite de leur force, dans l'espoir qu'ils se tirent d'embarras par un énergique coup de collier.

Les ornières se produisent infailliblement, lorsqu'une série nombreuse de voitures passe sur la même piste. L'élasticité d'une chaussée étant limitée, chaque roue y laisse une trace, un frayé, à peine sensible d'abord, mais qui devient profond lorsqu'il y a passé plusieurs milliers de roues.

Limite du bombement. — On prévient les ornières par un entretien intelligent, ainsi qu'on le verra dans la quatrième partie. On les prévient aussi en diminuant le bombement, de telle façon que, tout en assurant l'écoulement de l'eau, il devienne insensible pour les chevaux et les personnes placées dans les voitures. Rien ne les incite alors à se maintenir suivant l'axe de la chaussée plutôt que sur les côtés, et la circulation se fait à peu près indifféremment sur toute sa largeur.

L'expérience indique la limite de bombement qu'il ne faut pas dépasser pour atteindre ce résultat. Mesuré par le rapport de la flèche à la largeur de la chaussée, le bombement était de 1/20 dans les anciennes routes ; c'était beaucoup trop. Au XVIIIe siècle, l'ingénieur Trésaguet l'avait limité à 1/36. Au commencement de ce siècle, on le fixait à 1/40. Aujourd'hui, on adopte, en France, 1/50. En Angleterre, sur les conseils de l'ingénieur Mac-Adam, on est descendu à 1/72 et même 1/100 ; mais ces limites paraissent trop basses dans l'état actuel des routes. Le milieu de la chaussée s'usant plus que les bords, le bombement a une tendance à diminuer par l'usage, et il peut arriver qu'il disparaisse complètement, ou tout au moins qu'il devienne insuffisant pour l'évacuation des eaux qui restent retenues par les légères inégalités de la surface.

Pour un bombement de 1/50, si la chaussée de largeur L est dressée suivant un arc de cercle, le rayon de ce cercle en est égal à 6,26 L.

Sur les chaussées très dures, telles que les pavages, l'ornière est moins à redouter, et on peut forcer le bombement. Mais il faut éviter d'atteindre le point où il y aurait glissement transversal des roues ou gêne pour les chevaux.

On peut également le forcer lorsque la fréquentation est très considérable, comme dans les rues des grandes villes où les croisements en tous sens sont continuels.

Remarque. — Un avantage accessoire que l'on attribue aux profils bombés, c'est qu'ils se présentent à peu près normalement aux roues des voitures.

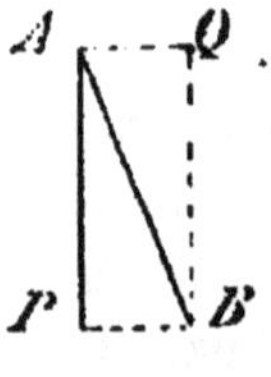

Les roues ont un moyeu qui s'emboîte sur la fusée des essieux. La fusée n'est pas cylindrique, mais légèrement conique, en sorte que son diamètre diminue d'environ 1/12 de sa longueur. La boîte du moyeu épouse exactement la même forme en creux. L'arête inférieure de la fusée est horizontale ; il en résulte que son axe est incliné de 1/24 sur l'horizon, et que le plan des roues, qui lui est perpendiculaire, est incliné de 1/24 sur la verticale. Le but de cette double disposition est de faciliter l'entrée du moyeu, et d'en assurer le contact avec la fusée par toute sa surface, tout en évitant que la roue ait une tendance à sortir de l'essieu et que la clavette ou l'écrou qui se place au bout de la fusée ait habituellement à supporter aucune pression. En effet, la charge P, étant verticale, ne peut se transmettre au sol par les rais de la roue AB, qui sont inclinés, que par suite de la formation d'une composante horizontale AQ, qui tend à faire reculer la roue sur l'essieu. Un épaulement de l'essieu à l'origine de la fusée empêche ce mouvement de dépasser une limite fixe.

Sur un profil plat ou creux, le bandage de la roue porte donc sur le sol par son angle, qui pénètre dans la chaussée et y fait une rainure. On peut au contraire avec les chaussées bombées faire que les deux roues d'une même voiture soient normales à la chaussée. Il suffit qu'elles soient dirigées suivant des rayons du cercle qui limite la surface. Soit R la grandeur de ces rayons, r le rayon des roues, et l la longueur de l'essieu entre les deux fusées; on a, dans le cas de l'inclinaison de 1/24, $l = \frac{R+r}{12}$, d'où $R = 12\,l - r$.

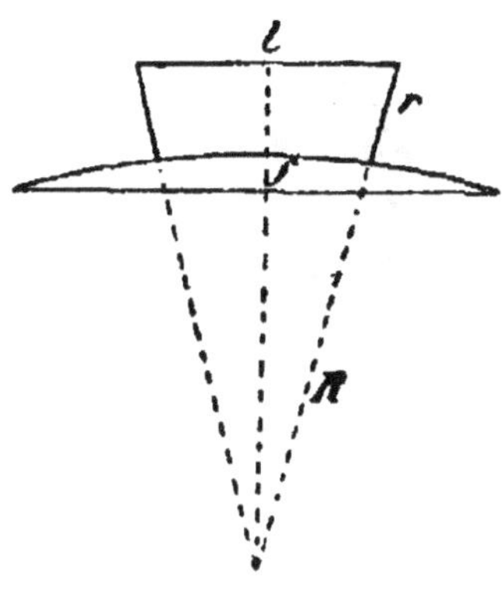

Si L est la largeur de la chaussée, et f la flèche; le bombement $\frac{f}{L}$ a pour expression :

$$\frac{f}{L} = \frac{R}{L}\left(1 - \sqrt{1 - \frac{L^2}{4R^2}}\right)$$

Au moyen de ces deux relations, on peut calculer le bombement, pour des valeurs données de r et de l, et pour une largeur de chaussée déterminée. Si on fait, par exemple, $l = 1^m{,}75$ et $r = 0^m{,}90$, une chaussée de 6 mètres aura un bombement égal à 0,0375 compris entre 1/26 et 1/27.

Cette considération ramènerait aux anciens bombements. Mais elle est tout à fait secondaire à côté de celles qui ont déterminé le choix du bombement actuel de 1/50. On peut même dire qu'elle est à peu près sans valeur. Car, après un très court service, les bandages s'usent, et ils s'usent surtout par les angles, en sorte qu'ils deviennent courbes. En réalité, c'est une surface convexe qui roule sur une chaussée elle-même convexe, et lui est toujours tangente quel que soit le bombement.

12. Chaussées inclinées transversalement. — On a construit un certain nombre de chaussées où le profil bombé est remplacé par un profil rectiligne, mais incliné transversalement, suivant une pente de 0,04 à 0,05. Cette disposition a été adoptée dans quelques pays de montagnes, lorsqu'une route serpente à flanc de coteau, surtout dans les courbes dont la convexité est du côté du précipice. Elle a pour effet de rejeter les voitures du côté de la montagne, et de les mettre à l'abri des accidents, notamment de ceux auxquels pourraient donner lieu les effets de la force centrifuge dans les tournants rapides.

§ 2

ACCOTEMENTS

13. Destination. — Les accotements sont des bandes de terrain naturel laissées de part et d'autre de la chaussée. On leur donne diverses destinations : ils épaulent les chaussées et empêchent leurs matériaux de s'ébouler; ils reçoivent les eaux de la chaussée et doivent les évacuer au dehors; ils pourvoient dans certaines circonstances à la circulation des voitures et à celle des piétons; ils servent de dépôt aux matériaux approvisionnés pour l'entretien.

14. Pente transversale. — Pour l'évacuation des eaux il faut que les accotements soient inclinés transversalement. On dresse leur profil suivant des lignes droites, dont la pente était anciennement de 0,07. Elle a été abaissée postérieurement à 0,06; au siècle dernier, elle était de 0,05; actuellement, elle est fixée à 0,04. Cette pente est suffisante pour assurer un écoulement rapide de l'eau, tandis qu'il serait regrettable de l'augmenter au point de vue des autres usages.

15. Largeur. — La largeur des accotements est très variable. Sur les anciennes routes, elle atteint et dépasse même, pour chacun d'eux, celle de la chaussée. Aujourd'hui, on la réduit à 2 mètres et quelquefois à $1^m,50$. Ces variations dépendent de la destination que l'on a eue principalement en vue au moment de la construction.

Anciens accotements. — Si l'on veut assurer la circulation des voitures sur les accotements, il faut réserver un passage libre de largeur suffisante. C'était là la préoccupation des anciens ingénieurs. Les voitures légères suivaient assez fréquemment les accotements quand les routes étaient mal entretenues: Pendant l'été, elles y trouvaient souvent un sol meilleur que sur une chaussée sillonnée d'ornières ou garnie de matériaux neufs sans liaison entre eux. En hiver, elles les évitaient parce que la terre détrempée n'offrait qu'une surface molle, où les roues s'enfonçaient profondément et où l'on risquait de rester embourbé. Mais dans toutes les saisons, elles étaient condamnées à y descendre de temps à autre. Les croisements de voitures étaient des opérations difficiles; il fallait sortir de l'ornière, et on a vu au prix de quelles peines. Le plus souvent, la voiture la plus lourde ne se dérangeait pas et continuait à occuper les ornières, c'est-à-dire le milieu de la chaussée; la voiture la plus légère se détournait seule. La chaussée n'étant pas assez large pour ce genre de croisements, force était de mettre au moins un côté des roues sur l'accotement; mais, tant par suite des forts bombements que de l'enfoncement des roues dans le sol détrempé, la voiture prenait une inclinaison transversale gênante et même dangereuse. On préférait faire descendre carrément toutes les roues sur l'accotement.

Il était donc convenable de conserver à droite et à gauche de la chaussée un accotement libre assez large pour le passage d'une voiture, c'est-à-dire environ 2 mètres ou $2^m,50$.

Il fallait, en outre, avoir la place nécessaire pour mettre les approvisionnements de matériaux destinés à l'entretien de la chaussée. Ces approvisionnements se faisaient par grandes masses, et occupaient encore une largeur d'environ 2 mètres ou $2^m,50$.

Enfin, il fallait réserver une allée pour la circulation des piétons, qui évitaient de marcher sur la chaussée ou sur les accotements, souvent également impraticables. C'était encore une largeur d'environ 1 mètre qu'il fallait ajouter pour les piétons.

On avait donc des accotements de 5 à 6 mètres de large.

Quelquefois on leur donnait encore davantage. Une ordonnance de 1669 fixait à 72 pieds au moins (environ 23m,50) la largeur des grands chemins royaux dans la traversée des forêts. Cette prescription, qui avait pour objet principal la sécurité publique, donnait des accotements de 8 à 9 mètres.

La largeur des chemins royaux a été réduite à 60 pieds (19m,50) par un arrêt du conseil du 3 mai 1720, puis à 42 pieds (13m,70) par un autre arrêt de 1776. Les accotements se trouvèrent ainsi ramenés à 7 mètres d'abord, puis à 4 mètres. Les routes d'ordre inférieur avaient des largeurs moindres.

Accotements modernes. — Ces dimensions sont encore exagérées, et ont été réduites à 2 mètres environ sur les routes modernes. On ne demande plus qu'un seul service aux accotements, c'est de recevoir les matériaux approvisionnés chaque année pour l'entretien. Or, ces matériaux se disposent par tas isolés, dont la largeur est de 1m,50. Cette largeur serait donc suffisante à la rigueur, mais on préfère souvent la porter à 2 mètres afin de laisser un certain intervalle depuis le pied des tas de cailloux jusqu'au bord de la chaussée, d'une part, et le bord des talus, d'autre part.

Quant à la circulation des voitures sur les accotements, on évite de la faciliter, car elle offre les plus graves inconvénients. Pendant l'été, la terre est dure et sèche, il est vrai, et la circulation s'y fait à peu près aussi bien que sur la chaussée. Mais pour peu qu'elle soit active, ou que le sol soit friable, il se produit de la poussière. Cette poussière rend le tirage pénible, se soulève sous les pieds des chevaux, aveugle et salit les voyageurs. Une partie va blanchir la végétation riveraine ; le reste tombe sur la chaussée, et, s'il n'est enlevé à grands frais, devient la source de détériorations rapides. En hiver, les roues et les pieds des chevaux s'enfoncent profondément dans une terre ramollie ; le tirage devient excessif, et quelquefois supérieur à la force des chevaux. Les sillons creusés par les roues, les trous marqués par les pas des animaux, forment autant de réservoirs où l'eau s'accumule. L'accotement devient bientôt un véritable cloaque, et maintient une humidité permanente sur toute la route. Si une voiture veut remonter sur la chaussée, et qu'elle y réussisse, les roues et les pieds des chevaux y apportent une boue épaisse, qui s'ajoute à la boue produite par la poussière. Or, la boue, plus encore que la poussière, est l'instrument le plus puissant de la dégradation des chaussées.

Les voitures, du reste, ne se servent actuellement des accotements que si elles y sont contraintes. Quelques voitures légères s'y engagent de leur plein gré dans la belle saison, si la chaussée est mauvaise, ou s'en servent pour les croisements quand sa largeur est insuffisante. Mais habituellement les accotements sont délaissés. Aussi se recouvrent-ils bientôt d'une végétation herbacée, qui en prouve péremptoirement l'inutilité. Cette herbe fait obstacle à l'évacuation de l'eau de la chaussée, et il faut l'enlever à grands frais.

Pour les piétons, l'inutilité des accotements n'est pas aussi absolue. Le piéton préfère marcher sur la chaussée, lorsque la circulation n'est pas très active : à la rencontre d'une voiture, il s'abrite pour quelques instants entre deux tas de cailloux; mais si les voitures se succèdent rapidement, il y a pour lui une gêne, qu'il évite en suivant l'accotement. Il ne peut toutefois le faire convenablement qu'à deux conditions, c'est que l'espace qui lui est réservé ne puisse être suivi par les voitures elles-mêmes, et soit suffisamment résistant pour ne pas s'enfoncer sous son poids. Les trottoirs, que l'on établit sur certains points très fréquentés, atteignent seuls ce double résultat. Sur les routes ordinaires, on ne se préoccupe pas de la circulation des piétons, et on admet qu'elle se fait sur la chaussée.

Les accotements ne servent donc plus que pour le dépôt des matériaux.

16. Gares. — On a remarqué, toutefois, que ce lieu de dépôt ne semble pas le mieux choisi. Les roues des voitures peuvent atteindre les tas et enfoncer une partie des cailloux dans le sol; le pied des chevaux peut les disperser. Il résulte de là un déchet inévitable.

On a essayé de supprimer complètement les accotements, et de les réduire à leur rôle d'épaulements, pour lequel 0m,50 de largeur sont suffisants. De distance en distance, on fait des gares, c'est-à-dire des élargissements accolés à la route, placés à droite et à gauche, ou d'un même côté, et assez vastes pour recevoir à la fois tous les matériaux destinés à l'intervalle qui les sépare. Les matériaux se trouvent ainsi complètement à l'abri de la circulation.

Mais ce système n'est pas commode pour l'entretien. Les gares étant éloignées les unes des autres, il faut aller chercher au loin les matériaux à répandre. Il en résulte un temps perdu qui augmente les frais d'entretien. Les cantonniers sont ennuyés de ces allées et venues et les font aussi peu nombreuses que possible, au détriment du bon ordre de leurs travaux.

Si on rapproche les gares, pour parer à cet inconvénient, ce ne sont plus que des accotements découpés en crémaillère, et alors autant vaut les faire continus.

17. Accotements en saillie. — Les accotements perdent à peu près tous leurs défauts, si on les dispose en saillie sur la chaussée. Ils forment alors des sortes de trottoirs, où la circulation des voitures est à peu près impossible.

Mais, comme ils interceptent les eaux de la chaussée, on y ménage de distance en distance, tous les 5, 10 ou 20 mètres, suivant les circonstances, des coupures ou petits caniveaux transversaux, dont le fond est au niveau de la chaussée, avec une pente vers les fossés ou les talus de remblai. Ces coupures sont normales à l'axe dans les parties en palier, et obliques dans les parties en pente.

Le gazon peut y pousser en toute liberté, puisque les accotements n'ont plus pour mission de donner écoulement aux eaux de la chaussée. Aussi se garde-t-on de l'enlever.

Les tas de cailloux y sont à l'abri de toute atteinte.

Enfin le piéton y peut circuler en toute sécurité, et trouve dans l'herbe qui les garnit une assiette d'une solidité suffisante, que l'on peut encore augmenter en y répandant quelques menus détritus de matériaux. Il faut observer toutefois que la marche est gênée par la fréquente rencontre des coupures qu'il faut enjamber. Cette gêne est atténuée par l'habitude qu'a le piéton de suivre de préférence l'un des bords de cette espèce de trottoir, qui finit par s'user et se dresser en pente douce à la rencontre des coupures.

L'établissement des accotements en saillie est donc une amélioration, qui tend à se répandre de plus en plus. Mais il exige impérieusement qu'il reste entre les deux trottoirs une chaussée suffisante pour le croisement de trois voitures, c'est-à-dire environ sept mètres. Autrement, si une voiture en veut dépasser une autre moins rapide, qui tient le milieu de la chaussée et ne se dérange pas, elle est forcée, ou de se ralentir jusqu'à ce qu'elle ait obtenu la place libre, ou de faire monter un côté de ses roues sur l'accotement en saillie, ce qui n'est pas facile pour peu qu'elle soit lourdement chargée, ou lui fait éprouver des cahots violents au passage des coupures, si elle est légère et rapide.

§ 3

FOSSÉS

18. Destination. — Les fossés servent à délimiter le sol de la route, lorsque celle-ci est en terrain plat et que ses limites ne sont pas suffisamment marquées par des talus ; ils s'opposent efficacement ainsi aux empiétements des riverains. Mais ils ont un autre objet beaucoup plus important, c'est de recevoir et d'évacuer les eaux de la route, lorsque celle-ci est au niveau ou en contrebas du terrain naturel.

Dans les parties en remblai, ils deviennent inutiles, et l'eau s'écoule directement sur les talus.

Autrefois les fossés étaient souvent de simples réservoirs sans issue et sans communication. Ils recevaient l'eau, et la conservaient jusqu'à ce qu'elle eût disparu par imbibition dans le sol ou par évaporation. Il en résultait que, à moins d'être très larges et très profonds, ce qui eût constitué un danger, ils communiquaient une humidité presque permanente au sous-sol de la route. En outre ils étaient malsains, parce que les eaux des chaussées sont chargées de matières organiques et se putréfient si elles restent stagnantes.

Aujourd'hui, les fossés sont continus; ce sont des canaux d'évacuation, chargés de conduire les eaux qu'ils reçoivent jusqu'aux lignes d'écoulement naturelles.

19. Dimensions. — Les dimensions ordinaires des fossés sont les suivantes. On leur donne $0^m,50$ de profondeur au-dessous du bord de l'accotement, et une largeur de $0^m,50$ en plafond. Le talus, du côté de la route, est coupé avec une inclinaison de 1 de base pour 1 de hauteur, ou à 45° sur la verticale. A partir de l'extrémité du plafond, s'élève le talus du déblai, déterminé comme on le verra plus loin. Si p représente la pente de ce talus, la largeur du fossé en gueule est donc égale à 1 mètre $+ 0^m,50\, p$. Pour $p = 1,00$, elle est de $1^m,50$; pour $p = 0^m,10$, elle se réduit à $1^m,05$.

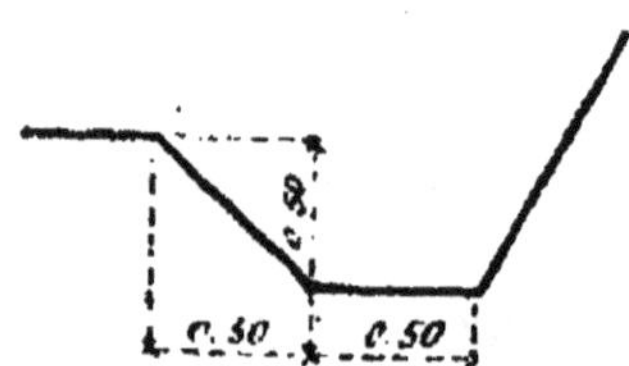

Quelquefois, surtout dans les terrains de rocher, on diminue ces dimensions. Par exemple, on ne donne plus que $0^m,333$ de largeur au plafond, et $0^m,333$ de profondeur. Le largeur en gueule se réduit à 1 mètre pour les talus à 45°, et à $0^m,70$ pour les talus à 1/10.

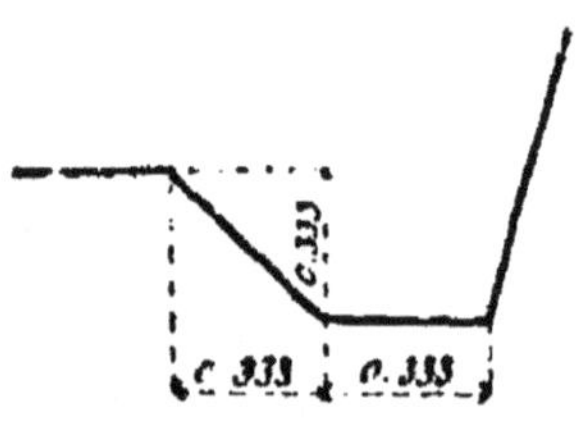

Cette profondeur réduite est d'ailleurs suffisante dans le rocher, car on n'a pas à redouter que le sous-sol se détrempe, et il en résulte une économie notable sur le cube des déblais dans la construction de la route.

20. Pente. — La pente des fossés suit celle de la route.

• Dans les parties où la chaussée est en palier ou n'a qu'une très faible pente, l'eau ne s'écoulerait pas assez vite si l'on ne donnait au fossé une pente plus forte. La déclivité nécessaire paraît être d'au moins 0,002. Si celle de la route est moindre, on fait un fossé de profondeur variable, de façon à atteindre cette limite.

Si la route descend au contraire rapidement, il peut arriver, surtout dans les pluies d'orage, que les fossés soient ravinés. Ce danger est plus ou moins marqué suivant la nature de sol. On admet que les vitesses à redouter sont les suivantes :

0m,075 par seconde sur la terre végétale;
0m,15 — sur l'argile compacte;
0m,30 — sur le sable;
0m,60 — sur les graviers;
1m,20 — sur la pierre cassée;
de 1m,50 à 3m,00 sur les roches plus ou moins dures.

Ce sont là les vitesses sur les parois du canal; la vitesse moyenne de l'eau est supérieure d'environ un tiers.

On prévient ce danger, en dressant le profil en long du fossé en cascades. On dispose une série de pentes faibles, sur lesquelles le courant doit être sans action, et on les rachète par

Coupe suivant AB.

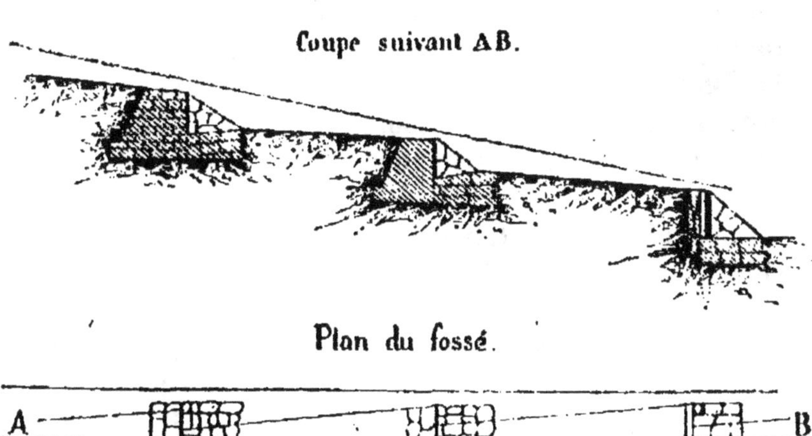

Plan du fossé.

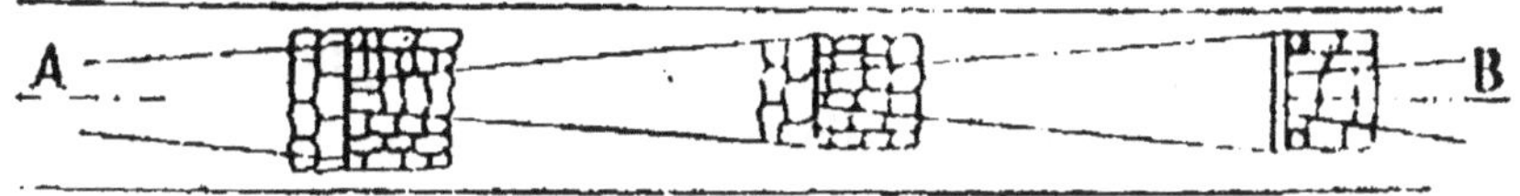

des chutes verticales. Ces chûtes sont garnies de corps résistants, tels que des murettes en maçonnerie ou des planches, et le pied des cascades est défendu par de petits enrochements, qui reçoivent le choc de l'eau.

Débit. — La vitesse que doit prendre l'eau dans un fossé est difficile à prévoir. Elle résulte à la fois de la pente du fossé et de la quantité d'eau qui y afflue à un moment donné. Pour évaluer cette quantité, il faut mesurer la surface versante, c'est-à-dire, celle des parties de route, des talus et des terres riveraines qui envoient directement leurs eaux au fossé. Il faut ensuite se rendre compte des plus fortes pluies qui se présentent dans la contrée; enfin, de la rapidité avec laquelle elles peuvent se rendre au fossé, suivant que le terrain est plus ou moins incliné et plus ou moins perméable.

Ce sont là des études excessivement complexes, et qu'il serait absurde d'aborder pour un simple fossé. Aussi, on ne se donne jamais la peine de calculer le débit probable d'un fossé. On l'établit avec les dimensions ordinaires; et, s'il y a lieu, on fait les travaux de consolidation après coup, lorsque l'expérience en a démontré la nécessité.

21. Danger attribué aux fossés. — On s'est quelquefois préoccupé du danger permanent que les fossés constituent. Si une voiture circule trop près du bord de la route, un côté des roues peut descendre dans le fossé, et elle est exposée à verser. Ce danger pouvait être réel quand les fossés étaient profonds; avec une profondeur de $0^m,50$, il devient très faible. La voiture en est quitte pour remonter le talus du fossé après l'avoir descendu, et il est rare qu'elle puisse verser, surtout en raison de la construction des véhicules sujets à ce genre d'accidents, qui ne sont guère que des voitures d'agriculture grossières, mal attelées et mal dirigées.

Il est à remarquer d'ailleurs que le danger, si petit qu'il soit, disparaît presque partout, par suite des défenses qu'offre la route, soit qu'elle ait des accotements en saillie, soit qu'on y ait planté une rangée d'arbres, soit enfin qu'il y ait des tas de matériaux approvisionnés.

§ 4

BANQUETTES DE SURETÉ

22. — Lorsqu'un remblai est très élevé ou qu'une route circule à flanc de coteau, et si la largeur n'est pas très grande, il peut y avoir un danger réel pour les voitures qui, par imprudence ou par suite d'accident, se rapprocheraient par trop du bord. On défend alors la route par une banquette de sûreté.

On appelle ainsi un bourrelet que l'on élève le long de l'arête du talus, et qui sert au besoin de chasse-roues.

On lui donne habituellement une hauteur de $0^m,50$, et une largeur de $0^m,20$ en couronne. Les talus, comme il convient aux terres rapportées, ayant 3 de base pour 2 de hauteur, la banquette occupe une largeur de $1^m,70$ sur l'accotement.

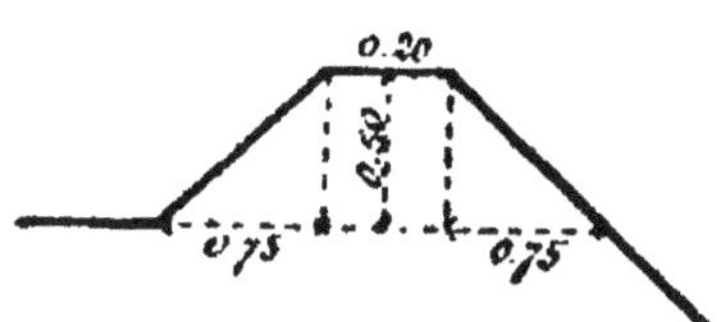

Cette largeur est prise sur celle de la route, qui est diminuée d'autant, ou même du double lorsqu'il y a une banquette de chaque côté. Si on ne consent pas à cette réduction de largeur, il faut rapporter une grande quantité de remblai uniquement pour soutenir les banquettes.

On peut diminuer la largeur des banquettes par les artifices suivants :

1° On garnit leurs faces de terres fortement damées qui leur permettent de se tenir sous un talus plus raide, à 45° par exemple, ou même de plaques de gazon ou de pierres sèches, qui admettent une inclinaison encore plus grande ; la largeur de la banquette à la base est alors réduite à $1^m,20$ et au-dessous, et peut descendre à $0^m,70$.

2° Au lieu de banquettes en terre, on en fait en maçonnerie à pierres sèches ou à bain de mortier, et on peut ne donner à ces murettes que $0^m,50$ de largeur ; les murettes peuvent même ne pas être continues, et se remplacer par une série de bornes isolées. Mais ces constructions, faites sur l'arête d'un remblai, sont mal assises et se dérangent facilement.

3° On peut aussi, au lieu de murettes, placer des palissades en charpente, composées de lisses fixées sur des poteaux enfoncés dans le sol; la largeur se réduit alors à celle des pièces de charpente, soit 0m,15 au plus. Mais cette palissade résiste mal aux chocs, et en outre le bois se pourrit et il faut le remplacer souvent.

4° On peut se contenter de planter sur les accotements une ligne d'arbres, comme on le fait dans les parties courantes des routes, mais en les rapprochant beaucoup les uns des autres. Cette défense, qui n'exige aucune largeur supplémentaire, est excellente et remplace avantageusement les banquettes dans bien des cas.

Enfin, si les accotements sont en saillie sur la chaussée, les banquettes deviennent inutiles, les voitures ne pouvant plus se rapprocher de l'arête du talus de remblai.

§ 5

TALUS

Les talus sont les surfaces qui raccordent les bords de la route avec le terrain naturel.

Les talus de déblai sont les sections faites dans le terrain naturel pour l'établissement de la route; les talus de remblai sont les surfaces suivant lesquelles on a dressé les terres rapportées qui limitent les massifs des levées. Il y a donc lieu de distinguer les uns des autres, car ils ne se trouvent pas dans les mêmes conditions.

23. Talus de déblai. — Les talus de déblai sont découpés suivant des surfaces planes parfaitement lisses, quand la tranchée est dans la terre ordinaire ou le tuf tendre. Si on laissait des creux, l'eau s'y accumulerait et pourrait donner lieu à des dégradations.

Dans les déblais en rocher, où les dégradations ne sont pas à craindre, on ne se donne pas cette peine, et on laisse la surface brute ou simplement dégrossie, telle que la donne le travail de la fouille.

L'inclinaison qui convient aux talus de déblai est variable suivant la nature du terrain tranché et la profondeur du déblai. Elle est d'autant plus douce que le terrain a moins de cohésion, et que la tranchée est plus profonde.

On peut calculer l'inclinaison qui convient au talus d'une tranchée de profondeur donnée, creusée dans une terre de nature connue, par la méthode suivante[1] :

Soit BM la section transversale du terrain naturel, faisant avec l'horizontale un angle dont la tangente est i; AB le talus de la tranchée, dont la hauteur AD sera représentée par h; x la tangente de l'angle DAB du talus avec la verticale. On suppose, et l'expérience indique qu'il en est à peu près ainsi, que, si le talus vient à s'ébouler, c'est par suite du glissement d'un prisme de terre dont la section est ABT, se détachant du massif par son poids; et que, dans un sol homogène, la rupture a lieu suivant une fissure plane, se projetant sur la figure en AT.

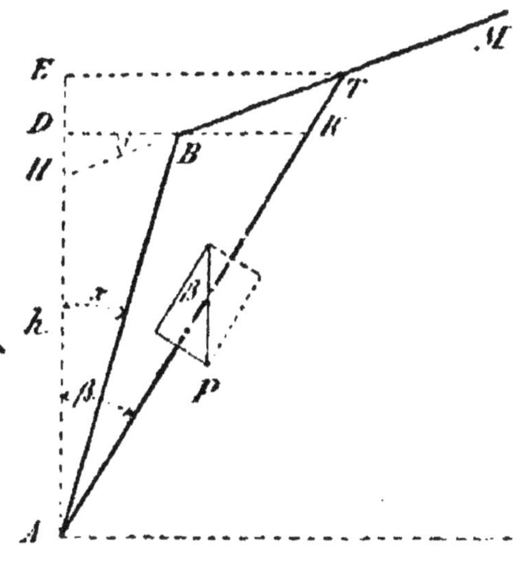

Il y aura donc équilibre si on adopte une inclinaison x suffisante pour que le glissement soit impossible.

1. Mémoire de M. de Sazilly. *Annales ponts et chaussées*, 1851, 1er semestre.

La force qui sollicite le prisme à glisser est facile à calculer. Si on suppose que l'on considère seulement une longueur de tranchée de 1 mètre, on peut faire abstraction de cette dimension, et les volumes ou les surfaces sont représentés par les surfaces ou les longueurs de la figure. Soit δ la densité de la terre, et S la surface du triangle ABT ; le poids du prisme $P = \delta S$, et la composante de ce poids parallèlement à AT est $P \cos \beta = \delta S \cos \beta$, si on désigne par β l'angle de AT avec la verticale. La composante normale à AT est $P \sin \beta = \delta S \sin \beta$. Le frottement qui résulterait du glissement du prisme a donc pour valeur $f\delta S \sin \beta$, f désignant le coefficient de frottement des terres sur elles-mêmes. Ce frottement s'oppose au glissement, qui n'est donc déterminé que par la force δ S ($\cos \beta$ — $f \sin \beta$). Mais il ne peut commencer que si les terres éprouvent une fissure suivant AT, c'est-à-dire si leur cohésion est détruite suivant cette ligne. Or la cohésion des corps est proportionnelle aux surfaces suivant lesquelles on cherche à les trancher. On peut donc la représenter ici par γl, en faisant $AT = l$. En fin de compte, la force F qui sollicite le prisme à descendre sur la fissure AT, vaut :

$$F = \delta S (\cos \beta - f \sin \beta) - \gamma l.$$

Si on fait varier les valeurs de β, F passe par un maximum ; car F est négatif pour $\cos \beta - f \sin \beta = o$ ou $\operatorname{tg}\beta = \frac{1}{f}$, et l'est aussi pour $S = o$, auquel cas $\operatorname{tg}\beta = x$.

Parmi les différentes directions que peut prendre la fissure AT, celle qui se produira le plus facilement correspond à ce maximum, c'est-à-dire au cas où $\frac{dF}{d\beta} = o$.

Si on exprime, en outre, que, dans cet hypothèse, le glissement n'a pas lieu, c'est-à-dire, si on fait $F = o$, il est clair que le talus restera en place, puisque la rupture ne peut avoir lieu dans la direction où elle serait le plus facile.

Il n'y a donc qu'à exprimer S et l en fonction de β, à en substituer les valeurs dans l'expression de F, à calculer $\frac{dF}{d\beta}$,

et à éliminer β entre les deux équations $F = o$ et $\frac{dF}{d\beta} = o$[1].
On obtient ainsi, entre x et les diverses données du problème, la relation :

$$x = \frac{1}{f}\left[1 - \frac{4\gamma}{\delta fh}\left(\sqrt{(1+f^2)\left(1+\frac{\delta fh}{2\gamma}\right)} - 1\right)\right]$$

Un résultat remarquable de ces calculs, c'est que la valeur de x est indépendante de celle de i, c'est-à-dire, de la pente transversale du terrain naturel.

Détermination des coefficients. — La valeur de l'inclinaison x dépend de trois coefficients numériques δ, f et γ. On peut se les procurer comme il suit.

La densité des terres δ est assez facile à connaître. Il suffit d'en déblayer un volume connu, et de peser le produit de la fouille. On trouve des poids variables, allant depuis 1.200 kil. par mètre cube pour les terres végétales légères et sèches, jusqu'à 1.900 kil. pour les argiles compactes et humides. Les roches compactes pèsent de 1.700 à 2.800 kil. par mètre cube.

1. Voici le détail de ces calculs :

$$S = \tfrac{1}{2}\,BK.\,AE \text{ et } l = \frac{AE}{\cos\beta}.$$

$$BK = DK - BD = h\,tg\beta - hx = h\,(tg\beta - x);$$
$$AE = EH + HA;\ EH = ET \times i = i\,tg\beta\ .\ AE;$$

d'où
$$AE = \frac{HA}{1 - i\,tg\beta};$$

$$HA = AD - DH = h - xhi = h\,(1 - xi) \text{ et } AE = \frac{h\,(1 - xi)}{1 - i\,tg\beta}$$

Donc
$$S = \frac{h^2}{2}\,\frac{(tg\beta - x)\,(1 - xi)}{1 - i\,tg\beta} \text{ et } l = \frac{h\,(1 - xi)}{(1 - i\,tg\beta)\cos\beta}.$$

Représentant tg β par r, on a $\sin\beta = \frac{r}{\sqrt{1+r^2}}$ et $\cos\beta = \frac{1}{\sqrt{1+r^2}}$, et, si on substitue dans l'expression de F, on trouve :

$$F = \frac{\delta h^2\,(1 - xi)}{2\,(1 - ir)\sqrt{1+r^2}}\left[r\,(1 + xf) - r^2\left(f + \frac{2\gamma}{\delta h}\right) - \left(x + \frac{2\gamma}{\delta h}\right)\right]$$

qui est nul pour $r^2\left(f + \frac{2\gamma}{\delta h}\right) - r\,(1 + xf) + \left(x + \frac{2\gamma}{\delta h}\right) = o.$ (1)

Si on représente F par $\frac{\varphi\,(r)}{f\,(r)}$, en sorte que $Ff\,(r) = \varphi\,(r)$, la condition $\frac{dF}{d\beta} = o$, lorsque $F = o$ devient $\varphi'\,(r) = o$. Il suffit donc de prendre la dérivée de la quantité entre crochets et de l'égaler à o, ce qui donne

$$2\,r\left(f + \frac{2\gamma}{\delta h}\right) - (1 + xf) = o \qquad (2)$$

L'élimination de r entre les équations (1) et (2) fournit la valeur de x.

Le coefficient f de frottement des terres sur elles-mêmes peut aussi s'obtenir par une expérience assez simple. On ameublit une certaine quantité de terre, et on la jette en tas, jusqu'à ce que les nouvelles pelletées envoyées sur le tas n'y restent plus et glissent en tombant le long de son talus. On mesure ensuite l'inclinaison de ce talus avec l'horizontale, et la tangente de cette inclinaison est égale au coefficient f. En effet, on a dans ces circonstances $F = 0$ et $\gamma = 0$. Donc $\cos \beta - f \sin. \beta = 0$ d'où $f = \cot. \beta$.

Le talus pris par le tas s'appelle le talus naturel des terres. On le mesure ordinairement par le rapport de sa base à sa hauteur, c'est-à-dire par l'inverse de f ou par $\operatorname{tg} \beta$.

La quantité f est très variable : ses valeurs extrêmes paraissent être, dans des terrains bien secs, 0,55 pour le sable fin et 1,40 pour les terres franches compactes. Si le sol est humide, elle diminue et peut tomber à zéro quand les terres deviennent fluentes.

La détermination du coefficient γ est plus difficile. Le seul moyen pratique consiste à découper verticalement un massif de terre isolé, et à mesurer la profondeur h_0 de la fouille au moment où un éboulement se produit. Si l'on introduit dans la formule qui donne l'inclinaison d'équilibre les hypothèses $x = o$ et $h = o$ on trouve

$$\frac{\gamma}{\;} = \frac{h_0}{4}\left(\sqrt{1 + f^2} - f.\right)$$

La valeur de h_0 est très variable ; nulle dans les sables fins et arrondis, s'ils sont secs, ou dans les terres fluentes, elle atteint 1 à 2 mètres dans les terres franches, 3 à 6 mètres dans les sables argileux, les marnes et argiles compactes non détrempées, et enfin des hauteurs beaucoup plus considérables et presque infinies dans les roches plus ou moins résistantes.

Talus habituels. — Ces expériences, quoique simples, ne sont pas toujours faciles à réaliser, et lorsqu'on doit fixer l'inclinaison d'un talus, on n'a pas le temps de les entreprendre. En outre, les résultats en sont incertains. Les coefficients relatifs à une même terre sont variables suivant son état d'humidité, et le massif de la tranchée est rarement homogène.

Aussi, en pratique, on n'a pas recours aux formules, et on s'en rapporte à l'usage. On a observé que pour les profondeurs habituelles des tranchées, il y a bien peu de terres qui ne puissent tenir sous un talus à 45°. On adopte donc ce talus pour tous les cas où le déblai est en terre.

S'il est en roche dure et compacte, on peut le faire vertical; on lui donne seulement un léger fruit de 1/10. Le talus est alors de 1 de base pour 10 de hauteur.

Pour les roches tendres et les tufs, on admet des talus intermédiaires tels que 1/4 ou 1/3.

24. Talus de remblai. — Les talus de remblai se dressent également suivant des surfaces planes, lisses lorsqu'il s'agit de terre, et plus ou moins irrégulières si le remblai se compose de blocs de rocher.

Leur inclinaison se détermine d'après les mêmes considérations que pour les talus de déblai. Mais on a toujours ici affaire à des terres rapportées sans cohésion, qui se disposent suivant leur talus naturel. On doit donc faire $\gamma = o$ et $x = \frac{1}{f}$.

Ce talus, inverse du coefficient de frottement, varie avec la nature du sol. L'expérience indique qu'il se dispose à peu près comme il suit :

0,70 de base pour	1	de haut., pour	la terre forte ;
1,00 —	1	—	la terre ordinaire légèrement humide ;
1,35 —	1	—	la terre sèche en poudre ;
1,75 —	1	—	le sable fin, rond et sec.

Les terres fluentes s'étalent davantage, et même ne se tiennent sous aucun talus.

On en évite à cause de cela l'emploi dans les remblais, ainsi que celui de sables fins et arrondis, qui seraient entraînés par le vent.

On admet donc que jamais un talus ne se mettra naturellement sous une pente plus douce que celle de 1,50 de base pour 1 de hauteur, et qu'on est certain, en l'adoptant pour tous les cas, d'avoir un talus stable.

Les talus de remblai sont, en effet, toujours dressés à raison de 3 de base pour 2 de hauteur, sauf de rares exceptions.

On peut quelquefois raccourcir la base si l'on fait un remblai en blocs de rocher posés à la main ; et on serait conduit à l'allonger, si l'on ne pouvait se dispenser d'employer des sables fins.

§ 6

PROFIL GÉNÉRAL D'UNE ROUTE.

25. Profil normal. — En résumé le profil normal d'une route comprend :

1° Une chaussée composée de matériaux résistants, ayant une largeur de 5 à 7 mètres, et un bombement de 1/50 ;

2° Deux accotements, dont la largeur est de 2 mètres au plus et de 1m,50 au moins, et qu'il convient de mettre en saillie sur la chaussée, si celle-ci a une largeur suffisante ;

3° Dans les tranchées ou dans les parties de plain-pied, des fossés de 0m,50 de profondeur et de 0m,50 de largeur en plafond, dont les dimensions peuvent être réduites dans les déblais de rocher ;

4° Des talus inclinés à 45° pour les déblais de terre, à 1/10 pour les déblais de rocher et à 3 de base pour 2 de hauteur en remblai.

Dans les parties en remblai élevé ou à flanc de coteau, on met sur l'arête du talus une banquette de sûreté.

26. Exemples. — Les routes existantes, dont la construction remonte à différentes époques, présentent souvent des profils en travers qui diffèrent de ce type ; mais il est observé dans toutes les routes modernes.

Les planches ci-contre représentent les dispositions d'un certain nombre de routes dans divers départements.

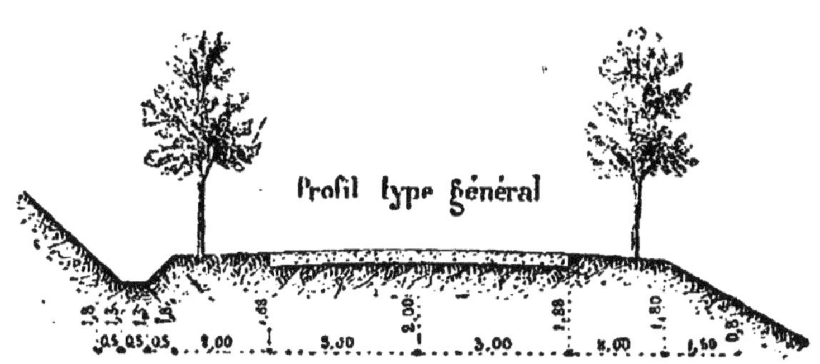

Ille-et-Vilaine Profil type

Finistère Profil type

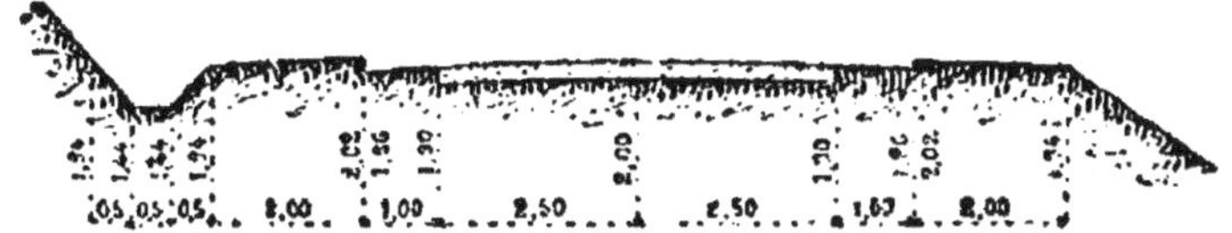

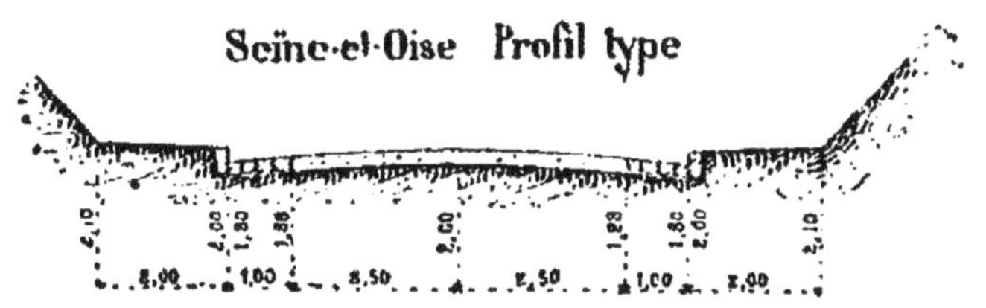

Lot Routes Nationales

Hte Vienne. Route Natle No 21

Finistère Route Dépte No 10

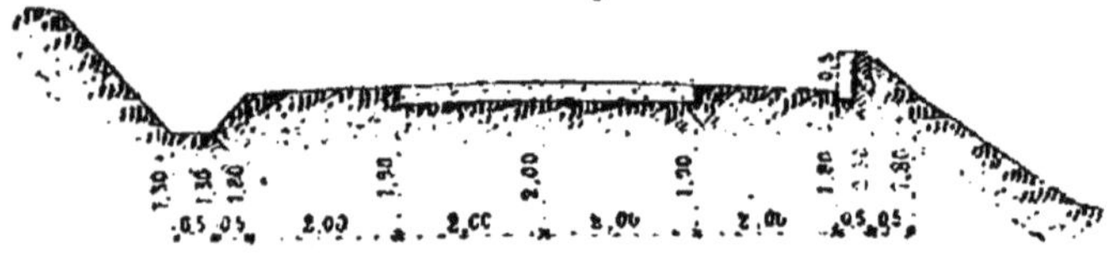

Hte Vienne Route Natle No 21

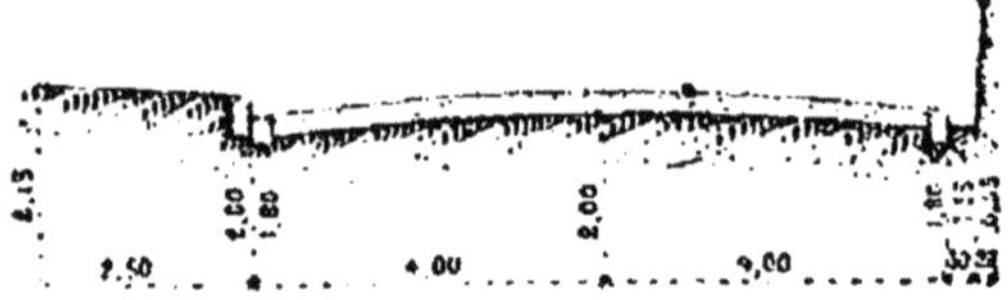

DEUXIÈME PARTIE

ÉTUDE ET RÉDACTION DES PROJETS

CHAPITRE III

CONDITIONS GÉNÉRALES DES TRACÉS

SOMMAIRE :

§ 1er

DIVERSES PHASES DE LA CONSTRUCTION

27. Projet et exécution. — La construction d'une route passe par diverses phases, dont deux seulement sont du ressort des ingénieurs : la préparation des projets et l'exécution des travaux.

Ces deux phases sont séparées par un long intervalle. Lorsqu'un projet a été préparé par l'ingénieur ordinaire, il passe dans les mains de l'ingénieur en chef, qui l'étudie et y propose les modifications qu'il juge convenables. Le projet est ensuite soumis à l'examen des conseils spéciaux qui éclairent de leurs avis les autorités compétentes : le conseil général des ponts et chaussées, les conseils généraux des départements, quelquefois les conseils municipaux. Les maires des communes intéressées à la construction et même les particuliers sont appelés à donner leur avis, au moins sur certains points. Enfin, l'autorité compétente approuve le projet et en décide l'exécution. Mais il faut encore, avant de commencer les travaux, que les crédits nécessaires soient ouverts et que les particuliers à qui des indemnités sont attribuées soient désintéressés.

Tout cela demande beaucoup de temps, quelquefois plusieurs années, et il arrive souvent que les travaux sont faits par un autre ingénieur que les études.

28. Etude et préparation du projet. — La préparation d'un projet se compose de deux phases distinctes. Dans la première, qui constitue l'étude du projet, l'ingénieur se rend compte des dispositions actuelles des lieux et de celles qu'il lui paraît possible ou convenable de leur substituer. C'est un travail qui lui est tout personnel, et qu'il dirige suivant ses inspirations propres.

La seconde phase comprend la rédaction du projet. Il ne suffit pas que l'ingénieur se soit rendu compte de ce qu'il y a à faire. Il faut qu'il réunisse les résultats de son étude sous une forme qui soit intelligible pour les diverses personnes qui auront également à s'en rendre compte, telles que les membres des conseils consultés, les autorités appelées à décider, les entrepreneurs chargés de l'exécution. Il faut que chacun comprenne à son point de vue les travaux qui sont indiqués au projet, et soit fixé aussi sur la dépense qui en résultera.

Les dessins et les documents écrits préparés dans ce but constituent les pièces du projet. Les résultats des études y sont présentés sous une forme conventionnelle arrêtée d'avance et toujours la même, de façon que l'intelligence en soit facile à toutes les personnes quelque peu initiées à ces règles.

§ 2

CONDITIONS GÉNÉRALES

AUXQUELLES DOIT SATISFAIRE UN TRACÉ.

29. Importance du tracé. — La première question qui se présente, dans l'étude d'un projet de route, c'est d'en arrêter le tracé. C'est en même temps, de beaucoup, le point le plus important de toute la construction. Car c'est d'un plus ou moins bon tracé que dépend la plus ou moins grande utilité que procurera la route.

Parmi les considérations qui influent sur le choix du tracé d'une route, il en est qui échappent à l'ingénieur, ou dont il n'a qu'accessoirement à s'occuper, ce sont celles qui sont suggérées par l'intérêt général du pays, tant au point de vue de la sécurité du territoire qu'à celui du développement de la richesse publique. Il n'en sera dit que quelques mots.

Les autres au contraire sont techniques et exclusivement du ressort des ingénieurs. On s'y arrêtera avec tous les détails nécessaires.

30. Conditions stratégiques. — Les conditions relatives à la sécurité du territoire sont surtout du ressort des ingénieurs militaires. Lorsque l'on ouvre une route, il faut se rendre compte de l'influence qu'elle peut avoir en cas de guerre sur les moyens de défense ou d'attaque.

Quelques routes sont purement militaires : ce sont celles qui sont destinées uniquement au transport des troupes et des munitions, ou qui doivent établir une communication entre des points fortifiés. Leur construction est réservée aux officiers du génie.

Le plus souvent, les routes sont ouvertes dans l'intérêt du commerce et de l'industrie. Loin des frontières et des places fortes, les considérations stratégiques n'entreraient en ligne de compte que dans le cas d'une invasion profonde du pays par l'ennemi; cas tellement rare qu'on ne s'en préoccupe pas. Mais à l'abord des places fortes et sur les confins des frontières, il faut, au contraire, mettre en première ligne le côté militaire de la question.

En général, toute route ouverte dans le rayon de défense d'un territoire fortifié facilite l'approche de l'ennemi, et est contraire à l'intérêt de la défense, qui cherche à multiplier les obstacles. D'un autre côté, toute route qui aboutit à la frontière facilite, en cas d'attaque, les transports de troupes et de matériel sur le pays que l'on veut envahir.

Il y a lieu de tenir compte de ces conditions, et les ingénieurs des ponts et chaussées ont à s'entendre pour cela avec les officiers du génie. On a fixé autour de la frontière et des places fortes une zone où aucun travail de ce genre ne peut être entrepris avant une entente préalable des deux services.

Cette entente est souvent difficile; car on se place à des points de vue complètement opposés. Les ingénieurs militaires attachent ordinairement plus d'importance à la défense qu'à l'attaque, en sorte qu'ils sont disposés à envisager d'un mauvais œil les routes trop faciles aux abords des zones fortifiées. Les ingénieurs d'ordre civil ne cherchent, au contraire, que les moyens de développer les richesses en facilitant les communications autant que possible.

Une commission mixte des travaux publics, composée de représentants des divers services, officiers généraux d'artillerie et du génie, inspecteurs généraux des ponts et chaussées, auxquels sont adjoints des membres du conseil d'État, est chargée d'examiner toutes les questions relatives aux travaux à exécuter dans la zone frontière, et de donner son avis. Aucune décision n'est prise sans qu'elle ait été consultée[1].

31. Conditions économiques. — Les considérations générales, au point de vue du développement de la richesse publique, sont de beaucoup les plus importantes. Le but direct de l'ouverture d'une voie de communication est d'aug-

1. Loi du 7 avril 1851 et décret du 16 août 1853.

menter la richesse en facilitant les transports, et diminuant par conséquent les frais de production des choses transportées.

On a donc à examiner quel est le tracé qui doit apporter les plus grands avantages à ce point de vue. A cet effet, il faut se rendre compte de la quantité et de la nature des produits qui emprunteront la route. Pour certains d'entre eux, qui circulent déjà par d'autres voies entre les mêmes points, cette recherche est assez simple. Il faut remarquer toutefois que l'ouverture de la route, en facilitant le transport, aura pour effet d'en augmenter la proportion, mais dans une limite difficile à assigner. D'un autre côté, certains produits qui ne se déplacent pas actuellement quitteront leur lieu d'origine, lorsqu'ils trouveront une voie de communication plus économique.

Les routes d'ailleurs ne sont pas utilisées seulement pour le transport des choses. Elles servent au déplacement des personnes, et desservent par là des intérêts souvent très considérables, mais impossibles à déterminer numériquement.

Aussi se trouve-t-on dans le plus grand embarras, lorsqu'il se présente plusieurs tracés entre les points extrêmes d'une route dont l'ouverture est décidée.

Qu'on suppose, par exemple, une route à ouvrir entre les points A et B, et, à proximité du tracé général, un centre important C. Convient-il d'aller au plus court de A en B, sauf

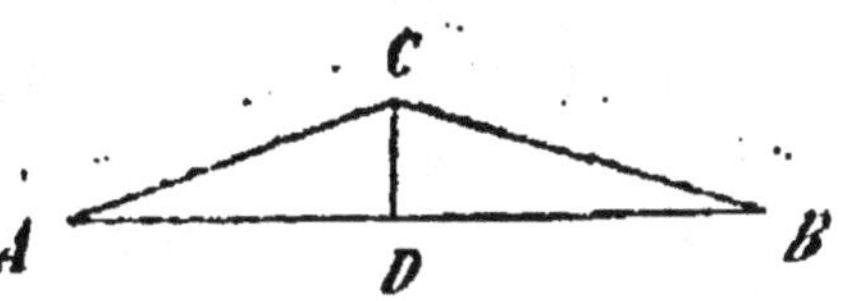

à réunir le centre C par un embranchement CD? Est-il préférable au contraire d'aller directement de A en C, puis de C en B? Dans le premier cas, tous les transports qui partent de C ou qui y aboutissent subiront un allongement de parcours, tandis que ceux qui circulent entre A et B ne feront que le chemin strictement nécessaire. Dans le second cas, le résultat est exactement contraire. On se décidera suivant l'importance relative de la circulation prévue entre les divers points. La seconde solution prévaudra, par exemple, s'il est constaté que les relations sont moins suivies entre A et B, qu'entre C et chacun des deux autres points.

La question se compliquerait encore, si l'on avait plusieurs centres C,C', à droite et à gauche de la ligne directe. Faut-il aller au plus court de A en B, sauf à rattacher C et C' par deux embranchements? Faut-il passer par C ou par C' et abandonner complètement l'autre localité?

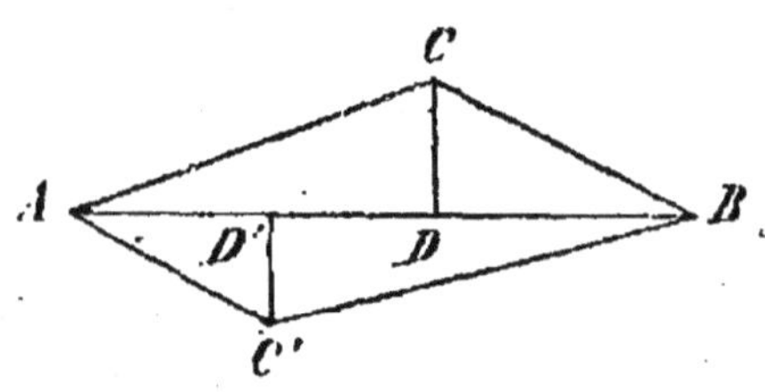

Ce sont là des problèmes très complexes, et pour la solution desquels on n'est guidé que par des données très incertaines. Aussi donnent-ils toujours lieu à des discussions longues et animées dans les assemblées appelées à donner leur avis sur les tracés généraux.

Rôle de l'ingénieur. — L'ingénieur a rarement à intervenir dans ces discussions. Si son avis est demandé, c'est un homme instruit que l'on consulte, et non un homme spécial. Il n'en sait pas plus long là-dessus que toute personne qui a étudié les questions économiques, et surtout qui connaît les besoins et les ressources de la contrée.

Il a cependant souvent à se poser des problèmes analogues, sur une échelle restreinte. Entre les points principaux, fixés par les autorités compétentes d'après les considérations générales qui viennent d'être indiquées, il faut encore savoir diriger les tracés de la façon la plus avantageuse à la contrée qu'ils traversent, et on verra bientôt que, au fond, les considérations techniques, qui sont essentiellement de son ressort, n'ont pour objet que de satisfaire le mieux possible aux conditions économiques.

32. Solution algébrique du problème économique. — La solution de ce problème *économique* peut presque toujours être soumise au calcul par la méthode suivante. On cherche à se rendre compte de la dépense annuelle qui résultera pour la société des dispositions projetées. Si plusieurs tracés paraissent acceptables, on fait le calcul pour chacun d'eux, et on compare les résultats. Celui qui, pour une quantité de services rendus, conduit à la dépense annuelle la plus faible est évidemment le plus avantageux pour la fortune publique.

Ainsi, si on représente par A le capital à dépenser pour ouvrir une route, par a le taux de l'amortissement de ce capital quand il y a lieu d'en tenir compte, par r le taux courant de l'intérêt : la construction de la route équivaut à une dépense annuelle $A(r+a)$. Cette dépense annuelle s'augmente de la dépense d'entretien E. Donc, la route projetée sera pour le constructeur, État, département ou commune, la source d'une dépense annuelle : $A(r+a)+E$. D'autre part, le public qui utilisera la route y fera annuellement une dépense TP, si T représente le tonnage, c'est-à-dire la quantité d'objets à transporter chaque année, et P le prix du transport de l'unité. En somme, la société fera chaque année une dépense totale : $D = A(r+a) + E + TP$, pour le transport de T.

Sur un autre tracé, la dépense annuelle serait représentée par une formule analogue : $D' = A'(r+a') + E' + TP'$, où r et T restent les mêmes.

Celui des deux tracés pour lequel la dépense annuelle D sera la plus petite est évidemment celui qui présente le plus d'avantages économiques.

Toutefois, ce n'est pas toujours celui-là qu'il convient d'adopter. En général dans les projets bien faits, c'est le plus coûteux qui produit le plus d'avantages ; si A est $> A'$, on aura presque toujours $D < D'$. L'économie obtenue $D' - D$ est donc le produit d'un capital $A - A'$ employé en excès. Mais les capitaux dont dispose le constructeur du chemin ne sont pas indéfinis, et il convient d'en faire l'emploi le plus utile. Or, l'utilité qu'on peut tirer des capitaux se mesure par le taux courant de l'intérêt. Il n'y a donc utilité réelle à adopter la disposition la plus économique que si $D' - D$ représente au moins l'intérêt du capital $A - A'$ au taux r, c'est-à-dire, si l'on a $\frac{D' - D}{A - A'} > r$. Autrement le capital $A - A'$ trouverait ailleurs un meilleur emploi.

Observation. — Ce calcul peut servir de base à un premier jugement, lorsque l'on a plusieurs tracés à comparer. Il fournit des renseignements qui peuvent être utiles dans la discussion, mais auxquels il faut bien se garder d'attribuer une valeur absolue. En effet, dans la formule de la dépense annuelle, le terme le plus important est toujours le dernier, TP. Or le tonnage T est, ainsi qu'il a été expliqué, très imparfaitement connu, car on ignore l'influence que l'ouverture de la route aura sur le développement des communications. Les résultats du calcul fait d'après une certaine hypothèse sur le tonnage peuvent être complètement bouleversés par la réalité.

On peut faire le calcul dans plusieurs hypothèses, en donnant à T successivement diverses valeurs, dont l'une soit supérieure à tout ce qu'on peut espérer comme trafic, la seconde inférieure au plus maigre tonnage qu'on puisse prévoir, la troisième, moyenne entre les deux autres. Si les résultats obtenus dans les divers cas sont concordants, il n'y a pas d'hésitation sur le choix du tracé.

Il faut toutefois ne pas perdre de vue que le calcul ci-dessus n'est applicable qu'aux transports dont la valeur peut s'exprimer numériquement, c'est-à-dire qui comprennent les produits et les marchandises; mais qu'on ne peut que difficilement y faire entrer le déplacement des personnes, dont on ne peut prévoir le degré d'intérêt.

Quand les résultats sont discordants, on les discute d'après les probabilités, et on met en ligne de compte les considérations qui n'ont pu trouver place dans le calcul. Entre deux tracés dont l'un oblige les voitures rapides à se mettre au pas sur certains points, et dont l'autre leur permet de conserver partout l'allure du trot, on se décidera pour le dernier, car le temps est une valeur dont la formule n'a pas tenu compte. Dans d'autres cas, on choisira le tracé de façon à favoriser le mieux la création de quelque industrie qui n'existe pas encore, mais que la facilité nouvelle des transports pourrait faire surgir.

33. Conditions techniques : 1° *Facilité de circulation.* — Les considérations techniques sont celles dont l'ingénieur a particulièrement à tenir compte. Elles ont pour objet de fournir les conditions les plus favorables à la circulation, tout en maintenant les dépenses de construction de la route dans des limites raisonnables et en assurant la facilité de sa conservation.

La circulation est dans les conditions les plus favorables quand elle trouve la sécurité, la commodité et l'économie.

La sécurité est une condition absolue. Lorsqu'il y a danger à traverser un passage, on n'y passe pas ou on y passe le moins possible. Toute autre considération doit être subordonnée à celle-là.

La commodité est une condition moins absolue que la sécurité, mais elle y est souvent liée. Ainsi, sur une chaussée où le croisement des voitures est difficile, elles sont exposées à des accidents. Toute gêne se traduit d'ailleurs par une dépense, soit de temps, soit d'argent, et est, par conséquent, contraire à la condition d'économie.

L'économie des transports est enfin la considération prédominante. Les routes sont faites surtout en vue de cette économie.

2° *Économie de construction.* — Mais il faut se préoccuper aussi des frais d'établissement de la route, et y apporter la plus grande économie compatible avec la facilité de la circulation. On doit donc éviter toute dépense inutile.

On est même conduit à sacrifier souvent une partie des autres conditions à celle-là. Faire de grands travaux coûteux pour assurer un peu plus de facilité à une circulation restreinte, serait un gaspillage de la fortune publique.

3° *Facilité d'entretien.* — On doit enfin s'arranger pour que les frais d'entretien de la route soient aussi faibles que possible. Cette considération est en général de peu d'importance, et on ne s'en préoccupe qu'accessoirement dans le choix des tracés. Elle peut guider toutefois à défaut d'autre raison plus grave. Ainsi, on fera passer le chemin à proximité des carrières qui doivent fournir les matériaux d'entretien; ou bien on choisira les régions qui présentent la meilleure exposition en raison du climat.

34. Principes généraux. — Ces considérations conduisent à quelques principes généraux qu'il ne faut jamais perdre de vue.

Le tracé le plus court, toutes choses égales d'ailleurs, est nécessairement le meilleur. Car les frais de traction, les dépenses de construction et les frais d'entretien sont des quantités toutes proportionnelles à la longueur.

Il faut tâcher que la déclivité longitudinale de la route soit partout aussi faible que possible. Car, sur les rampes, les efforts de traction sont augmentés, et la vitesse diminue. A la descente, une trop forte inclinaison produit des effets analogues, et expose même les voitures à des accidents.

Le tracé enfin doit épouser autant que possible le terrain naturel, afin d'éviter les profondes tranchées, les remblais élevés ou les ouvrages d'art coûteux.

Ces conditions sont le plus souvent contradictoires. Ainsi on ne peut aller au plus court sans rencontrer des obstacles, qu'il faut surmonter par des pentes trop raides, ou traverser au moyen d'ouvrages coûteux. Si on veut, au contraire, abaisser les pentes et faire des travaux économiques, on est conduit à allonger démesurément le tracé.

Il faut beaucoup de sagacité pour arrêter les limites dans lesquelles il convient de tenir compte de chacune de ces conditions et de les subordonner les unes aux autres. L'art de l'ingénieur qui, comme tous les arts, est soumis à quelques règles, mais s'apprend surtout par la pratique, dépend de l'habileté avec laquelle il sait démêler toutes ces circonstances.

§ 3

NOTIONS SUR LES VOITURES ET LES CHEVAUX.

35. Voitures de roulage. — Pour bien comprendre les règles d'un bon tracé, il faut avoir quelques notions sur les véhicules qui doivent le parcourir. Ces véhicules sont des voitures à deux ou à quatre roues attelées de chevaux.

Les voitures peuvent se classer suivant leur destination en voitures de roulage, voitures de messageries, voitures d'agriculture, voitures particulières.

Les voitures de roulage ou d'agriculture se divisent en *charrettes* ou voitures à deux roues, et *chariots* ou voitures à quatre roues.

Leur construction est soumise à certaines règles générales, dont quelques-unes ont déjà été indiquées.

Les essieux ne doivent pas avoir plus de 2ᵐ,50 de longueur[1], mais cette limite est rarement atteinte. La longueur des essieux des voitures de roulage ou des tombereaux ne dépasse pas ordinairement 2 mètres. Dans les voitures de messageries, elle descend à 1ᵐ,80 et, dans les voitures bourgeoises, à 1ᵐ,50 et au-dessous.

La grosseur de l'essieu est proportionnée à la charge que les voitures doivent recevoir. Elle est comprise entre 0ᵐ,04 et 0ᵐ,16 de hauteur, et entre 0ᵐ,03 et 0ᵐ,13 de largeur.

La grandeur des roues varie de 0ᵐ,50 à 2 mètres de diamètre. Il y a intérêt à l'augmenter le plus possible, pour diminuer le tirage, qui varie en sens inverse du rayon. Mais, d'autre part, en l'agrandissant on augmente le poids des roues, et, par suite, le tirage, qui est proportionnel à la charge portant sur la chaussée. Il faut d'ailleurs que les chevaux, attelés au poitrail, tirent à peu près horizontalement; autrement une partie de leur force serait employée à s'opposer à un effort vertical et perdu pour la traction. Par ce motif, l'essieu doit être à peu près au niveau du poitrail des chevaux, ce qui limite encore le diamètre des roues.

La largeur minima des bandes qui cerclent les jantes des roues était fixée autrefois, par la police du roulage, en raison du poids des chargements. On s'arrangeait pour que la pression reportée sur la chaussée par chaque centimètre de largeur de bande fût à peu près constante, ou du moins ne variât qu'entre des limites déterminées. On a reconnu que cette précaution était illusoire, par suite de la forme convexe que prennent les bandes des roues après quelque temps de service, et que les lourds chargements fatiguaient autant les chaussées, quelle que fût la largeur de la bande. Le règlement de 1852 a donc laissé toute liberté sous ce rapport.

1. Règlement du 10 août 1852, titres I et II.

Les largeurs de bandes généralement en usage varient de 0m,06 à 0m,17; elles ne dépassent guère ce nombre, sauf pour les fardeaux exceptionnels, comme les pierres de taille, pour lesquels elles atteignent 0m,20 et même 0m,25.

Les essieux ne doivent pas faire saillie de plus de 0m,06, sur l'extrémité des moyeux. Les moyeux eux-mêmes ne doivent faire, sur le plan extérieur des roues, qu'une saillie limitée à 0m,12, mais que l'on tolère de 0m,14, pour tenir compte du jeu du bois après la construction.

Le nombre des chevaux attelés à une même voiture peut aller jusqu'à huit, mais le nombre des files ne peut être supérieur à cinq. Il y a des exceptions toutefois dans les parties de routes en forte pente, où l'on tolère l'adjonction de chevaux supplémentaires, dits *chevaux de renfort*. Des poteaux indiquent les parties de route où les renforts sont tolérés.

36. Poids et chargements. — Le poids des voitures est variable suivant la charge qu'elles ont à porter, et suivant la solidité dont elles ont besoin. Sans parler des voitures bourgeoises, dont les types sont très divers, il y a des chariots à un cheval, dits *chariots comtois*, qui ne pèsent que 350 kil.; mais ce sont des voitures très légères, qui ne supporteraient pas de grands voyages sans se détériorer.

Les charrettes et chariots ordinaires pèsent de 500 à 2.500 k. et reçoivent à charge complète des poids qui vont de 900 à 6.000 kil.

Dans une voiture chargée on distingue le *poids mort*, le *poids utile* et le *poids brut*. Le premier est le poids de la voiture elle-même; le second, le poids des choses qu'on y a mises; le poids brut est la somme des deux autres. Le poids utile est proportionnellement plus grand à mesure que le poids total augmente. Si on représente par P le poids brut, par U le poids utile et par K le poids mort, on a la relation $P = K + U$, et on peut supposer $P = a + bU$. Les deux coefficients a et b sont mal connus; ils peuvent toutefois être fixés aux environs de $a = 150$ kil. et $b = 1,35$. C'est du moins ce qu'indiquent à peu près les observations faites il y a cinquante ans sur les voitures qui circulaient alors sur les routes, et que l'on pesait pour reconnaître si elles se conformaient aux règlements sur la police du roulage[1]. Les coefficients peuvent avoir changé depuis lors, et, en tous cas, il ne faut leur attribuer qu'une valeur grossièrement approximative.

Limite des chargements. — Quelle que soit la loi exacte qui lie P avec U, il n'en est pas moins certain qu'il y a grand avantage à augmenter les charges, et voilà pourquoi le gros roulage emploie de forts attelages, et profite presque toujours des limites qui lui sont assignées.

Mais d'un autre côté, les mêmes observations ont montré que la force des chevaux est moins bien utilisée lorsqu'ils sont plus nombreux. Ainsi, le poids brut moyen traîné par chaque cheval a été trouvé de :

1.440 kil.	pour les attelages	à 1 ou 2 chevaux
1.310	—	à 3 —
1.275	—	à 4 —
1.085	—	à 5 —

nombres qui sont entre eux dans les rapports de 1 à 0,91, 0,89 et 0,76.

Ce résultat s'explique facilement par plusieurs motifs. En sus des résistances dues au roulement, les chevaux, quand ils sont sur plusieurs files, ont à vaincre la raideur des traits qui réunissent leurs colliers les uns aux autres. En second lieu, souvent, surtout dans les courbes, ils ne tirent pas exactement suivant la même ligne, et leurs efforts se contrarient et se détruisent partiellement. Enfin, l'attelage est moins excité parce que l'attention du conducteur, dispersée sur plusieurs animaux à la fois, est moins suivie sur chacun d'eux.

Cette circonstance limite, en dehors des règlements, les chargements des voitures. A mesure que le poids brut augmente, il faut augmenter le nombre des chevaux, et la perte de force due à leur multiplicité finit par compenser le bénéfice résultant de l'augmentation relative du poids utile.

1. Schwilgué. *Mémoire sur le roulage. Annales des ponts et chaussées*, 1832, 2e semestre.

37. Voitures de messageries. — Les indications qui précèdent s'appliquent aux voitures de roulage marchant au pas. Pour celles qui font des transports au trot, on possède peu d'observations. Les voitures bourgeoises présentent une infinie variété de dispositions qu'il est inutile d'étudier. Les voitures de messageries sont soumises à quelques règles spéciales[1].

La largeur de la voie doit être au moins de $1^m,65$, mesurée entre le milieu des jantes, pour les roues de derrière, et de $1^m,55$ pour le train de devant. La distance entre les axes des essieux ne peut être moindre que $1^m,55$. Le chargement ne peut avoir plus de 3 mètres de hauteur au-dessus du sol.

Les anciennes diligences à cinq chevaux, dont on voit encore quelques rares spécimens, étaient portées sur deux paires de roues ayant $0^m,97$ et 1,52 de diamètre. Elles pesaient à vide 2.400 kil. Elles contenaient de dix-huit à vingt personnes, et 1.000 à 1.200 kil. de marchandises. Chaque cheval traînait donc de 900 à 1.000 kil. de poids brut, dont environ la moitié en poids utile.

La plupart des voitures de messageries actuelles sont à deux ou à trois chevaux. Elles sont soumises aux mêmes règlements, mais elles ont des dimensions beaucoup moins grandes. On peut admettre toutefois qu'elle présentent, en moyenne, la même charge totale et utile par cheval attelé.

38. Chevaux. — *Poids.* — Les chevaux ont des formes et des tailles très différentes, depuis les poneys des îles Schetland, jusqu'aux animaux puissants du Perche et de la Flandre.

Mesurée au garot, leur taille descend quelquefois à 1 mètre, et peut s'élever jusqu'à $1^m,80$.

Le poids des chevaux varie dans des limites analogues. Pour des animaux semblables, il devrait être proportionnel au cube de la taille. Mais cette loi ne s'applique qu'à des animaux ayant même conformation. Un cheval haut sur jambes pèsera moins, toutes choses égales d'ailleurs, qu'un

1. Police du roulage, titre III.

autre de même taille dont les jambes seraient plus courtes. De Gasparin[1] admet que les poids varient seulement comme le carré de la taille.

Le poids des chevaux en usage dépend de leur destination et des races qui s'élèvent de préférence dans les diverses contrées. En général, il varie entre 300 et 600 kil. La statistique la plus récente accuse un poids moyen de 511 kilog. pour les chevaux de roulage et d'agriculture, de 453 kil. pour les chevaux des diligences, et de 430 kil. pour les chevaux des voitures particulières[2].

Allure. — Les chevaux marchent avec des vitesses variables suivant leur conformation, et surtout suivant les résistances qu'ils ont à vaincre. On distingue trois allures, le pas, le trot et le galop.

L'allure du pas répond à des vitesses qui descendent à $0^m,40$ par seconde, et ne dépassent guère $1^m,80$; la vitesse du trot est de $2^m,25$ à 5 mètres par seconde ; le galop peut atteindre 15 à 16 mètres.

Les voitures qui circulent sur les routes ne se mettent qu'accidentellement au galop.

Durée de la marche. — La durée de la marche journalière dépend de la vitesse et de l'effort imposé au cheval.

Un cheval mené au pas et convenablement chargé marchera dix heures par jour, avec une vitesse moyenne de $0^m,80$ à 1 mètre par seconde, pourvu que son travail soit interrompu une ou deux fois par des repos. On a observé que les chevaux attelés aux diligences travaillaient trois heures par jour, en deux périodes égales séparées par un long repos, à la vitesse de 8 à 12 kilomètres par heure. Un cheval lancé à toute vitesse sera épuisé en une demi-heure ou trois quarts d'heure. Un cheval de course qui fait un kilomètre par minute ne peut courir que quatre ou cinq minutes.

39. Puissance du cheval. — Le cheval, considéré comme moteur, est une machine qui est susceptible de rendre une

1. *Cours d'agriculture*, t. III, p. 68.
2. Recensement de la circulation en 1882.

partie de sa puissance propre sous forme de travail, et qui conserve cette puissance indéfiniment si elle est convenablement alimentée et entretenue, c'est-à-dire, si le cheval est bien nourri, bien pansé, et si on lui accorde le repos nécessaire. Dans ces conditions, il pourra rendre chaque jour les mêmes services que la veille, et supporter de nouveau la même fatigue.

La puissance absolue de cette machine n'a pas été déterminée. On paraît d'accord pour admettre qu'elle est proportionnelle au poids de l'animal.

On verra plus loin que sa valeur approximative, exprimée en kilogrammètres par jour, semble se rapprocher de 10,000 fois le poids du cheval.

Rendement. — Son rendement en travail utile est plus facile à connaître. Il suffit de mesurer les efforts que le cheval fait pour vaincre les résistances qui lui sont opposées, et les vitesses avec lesquelles il marche. En multipliant leur produit par la durée du parcours journalier, on a le travail qu'il produit.

En général, si E est l'effort d'un cheval à un instant donné, et v sa vitesse, le produit Ev est le travail élémentaire développé dans cet instant, et le travail journalier, pour une durée T est la somme $\int_0^T Evdt$. Si la vitesse était uniforme, ainsi que l'effort, le travail journalier serait EvT.

Par exemple, un cheval qui ferait un effort continu de 75 kil. avec une vitesse de 1 mètre par seconde, et qui marcherait pendant dix heures, développerait un travail élémentaire de 75 kilogrammètres par seconde, et un travail journalier de $75 \times 36000 = 2700000$ kilogrammètres.

Le rendement journalier d'un cheval doit être, comme sa puissance, proportionnel à son poids. On peut donc le représenter par Jp.

Détermination du rendement. — Cette valeur est susceptible d'un maximum qui correspond à la meilleure utilisation de cette machine vivante. Quand l'effort à exercer devient excessif, ou bien que l'on exagère la durée du travail ou la vitesse de la marche, les autres facteurs du produit baissent en progression plus rapide, et le rendement diminue, si du moins on n'épuise pas l'animal en lui demandant, dans une journée, une fatigue supérieure à celle qu'il peut réparer par le repos et l'alimentation journaliers.

Pour rester dans ces conditions, il faut donc garder entre les éléments E, v et T une proportion, que l'expérience peut indiquer. Il suffit d'observer les valeurs que prennent ces trois éléments sur des chevaux dont le travail et l'entretien sont réguliers et normaux.

Il a été fait un assez grand nombre de recherches à ce sujet. Mais la plupart des auteurs ont omis de constater le poids des animaux qu'ils observaient, en sorte qu'ils sont arrivés aux nombres les plus divergents en apparence.

Les résultats les plus authentiques qui aient été donnés sont résumés dans le tableau ci-dessous.

NUMÉROS d'ordre.	NOMS des auteurs.	MACHINES sur lesquelles agissaient les chevaux.	EFFORT de traction.	DURÉE du travail journalier.	PARCOURS journalier.	TRAVAIL journalier. Jp	POIDS des chevaux. P	TRAVAIL journalier spécifique. J.
			kilog.	heures	kilom.	kilogrm.	kilom	kilogrm.
1	Manès et Corrèze.	Voitures	45	»	40.0	1.800.000	»	»
2	Ch. Dupin	Charrue	72	»	26.0	1.872.000	»	»
3	—	Charrettes de brasseur à Londres.	90	8	32.0	2.880.000	»	»
4	Hachette	Manège.........	100	»	16.0	1.600 000	»	»
5	Minard..........	Manèges (moy.)..	40	»	31.3	1.254 000	»	»
6	Navier..........	Manèges........	45	10	32.4	1.458.000	»	»
7	—	Voitures	60	10	32.4	1.944.000	»	»
8	De Gasparin.....	Charrue.	98	10	16.2	1.620.000	320	5063
9	—	Charrue.........	53	10	34.2	1.832.000	340	5389
10	—	Charrette........	45	10	42.8	1.928.000	360	5356
11	—	Noria.	40	10	43.2	1.728 000	320	5400

Il résulte des expériences de Gasparin, les seules où le poids des chevaux soit indiqué, que, dans des conditions normales de travail, J varie de 5.350 à 5.400. Dans la seule expérience (n° 8) où J soit descendu plus bas, l'effort de traction s'élevait à 98 kilogrammes pour un cheval de 320 kil. ; or, cet effort est exagéré et rentre dans la classe de ceux qui, exercés continûment, diminuent le rendement journalier de la force de l'animal.

Si l'on introduisait une valeur de J égale à 5.400 dans les données fournies par les autres auteurs, on pourrait calculer les poids probables des chevaux qui y figuraient. On trouverait ainsi que les charrettes de brasseur de Londres étaient traînées par de puissants animaux pesant plus de 500 kilogrammes, tandis que les manèges étaient mis en mouvement par des chevaux de rebut ; et que les autres expériences se rapportaient à des chevaux de 320 à 360 kilogrammes, analogues à ceux de Gasparin, qui étaient moyennement en usage à cette époque. Or toutes ces conséquences sont vraisemblables.

On est donc autorisé à admettre que la quantité J, lorsqu'elle approche de son maximum, a une valeur de 5.400 kilogrammètres, si les chevaux sont soumis à un entretien régulier.

Quand les chevaux marchent au pas pendant dix heures, cette quantité répond à un travail élémentaire moyen de $0,15p$ par seconde.

On peut remarquer que, pour des chevaux de 500 kilogr., ce travail élémentaire devient 75 kilogrammètres, précisément celui d'un cheval-vapeur.

On admet généralement, avec Navier, qu'un cheval attelé marche régulièrement pendant dix heures par jour, avec une vitesse constante de $0^m,90$ par seconde, et parcourt ainsi 32 kil.,400 par jour. L'effort de traction E qu'il exerce dans ces conditions serait donc fourni par la relation : $32400\ E = 5400\ p$, d'où $E = \frac{p}{6}$. Un cheval semble donc pouvoir faire normalement et d'une façon continue un effort égal à 1/6 de son poids.

40. Résistances passives. — Mais le cheval ne se fatigue pas seulement parce qu'il traîne des fardeaux ; il lui faut aussi vaincre les résistances passives qu'il rencontre dans son organisme pour progresser et lancer son poids en avant. Les mouvements musculaires qu'il fait alors donnent lieu à un travail qu'il est rationnel de supposer également proportionnel à son poids, mais qui change selon la vitesse, d'après une loi encore inconnue. On peut le représenter par Kp, pour chaque unité de parcours, K étant un coefficient variable avec la vitesse.

41. Fatigue. — Le travail total, somme du travail extérieur dû à l'effort nécessaire pour vaincre les résistances des voitures à la traction, et du travail intérieur dû aux résistances passives, constitue la *fatigue* du cheval.

Sous peine de dépérir, il doit retrouver dans son alimentation et dans son repos les éléments d'une restitution de forces équivalentes à cette fatigue.

Si on représente par v la vitesse de marche à un moment donné, par E l'effort correspondant et par K la valeur du coefficient de travail passif qui répond à cette vitesse, la fatigue spécifique, c'est-à-dire rapportée au poids du cheval, est, par unité de temps, $(\frac{E}{p} + K)\, v$. Pour un temps T, la fatigue est : $\int_0^T \left(\frac{E}{p} + K\right) v dt$. Si la vitesse et l'effort sont constants, elle devient : $(\frac{E}{p} + K)\, v T$.

42. Détermination du coefficient de résistance passive. — La valeur de K à différentes vitesses ne pourrait se déterminer que par des expériences qui font défaut. Tout ce que l'on peut admettre, c'est qu'un cheval non attelé parcourt au pas 70.000 mètres par journée, d'après Tredgold. Ce savant ne dit pas la taille et le poids du cheval auquel il attribue cette puissance. Mais on doit penser qu'il avait en vue un animal moyen analogue à celui de Navier.

Si on suppose que K ne varie pas beaucoup, tant que le cheval reste au pas dans des conditions normales, on peut déterminer une valeur approximative de ce coefficient pour l'allure du pas, en exprimant que la fatigue journalière est la même, K restant constant, dans les deux hypothèses d'un animal soit attelé, soit marchant librement. On obtient ainsi la relation :

$$70000\, Kp = 5400\, p + 32400\, Kp.$$

d'où l'on tire $K = \frac{1}{7}$.

Ainsi l'effort nécessaire pour vaincre les résistances passives ou intérieures serait, dans l'allure du pas, environ 1/7 du poids du cheval.

Pour des chevaux au trot, K est nécessairement plus fort. Il est encore bien plus difficile de l'évaluer que dans l'allure au pas. En réunissant les diverses notions indiquées ci-dessus, on peut croire cependant qu'il ne s'éloigne pas beaucoup de 1/5 [1].

43. Remarques. — 1° Les nombres qui viennent d'être indiqués peuvent servir à déterminer la puissance totale du cheval et son rendement maximum.

Si on se reporte à la donnée de Tredgold, où $vT = 70.000$ pour $E = o$, et si l'on admet $K = 1/7$, on voit que la puissance du cheval, exprimée en kilogrammètres par jour, est $10,000\,p$. C'est le résultat annoncé au numéro 39.

D'autre part, le rendement le meilleur que l'on peut obtenir en conduisant et entretenant convenablement le cheval est $Jp = 5.400\,p$.

On peut donc dire, comme la remarque en a été ingénieusement faite, que le cheval est une machine dont le rendement utile serait de 54 pour 100 environ au pas.

Au trot ordinaire, le rendement serait abaissé d'un tiers et réduit à 36 pour cent.

2° On peut faire varier la vitesse de la marche des chevaux quand leurs efforts varient, de façon à leur assurer une fatigue uniforme constante à tout moment. Il suffit de faire $\left(\frac{E}{p} + K\right) v$ constant. Ce nombre constant est égal à la fatigue spécifique

1. On peut constater ce résultat de la manière suivante :

Désignant par K′ la valeur du coefficient pour le trot, avec une vitesse v maintenue pendant un temps T′, on doit avoir, la fatigue journalière étant constante : $\left(\frac{E}{p} + K\right) vT = \left(\frac{E'}{p} + K'\right) v'T'$. Or vT diffère peu de $v'T'$, et ces deux quantités sont même égales si on admet les hypothèses moyennes : $v = 0{,}90$ et $T = 10^h$; $v' = 3^m$, et $T' = 3^h$. L'égalité : $\frac{E}{p} + K = \frac{E'}{p} + K'$ ne s'éloigne donc pas beaucoup de la vérité. Or $\frac{E'}{p}$ est à peu près les $\frac{2}{3}$ de $\frac{E}{p}$, car on a vu que les charges brutes traînées par un cheval sont de 900 à 1.000 kilog. pour les diligences, et de 1.440 kilog. pour les charrettes. D'autre part, la valeur moyenne de $\frac{E}{p}$ est $\frac{1}{6}$. Ces divers nombres introduits dans la formule ci-dessus, donnent précisément pour K′ la valeur 0,20.

journalière 10.000 divisée par le nombre de secondes de la journée de travail, soit 36.000 pour une journée de dix heures au pas, et 10.800 pour une journée de trois heuresau trot.

3° Les valeurs numériques attribuées aux différents coefficients indiqués ci-dessus ne sont malheureusement qu'assez grossièrement approximatives, à défaut d'expériences plus nombreuses et plus complètes.

§ 4

COURBES

44. Inconvénients des courbes. — Les courbes sont pour la traction la source de gêne et de résistances supplémentaires, qui varient en sens inverse du rayon des courbes.

Quand une voiture circule dans une courbe, l'attelage est obligé de faire, à chaque instant, un effort transversal pour la maintenir sur la chaussée. Cet effort est évidemment d'autant plus considérable que le rayon de la courbe est plus petit.

Les chevaux en file n'y tirent pas dans la même direction. Ils tendent instinctivement à se maintenir vers le milieu de la chaussée, et le conducteur les y guide autant que possible. Ils se disposent donc suivant les cordes successives de la courbe. Dans cette disposition, chacun d'eux est tiré vers le centre, et ne se maintient sur la chaussée qu'en dépensant une partie de sa force en efforts transversaux perdus pour la traction.

Lorsque les jantes des roues sont larges, leurs différents points, en s'appuyant successivement sur la chaussée, y subissent des glissements plus ou moins prononcés, qui s'ajoutent aux frottements habituels et augmentent la résistance. En effet, ces points, par construction, décrivent nécessairement des circonférences égales. Mais ces circonférences roulent sur la chaussée suivant des courbes de rayons différents, et y parcourent des chemins inégaux.

Les croisements des voitures à un ou deux chevaux de file se font, dans les courbes, à peu près aussi aisément que dans les parties droites. Il en serait de même pour les attelages plus longs, si les chevaux se disposaient exactement suivant une courbe concentrique à l'axe de la chaussée. Mais, en réalité, il n'en est pas ainsi. Le cheval de tête, n'éprouvant qu'une résistance postérieure, a une tendance à s'écarter de l'axe, et il entraîne le reste de l'attelage, qui se dispose suivant une courbe intermédiaire entre la courbe concentrique à l'axe et la ligne droite. Pour que deux voitures puissent se croiser commodément, il faut donc que l'ensemble de chacune d'elles et de son attelage disposé de cette façon reste constamment inscrit dans la moitié de la chaussée, ce qui sera d'autant plus facile, pour une largeur donnée, que le rayon de la courbe sera plus grand.

45. Effets de la force centrifuge. — L'inconvénient principal des courbes, c'est la force centrifuge qui s'y développe sur les voitures rapides. Cette force C est appliquée au centre de gravité G et s'exerce suivant le rayon, c'est-à-dire transversalement à la marche. Elle se compose avec le poids P du véhicule, qui se trouve soumis à une résultante oblique S. Si cette résultante tombe sur la chaussée en dehors des roues, la voiture vient à verser.

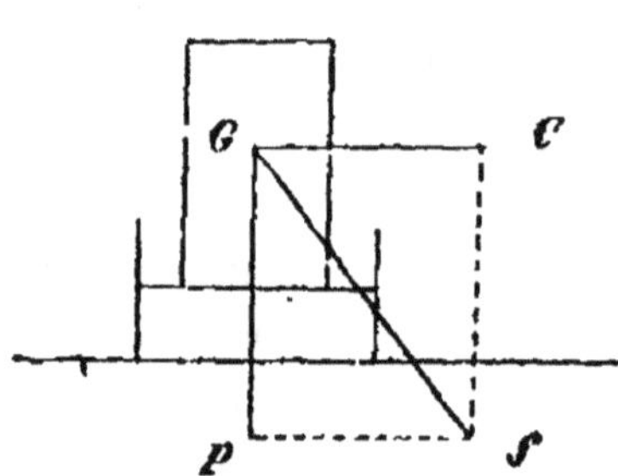

Dans le cas où la force centrifuge n'est pas assez grande pour qu'il y ait danger de verser, elle a toujours pour effet de pousser transversalement la voiture, qui n'est maintenue dans sa direction que par le frottement de glissement des roues sur la chaussée. Si cette action est supérieure au frottement, les roues glissent et la voiture se place obliquement : il en résulte pour les chevaux un effort transversal supplémentaire, qui les gêne et les fatigue.

Si les voitures sont à quatre roues, la partie postérieure, qui est en général la plus lourdement chargée, et dont se rapproche le centre de gravité, tourne autour de la cheville ouvrière et tend à se placer transversalement. La voiture fringale, comme on dit vulgairement, et il en peut résulter des accidents, surtout dans les descentes.

Enfin, les personnes qui se trouvent dans les voitures éprouvent individuellement les effets de la force centrifuge, et il en résulte pour elles un sentiment de projection au dehors qui les gêne et les inquiète.

La force centrifuge ayant pour expression $\frac{mv^2}{R}$, son intensité est en raison inverse du rayon de la courbe.

46. Limite du rayon. — Il résulte de ces diverses considérations qu'il y a intérêt à faire les rayons des courbes aussi grands que possible.

Mais, d'un autre côté, le plus souvent on trace l'axe en courbe pour éviter ou contourner des obstacles, des plis de terrains, par exemple, et, au point de vue de l'économie, on aurait intérêt à faire les rayons petits.

Il y a donc là deux conditions contradictoires, auxquelles on satisfait le mieux possible.

On a été conduit, par suite, à se poser la question de savoir jusqu'à quelle limite il est prudent ou convenable d'abaisser le rayon des courbes.

La pratique seule peut renseigner à ce sujet. Elle a démontré que, pour les vitesses ordinaires des voitures rapides, que l'on peut évaluer à 12 kilomètres à l'heure en moyenne, un rayon de 30 mètres était suffisant. Pour des vitesses plus grandes, allant jusqu'à 15 ou 16 kilomètres, il faudrait avoir 50 mètres.

On doit s'efforcer d'avoir les rayons de 50 mètres, et, en tout cas, ne jamais en admettre de moins de 30 mètres.

Dans quelques contrées très accidentées, où les terrassements coûtent cher, on descend quelquefois au-dessous de cette limite, et on admet des rayons de 25 et même de 20 mètres. Mais, dans ces contrées, les vitesses ne sont jamais bien grandes, par suite de la succession fréquente de rampes et de pentes que l'on rencontre.

Quand les rayons sont inférieurs aux minima qui viennent d'être indiqués, les voitures sont obligées de ralentir leur allure par prudence dans les courbes.

Quant aux croisements, on ne peut guère analyser la manière dont ils se produisent dans les courbes, car on ignore comment se disposent en réalité les files de chevaux. L'expérience semble indiquer que les rencontres des voitures à cinq files de chevaux, sur des chaussées en courbe de 5 à 6 mètres de largeur, se font assez facilement avec des rayons de 30 mètres, quoiqu'en demandant une certaine attention de la part des conducteurs; mais qu'il est préférable, sous ce rapport encore, de n'avoir pas de rayons inférieurs à 50 mètres.

Au-dessus de cette limite de rayon, on peut admettre que les courbes sont sans inconvénients, et que la circulation s'y fait aussi facilement que sur les parties rectilignes.

§ 5

DÉCLIVITÉ DES PENTES ET DES RAMPES.

47. Résistance à la traction en palier. — Dans les parties en palier, le moteur doit vaincre, pour maintenir la voiture en équilibre, une résistance égale au frottement de roulement des roues sur la chaussée. Ce frottement est proportionnel à la pression des roues, c'est-à-dire au poids brut P de la voiture. On peut le représenter par fP. Le coefficient f varie avec diverses causes, telles que le diamètre des roues et l'état de la chaussée. Mais, pour une même voiture et une même chaussée, il reste constant, et n'est influencé que très faiblement par des causes secondaires négligeables. Avec l'état actuel des chaussées et le matériel en usage, il s'éloigne peu de 0,03 sur les empierrements, et de 0,02 sur les pavages. Dans les applications, on adopte le plus souvent

$f = 0,03$, les chaussées empierrées étant de beaucoup les plus répandues.

48. Influence de la déclivité sur la traction. — Dans les parties où il y a pente ou rampe, la traction se trouve modifiée. La voiture étant sur un plan incliné, son poids P peut se décomposer en deux forces, l'une N normale et l'autre F parallèle à la surface de la route. Si α représente l'angle du plan incliné avec l'horizon, on a $N = P \cos \alpha$ et $F = P \sin \alpha$. Le frottement de roulement se trouve réduit à $fN = fP \cos \alpha$. Mais la force F vient s'ajouter à fN si la voiture monte, ou s'en retrancher si elle descend. La force A, à laquelle l'effort E du cheval doit faire équilibre, a donc pour expression $A = fN \pm F = P(f \cos \alpha \pm \sin \alpha)$.

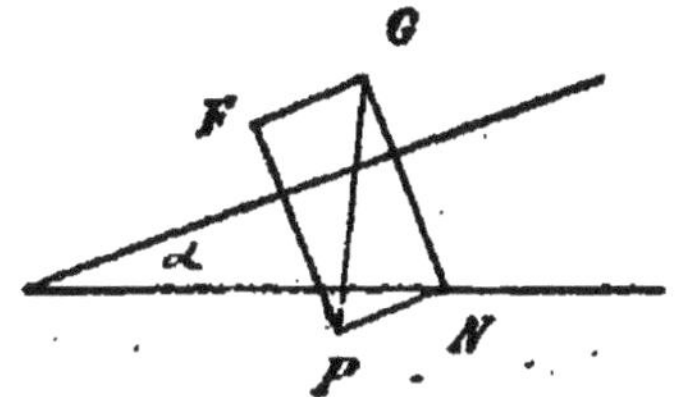

L'angle α est toujours très petit ; il ne dépasse pas habituellement 3° et atteint rarement 5° à 6°. On peut donc, sans erreur sensible, supposer $\cos \alpha = 1$, et remplacer $\sin \alpha$ par $\operatorname{tg} \alpha$. Appelant h la valeur de $\operatorname{tg} \alpha$, qui est précisément la pente du profil en long, on a donc $A = P(f \pm h)$.

On peut supprimer le double signe $\pm$ et le remplacer par $+$, en faisant la convention que la lettre h porte son signe, positif dans les montées et négatif dans les descentes, et écrire simplement $A = P(f + h)$.

49. Cas de la descente. — Dans les descentes, il peut arriver que l'on ait $h = -f$. Alors la force A devient nulle. Le cheval n'a donc aucun effort à faire, et il marche comme s'il était libre.

Si la déclivité est encore plus forte, en sorte que l'on ait $-h > f$, la force A devient négative. L'effort du cheval change de sens : au lieu de tirer la voiture, il la retient sur la pente.

Ce mode d'action, qui n'est autre qu'un recul, le fatigue au moins autant que la traction directe, et le gêne beaucoup, car il n'y est pas habitué, et il n'est pas conformé naturellement ni harnaché le mieux possible pour ce genre d'effort.

Aussi ne peut-il le supporter que dans certaines limites. Si la poussée devient trop forte, il est entraîné avec la voiture par une force accélératrice constante, qui est la différence A—E entre la poussée de la voiture et l'effort de recul du cheval. La vitesse s'accélère indéfiniment, et il peut arriver des accidents si les descentes sont un peu longues.

50. Frein. — Ordinairement, on munit les voitures de freins. Ce sont des appareils que l'on presse contre les bandes des roues, et qui, par leur frottement, développent un travail mécanique opposé à celui de la pesanteur. Si le frein est serré de façon que les deux travaux soient équivalents, le cheval avance librement, comme s'il était sans charge. Si le frein presse plus énergiquement, il produit un travail supérieur à celui de la pesanteur, et le cheval a un effort de traction à exercer pour tenir la voiture en équilibre. Il aurait à faire un effort de recul, si le frein était trop peu serré.

On substitue quelquefois au frein un sabot en fer, qui s'emboîte sous une roue et est relié à la voiture par une chaîne. La roue est alors enrayée, et le frottement de roulement y est transformé en un frottement de glissement beaucoup plus énergique. Cet appareil n'est plus guère employé : il ne peut se régler comme le frein, et le plus souvent il agit ou trop faiblement ou trop énergiquement. On ne s'en sert plus que sur certaines pentes très rapides, où le frein serait insuffisant à moins d'être tellement serré que ses organes seraient exposés à se briser, et on ne l'applique qu'à une seule roue.

51. Effet du poids du cheval. — Le poids propre du cheval donne lieu également à une composante parallèle à la route. Cette composante est égale à ph pour un cheval de poids p. Elle s'ajoute à celle qui est due au poids de la voiture et agit dans le même sens. En sorte qu'en réalité la force à laquelle l'effort du cheval doit faire équilibre est $A = Pf + (P + p)\,h$.

Cette force est nulle lorsque $-h$ atteint la limite $i = \frac{Pf}{P+p}$.

Le cheval circule alors comme s'il était libre sur un palier, et n'a d'autre fatigue que celle qui résulte de son mouvement de progression. Sur les pentes d'inclinaison supérieure, il aurait à retenir, si on ne faisait usage du frein, qui peut être réglé de façon à produire un travail exactement égal et de signe contraire à celui de la force A.

52. Travail de la résistance à la traction. — Sur une rampe de longueur l et d'inclinaison h, le travail mécanique de la résistance A est $Al = Pfl + (P+p)\, hl$.

Si l'on a une succession de rampes de longueurs l, l', l''... et d'inclinaisons h, h', h''...., le travail total T des résistances à la traction est :

$$T = Pf\,(l + l' + l'' + ...) + (P+p)\,(hl + h'l' + h''l'' + ...)$$

Or la première parenthèse est la longueur totale L de la partie de route considérée, et la seconde est la différence de niveau N entre les points extrêmes. Donc $T = PfL + (P+p)\, N$.

53. Fatigue correspondante du cheval. — La fatigue correspondante de l'attelage se compose du travail passif nécessaire à l'entretien de son mouvement de progression, et du travail d'un effort égal à la résistance de la voiture. Sur une rampe de longueur l et d'inclinaison h, sa fatigue φ est donc $\varphi = Kpl + [Pfl + (P+p)\, hl]$.

Mais il faut remarquer que, dans cette formule, le terme entre crochets doit toujours être pris positivement, lors même que la résistance est négative. Car l'attelage doit alors retenir, ce qui le fatigue autant que de traîner, sinon davantage.

Sur un ensemble de longueur L où les pentes varient d'inclinaison et de sens, la fatigue totale devient $F = KpL + \Sigma\,[Pfl + (P+p)\, hl]$ chacun des termes placés sous le signe Σ étant pris en valeur absolue.

Lorsque les pentes que la voiture descend restent au-dessous de la limite $i = \frac{Pf}{P+p}$, tous les termes sous le signe Σ sont positifs, et alors $\Sigma\, hl$ est égal à la différence du niveau Δ des points extrêmes. La fatigue peut donc se mettre sous la forme

$$F = (Kp + fP) L + (P + p) \Delta.$$

Mais, s'il y a des pentes plus raides, cette simplification n'est pas possible.

Lorsque la voiture est armée de freins, et on peut supposer qu'il en est toujours ainsi, on les serre à la descente de façon à annuler la poussée du véhicule, et même la composante due au poids de l'attelage. La voiture circule alors dans les mêmes conditions que si elle était sur une pente d'inclinaison i. Le terme entre crochets se trouve en effet annulé, comme cela aurait lieu si on avait $Pf + (P + p) h = o$ ou $h = - i$. On peut donc conserver la formule ci-dessus dans tous les cas, en faisant cette convention que, partout où la pente dépasse la limite i, on substitue cette limite à la pente réelle. Il en résulte un profil en long fictif, où la différence réelle de niveau Δ est remplacée par une hauteur fictive H, et la fatigue a pour expression :

$$F = (Kp + fP) L + (P + p) H.$$

Fatigue par unité de poids transporté. — Si l'on divise tous les termes de cette formule par le poids P, on a la fatigue totale dépensée par un attelage quelconque, pour transporter, d'un bout à l'autre de la route, l'unité de poids brut. Représentant par Q le rapport $\frac{F}{P}$, et par C le rapport $\frac{P}{p}$, chargement spécifique ou charge traînée par chaque unité de poids de l'attelage, on a enfin :

$$Q = \left(\frac{K}{C} + f\right) L + \left(1 + \frac{1}{C}\right) H.$$

54. Limite du chargement. — Le chargement P que l'on peut imposer à des chevaux de poids p n'est pas illimité. Il doit être réglé de façon à ne pas leur imposer des efforts de traction qui pourraient les épuiser.

Si l'on veut leur conserver leur puissance, de façon que,

chaque jour, ils puissent faire le même travail, on ne doit pas les astreindre, longtemps du moins, à des efforts dépassant beaucoup la moyenne habituelle. Il faut les éviter ou, si on y a recours, les exiger d'autant moins longs qu'ils sont plus énergiques. Or, si on représente par Mp l'effort le plus grand qu'il convienne d'imposer au cheval sur une rampe d'inclinaison h, on a $Mp = fP + (P+p)\,h$ d'ou l'on tire $\frac{P}{p} = \frac{M-h}{f+h}$. La valeur de C ne doit pas dépasser ce nombre. On ne peut donc faire traîner à un attelage une charge supérieure à celle qui résulte de cette expression, après qu'on y a substitué à M la valeur la plus grande parmi celles qui sont admissibles eu égard au tracé et au profil en long de la route.

Limite de l'effort du cheval. — Il paraît rationnel de faire varier l'effort maximum M suivant la durée pendant laquelle on est obligé de le maintenir, c'est-à-dire suivant la longueur de la rampe à laquelle il correspond. Si elle est très courte on peut faire M plus grand que quand elle est longue. M est donc une fonction de la longueur de la rampe où on suppose cet effort.

Cette fonction n'est pas connue. On possède seulement quelques données expérimentales, d'où il résulte qu'on ne doit pas compter sur un effort supérieur au tiers du poids du cheval, même sur un très faible parcours. Donc, pour $l=o$, on peut faire $M=\frac{1}{3}$. D'autre part, on a vu (n° 39) qu'un cheval, marchant constamment à la vitesse normale de $0^m,90$ par seconde, exerce un effort égal au sixième de son poids. Donc on fera $M=\frac{1}{6}$ sur les rampes assez longues pour être considérées comme continues, c'est-à-dire dont le parcours exige une forte fraction de la journée. Ainsi M varie entre 1/3 et 1/6.

Les valeurs intermédiaires obéissent à une loi que l'on est obligé de fixer arbitrairement. M. Léon Durand-Claye a proposé pour cette loi la formule empirique $M=\frac{1-\sqrt{0,023l}}{3}$, où la longueur l est exprimée en kilomètres. Les nombres qui en résultent paraissent satisfaire assez bien au peu d'observations qui ont été faites à ce sujet.

La charge spécifique C que l'on impose à un attelage qui parcourt une route ne doit donc dépasser aucune des valeurs que prend, sur les rampes successives de la route, l'expression $\frac{M-h}{f+h}$, que l'on peut mettre sous la forme $\frac{Ml-N}{fl+N}$ en appelant N la montée totale de la rampe et l sa longueur[1].

Lorsqu'il y a plusieurs rampes consécutives ou séparées par de courtes contrepentes, la longueur l et la hauteur N doivent s'entendre de l'ensemble de ces rampes et contrepentes ; ou plutôt, il faut faire le calcul d'abord pour chacune des rampes isolément, et ensuite pour le tout et les parties successives de l'ensemble.

Remarque. — Sur un palier indéfini, $h = o$ et $M = 1/6$, en sorte que $C = \frac{1}{6f}$. Si on suppose $f = 0,03$, on trouve $C = 5,555$.

55. Chevaux de renfort. — Lorsque les rampes qui se présentent sur une route ont une inclinaison telle que la limite d'effort M soit dépassée, on ajoute à l'attelage un ou plusieurs chevaux supplémentaires, que l'on appelle chevaux de renfort.

L'usage des chevaux de renfort n'est admissible que sur des routes très fréquentées. Il s'organise alors, au pied des rampes, des services de relais qui louent les chevaux de renfort aux voitures successives et peuvent tirer profit de cette industrie. Si la route n'est pas assez fréquentée, les chevaux de renfort sont en même temps employés aux travaux des champs ; quand une voiture se présente, le cheval n'est pas toujours disponible, il faut l'attendre, et il y a une grande perte de temps.

La force supplémentaire introduite dans l'attelage par un cheval de renfort est rarement la mieux appropriée à l'inten-

1. On trouvera, à la fin du chapitre IV, des tables qui donnent, toutes calculées, les valeurs de Ml.

sité de la rampe à monter. Elle est quelquefois insuffisante, souvent exagérée. Dans le premier cas, on n'atteint qu'imparfaitement le but, et dans le second on paie une force qui n'est pas utilisée.

Enfin la location de cette force est toujours plus chère que celle d'un attelage régulier.

Néanmoins la ressource des renforts est précieuse pour l'ascension des rampes exceptionnelles, parce qu'elle permet de ne pas diminuer le chargement en vue de ces rampes, et de le régler sur les autres parties de la route.

56. Application aux tracés. — La formule $Q = \left(\frac{K}{C} + f\right)L + \left(1 + \frac{1}{C}\right)H$ permet de déduire immédiatement les règles générales les plus importantes des tracés ; car on doit satisfaire aux conditions qui rendent Q le plus petit possible.

La première règle, déjà connue, c'est qu'il y a intérêt à rapprocher le plus possible les tracés de la ligne droite, puisque le premier terme est proportionnel à la longueur L.

La seconde règle, également prévue, c'est qu'il faut diminuer les déclivités des rampes, autant qu'on le peut. En effet, on a vu que le chargement spécifique est déterminé par la plus petite des valeurs que prend l'expression $\frac{M - h}{f + h}$ sur chaque rampe. Quelle que soit la règle suivant laquelle on détermine M, cette expression est d'autant moindre que h est plus grand. Or diminuer C, c'est augmenter $\frac{1}{C}$, et, par suite, le terme $\frac{1}{C}(KL + H)$ que l'on peut mettre en évidence dans l'expression de Q ; terme qui est toujours positif, même lorsque H est négatif, dans les limites de déclivité qu'on ne dépasse jamais.

Une troisième règle, c'est qu'il faut éviter d'introduire dans un tracé une rampe de déclivité exceptionnelle, sur laquelle h serait beaucoup plus grand que dans le reste du tracé. Car cette rampe limiterait la valeur du chargement C, ou exigerait l'usage des chevaux de renfort.

La quatrième règle, c'est qu'on ne doit pas monter pour

redescendre, ou inversement, à moins que les pentes n'aient une inclinaison inférieure à la limite $i = \frac{fP}{P+p} = \frac{fC}{1+C}$. Si l'on reste dans cette limite, en effet, la valeur de H et par suite celle de Q restent les mêmes, quelles que soient les variations de la déclivité : le soulagement du cheval dans les descentes compense la fatigue des montées. Mais, si les pentes dépassent la limite i, il y a fatigue en tirant pour monter et fatigue en retenant pour descendre. L'usage du frein atténue cette augmentation de fatigue, mais ne la supprime pas. Car pour calculer la hauteur fictive on substitue la déclivité i à toute déclivité plus grande dans les descentes, et on diminue la valeur des termes négatifs dans la somme que représente H.

En pratique d'ailleurs, le frein n'annule jamais exactement l'effort de l'attelage. Il exige une traction s'il est trop serré, ou une action de recul s'il ne l'est pas assez. La réduction de travail qui lui est due n'est donc pas même aussi grande que l'indique la formule.

57. Limites des pentes. — Ces diverses règles sont le plus souvent contradictoires entre elles ou avec celle qui prescrit l'économie. La déclivité est d'autant plus grande que l'on rachète la différence de niveau par une pente plus courte. D'autre part, on ne peut guère éviter dans bien des cas de monter pour redescendre, sans allonger de beaucoup le parcours ou sans faire de grands travaux. On a donc été conduit a se demander à quelle limite de déclivité doivent s'arrêter les pentes.

Au point de vue de la sécurité, elles devraient être telles qu'on pût se passer de frein à la descente. Car les freins n'existent pas sur toutes les voitures, et ceux qui existent peuvent se rompre. Leur usage est d'ailleurs une source de détérioration pour les voitures, dont les bandages s'usent promptement ainsi que les freins eux-mêmes, et pour les chaussées, lorsque le frein est serré jusqu'à l'enrayage ou remplacé par le sabot. Il serait donc à souhaiter que, dans les descentes, les chevaux n'eussent pas à retenir au delà de ce que leur permet leur faculté de recul. Or cette faculté est très restreinte, surtout si on envisage les voitures à plusieurs files de chevaux, où la première file seule, attelée aux brancards, a la possibilité de retenir. Le mieux serait donc de ne pas dépasser la limite i où la poussée est nulle, ou tout au plus une pente égale à f, où l'attelage descend comme s'il était libre, et n'est poussé que par son propre poids p.

Dans l'état actuel de nos chaussées $f = 0{,}03$ et $i = 0{,}025$ environ. Ce sont là, *en effet, les limites de pente où l'on* cherche à se maintenir.

On voit que la limite de pente devient plus faible à mesure que les chaussées sont mieux entretenues, puisqu'elle est égale ou proportionnelle au coefficient f de résistance au roulement. Certaines pentes qui maintenant paraissent exagérées étaient justifiées lors de leur établissement.

Mais il n'est pas toujours possible de rester dans ces limites quand le sol est accidenté, sans allongements énormes ou dépenses excessives. Dans ce cas, on porte les pentes jusqu'à une autre limite, que l'on choisit en rapport avec celle des bonnes routes existant dans la même contrée. Il faut plutôt rester un peu en dessous, et surtout ne jamais les dépasser; car alors la route nouvelle représenterait une rampe isolée exceptionnelle, dont les inconvénients ont été signalés.

En aucun cas, cette limite ne doit dépasser $2f = 0{,}06$. Sur une telle pente, les voitures à un cheval descendent avec sécurité, même quand le frein fait défaut, si elles sont conduites prudemment. La poussée qu'elles produisent est précisément égale à f. Le cheval a donc à exercer un effort de recul égal à l'effort de traction qu'il fait sur un terrain en palier; on peut admettre qu'il y résiste efficacement.

La même sécurité n'existe pas pour les voitures à plusieurs files de chevaux; sur des pentes de 0,06 elles ne peuvent se passer de frein.

La déclivité des pentes est limitée aussi par l'intérêt des voitures au trot. Dans les descentes, ce genre de voitures a généralement peu à craindre : elles sont construites avec soin et bien entretenues, et on peut compter sur l'action du frein; si quelques-unes sont dépourvues de frein, ce sont des voitures bourgeoises légères, dont l'attelage dispose d'une puissance relativement considérable. Mais à la montée, il importerait beaucoup qu'elles pussent conserver leur allure. Or l'expérience indique que, sur des rampes de 0,03, avec des charges modérées, le trot reste possible pendant quelque temps, mais qu'il n'est réellement assuré d'une façon continue que si la déclivité ne s'élève pas au delà de 0,020 à 0,025 environ. On est donc conduit par cette considération à la même limite que par la précédente.

Il est à remarquer que, aussitôt que l'allure change et passe du trot au pas, le cheval peut exercer un effort beaucoup plus considérable, parce que sa vitesse diminue brusquement et que la portion de sa force employée à maintenir l'allure du trot devient disponible. Il pourrait donc aborder facilement, au moment où il se met au pas, des rampes plus raides que celles où il trotte péniblement. Pour les voitures au trot, il serait donc préférable de substituer à une pente moyenne continue, si elle dépasse 0,025 environ, une série de pentes plus inclinées, séparées par des paliers ou des pentes faibles.

Pentes brisées. — Lorsque les rampes sont très longues, de plusieurs kilomètres par exemple, au lieu de les faire continues, il est préférable de les briser, c'est-à-dire de les composer de plusieurs sections ayant des déclivités différentes, et même d'y introduire quelques paliers, sauf à augmenter légèrement l'inclinaison des autres parties. On a remarqué que les chevaux se fatiguaient moins; car leurs muscles ne restent pas aussi longtemps tendus de la même façon, et prennent successivement un repos relatif.

Par le même motif, on ne cherche pas les longs paliers. On leur préfère une succession de pentes et de rampes, dont la déclivité ne reste pas au-dessous de quelques millièmes.

L'écoulement des eaux est alors assuré par des fossés parallèles à la chaussée, dont la construction et l'entretien sont plus faciles que si leur profondeur est variable.

58. Résumé. — En résumé, les règles auxquelles on doit s'attacher, tout en observant l'économie la plus stricte, c'est-à-dire en ne faisant inutilement ni grands ouvrages d'art, ni grands travaux de terrassements, sont les suivantes :

1° Chercher le tracé le plus court ;

2° Réduire la déclivité des pentes autant que possible ;

3° Ne pas adopter des pentes dont la déclivité dépasserait 0,025, ou au plus 0,03, si on le peut ;

4° Si cette limite n'est pas admissible, n'en adopter jamais de supérieures à 0,06 ;

5° En tout cas, régler cette limite un peu au-dessous de celle des pentes qui existent sur les bonnes routes de la contrée ;

6° Éviter avec grand soin une rampe isolée de déclivité exceptionnelle ;

7° Briser les pentes qui ont une grande longueur ;

8° Éviter de monter pour redescendre, ou inversement ; et, si on y est contraint, le faire à la moindre hauteur possible ;

9° Adopter, dans les parties en courbe, des rayons de 50 mètres et au delà, si on le peut, et n'en pas admettre d'inférieurs à 30 mètres, sauf des cas très exceptionnels.

CHAPITRE IV

ÉTUDE DES TRACÉS

SOMMAIRE :

§ 1. *Étude en pays plat.* — 59. Préliminaires. — 60. Reconnaissance des lieux ; base d'opération. — 61. Étude du tracé définitif. — 62. Étude au moyen de profils en travers. — 63. Étude à l'aide de courbes de niveau.

§ 2. *Étude en pays de montagne.* — 64. Difficulté de cette étude. — 65. Configuration générale théorique du globe. — 66. Formes réelles. — 67. Pics et cols. — 68. Étude des tracés. — 69. Recherche des cols. — 70. Choix des versants. — 71. Ligne de pente.

§ 3. *Piquetage et lever des profils.* — 72. Piquetage et repères. — 73. Courbes de raccordement. — 74. Chaînage. — 75. Nivellement en long. — 76. Nivellement en travers. — 77. Sondages et renseignements divers. — 78. Rédaction du projet.

§ 4. *Comparaison et choix des tracés.* — 79. Question à résoudre. — 80. *Méthode de Favier.* — 81. Longueur horizontale équivalente. — 82. Observations. — 83. *Méthode de M. L. Durand-Claye.* — 84. Longueur horizontale équivalen[illegible] - 85. Observations. — 86. *Méthode de M. Lechalas.* — 87. Longueur [illegible]ontale équivalente. — 88. Observations. — 89. Comparaison économique des tracés. — 90. Rectifications. — 91. Cas où l'on tient compte des transports rapides. — 92. Application à un exemple. — *Annexe.* Tables.

§ 1er

ÉTUDE EN PAYS PLAT

59. Préliminaires. — L'étude des tracés a pour objet de chercher et de déterminer, parmi toutes les directions possibles, celle qui satisfait le mieux à toutes les conditions indiquées ci-dessus, le plus souvent contradictoires entre elles.

Les points principaux d'un tracé de quelque importance sont fixés par les considérations générales d'ordre politique, économique ou technique. L'ingénieur n'a donc à s'occuper que de raccorder deux points désignés à l'avance, par le tracé le plus conforme aux règles de l'art et le plus favorable à la circulation.

Cette étude est plus ou moins compliquée, suivant les accidents du terrain. On distingue ordinairement les études de tracés en pays plat et celles en pays de montagne.

On considère comme pays plat une contrée où la pente moyenne du sol, dans la direction générale du tracé, ne dépasse pas la limite de 0,03 environ dans son ensemble.

Le tracé le plus simple et le plus rationnel en ce cas est la ligne droite.

Mais la ligne droite n'est pas souvent possible sur un long parcours. Il est rare qu'il ne se présente pas quelques ondulations ou plis de terrain, qu'on ne peut franchir que par des rampes et des pentes excessives ou au moyen de terrassements importants. D'autre part, la ligne droite peut tomber sur des obstacles qu'il convient d'éviter, par exemple sur un étang, sur un terrain marécageux où la route serait mal assise, sur une maison d'habitation ou un parc d'agrément dont la destruction serait vexatoire et donnerait lieu à d'onéreuses indemnités.

On se détourne de ces obstacles, en remplaçant la ligne droite par une ligne brisée, dont les différents éléments sont raccordés par des courbes.

Quelquefois même, on s'écarte de la ligne directe dans un but d'utilité afin de mieux desservir des localités importantes.

Il ne faut pas craindre de s'éloigner notablement de la ligne droite. Un arc de courbe AMB n'est pas beaucoup plus long

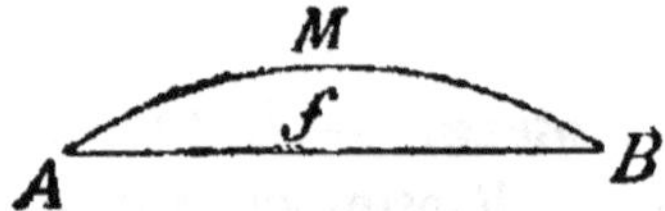

que la corde AB, même quand la flèche est considérable. Par exemple, si on suppose que les points A et B soient réunis par un arc de cercle dont la flèche serait le dixième de la corde, on trouve un allongement de 2,64 pour 100 seulement.

Mais ce qui allonge les tracés, ce sont les changements fréquents de direction. Ainsi la ligne brisée ANPMQRB est plus longue que l'arc AMB et la longueur de ce tracé en dents de scie est d'ailleurs d'autant plus grande que les angles sont plus aigus.

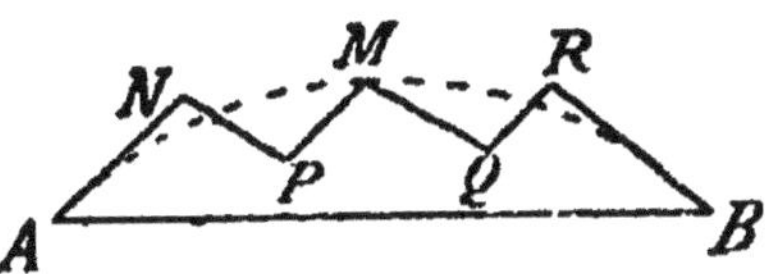

On n'évitera donc pas tant de s'éloigner de la ligne droite que de changer fréquemment de direction, et surtout de le faire sous des angles aigus. On doit s'attacher à n'avoir que les angles aussi obtus que possible.

60. Reconnaissance des lieux. — La marche de l'étude est simple, quand on est en pays plat.

On cherche d'abord à prendre une connaissance aussi exacte qu'il est nécessaire des lieux qui séparent les deux points extrêmes.

Cette connaissance s'obtient au moyen d'une carte, si on en possède une à échelle assez grande, et où le détail des objets qui garnissent le sol soit figuré, ainsi que les principales ondulations du terrain. Les cartes du Dépôt de la guerre sont en général excellentes pour cette première recherche.

A défaut de carte, on fait une reconnaissance directe des lieux en les parcourant. Il existe presque toujours des chemins ruraux que l'on peut suivre, et dont, au besoin, on lève un plan sommaire. On rapporte à ce plan les obstacles à noter, et on fait un nivellement rapide des principales ondulations du sol.

Lors même qu'on a pu consulter une carte, il est toujours nécessaire de faire cette reconnaissance sur place. Il peut se trouver certains détails que l'on a mal interprétés, et, si la carte est ancienne, l'état des lieux peut avoir changé dans certaines parties.

On arrête alors la direction générale du tracé. Partout où cette direction change, on marque un point sur la carte, et on place un piquet sur le terrain. L'ensemble des lignes qui réunissent ces points forme une ligne brisée, qui constitue un tracé provisoire, à la rigueur acceptable, sauf à raccorder les éléments de cette ligne par des courbes. Cette ligne brisée s'appelle la *base d'opérations*; c'est sur elle que s'appuient les recherches qui conduisent au tracé définitif.

61. Étude du tracé définitif. — Pour y arriver, on commence par se procurer un état détaillé des lieux, et surtout des ondulations du sol tant dans la direction de la base qu'à sa droite et à sa gauche.

A cet effet on relève d'abord le profil en long. Sur chacun des éléments AB de la base, on place des piquets intermédiaires *a*, *b*, *c*........, dans tous les points où la pente du terrain naturel, suivant la ligne AB, change sensiblement de sens ou de valeur. On mesure les distances qui séparent ces points; puis on fait le nivellement de tous les piquets, c'est-à-dire, on détermine leur hauteur relative au-dessus du niveau moyen des mers ou de tout autre plan de comparaison.

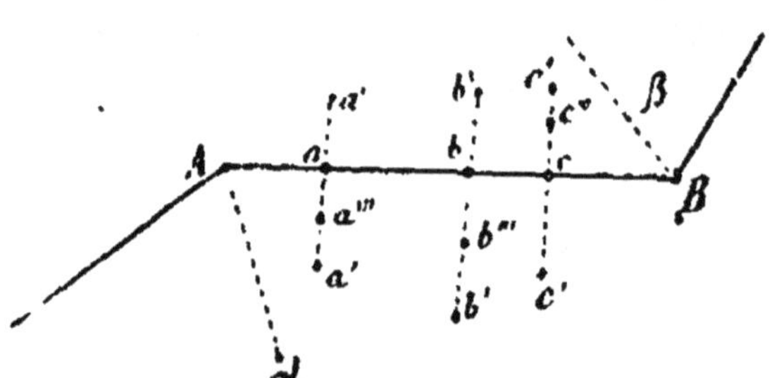

Pour obtenir les ondulations du sol dans l'espace où l'on suppose que le tracé est susceptible de se déplacer à droite et à gauche, on cherche également la hauteur, au-dessus du même plan de comparaison, des divers points remarquables de la surface du terrain. Ce sont ceux où la pente transversale à l'axe varie d'une manière sensible.

On peut choisir ces points sur des profils en travers, c'est-à-dire sur des directions perpendiculaires à la base *a'a''*, *b'b''*, *c'c''*, ou bissectrices des angles aux sommets de la base Aα, Bβ. On mesure leurs distances et on en fait le nivellement.

D'autres fois, on ne s'assujettit pas à prendre les points à niveler sur des profils en travers, et on les choisit dans des positions quelconques, de façon à définir le mieux possible la surface du sol.

La suite de l'étude n'est pas la même suivant que l'on a déterminé le relief du sol par l'une ou l'autre méthode.

62. Étude au moyen de profils en travers. — Lorsqu'on a procédé par voie de profils en travers, on rapporte ces profils sur une feuille de dessin spéciale, et on dessine également le profil en long du tracé provisoire obtenu en raccordant les éléments de la base par des courbes.

Dans les parties restées rectilignes, le profil en long n'est autre que celui de la base elle-même. Mais dans les courbes, l'axe du tracé s'éloigne de celui de la base. Il rencontre chaque profil en travers en un point M compris entre les deux points A et B dont on a les cotes a et b. Il est facile de calculer la cote du point M. Si on rabat le profil en travers sur le plan, A'B' est le rabattement de la ligne du sol projetée en AB, et cette ligne est droite par hypothèse, si les points A et B ont été convenablement choisis. Donc le point M vient en M', et, en appelant m la cote de ce point, on a : $\frac{m-a}{b-a} = \frac{AM}{AB}$. Or AB est connu, et AM peut se mesurer sur le plan. On en déduit la cote m. Il suffit alors de mesurer les distances entre les divers points dont les côtés sont ainsi déterminés, pour compléter le profil en long du terrain suivant le tracé provisoire.

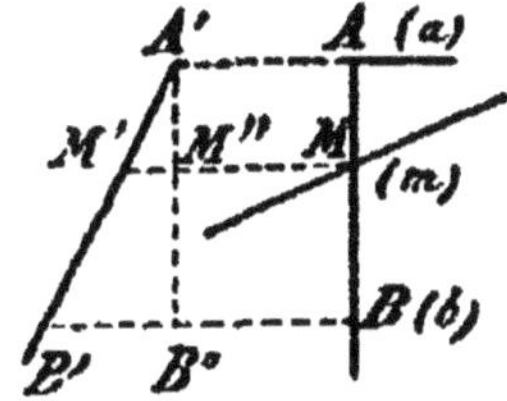

On examine ce profil en long et on voit si, en aucun point, il ne présente de pentes supérieures à la limite que l'on s'est assignée. Cela n'arrive presque jamais ; mais il peut suffire d'enlever un peu de terre sur certaines parties saillantes, ou d'en rapporter dans des endroits bas, pour ramener toutes les pentes à la limite fixée. Le tracé provisoire deviendrait alors définitif.

Si les pentes du profil en long provisoire sont trop fortes, et qu'on ne puisse les diminuer que par des terrassements trop considérables, on change le tracé là où il est nécessaire, en déplaçant quelques sommets d'angles et brisant quelques alignements droits, de façon à remonter les parties trop basses et abaisser celles qui sont trop hautes. Puis, on détermine, comme il a été expliqué ci-dessus, le profil en long de ce nouveau tracé, et on l'examine à son tour.

On modifie de nouveau ce second tracé, s'il ne paraît pas encore satisfaisant, et, après quelques tâtonnements, on arrête un tracé définitif.

Dernier perfectionnement d'un tracé. — Ce dernier tracé peut cependant être encore amélioré, au point de vue de la quantité des terrassements à effectuer, par une dernière étude.

Le tracé qui donnerait lieu au minimum de terrassements serait évidemment celui où le profil en long du projet se confondrait avec celui du terrain naturel, et où la différence entre

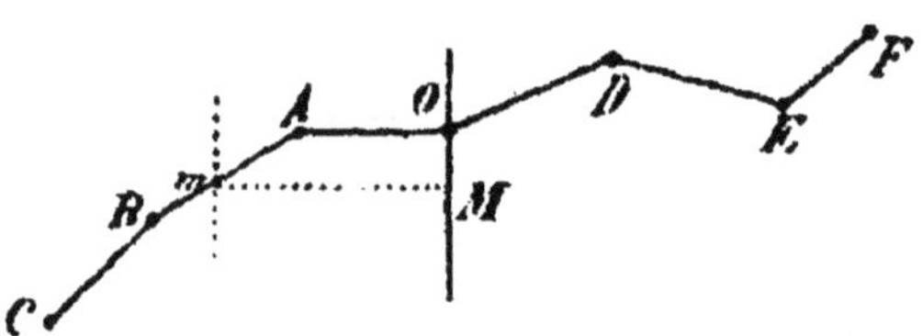

les cotes du projet et celles du terrain serait nulle partout. Or, il est facile de marquer sur le plan les divers points par où devrait passer un tel tracé avec les pentes adoptées. Soit COF un profil en travers, O le niveau du terrain naturel et M le niveau du projet sur l'axe. Si on mène l'horizontale M*m*, et qu'on transporte l'axe au point *m* où elle coupe le terrain, les deux profils en long se confondront. Si on reporte cette dis-

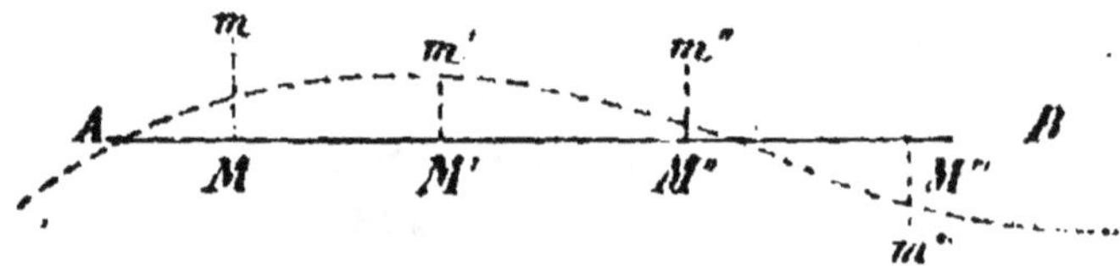

tance M*m* sur le plan, et qu'on fasse de même pour chacun des profils en travers, on a la série des points *m*, *m'*, *m"* *m'"*..... par où il eût été préférable de faire passer le tracé. On essaie, avec un compas ou des règles courbes, de dessiner une série d'arcs de cercles, de rayon au moins égal à celui que l'on a adopté comme limite, qui passent par ces points, ou qui s'en éloignent moins que le tracé primitif, puis on mène à ces cercles des tangentes communes. On obtient ainsi un tracé différant très peu du précédent, ayant des pentes égales et même un peu adoucies, avec un allongement insignifiant, mais avec une économie souvent considérable de terrassements, surtout quand les pentes transversales du sol sont très inclinées.

Cas où les points relevés sont épars. — Lorsque les points relevés ne sont pas sur des profils en travers, mais sont épars sur le plan, la même marche ne pourrait être suivie que si on avait préalablement déterminé des profils en travers. On y parviendrait facilement de la manière suivante : Soit XY la base et M un point où l'on veut dresser un profil en travers. On élève la perpendiculaire MPQ, et on cherche les cotes des points P,Q,... où elle coupe les lignes AB, CD... qui joignent deux à deux les points nivelés. Ce calcul se fait comme il a été indiqué ci-dessus. Ainsi la cote p du point P s'obtient, lorsqu'on connaît les cotes a et b des points A et B, par la proportion $\frac{p-a}{b-a}=\frac{AP}{AB}$. Mesurant ensuite à l'échelle MP, MQ..., on a tous les éléments du profil en travers supposé en M.

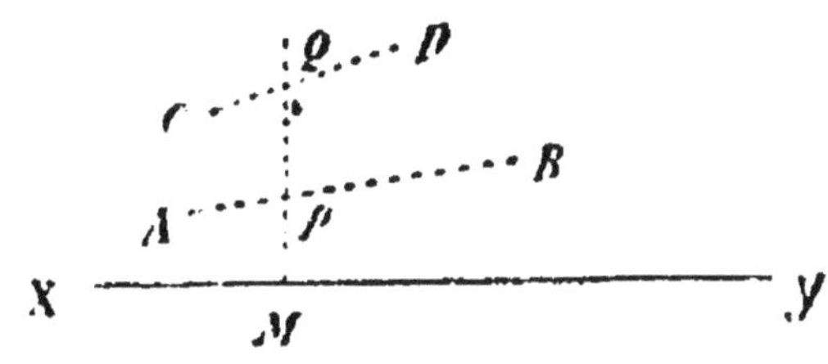

Mais on préfère dresser un plan coté, et le transformer en un plan à courbes de niveau, sur lequel les études se font très facilement. Le plus souvent même, quand on a levé des profils en travers, on ne s'en sert que pour opérer cette transformation.

63. Étude à l'aide de courbes de niveau. — On appelle *courbe de niveau* une ligne, tracée sur le sol, qui réunit tous les points ayant la même altitude. Si on détermine une série de ces courbes, dont les altitudes varient en progression arithmétique, et qu'on les projette toutes sur le plan, en ayant soin d'inscrire à côté de chacune d'elles la cote qui lui appartient, on a une représentation exacte de la forme de la surface du terrain.

Non seulement un tel plan contient tous les renseignements nécessaires pour une étude, mais il montre immédiatement à simple vue les ondulations du sol. En effet, la distance verticale entre deux courbes consécutives étant constante, elles se rapprochent d'autant plus que la ligne de plus grande pente commune est plus inclinée, et inversement. Donc, dans les parties très déclives, les courbes se rapprochent et le plan se noircit ; et, dans les parties plus plates, les courbes s'éloignent et le plan est plus clair.

Il est facile de dresser un plan à courbes de niveau, lorsqu'on a les cotes d'une série de points choisis de façon qu'entre deux d'entre eux la pente reste uniforme, qu'ils soient épars ou sur des profils en travers. On commence par dresser un plan

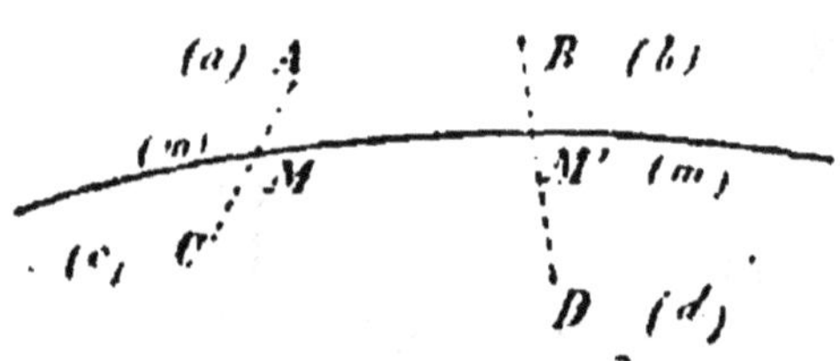

coté, c'est-à-dire un plan où chaque point soit marqué et sa cote inscrite à côté de lui. Soit m la cote d'une courbe de niveau, A et C deux points dont les cotes comprennent m, tels par exemple, que l'on ait $a > m$ et $c < m$. Il y a, sur cette droite, un point M ayant la cote m. Mais on sait que $\frac{a-m}{a-c} = \frac{AM}{AC}$, et de cette proportion on tire AM. On peut donc marquer le point M. De même, entre B et D, on trouve un second point M' de la même courbe, et ainsi de suite. En réunissant tous ces points par un trait continu, on trace la courbe cherchée, puis on y inscrit sa cote.

L'étude du tracé devient alors très facile. Il est inutile de dresser un profil en long du tracé provisoire. Pour voir si, sur une certaine longueur, la pente moyenne ne dépasse pas la limite fixée, il suffit de faire la différence des cotes aux deux extrémités et de la diviser par la longueur. Un calcul analogue fait voir quelle serait l'importance des terrassements à effectuer pour ramener les pentes à la limite voulue. S'il est nécessaire de déplacer le tracé pour diminuer les pentes, on voit tout de suite les parties qui doivent être modifiées et dans quel sens. S'il y a des plis de terrain, le plan les indique et dit comment on peut les contourner. Les tâtonnements sont donc beaucoup plus rapides que si l'on fait usage des profils en travers.

Une fois le tracé arrêté, le profil en long s'en dresse rapidement, car les ordonnées des points sont données d'avance ; ce sont précisément celles des courbes de niveau coupées par le tracé. Quant aux abscisses, on les prend à l'échelle : leurs différences sont les longueurs interceptées par les courbes consécutives.

Sur ce profil en long, on étudie celui du projet ; et enfin on perfectionne le tracé définitif, en le rapprochant de la ligne à fleur de sol, suivant la méthode exposée ci-dessus. Cette dernière partie du travail devient très simple. Au droit de chaque rencontre du tracé avec une courbe de niveau, on détermine sur le profil en long la cote du projet, par le calcul ou à l'échelle, et sur une perpendiculaire au tracé on marque la position du point du terrain qui a cette cote. Cette position se fixe avec une exactitude suffisante, lorsqu'elle tombe entre deux courbes, au moyen d'une interpolation faite par estime.

Toutes ces études se font clairement et rapidement. On a bien vite regagné le temps employé à la confection du plan.

§ 2

ÉTUDE EN PAYS DE MONTAGNE

64. Difficulté de cette étude. — Lorsque le terrain qui sépare les deux points extrêmes n'est pas plat, c'est-à-dire qu'il présente dans la direction générale du tracé des pentes moyennes notablement supérieures à 0,03, l'étude se complique et devient quelquefois très difficile. Les conditions auxquelles doit satisfaire tout tracé deviennent de plus en plus contradictoires à mesure que la configuration du sol est plus tourmentée, que les vallées se creusent, que les collines s'élèvent, que les montagnes apparaissent. Les dépenses deviennent excessives si on veut ne pas allonger beaucoup le parcours, et surtout éviter les alternances de pentes et de rampes.

65. Configuration générale théorique du globe. — Pour se guider dans ce cas, il est nécessaire de posséder une notion générale des formes qu'offre la superficie de la croûte du globe terrestre. On va donc rappeler d'abord sommairement les principales lois qui s'y observent.

Sans tenir compte des profondeurs qui sont recouvertes par l'eau des mers, on remarque à la surface de nombreuses protubérances, séparées par des parties creuses nommées *vallées*. Les protubérances s'appellent *montagnes*, lorsqu'elles s'élèvent à plus de 5 ou 600 mètres au-dessus du sol qui les environne, *monticules* ou *collines* lorsque la hauteur est moindre. Ces expressions n'ont rien d'absolu, et ce qui passe pour montagne en Beauce serait à peine une colline dans les Alpes.

Les plus hautes montagnes du monde, telles que l'Himalaya, n'atteignent pas 1/700 du rayon terrestre. Celles de l'Europe n'en sont que le 1/1200e.

La terre paraîtrait absolument ronde pour un œil qui serait placé à 12000 kilomètres de la surface du globe. On admet, en effet, que l'œil cesse de percevoir une dimension qu'il saisit sous un angle de 3/100 de degré. Si on le suppose sur la direction de la tangente OB au cercle terrestre déterminé par le niveau moyen des mers, en un point où s'élève une des cimes les plus élevées qui existent,

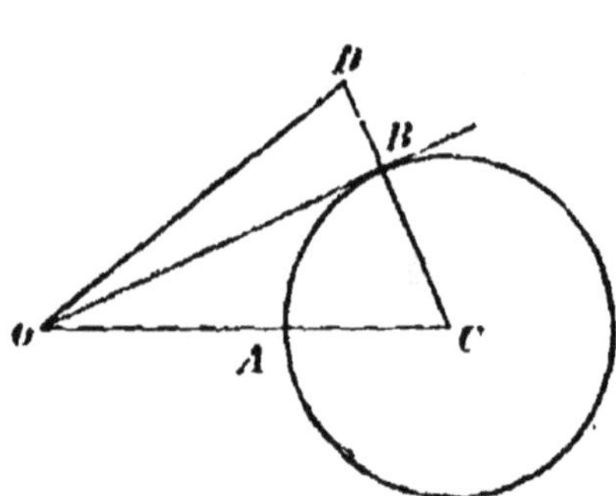

et que l'on donne à cette cime une hauteur BD = 9000 mètres; pour que BD soit vu de O sous un angle de 0°,03, il faut que OB = 17000 kil. environ, auquel cas OA = 12000 kilomètres. Pour les montagnes d'Europe, qui ne s'élèvent guère à plus de 5000 mètres, OB se réduit à 9500 et OA à 5000 kilomètres.

Si on suppose que l'œil se rapproche davantage de façon à distinguer en gros les principales protubérances, sans en percevoir les détails, il les verrait se diposer en alignements et former les *chaînes de montagnes*. Les pics isolés sont des exceptions, et les montagnes dans leur ensemble sont de longues arêtes à peu près horizontales, d'où descendent à droite et à gauche deux plans inclinés. L'arête A est le *faîte* de la

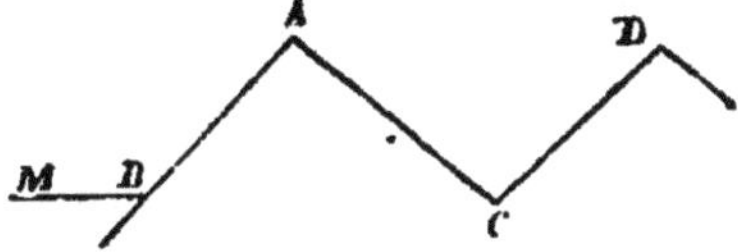

chaine, et les plans inclinés AB et AC sont les *versants*. Ces versants se prolongent jusqu'à ce qu'ils rencontrent, soit la mer BM, soit le versant CD d'une autre chaîne.

Dans ce dernier cas, l'espace ACD compris entre les deux chaînes constitue un *bassin*, dont AC et CD sont les deux versants, et dont l'arête C est le *thalweg*. Le bassin prend le nom du cours d'eau qui coule dans le thalweg.

Si l'œil se rapproche encore davantage de façon à voir quelques détails des versants, il s'aperçoit que ce ne sont pas des plans, mais qu'ils sont sillonnés par des vallées qui se sont creusées dans une direction à peu près perpendiculaire à la direction générale de la chaine. Ces vallées forment des bassins secondaires. Elles ont leur thalweg et leurs deux versants, et sont séparées les unes des autres par des lignes de faîte, qui se détachent du faîte principal.

Il est à remarquer que dans ce système de bassins sillonnant les versants de la chaîne, les faîtes ne sont pas horizontaux, mais participent de la pente du versant dont ils font partie. Il en est de même des thalwegs. Si donc on considère une coupe verticale faite perpendiculairement à une chaîne, et que l'on y marque la trace AC de la pente générale

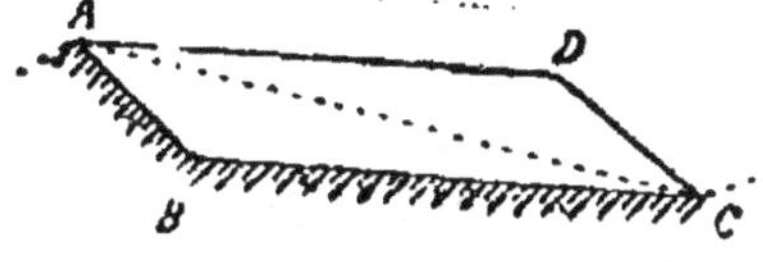

du versant, A appartenant au faîte et C au thalweg qui sépare cette chaîne de la voisine, les faîtes et thalwegs secondaires participent de l'inclinaison de AC. Mais ils ne sont pas parallèles à cette ligne, car alors ils se confondraient et il n'y aurait pas de vallée. En réalité, les lignes de faîte et de thalweg ont une pente un peu moindre que la pente moyenne du versant. Le faîte secondaire transversal se détache en A du faîte principal suivant une ligne AD moins inclinée que AC, jusqu'à un certain point à partir duquel il descend rapidement sur le thalweg principal par une pente telle que DC. Le thalweg secondaire au contraire, rejoint le thalweg principal en C en suivant une pente BC un peu moins rapide que la pente moyenne AC, et se détache en A du faîte principal avec une pente rapide AB.

Le faîte ADC sépare l'un de l'autre deux bassins secondaires; il est l'intersection de deux versants appartenant chacun à un de ces bassins. Il y a donc là une nouvelle chaîne qui se détache de la première à peu près perpendiculairement. Cette chaîne secondaire, dans la partie CD qui va mourir au thalweg principal en s'abaissant rapidement vers son extrémité, prend le nom de *contrefort*.

En plan, cette conception géométrique d'un bassin secondaire se représenterait comme l'indique la figure ci-contre. Soit AA′ le faîte principal et CC′ le thalweg principal. Les faîtes secondaires sont représentés par les lignes parallèles AD, A′D′, qui se terminent par deux parties DC, D′C′, en pente rapide. Le thalweg se détache en A″, suivant une pente rapide jusqu'en B, et continue ensuite parallèlement à AD jusqu'en C″. Les versants sont représentés par les deux parallélogrammes ADC″B et A′D′C″B.

Mais chacun de ces versants, examiné de plus près, est sillonné à son tour par de nouvelles vallées qui y forment encore des bassins secondaires $DD_3A_2D_2$, $A_2D_2A_1D_1$, etc.... séparés par des contreforts, dont les thalwegs sont les lignes C_2B_2, C_1B_1, BB′; les faîtes, les lignes A_1D_1, A_2D_2, DD_3; les versants, les parallélogrammes $DD_3C_2B_2$, $C_2B_2A_2D_2$ etc...

Ceux-ci, à leur tour, sont également ondulés et donnent lieu à de nouveaux bassins secondaires tels que $bc\,D_2\,b_1$, avec leurs contreforts, leurs versants et leur thalweg, et ainsi de suite, jusqu'à ce qu'on arrive aux plus petits bassins où coulent de simples ruisseaux sans affluents.

Chacun de ces bassins successifs est considéré comme d'un ordre supérieur au précédent, ainsi que les faîtes et les thalwegs correspondants. Ainsi AA′ étant un faîte de premier ordre, AD et A′D′ sont des faîtes de deuxième ordre, A_1D_1 et A_2D_2 sont des faîtes de troisième ordre, *cb* est un faîte de quatrième

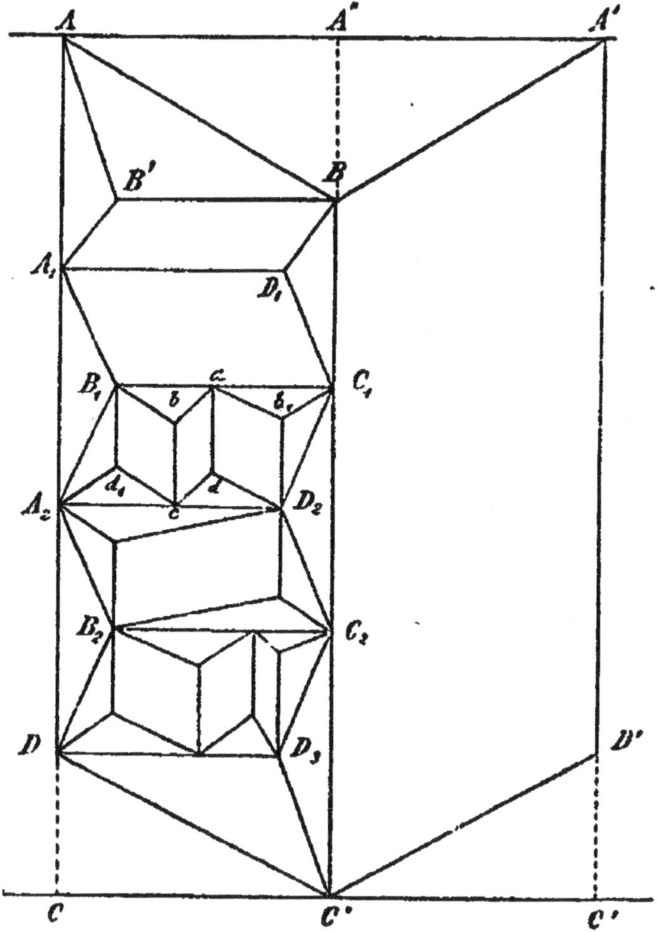

ordre, et ainsi de suite. De même CC′ étant le thalweg de premier ordre, BC″ est un thalweg de deuxième ordre, B_1C_1 un thalweg de troisième ordre, *ad* un thalweg de quatrième ordre, etc.

Remarques. — Ces conceptions permettent de tirer immédiatement quelques conséquences relatives aux pentes des diverses parties d'une contrée.

On a déjà vu que, dans un même bassin, les pentes des thalwegs sont plus fortes vers l'origine et plus faibles vers leur confluent avec le thalweg d'ordre inférieur, et que le contraire se présente pour les faîtes. Vers le milieu du bassin, ces deux lignes sont sensiblement parallèles, et se rapprochent de la pente moyenne du versant auquel appartient le bassin.

La pente des versants d'un bassin est supérieure à celle des faîtes qui le limitent. Ainsi le versant $A_1B_1C_1D_1$ a une pente plus forte que le faîte AC; sans quoi, il n'y aurait pas de vallée en ce point.

Il résulte de là que les pentes générales des bassins vont en augmentant à mesure que leur ordre augmente. Voilà pourquoi la pente des cours d'eau devient de plus en plus marquée quand on remonte vers leur source. A l'état de torrents dans les montagnes, ils deviennent successivement des rivières de plus en plus tranquilles, et enfin des fleuves à courant lent et calme.

66. Formes réelles. — En réalité, la nature n'offre pas les formes polyédriques que suppose cette conception géométrique.

La coupe transversale d'un bassin ne présente pas de pointes aigües, ni aux faîtes A,A, ni au thalweg B. Les for-

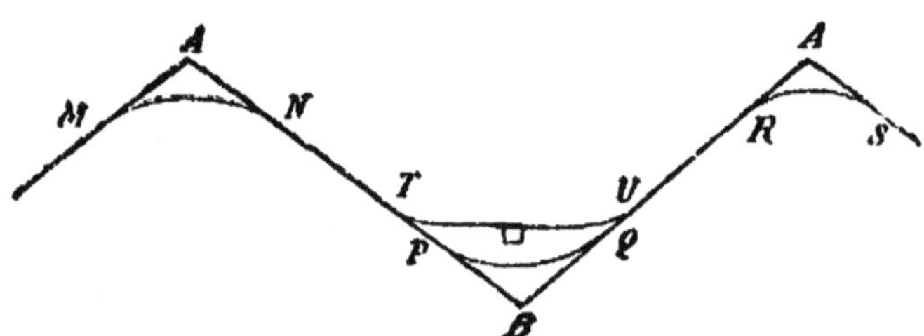

mes sont arrondies, et les angles sont remplacés par des courbes MN,PQ, RS. Dans les vallées de quelque importance, où le cours de l'eau n'est pas torrentiel, le thalweg s'est remblayé par les dépôts qu'apportent les crues, et elles présentent une largeur plus ou moins grande de surface à peu près horizontale TU. C'est le *fond* de la vallée.

Les thalwegs et faîtes secondaires ne se détachent pas perpendiculairement du faîte principal, et prennent des directions plus ou moins obliques.

Les lignes de faîte ne sont pas des lignes droites et présentent des sinuosités en plan et en élévation.

67. Pics et cols. — Les ondulations des faîtes en élévation présentent un intérêt capital au point de vue de l'étude des tracés. Les points les plus élevées P sont les sommets de cimes isolées, que l'on appelle *pics*. Les points les plus bas C sont des *cols*.

Les cols se trouvent presque toujours à l'origine des thalwegs secondaires; ils sont dus à des corrosions ou autres causes de même nature que celles qui ont creusé les bassins. Les pics, au contraire, correspondent à la racine des faîtes secondaires.

Ces points sont remarquables en ce que le plan tangent au sol y est horizontal. En effet, puisqu'ils appartiennent à un faîte, le terrain s'abaisse de part et d'autre, dans le sens transversal à la direction du faîte; et si on fait dans le sol une coupe verticale dans ce sens, elle a en C, aussi bien qu'en P, une tangente horizontale. Donc en chacun de ces points, il y a deux tangentes horizontales, et par suite le plan tangent y est horizontal lui-même. Mais, tandis que ce plan laisse entièrement le pic au-dessous de lui, il coupe le terrain de part et d'autre du col, suivant deux courbes tangentes qui représentent les bases des deux pics voisins.

68. Étude des tracés. — L'étude d'un tracé dans un pays de montagne varie suivant les cas. On va indiquer ceux qui se présentent le plus souvent.

1er *Cas. — Les deux points obligés sont tous deux dans le fond d'une même vallée.* — Ce cas est exactement celui d'un pays plat, et l'étude s'y fait de la même façon. Elle est en général très facile, parce que la pente de la vallée varie peu ou ne varie que progressivement.

Si les deux points sont de part et d'autre du thalweg, il faut traverser le cours d'eau, et la seule question qui offre quelque difficulté, c'est de choisir le point où il sera franchi. On se guide soit par des considérations techniques, soit par des motifs d'intérêt général. Si le pont est important, on explore le cours d'eau, et on choisit le point où l'ouvrage peut s'établir le plus solidement et le plus économiquement, par exemple où le lit est le plus encaissé, pour diminuer les remblais aux abords, ou bien où le sous-sol résistant est à la moindre profondeur, afin de diminuer les travaux de fondation. D'autres fois, on considère que le pont, en mettant les deux rives en communication, peut satisfaire d'autres besoins que ceux de la route dont il fait partie, en facilitant le passage d'une rive à l'autre pour les personnes et les produits qui suivent ensuite d'autres directions : on tient compte de ces circonstances, et on met le pont là où il peut rendre le plus de services. Ainsi, si l'un des points extrêmes est une ville importante, on le place de préférence près de cette ville.

Ces tracés sont souvent exposés aux inondations provenant de la crue du cours d'eau qui coule dans le thalweg. Quand la rivière déborde, elle envahit la route et la circulation est interrompue ; puis, lorsque les eaux se retirent, il y a sur la chaussée du limon à enlever, et des dégâts plus ou moins graves à réparer. Il en résulte une gêne et même un danger pour la circulation, et des frais d'entretien considérables.

On met la route à l'abri des inondations, en établissant la chaussée à un niveau supérieur à celui des plus hautes crues connues. Mais alors, il faut des terrassements considérables pour exécuter le remblai. On n'est d'ailleurs jamais certain d'être à l'abri des accidents : la plus haute crue connue peut être dépassée par une crue à venir. Or, quand les eaux surmontent une chaussée en remblai, elles se déversent d'un côté à l'autre, et s'écoulent sur le talus, en le ravinant d'autant plus profondément que la chute est plus haute, c'est-à-dire que le remblai est plus élevé.

Il faut peser ces chances d'accidents, d'une part, et les inconvénients des chaussées submersibles, d'autre part, pour prendre une décision, souvent délicate, au sujet du niveau où il convient d'établir la chaussée.

2e *Cas. — Les deux points obligés sont, l'un au fond de la vallée, l'autre sur un des versants du même bassin.* — La ligne directe qui réunit ces deux points s'appuie d'abord sur le fond de la vallée, puis s'élève sur le versant avec une pente moyenne, dont la déclivité se mesure par le rapport de sa hauteur totale à sa longueur.

Si cette pente est sensiblement égale à la limite que l'on s'est imposée, le tracé est tout indiqué, c'est la ligne directe.

Si cette pente est supérieure à la limite, on va du point situé dans la vallée au pied du versant, par le plus court chemin ; puis on gagne l'autre point au moyen de la pente limite. Mais le plus souvent on est obligé de faire faire à cette partie du tracé des lacets, c'est-à-dire d'en allonger le parcours par des détours plus ou moins sinueux, que l'on place là où cela est le plus facile, uniquement dans le but d'obtenir un développement qui, multiplié par la pente limite, donne un produit égal à la hauteur qu'il s'agit de franchir.

Si enfin la pente moyenne suivant la ligne directe est inférieure à la limite, trois solutions se présentent.

La première consiste à conserver cette ligne directe avec sa pente moyenne. Elle a l'avantage de donner le tracé le plus court. Elle sera adoptée lorsque le versant présentera peu d'ondulations et de bassins secondaires, ou que ces bassins seront de peu d'importance. Mais, si ces bassins sont nombreux et accentués, ils se trouvent coupés, pour la plupart, vers le milieu de leur longueur. Or, si l'on se reporte à la forme qu'affecte un bassin, en reproduisant la coupe de la page 91 et rem-

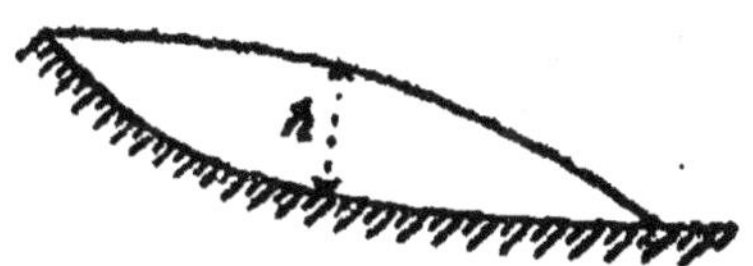

plaçant les lignes brisées de l'hypothèse par les formes arrondies de la nature, on voit que c'est vers le milieu que la profondeur h du thalweg au-dessous du faîte est la plus grande. C'est là que la traversée des bassins secondaires donne lieu aux plus grandes difficultés. On peut les tourner comme il sera expliqué pour le quatrième cas, mais alors le tracé perd une grande partie de ses avantages.

La seconde solution consiste à suivre, à partir du point situé sur le versant, une ligne à peu près horizontale, et à ne descendre vers la vallée que le plus loin possible, eu égard à la limite de pente assignée. Si le point est près de la ligne de faîte, on se tient sur le faîte tant que l'on peut, et on ne commence à descendre que lorsqu'il reste juste assez de parcours pour ne pas dépasser la pente limite. On allonge un peu le tracé, mais on a l'avantage de traverser les bassins secondaires là où ils ont encore peu de profondeur. On peut ainsi les franchir sans grands travaux de terrassements et avec des ouvrages d'art d'autant moins importants qu'on est plus près de la source des cours d'eau.

Cette solution était autrefois souvent adoptée.

Toutefois, les faîtes sont des lignes ondulées en plan et en élévation ; on s'expose donc, en les suivant, à un tracé sinueux, ou à des alternatives de pentes et de rampes que l'on n'évite qu'en allongeant excessivement le parcours. En outre, les faîtes sont généralement peu habités ; leur sol est peu fertile et mal cultivé ; on n'y rencontre pas d'établissements industriels. Une route qui se maintient sur les faîtes ne dessert donc que les parties les plus pauvres des contrées qu'elle traverse.

La troisième solution consiste, au contraire, à descendre immédiatement, à partir du point situé sur le versant, avec la pente limite, pour gagner au plus tôt la vallée, que l'on suit jusqu'au deuxième point. C'est la plus généralement adoptée aujourd'hui. Aussitôt dans la vallée, on se trouve comme en pays plat, et le tracé devient des plus faciles. Les cours d'eau qui descendent au thalweg principal sont, il est vrai, coupés près de leur embouchure, où ils sont plus larges et plus importants, et ils donnent lieu à des ouvrages plus considérables que vers leur source. Mais ils sont moins nombreux et moins encaissés ; car on ne coupe que les affluents de deuxième ordre, et le relief des contreforts a complètement disparu.

Les tracés suivant les vallées traversent les terres les plus riches et les mieux cultivées, les régions où sont établies les fermes, les usines, les habitations, où se concentre l'activité humaine, et les services qu'ils rendent sont bien plus considérables que sur les faîtes. S'il en résulte que les terrains à occuper par l'assiette de la route ont une plus grande valeur et donnent lieu à des indemnités plus considérables, ce surcroît de dépenses est bien plus que compensé par la plus grande utilité de la route. Il faut d'ailleurs remarquer que la superficie, si elle a plus de valeur à l'hectare, est moins étendue, car on n'a besoin que d'une largeur suffisante pour la plateforme et les fossés ; tandis que dans les parties hautes, où il y a des terrassements considérables, il faut en outre acquérir la largeur nécessaire aux talus.

Ces tracés restent cependant exposés au danger des inondations. On peut les y soustraire en ne descendant pas dans le fond même de la vallée, et en restant à flanc de coteau, vers le pied du versant, à un niveau supérieur aux plus hautes eaux connues. Mais alors on perd une partie des avantages du tracé par la vallée. Les intérêts industriels se trouvent moins bien desservis, et on rencontre les contreforts et les vallées secondaires en des points où ils sont déjà accentués. On est donc conduit, pour les traverser, soit à des terrassements plus ou moins considérables, soit à des allongements de parcours.

3e *Cas. — Les deux points sont sur un même versant.* — Ce cas est analogue au précédent, sauf que l'on n'a pas à descendre dans le fond de la vallée. On raccorde les deux points, soit par le tracé le plus direct, si sa pente moyenne est égale à la limite, soit par des lacets, si cette pente est supérieure. Dans le cas d'une pente moyenne inférieure à la limite, on peut, comme dans le cas précédent, avoir recours, suivant les circonstances et les ondulations du sol, à la pente moyenne elle-même, ou à une pente brisée, dont une partie atteint la limite, tandis que l'autre partie reste au niveau du point supérieur ou du point inférieur.

4e *Cas. — Les deux points sont sur les deux versants d'un même bassin.* — La ligne directe descend à partir d'un des points jusqu'au fond de la vallée, suivant la pente de ce versant, traverse la vallée, puis remonte sur le versant opposé. Les pentes des versants sont presque toujours beaucoup plus rapides que la limite des pentes admises sur les routes. Si donc on suivait la ligne directe, le profil en long de la route serait obligé de s'élever bientôt au-dessus du terrain naturel et donnerait lieu à des remblais considérables dans la traversée de la vallée. La hauteur deviendrait telle, dans la plupart des cas, que le remblai serait inacceptable et devrait être remplacé par un viaduc en maçonnerie ou en fer. Pour les routes, on l'évite presque toujours.

Au lieu de descendre dans le fond de la vallée et de remonter, on pourrait faire un tracé qui restât constamment de niveau, ou réunît les deux points par une pente continue très douce, et qui exigerait peu de terrassements. Il suffirait pour cela, en partant de chacun des points obligés, de suivre le versant correspondant à flanc de coteau, en remontant vers la source. Le tracé se confondrait alors avec une courbe de niveau ou du moins s'en rapprocherait. Une fois dans la vallée de part et d'autre, il s'achèverait comme dans le premier cas. Mais alors on aurait un développement exagéré.

On adopte ordinairement une solution intermédiaire. On se condamne à descendre pour remonter, mais en faisant le moins possible de travaux. A cet effet, on descend à fleur de sol sur chaque versant, à partir du point donné, avec la pente limite fixée. On arrive ainsi au fond de la vallée au pied de chaque versant, et on se trouve pour la traversée de la vallée dans le premier cas. Quand la vallée n'est pas très large, on ne se condamne pas ordinairement à descendre jusque dans le fond. On la traverse par *enjambement*, c'est-à-dire par un remblai plus ou moins élevé qui réunit deux points situés en face l'un de l'autre, sur les lignes qui suivent à fleur de sol les deux versants opposés.

5° *Cas. — Les deux points sont sur les versants d'un même contrefort.* — Ce cas est l'inverse du précédent. Le tracé direct s'élève sur le dos du contrefort, et redescend ensuite, avec des pentes supérieures à celles que l'on peut accepter. Même en admettant la limite de pente fixée, le profil en long de ce tracé direct s'enfoncerait bientôt dans le sol, et il y aurait à exécuter des déblais énormes, que l'on serait souvent obligé de remplacer par des souterrains. Cette solution, admise dans la construction des chemins de fer, est trop coûteuse pour une route.

On peut, comme dans le cas précédent, éviter ces pentes excessives en contournant le contrefort, et y circulant à flanc de coteau suivant une ligne analogue à ses courbes de niveau. Mais on allonge excessivement le tracé.

On choisit le plus souvent une solution intermédiaire, consistant à s'élever, à fleur de sol, à partir de chacun des points donnés, en profitant de la limite de pente, jusqu'à ce que ces deux lignes se rencontrent, sauf à raccourcir un peu en exécutant un déb. ai dans la partie la plus élevée.

6e *Cas. — Les deux points sont au fond de deux vallées séparées par un contrefort.* — Ce cas est à peu près le même que le précédent, sauf qu'une partie du tracé est en vallée aux abords des deux points obligés. Il y a souvent avantage, dans ce cas, à contourner le pied du contrefort et à rester constamment dans les vallées, si l'allongement de parcours qui en résulte est acceptable.

S'il y a plusieurs contreforts entre les deux points donnés, la solution rentre toujours dans celles des deux cas précédents, que les deux points soient dans des vallées ou sur les versants. On reste dans les vallées, sauf à contourner le pied des contreforts, si l'allongement de parcours n'est pas trop considérable; ou bien, on franchit les contreforts, en montant de part et d'autre des deux versants, au moyen d'une ligne à fleur de sol dont la pente atteigne, sans la dépasser, la limite que l'on s'est fixée.

7e *Cas. — Les deux points sont dans deux bassins séparés par une ou plusieurs lignes de faîte.* — La seule question à résoudre, c'est de chercher les points où les faîtes seront franchis. Une fois choisis, ils deviennent des points obligés, et le tracé entre deux quelconques d'entre eux rentre dans les autres cas précédemment examinés. Il y a toutefois cette différence que les points que l'on a choisis ainsi sont fixés seulement en plan, mais qu'ils sont susceptibles d'un certain déplacement vertical. Au lieu de les prendre sur le sol, on peut les supposer abaissés d'une hauteur qui varie suivant l'importance des travaux que comporte la route, en y mettant celle-ci en tranchée. Quelquefois même, on les abaisse énormément en substituant à la tranchée un souterrain. C'est une solution souvent admise dans les tracés de chemin de fer, mais rarement dans ceux des routes.

En cas de souterrain, on choisit l'endroit où la montagne est le moins épaisse. La hauteur du faîte importe peu.

Quand on passe à ciel ouvert, il faut tâcher de satisfaire aux conditions générales des tracés, c'est-à-dire, aller au plus court, et monter le moins haut possible. On passera donc chaque faîte en un col, et on choisira le col le plus bas, parmi ceux qui se trouvent à proximité de la direction générale.

Si l'on a plusieurs faîtes à traverser, on cherche ainsi le col le plus favorable sur chacun d'eux. Le plus haut de ces cols les plus bas représente un point où on est obligé de s'élever, et où le tracé doit passer.

Mais alors il peut y avoir avantage à choisir, sur les faîtes voisins, non les cols les plus bas, mais ceux dont l'altitude se

rapproche le plus de celle de ce point-là. Ainsi, soient A, B, C, D une série de cols dont chacun est le plus bas par rapport au faîte dont il fait partie parmi ceux qui ne s'éloignent pas trop de la direction générale de la route. Le tracé passe nécessairement en B, qui est le plus haut de la série; mais pour aller de B en D, il est avantageux d'abandonner le col C et d'en chercher un C', dont l'altitude serait intermédiaire entre celle de B et celle de D.

On est quelquefois conduit à abandonner un col choisi par ces considérations. C'est dans le cas où le col donne entrée à un bassin trop abrupt pour qu'on y puisse établir un tracé économique. Les accidents de terrain que l'on nomme des *cirques*, comme celui de Gavarnie dans les Pyrénées, sont un type de ces bassins. Ils se terminent à des bancs de rocher taillés à pic sur de grandes hauteurs, et il serait absolument impossible d'y développer un tracé.

69. Recherche des cols. — Il reste à savoir comment on trouve la position des cols, et on distingue les plus bas.

Cette recherche est très facile si on possède un plan à courbes de niveau. On a vu que les cols sont des points singuliers où le plan tangent est horizontal et coupe le terrain suivant deux courbes tangentes AMB, CMD. Si on fait une série de sections horizontales au-dessus du col, elles se confondent avec les courbes de niveau et se composent de deux branches, à peu près parallèles aux courbes AMB, CMD, dont les convexités se regardent. Si on fait des coupes horizontales au-dessous du col, on a également pour sections des courbes à deux branches dont les convexités se regardent et qui sont comprises dans les zones AMC, BMD. Un col est donc caractérisé par quatre courbes dont les convexités regardent un même point. Si d'ailleurs on observe les cotes, elles vont en augmentant de part et d'autre à partir du col pour un système de courbes opposées, et en diminuant pour l'autre système.

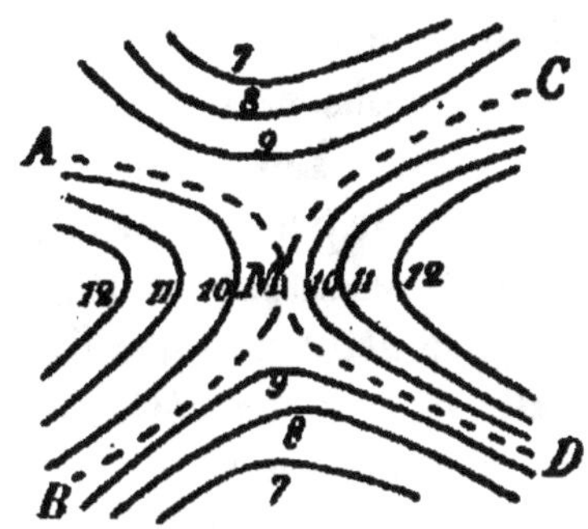

Il y a d'autres points singuliers qui présentent en plan un aspect analogue mais qui ne sont pas des cols. Tel serait le cas de la figure ci-contre. Mais il est toujours facile de reconnaître ces cas particuliers, d'après le sens dans lequel marchent les cotes.

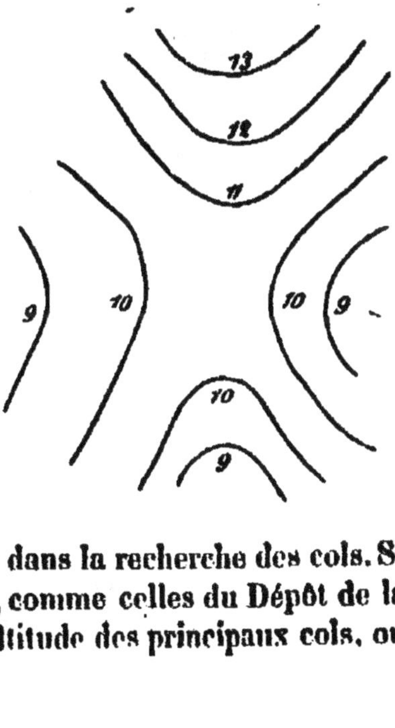

L'altitude de chaque col est donnée par celle des courbes de niveau qui y aboutissent, et on voit immédiatement ceux qui sont les plus bas.

A défaut de courbes de niveau, certaines cartes portent des hachures qui peuvent guider dans la recherche des cols. Si ces cartes sont en outre cotées, comme celles du Dépôt de la guerre, on y trouve indiquée l'altitude des principaux cols, ou bien on la déduit de celle des sommets les plus voisins.

Quelquefois on n'a à sa disposition que des cartes sans cotes, comme celles de Cassini, dont on se sert encore quelquefois à cause de la netteté avec laquelle les vallées y sont figurées. Dans ce cas, on peut se guider par des considérations déduites des lois observées dans la configuration générale de la surface du globe. Les cours d'eau, qui sont figurés sur les cartes, donnent la position des thalwegs, et les divers affluents successifs représentent les thalwegs de divers ordres. Or, tout thalweg se détache d'une ligne de faîte. On sait donc qu'il y a un faîte entre deux séries de sources de cours d'eau descendant en sens contraire.

Une fois la ligne de faîte connue, on peut prévoir assez bien les points où se trouvent les cols. Un col correspond presque toujours à l'origine d'un thalweg; il y a donc un col dans le faîte au droit de chaque source.

Lorsque deux cours d'eau, descendant sur les deux versants d'un même faîte, ont leurs sources opposées de part et d'autre du faîte, il est présumable que le col correspondant est parmi les plus abaissés.

Lorsqu'un cours d'eau coule parallèlement à un faîte, et qu'il se retourne brusquement dans une autre direction, il est probable qu'il se présente un faîte secondaire qui lui barre le passage. La ligne de faîte à laquelle il était parallèle, et qui s'abaissait avec lui, cesse de descendre et se relève à la rencontre de ce faîte transversal. Il y a donc là un col.

Soit enfin AB une ligne de faîte, CD et EF deux cours d'eau coulant de part et d'autre, mais en sens inverse. Après avoir coulé quelque temps près du faîte, chacun d'eux s'en éloigne, en sorte que dans la partie AM, la pente du faîte participe principalement de celle du thalweg EF, et dans la partie MB, de celle du thalweg CD. Ces deux thalwegs ayant des pentes inverses, il y a un col vers le point M.

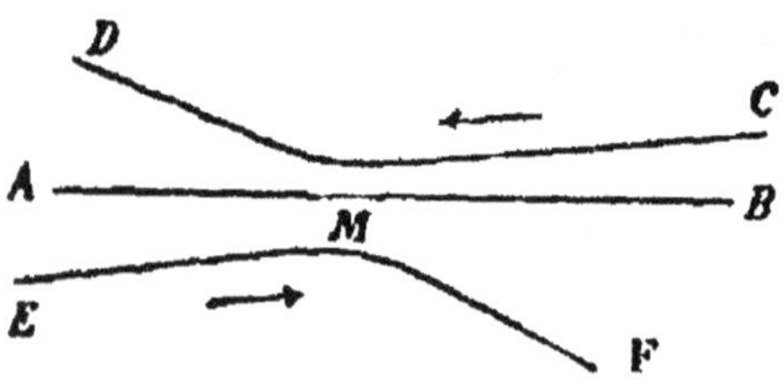

Ces exemples suffisent pour montrer qu'au moyen d'une simple carte où les cours d'eau sont dessinés, on peut prévoir approximativement la place et même l'altitude relative des cols.

Cette méthode toutefois ne donne que des probabilités, et ne fournit pas de renseignements du tout sur l'altitude absolue des cols. Les cartes ne sont pas d'ailleurs toujours assez bien faites ni assez détaillées pour qu'on puisse s'y fier. Lors donc même qu'on est parvenu à présumer la position des cols, il faut encore s'assurer par une reconnaissance sur place qu'ils existent réellement, et en mesurer l'altitude.

Cette altitude se détermine très simplement au moyen du baromètre, dont la hauteur diminue à mesure que l'on s'élève, suivant une loi qui a été formulée par Laplace. Un nivellement barométrique, qui donne les altitudes à quelques mètres près, est très suffisant pour guider dans le choix des cols, et se fait très rapidement.

70. Choix des versants. — Quand le tracé passe par un col, et qu'il faut ensuite le faire descendre dans le thalweg aboutissant à ce col, on a quelquefois le choix du versant où il va se développer. On préfère celui des deux versants où les accidents secondaires sont le moins prononcés, et où les travaux doivent coûter le moins cher. A difficulté égale, on se guide par des considérations relatives à l'entretien de la route. On choisit le versant où le tracé passe à proximité des carrières des matériaux les meilleurs et les moins chers; ou bien, où l'exposition est la plus favorable, au nord dans les terrains secs et légers, au midi dans les sols gras et humides. On a aussi égard à l'importance des habitations et des cultures desservies.

71. Lignes de pente. — L'étude des tracés en pays de montagne comporte une opération qui ne se présente pas dans l'étude des tracés en pays plat, c'est la détermination de lignes descendant à fleur de sol, sur un versant donné, en conservant une pente uniforme. Ces lignes se nomment, par abréviation, des *lignes de pente*.

Une ligne de pente de déclivité p se trace très simplement sur un plan à courbes de niveau. Soient A et B deux points

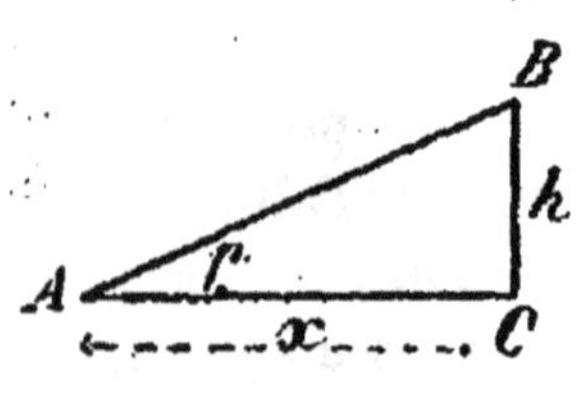

de la ligne de pente appartenant à deux courbes de niveau, et h la différence d'altitude de ces deux courbes, la distance horizontale $x = AC$ des deux points est donnée par la relation $h = px$, d'où $x = \frac{h}{p}$.

Donc étant donné le point A en plan, de ce point comme centre, avec une ouverture de compas égale à x, on décrit un

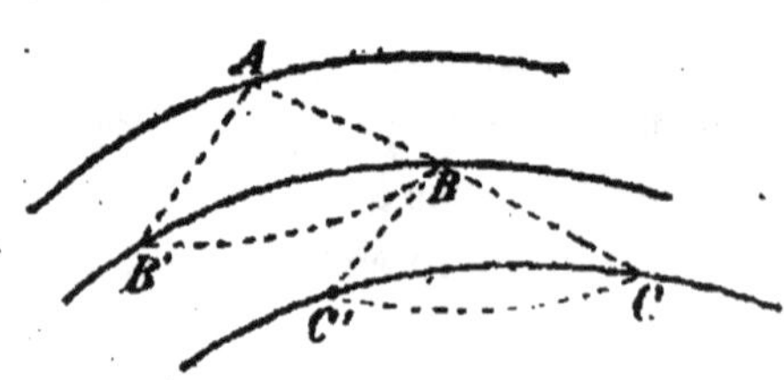

arc de cercle BB', et le point B où il coupe la courbe de niveau placée à la hauteur h par rapport à A, est un point de la ligne cherchée. En B, avec le même rayon, on décrit l'arc de cercle CC', qui donne un point C de la ligne de pente, là où il coupe la courbe de niveau placée à une hauteur h par rapport à B ; et ainsi de suite.

Chaque arc de cercle coupe la courbe suivante en deux points, B et B', C et C'... ; en sorte qu'il y a une infinité de lignes de pente ayant même déclivité. On choisit, en chaque point, la direction qui se rapproche le plus de celle du tracé général, à moins que l'on n'ait besoin de lacets.

Si l'arc de cercle est tangent à la courbe de niveau suivante, il n'y a qu'une seule solution et la ligne de pente se confond en cet endroit avec la ligne de plus grande pente.

Si le cercle ne coupe pas la courbe de niveau, c'est que la pente donnée est supérieure à la plus grande pente du sol. On ne peut descendre en ce point à fleur de sol avec la pente donnée, et il faut y substituer une pente moindre.

Pour faire le tracé de la ligne de pente, on prend les courbes de niveau soit consécutives, soit de deux en deux ou à d'autres intervalles, suivant que le versant est plus ou moins régulier, de façon à s'affranchir des sinuosités qui seraient produites par des ondulations négligeables.

Lorsqu'on ne possède pas de plans à courbes de niveau, il faut tracer la ligne de pente sur le terrain. Cela se fait facilement au moyen d'instruments spéciaux qui sont décrits dans les traités de lever de plan et de nivellement, et qu'on appelle des niveaux de pente. On détermine ainsi une série de points sur le sol, tels que la ligne qui joint deux points consécutifs a toujours la même pente. On place un piquet en chacun de ces points et on en lève le plan, que l'on rapporte sur le plan d'étude.

La ligne obtenue par l'une ou l'autre de ces méthodes est une ligne brisée, marquée par une série de points entre lesquels le sol présente la pente voulue. On lui substitue un tracé, en dessinant à travers ces points des courbes dont le rayon reste dans la limite qu'on s'est imposée. Puis on mène à ces courbes des tangentes communes qui représentent les alignements droits.

Il faut tâcher de conserver aux courbes le plus grand rayon, tout en se rapprochant le plus possible de chaque point. Ces deux conditions sont contradictoires. On se guide, pour savoir dans quelle limite on doit tenir compte de chacune d'elles, sur la déclivité transversale du sol. Plus cette déclivité est forte, et moins on doit s'éloigner des points; car, pour un même écart, la hauteur des terrassements sur l'axe varie dans le même sens que la pente transversale du sol. Aussi dans les terrains très accidentés, où les versants sont rapides, on est conduit à suivre de près la ligne brisée, et, par suite, à adopter de petits rayons pour les courbes.

Il est à remarquer que le tracé définitif est toujours plus court que la ligne brisée; aussi présente-t-il une pente plus forte. Il convient donc de faire l'étude avec une pente un peu plus faible que celle que l'on veut obtenir.

Une ligne de pente tracée sur le versant d'un bassin rencontre les bassins d'ordre immédiatement supérieur. On les traverse par enjambement direct, si les remblais qui en résultent ne sont pas trop considérables. La ligne de pente quitte alors le sol en un point du versant par où elle arrive, pour aller le rejoindre sur l'autre versant; elle continue ensuite à fleur de sol.

S'il en résulte des travaux trop importants, on se résout à descendre dans le fond du vallon secondaire, sauf à en remonter par une contrepente, si cela est nécessaire, d'après les règles habituelles. Il faut pourtant tâcher, et cela est presque toujours possible, de n'avoir pas à remonter, et admettre, tout au plus, une partie en palier.

On ne doit d'ailleurs pas perdre de vue qu'il y a un ouvrage d'art à construire sur le cours d'eau qui coule dans ce thalweg secondaire, et qu'il faut se réserver la hauteur nécessaire à l'établissement de cet ouvrage. On est donc toujours conduit à enjamber au moins partiellement.

§ 3

PIQUETAGE ET LEVER DES PROFILS.

72. Piquetage et repères. — Une fois le tracé arrêté, il faut le reporter sur le terrain, afin d'en étudier les détails, et recueillir tous les renseignements nécessaires à la rédaction des pièces du projet.

La première opération constitue le piquetage. Elle a pour objet de marquer sur le sol, par des piquets ou des jalons, tous les points qui fixent le tracé d'une manière définitive, et ceux dont on peut avoir besoin pour les études subséquentes.

Le tracé est fixé lorsque l'on a la position de tous les sommets d'angles formés par les alignements successifs. On cherche, sur le plan d'étude, la position de ces sommets par rapport à des points bien déterminés du sol, qui sont marqués sur le plan. Ces points sont ce qu'on appelle des *repères*.

Les repères sont des objets durables, faciles à retrouver, comme des angles de maison, des bornes, des arbres remarquables. Au moment où on a fait la première reconnaissance dans laquelle a été arrêtée la ligne de base, on a noté ces repères et déterminé leur position relativement à cette base, de façon à les rapporter sur le plan d'étude. De cette manière, lors même que les piquets qui déterminaient la base ont disparu, on peut toujours la rétablir sur le sol, si on en a besoin.

On marque sur le terrain, au moyen de piquets, les sommets d'angles, dont la position, connue par rapport à la base ou aux repères, est toujours facile à retrouver. On a d'ailleurs une vérification ; car les longueurs des lignes qui joignent les sommets doivent être conformes à celles du plan d'étude, ainsi que les angles qu'elles font entre elles.

Les piquets d'angles doivent être forts et solidement enracinés. On y peint ou on y grave des numéros d'ordre ou des lettres propres à les faire reconnaître.

Il est nécessaire que ces piquets puissent être retrouvés au moment de l'exécution des travaux, qui se fait souvent longtemps attendre ; mais ils sont bientôt enlevés par les cultivateurs ou les passants. Aussi, au lieu de piquets, on met souvent des mâts appelés *balises*, qu'on établit solidement, en les maintenant par des contrefiches profondément enterrées et au besoin noyées dans un massif de maçonnerie ; mais les balises elles-mêmes disparaissent quelquefois.

Il est donc important de noter la position des piquets par rapport aux repères primitifs ou à d'autres mieux situés. Quelquefois, en rase campagne, les repères font défaut, ou ceux que l'on trouve, des arbres par exemple, ne paraissent pas assez fixes ; on construit alors des repères artificiels, tels que des bornes dont la culasse est entourée d'un solide massif de maçonnerie. On y peint ou on y grave un signe particulier avec des numéros ou des lettres d'ordre. Ces repères doivent être placés à une certaine distance de l'axe, de façon à ne pas être détruits par les travaux, et à servir à toutes les vérifications postérieures que l'on peut avoir à faire sur le tracé.

73. Courbes de raccordement. — On mesure alors avec soin les angles que font entre eux les divers alignements droits. On en déduit les éléments des courbes de raccordement, déjà connues approximativement par des mesures prises sur le plan, et on dessine ces courbes sur le sol par points au moyen de jalons.

Les courbes de raccordement ordinairement employées sont des arcs de cercle.

Soit α l'angle au sommet, R le rayon de la courbe, t la longueur de la tangente depuis le sommet S jusqu'au point de contact A ou B, a la distance du sommet S au milieu M de l'arc; on a, entre les trois quantités R, t et a, les deux relations : $R = t \operatorname{tg} \frac{1}{2} \alpha$ et $a = R\left(\frac{1}{\sin 1/2\, \alpha} - 1\right)$. On choisit arbitrairement l'une d'elles, et on en déduit les deux autres par le calcul. Habituellement on se donne le rayon R, que l'on prend en nombre rond d'après les indications du plan d'étude.

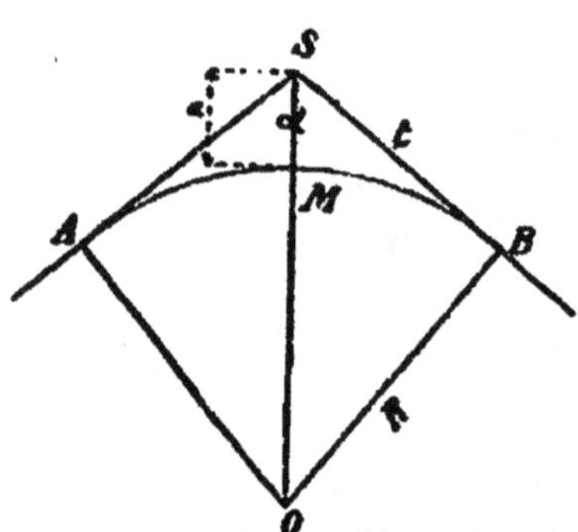

On mesure sur les deux alignements SA et SB la longueur t, et sur la bissectrice la longueur a, et on place des piquets aux points A, B et M. Puis on place des jalons en différents points intermédiaires. Les traités de lever des plans indiquent comment on trouve ces points ; la méthode la plus employée consiste à en calculer les abcisses et les ordonnées par rapport à la tangente, le point de contact A ou B étant pris pour origine, et à les reporter ensuite sur le terrain.

Cas des tangentes inégales. — On est quelquefois conduit à employer une autre courbe que l'arc de cercle, et à donner aux deux tangentes des longueurs inégales, soit pour mieux épouser la forme d'un terrain difficile, soit pour éviter un obstacle, soit pour faire passer l'axe par des points indiqués.

Une première solution consiste à choisir une parabole.

Si on appelle a et b les longueurs SA et SB des tangentes et qu'on prenne pour axes coordonnés les alignements SA et SB, l'équation de la parabole est $\sqrt{\frac{x}{a}} + \sqrt{\frac{y}{b}} = 1$. On trouve un point M de la courbe, soit en calculant ses deux coordonnées MP et MQ et les reportant sur le terrain, soit en la décrivant par la méthode suivante : on divise SA et SB en un même nombre de parties égales, que l'on numérote en sens inverse ; on réunit par des droites les numéros semblables, 4 et 4, 5 et 5, et l'enveloppe de toutes ces droites est la parabole.

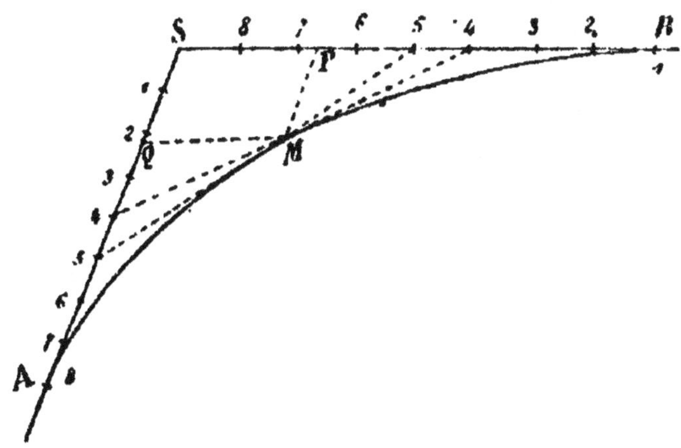

Les constantes a et b sont données d'avance, ou bien on les détermine d'après les conditions qui se présentent : on exprime, par exemple, que la courbe passe par deux points connus, dont les coordonnées satisfont à son équation.

Cette courbe parabolique est peu employée ; elle est plus difficile à tracer que des arcs de cercles, et son rayon de courbure a des valeurs variables, dont le minimum ne se détermine que par des calculs d'ordre assez élevé. On ne sait donc que difficilement si on ne descend pas au-dessous de la limite qu'on s'est imposée pour les rayons. Le calcul exact du développement de la courbe n'est pas simple non plus.

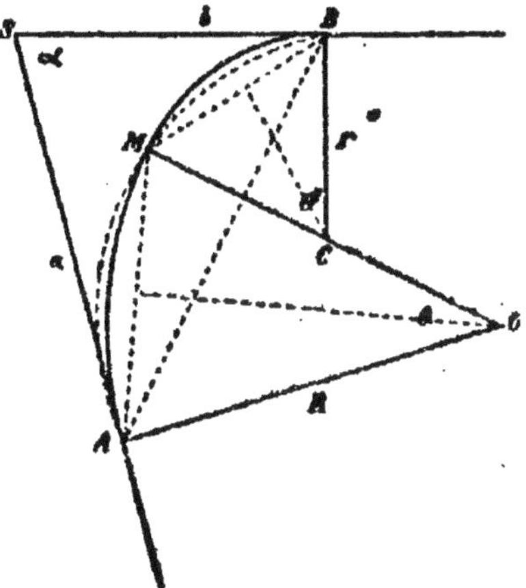

On préfère, dans ce cas, faire les raccordements au moyen de deux arcs de cercles de rayons différents. Au point de contact B qui répond à la tangente la plus courte b, on décrit un cercle de rayon donné r, et il reste à résoudre le problème géométrique de mener par un point A d'une droite un cercle tangent à cette droite et au cercle donné; il est inutile de rappeler la solution bien connue de ce problème[1].

74. Chaînage. — Lorsque les courbes sont tracées, on achève le piquetage, tout en procédant à l'opération du chaînage.

Le chaînage a pour objet de mesurer la longueur du tracé, ainsi que les distances qui existent entre les divers piquets mis sur l'axe.

Outre ceux qui se trouvent déjà aux points de tangence, on place des piquets numérotés à des distances en nombres ronds, par exemple, tous les 100 mètres. Dans l'intervalle des hec-

(1) Il y a une infinité de solutions, même quand les points de contact A et B sont donnés; car l'on peut prendre arbitrairement le rayon r. Pour avoir toutes ces solutions, on peut remarquer que, si on joint le point de contact M, commun aux deux cercles, aux points A et B, l'angle AMB est constant. Car $AMO = 90° - \frac{\theta}{2}$ et $BMC = 90° - \frac{\theta'}{2}$. Donc $AMO + BMC = AMB = 180° - \frac{\theta + \theta'}{2}$. Mais $\theta + \theta' = 180° - \alpha$. Donc $AMB = 90° + \frac{\alpha}{2}$. On a donc le lieu des points M en décrivant sur AB un arc capable de l'angle $90° + \frac{\alpha}{2}$; et, pour trouver une solution quelconque, il suffira de joindre un point M de ce lieu à A et à B, d'élever au milieu de MA et de MB des perpendiculaires, jusqu'à la rencontre des perpendiculaires AO et BC aux alignements SA et SB. On obtient ainsi les centres O et C des deux cercles.

On peut déterminer les éléments des deux cercles par le calcul, par exemple, en projetant le contour polygonal fermé SBCOAS successivement sur SA et sur SB, et remarquant que $\theta + \theta' = 180° - \alpha$ et $\sin \theta' = \sin(\theta + \alpha)$. On trouve ainsi.

$$a = b \cos \alpha + r \sin \alpha + (R + r) \sin \theta.$$
$$b = a \cos \alpha + R \sin \alpha - (R - r) \sin(\theta + \alpha).$$

Ces deux relations, entre cinq éléments R, r, a, b et θ, en laissent encore trois d'indéterminés. On les choisit arbitrairement, ou bien on exprime que les courbes satisfont à certaines conditions, par exemple, passent par deux ou trois points donnés. A défaut de conditions données en nombre suffisant, on peut s'en imposer d'arbitraires, mais rationnelles. On exprime, par exemple, que la différence des rayons est aussi petite que possible. Or $R - r = \frac{(a - b)(1 - \cos \alpha)}{\sin(\theta + \alpha) + \sin \theta - \sin \alpha}$, et le minimum de cette expression a lieu pour $\cos(\theta + \alpha) + \cos \theta = 0$, ce qui se réduit à $\cos \frac{1}{2}(2\theta + \alpha) = 0$; d'où l'on tire $2\theta + \alpha = 180°$ et $\theta = \frac{180° - \alpha}{2}$. Donc le rayon commun OCM est parallèle à la bissectrice de l'angle au sommet.

tomètres, on place aussi des piquets là où la pente longitudinale du terrain change sensiblement.

75. Nivellement en long. — On fait ensuite le nivellement de tous ces piquets, en cherchant leur hauteur au-dessus d'un plan de comparaison.

On possède ainsi les éléments nécessaires pour établir le profil en long du terrain suivant l'axe du tracé.

Le lever du profil en long, c'est-à-dire le chaînage et surtout le nivellement, doit être fait avec une grande précision. C'est d'après lui que les pentes définitives du projet sont arrêtées. S'il y avait des différences notables entre les cotes indiquées et les cotes réelles, les pentes exécutées ne seraient pas celles que l'on aurait prévues. On n'admet pas une incertitude de plus de 2 à 3 millimètres sur les différences de niveau successives des points nivelés.

76. Nivellement en travers. — En chacun des points où l'on a placé un piquet, on lève un profil en travers. Le profil en travers est dirigé normalement à l'axe, c'est-à-dire suivant une perpendiculaire au tracé dans les parties droites. et suivant le rayon dans les parties en courbe.

Les profils en travers se lèvent comme le profil en long; on prend, à droite et à gauche de l'axe, les distances et les altitudes des points où la pente du sol change sensiblement.

Ce nivellement ne demande pas la même précision que celui du profil en long. Il sert seulement pour l'évaluation du volume des terrassements, qui ne se fait qu'approximativement. On ne prend les cotes des points qu'à 1 ou 2 centimètres près.

Ces profils en travers n'ont pas besoin d'être poussés bien loin; il suffit qu'ils s'étendent dans la largeur occupée par la route. Il est bien rare qu'une largeur de 10 mètres, de part et d'autre de l'axe, ne suffise pas. Dans les terrains qui ne sont pas très accidentés, il est rare également que la pente change notablement sur 10 mètres. Donc, le plus souvent, on ne nivelle de chaque côté qu'un seul point, placé à 10 mètres du piquet d'axe. Le nivellement donnant immédiatement la hauteur de ce point au-dessus ou au-dessous de celui où est le piquet, il suffit de diviser cette hauteur par 10 pour avoir la pente transversale du terrain.

77. Sondages, renseignements divers. — L'étude du projet se complète par divers renseignements dont on a besoin pour en arrêter les détails.

Là où doivent s'élever des ouvrages d'art, il faut se rendre compte de la nature du sol où ils seront assis. On procède à des sondages, qui consistent à percer un trou vertical en chacun des points où l'on a intérêt à connaître la nature des couches successives qui se présentent. Quand on dispose d'un équipage de sonde, ces trous ont un diamètre de quelques centimètres, et la sonde, chaque fois qu'on la descend, rapporte un échantillon du sol à la profondeur atteinte. Si on n'a pas de sonde, on ouvre un véritable puits, assez large pour qu'un homme puisse y descendre et y examiner la coupe du terrain.

On recherche en même temps la position des carrières propres à fournir les matériaux des ouvrages d'art et de la chaussée, et on se renseigne sur les prix de ces matériaux et sur celui des diverses mains-d'œuvre.

Pour les terrassements, on se procure des renseignements analogues. Si on présume qu'il y aura dans les tranchées de la roche plus ou moins dure, on s'en assure et on en cherche le niveau au moyen de trous de sondage, qui dans ce cas sont presque toujours des puits.

On se renseigne aussi sur les prix de journée des ouvriers terrassiers de différentes catégories et des moyens de transport.

78. Rédaction du projet. — Lorsqu'on a fait toutes ces opérations et ces investigations, on possède les éléments nécessaires pour la rédaction des pièces du projet.

Cette rédaction est soumise à des règles et à des méthodes qui feront l'objet du chapitre suivant. Elle a pour but d'indiquer d'une manière précise le détail des travaux à exécuter et d'en évaluer la quantité et le prix, de façon à savoir la dépense à laquelle l'exécution de la route projetée donnera lieu.

§ 4

COMPARAISON ET CHOIX DES TRACÉS

79. Question à résoudre. — On vient de voir la marche à suivre pour l'étude d'un tracé. Cette étude n'obéit pas à des règles assez fixes pour qu'il ne se présente pas, à chaque instant, des hésitations que l'on résout immédiatement par quelques-unes des considérations exposées ci-dessus. Avec un peu d'expérience et de jugement, on arrive assez facilement à ne pas se tromper beaucoup dans ces détails.

Mais si l'on considère l'ensemble d'un tracé, il peut s'offrir deux ou plusieurs solutions, différant surtout par leurs conditions générales, telles que la longueur de leur développement, la limite des rampes adoptées, l'importance des travaux à exécuter.

On a été conduit à chercher des moyens précis pour comparer entre elles les valeurs de deux ou plusieurs tracés complètement étudiés. Diverses méthodes ont été proposées. On va indiquer les trois principales, dont l'une a été proposée par l'inspecteur général Favier en 1841, la seconde par M. Léon Durand-Claye en 1871, la troisième par M. l'inspecteur général Lechalas en 1879.

80. Méthode de Favier. — Les recherches de Favier[1] forment un ouvrage assez volumineux, dont l'analyse complète dépasserait les bornes de ce traité. Il suffira d'indiquer sommairement la marche qu'il a suivie.

Si l'on représente par E le travail utile que développe, sur un palier, un attelage qui traîne le poids K à une vitesse constante v pendant une durée journalière t, ces divers éléments étant déterminés de façon à lui faire rendre son maximum d'effet utile, ce travail a pour expression $F = Kvt$. Sur

1. *Essais sur les lois du mouvement de traction.*

une rampe, ces diverses valeurs se modifient et on a $E'=K'v't'$. Si on appelle R le rapport entre ces deux quantités, on a $R=\frac{E}{E'}=\frac{Kvt}{K'v't'}$.

Or, si la dépense journalière de l'attelage est P, et si on représente respectivement par p et par p' les dépenses qu'entraîne le transport de l'unité de masse à l'unité de distance, en palier et sur la rampe, on a $P=Kvtp=K'v't'p'$, et on en déduit $\frac{p'}{p}=\frac{Kvt}{K'v't'}=R$. C'est ce coefficient que Favier a cherché à déterminer.

Le maximum d'effet utile répond, suivant lui, dans tous les cas, à une durée égale à la moitié du temps pendant lequel l'animal peut à la rigueur marcher. Quel que soit ce temps, qu'il fixe à dix-huit heures, on doit faire $t'=t$ et le rapport R se trouve réduit à $\frac{Kv}{K'v'}$.

Favier a examiné d'abord l'hypothèse où la vitesse serait constante. Comme il est impossible de songer à faire varier la charge à chaque instant, on n'aurait, pour arriver à maintenir la vitesse constante, que la ressource de modifier la puissance de l'attelage sur chaque rampe, au moyen de chevaux de renfort. Mais il serait impossible d'employer des fractions de cheval de renfort, et de proportionner exactement l'effort à la vitesse que l'on devrait maintenir. Il n'y a donc pas à s'arrêter à cette hypothèse.

Habituellement, le poids reste constant et la vitesse varie. Si donc on fait $K=K'$, il reste $\frac{p'}{p}=R=\frac{v}{v'}$. Le problème est donc ramené à déterminer le rapport des vitesses qui conviennent le mieux à l'utilisation de la force du cheval, traînant une charge constante, en palier et en rampe, pour une même durée de travail journalier.

Favier a cherché à établir la relation mathématique qui existe entre les efforts demandés à un cheval et les vitesses correspondantes, dans l'hypothèse d'un travail journalier normal et de durée déterminée. C'est l'objet de ses recherches sur les lois du mouvement de traction. Les efforts se calculent facilement, en raison des pentes et de la résistance au roulement (n°s 48 et suivants). Quant aux vitesses correspondantes, elles ont été déduites de développements savants, mais souvent hypothétiques, dont il suffit de donner une idée générale.

Soit V la vitesse prise par un cheval rendant son maximum d'effet utile, lorsqu'il marche librement en palier ; la vitesse v qu'il prendrait sur le palier, lorsqu'il fait un effort π, serait $v = V\left(1 - \frac{\pi}{\omega \Pi}\right)$, Π étant le poids de l'animal et ω une constante. Sur une rampe d'inclinaison α, les vitesses V' et v' que prendrait le cheval, soit libre, soit exerçant un effort π', auraient une relation analogue $v' = V'\left(1 - \frac{\pi'}{\omega \Pi (1 - \chi)}\right)$ dans laquelle χ est une fonction de α variant dans le même sens que cet angle. Enfin, on admet que les carrés des vitesses sont entre eux dans le rapport $\frac{V'^2}{V^2} = (1 - \psi)$, ψ étant une fonction de α analogue à la précédente. On déduit de là le rapport $\frac{v}{v'}$, par un calcul assez simple.

La valeur de la constante ω est fixée par Favier à 0,3, dans les conditions ordinaires des attelages. Quant à celle des fonctions χ et ψ, elle varie proportionnellement à certaines puissances de sin. α plus petites que l'unité. Enfin, Π est supposé valoir 360 kil.

Tables. — Favier a déduit de ces considérations des tables numériques où il a calculé les valeurs du rapport R pour les diverses déclivités qui peuvent se présenter. La première table s'applique au cas où la route est en rampe, et la seconde, au cas où elle est en pente.

Lorsque la pente atteint la limite 0,03, on admet qu'il est fait usage du frein, mais seulement de façon à ramener la traction à ce qu'elle serait sur une pente de 0,03. A partir de là, le coefficient R reste constant pour les pentes. Favier a même jugé devoir le faire augmenter lentement, pour tenir compte de la gêne de plus en plus grande que le cheval éprouve.

Un extrait de ces tables est donné à la fin de ce chapitre.

81. Longueur horizontale équivalente. — La comparaison des tracés est très simple au moyen de ces tables. La valeur du coefficient R sur chaque rampe représente, en somme, la longueur de palier sur laquelle il serait fait la même dépense pour transporter l'unité de masse que sur l'unité de longueur de la rampe, puisque l'on a $p' = Rp$. Si donc l est la longueur d'une rampe et $p'l$ la dépense pour la faire franchir par l'unité de masse, il revient au même de multiplier p par Rl, c'est-à-dire, de supposer constant le prix p et de substituer à la longueur réelle la longueur Rl. Cette longueur substituée est la *longueur horizontale équivalente* à la longueur de la pente.

Etant donné un tracé, on multiplie la longueur de chacune de ses pentes et rampes par le coefficient R qui répond à leur déclivité, et en faisant la somme de tous les résultats, on obtient la longueur horizontale équivalente au tracé.

Si on veut lui comparer un ou plusieurs autres tracés, on fait pour eux le même calcul, et on compare les longueurs équivalentes obtenues.

Comme la circulation a lieu dans les deux sens, on fait le calcul d'abord dans un sens, puis dans l'autre, où les pentes deviennent des rampes et réciproquement. Puis on prend la moyenne des résultats, moyenne arithmétique, si la circulation est la même des deux côtés, ou géométrique, si elle est différente.

82. Observations. — Les tables de Favier sont rarement consultées aujourd'hui. Le peu de clarté de l'exposé de sa théorie et la tension excessive d'esprit qu'en demande l'étude ont pu contribuer en partie à cet abandon. Mais il est dû surtout à des défauts fondamentaux, qui ont conduit souvent à des anomalies flagrantes, et ont fait perdre à cette méthode la confiance des ingénieurs. Favier, dans la détermination du coefficient d'équivalence, ne tient pas compte de la durée du temps qu'exige l'ascension de chaque rampe. Or il est certain que tel effort peut être soutenu sans fatigue anormale pendant quelques instants par un cheval, qui en serait excédé s'il avait à l'exercer toute la journée. Le coefficient R devrait donc augmenter non seulement avec la déclivité des rampes, mais aussi avec leur longueur.

Il ne se préoccupe pas de l'influence d'une rampe dont la déclivité serait exceptionnelle par rapport au reste du tracé. Or une telle rampe force à réduire notablement le chargement du véhicule en vue de son ascension; et il en résulte que sur le reste du parcours, les chevaux ne sont pas dans les conditions, supposées par la théorie, où ils rendent leur maximum d'effet utile.

Il ne tient pas compte de la limite imposée au poids des chargements soit par le tracé lui-même, soit par le profil des autres routes de la contrée. La méthode donne les mêmes résultats dans les pays de plaines et dans les montagnes; tandis qu'il est bien certain que tel tracé, qui est excellent dans une contrée, serait mauvais dans une autre.

Enfin, les données numériques dont Favier a fait usage, appliquées à des formules pour la plupart hypothétiques, ont conduit à des coefficients souvent difficiles à accepter. Il paraît, par exemple, peu admissible que le parcours d'une rampe de 0,02 exige une dépense double (1,997 suivant les tables) de celle qui se ferait sur un palier de même longueur. Quelques données, comme le poids des chevaux ne sont d'ailleurs pas fixes et les tables devraient être recalculées chaque fois que ces données changent; ainsi aujourd'hui il faudrait faire $\Pi = 500$.

83. Méthode de M. L. Durand-Claye. — La méthode de M. Léon Durand-Claye, est fondée sur l'analyse qui a été faite plus haut (chap. III, § 5) de l'influence des rampes sur la traction.

On y a vu que la fatigue imposée aux attelages pour transporter l'unité de poids d'un bout à l'autre de la route pouvait se représenter par :

$$Q = \left(\frac{K}{1} + f\right) L + \left(1 + \frac{1}{C}\right) H$$

où C est le chargement spécifique par rapport au poids des chevaux, K un coefficient constant représentant l'effort qu'ils font pour progresser, f le coefficient de résistance au roulement des roues sur les chaussées, L la longueur du tracé, H la différence de niveau entre les deux extrémités, modifiée, s'il y a lieu, par la substitution de la pente $i = \frac{fC}{1+C}$ à la pente réelle dans les descentes qui dépassent cette limite.

Il est clair que le tracé pour lequel Q est le plus petit est le plus avantageux.

La seule difficulté, c'est de choisir le chargement spécifique C qu'il convient de supposer sur chacun d'eux.

Quelquefois, il est déterminé d'avance, soit par la nature même des transports à effectuer, soit par les déclivités des parties de routes voisines parcourues par les mêmes voitures.

Lorsque C est indéterminé, on le calcule en supposant les chargements réglés de façon que, sur aucune rampe, l'effort imposé à l'attelage ne dépasse le maximum Mp qu'il peut exercer en raison de la durée du parcours de la rampe, c'est-à-dire de sa longueur (n° 54). Il faut donc que l'on ait partout $Mp \geqq fP + (P+p)\,h$, d'où $C \leqq \frac{M-h}{f+h}$.

On admet donc pour C la plus grande valeur qu'il puisse prendre, c'est-à-dire la plus petite de celles que prend la fraction $\frac{M-h}{f+h}$ sur les diverses rampes ou séries de rampes présentées par le tracé. Par suite $\frac{1}{C}$, qui figure seul dans l'expression de Q, a la plus grande des valeurs de $\frac{f+h}{M-h}$. Cette fraction peut se mettre sous la forme $\frac{fl+N}{Ml-N}$ où N est la différence du niveau entre les extrémités de la rampe, et l sa longueur[1].

84. Longueur horizontale équivalente. — On peut obtenir facilement, par cette méthode, la longueur horizontale équivalente à un tracé donné. Si on appelle A la longueur

1. On trouvera, à la fin de ce chapitre, une table des valeurs de Ml, dans l'hypothèse où $M = \frac{1-\sqrt{0823l}}{3}$

d'une route constamment en palier, qui donnerait lieu à la même fatigue Q que le tracé donné pour le transport de l'unité de poids d'un bout à l'autre, et C_0 la charge spécifique qui convient au cas du palier continu, on doit avoir $Q = \left(\frac{K}{C_0} + f\right) \Lambda$.

Si l'on fait $K = \frac{1}{7}$ et $F = 0{,}03$, et si l'on observe que, sur un palier continu, l'effort fP doit être égal à $\frac{p}{6}$ (nº 54, remarque), d'où l'on déduit $fP = \frac{p}{6}$ et $\frac{1}{C_0} = 6f = 0{,}180$; on trouve $\Lambda = 18\ Q$.

La marche à suivre pour comparer deux ou plusieurs tracés est alors la suivante :

On calcule, pour chaque tracé, les valeurs successives que prend la fraction $\frac{fl + N}{Ml - N}$ sur les différentes parties de la route, et on adopte pour $\frac{1}{C}$ la plus grande de ces valeurs. On calcule la différence fictive de niveau H en substituant, dans le profil en long, la déclivité $i = \frac{fC}{1 + C}$ à celles qu'ont les descentes plus rapides que cette limite. On en déduit la valeur $Q = \left(\frac{K}{C} + f\right) L + \left(1 + \frac{1}{C}\right) H$, et on multiplie par 18. On obtient ainsi la longueur horizontale équivalente Λ.

Le calcul se fait pour les deux sens, et on prend la moyenne arithmétique, si la circulation est la même dans les deux sens, ce qui est le cas le plus ordinaire. Si la circulation n'était pas la même, on ferait une moyenne géométrique.

85. Observations. — 1° Si aucune des pentes du tracé ne dépasse la limite i, il n'y a aucun calcul à faire pour obtenir H, c'est simplement la différence de niveau entre les points extrêmes.

2° Si un tracé va constamment en descendant, ou ne présente que des rampes et des paliers de très faible longueur, C sera réglé par la valeur que prend l'expression $\frac{f + h}{M - h}$ sur les pentes de déclivité inférieure ou égale à la limite i, où l'on aura donné à h une valeur négative.

S'il ne présente que des pentes supérieures à la limite i, la valeur de C est théoriquement infinie, puisque le frein annule tout effort, quel que soit le chargement. Il paraît sage, dans ce cas, de choisir pour C la valeur C_0, et de faire $\frac{1}{C} = 0{,}180$, comme sur un palier continu; car il est vraisemblable que le roulage n'adoptera pas des chargements supérieurs.

Il en est de même toutes les fois que le calcul de $\frac{1}{C}$, par la méthode ci-dessus, donne des valeurs plus petites que $\frac{1}{C_0}$ ou 0,180. Ce nombre peut donc être considéré comme une limite au-dessous de laquelle il ne faut jamais descendre.

3°. Si $C = C^o$, soit parce que la charge est déterminée d'avance par des conditions étrangères au tracé, soit par suite de la remarque 2°, on a :

$$\left(\frac{K}{C_0}+f\right)\Lambda = \left(\frac{K}{C}+f\right)L + \left(1+\frac{1}{C}\right)H$$

d'où l'on tire, en faisant $C_0 = C$:

$$\Lambda = L + \frac{1+C}{K+fC}H.$$

Si, en outre, toutes les pentes sont inférieures à la limite i, la moyenne arithmétique des deux valeurs de Λ est égale à L. Car le second terme de la formule précédente, alternativement positif et négatif, disparaît dans cette moyenne.

4° La valeur de Λ est équivalente à L quant à la fatigue exigée par le transport de l'unité de poids brut. En réalité, ce qui importerait, c'est de chercher la longueur équivalente Λ' pour le transport de l'unité de poids utile. Or, le poids mort et le poids utile sont liés par une relation à laquelle on peut attribuer la forme $P = a + bU$ (nº 36), d'où on déduit $\frac{P}{U} = \frac{b}{1-\frac{a}{P}}$.

Si donc la fatigue est Q pour l'unité de poids brut, elle srea $Q\frac{P}{U} = \frac{Qb}{1-\frac{a}{P}}$ pour l'unité de poids utile. De même, sur palier, au lieu de $\left(\frac{K}{C_o}+f\right)\Lambda$, elle sera $\left(\frac{K}{C_o}+f\right)\Lambda' \frac{b}{1-\frac{a}{P_o}}$. En égalant les deux fatigues, et remplaçant Q par sa valeur en Λ, on trouve :

$$\Lambda' = \Lambda \frac{1-\frac{a}{P_o}}{1-\frac{a}{P}}$$

Ce rapport est égal à l'unité si $a = o$, c'est-à-dire, si le poids mort est supposé proportionnel au poids utile ; ou bien, si $P = P_o$, c'est-à-dire, si le chargement normal et celui qui convient au palier continu.

Dans les autres cas, P_o étant $> P$, Λ' est $> \Lambda$; mais la différence est toujours assez faible, et d'un ordre au plus égal aux incertitudes qui résultent des coefficients adoptés.

La correction se ferait facilement, si on admettait, avec M. Lechalas, la loi $a = 0{,}3\,p$ (nº 86). Car alors $\Lambda' = \frac{0{,}946\,\Lambda}{1-\frac{0{,}3}{C}}$.

Mais cette loi est incertaine, et il paraît plus simple et aussi sûr de calculer sur les poids bruts. Le résultat des comparaisons n'est pas sensiblement altéré, et cette petite différence n'est pas de celles qui doivent influer sur les conséquences à tirer de ces comparaisons.

5º Le côté faible de cette méthode sur l'incertitude qui règne sur la valeur du coefficient K. Il a été fixé à $\frac{1}{7}$ ou 0,143 par les considérations exposées au nº 37 ; mais la valeur de ce résultat est discutable [1].

1. Il serait intéressant de contrôler ce nombre par des expériences connues. On trouve, dans un mémoire de M. Devilliers, inséré aux *Annales des ponts et chaussées* en 1833, une série d'observations sur les vitesses prises

86. Méthode de M. Lechalas. — M. Lechalas cherche d'abord à déterminer quel est le chargement qui convient le mieux à un tracé donné. Il admet qu'il y en a un qui correspond au maximum d'effet utile obtenu du cheval. Car, pour les chargements très faibles, le travail utile produit en une journée est petit, même aux vitesses les plus grandes compatibles avec l'allure du cheval ; et pour des chargements très

par des chevaux sous différents efforts, tant en plaine que sur des rampes très fortes. Si on admet, avec Tredgold, que la fatigue totale journalière soit égale à 70.000 Kp (n° 42), et que les vitesses fussent réglées, dans les voitures observées, de façon à pouvoir se soutenir indéfiniment dans les mêmes conditions pendant les dix heures que durait, en moyenne, chaque jour, la marche de ces voitures, l'effort E et la vitesse v par seconde auraient la relation :

$$(\text{E}p + \text{K}p)\ 36.000\ v = 70.000\ \text{K}p.$$

On en déduit : $\text{K} = \dfrac{\text{E}v}{1,94 - v}$.

Les résultats qui se déduisent de cette formule, d'après les observations de M. Devilliers, sont donnés par le tableau suivant :

NATURE de l'attelage.	LONGUEUR des trajets observés.	DÉCLIVITÉ moyenne.	VITESSES moyennes par seconde	CHARGE spécifique. (a)	VALEUR calculée de K.	OBSERVATIONS.
1° PARTIES DE ROUTE EN PLAINE.						Le chargement était connu par les lettres de voiture : M. Devilliers a supposé un poids de 350k aux chariots et de 450k aux chevaux.
Chariot à 1 cheval.	5k000	0,010	0m92	3,500	0,146	
Id.	5,000	0,010	0,92	3,625	0,152	
Id.	4,900	0,008	0,88	3,625	0,131	(a) La charge spécifique est le rapport du poids brut au poids des chevaux.
Moyenne. . . .					0,143	
2° PARTIES DE ROUTE EN FORTE RAMPE.						Le coefficient de résistance au roulement sur la chaussée a été supposé égal à $\frac{1}{30}$ par M. Devilliers, tant en plaine que sur les rampes.
Chariot à 2 chevaux dont 1 de renfort.	1k844	0,007	0m70	1,375	0,188	
Chariot à 3 chevaux dont 2 de renfort.	0,260	0,073	0,84	1,042	0,139	
Id.	4,000	0,068	0,75	1,208	0,120	On a laissé de côté les observations faites sur les bœufs, et une observation, la 43e, qui paraît entachée d'erreur.
Id.	4,259	0,070	0,77	1,250	0,130	
Id.	4,259	0,070	0,73	1,202	0,125	
Moyenne. . . .					0,140	

grands, la vitesse devient tellement faible que le travail diurne correspondant est encore petit. Dans les deux cas, on n'obtient qu'un rendement inférieur à celui qu'on peut attendre ; il y a donc un maximum entre les deux.

Le chargement étant connu, on calcule facilement comme dans les méthodes précédentes l'effort imposé à l'attelage sur chaque point de la route.

Puis on cherche la vitesse qui doit correspondre à cet effort pour que la fatigue soit constante à chaque instant ; et on en déduit le temps nécessaire au parcours de la route dans ces conditions.

La dépense de ce parcours est supposée proportionnelle à sa durée.

La dépense pour le transport de l'unité de poids utile est égale à la dépense totale du parcours divisée par la charge utile.

Enfin, en supposant cette dépense proportionnelle au poids des chevaux, on rend les résultats comparables en la rapportant à des chevaux de même poids, ou plutôt à une portion du poids des chevaux représentée par un nombre constant, que M. Lechalas a fixé à 100 kil., et appelé *quintal vif*. L'unité de poids utile à laquelle les prix sont rapportés est la tonne de 1000 kil.

M. Lechalas ne calcule pas la dépense nécessitée par le transport d'une tonne par un attelage de poids constant ; mais il se contente d'évaluer la durée de ce transport, les dépenses étant supposées proportionnelles aux temps employés. Il établit, en conséquence, ce qu'il appelle : « *le temps de quintal vif par tonne utile transportée* » ; expression un peu elliptique qui veut dire : que le temps employé au parcours de la route est divisé par la fraction de tonne de poids utile que transporte chaque fraction de 100 kil. du poids de l'attelage.

En calculant ces temps sur divers tracés, on a un moyen de les comparer.

Cette méthode repose sur le calcul d'un maximum qui ne peut s'obtenir que par tâtonnements. On est réduit à faire des hypothèses successives, jusqu'à ce qu'on ait constaté ce maximum, ce qui conduit à des calculs assez longs.

Les formules générales exposées aux numéros 48 et suivants sont utilisées comme dans la méthode précédente, sauf que les efforts imposés au cheval sont exprimés en kilogrammes par quintal vif. Alors l'effort E, sur une rampe positive ou négative d'inclinaison r, se calcule par la formule $E = P(f + r) + 100\,r$. On fait d'ailleurs $E = o$, lorsque la formule de cet effort donne un résultat négatif, c'est-à-dire lorsque l'on a $-r \geq \frac{fP}{100 + P}$.

A cet effort E répond une vitesse qui doit être réglée de façon à ne pas plus fatiguer le cheval à un moment qu'à un autre. Soit $v = \varphi\,(E)$ cette vitesse.

Si la rampe a une longueur l, le temps θ employé à la parcourir est $\theta = \frac{l}{v}$. Sur une autre rampe d'inclinaison r' la vitesse est v' et le temps $\theta' = \frac{l'}{v'}$.

Le temps total Θ employé au parcours de la route entière est la somme de tous ces temps, et $\Theta = \Sigma \frac{l}{v}$.

Soit d'ailleurs U la charge utile, exprimée en tonnes, qui répond à la charge brute P, exprimée en kilogrammes; le temps de quintal vif par tonne utile transportée est $\frac{\Theta}{U}$.

On suppose P et U liés par la relation $P = 30 - 1300\,U$, et on en déduit $U = \frac{P - 30}{1300}$.

Quant à la relation $v = \varphi\,(E)$, elle se déduit de la courbe XY ci-contre, tracée sans loi géométrique, mais satisfaisant à des conditions tirées, autant que possible, des données de l'expérience. Pour $E = o$, la vitesse est $1^m,94$, qui répond à un parcours de 70 kilomètres en 10 heures. Pour $E = 50$, effort égal à la moitié du poids du cheval, $v = o$. D'autres points de la courbe

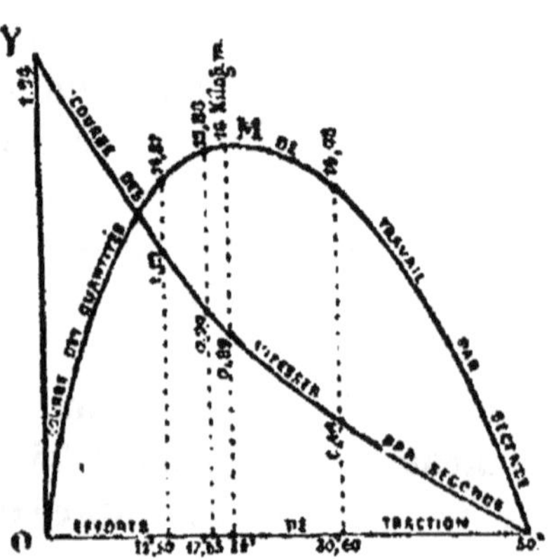

sont établis d'après les expériences les plus authentiques, notamment celles de Gasparin (nº 39).

On peut substituer à la courbe une table numérique où figurent en regard les abcisses et les ordonnées prises à des intervalles assez rapprochés, par exemple pour des valeurs de E variant d'un kilogramme. Il est d'ailleurs commode de calculer aussi celles de $\frac{1}{v}$, dont on a surtout besoin dans les applications[1].

Si l'on calcule les produits Ev, qui représentent le travail effectué par seconde, on obtient une autre courbe OMX, dont les ordonnées sont nulles pour E $= o$ et pour E $= 50$, et qui présente un maximum pour E $= 20$, où $v = 0^m,80$ et E$v = 16$; ce qui démontre le principe qui sert de base à la méthode.

L'application de cette méthode se fait de la manière suivante. On choisit arbitrairement la valeur M du plus grand effort, qui aura lieu sur la rampe dont la déclivité R est la plus forte du tracé. On a alors : $M = P(f + R) + 100\,R$; et on en déduit $P = \frac{M - 100\,R}{f + R}$. Puis, sur chaque partie de la route, on calcule les valeurs de E; on cherche sur les tables les valeurs correspondantes de v, on calcule $\frac{l}{v}$ et on fait la somme Θ des résultats; enfin on calcule U et on divise cette somme par U.

Quand on a calculé $\frac{\Theta}{U}$ pour une première hypothèse faite sur la valeur de M, on recommence sur une deuxième hypothèse, puis sur une troisième, et ainsi de suite, jusqu'à ce qu'on constate que $\frac{\Theta}{U}$ ne varie plus, ce qui correspond à son minimum.

Remarque. — Ces tâtonnements sont assez laborieux; mais ils se trouvent limités par les considérations suivantes :

1° Il n'est pas nécessaire d'essayer des valeurs de M inférieures à 20, car c'est à cette valeur de l'effort que répond le

1. Voir, à la fin du chapitre, la table des valeurs de v et de $\frac{l}{v}$.

rendement utile le plus grand, tant sur la plus forte rampe que sur les autres ;

2° On n'essaiera pas non plus de valeurs supérieures à 30, qui paraît la limite extrême de l'effort qu'on peut demander à un cheval ;

3° Il est inutile de prendre pour M des valeurs fractionnaires, la quantité cherchée variant peu quand elle approche de son minimum.

On n'a donc, au plus, que onze essais à tenter. Mais en pratique, on en fait beaucoup moins, rarement plus de 3 ou 4. On essaie d'abord M = 30, puis M = 20. On constate l'hypothèse qui fournit le plus petit résultat. Si c'est 30, on essaie 29, 28, 27......; si c'est 20, on essaie 21, 22, 23...... Si les deux hypothèses conduisent à des résultats sensiblement égaux, on passe tout de suite à 25, puis à 24 ou 26.

Une remarque qui abrège singulièrement les calculs, c'est que toutes les quantités, sauf $\frac{l}{v}$, varient en progression arithmétique avec M; si donc, après avoir calculé ces quantités pour les hypothèses M = 30 et M = 20, on inscrit à côté les différences, il suffira, pour les essais intermédiaires, d'ajouter ou de retrancher successivement le dixième de ces différences.

87. Longueur horizontale équivalente. — On peut, comme dans les méthodes précédentes, évaluer par celle-ci la longueur horizontale équivalente au tracé, bien que M. Lechalas ne l'ait pas cherchée. Il suffit d'examiner la longueur Λ de palier sur laquelle le transport d'une tonne utile demanderait le même temps de quintal vif.

En palier continu, on admettra que M répond au cas du maximum d'effet utile, c'est-à-dire, à celui où E = 20 et e = $0^m,80$. Donc M = 20, et, puisque R = o, $P_0 = \frac{20}{f}$ et $U_0 = \frac{\frac{20}{f} - 30}{1300}$. Comme, d'ailleurs $\Theta_0 = \frac{\Lambda}{0,80}$, on a : $\frac{\theta_0}{U_0} = \frac{\Lambda}{0,80} \cdot \frac{1.300}{\frac{20}{f} - 30}$.

Pour $f = 0,03$, $\frac{\theta_0}{U_0} = 2,56\ \Lambda$. La longueur Λ sera équivalente au tracé, lorsque $\frac{\theta_0}{U_0} = \frac{\Theta}{U}$ ou $\Lambda = \frac{1}{2,56}\frac{\Theta}{U} = 0,39\frac{\Theta}{U}$. Cette formule suppose d'ailleurs que Θ est exprimé en secondes.

Remarque. — S'il arrive que $P = P_0$, comme par exemple lorsque le chargement est fixé par des considérations étrangères au tracé, on a $U_0 = U$. Donc, pour que $\frac{\Theta_0}{U_0} = \frac{\Theta}{U}$, il suffit que $\Theta_0 = \Theta$. Or $\Theta_0 = \frac{\Lambda}{v_0}$. Donc alors $\Lambda = v_0\Theta$, la valeur de v_0 étant celle qui répond à l'effort Pf sur palier.

Il suffit donc dans ce cas de chercher dans la table la vitesse v_0 qui répond à l'effort Pf et de multiplier le temps total Θ du parcours par la valeur de cette vitesse.

88. Observations. — 1° Comme Favier, M. Lechalas a cherché à déterminer les vitesses les plus favorables, pour des efforts déterminés ; mais il a emprunté ses données à l'expérience, au lieu de les demander à des formules hypothétiques.

2° Sa méthode se rapproche aussi de la précédente, puisqu'elle cherche le minimum de la durée d'une fatigue supposée constante, qui correspond évidemment au minimum de la fatigue totale.

3° Cette méthode ne tient pas compte de la variation de la fatigue avec la durée des efforts de même intensité; ainsi, elle admet qu'un effort égal aux 3/10 du poids du cheval pourrait être exercé normalement pendant toute une journée.

4° Les lois qui lient v avec E, ou P avec v, sont basées sur des expériences peu nombreuses, dont l'interprétation n'est pas à l'abri de toute critique.

5° On pourrait mettre cette méthode sensiblement d'accord avec la précédente, en adoptant pour la loi qui lie la vitesse à l'effort la relation indiquée à la deuxième remarque du n° 43. Si on représente, en effet, par F la fatigue totale qu'on peut imposer chaque jour au quintal vif, par E l'effort qu'il fait normalement à la vitesse v, par T la durée du travail journalier, la fatigue normale uniforme, par unité de temps, est $\frac{F}{T}$. On doit donc avoir :

$$(E + 100\,K)\,v = \frac{F}{T}$$

Si on adopte les valeurs indiquées aux nos 42 et 43, savoir : $F = 10.000$ et $K = \frac{1}{7}$, et qu'on fasse $T = 36.000$, la vitesse, en mètres par seconde, sera : $v = \frac{27,78}{E + 14,20}$.

Cette formule diffère toutefois de la courbe de M. Lechalas, non seulement par les valeurs numériques qu'elle assigne à la vitesse, surtout dans les grands efforts, mais aussi parce qu'elle ne donne pas de maximum pour Ev. Si on l'adoptait, il faudrait renoncer à déterminer le chargement d'après le principe que M. Lechalas appelle la meilleure utilisation de la route, et recourir à d'autres considérations, comme on l'a tenté dans la méthode précédente.

89. Comparaison économique des tracés. — Quand on a déterminé la longueur horizontale équivalente de deux ou plusieurs tracés, il est facile de les comparer, au point de vue de l'économie des transports, en appliquant la méthode qui a été indiquée au n° 32, sous réserve des observations qui le terminent. Il est inutile de revenir sur ce sujet.

Il y a lieu de remarquer seulement que le prix total de transport, qui figure sous la lettre P dans les formules, est le produit de la longueur équivalente Λ par le prix p du transport à 1 kilomètre sur palier. Généralement il n'y a pas à porter d'amortissement du capital, qui se conserve intégralement par l'entretien; l'entretien s'évalue au mètre courant, en sorte que l'élément de la dépense annuelle qui y est relatif peut se mettre sous la forme eL. On a donc à comparer des dépenses annuelles de la forme $D = \Lambda r + eL + Tp\,\Lambda$, dans lesquelles r, T et p sont les mêmes sur tous ces tracés.

Ce genre de calculs, mis en faveur par Favier, sont tombés depuis lors en discrédit par suite des anomalies flagrantes qu'a données l'application de sa méthode, et ils ne se produisent plus guère à l'appui des projets. Il est néanmoins intéressant, ne fût-ce qu'à titre de simple renseignement, de les faire dans les conditions indiquées au n° 32.

On ne perdra pas de vue toutefois que la dépense du transport d'une tonne n'est, dans aucune des trois méthodes, réellement proportionnelle à la longueur horizontale équivalente. Il faudrait pour cela que la dépense fût proportionnelle à la fatigue, et par suite, au poids des chevaux. Or cela n'a lieu à peu près exactement que pour leur nourriture, et non pour leur logement et leur conduite, un cheval n'occupant jamais, quelle que soit sa taille, qu'une place à l'écurie, et la conduite d'un attelage de plusieurs chevaux ne coûtant pas plus que celle d'un seul cheval.

90. Rectifications. — Lorsqu'il s'agit d'une simple rectification, une grande partie des incertitudes disparaît, car le tonnage peut alors être exactement connu. Une rectification a pour objet de substituer à une portion de route qui présente à la circulation des difficultés exceptionnelles, un autre tracé où ces difficultés aient disparu. Le plus souvent, c'est une rampe ou une succession de rampes trop rapides, auxquelles il faut substituer des rampes normales. Mais alors on est conduit à allonger le tracé, et il faut choisir entre les diverses déclivités celle qui convient le mieux.

Le problème de calculer la pente la plus favorable pour franchir une hauteur donnée a exercé la sagacité des auteurs, et ils sont rarement tombés d'accord. Cela tient à qu'ils ont en vain cherché une solution générale, qui n'existe pas. Telle déclivité qui serait la meilleure pour une rampe faisant partie d'une route donnée, ne conviendrait pas à une autre route, et la meilleure solution sera différente suivant la région où l'on se trouve.

On sent la nécessité de rectifier une partie de route non pas parce qu'elle présente des déclivités dépassant, en valeur absolue, telle ou telle limite, mais parce que ces déclivités sont exceptionnelles par rapport à celles que présentent les autres sections parcourues par les mêmes voitures. Si une rampe est plus forte que celles qu'on trouve sur le reste du chemin, ou trop longue par rapport à sa déclivité, il faut, ou bien diminuer à l'avance les chargements afin de pouvoir la gravir, ou bien recourir à la ressource onéreuse et gênante des chevaux de renfort. On évite ces inconvénients au moyen d'une rectification, en abaissant la rampe non pas à une limite fixe constante, mais à un degré tel que l'effort qui y sera demandé aux attelages ne dépasse plus la limite convenable en raison de sa longueur, pour le maximum de chargement que comporte le reste de la route.

Posée en ces termes, la question se résout très simplement. Soit M la limite d'effort qui ne doit pas être dépassée sur une rampe d'inclinaison x et de longueur y; et C le chargement, qui est ici une quantité connue, calculée d'après les éléments des parties normales de la route, on a $C = \frac{M - x}{f + x} = \frac{My - N}{fy + N}$, N étant la différence de niveau entre les deux points extrêmes de la rectification. Si on remarque que $N = xy$, et si on adopte la relation $M = \frac{1 - \sqrt{0,023\,y}}{3}$, on voit qu'il y a entre les trois inconnues x, y et M, trois relations qui permettent de les déterminer.

On commence donc par choisir le point de départ et le point d'arrivée de la rectification, qui ne coïncident pas toujours avec l'origine et la fin de la partie défectueuse, et qu'il convient le plus souvent de placer l'un avant et l'autre après. On détermine leur différence de niveau N. Puis on élimine M entre les relations : $C = \frac{My - N}{fy + N}$ et $M = \frac{1 - \sqrt{0,023y}}{3}$, en observant que, dans la dernière, y est exprimé en kilomètres, tandis qu'il est en mètres dans la première. On obtient ainsi la valeur de y, et on déduit x par la relation $N = xy$.

L'élimination de M conduit à une équation du troisième degré. On l'évite en procédant par tâtonnements. Les tables placées à la fin de ce chapitre permettent d'abréger beaucoup les recherches.

Pour donner un exemple des résultats possibles, en supposant $N = 35$ mètres, on trouve $x = 0,019$ pour $C = 5$, et $x = 0,063$ pour $C = 2,5$.

On pourrait aussi procéder par la méthode de M. Lechalas.

en faisant une série d'hypothèses successives sur la déclivité de la rampe, et voyant celle qui conduit à la plus petite valeur du minimum de $\frac{\Theta}{U}$ sur l'ensemble de la route.

91. Cas où l'on tient compte des transports rapides. — Les méthodes qui viennent d'être exposées permettent de comparer les tracés au point de vue de la facilité et de l'économie qu'ils procurent au gros roulage, utilisant le mieux possible la force des chevaux au pas. Elles ne se préoccupent pas des voitures légères destinées à circuler au trot. Or, le dernier recensement de la circulation a fait voir qu'elles sont presque aussi nombreuses sur les routes que celles du roulage.

On peut, en s'inspirant des idées de M. Lechalas, se rendre compte de la valeur des tracés au point de vue de ce genre de transports, pour lesquels le principal, sinon l'unique intérêt, est d'arriver le plus promptement possible. On n'a qu'à chercher la vitesse avec laquelle les voitures marcheront sur les différentes parties de chaque tracé, et à calculer le temps employé à les parcourir d'un bout à l'autre.

Cette recherche est impossible pour les voitures particulières, telles que les calèches, les tilburys, les carrioles, dont la marche est essentiellement variable, et dont les chevaux, ne marchant pas tous les jours, peuvent supporter, dans les journées où ils travaillent, un excès de fatigue.

On peut seulement se croire autorisé à admettre que la route qui leur conviendrait le mieux est aussi en général la plus favorable aux voitures publiques, dont la marche est régulière et constante et pour lesquelles on possède des données assez précises.

D'après le principe de M. Lechalas, la vitesse doit être réglée de façon que la fatigue des chevaux soit uniforme, quelques variations que fassent subir à leur effort les accidents du profil en long.

Or, on peut demander cette vitesse à une formule semblable à celle qui a été donnée dans la cinquième remarque du numéro 88, savoir :

$$v = \frac{F}{T(E + 100\,K)}$$

où F est une constante, égale à 10,000, et E l'effort du quintal vif, en raison de la résistance f de la chaussée et de la déclivité h de la route.

On se rappelle d'ailleurs (no 86) que $E = P(f + h) + 100\,h$, sous réserve de faire $E = o$, lorsque la formule lui attribue une valeur négative, c'est-à-dire lorsque $-h$ atteint ou dépasse la valeur $i = \frac{fC}{1 + C}$.

Quant aux coefficients T, C et K, qui entrent dans les formules, on peut les fixer, au moins approximativement, d'après les observations suivantes, faites à l'époque où de nombreuses diligences circulaient sur les routes :

1° Les chevaux des diligences couraient habituellement trois heures par jour, à la vitesse moyenne de 8 kilomètres sur les chaussées d'empierrement et de 10 kilomètres sur les pavages. On peut donc faire T = 10.800 secondes.

2° La charge brute que traînait chaque cheval était limitée par les règlements, à 8 ou 900 kilogrammes, avec une certaine tendance à être dépassée : c'était à peu près le double du poids du cheval d'alors. Le dernier recensement de la circulation fait voir que ce rapport est encore le même dans les voitures publiques actuelles. On peut donc poser : P = 2,00.

3° La vitesse normale des voitures publiques qui circulent sur des routes en palier ou présentant des alternatives de pentes ou de rampes très faibles, est d'environ 12 kilomètres à l'heure, ou $3^m,33$ par seconde. Si on introduit les hypothèses précédentes dans les formules ci-dessus, en faisant $h = o$ et $f = 0,03$, on trouve K = 0,218.

On a alors :

$$v = \frac{1}{0,300 + 3,24\,h} \quad . \quad . \quad . \quad (1)$$

Il faut remarquer que, lorsque ces mêmes voitures se mettent au pas, il faut faire T = 36.000 et K = 0,143, et la vitesse devient :

$$v = \frac{1}{0,731 + 10,8\,h} \quad . \quad . \quad . \quad (2).$$

Limites de la vitesse en pente. Dans les descentes, l'attelage est appelé à retenir, aussitôt que E devient négatif, c'est-à-dire que la pente dépasse la limite 0,02. A partir de là, l'allure se ralentit par prudence, et la formule n'est plus applicable. Mais on se rappelle que, si on fait usage du frein, tout effort peut être annulé, et la voiture descend comme si elle était sur la déclivité limite 0,02. La vitesse normale reste alors constante, quelle que soit la pente, et elle se calcule par la formule ci-dessus où l'on a fait $h = -0,02$. La vitesse correspondante est $4^{m},25$ et suppose une marche d'environ 15 kilomètres à l'heure.

Limite du trot sur les rampes. Sur les rampes, les chevaux ont tendance à prendre le pas ; mais leur conducteur les excite pour les maintenir au trot. Il n'y réussit toutefois que si l'intensité et la durée de l'effort ne dépassent pas une certaine limite, qui dépend de leur conformation et de leurs habitudes. Il y a donc une grande indécision sur la déclivité de la rampe où le trot cesse pour faire place au pas.

On peut croire qu'on ne s'éloigne pas beaucoup de la réalité des faits si l'on admet que, sur une rampe de 0,03, toutes les voitures de la catégorie dont on s'occupe ici se mettent au pas; et que, sur une rampe de 0,02, elles se maintiennent toutes au trot.

On détermine alors les vitesses par la formule (1) sur les rampes qui ne dépassent pas 0,02, et par la formule (2) sur les rampes supérieures à 0,03. Pour les déclivités intermédiaires, on peut supposer des vitesses moyennes variant en progression régulière.

Longueur horizontale équivalente. La détermination de la longueur horizontale équivalente n'a pas ici le même intérêt que pour le roulage ; le prix des transports en commun est proportionnel à la distance parcourue et ne varie guère avec les déclivités. La valeur d'un transport au trot n'est pas, le plus souvent, d'ordre matériel, et ne peut s'exprimer par la dépense à laquelle il donne lieu.

Néanmoins il est commode de substituer cette longueur équivalente au temps du parcours dans la comparaison entre divers tracés. Si on la désigne par Λ, et par v_0 la vitesse normale en palier ; si on désigne par l, l', l''.... les diverses sections de la route où les vitesses normales sont respectivement

v, v', v''...., on doit poser, pour exprimer l'égalité des temps du parcours :

$$\frac{\Lambda}{v_0}=\frac{l}{v}+\frac{l'}{v'}+\frac{l''}{v''}+\ .\ .\ .$$

Donc

$$\Lambda=\frac{v_0}{v}l+\frac{v_0}{v'}l'+\frac{v_0}{v''}l''+\ .\ .\ .$$

Il suffit par conséquent de diviser la constante v_0 par la vitesse normale pour avoir le coefficient d'équivalence sur chaque déclivité.

Tables. — On trouvera, à la fin de ce chapitre, une table qui donne toutes calculées les valeurs normales de v, $\frac{1}{v}$ et $\frac{v_0}{v}$, pour des déclivités variant de millième en millième, de — 0,06 à + 0,06.

92. Application à un exemple. — On va donner un exemple de l'application de chacune des trois méthodes exposées ci-dessus au calcul de la longueur horizontale équivalente d'un projet de route supposé.

1° Méthode de Favier.

LONGUEURS.	Déclivités des rampes dans le sens de l'aller.	ALLER		RETOUR		OBSERVATIONS.
		Coefficient.	Longueur équivalente.	Coefficient.	Longueur équivalente.	
500 m	0	1,000	500 m	1,000	500 m	Au retour les rampes deviennent des pentes et réciproquement.
1.000	+0,02	1,997	1.997	0,620	620	
1.500	—0,02	0,620	930	1,997	2.996	
2.000	0	1,000	2.000	1,000	2.000	
1.500	+0,03	2,717	4.076	0,531	796	
2.500	—0,02	0,620	1.550	1,997	4.993	
3.000	0	1,000	3.000	1,000	3.000	
2.000	+0,05	1,921	3.842	0,559	1.118	
2.500	0	1,000	2.500	1,000	2.500	
1.500	—0,03	0,531	796	2,717	4.076	
2.000	0	1,000	2.000	1,000	2.000	
20.000		.	29.191		24.599	Moyenne : 26,895m.

2° Méthode de M. L. Durand-Claye.

LONGUEURS.	Déclivités des rampes dans le sens de l'aller.	ALLER $\frac{fl+N}{Ml-N}$	ALLER Montées.	ALLER Descentes réelles ou fictives.	RETOUR $\frac{fl+N}{Ml-N}$	RETOUR Montées.	RETOUR Descentes réelles ou fictives.	OBSERVATIONS.
500m	0							
1.000	+0 02	0,190	20,00				20,00	
1.500	−0.02			30,00	0,199	30,00		
2.000	0							
1.500	+0.03	0,249	45,00				36,00	
2.500	−0.02			50,00	0,214	50,00		
3.000	0							
2.000	+0.05	0,378	100,00				48,00	
2.500	0							
1.500	−0.03			32,70	0,249	45,00		
2.000	0							
L=20.000m		$\frac{1}{C}$=0,378	165,00	112,70	$\frac{1}{C}$=0,249	125,00	104,00	
		i=0,0218	H = +52,30		i=0,0240	H = +21,00		
		Q = 1752 Λ = 31.536m			Q = 1338 Λ = 24.084m			Moyen. 27,810m

3° Méthode de M. Lechalas.

ALLER

LONGUEURS.	Déclivités des rampes. Maxim. R = 0,05	M = 30 P = 312,5 U = 0,2178 E = 9,375 + 412,5 r			M = 20 P = 187,5 U = 0,1212 E = 5,625 + 287,5 r			Differ. 125,0 0,0961	M = 29 P = 300,0 U = 0,2077		
l	r	E	$\frac{1}{v}$	Θ	E	$\frac{1}{v}$	Θ	ΔE	E	$\frac{1}{v}$	Θ
500	0	9,375	0,730	365	5,625	0,624	312	3,750	9,000	0,718	359
1.000	+0,02	17,625	1,103	1 103	11,375	0,766	766	6,250	17,000	1,067	1 067
1.500	−0,02	1,125	0,534	801	0,000	0,516	774	1,250	1,000	0,532	798
2.000	0	9,375	0,730	1.460	5,625	0,624	1.248	3,750	9,000	0,718	1.436
1.500	+0,03	21,750	1,370	2.055	14,250	0,925	1.388	7,500	21,000	1,317	1.976
2.500	−0,02	1,125	0,534	1.335	0,000	0,516	1.290	1,250	1,000	0,532	1.330
3.000	0	9,375	0,730	2 190	5,625	0,624	1.872	3,750	9,000	0,718	2.154
2.000	+0,05	30,000	2,128	4.256	20,000	1,250	2.500	10,000	29,000	2,000	4.000
2.500	0	9,375	0,730	1.845	5,625	0,624	1 560	3,750	9,000	0,718	1.795
1.500	−0,03	0,000	0,516	774	0,000	0,516	774	0,000	0,000	0,516	774
2.000	0	9,375	0,730	1.460	5,625	0,624	1.248	3,750	9,000	0,718	1.436
	Θ =	....		17.624	....		13.732	......	....		17.105
	$\frac{\Theta}{P}$ =	81,804 Λ = 32.442m			......113.300......			......	.........82.354		

RETOUR

LONGUEURS.	Déclivités des rampes. $\frac{1}{\text{Maxim. R} - 0,03}$	M = 30 P = 450,0 U = 0,3231 E = 13,500 + 550 r			M = 20 P = 283,3 U = 0,1948 E = 8,500 + 383,3 r			Différ. 166,7 0,1283	M = 29 P = 433,3 U = 0,3103		
l	r	E	$\frac{1}{v}$	$\frac{l}{v}$	E	$\frac{1}{v}$	$\frac{l}{v}$	ΔE	E	$\frac{1}{v}$	$\frac{l}{v}$
500	0	13,500	0,891	445	8,500	0,703	351	5,000	13,000	0,868	434
1.000	−0,02	2,500	0,558	558	0,823	0,529	529	1,667	2,333	0,555	555
1.500	+0,02	24,500	1,576	2.364	16,167	0,970	1.455	8,333	23,667	1,510	2.265
2.000	0	13,500	0,891	1.782	8,500	0,703	1.406	5,000	13,000	0,868	1.736
1.500	−0,03	0,000	0,516	774	0,000	0,516	774	0,000	0,000	0,516	774
2.500	+0,02	24,500	1,576	3.940	16,167	0,970	2.425	8,333	23,667	1,510	3.775
3.000	0	13,500	0,891	2.673	8,500	0,703	2.109	5,000	13,000	0,868	2.604
2.000	−0,03	0,000	0,516	1.132	0,000	0,516	1.132	0,000	0,000	0,516	1.132
2.500	0	13,500	0,891	2.235	8,500	0,703	1.758	5,000	13,000	0,868	2.170
1.500	+0,03	30,000	2,128	3.192	20,000	1,250	1.875	10,000	20,000	2,000	3.000
2.000	0	13,500	0,891	1.782	8,500	0,703	1.406	5,000	13,000	0,868	1.736
	Θ =			20.877			15.220				20.181
	$\frac{\Theta}{U}$ =	64.615			78.131				65.037		
		Λ = 23.846m									
					MOYENNE : 29.144m						

4° Transports rapides.

LONGUEURS.	Déclivités des rampes dans le sens de l'aller.	ALLER — Coefficient.	ALLER — Longueur équivalente.	RETOUR — Coefficient.	RETOUR — Longueur équivalente.	OBSERVATIONS.
500m	0	1,000	500m	1,000	500m	
1.000	+0,02	1,216	1.216	0,784	784	
1.500	−0,02	0,784	1.176	1,216	1.824	
2.000	0	1,000	2.000	1,000	2.000	
1.500	+0,03	3,517	5.275	0,784	1.176	
2.500	−0,02	0,784	1.960	1,216	3.040	
3,000	0	1,000	3.000	1,000	3.000	
2.000	+0,03	4,237	8.474	0,784	1.568	
2.500	0	1,000	2.500	1,000	2.500	
1.500	−0,03	0,784	1.176	3,517	5.275	
2.000	0	1,000	2.000	1,000	2.000	
20,000			29.277		23.667	Moyenne : 26.472m

TABLES

pour l'application des méthodes exposées dans le chapitre IV.

I. — Tables de Favier.

DÉCLIVITÉS.	RAMPES. Coefficients.	RAMPES. Différences.	PENTES. Coefficients.	PENTES. Différences.	DÉCLIVITÉS.	RAMPES. Coefficients.	RAMPES. Différences.	PENTES. Coefficients.	PENTES. Différences.
0,000	1,000	+ 0,040	1,000	− 0,034	0,030	2,717	+ 0,083	0,531	+ 0,001
0,001	1,040	+ 0,041	0,966	− 0,031	0,031	2,800	+ 0,085	0,532	+ 0,001
0,002	1,081	+ 0,041	0,935	− 0,028	0,032	2,885	+ 0,088	0,533	+ 0,001
0,003	1,122	+ 0,043	0,907	− 0,027	0,033	2,973	+ 0,090	0,534	+ 0,002
0,004	1,165	+ 0,043	0,860	− 0,024	0,034	3,063	+ 0,092	0,536	+ 0,001
0,005	1,208	+ 0,044	0,856	− 0,023	0,035	3,155	+ 0,096	0,537	+ 0,001
0,006	1,252	+ 0,046	0,833	− 0,022	0,036	3,251	+ 0,099	0,538	+ 0,002
0,007	1,298	+ 0,046	0,811	− 0,020	0,037	3,350	+ 0,100	0,540	+ 0,001
0,008	1,344	+ 0,048	0,791	− 0,019	0,038	3,450	+ 0,104	0,541	+ 0,001
0,009	1,392	+ 0,048	0,772	− 0,017	0,039	3,554	+ 0,107	0,542	+ 0,002
0,010	1,440	+ 0,050	0,755	− 0,017	0,040	3,661	+ 0,111	0,544	+ 0,001
0,011	1,490	+ 6,031	0,788	− 0,016	0,041	3,772	+ 0,114	0,545	+ 0,002
0,012	1,541	+ 0,052	0,722	− 0,015	0,042	3,886	+ 0,116	0,547	+ 0,001
0,013	1,593	+ 0,054	0,707	− 0,014	0,043	4,002	+ 0,120	0,548	+ 0,002
0,014	1,647	+ 0,054	0,693	− 0,014	0,044	4,122	+ 0,123	0,550	+ 0,001
0,015	1,701	+ 0,056	0,679	− 0,013	0,045	4,245	+ 0,128	0,551	+ 0,002
0,016	1,757	+ 0,058	0,666	− 0,012	0,046	4,373	+ 0,131	0,553	+ 0,001
0,017	1,815	+ 0,059	0,654	− 0,012	0,047	4,504	+ 0,135	0,554	+ 0,002
0,018	1,874	+ 0,061	0,642	− 0,011	0,048	4,639	+ 0,138	0,556	+ 0,001
0,019	1,935	+ 0,062	0,631	− 0,011	0,049	4,777	+ 0,144	0,557	+ 0,002
0,020	1,997	+ 0,063	0,620	− 0,011	0,050	4,921	+ 0,148	0,559	+ 0,001
0,021	2,060	+ 0,066	0,609	− 0,010	0,051	5,069	+ 0,152	0,560	+ 0,002
0,022	2,126	+ 0,067	0,599	− 0,009	0,052	5,221	+ 0,158	0,562	+ 0,002
0,023	2,193	+ 0,069	0,590	− 0,010	0,053	5,379	+ 0,161	0,564	+ 0,001
0,024	2,262	+ 0,071	0,580	− 0,009	0,054	5,540	+ 0,168	0,565	+ 0,002
0,025	2,333	+ 0,073	0,571	− 0,008	0,055	5,708	+ 0,173	0,567	+ 0,002
0,026	2,406	+ 0,074	0,563	− 0,009	0,056	5,881	+ 0,176	0,569	+ 0,001
0,027	2,480	+ 0,077	0,554	− 0,008	0,057	6,057	+ 0,183	0,570	+ 0,002
0,028	2,557	+ 0,078	0,546	− 0,008	0,058	6,240	+ 0,190	0,572	+ 0,002
0,029	2,635	+ 0,082	0,538	− 0,007	0,059	6,430	+ 0,194	0,574	+ 0,001
0,030	2,717		0,531		0,060	6,624		0,575	

II. Table pour l'application de la Méthode de M. L. Durand-Claye.

l	Ml	Différ.	l	Ml	Différ.	l	Ml	Différ.	l	Ml	Différ.
0m	0,00	31,73	2900m	717,01	20,31	5800m	1227,20	15,00	8700m	1602,76	10,90
100	31,73	30,42	3000	737,32	20,09	5900	1242,20	14,83	8800	1613,66	10,77
200	62,15	29,55	3100	757,41	19,88	6000	1257,03	14,68	8900	1624,43	10,65
300	91,70	28,70	3200	777,29	19,67	6100	1271,71	14,53	9000	1635,08	10,52
400	120,40	28,39	3300	796,93	19,43	6200	1286,24	14,38	9100	1645,60	10,40
500	148,79	27,71	3400	816,40	19,25	6300	1300,62	14,22	9200	1656,00	10,27
600	176,50	27,23	3500	835,65	19,05	6400	1314,84	14,08	9300	1666,27	10,15
700	203,73	26,76	3600	854,70	18,83	6500	1328,92	13,93	9400	1676,42	10,02
800	230,49	26,35	3700	873,53	18,65	6600	1342,85	13,78	9500	1686,44	9,90
900	256,84	25,94	3800	892,20	18,45	6700	1356,63	13,63	9600	1696,34	9,78
1000	282,78	25,56	3900	910,63	18,28	6800	1370,26	13,49	9700	1706,12	9,65
1100	308,34	25,21	4000	928,91	18,08	6900	1383,75	13,34	9800	1715,77	9,54
1200	333,55	24,85	4100	946,99	17,88	7000	1397,09	13,20	9900	1725,31	9,41
1300	358,40	24,53	4200	964,87	17,70	7100	1410,29	13,05	10000	1734,72	9,30
1400	382,93	24,20	4300	982,57	17,52	7200	1423,34	12,92	10100	1744,02	9,17
1500	407,13	23,89	4400	1000,09	17,34	7300	1436,26	12,78	10200	1753,19	9,06
1600	431,02	23,60	4500	1017,43	17,15	7400	1449,04	12,63	10300	1762,25	8,94
1700	454,62	23,30	4600	1034,58	16,99	7500	1461,67	12,50	10400	1771,19	8,82
1800	477,92	23,02	4700	1051,57	16,81	7600	1474,17	12,36	10500	1780,01	8,70
1900	500,94	22,74	4800	1068,38	16,63	7700	1486,53	12,22	10600	1788,71	8,59
2000	523,68	22,48	4900	1085,01	16,46	7800	1498,75	12,09	10700	1797,30	8,47
2100	546,16	22,21	5000	1101,47	16,30	7900	1510,84	11,95	10800	1805,77	8,37
2200	568,37	21,96	5100	1117,77	16,12	8000	1522,79	11,82	10869,56 et au-delà.	$\frac{1}{6} l$	
2300	590,33	21,71	5200	1133,89	15,96	8100	1534,61	11,69			
2400	612,04	21,47	5300	1149,85	15,79	8200	1546,30	11,55			
2500	633,51	21,22	5400	1165,64	15,63	8300	1557,85	11,42			
2600	654,73	20,99	5500	1181,27	15,47	8400	1569,27	11,29			
2700	675,72	20,76	5600	1196,74	15,31	8500	1580,56	11,16			
2800	696,48	20,53	5700	1212,05	15,15	8600	1591,72	11,04			
2900	717,01		5800	1227,20		8700	1602,76				

OBSERVATIONS.

Les valeurs de M s'obtiendraient en divisant par l les valeurs de Ml correspondantes.

III. — Table pour l'application de la méthode de M. Lechelas.

E	V	Différ.	$\frac{1}{V}$	Différ.	E	V	Différ.	$\frac{1}{V}$	Différ.	E	V	Différ.	$\frac{1}{V}$	Différ.
0	1m94	0m06	0m516	0m016	10	1m33	0m06	0m751	0m036	20	0m80	0m04	1m250	0m067
1	1,88	0,06	0,532	0,017	11	1,27	0,055	0,787	0,039	21	0,76	0,04	1,317	0,070
2	1,82	0,06	0,549	0,018	12	1,215	0,055	0,826	0,042	22	0,72	0,04	1,387	0,073
3	1,76	0,06	0,567	0,020	13	1,16	0,05	0,808	0,045	23	0,68	0,03	1,460	0,076
4	1,70	0,06	0,587	0,022	14	1,11	0,06	0,913	0,048	24	0,65	0,03	1,536	0,079
5	1,64	0,06	0,609	0,024	15	1,05	0,065	0,961	0,051	25	0,62	0,03	1,615	0,083
6	1,58	0,06	0,633	0,026	16	0,985	0,055	1,012	0,055	26	0,59	0,03	1,698	0,090
7	1,52	0,07	0,659	0,028	17	0,93	0,045	1,067	0,058	27	0,56	0,03	1,788	0,100
8	1,45	0,06	0,687	0,031	18	0,885	0,045	1,125	0,061	28	0,53	0 03	1,888	0,112
9	1,39	0,06	0,718	0,033	19	0,84	0,04	1,186	0,064	29	0,50	0,03	2,000	0,128
10	1,33		0,751		20	0,80		1,250		30	0,47		2,128	

IV. — Table pour le cas des transports rapides.

DÉCLIVITÉ.	RAMPES.			PENTE			DÉCLIVITÉ.	RAMPE.			PENTE.		
	v	$\frac{1}{v}$	$\frac{v_0}{v}$	v	$\frac{1}{v}$	$\frac{v_0}{v}$		v	$\frac{1}{v}$	$\frac{v_0}{v}$	v	$\frac{1}{v}$	$\frac{v_0}{v}$
0,000	3,333	0,300	1,000	3,333	0,300	1,000	0,030	0,948	1,055	3,517			
0,001	3,298	0,303	1,011	3,370	0,297	0,980	0,031	0,938	1,066	3,553			
0,002	3,263	0,306	1,022	3,407	0,294	0,978	0,032	0,929	1,077	3,589			
0,003	3,229	0,310	1,032	3,445	0,290	0,968	0,033	0,920	1,087	3,625			
0,004	3,195	0,318	1,043	3,484	0,287	0,957	0,034	0,911	1,098	3,661			
0,005	3,163	0,316	1,054	3,524	0,284	0,946	0,035	0,902	1,109	3,697			
0,006	3,131	0,319	1,065	3,564	0,280	0,935	0,036	0,893	1,120	3,733			
0,007	3,099	0,323	1,076	3,608	0,277	0,924	0,037	0,884	1,131	3 769			
0,008	3,068	0,326	1,080	3,648	0,274	0,914	0,038	0,876	1,141	3,805			
0,009	3,038	0,329	1,097	3,692	0,271	0,903	0,039	0,868	1,152	3 841			
0,010	3,008	0,332	1,108	3,737	0,268	0,892	0,040	0,860	1,163	3,877			
0,011	2,970	0,336	1,119	3,783	0,264	0,881	0,041	0,852	1,174	3,913			
0,012	2,951	0,339	1,129	3,832	0,261	0,870	0,042	0,844	1,185	3,949			
0,013	2,923	0,342	1,140	3,878	0,258	0,859	0,043	0,837	1,193	3,083			
0,014	2,896	0,345	1,151	3,926	0,253	0,849	0,044	0,829	1,206	4,021			
0,015	2,869	0,349	1,162	3,978	0,251	0,838	0,045	0,822	1,217	4,057	4,252	0,235	0,781
0,016	2,842	0,352	1,173	4,030	0,248	0,827	0,046	0,814	1,228	4,093			
0,017	2,816	0,355	1,184	4,083	0,245	0,816	0,047	0,807	1,230	4,129			
0,018	2,701	0,358	1,194	4,138	0,242	0,805	0,048	0,800	1,249	4,105			
0,019	2,766	0,362	1,205	1,191	0,238	0,795	0,049	0,794	1,260	4,201			
0,020	2,741	0,365	1,216	4,252	0,235	0,785	0,050	0,787	1,271	4,237			
0,021	2,562	0,390	1,301				0,051	0,780	1,282	4,273			
0,022	[illegible]	0,420	1,399				0,052	0,774	[illegible]	[illegible]			
0,023	2,203	0,454	1,510				0,053	0,767	1,303	4,345			
0,024	2,024	0,494	1,647				0,054	0,761	1,314	4,381			
0,025	1,845	0,542	1,811	4,252	0,233	0,784	0,055	0,755	1,325	4,417			
0,026	1,663	0,601	2,002				0,056	0,749	1,330	4,453			
0,027	1,486	0,673	2,243				0,057	0,743	1,347	4,489			
0,028	1,307	0,765	2,550				0,058	0,737	1,357	4,525			
0,029	1,127	0,887	[illegible]				0,059	0,731	1,368	4,561			
0,030	0,948	1,055	3,517				0,060	0,725	1,379	4,597			

CHAPITRE V

RÉDACTION DES PROJETS

SOMMAIRE :

§ 1er. *Nomenclature et disposition des pièces d'un projet.* — 93. Préliminaires. — 94. Avant-projets et projets définitifs. — 95. Extrait de carte. — 96. Plan général. — 97. Format des pièces et échelles. — 98. Profil en long. — 99. Profils en travers. — 100. Ouvrages d'art. — 101. Devis et cahier des charges. — 102. Avant-métré des travaux. — 103. Bordereau des prix. — 104. Détail estimatif. — 105. Plans et tableaux parcellaires. — 106. Mémoire ou rapport. — 107. Bordereau des pièces du projet et titres.

§ 2. *Cubature des terrasses.* — 108. Entreprofils — 109. *Méthode exacte.* — 110. Cas particuliers. — 111. Application. — 112. Ligne de passage. — 113. Disposition des calculs. — 114. Inconvénients de la méthode exacte. — 115. *Méthode de la moyenne des aires.* — 116. Remarque. — 117. Cas mixtes et point de passage. — 118. Représentation géométrique des volumes. — 119. Epure de l'avant-métré. — 120. Tableau de l'avant-métré. — 121. Cas où il y a plusieurs natures de déblai. — 122. *Methode de l'aire moyenne.* — 123. Comparaison des trois méthodes.

§ 3. *Calcul des profils en travers.* — 124. Méthode géométrique. — 125. Emprises et talus. — 126. Cas d'un terrain en pente uniforme. — 127. Méthodes expéditives. — 128. Canevas quadrillé. — 129. Roulette Dupuit. — 130. Méthode de M. Garceau. — 131. Planimètre d'Amsler. — 132. Méthode des pesées. — 133. Remarque. — 134. Méthode algébrique. — 135. Profils mixtes. — 136. Tables. — 137. Tables de Coriolis. — 138. Tables de M. Lefort. — 139. Tables graphiques. — 140. Anamorphose. — 141. Tables graphiques de M. Lalanne. — 142. Profils mixtes. — 143. Règle à calcul de M. Toulon. — 144. Profilomètre de M. Siegler. — 145. Méthode de M. Willotte.

§ 4. *Avant-métré sommaire des terrassements.* — 146. Avant-métré sur profil en long seul. — 147. Dernières simplifications. — 148. Méthode de la réduction à l'horizontale. — 149. Approximation des calculs d'avant-métrés.

§ 5. *Compensation.* — 150. Définition et avantages. — 151. Recherche de la compensation.

§ 6. *Mouvement des terres.* — 152. Distance moyenne des transports. — 153. Epure du mouvement des terres. — 154. Autre méthode. — 155. Méthode de M. Lalanne. — 156. Distinction entre les modes de transport. — 157. Théorie de Brückner. — 158. Tableau du mouvement des terres. — 159. Transports en rampe.

§ 1er

NOMENCLATURE ET DISPOSITION

DES PIÈCES D'UN PROJET

93. Préliminaires. — La rédaction des projets a pour objet de reproduire par le dessin les dispositions des tracés et les formes que l'on se propose de substituer à celles du terrain naturel, d'indiquer la nature et les détails des ouvrages à exécuter, ainsi que la quantité des travaux, et enfin de faire connaître le montant des dépenses auxquelles leur exécution donnera lieu.

Les dessins et les pièces écrites qui composent un projet doivent être dressés avec grand soin et beaucoup de clarté. Un projet bien présenté est mieux accueilli que s'il est malpropre ou d'une intelligence difficile.

Ils doivent, en outre, être conformes à certaines règles conventionnelles, constituant une sorte de langage, au moyen duquel toutes les personnes appelées à examiner le projet peuvent s'entendre, et qui évite bien des explications.

Ces règles sont tracées dans une circulaire du ministre des travaux publics en date du 10 janvier 1850, dont il est très important d'observer minutieusement les moindres détails. On va indiquer les plus essentielles de ces règles, en passant en revue les diverses pièces qui constituent un projet.

94. Avant-projets et projets définitifs. — Parmi les pièces en question, il y en a qui ne figurent pas dans tous les projets ou qui n'y sont qu'à un état sommaire. Le développement qu'on leur donne dépend du but qu'on se propose. Lorsqu'on veut seulement savoir si le travail projeté est utile, s'il est d'exécution facile, s'il ne doit pas entraîner dans des dépenses excessives, ou comparer entre elles plusieurs solutions, on rédige un *avant-projet*, où l'on n'étudie que les points essentiels, et où les calculs se font avec une approximation très large. Lorsqu'il s'agit, au contraire, d'arrêter tous les ouvrages, pour les soumettre à l'approbation des autorités compétentes, pour faire fixer le montant des fonds nécessaires à l'exécution, pour guider les entrepreneurs dans la marche des travaux, pour éclairer les particuliers sur les points où leurs intérêts sont en jeu : il faut alors un projet détaillé et très complet ; c'est le *projet définitif*.

Les avants-projets sont plus ou moins développés suivant le programme tracé dans chaque cas particulier, et suivant le temps et le personnel dont on dispose pour les établir. Les indications qui suivent se rapportent à un projet définitif complet.

95. Extrait de carte. — Cette pièce est destinée à faire concevoir les relations de la voie projetée avec l'ensemble de la contrée qu'elle traverse. On se sert habituellement des cartes gravées que publient les départements, ou mieux de celles du Dépôt de la guerre ou du Dépôt de la marine.

On y dessine, à l'encre rouge, le tracé adopté, et, en encres de diverses couleurs, s'il y a lieu, les variantes qui auraient été étudiées. On en numérote les kilomètres ; on indique les principales altitudes ; on fait ressortir les cours d'eau par un liseré bleu ; on marque les limites des inondations et autres indications générales qui pourraient être utiles.

Les cartes sont ordinairement orientées de façon que la ligne Nord-Sud soit verticale. Si elles ne l'étaient pas, on y signalerait l'orientation par une flèche.

96. Plan général. — Il indique le détail du tracé et du territoire environnant, à une échelle plus grande, qui peut être de $\frac{1}{1000}$, $\frac{1}{2000}$, $\frac{1}{2500}$, $\frac{1}{5000}$ ou $\frac{1}{10000}$.

Le tracé est figuré sur ce plan, à l'aide d'un fort trait rouge sur lequel on marque la position des piquets hectométriques et kilométriques, et au besoin celles des piquets intermédiaires. Les kilomètres sont ordinairement numérotés en chiffres romains, et les hectomètres en chiffres arabes. Les piquets intermédiaires sont désignés par les lettres de l'alphabet. On inscrit le rayon des courbes de raccordement, les angles entre les alignements droits et la longueur des tangentes.

On complète le plan en y représentant, en traits noirs, les chemins existants, les habitations, les limites de propriétés, et, en traits bleus, les cours d'eau, avec des flèches indiquant leur direction. On se procure ces renseignements sur les plans du cadastre déposés dans les mairies, où ils se trouvent avec une exactitude suffisante.

On reporte enfin sur le plan les limites des inondations, si on a pu les relever, les altitudes principales des points

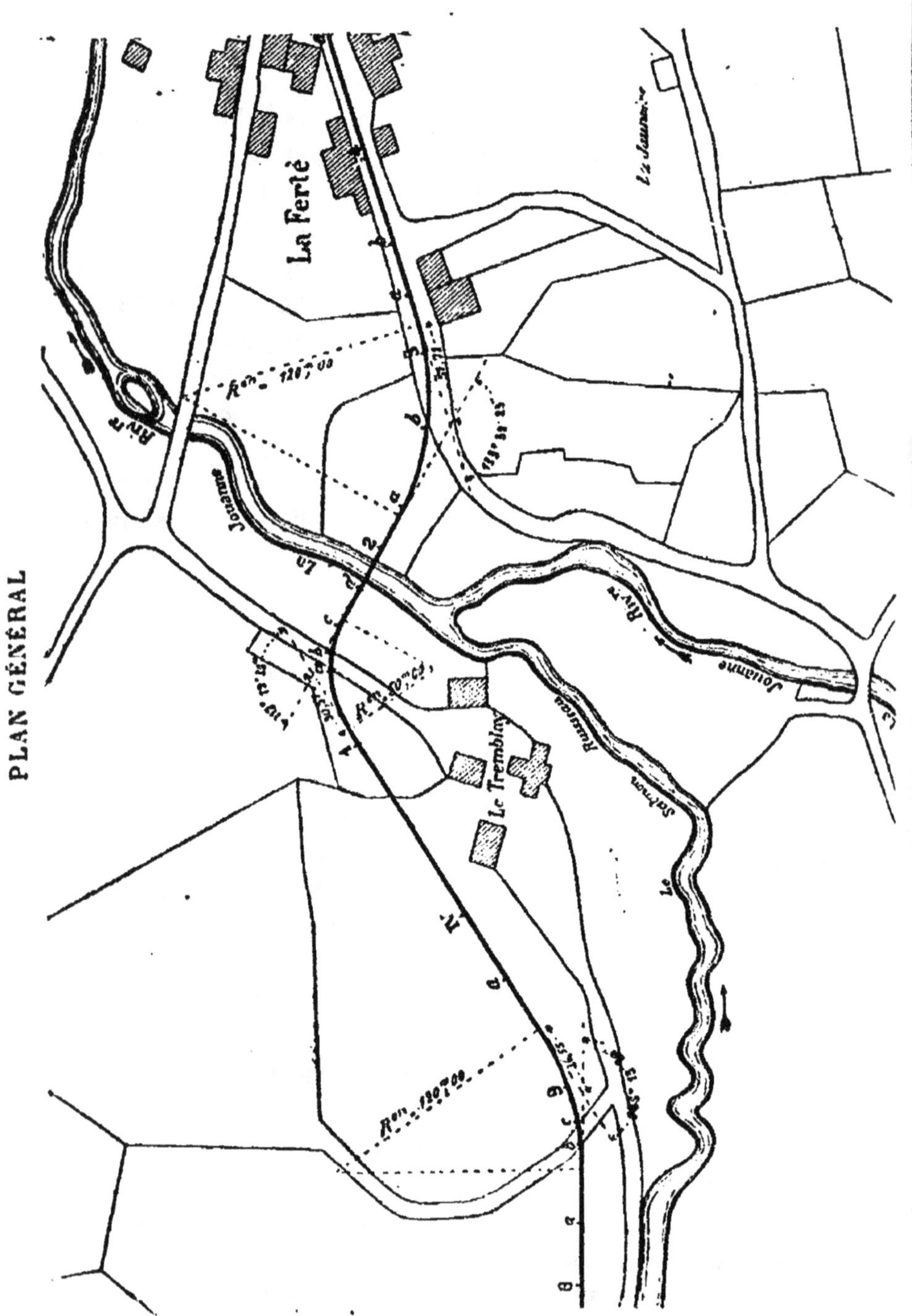

PLAN GÉNÉRAL

nivelés, et, s'il est possible, les courbes de niveau qui s'en déduisent.

Afin que cette pièce soit maniable, on dessine le plan général sur une bande de papier de $0^m,31$ de hauteur, que l'on plie par plis alternatifs de 0,21 de largeur.

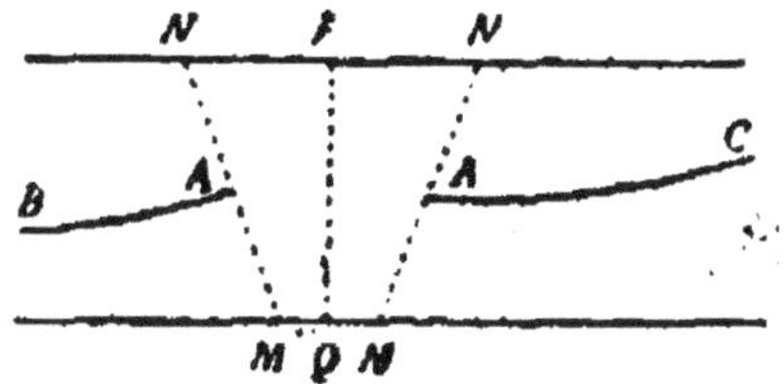

Quand le tracé change de direction, il a une tendance à sortir de la bande. On l'y ramène, en laissant un onglet en blanc entre deux obliques MN, M'N' convenablement inclinées. En faisant un pli MN suivant une de ces obliques, un autre pli PQ vers le milieu de l'onglet, on ramène le bord MN sur la ligne M'N' et, si on a eu soin d'orienter convenablement les deux portions du plan, il se continue lorsqu'on a plié la bande comme il vient d'être indiqué.

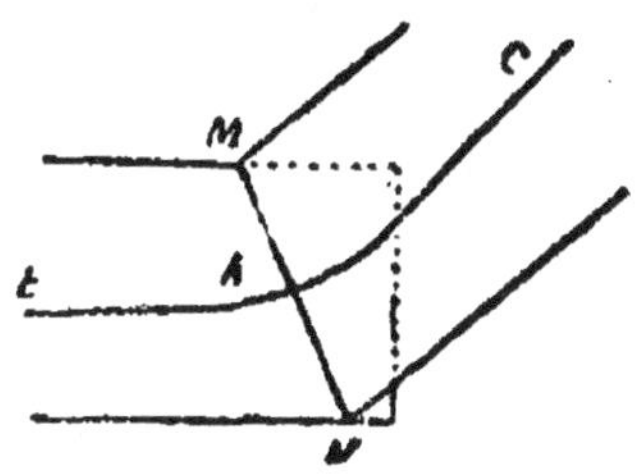

97. Format des pièces et échelles. — Le format de $0^m,31$ sur $0^m,21$ n'est pas adopté seulement pour les plans; il doit être appliqué à toutes les pièces des projets. Pour les pièces écrites, on ne se sert que de cahiers taillés sur ces dimensions; pour les dessins, on prend des bandes de $0^m,31$ de hauteur. Il est bien rare qu'on ne puisse y faire tenir les objets à représenter. Dans le cas d'une impossibilité absolue, comme il arrive pour les extraits de cartes, et pour quelques grands ouvrages d'art exceptionnels, on fait des plis alternatifs de $0^m,21$ de large sur toute la hauteur, et on rabat ensuite par plis alternatifs de $0^m,31$.

Les échelles de tous les dessins doivent être décimales, c'est-à-dire que la fraction qui les exprime doit pouvoir se mettre sous forme d'une fraction décimale finie et non périodique. Les échelles s'expriment simultanément sous les deux formes, par exemple $\frac{1}{100}$ et 0,01.

Profil en long.

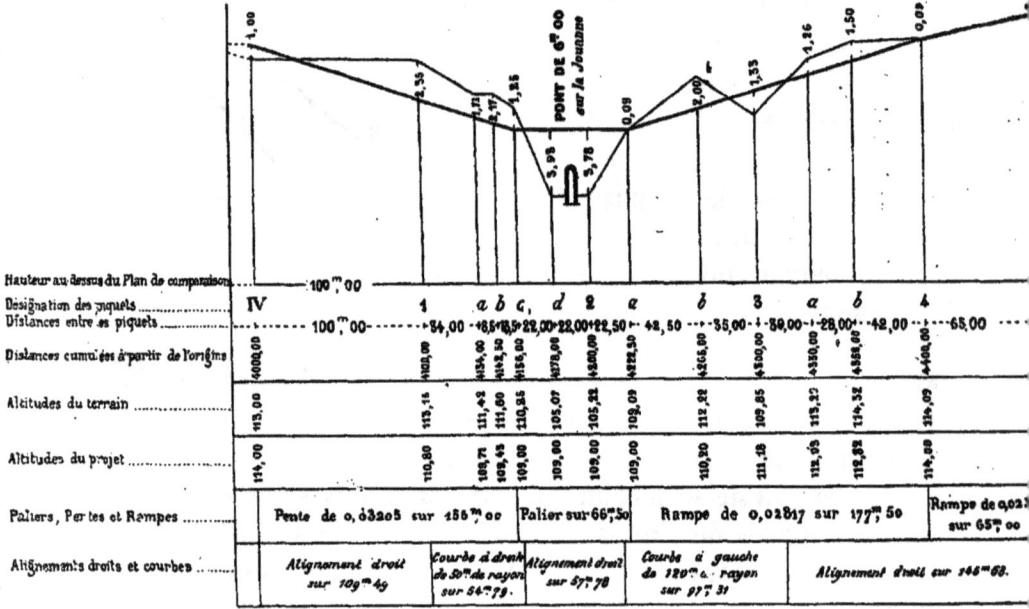

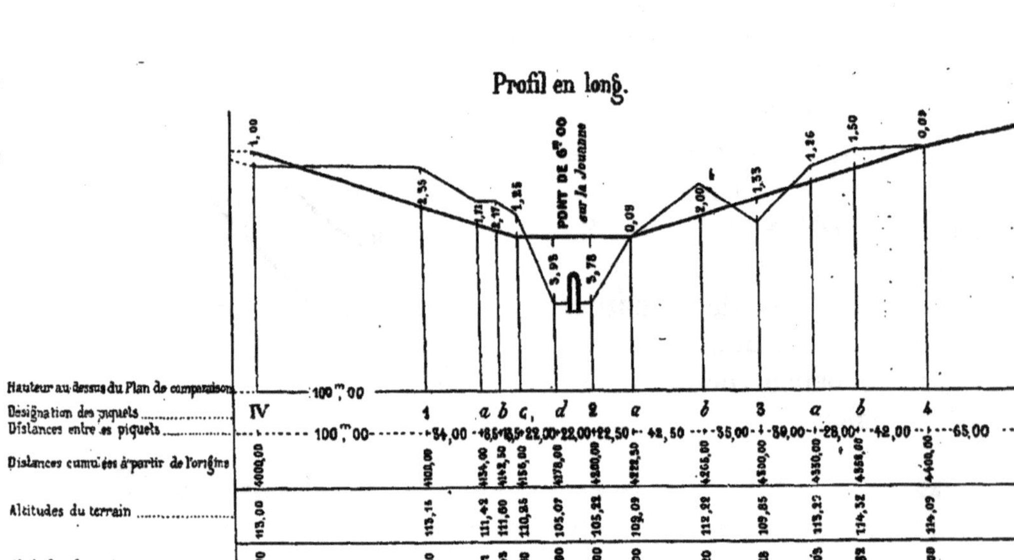

98. Profil en long. — Il se dresse à la même échelle que le plan, pour les longueurs; mais l'échelle des hauteurs est décuple. Il se dessine sur une bande de $0^m,31$ de hauteur.

A $0^m,09$ environ du bord inférieur, on trace une ligne de terre servant de plan de comparaison pour le profil, sous laquelle on marque la position de tous les piquets, en désignant les kilomètres par des chiffres romains, les hectomètres par des chiffres arabes, et les piquets intermédiaires par des lettres de l'alphabet, comme sur le plan.

Au-dessous, on trace une série de parallèles formant des bandes où s'inscrivent les éléments du projet, savoir :

1° Distance entre les piquets;

2° Distance cumulée de chaque piquet à l'origine;

3° Cotes du terrain, pour chaque piquet;

4° Cotes du projet, id.

5° Paliers, pentes et rampes du projet, avec indication de leurs déclivités et de leurs longueurs;

6° Alignements droits, avec indication de leur longueur, et courbes, avec mention de leur rayon, de leur sens et de leur développement.

Quelquefois enfin, lorsqu'on ne juge pas à propos de dessiner les profils en travers, on inscrit, dans le bas de la bande, les déclivités transversales du sol, à droite et à gauche de l'axe.

Au droit de chaque piquet, on élève une ordonnée dont la hauteur représente à l'échelle celle du piquet au-dessus du plan de comparaison. Le plan de comparaison est ordinairement le niveau moyen des mers, et donne lieu à des ordonnées trop longues et qui sortiraient de la bande de $0^m,31$. On les raccourcit toutes d'une quantité constante, de façon qu'aucun des restes ne dépasse la hauteur disponible. On en fait mention sur la ligne de terre, en y inscrivant son altitude. Puis on réunit les extrémités des ordonnées par un trait de crayon continu, qui dessine le profil en long du terrain.

Il peut arriver que le profil ainsi tracé, après s'être maintenu dans le format de la bande sur une certaine longueur, s'élève ou s'abaisse ensuite en dehors de la hauteur disponible. On change alors l'altitude de la ligne de terre. Le profil en long présente en ces points une sorte de cascade, le même piquet se trouvant porté sur la même ordonnée, à deux hauteurs différentes, comme dans la figure ci-dessous. Puis le profil en long se continue par rapport à la nouvelle ligne de terre.

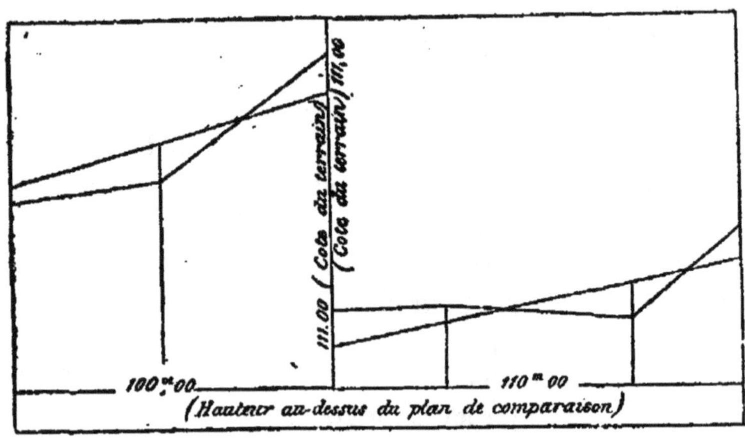

C'est sur ce profil qu'on étudie le profil en long définitif du projet. Il reproduit à peu près le profil en long provisoire ; les pentes et les rampes y sont sensiblement les mêmes. Mais on fixe avec plus de soin leur position moyenne par rapport au terrain, mi-partie en-dessus et mi-partie en dessous, suivant les principes qui seront indiqués dans le paragraphe relatif à la compensation (n° 150).

Quand le projet est arrêté, on teinte les surfaces comprises entre les deux profils, en jaune pour les déblais et en rose pâle pour les remblais. On passe alors la ligne du terrain à l'encre noire et la ligne du projet à l'encre rouge ; les ordonnées sont tracées en encre noire pâle.

On calcule exactement la déclivité de chaque pente ou rampe en raison de sa longueur et de la différence de niveau entre ses extrémités, et on en déduit la cote du projet pour chaque piquet.

On complète alors les indications en bas du profil. Ces indications sont écrites en noir, lorsqu'elles sont relatives à des données du terrain naturel, et en rouge quand elles se rapportent au projet.

On fait ensuite, pour chaque piquet, la différence entre la cote du terrain et celle du projet. Cette différence qui s'appelle là *cote rouge*, est inscrite transversalement à l'encre rouge, *immédiatement au-dessus ou au-dessous de la ligne du terrain*, selon qu'elle correspond à un remblai ou à un déblai.

Les ouvrages d'art sont figurés sous forme d'une coupe longitudinale sommaire, et on inscrit, en dessus ou en dessous, leur nature et leur importance.

99. Profils en travers. — On se dispense quelquefois de dessiner les profils en travers. Mais on en représente toujours un type général qui accuse nettement les dispositions adoptées, savoir : la largeur de la chaussée, son bombement, son épaisseur en différents points, la forme de son encaissement, la largeur et la pente des accotements, l'inclinaison des talus, les dimensions des fossés, les dispositions des banquettes. Ce dessin se fait à l'échelle de 0^{m},01 ($\frac{1}{100}$) ou 0,02 ($\frac{1}{50}$). On représente plusieurs types, l'un pour les déblais en terre ordinaire, l'autre pour les déblais en rocher, un troisième pour les remblais, et davantage si c'est nécessaire. On y ajoute des figures de détail à plus grande échelle quand cela paraît utile.

On dessine ensuite les profils en travers successifs des terrassements tels qu'ils seront exécutés, c'est-à-dire avec une plateforme horizontale se terminant au fossé ou au talus de remblai. On ne se préoccupe pas de la chaussée qui ne s'exécute qu'après coup, dans un encaissement creusé sur cette plateforme horizontale.

Il arrive le plus souvent que la largeur définitive de la route ainsi obtenue n'est pas exactement la même que celle des

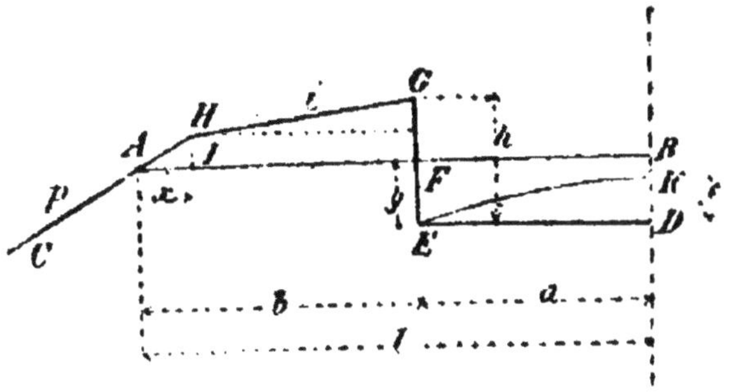

PROFILS EN TRAVERS

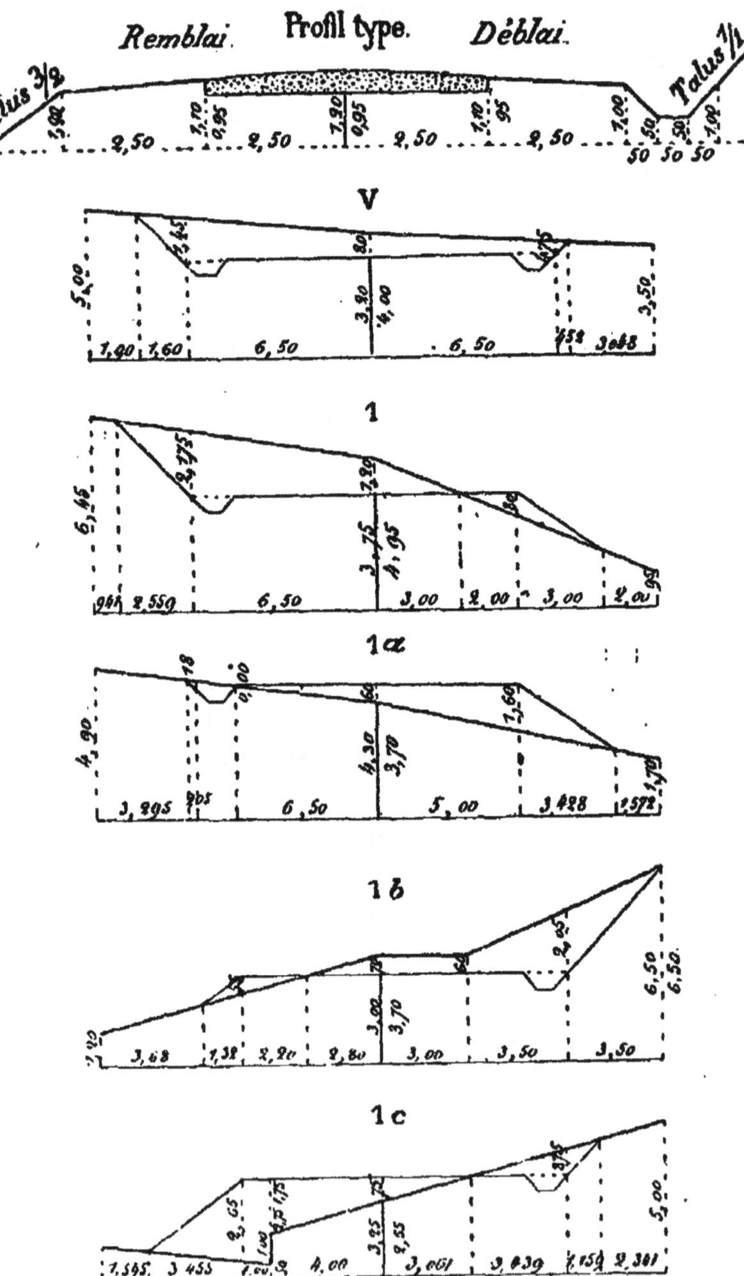

terrassements primitifs. Ainsi soit BAC la ligne suivant laquelle ont été dressés les terrassements d'un demi-profil en travers en remblai et FEBD l'encaissement creusé pour la chaussée. La fouille est rejetée sur l'accotement, et dressée suivant un quadrilatère AHGF, dont l'aire est équivalente à celle de la section de l'encaissement. Il arrive bien rarement que le point H coïncide avec A; en sorte que la route est rétrécie de la largeur AI.

Ce rétrécissement est quelquefois négligeable; dans d'autres cas, il atteint une valeur assez grande. Cela dépend des dimensions de la chaussée et de la largeur des accotements.

On peut calculer le rétrécissement x, ainsi que la profondeur $EF = y$ de la fouille à exécuter, en exprimant que le quadrilatère AHGF est équivalent à la section de la fouille, pour une épaisseur donnée h de la chaussée. Si l'on désigne par a la largeur de la chaussée; par b celle de l'accotement; par p et i, les pentes respectives du talus et de l'accotement : on trouve, dans le cas d'un plafond ED rectiligne, les deux équations :

$$h = y + px + (b - x)\, i$$

$$ay = \frac{1}{2}\left[p\,(2b - x)\,x + i\,(b - x)^2\right].$$

Si le fond est dressé avec un bombement $f = DK$, la courbe EK peut s'assimiler à une parabole, et, dans la deuxième formule, la surface ay doit être diminuée de $\frac{2}{3}af$.

Dans le cas, par exemple, où $h = 0^m,15$, $p = \frac{2}{3}$, $i = 0,04$, $b = 2,00$, $a = 3,00$; on trouve $x = 0,115$. La largeur de la route serait diminuée de $0^m,23$.

Si l'on veut obtenir en exécution une route ayant exactement la largeur fixée, il faut calculer le rétrécissement tant pour le cas du déblai que pour celui du remblai, et donner à la plateforme des terrassements une largeur d'autant plus grande.

Les profils en travers se rapportent quelquefois sur une

bande de papier continue de $0^m,31$ de hauteur. Une ligne droite longitudinale représente le tracé supposé rectifié, et on y marque la position de chaque piquet par un point. Le profil en travers correspondant à ce piquet est rabattu sur le plan, en tournant autour de sa plateforme prise pour charnière, vers l'origine de la route.

Le plus habituellement, les profils en travers se dressent sur un cahier cousu du format de $0^m,31$ sur $0^m,21$. L'axe est représenté sur chaque page par une ligne verticale tracée au milieu de la feuille, et on y rattache 3 ou 4 profils en travers, que l'on suppose rabattus vers la fin du tracé en tournant autour de leur plateforme.

Pour dessiner un profil en travers, on marque sur l'axe un point à la hauteur où il coupe le terrain naturel, et on dessine les formes de ce terrain à droite et à gauche de l'axe. Puis on marque un autre point à la hauteur où la plateforme doit être exécutée au-dessus ou au-dessous du terrain ; on mène une horizontale à laquelle on donne la largeur de la plateforme, et on achève en traçant les fossés et les banquettes, s'il y en a, puis les talus.

L'échelle usuelle des profils en travers est $\frac{1}{200}$ (0,005), et quelquefois $\frac{1}{100}$ ($0^m,01$).

Comme on doit répéter les mêmes figures à chaque instant, on abrège le travail en se servant de gabarits en bristol ou en zinc que l'on a exactement découpés suivant les divers types de profils en déblai et en remblai, et où l'on a tracé la direction de l'axe, c'est-à-dire, une verticale passant par le milieu de la plateforme. Pour dessiner un profil, on applique le gabarit sur le cahier de profils, en ayant soin de faire coïncider les axes, et de faire passer la plateforme du gabarit par le point, marqué sur l'axe, où doit être établi le projet. Il n'y a plus qu'à suivre avec la pointe d'un crayon les contours du gabarit.

On teinte en jaune les surfaces de déblai et en rose pâle celle de remblai ; puis on passe la ligne du terrain à l'encre noire, et celle du projet à l'encre rouge. On inscrit enfin en noir les cotes du terrain, les longueurs et les pentes, et en rouge les cotes du projet.

On complète ordinairement le cahier de profils en travers, en inscrivant à côté de chacun d'eux l'aire de sa surface en déblai ou en remblai, la largeur de l'emprise et le développement des talus, que l'on calcule par les méthodes qui seront indiquées au paragraphe suivant.

100. Ouvrages d'art. — Les ouvrages d'art sont dessinés sur des feuilles spéciales, à des échelles variables suivant leur importance et suivant le degré que l'on veut atteindre dans les détails; mais ces échelles doivent toujours être décimales. On fait des plans, des coupes et des élévations, en nombre suffisant pour en faire ressortir clairement toutes les dispositions; on y joint les tracés et épures qui seraient nécessaires. On doit s'efforcer de faire rentrer les dessins dans le format d'une bande de $0^{m},31$, bien plus commode à consulter qu'une grande feuille; cela est presque toujours possible, à condition de donner les ensembles à petite échelle, et les détails de plus en plus minutieux à des échelles de plus en grandes.

101. Devis et cahier des charges. — Cette pièce est destinée à indiquer, par écrit, les dispositions générales et de détail du projet, et les conditions techniques et administratives dans lesquelles il doit être exécuté. Elle a spécialement pour objet de lier les entrepreneurs qui se chargent de l'exécution. Il est essentiel que tout y soit prévu et précisé, afin d'éviter les contestations dans l'exécution des travaux ou le règlement des comptes. Il existe des modèles imprimés pour les devis et cahiers des charges, où sont indiquées les conditions générales, approuvées une fois pour toutes par l'Administration, à observer dans tous les travaux des Ponts et Chaussées. On y a laissé en blanc les conditions qui peuvent varier d'un projet à un autre, et les données spéciales à chaque projet. Il n'y a qu'à remplir ces blancs, en s'efforçant de n'oublier aucun détail. Il est bon, en outre, de relire avec attention les parties imprimées, dont quelques détails peuvent demander à être modifiés.

102. Avant-métré des travaux. — Cette pièce est destinée à faire connaître les quantités d'ouvrages de chaque nature qu'il y aura à exécuter.

Il se divise en trois sections, relatives, l'une aux terrassements, la seconde à la chaussée, la dernière aux ouvrages d'art.

L'avant-métré des terrassements comprend la *cubature des terrasses* et le *mouvement des terres*; la première partie indique le volume des terres à remuer, et l'autre les distances auxquelles s'effectueront les transports. On donnera le détail des méthodes employées pour ces calculs dans le paragraphe suivant.

L'avant-métré des chaussées est des plus simples. On relève, sur le profil en travers type, les dimensions de la coupe transversale de la chaussée, et on en calcule l'aire. Il suffit de multiplier cette aire par la longueur totale de la route pour avoir le cube correspondant. On en déduit, d'après les principes qui seront exposés lorsqu'on traitera de la construction des chaussées, le volume des matériaux à fournir, soit en pierre cassée, soit en matières d'agrégation, par mètre courant et pour la longueur totale.

Si la chaussée doit être pavée, on calcule, d'après sa largeur et le type de pavés adopté, le nombre de pavés et de boutisses qui entrent dans un mètre courant et dans la longueur totale. On calcule ensuite le volume de sable nécessaire pour la fondation, pour les joints et pour le répandage superficiel, d'après le profil en travers type et les conditions du devis.

L'avant-métré des ouvrages d'art se fait sur un tableau de forme spéciale et suivant des règles qui sont indiquées au § 1 du chap. VIII, qui traite de la construction des ponceaux.

103. Bordereau des prix. — Il indique à quelle somme d'argent est évalué chaque élément d'ouvrage, par unité, par mètre linéaire, par mètre carré, par mètre cube ou par kilogramme.

Chaque élément d'ouvrage porte un numéro d'ordre, et on énumère en détail les fournitures et les mains-d'œuvre qui sont comprises dans le prix. Il faut avoir grand soin de n'en omettre aucune.

Le prix est inscrit d'abord en toutes lettres, puis en chiffres. Il est évalué en francs et centimes.

Le bordereau est accompagné d'un autre cahier intitulé : *Renseignements sur la composition des prix*, où l'on indique en détail la manière dont chacun d'eux a été calculé, et qui se divise en deux parties, les *bases* des prix et *l'analyse* des prix.

Les bases des prix comprennent : 1° les valeurs attribuées à la *journée* ou à l'*heure* de travail des ouvriers et des tombereaux destinés aux transports, ou à la location des engins ou appareils qui peuvent être demandés aux entrepreneurs; 2° les formules suivant lesquelles sont calculés les prix de *transport* des divers matériaux suivant la distance.

Dans l'analyse des prix, on indique, pour chaque élément d'ouvrage, les quantités de fournitures et de mains-d'œuvre prévues, et le prix d'unité applicable à chacune d'elles. Les produits des quantités par les prix d'unité sont inscrits dans une colonne, et on en fait le total. On ajoute à ce total un vingtième pour outils et faux frais, et à la somme ainsi obtenue, un dixième pour le bénéfice de l'entrepreneur. La somme est le prix définitif à inscrire au bordereau.

On est souvent conduit, dans l'analyse des prix, à évaluer des éléments d'ouvrages ou des fournitures qui ne figurent pas au bordereau, et qui sont seulement utiles pour servir de base à l'évaluation d'autres articles. Aussi cette pièce a généralement plus de numéros que le bordereau. On ne s'assujettit pas à faire correspondre dans les deux pièces les numéros qui se rapportent à la même nature d'ouvrage, et on adopte une série indépendante de numéros pour chacune d'elle.

104. Détail estimatif. — Le détail estimatif est la pièce où l'on calcule la dépense prévue tant pour chaque partie du projet que pour son ensemble. On y énumère les différents ouvrages et on inscrit à côté de chaque article la quantité donnée par l'avant-métré et le prix de l'unité pris au bordereau. Le produit donne la dépense pour cet article. On fait un total pour chaque ouvrage et un autre pour chaque section de l'avant-métré. Le total général indique la somme à laquelle est évalué le projet.

A cette somme, on en ajoute une autre, appelée *somme à valoir*, destinée à couvrir les dépenses des ouvrages oubliés ou non prévus, et les excédents auxquels donnent lieu les travaux qu'il est impossible d'évaluer exactement à l'avance.

Les travaux de terrassements donnent lieu à peu d'imprévu. Ils se règlent d'après les nombres trouvés à l'avant-métré, que l'entrepreneur est appelé à vérifier avant de se mettre à l'œuvre, et auxquels il ne peut ensuite réclamer aucune modification. Toutefois, lorsqu'il y a des déblais de diverse nature, par exemple, du rocher et de la terre ordinaire, il peut arriver qu'en cours d'exécution, on constate la nécessité de modifier la répartition des déblais entre ces diverses classes, et les prévisions peuvent devenir insuffisantes.

Les ouvrages d'art considérables, comme les grands ponts, renferment souvent des causes importantes d'incertitude. On peut être conduit à changer le système de fondation projeté, et les travaux qu'exigent ces fondations, notamment l'épuisement des eaux, sont essentiellement aléatoires. Il y a donc lieu de réserver une somme à valoir en rapport avec les difficultés qui peuvent se présenter.

La pratique seule peut guider dans l'évaluation de cet élément de la dépense. Chaque ingénieur la fixe en raison des circonstances et de l'expérience qu'il a pu acquérir.

En moyenne, on estime que, sur un projet de quelque étendue, renfermant des ouvrages d'art et des terrassements, la somme à valoir doit s'élever à un dixième environ du montant des dépenses prévues, si le projet a été bien étudié. Elle doit être d'autant plus élevée que l'étude a été moins approfondie.

105. Plans et tableaux parcellaires. — Le plan parcellaire a pour objet d'indiquer très exactement les parcelles de terrain qui doivent être incorporées au domaine public par suite de l'exécution du projet. Il demande à être dressé avec un soin tout particulier : non pas qu'on en puisse déduire une évaluation exacte des dépenses de ce chef, car les indemnités sont réglées par des jurys d'expropriation, qui n'ont pas de règles fixes et allouent souvent bien au delà des estimations les plus largement calculées; mais parce qu'il s'agit ici d'une atteinte portée au droit de propriété, et qu'il importe de la restreindre au strict nécessaire.

Le plan parcellaire doit donc être dressé spécialement. Il ne suffit pas de reporter le tracé et les largeurs à occuper sur les plans du cadastre, qui ne sont pas assez exacts. On se rend sur le terrain, muni d'un calque des plans cadastraux, à titre de renseignement, et on lève la position et la direction des limites de toutes les parcelles atteintes par le projet.

Sur ce plan, dont l'échelle est fixée à 0m,001 par mètre $\frac{1}{1000}$, on figure le tracé et la position des piquets. Au droit de chacun d'eux, on marque la largeur d'emprise, fournie par les cahiers de profils en travers, et on réunit les extrémités de ces largeurs par un trait rouge, qui limite, sous forme d'une ligne brisée, la surface du terrain à occuper. On n'a plus qu'à calculer la fraction de chaque parcelle englobée dans cette surface. Lorsqu'entre deux profils il y a passage du déblai au remblai, on détermine ce qu'on appelle la ligne de passage c'est-à-dire, l'intersection entre le terrain naturel et le projet (n° 112), afin de délimiter exactement les surfaces occupées. Toutefois, on ne tient compte de la ligne de passage que si les terrassements sont considérables et si les terrains ont une grande valeur; dans la plupart des cas, on se contente de réunir par une ligne droite les extrémités des largeurs d'emprise correspondant aux deux profils, sans se préoccuper de ce qu'ils sont de nature différente.

On dresse un plan spécial pour chaque commune traversée, parce que ces plans sont soumis à des enquêtes, qui ont lieu aux chefs-lieux des communes.

On donne à chaque parcelle un numéro d'ordre en rouge. Puis on y inscrit en noir la lettre de la section du cadastre à laquelle elle appartient, le numéro qu'elle a dans cette section, le nom du propriétaire, la dénomination locale ou vulgaire sous laquelle elle peut être connue, le genre de culture auquel elle est affectée. On y ajoute la contenance de la partie à exproprier, et celle de la fraction restée en dehors, quand celle-ci est de peu d'importance; car on peut être obligé de l'acquérir.

A l'appui du plan parcellaire, on dresse un état ou tableau des indemnités à payer, sur lequel on reporte d'abord toutes les indications du plan. Les noms des propriétaires sont ceux qui figurent à la matrice cadastrale. On inscrit, en outre, ceux des propriétaires actuels, qui peuvent être différents si les mutations ne sont pas à jour, puis les noms des locataires ou fermiers, s'il y en a. A côté de la superficie des parcelles, on met leur valeur par hectare, et le prix qui en résulte. On y ajoute, s'il y a lieu, le montant des indemnités accessoires pour dépréciation de propriété, pour abattage d'arbres, pour murs à reconstruire, etc.....

Ces pièces sont longues et minutieuses, et n'ont d'utilité que pour l'expropriation elle-même. Elles ne font pas partie des projets proprement dits, et on les dresse seulement lorsque les projets sont approuvés et que l'exécution en est décidée.

Pour les projets, on se contente de faire un avant-métré des surfaces d'emprise, sans les diviser en parcelles, et d'y appliquer le prix moyen des terrains de la contrée, en ayant soin d'en majorer considérablement la valeur, pour tenir compte des habitudes des jurys d'expropriation.

Il n'y a pas, dans le cahier de l'avant-métré, de tableau préparé pour ce calcul. On le fait à part, et on l'annexe au mémoire ou rapport, pour justifier la dépense que l'on présume devoir être ajoutée au détail estimatif pour tenir compte des acquisitions de terrains.

106. Mémoire. — A l'appui de tout projet on dresse un *mémoire* ou *rapport*, qui fait connaître les principaux résultats auxquels on est parvenu, et justifie les dispositions proposées, tant pour l'ensemble que pour les détails. Si on a étudié plusieurs tracés, on les discute, on compare leur valeur relative et on conclut.

Tout cela doit être présenté avec la plus grande clarté, mais sans qu'aucun point de vue soit négligé. Si l'on juge à propos de faire des calculs ou des recherches statistiques ou mathématiques, on ne les introduit pas dans le mémoire, mais on les rejette à la fin sous forme de notes ou de tableaux.

107. Bordereau et titres. — Chaque série de pièces appartenant à un même projet est renfermée dans une chemise, intitulée *bordereau*, sur laquelle on reproduit le titre de chaque pièce, avec un numéro d'ordre.

Le *titre* de chaque pièce doit parfaitement concorder avec l'inscription faite au bordereau. Il doit être écrit avec le plus grand soin sur la première feuille, qui est laissée en blanc à cet effet. Si la pièce est un dessin dont le format dépasse $0^m,31$, on fait le titre sur une feuille de retombe, dont le bord est collé au bas de la marge de gauche de la feuille.

On s'arrange de façon que le titre reste apparent quand la feuille est développée.

Toutes les feuilles de titre sont datées et signées par les auteurs des projets.

§ 2

CUBATURE DES TERRASSES

108. Entreprofils. — Pour obtenir le volume des terrassements d'un projet, on le divise en solides partiels compris chacun entre deux profils en travers consécutifs. Ces solides s'appellent des *entreprofils*.

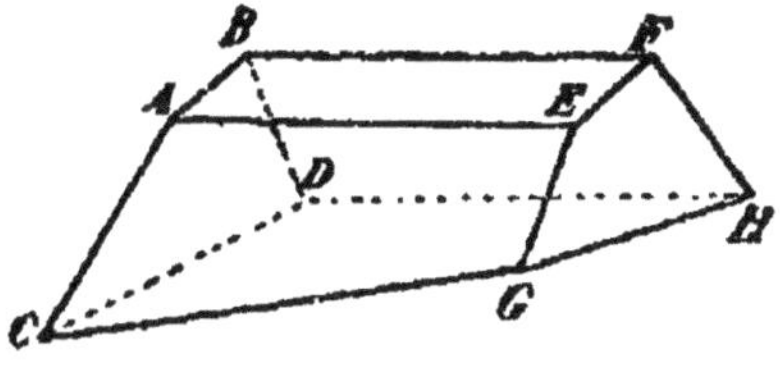

Si l'on considère l'un d'eux, on voit qu'il est limité par :

1° Les deux profils en travers ABCD, EFGH, qui sont des plans verticaux;

2° La surface du projet, qui se compose d'une série de plans savoir : la plateforme ABEF, les talus AECG, BFDH, les fossés, les banquettes, s'il y en a;

3° La surface du terrain naturel CDGH, qui est ondulée et sans définition géométrique.

On y supplée par la convention suivante. Si on considère quatre points M, N, P, Q, choisis parmi ceux qui définissent

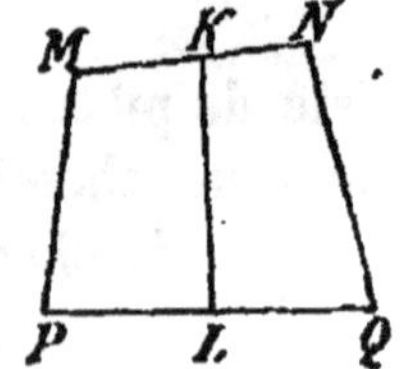

les profils en long et en travers, tels par conséquent qu'il y ait en chacun d'eux changement dans le sens de la déclivité de la pente du sol, mais que les droites qui les joignent se trouvent exactement appliquées sur le sol, on admet que la surface de ce quadrilatère gauche est engendrée par une droite KL qui s'appuie constamment sur deux côtés opposés, en divisant les longueurs de ces côtés en parties proportionnelles, en sorte que l'on ait $\frac{KM}{KN}=\frac{LP}{LQ}$.

109. Méthode exacte. — Grâce à cette convention, il est facile d'évaluer le volume de l'entreprofil.

Par tous les points de chacun des profils en travers où se brise la ligne du projet ou celle du terrain naturel, on mène des verticales, qui se projettent sur le plan par des points. Si on considère quatre de ces points A,B,C,D, les quatre verticales correspondantes coupent la surface du projet en quatre points α, β, γ, δ, et le terrain naturel en quatre points A′,B′,C′,D′, et forment les arêtes d'un tronc de prisme quadrangulaire, dont les faces sont verticales, et dont les bases sont, l'une un plan, l'autre une surface gauche. Le volume de l'entreprofil est alors partagé en une série de solides partiels définis de la même façon, et il suffit de savoir évaluer l'un d'eux.

Si on joint successivement les deux sommets opposés de la surface gauche par des lignes droites, A′C′ et B′D′, ces lignes ne font pas partie de la surface, et sont placées l'une au-dessous, l'autre au-dessus. Les plans diagonaux menés par ces lignes et par les arêtes correspondantes déterminent chacun un système de deux prismes triangulaires, B′D′α avec B′D′γ d'une part, et A′C′β avec A′C′δ d'autre part. Le volume d'un de ces systèmes diffère du volume de l'autre d'une quantité égale au tétraèdre A′B′C′D′.

Or la surface gauche divise ce tétraèdre en deux parties équivalentes. En effet, si par un point M de l'arête A′D′, on mène un plan parallèle aux deux côtés A'B' et D'C', il dessine sur les faces du tétraèdre un quadrilatère MPNQ, qui est un parallélogramme, MP et QN étant parallèles à A'B', et MQ et

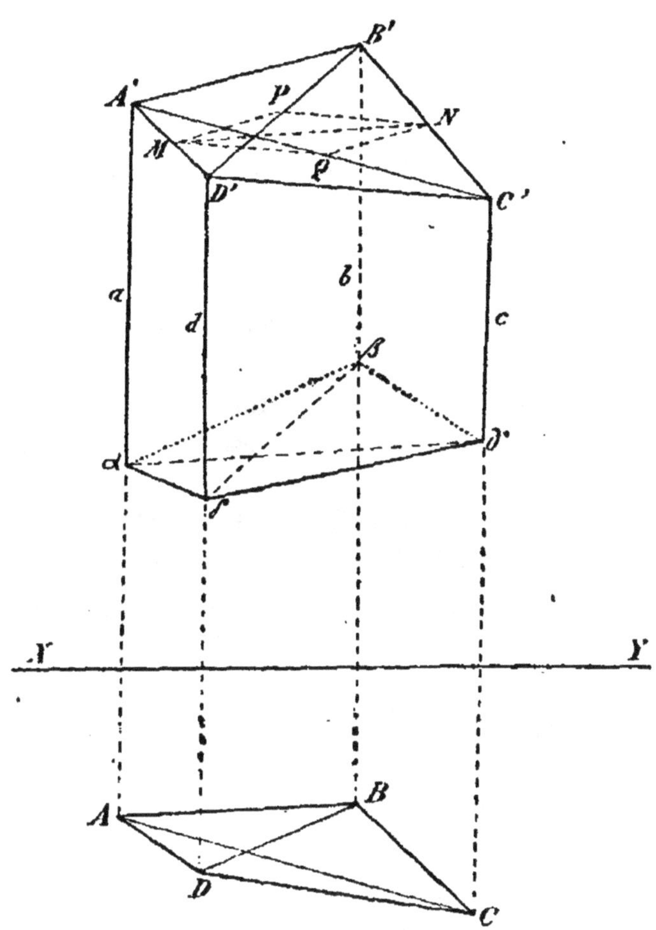

PN parallèles à C'D'. La diagonale MN, qui coupe le parallélogramme en deux parties égales, appartient à la surface gauche; car, à cause du parallélisme des lignes :

$$\frac{A'M}{D'M} = \frac{A'Q}{C'Q} = \frac{B'N}{C'N}.$$

La différence entre les volumes des deux systèmes de prismes triangulaires déterminés par les deux plans diagonaux est donc divisée en deux parties égales par la surface gauche du terrain. Donc le solide à évaluer est la moyenne arithmétique entre ces deux volumes.

Ce résultat peut s'exprimer algébriquement par une formule facile à retenir. Soient a, b, c, d, les longueurs des arêtes du tronc de prisme;

On a :

$$V = \frac{1}{2}\left(ABC\frac{a+b+c}{3} + BCD\frac{b+c+d}{3} + CDA\frac{c+d+a}{3} + DAB\frac{d+a+b}{3}\right).$$

Cette méthode porte le nom de *méthode exacte*.

110. Cas particuliers. — La formule ci-dessus se simplifie, quand le quadrilatère ABCD est dans un cas particulier.

Si c'est un trapèze, AD et CB étant les côtés parallèles, ABC = BCD et CDA = DAB. La formule se réduit à

$$V = ABC\frac{a+2b+2c+d}{6} + CDA\frac{2a+b+c+2d}{6}.$$

Si c'est un parallélogramme de surface S, on a ABC = BCD = CDA = DAB, et

$$V = ABC\frac{a+b+c+d}{2} = S\frac{a+b+c+d}{4}.$$

Enfin le quadrilatère peut se réduire à un triangle; ce cas se ramène à celui du trapèze. Si on suppose, par exemple, que le point D vienne à se confondre avec le point A, on fera $d = a$ et $CDA = o$, et on aura, en appelant S la surface du triangle :

$$V = S\frac{a+b+c}{3},$$

ce qui est précisément la formule du tronc de prisme triangulaire.

Il peut arriver, d'ailleurs, qu'une ou plusieurs des arêtes a, b, c, d, soient nulles.

111. Application. — L'application de cette méthode à la cubature des terrasses se fait comme il suit. Soit **ABA'B'** la projection en plan d'un entreprofil terminé par deux profils en travers en remblai, **MNPQ, M'N'P'Q'**. Par chacun des points **M,N,** *h*, *i'*, où la ligne du terrain ou bien celle du projet se brise, on fait passer un plan vertical parallèle à l'axe. On divise ainsi l'entreprofil en une série de tronc de prismes quadrangulaires, auxquels on applique la méthode exacte, ainsi qu'aux solides projetés suivant les trapèzes latéraux AMA'M', BNB'N'.

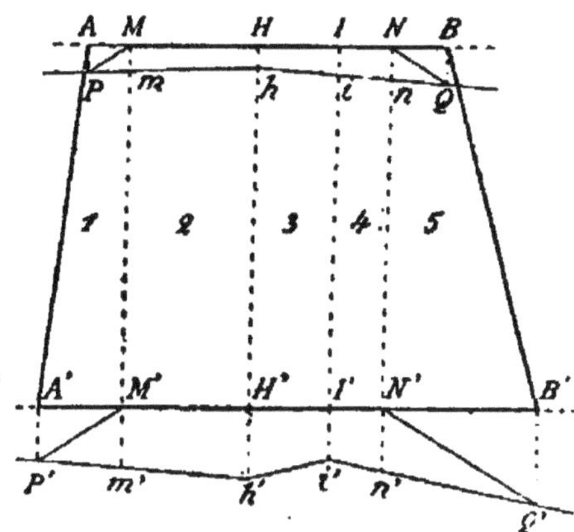

Dans l'exemple de la figure, il y a 5 solides partiels. Les nos 1 et 5 ont pour projections des trapèzes, et deux de leurs arêtes sont nulles. Les nos 2, 3 et 4 ont chacun 4 arêtes, et leur projection est un rectangle.

Si les profils en travers sont en déblai, on mène des plans verticaux par les arêtes des fossés, ou bien, on peut faire abstraction des fossés et ajouter après coup leur volume, qui est égal à la longueur de l'entreprofil multipliée par la section constante du fossé.

Si les deux profils en travers ne sont pas de même nature, que l'un soit en déblai, l'autre en remblai, ou bien qu'il y ait à la fois déblai et remblai sur l'un d'eux, l'évaluation des cubes se complique. L'entreprofil se compose de volumes de déblai et de remblai, qu'il faut évaluer séparément. Mais pour cela, il faut d'abord les distinguer sur le plan, et y tracer la *ligne de passage*, c'est-à-dire, l'intersection du projet avec le terrain naturel, qui laisse les déblais d'un côté et les remblais de l'autre.

112. Ligne de passage. — La figure ci-contre donne l'épure d'une ligne de passage, comprise entre deux profils en travers I et III, l'un en déblai, l'autre en remblai, et rencontrant le profil intermédiaire II en un point O. Les profils ont été rabattus autour de la plateforme des terrassements. Pour obtenir un point quelconque de la ligne de passage, on fait une section par un plan vertical parallèle à l'axe, et on rabat ce plan sur la figure en le faisant tourner autour de son intersection avec le projet. Ainsi pour avoir le point M de la ligne de passage qui est sur l'axe, on mène par cet axe un plan vertical que l'on fait tourner autour de la ligne AC prise comme charnière. Dans le rabattement, le point B vient en B' et le point D en D', et B' D' est le rabattement de l'intersection du terrain naturel avec le plan d'intersection.

Les deux lignes AC et B'D' se coupent en un point M qui appartient à la ligne de passage.

Tous les points de la ligne de passage se trouveraient de la même façon. Mais, comme cette ligne est une ligne brisée dont les éléments peuvent être considérés comme droits, il suffit d'en chercher les sommets.

Au lieu d'avoir recours à une construction géométrique pour obtenir les points de la ligne de passage, il est préférable d'employer le calcul. Les distances du point M aux deux profils en travers sont entre elles comme les hauteurs AB et CD, c'est-à-dire comme les cotes rouges de déblai et de remblai qui se correspondent. Si donc on appelle h et h' ces deux cotes rouges, l la longueur de l'entreprofil, et x la distance du point cherché à l'un des profils en travers, on a $x = l\dfrac{h}{h+h'}$. Ce calcul est plus exact et plus sûr que le dessin; car les épures s'embrouillent rapidement quand le nombre des plans rabattus augmente, et les lignes s'y coupent sous des angles tellement aigus que le point d'intersection est très incertain.

ÉPURE D'UNE LIGNE DE PASSAGE

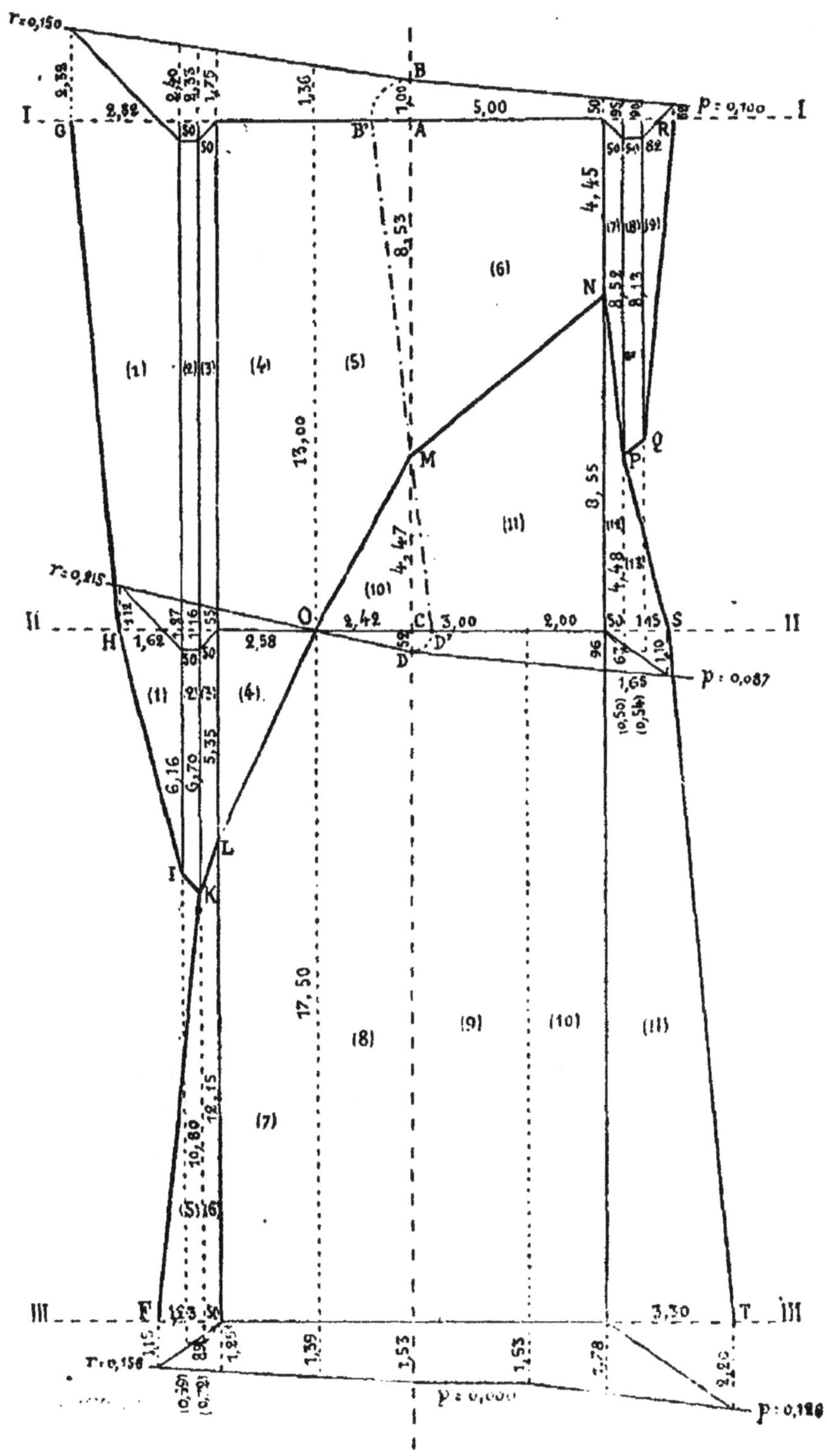

Remarques. — 1° Du côté du déblai, il y a un fossé dont le talus intérieur est dressé à 45°, tandis que le talus de remblai qui lui fait suite est à 3 de base pour 2 de hauteur. On ne passe pas d'un talus à l'autre par une saillie brusque qui aurait l'inconvénient d'obstruer partiellement le fossé. On conserve le talus de 45°, même pour le remblai, dans toute la partie LK ou NP, où il y a fossé.

Quand la hauteur du remblai devient supérieure à la profondeur du fossé, celui-ci disparaît; on diminue alors progressivement la pente du talus de remblai, de façon qu'elle reprenne sa valeur normale, 3 de base pour 2 de hauteur, à une distance donnée. Dans cette partie transitoire, le talus est une surface gauche, dont la génératrice se meut en s'appuyant constamment sur le bord de la plateforme, et en restant toujours dans un plan perpendiculaire à l'axe, avec une déclivité qui décroît progressivement.

Pour faire l'épure de la ligne de passage aux abords du fossé, on cherche l'intersection du talus intérieur et du plafond du fossé avec le terrain naturel. On la trouve facilement en figurant sur le profil en remblai un fossé fictif, indiqué en pointillé sur la figure ci-contre. Cette intersection se projette en IKL ou NPQ. On joint le point K ou P au point du pied du talus de remblai choisi comme limite de la surface gauche. Sur la figure ce point a été supposé sur le profil même, en F ou en R.

2° Lorsque les lignes de passage sont tracées, l'entreprofil se trouve divisé en solides partiels calculables par la méthode exacte. Ces solides ont des arêtes nulles en tous les points où ils touchent la ligne de passage. Le calcul s'en fait alors simplement.

3° Dans les parties en courbe, l'épure de la ligne de passage se fait de la même manière. Seulement, les intersections du terrain naturel et du projet s'obtiennent, non par des plans, mais par des cylindres verticaux parallèles à l'axe.

Si on a recours au calcul, il reste le même que dans les parties droites, mais la longueur l de l'entreprofil est variable et augmente à mesure que les cylindres d'intersection s'éloignent du centre de la courbe.

113. Disposition des calculs. — Les calculs peuvent se disposer comme dans le tableau ci-dessous, qui s'applique à l'exemple de la figure.

DÉSIGNATION		NATURE de la projection	DIMENSIONS réduites			VOLUMES.			
						DE DÉBLAI		DE REMBLAI	
des entreprofils	des solides partiels		Longueur	Largeur	Hauteur	par solide partiel	par entreprofil	par solide partiel	par entreprofil
							m c	m c	m c
I — II	1	Trapèze...	13m00	1m41	1m97	36m11			
			13,00	0,81	1,58	16,64			
	2	Rectangle.	13,00	0,50	1,79	11,64			
	3	Id.	13,00	0,50	1,45	9,43			
	4	Id.	13,00	2,58	0,92	30,86			
	5	Trapèze...	13,00	1,21	0,62	9,75			
			8,53	1,21	0,56	5,78			
	6	Id.	8,53	2,50	0,42	8,96			
			4,45	2,50	0,33	3,67			
	7	Id.	4,45	0,25	0,33	0,37			
			8,52	0,25	0,40	0,85			
	8	Id.	8,52	0,25	0,47	1,00			
			8,13	0,25	0,46	0,93			
	9	Triangle...	8,13	0,41	0,41	1,37			
	10	Id.	4,47	1,21	0,17			0,92	
	11	Trapèze...	4,47	2,50	0,33			3,69	
			8,55	2,50	0,41			8,76	
	12	Id.	8,55	0,25	0,43			0,92	
			4,48	0,25	0,38			0,43	
	13	Triangle...	4,48	0,58	0,59			1,53	
		TOTAUX......				—	137,36	—	16,25
II — III	1	Triangle...	6,16	0,81	0,80	3,99			
	2	Trapèze...	6,16	0,25	0,62	0,95			
			6,70	0,25	0,60	1,01			
		à reporter......				5,95	137,36	—	16,25

DÉSIGNATION		NATURE de la projection	DIMENSIONS réduites			VOLUMES			
						DE DÉBLAI		DE REMBLAI	
des entreprofils	des solides partiels		Longueur	Largeur	Hauteur	par solide partiel	par entreprofil	par solide partiel	par entreprofil
							m c	m c	m c
		Reports. . . .				5,95	137,36	—	16,25
	3	Trapèze. . .	6m70	0m25	0m48	0m80		4,55	
			5,35	0,25	0,38	0,51		1,38	
	4	Triangle...	5,35	1,29	0,18	1,24		1,73	
	5	Id.	10,80	0,62	0,68			10,19	
	6	Trapèze . . .	10,80	0,25	0,51			15,13	
			12,15	0,25	0,57			36,42	
	7	Id.	12,15	1,29	0,65			57,23	
			17,50	1,29	0,67			44,10	
	8	Rectangle .	17,50	2,42	0,86			18,61	
	9	Id.	17,50	3,00	1,09			18,22	
	10	Id.	17,50	2,00	1,26				
	11	Trapèze . . .	17,50	0,83	1,35				
			17,50	1,65	1,67				
		TOTAUX.					8,50		237,56
TOTAUX pour les deux entreprofils							145,86		253,81

114. Inconvénients de la méthode exacte. — Cette méthode permet de calculer les volumes de terrassements avec précision. Mais elle est d'une application longue et pénible, surtout lorsqu'il y a des lignes de passage. Il faut avoir constamment sous les yeux les formules, afin de choisir celle qui convient à chaque solide partiel. Il faut aussi ne pas confondre les diverses valeurs à substituer aux lettres dans les formules.

Il n'y a pas cependant un intérêt de premier ordre à connaître très exactement les volumes des déblais et des remblais. Le but de ce calcul est surtout d'arriver à l'évaluation des dépenses auxquelles donneront lieu les travaux. Or, il y a dans les terrassements des mains-d'œuvre, telles que la fouille, dont le prix ne peut être prévu qu'approximativement. On se trompe facilement là-dessus de 1/3 ou de 1/4. Une précision absolue n'est donc pas nécessaire dans l'évaluation des cubes.

Par ces motifs, on fait rarement usage de la méthode exacte dans l'avant-métré des terrassements, et on a recours à des méthodes plus simples et plus expéditives.

115. Méthode de la moyenne des aires. — La méthode la plus habituellement employée est celle de la *moyenne des aires*. Elle consiste à mesurer les surfaces des profils en travers extrêmes et à en multiplier la demi-somme par la longueur de l'entreprofil.

Cette méthode se confond avec la méthode exacte, lorsque la projection du solide de l'entreprofil sur le plan est un rectangle.

En effet, soit m la largeur du rectangle ABCD, suivant lequel se projette en plan une portion d'entreprofil, comprenant un solide partiel terminé à deux trapèzes, de surfaces s et s', rabattus en A'B'$\alpha\delta$ et C'D'$\gamma\beta$. Le volume v de ce solide partiel vaut, d'après les formules du n° 110 :

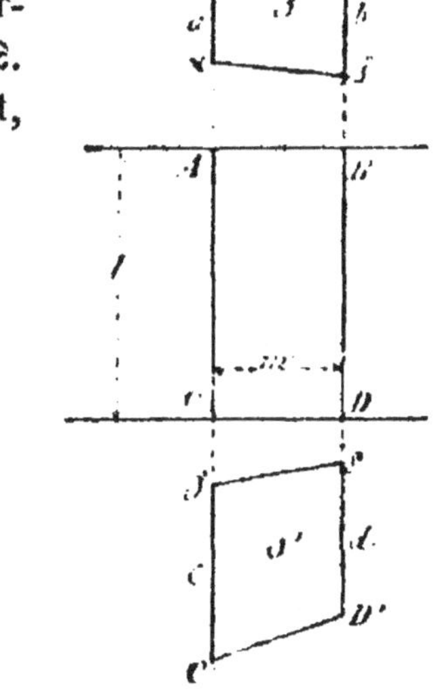

$$v = lm \frac{a+b+c+d}{4}.$$

Mais il peut s'écrire sous la forme :

$$v = \frac{l}{2}\left(m\frac{a+b}{2} + m\frac{c+d}{2}\right)$$

Or, $m\dfrac{a+b}{2} = s$ et $m\dfrac{c+d}{2} = s'$

Donc $v = \dfrac{s+s'}{2}\,l.$

Il en serait de même pour tous les solides partiels dans lesquels on pourrait décomposer l'entreprofil, s'il se projette suivant un rectangle, c'est-à-dire, si la largeur d'entreprise est la même dans les deux profils extrêmes, tant à droite qu'à gauche de l'axe ; et par conséquent le volume de cet entre-profil $V = \frac{S + S'}{2} l$, S et S' étant les aires des profils en travers extrêmes.

Ordinairement, il n'en est pas ainsi, et la projection du solide total est un trapèze. La formule ci-dessus n'est pas exacte alors. La méthode de la moyenne des aires consiste à l'appliquer néanmoins dans tous les cas.

On commet ainsi une erreur, qui est d'autant plus grande que la projection trapézoïdale de l'entreprofil diffère davantage du rectangle. Cette erreur est d'ailleurs en plus, cette méthode donnant des cubes supérieurs aux cubes réels.

Si maintenant on considère une série d'entreprofils, de longueurs l, l', l''... etc., et qu'on désigne par S', S', S''... les aires des profils en travers successifs, le volume de cette série est

$$M = \frac{S + S'}{2} l + \frac{S' + S''}{2} l' + \frac{S'' + S'''}{2} l'' + \ldots$$

Ce résultat peut encore s'écrire comme il suit :

$$M = \frac{l}{2} S + \frac{l + l'}{2} S' + \frac{l' + l''}{2} S'' + \ldots$$

Mise sous cette forme, qui est la plus usuelle, la méthode consiste à multiplier l'aire de chaque profil en travers par la demi-somme de ses distances aux deux profils voisins. Cette demi-somme est désignée sous le nom de *longueur applicable* au profil.

116. Remarque. — Cette méthode suppose implicitement que, si on menait des profils intermédiaires entre les profils extrêmes, leurs aires varieraient en progression arithmétique.

En effet, soient A et B les deux extrémités d'un entreprofil de longueur l, et K un point pris à une distance l' du point B ; soient d'ailleurs S, S' les aires des profils en travers en A et B, et S'' celle que suppose la méthode pour le profil en travers au point K. Le volume de l'entreprofil total $V = \frac{S+S'}{2} l$; et on doit avoir, d'après la convention, pour le volume compris entre K et B, $V' = \frac{S'+S''}{2} l'$. Or, si on élève en A et B des verticales AA', BB' dont les longueurs soient proportionnelles à S et S', le trapèze AA' B'B représente

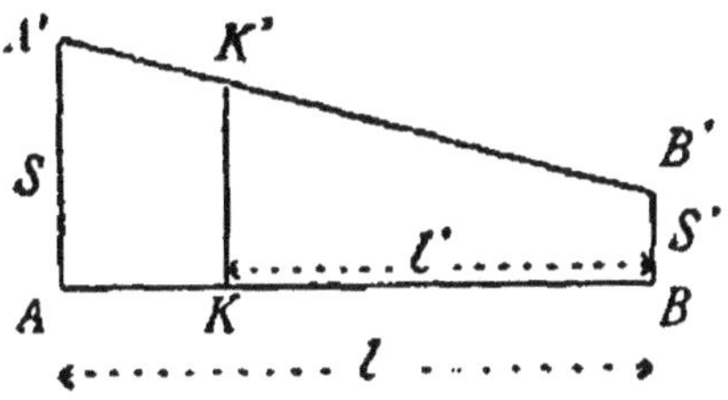

le volume de l'entreprofil, car il a pour mesure $\frac{S+S'}{2} l$. Si on élève en K la verticale KK', elle détache un nouveau trapèze KK'B'B, dont la surface représente de même le volume V', à condition que S'' = KK'.

Donc les aires des profils en travers sont supposées proportionnelles aux ordonnées correspondantes de la ligne A'B' et ces aires varient en progression arithmétique.

117. Cas mixtes et point de passage. — La formule de la moyenne des aires vient d'être établie pour le cas où les deux profils extrêmes sont de même nature, c'est-à-dire, tous deux en déblai ou tous deux en remblai. Lorsqu'il s'y présente des surfaces de nature différente, on a, dans l'entreprofil, à évaluer à la fois les cubes de déblai et de remblai. On se guide pour cela sur la remarque précédente. Il y a plusieurs cas à distinguer.

1er *Cas : Les deux profils extrêmes sont entièrement de nature différente.* — Soit A le profil en déblai et B le profil en remblai. Les profils en travers successifs sont d'abord en déblai, à partir du point A ; mais leur superficie va constamment en diminuant jusqu'à un certain point P, à partir duquel ils passent au remblai, et augmentent progressivement jusqu'au B. Pour observer la loi indiquée au

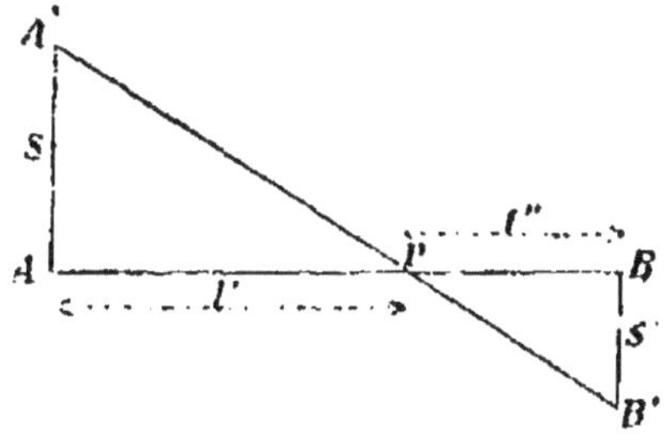

n° 116, il faut refaire la figure précédente, mais en portant la surface de déblai S au-dessus, et la surface de remblai S′ au-dessous de la ligne de terre, et joignant les extrémités par la ligne A′B′. Les ordonnées de cette ligne seront toujours proportionnelles aux aires des profils en travers; mais elles représentent des surfaces de même nature que S entre A et P, et de même nature que S′ entre P et B.

Le point P où la ligne A′B′ coupe la ligne de terre s'appelle le *point de passage.* L'aire du profil en travers qui lui correspond est nulle. Par suite de la similitude des triangles, sa distance au point A est $l' = l\frac{S}{S+S'}$. On appelle *profil fictif* le profil en travers de superficie nulle supposé au point de passage.

Les volumes de déblai et de remblai sont alors représentés par les deux triangles PAA′ et PBB′. Ils ont respectivement pour expression $\frac{Sl'}{2}$ et $\frac{S'l'}{2}$.

On arrive au même résultat en introduisant le profil fictif dans la série des profils en travers, et appliquant au tout la méthode de la moyenne des aires. On peut remarquer que la longueur applicable au profil fictif est toujours la moitié de AB.

Le calcul de la position du point de passage par la formule $l' = l\frac{S}{S+S'}$ est assez long. Souvent on s'en dispense, et on prend le point de passage sur le profil en long. Entre les points A et B, le profil en long présente en effet une figure pareille à celle dont on vient de faire usage, sauf que les lignes AA′ et BB′ représentent les cotes rouges sur l'axe, au lieu des aires des profils. Le point P ne se trouve donc pas à la même place; mais cette différence donne lieu à une erreur le plus souvent sans importance.

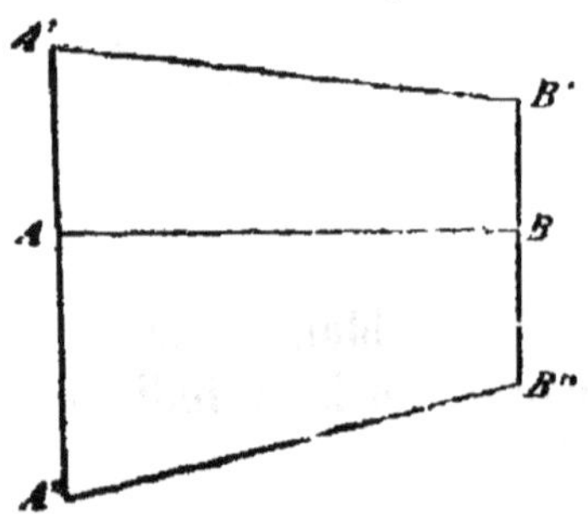

2e *Cas : Les profils extrêmes ont tous deux des parties en déblai et en remblai.* — Dans ce cas, on combine ensemble, par la méthode de la moyenne des aires, les surfaces de même nature, en multipliant la longueur de l'entre-profil, d'abord par la demi-somme des deux surfaces de déblai, puis par celle des surfaces de remblai.

3e *Cas : L'un des profils est tout entier de même nature, et l'autre est partie en déblai et partie en remblai.* — Par exemple, au profil B, il n'y a que du remblai S', et au profil A, il y a du remblai S et du déblai S_1. Si on fait la figure comme dans les cas précédents en mettant le déblai au-dessus et les remblais au-dessous de la ligne de terre, on voit tout de suite, après avoir joint A'B', qu'on aura le cube de remblai en faisant la demi-somme des surfaces S et S' et multipliant par la longueur de l'entre-profil. Mais, pour le volume du déblai, on est plus embarrassé. On est obligé de choisir un point de passage que l'on fixe plus ou moins arbitrairement.

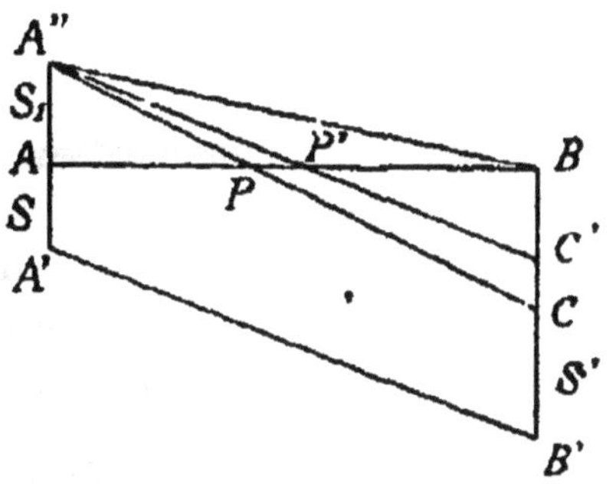

Quelquefois, on divise BB' en deux parties qui soient dans le rapport de S_1 à S, et on joint à A" le point C de division; on obtient ainsi un point de passage P. On en obtient un autre P' placé au milieu de AB, en joignant A" à un point C' tel que C'B = AA".

Le plus souvent, on mène A"B, et on prend B pour point de passage. Cette dernière solution, donne, il est vrai, un résultat supérieur à la réalité, mais l'erreur est toujours faible, les volumes étant assez petits aux environs des points de passage; et d'ailleurs, dans ce genre de calculs, il vaut toujours mieux pécher par excès que par défaut.

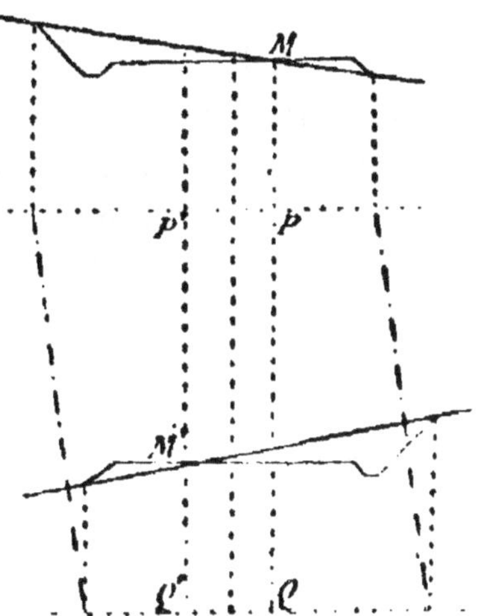

On a employé aussi d'autres

combinaisons plus compliquées, pour obtenir un peu plus d'exactitude. Par exemple, par chacun des points M, M′ où il y a passage du déblai au remblai dans un des profils extrêmes, on mène des plans verticaux PQ, P′Q′. On divise ainsi l'entreprofil en solides partiels, dans chacun desquels les surfaces extrêmes sont entièrement de même nature ou de nature opposée, et on calcule chacun d'eux par les règles ordinaires. Mais cette division demande beaucoup de temps et ne convient pas à une méthode expéditive.

118. Représentation géométrique des volumes. — On a vu que les volumes de déblai et de remblai pouvaient se représenter par une série de trapèzes et de triangles, dont les hauteurs sont les longueurs des entreprofils, et les bases, les aires des profils en travers successifs. Ce mode de représentation correspond à l'expression $V = \frac{S + S'}{2} l$, pour chaque entreprofil.

Si on adopte la seconde manière de présenter les calculs, où chaque volume élémentaire est exprimé par $V = \frac{l + l'}{2} S$, la représentation géométrique en sera un peu différente.

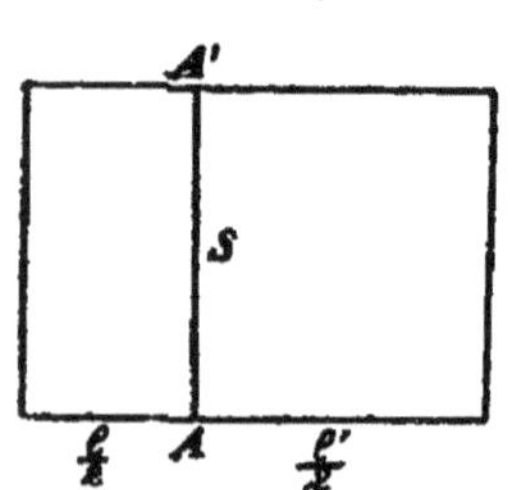

Chaque volume élémentaire est figuré par un rectangle, dont la hauteur est la surface S d'un profil en travers, et la base, la demi-somme des distances adjacentes.

Dans le cas où le profil est à un point de passage, c'est-à-dire, est un profil fictif de surface nulle, et correspond à un volume nul, le rectangle se réduit à une ligne sans épaisseur.

119. Épure de l'avant-mètré. — L'un quelconque de ces modes de représentation peut servir à dresser une épure pour l'application de la méthode.

Sur une ligne de terre, où l'on a marqué des points dont les distances sont proportionnelles à celles des piquets, on élève des ordonnées représentant, à une échelle donnée, les aires de déblai ou de remblai de chaque profil, en mettant les déblais au-dessus et les remblais au-dessous de la ligne de terre. On joint les extrémités de ces ordonnées par des lignes droites, si l'on adopte le mode de représentation par trapèzes, en se conformant aux indications du n° 117 vers les points de passage. Si on adopte le mode de représentation par rectangles, on mène, par les extrémités des ordonnées des parallèles à la ligne de terre, et on les termine à des verticales élevées au milieu des entreprofils. (Voir les figures pages 220 et 222).

Dans un cas comme dans l'autre, les cubes de déblai et de remblai sont représentés sur l'épure par des surfaces que l'on peut calculer ou mesurer par un des procédés en usage.

120. Tableau de l'avant-métré. — Le plus souvent, on ne construit pas cette épure, et on procède par calculs numériques, qui se disposent dans un tableau, dit *tableau de l'avant-métré des terrassements,* ayant la forme suivante :

Numéros des profils.	Longueurs auxquelles s'appliquent les profils.	DÉBLAIS.				REMBLAIS.				Observations. — Indication sommaire des calculs particuliers à certains profils.
		SURFACES				SURFACES				
		à gauche de l'axe.	à droite de l'axe.	totales par profil.	Cubes.	à gauche de l'axe.	à droite de l'axe.	totales par profil.	Cubes.	
1	2	3	4	5	6	7	8	9	10	11
	m.	m. s.	m. s.	m. s.	m. c.	m. s.	m. s.	m. s	m. c.	
1	15,00	3,02	5,64	8,66	130	»	»	»	»	
2	22,50	1,00	0,57	1,57	35	»	»	»	»	
P. F.	31,50	»	»	»	»	»	»	»	»	
3	33,00	»	»	»	»	3,25	1,08	4,33	143	

Dans la première colonne, on inscrit les numéros des profils, en y intercalant les profils fictifs, que l'on désigne par le symbole **P. F.** Dans la seconde colonne, on inscrit la longueur applicable à chaque profil, c'est-à-dire sa demi-distance aux deux profils voisins. Pour les surfaces de déblai ou de remblai, il y a trois colonnes (3, 4, 5 et 7, 8, 9). La première sert à inscrire les surfaces à gauche de l'axe; la seconde, les surfaces à droite; la troisième, le total. On verra plus loin que l'on est, en effet, conduit le plus souvent à calculer ou mesurer séparément les aires à gauche et à droite de l'axe dans les profils en travers. Les colonnes 6 et 10 présentent les cubes de déblai ou de remblai, produits des surfaces par les longueurs.

On fait les totaux à la fin des colonnes 2, 6 et 10.

Quand les calculs sont terminés, il faut les vérifier avec soin. Pour la colonne 2, la vérification est très simple. Le total doit être égal à la longueur du projet. C'est pour obtenir cette vérification, aussi bien que pour la symétrie des calculs, que l'on introduit dans le tableau les profils fictifs, bien qu'ils ne fournissent aucun cube.

121. Cas où il y a plusieurs natures de déblai. — Il peut arriver qu'il se présente, dans un projet de terrassements, des parties où il y ait des déblais en rocher plus ou moins dur à côté de terres plus ou moins résistantes. Les prix n'étant pas les mêmes pour les diverses natures de déblai, il faut en évaluer le volume séparément. A cet effet, on trace, sur les profils en travers, les lignes MN de séparation entre les différentes catégories, et on calcule les aires des diverses surfaces S, S',... déterminées par ces lignes de séparation. Le volume total V qui répond à ce profil est divisé proportionnellement à ces surfaces en cubes partiels, qui s'inscrivent en face du cube total, au recto du tableau de l'avant-métré, dans des colonnes réservées à cet effet.

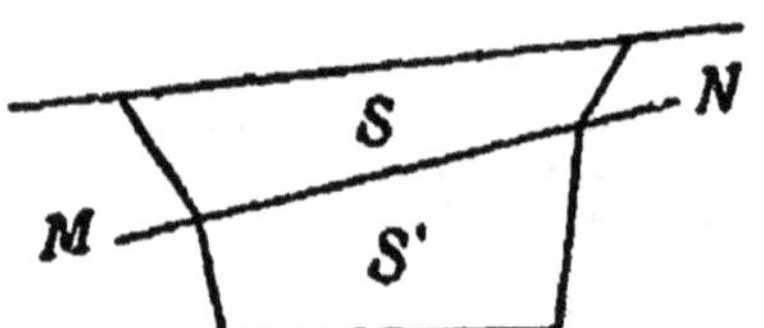

122. Méthode de l'aire moyenne. — M. de Noël avait proposé de substituer à la méthode de la moyenne des aires celle de l'*aire moyenne*, consistant à multiplier la longueur de l'entreprofil, non plus par la demi-somme des aires des profils extrêmes, mais par l'aire du profil qui se trouve au milieu de leur distance.

Il est facile d'obtenir les éléments de ce profil intermédiaire, en remarquant que, dans un plan quelconque parallèle à l'axe, toute cote y est une moyenne arithmétique entre celles des deux profils extrêmes. On peut donc facilement dessiner ce profil, ou même en calculer l'aire sans le dessiner.

S'il y a des points de passage, on les détermine comme dans la méthode de la moyenne des aires. Mais ici, on est conduit presque nécessairement à les prendre sur le profil en long; sans quoi il faudrait calculer les aires des profils extrêmes, rien que pour avoir les points de passage. Le profil moyen du déblai se trouve alors au milieu de la distance entre le point de passage et le profil extrême en déblai, et ses cotes sont la moitié des cotes similaires de celui-ci; il en est de même pour le remblai.

Cette méthode donne des résultats un peu plus exacts que la précédente; mais elle est plus compliquée et demande plus d'attention. En outre, elle pèche par défaut et donne des cubes moindres que les cubes réels. Aussi, n'a-t-elle pas passé dans la pratique.

123. Comparaison des trois méthodes. — Pour donner une idée de la différence des résultats fournis par les trois méthodes, on va les appliquer à un cas simple.

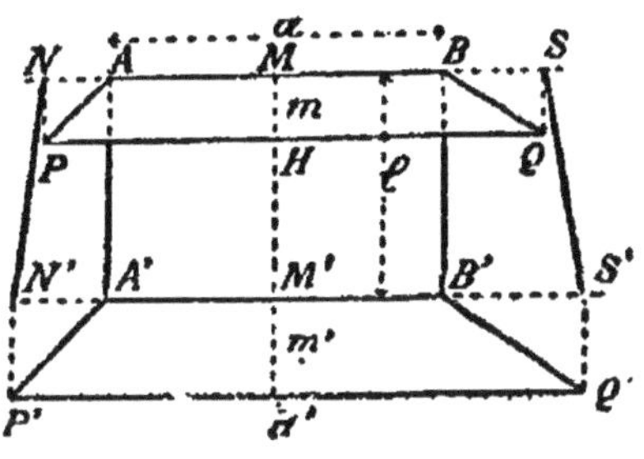

Soient NS, N'S' deux profils en travers, et l leur distance. Rabattus sur le plan, ces profils ont les contours ABQP, A'B'Q'P'. On suppose le terrain naturel PQ, P'Q' horizontal, et les talus à 3 de base pour 2 de hauteur. Si on désigne par a la largeur de la plate-forme, et par m, m' les cotes rouges sur l'axe, on trouve pour le volume de l'entreprofil :

Par la méthode exacte : $V = \frac{l}{2}[a(m+m') + m^2 + mm' + m'^2]$

Par la méthode de la moyenne des aires :

$$V' = \frac{l}{2}\left[a(m+m') + \frac{3}{2}(m^2 + m'^2)\right]$$

Par la méthode de l'aire moyenne :

$$V''=\frac{l}{2}\left[a(m+m')+\frac{3}{4}(m+m')^2\right]$$

On en déduit : $V'-V=\frac{l}{4}(m'-m)^2$ et $V-V''=\frac{l}{8}(m'-m)^2$.

La seconde différence est moitié moindre que la première, et elle a lieu en sens contraire.

Quant aux erreurs relatives $\frac{V'-V}{V}$ et $\frac{V-V''}{V}$, elles varient suivant les valeurs de a, de m et de m'. Elles sont d'autant plus grandes que a est plus petit et que m' diffère plus de m.

Dans les cas ordinaires, ces erreurs sont peu importantes. Mais elles deviennent considérables, quand le rapport $\frac{m}{m'}$ est très petit.

§ 3

CALCUL DES PROFILS EN TRAVERS

124. Méthode géométrique. — Pour appliquer la méthode de la moyenne des aires, il faut savoir calculer les aires des profils en travers.

Ce calcul se fait de la manière suivante. Par tous les points où il y a un changement de pente, soit dans le gabarit du projet, soit dans le profil du terrain naturel, on mène une série de lignes verticales, qui déterminent dans la figure des trapèzes, des rectangles et des triangles, dont on calcule successivement les bases et les hauteurs.

On fait habituellement le calcul d'abord pour les figures partielles qui se trouvent à gauche de l'axe, puis pour celles qui se trouvent à droite, et on en fait la somme pour chaque demi-profil séparément.

Les longueurs des verticales, interceptées entre le projet

et le terrain naturel, se calculent comme les cotes rouges d'un profil en long. Si les cotes des deux points qui les déterminent sont données, comme pour AM et BL, on fait la différence de ces cotes. S'il y en a qui ne sont pas données directement, comme celles de K, J, I, F, on les calcule, en raison de la

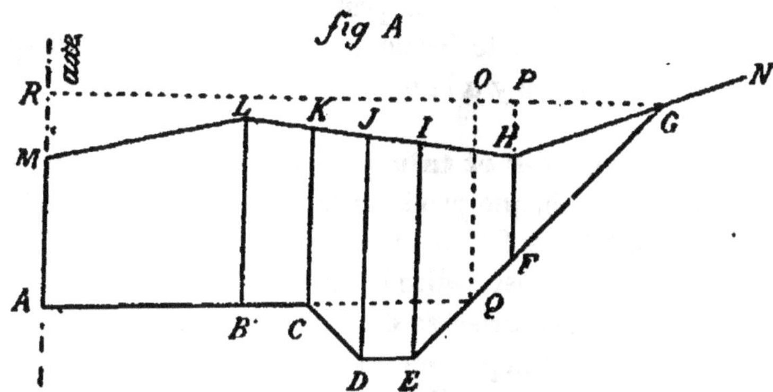

pente des lignes dont elles font partie et de la distance de chaque point à l'origine de cette pente.

La dimension de chaque figure dans le sens horizontal peut se trouver donnée, comme AB ou DE ou bien résulter de la différence entre deux longueurs données, comme BC. La seule qui donne lieu à un calcul plus compliqué est la hauteur GP du triangle qui termine la figure. Pour l'obtenir, on divise la base FH de ce triangle par la différence entre la pente p du talus et la pente i du terrain naturel. En effet, on a :

$$p = \frac{FP}{GP} \quad \text{et} \quad i = \frac{HP}{GP}\,;$$

$$\text{D'où l'on tire } GP = \frac{FP - HP}{p - i} = \frac{HF}{p - i}.$$

Dans l'exemple choisi, les deux pentes sont de même sens. Si elles étaient de sens contraire, il faudrait mettre en dénominateur leur somme au lieu de leur différence.

Lorsque le fossé est complet, comme dans le cas pris pour exemple, on peut simplifier en faisant d'abord abstraction du fossé et prolongeant la plate-forme AC jusqu'au talus en Q. On a ainsi deux surfaces partielles de moins à mesurer. On ajoute ensuite au total obtenu la superficie du fossé, qui peut être calculée une fois pour toutes.

Habituellement, on ne fait pas de tableaux pour ces calculs. On inscrit seulement sur les profils en travers les dimensions de chaque figure partielle, et on écrit à côté, sur le cahier, les surfaces partielles qui s'en déduisent, avec leurs totaux.

Lorsque, dans un même profil, il y a à la fois du déblai et du remblai, on calcule les deux surfaces isolément d'après les mêmes règles. Il n'y a là aucune difficulté nouvelle.

125. Emprises et talus. — On a également besoin de connaître, sur chaque profil, la largeur d'emprise, c'est-à-dire, la distance à l'axe GR du point extrême G, et le développement des talus, c'est-à-dire la longueur de la ligne GQ.

La largeur d'emprise se déduit immédiatement du calcul de la distance GP, à laquelle on ajoute la distance connue PR.

Quant au talus, on l'obtient en multipliant sa projection horizontale GO = GR — AQ par un coefficient constant $\sqrt{1+p^2}$, la pente du talus étant p. Dans le cas du fossé, on y ajoute le contour CDEQ, si l'on en veut tenir compte.

126. Cas d'un terrain en pente uniforme. — Le plus souvent, la pente du terrain naturel n'est pas brisée dans l'étendue du profil en travers. La surface à calculer est alors un simple quadrilatère que l'on décompose en un trapèze ABCE et un triangle EGC, qui se calculent comme il vient d'être indiqué.

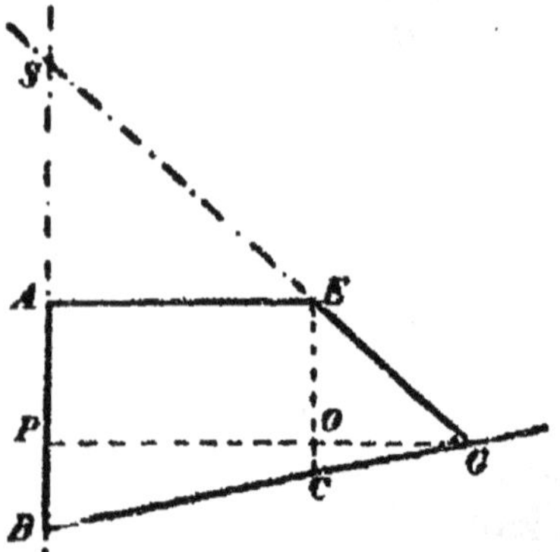

Le calcul, dans ce cas, peut même se faire plus simplement. Si on prolonge le talus EG jusqu'à la rencontre de l'axe en S, le quadrilatère peut être envisagé comme la différence de deux triangles SBG — SAE. Or, le triangle SAE est constant pour tous les profils ayant même largeur de plateforme et même talus. On peut donc le calculer une fois pour toutes.

Quant au triangle SBG, son aire est égale à 1/2 SB . GP; or $GP = \frac{SB}{p \pm i}$ et SB = AB + AS, où AB est la cote rouge sur l'axe, qui est donnée, et AS est une quantité constante pour tous les profils de même gabarit. Le calcul s'effectue promptement sous cette forme.

127. Méthodes expéditives. — Les calculs indiqués ci-dessus sont simples, mais ils sont encore assez longs. Lorsqu'on ne dispose que d'un temps limité et d'un personnel restreint, on a recours à des procédés plus expéditifs.

La première simplification consiste à prendre les dimensions des figures à l'échelle sur les profils, au lieu de les calculer d'après les données géométriques.

On abrège encore les calculs en effectuant les divisions et les multiplications au moyen d'un arithmomètre ou d'une règle à calcul.

On peut aussi diviser la figure totale en figures partielles élémentaires faciles à sommer. Deux procédés, le canevas quadrillé et la roulette Dupuit, conduisent à ce résultat.

128. Canevas quadrillé. — On dessine les profils sur du papier quadrillé, dont les carreaux représentent, à l'échelle, une superficie connue. Par exemple, si les traits sont espacés de $0^{m},005$ et que le dessin soit à l'échelle de 0,01, chaque carreau y occupe une surface de $0^{mq},25$. On compte le nombre n de carreaux renfermés dans la figure, et l'aire totale vaut $0^{mq},25\, n$.

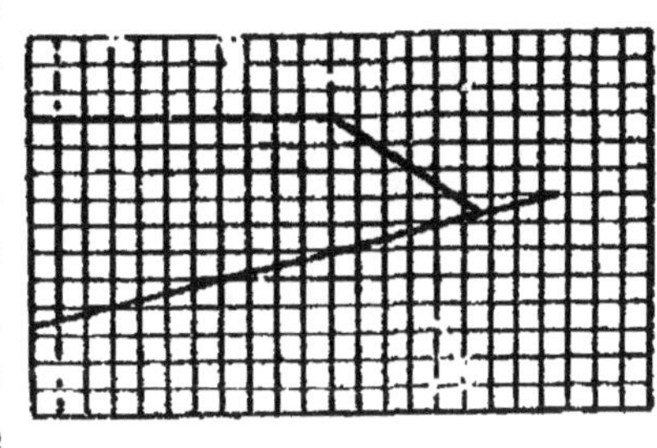

Le long du contour, il y a des fractions de carrés. On compte celles qui semblent plus grandes que la moitié du carré, et on néglige les autres.

Au lieu de dessiner les profils sur un papier quadrillé, on les fait ordinairement sur papier blanc, et on y applique un quadrillage tracé sur un papier transparent maintenu par un cadre en carton.

Cette méthode est rapide, mais elle exige une assez grande tension d'esprit, et n'est pas très exacte, à moins que les carreaux ne soient très petits.

129. Roulette Dupuit. — Au lieu de tracer sur la figure des carrés, on la divise en une série de bandes par des droites parallèles équidistantes. Chacune de ces bandes peut être assimilée à un trapèze. Si on désigne par l la distance entre les parallèles, et par h, h', h'', h'''... leurs longueurs successives, ces trapèzes ont pour superficies

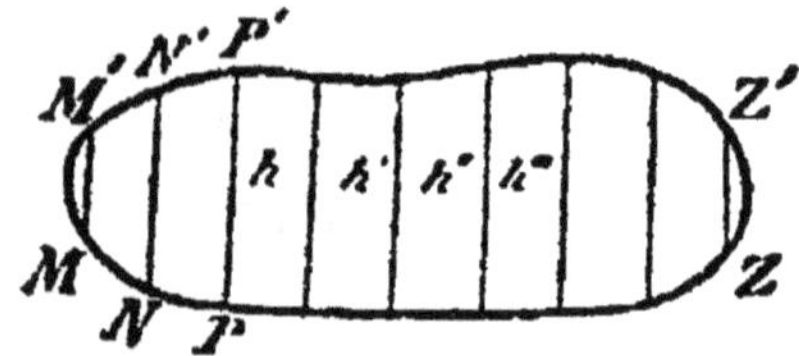

$l\frac{h+h'}{2}$, $l\frac{h'+h''}{2}$, $l\frac{h''+h'''}{2}$..... La somme de tous ces trapèzes est égale à $l(h+h'+h''+h'''+\ldots)$. Il suffit donc de faire le total de toutes les longueurs interceptées sur les parallèles et de le multiplier par leur intervalle commun, pour avoir la superficie de la figure, à l'échelle où elle est dessinée. Le résultat est ensuite multiplié par l'inverse du carré de l'échelle.

Au lieu de tracer les parallèles, on applique, comme dans le cas précédent, un papier transparent maintenu dans un cadre, sur lequel sont tracées des lignes équidistantes.

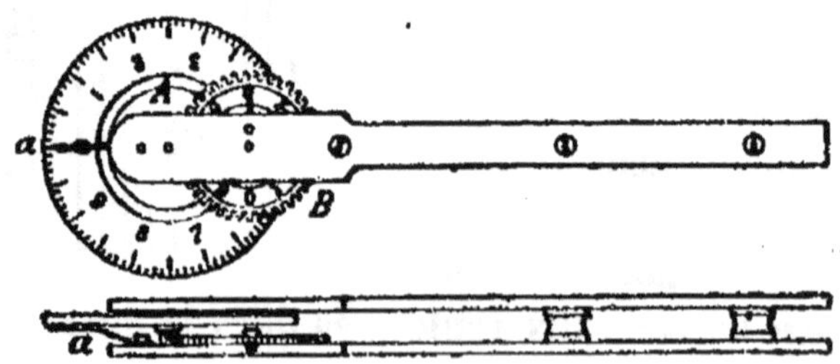

La roulette imaginée par M. Dupuit sert à obtenir rapidement la somme des longueurs. Elle se compose d'un disque A, ayant $0^m,10$ de tour, divisé en millimètres, dont l'axe est supporté par un manche prolongé par une aiguille a. Un engrenage fait mouvoir une autre roulette B qui indique le nombre de tours faits par la roulette principale.

On met le zéro de la roulette sous l'aiguille, puis on l'applique sur le dessin, à l'origine de la première parallèle, en tenant le manche bien perpendiculaire sur le papier. On fait rouler la roulette le long de la ligne MM', et quand l'aiguille est arrivé en M', on soulève l'instrument, et, sans faire aucune lecture, ni déranger la roulette, on la reporte à l'origine N de la seconde parallèle. On lui fait parcourir en roulant NN', puis on la reporte en mettant l'aiguille sur P, et on lui fait suivre PP'. On continue ainsi de suite, jusqu'à ce que l'on ait fait parcourir à la roulette successivement toutes les parallèles. Quand on est arrivé à l'extrémité Z' de la dernière ligne, une seule lecture donne la somme de toutes les longueurs.

130. Méthode de M. Garceau. — Cette méthode consiste à substituer à chaque profil un triangle ayant une base connue.

Étant donné, par exemple, le demi-profil ABCD; on joint BD, et par le point C on mène une parallèle CE. Le triangle ABE est équivalent au quadrilatère ABCD. Si la figure était un polygone de plus de quatre côtés, on arriverait au même résultat par les constructions simples que la géométrie indique pour transformer un polygone en un triangle équivalent de base donnée.

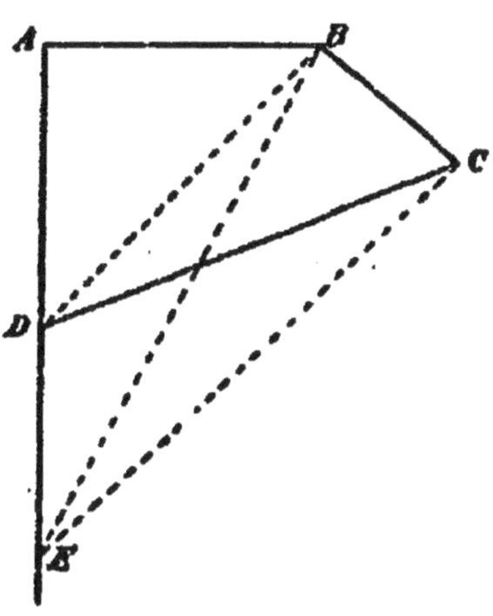

La base AB du triangle étant connue, il n'y a plus qu'à mesurer la hauteur AE et prendre la moitié du produit de ces deux longueurs.

Mais on peut supprimer entièrement ce calcul, en mesurant AE avec une échelle graduée, non suivant les divisions du mètre, mais suivant le produit de ces divisions par la moitié de AB. Ainsi, si AB = 6 mètres, les nombres inscrits sur les divisions de l'échelle sont trois fois plus grands que les longueurs correspondantes. La simple lecture de la division qui répond au point E donne la surface toute calculée.

131. Planimètre d'Amsler. — Le planimètre d'Amsler, très répandu aujourd'hui, est un instrument qui donne, par une simple lecture sur une roulette graduée, la surface d'une figure dont on a suivi le contour avec un traçoir.

Cet instrument se compose essentiellement de deux branches OM et OF articulées au point O comme un compas. L'une d'elles porte à son extrémité F, perpendiculairement au plan qu'elles forment, une pointe aiguë destinée à être enfoncée dans la planchette où est étendu le dessin. L'autre branche porte à son extrémité M une pointe semblable, mais mousse, qui sert de traçoir pour suivre le contour du dessin. Cette dernière branche sert d'axe à une roulette très mobile *ab*, divisée en parties égales et munie d'un vernier et d'un compteur de tours.

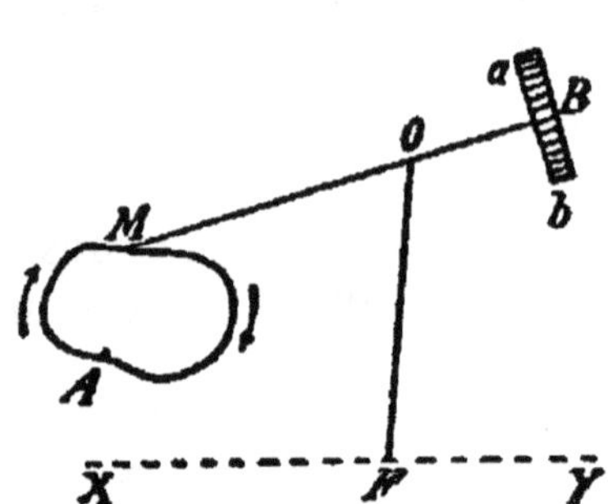

Pour mesurer la surface d'une figure, on pose l'instrument sur la planchette, de façon qu'il y porte par les trois points B, F et M. On enfonce solidement la pointe F. Après avoir marqué un point A du contour, on y met le traçoir M et on amène à la main la roulette au zéro; puis on suit le contour avec le traçoir, en marchant dans le sens des aiguilles d'une montre, jusqu'à ce qu'on soit revenu au point de départ A. La lecture faite sur la roulette donne un nombre égal ou proportionnel à la superficie de la figure[1].

Dans d'autres modèles, le point F, au lieu d'être fixé, est assujetti à se mouvoir sur une ligne droite XY; dans ce cas, l'extrémité de la branche OF est portée par un chariot dont les roues sont guidées par une rainure creusée dans une règle métallique posée sur le dessin.

(1) Voici une démonstration de cette propriété :
Soit BB′ un élément du contour de la figure à mesurer; OAB, OA′B′, les

132. Méthodes des pesées. — On citera encore, pour mémoire, un procédé ingénieux, consistant à découper les profils et à les peser avec une balance de précision. Les poids sont proportionnels aux surfaces, si les profils sont dessinés sur du papier homogène. Mais cette homogénéité est rare, et, en outre, le poids spécifique du papier varie avec l'état hygrométrique de l'atmosphère. Ce procédé offre donc peu de précision. Il entraîne d'ailleurs la destruction des profils, tandis qu'il y a intérêt à les conserver quand ils ont été dessinés. Le mesurage par les pesées n'est donc pas entré dans la pratique.

133. Remarque. — Toutes les méthodes indiquées ci-dessus exigent que les profils en travers aient été préalablement dessinés. Lorsque l'on a recours à la méthode géométrique (n° 124), le dessin peut être fait rapidement, et un simple croquis suffit. Mais, dans les méthodes expéditives, toutes basées sur le mesurage des lignes du dessin, il faut que celui-ci soit fait très exactement. Cela demande beaucoup de temps et compense en partie les avantages de ces méthodes.

deux positions du planimètre aux extrémités de cet élément ; R et R′ les positions correspondantes de la roulette.

Si on représente par ds la surface élémentaire OABB′A′ et par S la surface totale de la figure fermée, on a $S = \int ds$. Mais $ds = OAA' + AA'BB'$. Or $\int \overline{OAA'} = o$, parce que la courbe est fermée, et il reste $S = \int \overline{AA'BB'}$.

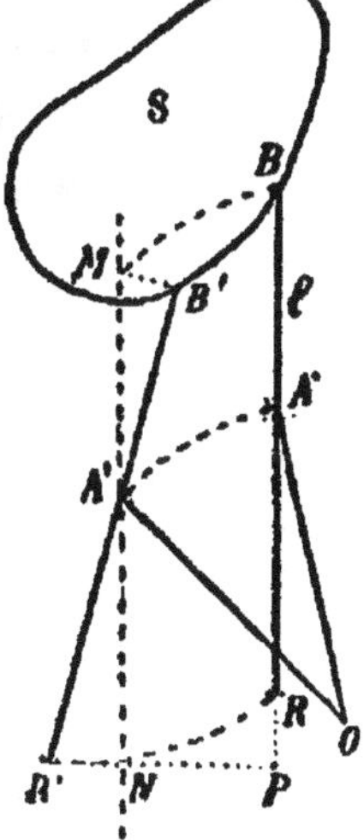

Si par A′ on mène une parallèle MN à BR, et par B un arc BM parallèle à AA′, la surface BMB′ est négligeable, comme de second ordre devant ds. On peut donc remplacer AA′BB′ par AA′BM—B′MA′. Or $\int \overline{B'MA'} = o$ parce que la courbe est fermée, et il reste $S = \int \overline{AA'BM}$.

Ce parallélogramme a pour mesure le produit de la longueur l de la branche AB du planimètre par celle d'une perpendiculaire NP abaissée sur cette branche d'un point quelconque de la ligne MN. Donc $S = l\int \overline{NP} = l\int (R'P - R'N)$. Mais $\int R'N = o$ parce que la courbe est fermée, et R′P est précisément l'arc dx dont la roulette a tourné pour passer de R en R′. Car, quel que soit son trajet effectif, il peut se décomposer en deux mouvements, l'un RP suivant l'axe de la branche, pendant lequel la roulette glisse sans tourner, l'autre PR′ pendant lequel elle tourne d'un arc dx.

Donc enfin $S = l \int dx$.

Le planimètre exige, en outre, que les profils soient tendus sur une planchette.

On va s'occuper maintenant d'autres méthodes dans lesquelles le dessin des profils n'est pas nécessaire, et où il suffit de connaître le type adopté pour les profils en travers et la pente transversale du terrain naturel sur chacun d'eux.

Ces méthodes ne sont applicables que dans le cas où cette pente reste uniforme dans toute l'étendue du demi-profil. Si elle était variable, on serait obligé d'avoir recours aux procédés précédents et de dessiner le profil.

134. Méthode algébrique. — Un demi-profil en travers, dans le cas où la pente transversale du terrain naturel est uniforme, est déterminé quand on connaît :

1° Cette pente transversale x;

2° La cote rouge sur l'axe y;

3° La largeur de la demi-plateforme l;

4° La pente du talus p.

La superficie z est donc une fonction de ces quatre données, dont deux, l et p, sont constantes pour toute une série de profils du type déterminé, et les deux autres, x et y, varient d'un profil à un autre.

On peut donc poser $z = f(x, y)$. Une fois la fonction exprimée, il suffit pour avoir la superficie de chaque profil, d'y remplacer x et y par les valeurs particulières à ce profil.

Formules générales. — Lorsque le demi-profil est en remblai, on exprime que la surface z_R est la différence des deux triangles SCD et SAB, et on obtient :

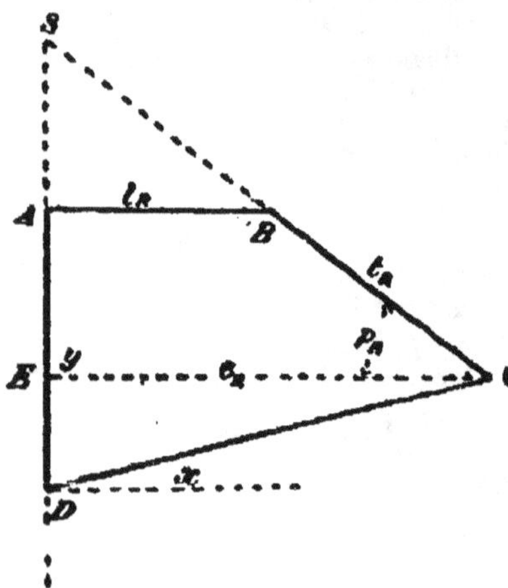

$$z_R = \frac{(y + l_R p_R)^2}{2(p_R + x)} - \frac{1}{2} l_R^2 p_R.$$

La déclivité du terrain est supposée ici en rampe à partir de l'axe. Si elle était en pente, il faudrait remplacer $p + x$ par $p - x$. Mais on peut faire la convention que x porte son signe, positif pour les rampes et négatif pour les pentes, et conserver la formule ci-dessus dans tous les cas.

L'emprise CE a pour expression :

$$e_R = \frac{y + l_R p_R}{p_R + x};$$

et le talus BC ou $t_R = (e_R - l_R)\sqrt{1 + p_R^2}$.

Dans le cas du déblai, la surface z_D se trouve de la même manière, mais il faut retrancher du triangle total SCD, non pas le triangle SAB, mais ce triangle diminué du fossé, c'est-à-dire le polygone SAFGH. En appelant F l'aire du fossé, on trouve :

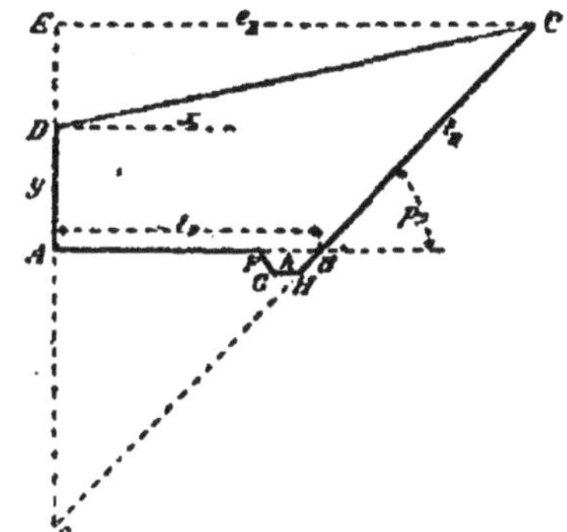

$$z_D = \frac{(y + l_D p_D)^2}{2(p_D - x)} - \left(\frac{1}{2} l_D^2 p_D - F\right).$$

Cette formule s'applique aux deux cas où le terrain est en pente ou en rampe, si l'on convient que x porte son signe, comme dans la formule du remblai.

L'emprise CE a pour expression $e_D = \dfrac{y + l_D p_D}{p_D - x}$.

Le talus CB doit être complété par l'addition du contour f = FGHB du fossé. Si on désigne par t_D la longueur totale CHFG, on trouve : $t_D = (e_D - l_D)\sqrt{1 + p_D^2} + f$.

135. Profils mixtes. — Si le demi-profil est mixte, on a deux surfaces à calculer, l'une de déblai D, l'autre de remblai R. La cote rouge sur l'axe peut être elle-même soit en remblai soit en déblai. Divers cas répondent à chacune de ces hypothèses.

1° Cote rouge en remblai sur l'axe :

Le profil est mixte lorsque l'on a $y < l\, x$.

1er *Cas : La ligne du terrain naturel coupe la plate-forme ;*

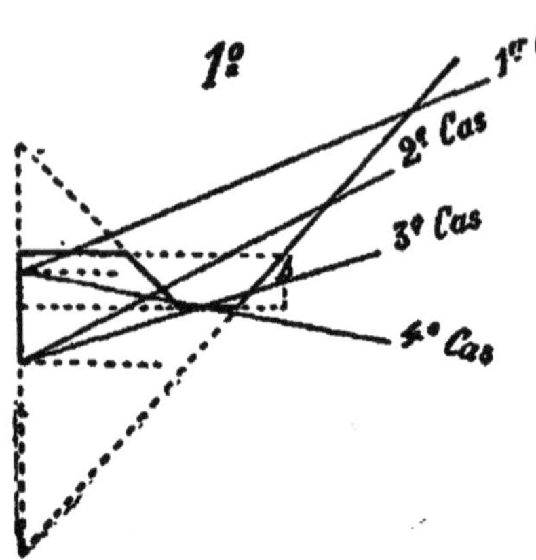

2e *Cas : La ligne du terrain naturel coupe les deux talus du fossé ;*

3e *Cas : La ligne du terrain naturel coupe le plafond et le talus extérieur du fossé ;*

4e *Cas : La ligne du terrain naturel coupe le talus intérieur et le fond du fossé.*

2° Cote rouge en déblai sur l'axe :

Si l'on appelle h la profondeur du fossé, et si on suppose la largeur en plafond du fossé égale à sa profondeur, le profil est mixte lorsque l'on a : $y + h < -x\,(l_a + h)$.

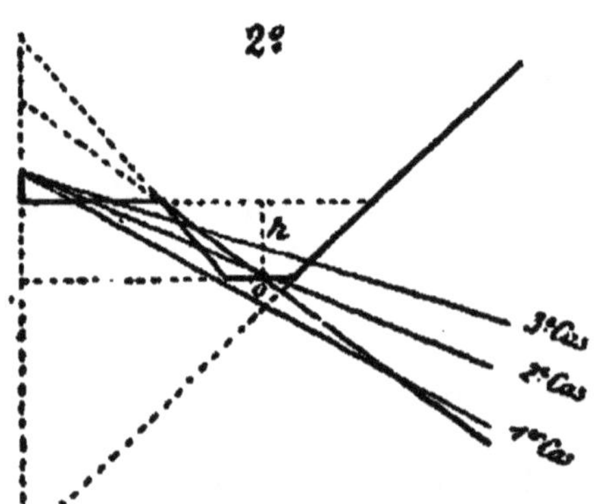

1er *Cas : La ligne du terrain naturel passe au-dessous du point* o *où le talus de remblai couperait le fossé ;*

2e *Cas : La ligne du terrain naturel passe au-dessus du point* o *et coupe le plafond du fossé ;*

3e *Cas : La ligne du terrain naturel passe au-dessus du point* o *et coupe le talus extérieur du fossé.*

On pourrait établir la formule algébrique qui convient à chacun de ces cas. Mais cette formule est assez compliquée, et il est plus simple et plus rapide de ne pas s'en servir et d'effectuer les calculs sur un croquis par la méthode géométrique.

Toutefois, les premiers cas donnent lieu à des résultats, qui peuvent se mettre sous une forme simple et intéressante. Si on applique à ces cas la méthode de calcul du n° 134, en désignant par R la surface de remblai et par D celle de déblai, on trouve :

1° *Cote en remblai sur l'axe :*

$$R=\frac{y^2}{2x} \quad D=\frac{(l_D p_D-y)^2}{2(p_D-x)}-\left(\frac{1}{2}l_D p_D-F\right)+\frac{y^2}{2x} \quad e=\frac{l_D p_D-y}{p_D-x}.$$

2° *Cote en déblai sur l'axe :*

$$D'=\frac{y^2}{-2x} \quad R'=\frac{(l_R p_R-y)^2}{2(p_R+x)}-\frac{1}{2}l_R p_R+\frac{y^2}{-2x} \quad e'=\frac{l_R p_R-y}{p_R+x}.$$

On voit qu'on obtient R et D' par une formule simple $\frac{y^2}{2x}$; e et e' par les mêmes formules qu'au n° 134, mais où le signe de y a été changé ; enfin, D et R' par les formules du n° 134, où le signe de y a été changé, et auxquelles on ajoute respectivement R et D'.

Si donc on généralise les formules du n° 134, en admettant que y porte un signe, et devient négatif dans les cas mixtes, lorsqu'il s'agit de calculer une surface de nature opposée à celle de la cote rouge, les formules relatives aux premiers cas deviennent :

$$1° \quad R=\frac{y^2}{2x} \quad D=z_D+R \quad e=e_D$$

$$2° \quad D'=\frac{y^2}{-2x} \quad R'=z_R+D \quad e=e_R.$$

136. Tables. — Au moyen des formules, on peut calculer les aires des profils en travers d'une route de profil déterminé, dans un cas quelconque, pourvu que la pente transversale du terrain naturel soit constante dans toute l'étendue du profil.

Mais ce calcul, est assez long, surtout lorsqu'il se présente souvent des cas mixtes, et il n'offrirait pas grand avantage sur les méthodes où les profils doivent être dessinés.

On a eu l'idée d'exécuter les calculs une fois pour toutes, en appliquant les formules à une série de cas qui diffèrent très peu les unes des autres, et réunissant les résultats sous forme de tables, où l'on peut les rechercher chaque fois, qu'on en a besoin.

On construit une table spéciale pour chaque type de profils en travers.

Ces tables sont de deux espèces, les *tables numériques* et les *tables graphiques*.

137. Tables de Coriolis. — Les premières tables numériques ont été construites par Coriolis. Elles s'appliquent à des profils en travers où la plateforme a 7, 8, 9 ou 10 mètres de largeur, où les fossés ont $0^m,50$ de profondeur et de largeur au plafond, où les talus sont de 3 de base pour 2 de hauteur en remblai et à 45° dans les déblais. Pour le cas d'une route de 10 mètres, les constantes des formules sont donc :

$$l_R = 5{,}00 \quad l_D = 6{,}50 \quad p_R = \frac{2}{3} \quad p_D = 1{,}00 \quad F = 0{,}50.$$

Ces tables sont à double entrée, puisque la surface que l'on cherche est fonction de deux variables indépendantes.

On entre dans les tables par la cote sur l'axe. Les valeurs successives de cette cote sont inscrites en tête des pages.

Voici le modèle d'une des pages de ces tables :

DÉBLAI SUR L'AXE. $0^m,35$ REMBLAI SUR L'AXE.

INCLINAISON par mètre.	RAMPE déblai.	PENTE		RAMPE		PENTE	
		Déblai.	Remblai.	Déblai.	Remblai.	Déblai.	Remblai.
m.	m.s.	m.s.		m.s.	m.s.	m.s.	m.s.
0,000	2,77	2,77	»	0,11	1,76	0,11	1,76
0,005	2,89	2,65	»	0,13	1,69	0,08	1,83
0,015	3,00	2,53	»	0,15	1,61	0,06	1,90

Chaque page est divisée en deux parties, dont l'une s'applique au cas où la cote rouge est en déblai, et l'autre au cas où elle est en remblai. Chacune de ces parties se subdivise en deux colonnes, applicables, l'une au cas où la déclivité du terrain naturel est en rampe, l'autre au cas où elle est en pente. De petits croquis placés en tête des colonnes permettent de choisir sans hésitation celle qui répond au profil dont on s'occupe. Les surfaces de déblai et de remblai sont inscrites dans les tables en regard des nombres d'une première colonne où figurent les déclivités successives du terrain naturel.

Lorsque les données sont intermédiaires entre celles de la table, on ne peut obtenir le résultat exact que par une double interpolation. Soit à calculer par exemple, l'aire d'un profil en déblai où l'on aurait $y = 1^m,613$ et $x = 0,226$. On trouve d'abord, sur la table où $y = 1^m,60$, les deux nombres $21^{mq},98$ et $21^{mq},43$ qui répondent à $x = 0,23$ et $x = 0,22$. On prend les 6 dixièmes de la différence et on les ajoute au plus petit; on trouve ainsi $21^{mq},70$. On recommence le même calcul sur la table où $y = 1^m,62$, et on trouve $21^{mq},97$. On prend les $\frac{13}{20}$ de la différence entre les deux résultats, et on trouve $21^{mq},88$ qui est la surface définitive.

Cette interpolation est assez longue et fait perdre aux tables une grande partie de leurs avantages.

Souvent on se contente de prendre tels quels les nombres inscrits dans les tables, en choisissant, parmi les données qui y figurent, celles qui se rapprochent le plus des données réelles. Ainsi, dans l'exemple précédent on eût remplacé $1^m,613$ par $1^m,62$ et $0^m,226$ par $0^m,23$ et on eût trouvé pour la surface $22^m,19$. On opère ainsi très rapidement, mais les résultats ne sont pas exacts.

Les tables de Coriolis ne donnent pas les largeurs d'emprises, ni les développements des talus. Si on veut les calculer, il faut recourir aux formules algébriques.

138. Tables de M. Lefort. — M. Lefort a construit des tables qui s'appliquent à des types de profils de 10 mètres de largeur, analogues à ceux de Coriolis, mais où le fossé n'a que les dimensions ci-après, et est séparé du talus de déblai par

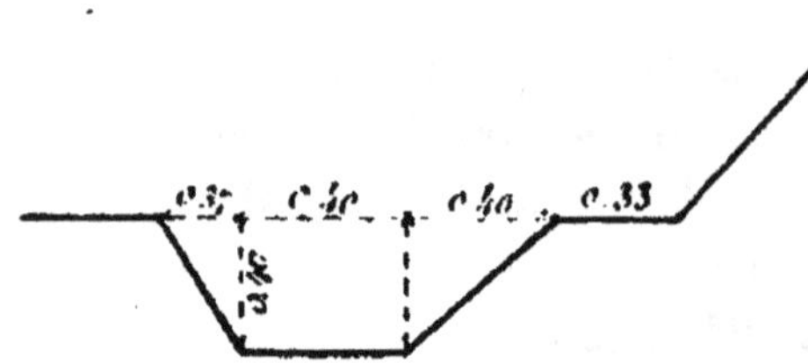

une petite banquette de $0^m,33$, complétant une largeur de $1^m,50$ entre le bord de la plateforme et le pied du talus. Les constantes sont donc les mêmes que celles de Coriolis, sauf que $F = 0,314$ seulement.

On entre dans ces tables par la déclivité du terrain naturel, qui est inscrite en tête et au milieu de la page. Chaque page est divisée en deux tableaux s'appliquant, l'un à une cote rouge en déblai, l'autre à une cote rouge en remblai. Chaque tableau est divisé en deux colonnes, l'une pour le cas où la déclivité est en rampe, l'autre pour le cas où elle est en pente. De petits croquis aident, comme dans les tables de Coriolis, à retrouver la colonne dont on a besoin. Les surfaces de déblai et de remblai sont inscrites dans ces colonnes en regard de la cote rouge à laquelle elles correspondent. Il y a, en outre des colonnes où l'on trouve les largeurs d'emprises. Les tables sont complétées par des colonnes de parties proportionnelles destinées à faciliter les interpolations.

Ces tables se présentent sous la forme du modèle ci-dessous :

c D *p* $0^m,00$ *c* R *p*

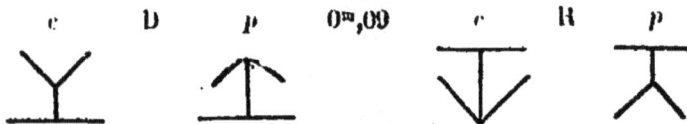

d	D	*pp*	L	D	*pp*	L	*r*	R	*pp*	L	R	*pp*	L	*pp.*	L
5,0	51,85	»	12,64	39,85	»	10,55	5,0	37,56	»	11,01	51,88	»	14,45		
1	53,12	13	12,75	40,91	11	10,64	1	38,67	12	11,15	53,33	15	14,62	1	01
2	54,40	26	12,86	41,98	22	10,73	2	39,79	23	11,28	54,81	31	14,80	2	02
3	55,69	40	12,97	43,06	33	10,82	3	40,92	35	11,41	56,29	46	14,77	3	03

NOTA. — Le signe *c* représente les rampes et le signe *p* les pentes du terrain naturel ; L est la largeur d'emprise et *pp* signifie parties proportionnelles.

Une autre table spéciale, placée à la fin du volume, donne les longueurs de talus. Ces longueurs, comptées à partir de la banquette, ne comprennent pas les contours du fossé ni de la banquette. Cette table se compose de quatre colonnes principales, répondant aux quatre cas où la cote sur l'axe est en déblai ou en remblai, et la déclivité du terrain naturel en pente ou en rampe. Chacune d'elles est subdivisée en une série de colonnes où l'on inscrit, pour chaque valeur de la déclivité transversale, la longueur correspondante de talus en regard des valeurs successives de la cote rouge. Les tableaux sont disposés comme il suit :

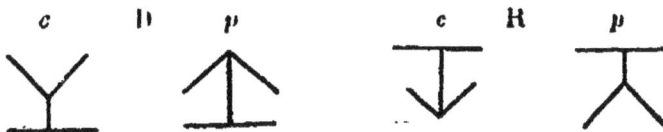

	c		D	p				c		R	p				
d	18	19	20	18	19	20	*r*	18	19	20	18	19	20	*pp.*	
5,0	10,64	10,89	11,14	4,59	4,47	4,36	5,0	5,82	5,68	5,55	14,57	15,00	15,45	1	01
1	10,82	11,06	11,31	4,71	4,59	4,48	1	5,96	5,82	5,69	14,82	15,25	15,71	2	02
2	10,99	11,24	11,49	4,83	4,71	4,59	2	6,10	5,96	5,82	15,07	15,51	15,97	3	03

Dans les tables de M. Lefort, les pentes varient de 0,01 en 0,01 depuis 0 jusqu'à 0,25, et les cotes rouges sur l'axe varient de $0^m,10$ en $0^m,10$, depuis 0 jusqu'à 16 mètres. Elles sont donc beaucoup plus étendues que celles de Coriolis. Cela était nécessaire, parce qu'elles ont été établies pour des projets de chemins de fer.

Mais, comme les cotes rouges y figurent seulement à des intervalles de $0^m,10$, il est absolument nécessaire ici d'interpoler. Voilà pourquoi M. Lefort a inscrit à côté des nombres de la table des colonnes de parties proportionnelles. Ces parties représentent les nombres à ajouter à ceux de la table pour tenir compte des centimètres. On en fait usage comme dans les tables de logarithmes.

Cette obligation d'interpoler allonge singulièrement les opérations. On ne pourrait l'éviter qu'en rapprochant les intervalles entre les cas calculés, et en augmentant outre mesure le volume des tables.

139. Tables graphiques. — Les tables graphiques présentent, sur une seule feuille de dessin, une épure où les résultats relatifs à tous les profils d'un même type se trouvent immédiatement sur l'intersection de deux lignes. Elles sont basées sur le principe suivant.

Une fonction de deux variables $z = f(x, y)$ est représentée par les ordonnées verticales d'une surface dont cette relation est l'équation. Toutes les ordonnées qui ont une même valeur z appartiennent à une courbe plane, dont la projection sur le plan horizontal a pour équation $f(x, y) = z_1$. Si on donne à z successivement différentes valeurs z_1, z_2, z_3.... on obtient une série de courbes analogues, que l'on peut projeter toutes sur le plan horizontal et distinguer les unes des autres en inscrivant à côté de chacune d'elles la valeur de z qui lui correspond. La surface $z = f(x, y)$ se trouve alors définie par cet ensemble de courbes; c'est le mode de représentation adopté pour le sol sur les plans à courbes de niveau. Si l'on veut connaître la valeur z_n qui correspond à des valeurs données a et b des variables x et y, il suffit de chercher sur le plan l'intersection des coordonnées cotées a et b, et de voir sur quelle courbe tombe cette intersection.

Soit, par exemple, la fonction $z = x^2 + y^2$. Si on fait successivement z égal à 1, 2, 3, 4, 5...., on obtient une série de cercles, que l'on peut tracer et coter. Si maintenant on veut savoir quelle est la valeur de z qui répond au système $x = a$ et $y = b$, on porte a en abscisse, b en ordonnée, on cherche le point M d'intersection de ces deux coordonnées, et on lit la cote de la courbe où

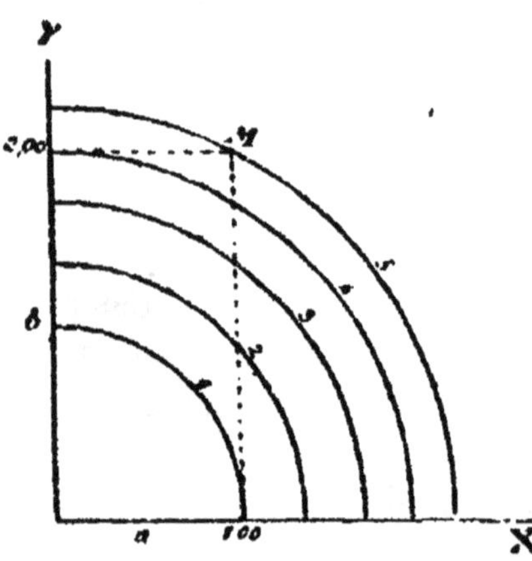

tombe le point M. Ainsi, en faisant $x = 1$ et $y = 2$, on trouve $z = 5$. Si le point M tombait entre deux des courbes tracées, on pourrait en tracer d'intermédiaires. Mais le plus souvent, on se contente d'évaluer, en interpolant par estime, la fraction à ajouter à la cote inscrite.

Les surfaces de déblai et de remblai, ainsi que les largeurs d'emprise et les longueurs de talus, sont de la forme $z = f(x, y)$, et le principe ci-dessus leur est applicable.

Pour les emprises et les talus, les courbes se réduisent à des gnes droites. Mais la formule des aires donne lieu à des courbes du 2e degré.

La construction de ces courbes, qui ne peut se faire que par points, est pénible et sujette à erreur. En outre, les courbes ne se disposent pas toujours de la manière la plus commode sur la feuille de dessin, et sont exposées à en sortir.

M. Lalanne a eu l'idée de transformer ces tables en d'autres pouvant servir aux mêmes usages et ne présentant que des lignes droites. Cette transformation a été le point de départ de la géométrie anamorphique, dont il est nécessaire de dire d'abord quelques mots.

140. Anamorphose. — Soit une fonction à trois variables $F(x, y, z) = o$. On vient de voir qu'elle représente une surface qui peut se figurer sur un plan, au moyen d'une série de courbes cotées, obtenues en donnant à z différentes valeurs. Au lieu de ces courbes, on pourrait en tracer d'autres différentes qui définiraient également bien la fonction, bien qu'au moyen d'une surface différente. Il suffirait de donner aux coordonnées de chaque courbe des valeurs qui ne seraient pas celles de x et de y, mais qui auraient avec elles des relations connues.

Pour préciser par un exemple simple, on pourrait convenir que les abscisses de la surface seraient doubles des valeurs de x; on aurait alors des courbes déformées, mais où la position de tous les points serait déterminée par les mêmes coordonnées, sous réserve de se rappeler qu'il faut porter en abscisses des longueurs doubles des valeurs réelles de x. Au lieu de doubler les abscisses, on peut faire toute autre convention plus compliquée sur les coordonnées fictives que l'on veut substituer aux coordonnées réelles ; on obtient ainsi des courbes très différentes des courbes primitives, mais qui représentent exactement la même chose. Si on appelle X et Y les coordonnées courantes de la série des courbes transformées, et qu'on fasse la convention qu'il y ait entre elles et les coordonnées x et y des relations données, telles que $x = f(X)$ et $y = \varphi(Y)$, l'équation de la surface devient $F[f(X), \varphi(Y), z] = o$.

Les nouvelles courbes sont appelées *anamorphoses* des courbes primitives.

Si maintenant il est possible d'isoler les variables x et y dans deux termes distincts, et de mettre l'équation sous la forme $Mf(x) + N\varphi(y) + Q = o$, où M, N et Q sont des fonctions de z seulement, on peut poser $f(x) = X$ et $\varphi(y) = Y$; et alors l'équation devient $MX + NY + Q = o$, et représente une droite.

Ainsi, dans l'exemple ci-dessus $z = x^2 + y^2$, on peut faire $X = x^2$ et $Y = y^2$, et on a $z = X + Y$. C'est l'équation d'une droite inclinée à 45° sur les deux axes. En faisant successivement z égal à 1, 2, 3.... on obtient une série de droites parallèles équidistantes. Pour trouver la valeur de z qui répond au système $x = a$ et $y = b$, on n'a qu'à porter en abscisse une longueur a^2 et en ordonnée une valeur b^2, et la droite cotée sur laquelle tombe le point M, qui a ces deux coordonnées, donne la valeur de z.

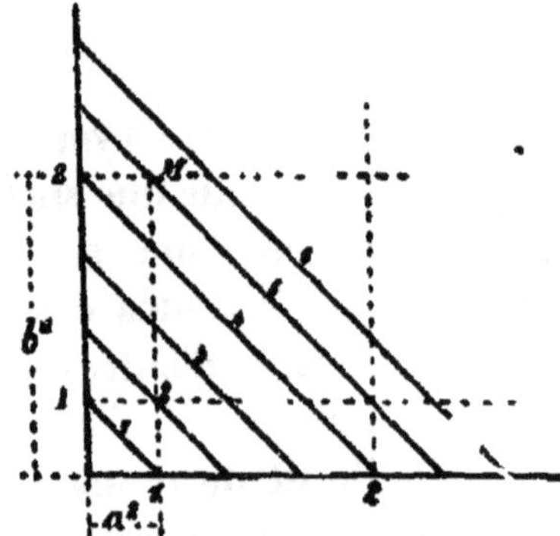

Mais, s'il fallait faire, pour chaque application, le calcul de $X = f(a)$ et de $Y = \varphi(b)$, la méthode n'offrirait aucun avantage, et serait aussi longue que le calcul algébrique. Pour l'éviter, on calcule à l'avance une fois pour toutes une série de valeurs de X et de Y, par exemple $f(\alpha)$, $f(2\alpha)$, $f(3\alpha)$... et $\varphi(\beta)$, $\varphi(2\beta)$, $\varphi(3\beta)$...... et on marque, sur les axes coordonnés, des points qui répondent à ces longueurs. Par ces points, on mène des parallèles aux axes coordonnés; et on les numérote suivant les valeurs de α, 2α, 3α.... β, 2β, 3β.....

Ainsi, dans l'exemple ci-dessus, on trace des parallèles aux coordonnées à des distances qui sont des carrés 1, 4, 9, 16.... et on cote ces parallèles suivant la série des nombres simples 1, 2, 3, 4.... Il n'y a plus qu'à choisir celles de ces lignes qui portent des numéros représentant a et b, et à les suivre de l'œil jusqu'à leur rencontre.

Si les nombres a et b ne figurent pas explicitement parmi ceux qui sont inscrits, on interpole, soit avec une règle divisée, soit par estime, et on suit des directions parallèles avec une règle ou simplement à l'œil. Le mieux est de suivre de l'œil les lignes tracées qui se rapprochent le plus des données a et b, et de faire ensuite la double interpolation à partir de leur point de rencontre.

Si le point définitif ainsi trouvé tombe entre deux droites, on apprécie de la même façon la fraction qui doit être ajoutée à la plus petite de leurs deux cotes.

Parmi les méthodes qui permettent d'isoler dans des termes distincts les coordonnées courantes x et y, il en est une qui mérite de fixer l'attention, parce qu'elle conduit directement à la construction des tables graphiques que M. Lalanne a imaginées pour les calculs de profils en travers. Elle s'applique au cas où des puissances de x et de y forment un produit ou un quotient. Si on a par exemple $z=\frac{y^m}{x^n}$, on peut poser log. z $=m$ log. $y-n$ log. x. En faisant : log. $y=$ Y et log. $x=$ X, on obtient l'équation d'une droite $m\text{Y}=n\text{X}+\log. z$, et toutes les droites qu'on obtient en donnant à z une série de valeurs sont parallèles entre elles.

141. Tables graphiques de M. Lalanne. — Les formules générales établies au n° 134 sont dans le cas précédent. Qu'elles soient relatives au cas du déblai ou à celui du remblai, elles peuvent s'écrire ensemble sous la forme :

$$z=\frac{(y+lp)^2}{2(p\pm x)}-\text{K}$$

où K représente une constante. On en déduit :

$$z+K=\frac{(y+lp)^2}{2(p\pm x)}.$$

et log. $(z+K)=2$ log. $(y+lp)$ — log. $(p\pm x)$ — log. 2.

Si on pose log. $(y+lp)=Y$ et log. $(p\pm x)=X$, et qu'on représente, pour abréger, log. $(z+K)+$ log. 2 par Z, l'équation ci-dessus devient $Z=2Y-X$.

D'autre part, l'emprise $e=\frac{y+lp}{p+x}$, et, si on pose $E=$ log. e, on a $E=Y-X$.

L'équation en Z fournit une série de lignes droites parallèles dont le coefficient angulaire est 1/2 ; l'équation en E fournit une autre série, dont le coefficient angulaire est 1. On peut tracer ces deux séries sur une même épure. Le point de rencontre des deux coordonnées qui répondent à un système de valeurs de x et de y tombe à la fois sur une droite de l'une et de l'autre série, où on lit les valeurs de la surface et de l'emprise.

Mais on peut remarquer que le système des valeurs simultanées que prennent quatre variables, Z, E, Y et X est toujours le même, quel que soit l'ordre dans lequel on les considère, et qu'elles se correspondront toujours, quelles que soient celles par où l'on entre dans la table. Pour construire la table, on peut donc choisir arbitrairement deux de ces quantités pour variables indépendantes. Si on prend Y et E, on trouve $Z=Y+E$ et $X=Y-E$. Ce sont les équations de deux systèmes de droites perpendiculaires entre elles et inclinées à 45° sur les axes coordonnés. La table se compose alors de quatre séries de droites faisant entre elles des angles à 45°.

Les dernières tables de M. Lalanne sont construites dans ce système. Elles donnent, en outre, les longueurs des talus qui se déduisent facilement des largeurs d'emprise, puisque $t=(e-l)\sqrt{1+p^2}$.

Les figures des pages 202 et 203 représentent des tables graphiques dressées, d'après la méthode de M. Lalanne, pour le cas de profils en travers semblables à ceux de Coriolis, ayant 10 mètres de largeur, avec fossés de $0^m,50$ de profondeur et de plafond dans les tranchées, et avec talus à 45° en déblai et à 3 de base pour 2 de hauteur en remblai.

Dans ce système de tables, l'axe des z est parallèle au bord le plus long de l'épure, parce que Z est la quantité qui prend la plus grande valeur. On entre dans la table par les valeurs données $y=b$ et $x=a$, que l'on trouve inscrites sur les contours de l'épure. On suit la ligne inclinée à 45° qui part du nombre b, et la ligne horizontale qui part du nombre a. Leur rencontre a lieu en un point O où se coupent également la droite verticale qui donne la valeur z et la droite inclinée à 45° qui conduit à l'emprise. Les valeurs de z sont inscrites sur les lignes verticales elles-mêmes, au milieu de l'épure; celles de e se trouvent en dehors de l'épure sur une ligne, où sont inscrites également les longueurs de talus correspondantes.

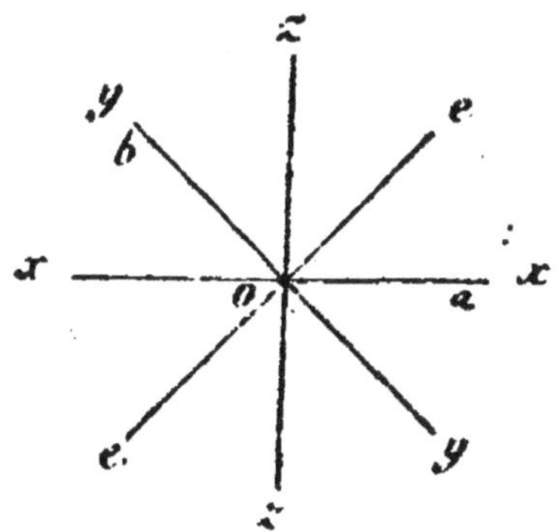

142. Profils mixtes. — Lorsqu'il se présente des profils mixtes, où il faut déterminer à la fois du déblai et du remblai, les tables ne sont pas applicables. M. Lalanne y annexe, pour ces cas, d'autres petites tables graphiques, dont chacune répond à un des cas particuliers qui peuvent se présenter. Ces petites tables sont construites par points, les formules algébriques qui les concernent n'étant pas susceptibles d'anamorphose. On s'aperçoit que l'on est dans un cas mixte, lorsque, cherchant à déterminer les inconnues par la table principale, on trouve que les points d'intersection tombent en dehors des limites de l'épure.

Les dernières tables construites par M. Lalanne sont destinées à la rédaction des projets de chemins de fer, d'après les types adoptés par l'administration. On n'y a pas tenu compte des fossés, et on a supposé que leur volume pourrait toujours être évalué à part, puisqu'il est le produit d'une section constante par la longueur de chaque tranchée.

TABLE GRAPHIQUE pour la mesure des profils en travers.

DÉBLAIS.

(Profil de 10m,00 avec talus de 1 de base pour 1 de hauteur et fossés de 1m,50.)

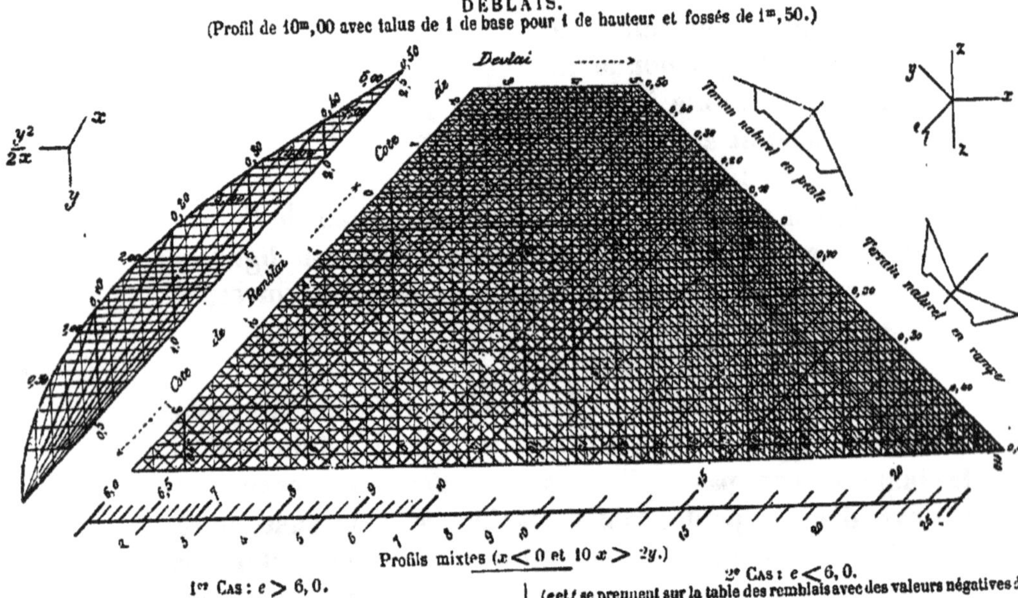

Profils mixtes ($x < 0$ et $10\,x > 2y$.)

1er Cas : $e > 6,0$.

$R = \frac{y^2}{2x} + z$ (z pris sur la table des remblais avec une valeur négative de y). $D = R + z$ (z pris sur la table ci-dessus).

2e Cas : $e < 6,0$.

(e et t se prennent sur la table des remblais avec des valeurs négatives de

$D = \frac{y^2}{2x}$ $R = D + z$ (z pris sur la table des remblais avec des valeurs n

gatives de y).

TABLE GRAPHIQUE pour la mesure des profils en travers.

REMBLAIS.

(Profil de $10^m,00$ avec talus à 3 de base pour 2 de hauteur.)

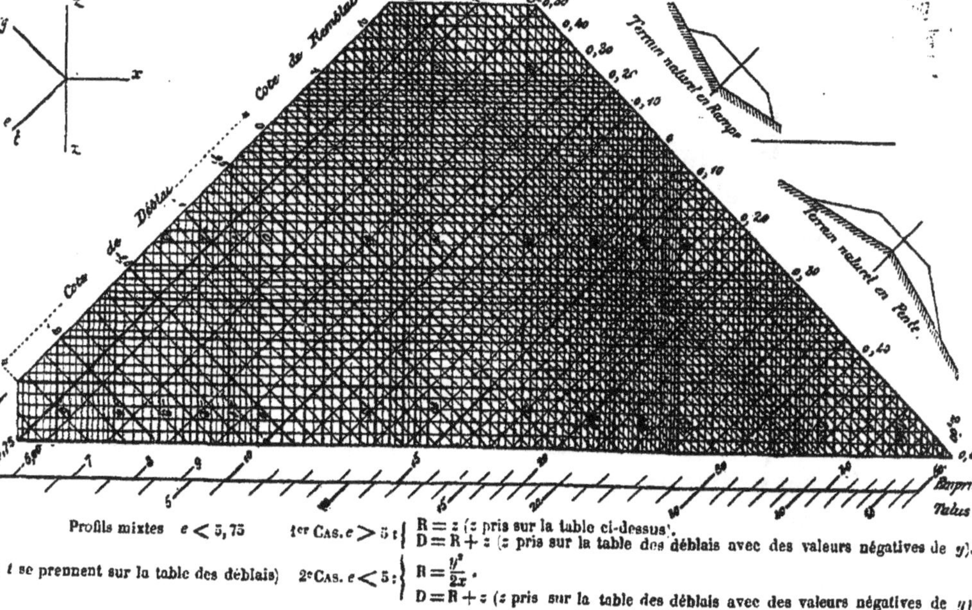

Profils mixtes $e < 5,75$ (... et t se prennent sur la table des déblais)

1er Cas. $e > 5$: R = z (z pris sur la table ci-dessus). D = R + z (z pris sur la table des déblais avec des valeurs négatives de y).

2e Cas. $e < 5$: $R = \frac{y^2}{2x}$. D = R + z (z pris sur la table des déblais avec des valeurs négatives de y)

En négligeant les fossés, on ramène tous les cas mixtes aux deux cas pour lesquels des formules ont été établies au n° 135, et les petites tables supplémentaires sont assez simples.

Lorsqu'il s'agit de projets de routes, cette simplification n'est guère possible. Il s'y présente de nombreux profils mixtes, où les fossés existent partiellement, et il faut tenir compte de ces fractions de fossés.

On y arrive facilement en profitant de la remarque faite au n° 135, si on complète la table en appliquant la formule générale aux valeurs négatives de y. Il n'y a plus besoin que d'une petite table supplémentaire pour le calcul de la quantité $\frac{y^2}{2x}$ (1). Cette quantité, susceptible d'anamorphose, est la seule que l'on ait besoin de connaître, en dehors des nombres fournis par la table principale, si du moins on introduit, dans les cas mixtes quelques simplifications, dont le résultat est de négliger certaines fractions de surface insignifiantes. Le calcul des profils mixtes n'exige plus qu'une seule addition entre deux nombres. Les figures ci-contre ont été dressées dans ce système. On y voit figurer des valeurs négatives pour y et pour z, et on y trouve la petite table supplémentaire de $\frac{y^2}{2x}$. Une légende placée au bas des épures indique comment on constate les cas mixtes et quels calculs leur sont applicables.

Les surfaces comprennent les fossés entiers ou partiels.

143. Règle à calcul. — M. Toulon a eu l'idée de substituer aux tables graphiques des règles à calcul, semblables à celles qui sont en usage pour les multiplications, les divisions et les carrés. Toute fonction qui peut se mettre sous la forme de la somme de deux logarithmes peut en effet être mesurée de cette façon.

Cette méthode n'est pas entrée dans la pratique, à cause du prix élevé de ces règles et de la difficulté qu'on éprouve à les faire graduer par les constructeurs.

(1) On pourrait se passer de la petite table supplémentaire, car $\frac{y^2}{2x}$ se trouve instantanément sur une règle à calcul.

1re RÈGLE GRAPHIQUE relative aux déblais.

(*Profil de* $10^m,00$ *avec fossés de* $1^m,50$ *et talus à* 45°.)

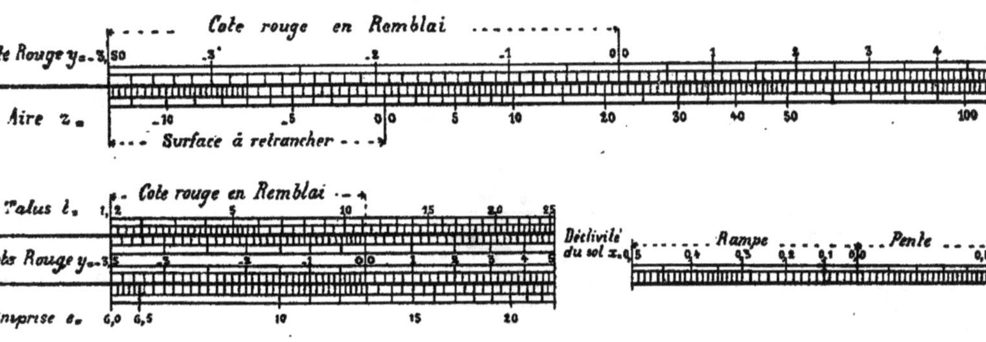

PROFILS MIXTES. ($x < 0$ et $10x > 2y$.)

1er Cas : $e > 6$.

$= \frac{y^2}{2x} + z$ (z pris sur la règle des remblais, avec valeur négative de y).

$= R + z$ (z pris sur la règle ci-dessus).

2e Cas : $e < 6$.

(e et t se prennent sur la règle des remblais.)

$D = \frac{y^2}{2x}$ $R = D + z$ (z pris à la règle des remblais avec valeur négative de y).

2e RÈGLE GRAPHIQUE relative aux remblais.

(*Profil de 10m,00 avec talus à 3 de base pour 2 de hauteur.*)

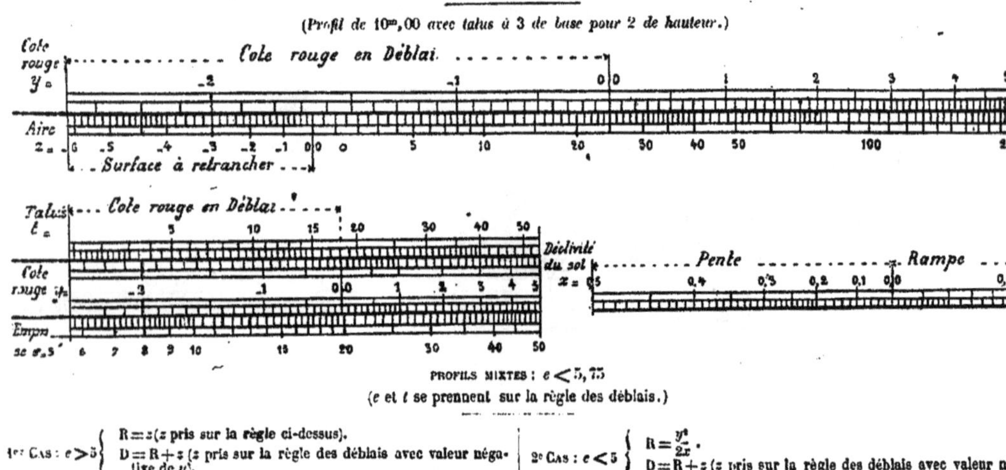

PROFILS MIXTES : $e < 5,75$

(e et t se prennent sur la règle des déblais.)

1er Cas : $e > 5$ $\begin{cases} R = z \text{ (z pris sur la règle ci-dessus).} \\ D = R + z \text{ (z pris sur la règle des déblais avec valeur négative de } y\text{).} \end{cases}$

2e Cas : $e < 5$ $\begin{cases} R = \frac{y^2}{2x}. \\ D = R + z \text{ (z pris sur la règle des déblais avec valeur négative de } y\text{).} \end{cases}$

Les figures ci-contre représentent des épures qui peuvent être substituées à la règle à calcul proprement dite, et qui exigent seulement l'emploi d'un compas. On met une des pointes du compas sur le bord gauche de la règle des x, et l'autre pointe sur la division qui répond à la valeur donnée de x. L'ouverture ainsi déterminée est portée successivement sur la règle des emprises, sur celle des talus et sur celle des surfaces, l'une des pointes étant sur le trait qui répond à la valeur donnée de y, et l'autre à gauche. La division où tombe celle-ci fait connaître le nombre cherché.

Ces règles sont disposées pour les cas mixtes, dont les caractères sont indiqués sur la planche. On y a introduit à cet effet des valeurs négatives pour y et pour z ; mais on a supposé que $\frac{y^2}{2x}$ se prendrait sur une règle à calcul ordinaire.

Ces règles sont d'un usage commode et peu fatiguant, et les interpolations s'y font sans aucune recherche spéciale.

144. Profilomètre. — Sous le nom de profilomètres, M. Siégler a imaginé des tables graphiques très simples, qui ont l'avantage, sur les précédentes, de pouvoir s'établir très rapidement.

Puisque $2(z+K)=\frac{(y+lp)^2}{p\pm x}$, si on désigne $2(z+K)$ par z', $y+lp$ par y', et $p\pm x$ par x', on a : $z'=\frac{y'^2}{x'}$. Donc y' est moyenne proportionnelle entre z' et x'.

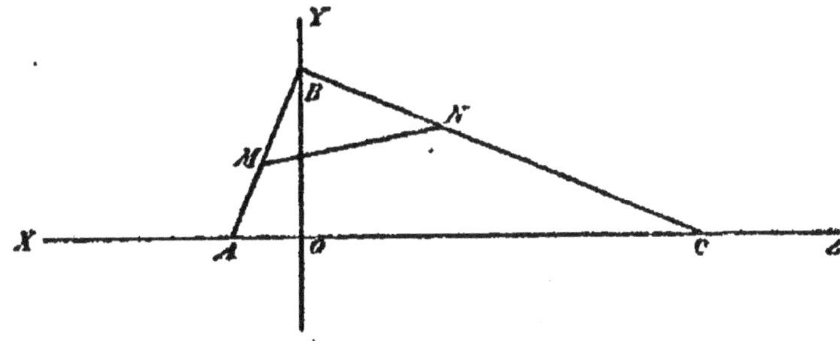

On trace deux axes coordonnés perpendiculaires OY et XOZ, on divise OY suivant les valeurs de y', OX suivant les valeurs de x', et OZ suivant celles de z'.

PROFILOMÈTRE

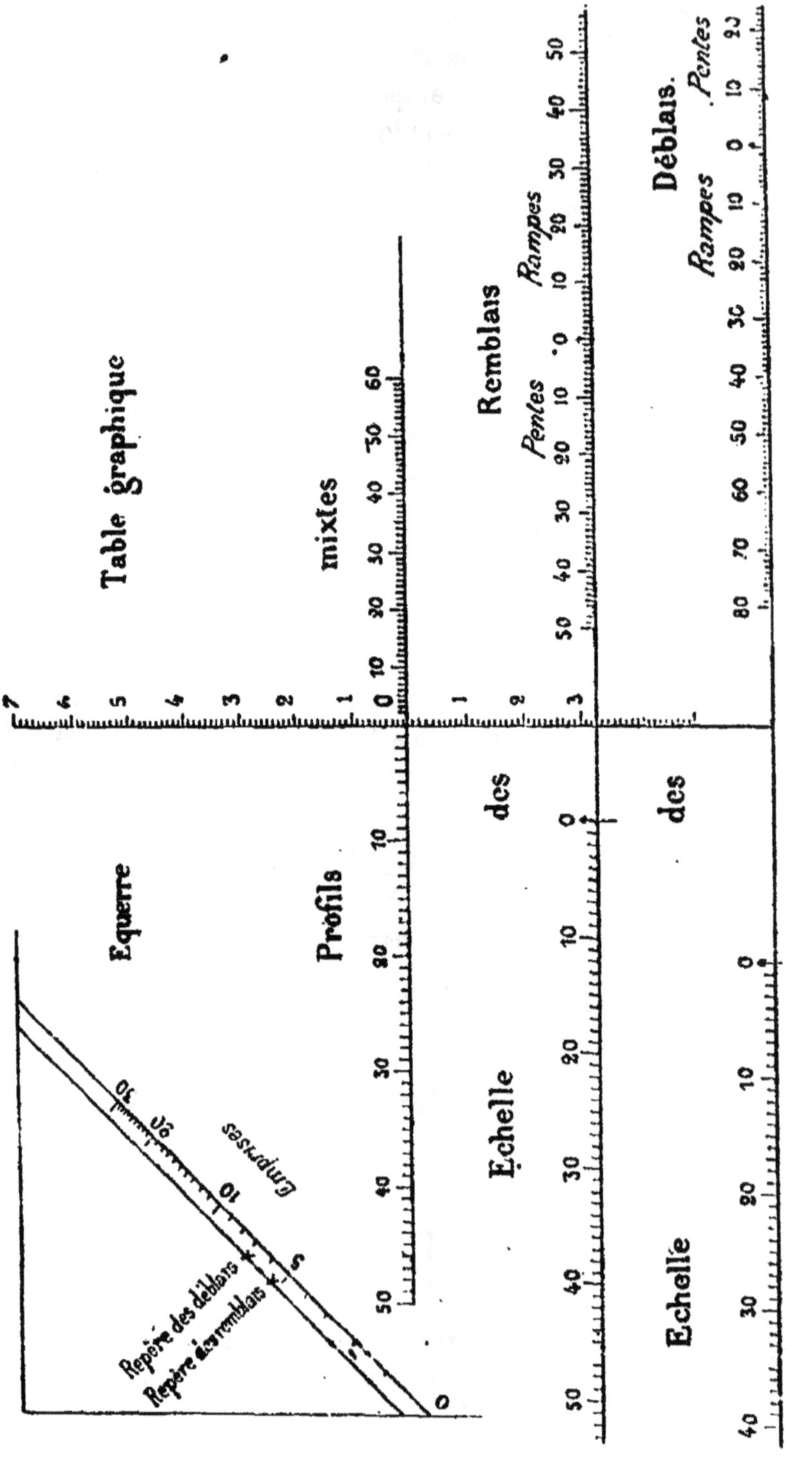

Equerre

Table graphique

Profils mixtes

Echelle des Remblais

Echelle des Déblais

Rampes

Pentes

Emprises

Repère des déblais

Repère des remblais

Étant donné un système de valeurs $x'=a$ et $y'=b$, on prend OA$=a$ et OB$=b$. On joint AB et on élève une perpendiculaire BC.

D'après la construction, OB est moyenne proportionnelle entre OA et OC. Donc OC représente z'.

Les graduations sont fort simples, puisqu'elles varient proportionnellement aux variations des données.

L'application de cette méthode est aussi fort simple; il suffit d'employer un cadre de carton avec papier transparent sur lequel on a tracé deux traits perpendiculaires, et de mettre le sommet de cette équerre au point B en faisant passer une des branches par le point A. On lit la surface cherchée au point C où passe l'autre branche.

Pour les emprises, on les lit sur une traverse MN tracée sur l'équerre. La valeur de *e* y est donnée par la division de la traverse qui se trouve sur l'axe vertical. Les talus se trouvent de la même façon, sur une autre traverse ou sur le même.

Dans les cas mixtes, on calcule $\frac{y^2}{2x}$ au moyen d'une échelle spéciale, qui s'établit exactement comme les autres.

La figure ci-contre représente l'épure d'un profilomètre, avec un dessin d'équerre qu'il suffit de calquer pour pouvoir faire usage de la méthode. Elle s'applique au même gabarit que les épures précédentes.

M. d'Ocagne a eu l'idée d'améliorer cette méthode, en substituant au tracé d'une perpendiculaire celui d'une parallèle, bien moins sujet à erreur.

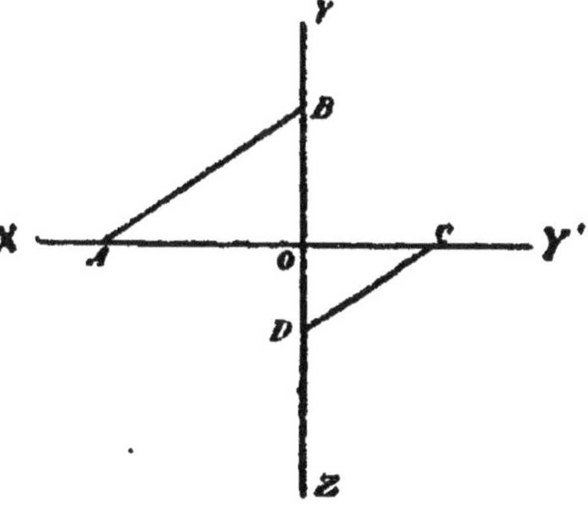

L'échelle des Y est reproduite une seconde fois en prolongement de celle des X en OY', et celle des Z est portée en prolongement de OY perpendiculairement à celle des X. Si on prend OC$=$OB, et qu'on mène CD parallèle à AB, on a $OD = z'$. Car $OD = \frac{OC.OB}{OA} = \frac{y'^2}{x'}$. La parallèle peut se tracer avec l'équerre ordinaire du dessinateur ou au moyen d'un transparent à lignes parallèles.

145. Méthode de M. Willotte. — D'autres méthodes ont été encore proposées pour le calcul des profils en travers. Voici par exemple celle qui a été indiquée par M. Willotte.

Étant donné un profil en travers ABCD, on cherche l'enveloppe MPN de toutes les positions de la ligne de terrain naturel qui donneraient lieu à la même surface z que la ligne DC. Dans toutes ces positions, la ligne du terrain reste tangente à l'enveloppe. Pour une autre valeur de z, on aurait une autre enveloppe M'N', dont toutes les tangentes représenteraient de même des positions du terrain naturel découpant des surfaces égales dans le gabarit.

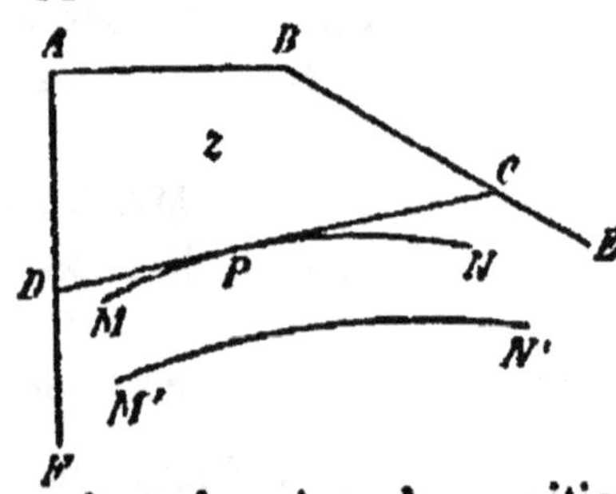

Pour appliquer cette méthode, on trace un gabarit FABE, et on y dessine, par points, les courbes enveloppes MN, M'N', ce qui est facile, lorsqu'on a l'une d'elles, car elles sont semblables et semblablement placées.

Sur l'axe vertical, qui est divisé, on applique une règle graduée servant de fausse équerre qui permet de tracer ou de suivre de l'œil la ligne DC du terrain. On voit à laquelle des courbes semblables elle est tangente, et la graduation de cette courbe donne la surface cherchée. Les emprises et les talus se lisent sur la ligne BE, graduée à cet effet.

On n'insistera pas davantage sur ces méthodes nouvelles, qui ne sont pas encore entrées dans la pratique courante et sur lesquelles l'expérience n'a pas prononcé.

§ 4

AVANT-MÉTRÉ SOMMAIRE DES TERRASSEMENTS

146. Avant-métré sans profils en travers. — Une autre simplification plus radicale, qui abrège singulièrement le travail, consiste à ne pas lever de profils en travers, et à faire l'avant-métré sur le profil en long seul.

Ne connaissant pas la pente en travers du terrain naturel, on lui en suppose une, et on fait l'hypothèse la plus simple en le considérant comme horizontal. La surface du profil entier est alors $z = 2ly + \frac{y^2}{p}$. Dans le cas du déblai, on ajoute deux fossés 2F.

Le calcul de z est assez rapide. Mais il est préférable de prendre sa valeur sur les tables, si on en possède, ou bien de calculer une table spéciale, qui se construit facilement, les différentes secondes étant constantes.

L'erreur commise est presque toujours en moins. On peut la calculer, pour le cas où la pente transversale x serait la même à droite et à gauche de l'axe. Si on mène par le point E

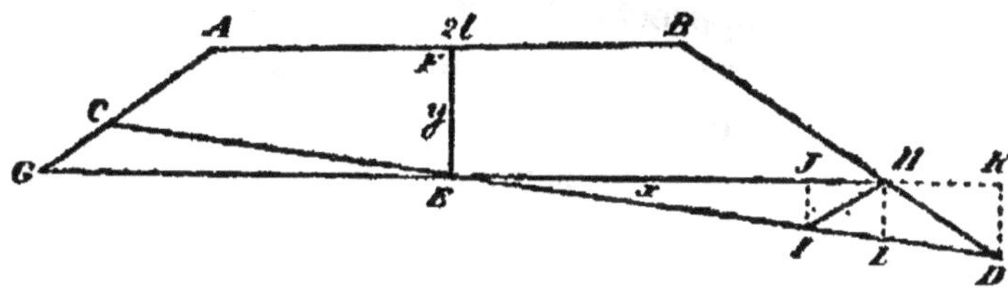

une horizontale GH, la surface z que l'on compte est celle du trapèze ABGH; la surface z' qu'il faudrait prendre est le quadrilatère ABCD. Or la différence entre ces deux surfaces est égale au triangle HID déterminé par une parallèle HI au talus AC, les deux triangles GCE, EHI étant égaux. La surface de ce triangle a pour mesure $\frac{1}{2}$ HL, JK. Or HL $= \left(l + \frac{y}{p}\right)$

et $JK = EK - EJ = \frac{lp+y}{p-x} - \frac{lp+y}{p+x} - \frac{2x(lp+y)}{p^2-x^2}$. Donc $z'-z = \frac{(lp+y)^2x^2}{p(p^2-x^2)}$. L'erreur relative, si l'on pose $m = \frac{y}{l}$, est $\frac{z'-z}{z} = \frac{x^2}{p^2-x^2}\left[1 + \frac{p^2}{m(2p+m)}\right]$.

On voit que cette erreur augmente avec la pente et plus rapidement que son carré x^2. Elle est d'autant plus petite que m est plus grand. Le tableau ci-dessous des valeurs qu'elle prend dans diverses hypothèses peut donner une idée de son importance.

	DÉBLAI.				REMBLAI.			
$m =$	0,5	1,0	2,0	3,0	0,5	1,0	2,0	3,0
$x = 0,1$	0,018	0,013	0,011	0,007	0,034	0,027	0,025	0,024
$x = 0,2$	0,076	0,056	0,047	0,045	0,147	0,118	0,106	0,102
$x = 0,3$	0,178	0,132	0,111	0,106	0,377	0,302	0,271	0,263

Lorsque les pentes transversales sont faibles, qu'elles ne dépassent pas 0,10 à 0,15, par exemple, et que les terrassements sont assez considérables pour que la moyenne de leurs cotes rouges se rapproche de la demi-largeur de la plateforme, on peut adopter ce mode de calcul, qui assure une approximation de quelques centièmes.

Lorsque les pentes transversales sont plus fortes et les cotes rouges plus petites, il ne peut être employé que pour les avant-projets. Il est même bon de majorer les résultats de 10 à 20 pour 100 dans les déblais, et de 20 à 30 pour 100 dans les remblais.

Si un profil en travers doit être mixte, cette méthode ne donne plus que des résultats sans rapport avec la réalité. Elle peut encore être appliquée à un avant-projet quand les profils mixtes sont des exceptions, mais non quand ils se présentent fréquemment, comme dans le cas d'un tracé de route à flanc de coteau.

147. Dernière simplification. — L'application de cette méthode se simplifie encore quand les profils en travers sont à égale distance les uns des autres. Si on appelle δ cette distance, et $y_1, y_2 \ldots\ldots y_n$ les cotes rouges d'une série de n profils équidistants, faisant partie d'une même tranchée ou d'un même remblai, le volume de cette tranchée ou de ce remblai a pour expression :

$$V = \delta \left[2l\,(y_1 + y_2 + \ldots y_n) + \frac{1}{p}\,(y_1^2 + y_2^2 + \ldots y_n^2) \right]$$

qu'on peut écrire, en remarquant que $n\delta$ représente précisément la longueur L de la tranchée ou du remblai :

$$V = L \left(2l \frac{y_1 + y_2 + \ldots y_n}{n} + \frac{1}{p} \frac{y_1^2 + y_2^2 + \ldots y_n^2}{n} \right).$$

Cette formule donne des résultats d'autant plus exacts que n est plus grand et par suite δ plus petit.

On divise le profil en long par des verticales équidistantes, et on relève les valeurs correspondantes de y par le calcul ou même à l'échelle. On fait la moyenne des cotes rouges obtenues, et la moyenne de leurs carrés, et on les introduit dans la formule ci-dessus.

Cette dernière simplification permet d'obtenir les volumes par un calcul excessivement court, lorsqu'on a déterminé préalablement la surface jaune ou rouge de la masse de déblai ou du remblai sur le profil en long, et la position de son centre de gravité. En effet, si on suppose δ infiniment petit, et qu'on le représente par dx, on a :

$$V = 2l \int_0^L y\,dx + \frac{1}{p} \int_0^L y^2\,dx.$$

Or la première intégrale est la surface jaune ou rouge ; et $\int_0^L y^2\,dx$, qui peut s'écrire $2 \int_0^L \frac{y}{2}\, y\,dx$, est le double de son moment par rapport à la ligne du projet. Si on représente par S la surface et par g la distance de son centre de gravité à la ligne rouge, on a donc

$$V = 2S \left(l + \frac{g}{p} \right).$$

On construit aujourd'hui, sous le nom d'intégromètres, des instruments, analogues au planimètre, qui donnent la quantité g ou le produit Sg par une seule lecture, après qu'on a simplement suivi le contour de la figure avec un traçoir, et qui permettent de se procurer rapidement les éléments S et g.

148. Réduction à l'horizontale. — M. Boulangier a indiqué un procédé qui permet d'appliquer la formule simple ci-dessus au cas où la pente transversale du terrain n'est pas nulle, à condition toutefois que les profils soient dessinés. Il consiste à substituer à la ligne naturelle du terrain une ligne horizontale fictive, placée à une hauteur telle que l'aire qu'elle fournit sur le gabarit du profil soit égale à celle que détermine la ligne naturelle.

Soit, par exemple, ABCD un profil en travers de surface S : on trace une ligne EF telle que surf. EOF = surf. AOB. Il suffit que AO × OB = OE × OF = OE².

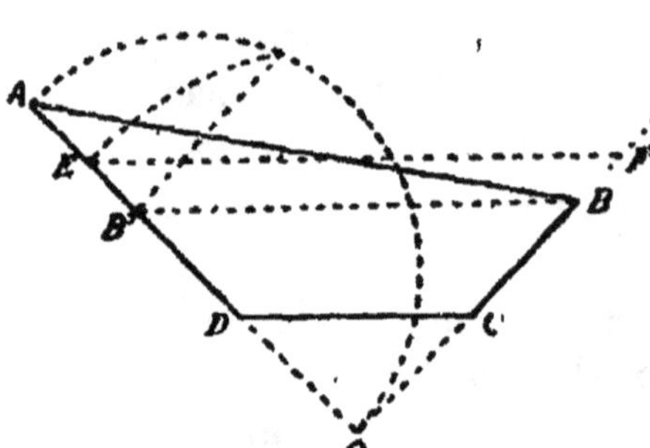

On marque sur OA un point B' tel que OB' = OB, et par une construction géométrique bien connue, on détermine le point D tel que OE soit moyenne proportionnelle entre OB' et OA.

Dans le cas où le profil en travers du terrain est brisé, comme AFB, on commence par substituer à la ligne brisée une ligne droite AG qui remplace le polygone OAFB par un triangle équivalent OAG d'après les règles de la géométrie.

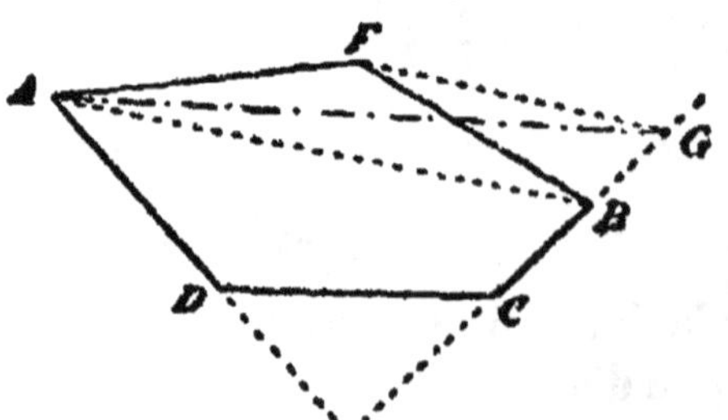

Pour les cas mixtes, on fait une transformation analogue. On porte alors sur le profil en long les cotes rouges fictives résultant de cette substitution, et on applique la formule du numéro précédent à ce profil en long fictif.

149. Approximation des calculs d'avant-métrés. — Les calculs des avant-métrés de terrassements sont très longs, et il importe de ne pas les allonger inutilement en cherchant à exprimer les résultats avec une approximation illusoire. L'approximation doit être d'autant plus large que la méthode est plus expéditive. Ainsi, dans l'évaluation des cubes, la méthode de la moyenne des aires, la plus habituellement employée, laisse une incertitude qui porte non seulement sur les unités, mais le plus souvent sur les dizaines de mètres cubes. Il serait évidemment absurde de vouloir exprimer les volumes avec des décimales.

En général, on exprime les longueurs et les surfaces avec 2 décimales, et les cubes en nombres entiers.

Toute approximation plus grande, outre qu'elle est irrationnelle et illusoire, fait perdre inutilement le temps et complique singulièrement la vérification des calculs.

§ 5

COMPENSATION DES TERRASSEMENTS

150. Définition et avantage de la compensation. — Par une des méthodes qui viennent d'être expliquées, on arrive à connaître plus ou moins exactement les volumes de déblai et de remblai que comporte un projet. Lorsque ces volumes sont égaux, on dit que les terrassements sont *compensés*.

La compensation présente divers avantages. Les déblais sont enlevés des tranchées dans des véhicules, et transportés sur les remblais. S'il y a un excédent de déblai, il doit être déposé en dehors de la route. Habituellement, on fait ce dépôt au plus près, sur le bord même de la tranchée, et on accumule les terres en tas qu'on appelle *cavaliers de dépôt*. Si, au contraire, les déblais ne fournissent pas assez de terre pour garnir tous les remblais, on complète ceux-ci au moyen de fouilles faites à leur pied. Ces fouilles se nomment *chambres d'emprunt.*

En général, sauf lorsque la distance de transport est excessive, le plus économique est de s'arranger de façon que tous les déblais trouvent des remblais où ils puissent être portés et réciproquement.

En outre, ces dépôts et emprunts constituent un obstacle qui rend l'accès de la route plus difficile pour les riverains. Ils peuvent provoquer des éboulements dans les talus, qu'ils surchargent ou affaiblissent. Enfin, dans les chambres d'emprunt, l'eau peut n'avoir pas d'écoulement, maintenir une humidité peu favorable à la route et devenir malsaine par une stagnation prolongée.

151. Recherche de la compensation. — C'est lorsque l'avant-métré est entièrement terminé qu'on s'aperçoit si cette condition est remplie. Quand la différence des deux totaux est trop forte, on rectifie le profil en long, en relevant quelques parties, s'il y a trop de déblai, ou en les abaissant, s'il y a trop de remblai. On choisit de préférence les parties où les terrassements sont les plus considérables, afin que la modification porte sur une moindre longueur. Ce changement doit se faire en transportant, autant que possible, la ligne du projet parallèlement à elle-même, afin de ne pas altérer les pentes, qui ont été fixées par des considérations d'un ordre supérieur.

Puis on refait l'avant-métré des parties modifiées, et, si la compensation n'est pas encore satisfaisante, on recommence jusqu'à ce qu'on obtienne une différence qui semble négligeable.

Refaire plusieurs fois une partie de l'avant-métré est un travail long et fastidieux, qu'on hésite à entreprendre, surtout pour satisfaire à une condition qui, en somme, n'est qu'accessoire.

Il est donc important de savoir tracer du premier coup un profil qui donne à peu près la compensation. Un œil exercé y parvient assez convenablement, en traçant la ligne rouge de façon à laisser au-dessus d'elle des surfaces jaunes ayant ensemble une aire totale à peu près équivalente à celle des surfaces rouges laissées en dessous.

Si l'œil n'est pas suffisamment exercé, on peut obtenir par le calcul la position d'une ligne moyenne NP satisfaisant à cette condition dans l'étendue L d'une portion de route donnée, où la pente doit rester constante. En effet, l'équivalence

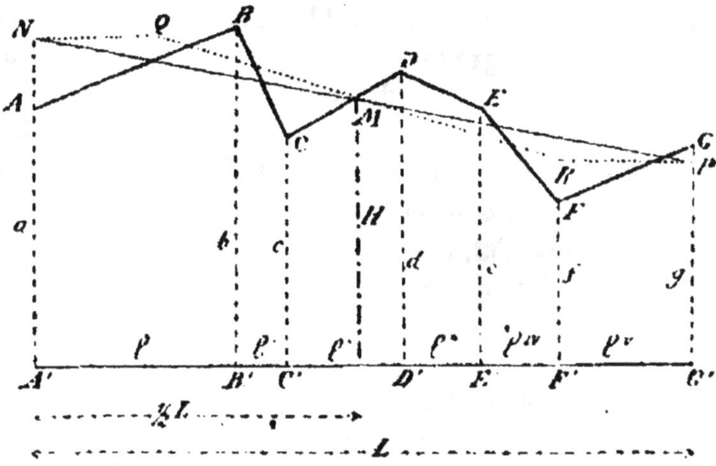

cherchée sera obtenue, si le trapèze NPG'A', compris entre la ligne rouge et le plan de comparaison, a une surface égale à la somme des trapèzes ABA'B' + BCB'C' ... Or cette somme S vaut $\frac{a+b}{2} l + \frac{b+c}{2} l' + \frac{c+d}{2} l'' + \ldots..$

Donc $L \times H = S$ et $H = \frac{S}{L}$. On n'a donc qu'à calculer ou à mesurer la surface S et à la diviser par L, pour avoir la cote à donner au point M, milieu de la longueur considérée.

La position du point M ne varie pas avec la pente. Donc toute ligne passant par ce point donne l'équivalence des surfaces rouges et des surfaces jaunes.

L'équivalence subsisterait encore si, au lieu d'une ligne droite NP, on adoptait une ligne brisée NQRP, qui fût symétrique par rapport au point M.

A cette équivalence répondrait une compensation exacte

des terrassements, si les aires des profils en travers étaient proportionnelles aux cotes rouges. Mais il n'en est pas ainsi pour plusieurs motifs, savoir : 1° les aires sont des fonctions du second degré des cotes rouges; 2° l'inclinaison transversale du terrain change d'un profil à un autre; 3° les talus de déblai et de remblai n'ont pas la même déclivité; 4° il y a un fossé dans les déblais, en dehors de la plateforme, et dans les remblais il n'y en a pas. Pour une inclinaison transversale qui serait la même, et à cote rouge égale, les aires de déblai sont plus grandes que celles de remblai dans les petites cotes, et moindres dans les grandes. Ainsi, pour un type de 10 mètres entre fossés, la différence de l'aire du déblai à celle du remblai, à cote égale y, sur un terrain supposé horizontal, est nulle quand $y = o$. Elle augmente d'abord jusqu'à un maximum qui répond à $y = 3$ mètres; puis elle diminue, passe par 0, lorsque $y = 6^m,32$, et devient ensuite négative.

Pour les projets de routes, où les cotes de 6 mètres sont exceptionnelles, on aurait donc toujours un excès de déblai, si on s'en tenait à l'équivalence des surfaces rouges et jaunes sur le profil en long. Il convient de tenir la ligne du projet un peu plus haute, par exemple de $0^m,25$, si les cotes rouges se rapprochent en moyenne de 3 mètres, et de moins en moins, suivant qu'elles se rapprochent davantage de 0 ou de 6 mètres.

Quand le projet se trouve en tout ou en partie en terrain de rocher, il n'en est plus de même. Le déblai donne moins longtemps des surfaces supérieures à celles du remblai, et, dans la plupart des cas, la ligne doit être placée en dessous de celle qui donne l'équivalence sur le profil en long. Mais il est difficile de prévoir de combien. On est donc conduit à des tâtonnements inévitables, d'autant plus nécessaires ici que les déblais sont plus coûteux.

Lorsque l'on a calculé la surface d'emprise en même temps que les cubes, les tâtonnements peuvent se simplifier. Si on représente par x la hauteur dont il faut relever le projet, par S la surface d'emprise qui répond aux déblais de volume D, et par S' celle qui est couverte par les remblais de volume R, la différence, qui était $D - R$, devient $D - Sx - (R + S'x)$ ou $D - R - (S + S')x$. Cette différence est nulle si on prend

$x = \frac{D - R}{S + S'}$. Il n'y a donc qu'à diviser par la surface totale d'emprise l'excès des déblais sur les remblais pour savoir de combien doit être remontée la ligne du projet.

§ 6

MOUVEMENT DES TERRES

152. Distance moyenne des transports. — Lorsqu'on connaît le volume des terrassements, il faut encore savoir à quelle distance les déblais devront être transportés, soit pour remplir les remblais, soit pour être mis en dépôt. Cette recherche porte le nom de *mouvement des terres*.

Elle a surtout pour but de fixer la dépense des terrassements, dont le prix varie avec les distances de transport.

Pour ne pas multiplier les prix, on en applique un seul au transport de tous les déblais, que l'on suppose tous faits à une même distance moyenne générale.

Comme on emploie différents modes de transports, les uns à la brouette, les autres au tombereau ou en wagon, il faut calculer en réalité une distance moyenne spéciale pour les volumes à transporter par chacun de ces procédés.

A cet effet, on commence par diviser les déblais et les remblais en masses équivalentes. On détermine d'abord la distance moyenne partielle de chaque masse de déblai à la masse de remblai correspondante. Puis on cherche la moyenne générale de toutes ces distances partielles.

Cette recherche est simplifiée, dans les projets de routes, par la circonstance que les transports suivent le tracé, et sont par conséquent parallèles entre eux. Il en résulte immédiatement que la distance moyenne d'une masse de déblai au remblai correspondant est celle de leurs centres de gravité, et que la distance moyenne générale est la moyenne géométrique des distances moyennes partielles des diverses masses.

Si donc on représente par A un volume partiel de déblai et par a la distance de son centre de gravité à celui du remblai correspondant, par B, C,... d'autres volumes, qui doivent être transportés aux distances b, c,..., la distance moyenne générale cherchée est

$$X = \frac{Aa + Bb + Cc + \ldots}{A + B + C \ldots}.$$

Il est facile de démontrer qu'il revient au même d'appliquer à chaque masse son prix de transport particulier, ou à toutes les masses celui qui résulterait de la distance unique X, car la formule qui sert à calculer le prix d'un transport peut se mettre, comme on le verra au chapitre suivant, sous la forme linéaire $P = K + K'D$, où D est la distance, et K et K' deux constantes qui varient seulement quand le mode de transport vient à changer. Si on calcule la dépense résultant des transports dans les deux hypothèses, on doit avoir :

$$(A + B + C + \ldots)(K + K'X) = A(K + K'a) + B(K + K'b) + C(K + K'c) + \ldots$$

équation qui est satisfaite, si on donne à X la valeur exprimée ci-dessus.

153. Épure du mouvement des terres : 1re Méthode. — La distance moyenne se recherche sur une épure ou dans

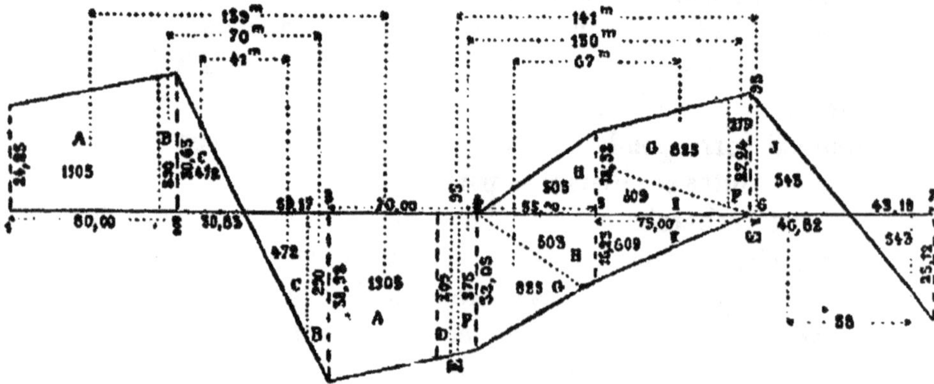

un tableau de calculs, ou par la combinaison des deux procédés.

L'épure la plus parfaite est celle qui utilise la représentation graphique indiquée au n° 119. Si on élève sur la ligne de terre, à des distances proportionnelles à celles des piquets, des perpendiculaires représentant, à une échelle donnée, les nombres qui expriment les aires des profils en travers, en ayant soin de les mettre au-dessus ou au-dessous de la ligne de terre, suivant que les surfaces sont en déblai ou en remblai, on obtient une figure où les volumes sont représentés par des surfaces. On peut la décomposer en une série de surfaces partielles, telles qu'une surface en déblai trouve toujours une surface en remblai équivalente.

Ces surfaces partielles sont des polygones dont la géométrie apprend à trouver l'aire et le centre de gravité. On n'a plus qu'à multiplier l'aire de chaque surface de déblai par la distance horizontale de son centre de gravité à celui de la surface de remblai correspondante.

On fait la somme de tous ces produits et on divise par la somme des cubes de déblai.

Lorsqu'il n'y a pas compensation, il reste des portions de surfaces non utilisées qui représentent un volume équivalent de dépôts ou d'emprunts.

On multiplie ces surfaces par la distance à laquelle on suppose qu'auront lieu les dépôts ou les emprunts, et on introduit le produit dans les calculs.

Quand il se trouve un entreprofil mixte, on a des surfaces à la fois au-dessus et au-dessous de la ligne de terre. On détache dans la plus grande une surface partielle équivalente à la plus petite, et on opère seulement sur le reste. La surface partielle détachée représente un cube qui doit être employé dans le même entreprofil et dont le transport ne s'effectue pas parallèlement, mais perpendiculairement à l'axe du tracé. On note à part ce cube, qui n'intervient pas dans le calcul de la distance moyenne.

La figure ci-dessus représente une épure construite d'après cette méthode. Le volume des déblais y est de 5.517 mètres cubes, et celui des remblais de 5.726 mètres cubes. Il y a, par conséquent 209 mètres cubes de remblai à faire par emprunt. Ce volume est représenté par la surface D. Il y a 1.112 mètres cubes à employer dans le même entreprofil (surfaces H et I). Le reste se décompose en sept surfaces partielles équivalentes de déblai et de remblai, dont la distance moyenne de transport est 100 mètres.

Les distances partielles sont exprimées en nombres entiers, ainsi que la distance moyenne. Il n'y aurait aucun intérêt à y joindre des fractions.

154. 2e Méthode. — Au lieu de représenter les volumes de terrassements par des trapèzes et des triangles correspondant à l'application directe de la méthode de la moyenne des aires, on a vu (no 119) qu'on pouvait les représenter par des rectangles ayant pour hauteur les aires des profils et pour bases les demi-sommes de leurs distances aux deux profils voisins. Si on adopte cette seconde manière, l'épure se modifie et prend la forme de la figure ci-dessous. Les distances des centres de gravité sont faciles à trouver, car chacun d'eux est au milieu d'un rectangle.

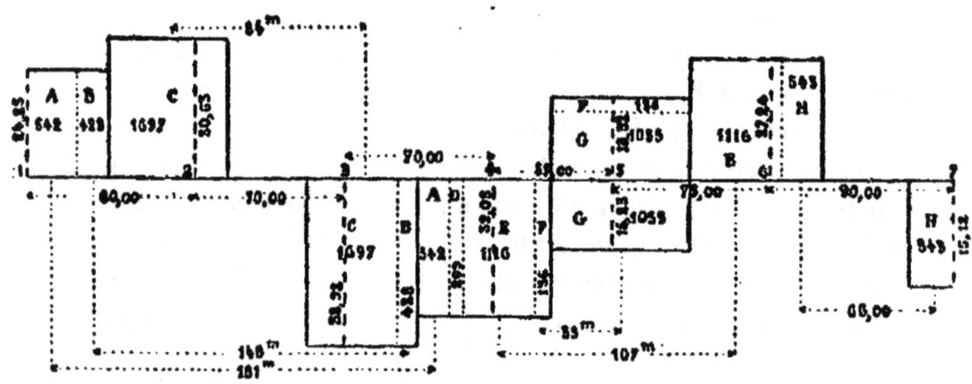

Si on applique la méthode à l'exemple précédent, on trouve encore 209 mètres cubes à faire par emprunt (surface D), et il y a 1.055 mètres cubes (surface G) de déblai à employer dans le même entreprofil. Le reste est décomposé en 6 rectangles équivalents de déblai et de remblai, dont la distance moyenne de transport est 100 mètres, comme ci-dessus.

Au lieu de chercher le centre de gravité des divers rectangles, on admet souvent, pour simplifier les calculs, qu'il se trouve précisément sur le profil lui-même. On sacrifie un peu d'exactitude, mais on abrège singulièrement la recherche de la distance moyenne. Dans l'exemple de la figure, elle deviendrait 112 mètres.

155. Méthode de M. Lalanne. — M. Lalanne a indiqué la méthode suivante :

On fait d'abord abstraction des cubes à employer dans le même entreprofil, que l'on note à part, et on opère seulement

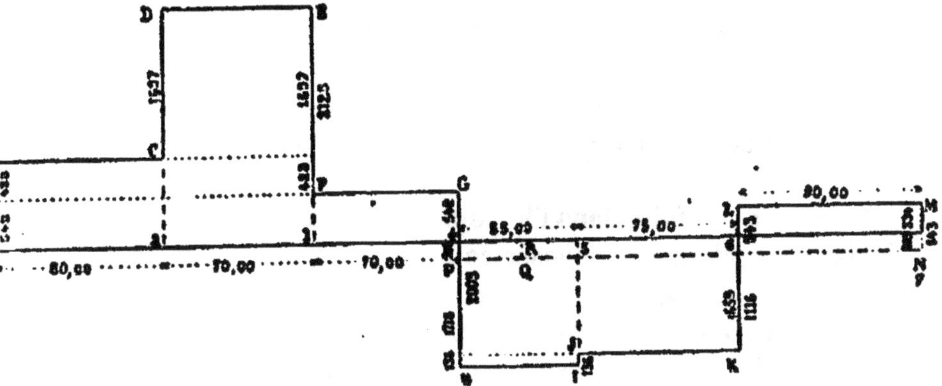

sur les excédents. Les verticales portées sur la ligne de terre ne représentent plus les surfaces des profils en travers, mais les cubes correspondant à chaque profil, tels que les donne l'avant-métré. Au profil 1 on mène la verticale AB, d'une longueur représentant, à l'échelle, le cube de 970 mètres qui répond à ce profil. En B, on trace une horizontale jusqu'à la rencontre C du profil 2, et, à partir de C, on mène la verticale CD égale au cube de 1.697 mètres qui répond au profil 2. On continue ainsi de suite, en portant vers le haut les lignes qui représentent les déblais et vers le bas celles qui correspondent aux remblais.

On forme ainsi un polygone rectangulaire ABCDEF....., qui permet de faire immédiatement et sans hésitation la répartition des terrassements. Il suffit de prolonger les horizontales BC, FG, KJ à travers le polygone. Entre deux horizontales consécutives sont interceptées deux longueurs verticales égales, dont l'une appartient à la série ascendante et l'autre à la série descendante, et qui représentent par conséquent des volumes partiels équivalents de déblai et de remblai. Ainsi, les 970 mètres du profil n° 1 se subdivisent en deux volumes partiels de 428 et de 542 mètres cubes, qui doivent être portés respectivement aux profils 3 et 4.

Les rectangles successifs formés par les deux séries de lignes horizontales et verticales ont chacun pour hauteur un des volumes partiels, et pour base la distance de transport de ce volume. Leur surface représente donc le produit de ces deux quantités.

Pour avoir la distance moyenne, il suffit de faire la somme de ces surfaces et de la diviser par la somme de leurs hauteurs.

La somme des rectangles peut s'obtenir, soit par le calcul, soit par un des procédés de mesurage indiqués aux nos 128 à 131.

L'épure a été faite dans l'hypothèse où la masse de chaque déblai ou remblai est supposée concentrée au profil auquel elle répond. On pourrait, lorsque l'on a ainsi assuré la répartition, reporter les côtés verticaux de chaque rectangle aux points qui répondent aux centres de gravité des masses que ces côtés représentent. On aurait un peu plus d'exactitude, mais on compliquerait beaucoup la confection de l'épure, et on y introduirait de la confusion. Il est infiniment plus simple de s'en tenir à la marche indiquée ci-dessus.

Emprunts et dépôts. — S'il y a compensation des terrassements, l'extrémité N de la dernière ligne verticale tombe précisément sur la ligne de terre. S'il y a excès de déblai, elle reste en dessus ; s'il y a excès de remblai, elle descend en dessous. Il faut alors recourir à des dépôts ou des emprunts en quantité égale à la longueur qui sépare le point N de la ligne de terre.

S'il s'agit d'emprunt, comme dans la figure, on trouve l'endroit où il convient de le faire, en menant par le point N une parallèle à la ligne de terre, et cherchant les points où elle coupe la série descendante. Dans l'exemple choisi, il n'y en a qu'un, P, au profil 4. On a donc le choix de faire l'emprunt, soit en P, soit en N. Si on choisit le point P, il faut déduire des 2.125 mètres cubes de remblai à effectuer au profil 4, les

209 mètres cubes qui vont s'exécuter par voie d'emprunt, et on conserve seulement le reste dans le calcul de la distance moyenne. Or, si on fait abstraction de ces 209 mètres, il faut amener le point P en 4 sur la ligne de terre, et remonter de cette quantité toute la figure PHIKLMN. Cela revient à prendre, à partir du profil 4, une nouvelle ligne de terre, qui soit précisément PN.

La distance moyenne de transport s'obtient alors en faisant le total des surfaces des rectangles placés tant au-dessus qu'au-dessous de la ligne de terre primitive, depuis 1 jusqu'à 4, et de la ligne PN, au delà de 4; et en le divisant par la somme des hauteurs de ces rectangles.

S'il y avait dépôt, au lieu d'emprunt, on procéderait exactement de la même façon, la ligne de terre auxiliaire se trouvant au-dessus au lieu d'être au-dessous de la ligne de terre primitive.

Lorsqu'on a le choix entre plusieurs lieux d'emprunt ou de dépôt, l'épure permet de voir quel est celui qui convient le mieux. L'abaissement de la ligne de terre a pour résultat d'augmenter les surfaces des rectangles placés au-dessus, et de diminuer celles des rectangles placés au-dessous; son relèvement aurait un effet contraire. On doit donc chercher à placer le lieu d'emprunt en un profil à partir duquel les rectangles supérieurs aient ensemble une plus grande longueur que les rectangles inférieurs. C'est pour ce motif que, dans l'exemple de la figure, il vaut mieux placer l'emprunt au point P qu'au point N. Dans le cas des dépôts, au contraire, on cherchera un point à partir duquel la longueur du polygone rectangulaire supérieur soit plus grande que celle du polygone inférieur. Si plusieurs points sont dans ce cas, on choisira celui où la différence sera la plus grande.

Ordinairement, il n'est pas fait abstraction, comme on vient de le supposer, des volumes de déblai à porter en dépôt, mais on attribue à chacun d'eux une distance particulière de transport, qui intervient dans le calcul de la distance moyenne. On en tiendrait compte sur l'épure, en menant, à la distance fixée, une verticale QR formant avec P4 un rectangle dont la surface doit être comptée dans la somme totale des rectangles.

Il arrive quelquefois, comme on le verra plus tard, qu'il est avantageux, au lieu de transporter un déblai en remblai, de le mettre en dépôt et d'exécuter le remblai correspondant au moyen d'emprunts. On s'en aperçoit lorsque la distance de transport dépasse une limite donnée. L'épure de M. Lalanne fait voir immédiatement quelles sont les parties où cette limite est dépassée.

156. Distinction des modes de transport. — Si l'on emploie différents modes de transport, à la brouette et au tombereau, par exemple, il faut calculer séparément la distance moyenne pour les cubes transportés par chacun d'eux. On verra plus loin que c'est la distance à laquelle le transport doit avoir lieu qui détermine le choix du mode à employer. Ainsi les transports de moins de 90 mètres se font habituellement à la brouette, et ceux de plus de 90 mètres au tombereau.

L'épure du mouvement des terres, quelle que soit la méthode employée, fait voir immédiatement dans quel cas se trouve chaque volume partiel. On peut, pour éviter toute hésitation dans les calculs, teinter en couleurs différentes les portions de l'épure qui se rapportent aux divers modes de transport.

157. Théorie de Brückner. — L'ingénieur bavarois Brückner a donné une théorie du mouvement des terres dont le point de départ se confond avec celui de la méthode de M. La-

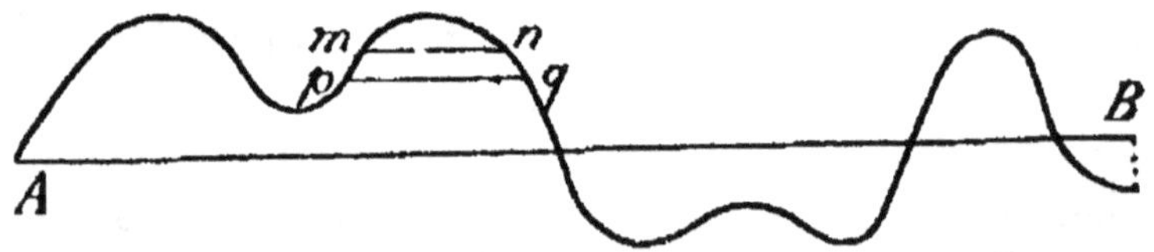

lanne, et qui se présente sous une forme d'apparence plus scientifique, mais, au fond, d'une application moins pratique.

On trace une courbe ayant pour abscisses les points successifs du tracé, et pour ordonnée, en chacun de ces points, la somme algébrique des volumes des terrassements jusqu'à ce point, en comptant les remblais comme positifs et les déblais comme négatifs, en sorte que les points où les tangentes sont horizontales sont les points de passage.

Si on mène deux parallèles à l'axe des abscisses, *mn* et *pq*, elles détachent, dans la branche ascendante et dans la branche descendante de la portion de courbe qui les intercepte, des volumes égaux de déblai et de remblai, dont le cube est représenté par l'intervalle entre les parallèles, et la distance de transport, par la moyenne de leurs longueurs. Les produits des cubes par les distances sont donc représentés par les surfaces interceptées entre la ligne de terre et les contours des courbes, tant en dessus qu'en dessous. La distance moyenne est le quotient de cette somme de surfaces par la hauteur totale des branches ascendantes. La position la plus convenable des emprunts ou des dépôts, et les cas où il vaut mieux procéder par voie d'emprunts et de dépôts que par transports, se trouvent sur cette épure de la manière qui a été indiquée au n° 155.

158. Tableau du mouvement des terres. — Le plus souvent, les distances moyennes se calculent sur un tableau, et non sur une épure. Néanmoins, la rédaction du tableau est singulièrement facilitée si on dresse préalablement une épure d'après la méthode de M. Lalanne, où l'on trouve sans hésitation la répartition des terrassements. Réduite à cet objet, cette épure peut être faite à une échelle restreinte pour les distances, et n'occuper qu'une bande de papier de peu de longueur. Il ne faut pas hésiter à la dresser à l'appui du mouvement des terres.

Ce tableau reçoit la disposition suivante :

Numéros des profils.	Cube des déblais pour chaque profil.	Foisonnement.	Cube définitif des déblais.	Cube des remblais pour chaque profil	Cubes à employer dans la longueur répondant à chaque profil.	Excès des cubes des déblais sur les remblais		Excès des cubes des remblais sur les déblais		Déblais en excès		Emprunts pour remblais.	Indication des lieux d'emploi ou de dépôt des déblais en excès, et des lieux d'emprunt.	Distance de transport.	Transports à la brouette.		Transports au traîneau.	
						par profil.	par suite non interrompue de profils.	par profil.	par suite non interrompue de profils.	à porter en remblai sur la route.	à porter en dépôt ou à réserver pour un autre usage.				Cubes.	Produits des cubes par les distances.	Cubes.	Produits des cubes par les distances.
1	2	3	4	5	6	7	8	9	10	11	12	13	14	15	16	17	18	19

Les colonnes 1, 2 et 5 ne sont que la reproduction de trois colonnes du tableau de l'avant-métré des terrassements. Seulement on supprime les profils fictifs, qui n'avaient été introduits que pour rendre la marche des opérations plus uniforme et pour faciliter la vérification des calculs.

On admet généralement qu'un mètre cube de déblai remplit exactement un mètre cube après son emploi en remblai. Toutefois, il peut n'en être pas ainsi dans certaines natures de terrain, notamment dans les rochers, qui donnent lieu à un foisonnement plus ou moins considérable. La proportion de ce foisonnement étant connue, on inscrit dans la colonne 3 l'augmentation de volume qui en résulte et qui doit être ajoutée aux chiffres de la colonne 2 pour former ceux de la colonne 4. Mais ce n'est que dans des circonstances rares qu'on agit ainsi : les colonnes 3 et 4 restent presque toujours en blanc.

Dans la colonne 6, on transcrit le plus petit des deux nombres qui figurent aux colonnes 4 et 5. La différence est portée dans la colonne 7 ou dans la colonne 9, suivant que c'est le déblai ou le remblai qui se trouve en excès.

Les colonnes 8 et 10 servent à grouper les terrassements par masses, ce qui permet de mieux saisir leurs rapports d'ensemble.

Dans les colonnes 11 et 12, on indique la répartition des déblais. On cherche, autant que possible, à les employer en remblai, et, à cet effet, on décompose chacun des nombres de la colonne 7 en volumes partiels correspondant à des volumes équivalents de remblai, de façon à compléter un à un ceux que présente la colonne 9. C'est surtout pour cette répartition que l'épure est très utile. Les déblais qui ne trouvent pas leur emploi en remblai sont portés dans la colonne 12. Quelquefois, lorsque, par exemple, les fouilles se font dans le rocher, on juge utile d'en mettre une partie en réserve, comme moellon pour les maçonneries, comme matériaux d'empierrement, ou pour tout autre usage spécial. On porte également ces réserves dans la colonne 12.

S'il n'y a pas assez de déblai pour parfaire tous les remblais, on a recours à des emprunts, dont le volume est indiqué dans la colonne 13.

La colonne 14 indique les numéros des profils où les déblais doivent être portés en remblai, ou bien les endroits où se feront les dépôts et les emprunts.

Dans la colonne 15, on inscrit en regard de chacun des cubes portés dans les colonnes 11, 12 et 13 la distance à laquelle ce cube doit être transporté. Cette distance est celle que fournit l'épure du mouvement des terres. Si on n'a pas d'épure, la distance se trouve sur le profil en long; elle est égale à la somme des longueurs des entreprofils intermédiaires entre le déblai et le remblai, augmentée d'une fraction de la longueur des entreprofils de départ et d'arrivée, plus ou moins forte suivant la situation des masses partielles. Le plus souvent, on suppose toutes les masses concentrées sur les profils eux-mêmes, et on ne tient pas compte de fractions dont l'évaluation est nécessairement longue ou arbitraire.

La distance détermine le mode de transport qui devra être employé. On reproduit chacun des cubes partiels dans la colonne 16 ou la colonne 18, suivant que le transport doit être fait à la brouette ou au tombereau.

Si l'on admettait d'autres modes de transports, par exemple au wagon, on ouvrirait d'autres colonnes semblables pour chacun d'eux. Dans les projets de route, on se contente habituellement des deux qui figurent au tableau ci-dessus.

Enfin, dans les colonnes 17 et 19, on met le produit de chaque cube partiel par sa distance de transport.

On pourrait être tenté de faire la répartition des excès de déblais par masses, en se servant des nombres inscrits aux colonnes 8 et 10, au lieu de l'effectuer par parties. On aurait alors un tableau plus simple et renfermant moins de chiffres. Mais la distance à appliquer à chaque masse ne pourrait être connue que par un calcul, qui serait précisément celui de la distance moyenne par parties, appliqué aux cubes partiels dont la somme constitue cette masse. On n'y gagnerait donc rien, et, de plus, on ne conserverait pas la trace des calculs.

Totaux et vérifications. — Lorsque tous les calculs sont terminés, on fait les totaux des nombres de toutes les colonnes, sauf les colonnes 1, 14 et 15, et on vérifie avec soin toutes les additions.

Si on désigne en général par s_n le total relatif à la colonne numérotée n, on obtient les résultats suivants :

1° $s_2 + s_{13}$ est le volume total des déblais à effectuer.

2° s_6 est le cube total des terrassements à faire dans le même entreprofil, dont le transport a lieu transversalement, et habituellement au jet de la pelle.

3° s_{16} est le cube à transporter à la brouette.

4° $\frac{s_{17}}{s_{16}}$ est la distance moyenne des transports à la brouette.

5° s_{18} est le cube à transporter au tombereau.

6° $\frac{s_{19}}{s_{18}}$ est la distance moyenne des transports au tombereau.

Les différents totaux doivent d'ailleurs satisfaire à certaines relations qui résultent de la marche suivie, savoir :

$$s_8 = s_7 \quad \text{et} \quad s_{10} = s_9\,;$$
$$s_4 = s_2 + s_3 = s_6 + s_8 = s_6 + s_{11} + s_{12}\,;$$
$$s_5 = s_6 + s_{10} = s_6 + s_{11} + s_{13}\,;$$
$$s_{11} + s_{12} + s_{13} = s_{16} + s_{18}.$$

Il faut toujours vérifier qu'il est satisfait à ces relations, non seulement à la fin du tableau, mais pour chacune de ses pages. Sinon, on est certain qu'il existe des erreurs de calcul, que l'on recherche et que l'on rectifie.

150. Transports en rampe. — Lorsque le centre de gravité de la masse de déblai est placé notablement plus bas que celui de la masse de remblai correspondante, le transport est plus coûteux que s'ils étaient de niveau; outre le travail nécessaire pour vaincre la résistance des véhicules au roulement, il faut encore élever le poids des terres.

C'est une circonstance qui arrive rarement dans la construction des routes, les déblais étant presque toujours plus élevés que les remblais correspondants. Toutefois, le cas se présente quand on fait des cavaliers de dépôt ou des chambres d'emprunt.

Pour tenir compte de cette difficulté spéciale, on substitue dans les calculs à la distance réelle, toujours comptée horizontalement, une distance fictive plus grande, qui s'obtient comme il suit :

On fixe une limite de pente h que l'on considère comme ne devant pas être dépassée par les moteurs sans qu'ils s'épuisent, et on observe les vitesses relatives qu'ils prennent, soit sur cette rampe, soit en palier. Soit $\frac{1}{n}$ le rapport des deux vitesses.

Si la ligne qui joint les deux centres de gravité avait précisément la pente h, en sorte que, la différence de niveau étant H, la distance L fût égale à $\frac{H}{h}$,

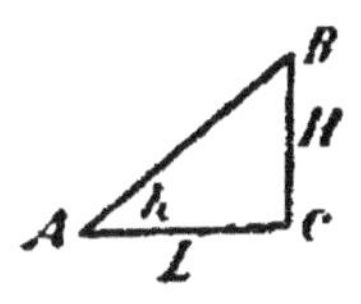

le temps employé au transport, et par suite son prix, serait augmenté dans le rapport de 1 à n. Au lieu de compter une distance L, et d'augmenter le prix, il revient au même de conserver le même prix et de remplacer L par Ln. Mais, comme on descend au retour, et que la vitesse n'est pas alors diminuée, il n'y a lieu de faire cette augmentation que pour l'aller. Le chemin total parcouru, aller et retour, est donc équivalent à une distance $L(1+n)$; et la longueur qu'on substituera à la distance réelle sera $L\frac{(1+n)}{2}$.

Si la ligne AB a une pente $i < h$, on suppose que le parcours se fera d'abord horizontalement, puis avec la pente h à partir d'un point D tel que l'on ait $DC = \frac{H}{h}$.

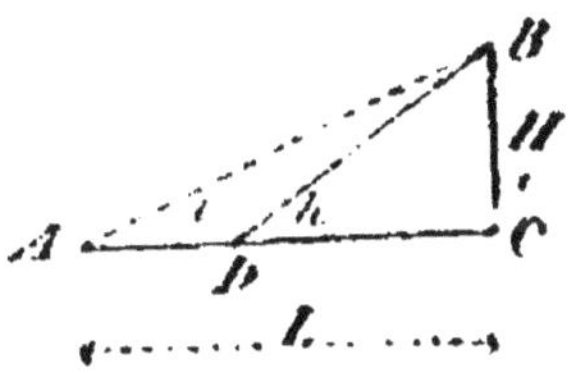

La longueur à compter est alors :

$$L - \frac{H}{h} + \frac{H}{h}\left(\frac{1+n}{2}\right) = L + \frac{H}{h}\left(\frac{n-1}{2}\right).$$

Enfin, si la pente i de la ligne AB est $> h$, on admet que le transport ne se fait pas en ligne droite, et que les véhicules suivent des lacets dont la pente se réduise à h. Le chemin parcouru n'est pas alors L, mais $\frac{H}{h}$, et la distance à compter devient : $\frac{H}{h}\left(\frac{1+n}{2}\right)$.

Le plus habituellement, les transports effectués dans ces conditions sont à la brouette. On admet alors que

$h=1/12$ et $n=3/2$, et les distances à compter sont, dans les trois cas indiqués, respectivement 1,25 L, ou L + 3 H, ou 15 H.

Il n'y a guère lieu d'appliquer ces considérations pour les transports au tombereau dans la construction des routes. Le cas peut se présenter quelquefois lorsqu'il s'agit de fouilles profondes pour l'établissement des grands ouvrages d'art; on pourrait alors faire $n=3/2$ et $h=1/20$; et on obtiendrait, suivant les cas, des distances fictives égales à 1,25 L, à L + 5 H ou à 25 H.

Dans les devis de travaux de terrassements, on substitue quelquefois une règle plus simple aux calculs qui viennent d'être indiqués. On admet, par exemple, que l'on ajoutera toujours à la distance réelle 10 fois la hauteur à gravir, en sorte que la distance fictive est toujours L + 10 H. Dans la plupart des cas, on tient compte ainsi de la difficulté plus largement que par les méthodes rationnelles exposées ci-dessus; mais il n'y a pas grand inconvénient, les transports à faire en rampe étant exceptionnels et de peu d'importance.

TROISIÈME PARTIE

CONSTRUCTION DES ROUTES

CHAPITRE SIXIÈME : TERRASSEMENTS

CHAPITRE SEPTIÈME : CHAUSSÉES

CHAPITRE HUITIÈME : OUVRAGES ACCESSOIRES

CHAPITRE VI

TERRASSEMENTS

SOMMAIRE :

§ 1er. *Fouille.* — 160. Préliminaires. — 161. Ordre général des travaux. — 162. Piquetage. — 163. Fouille. — 164. Louchet. — 165. Pioche, pic, tournée. — 166. Abattage. — 167. Temps employé à la fouille. — 168. Expériences de Gasparin. — 169. Méthode du génie militaire. — 170. Déblais de rocher au pic ou à la pince. — 171. Exploitation des roches à la trace. — 172. Exploitation à la mine : Percement des trous. — 173. Chargement et tir des mines. — 174. Fusées de sûreté. — 175. Disposition des trous et dose de poudre. — 176. Débitage des blocs. — 177. Prix des déblais à la mine. — 178. Dynamite. — 179. Détonation électrique. — 180. Mines à acide. — 181. Mines en galerie.

§ 2. *Chargement, transport et déchargement.* — 182. Différents modes de transport. — 183. *Jet de pelle.* — 184. Prix du jet de pelle. — 185. *Transport à la brouette.* — 186. Prix du transport à la brouette. — 187. Chargement en brouette. — 188. *Transport au tombereau.* — 189. Cube du chargement. — 190. Main-d'œuvre de la charge. — 191. Transport et déchargement. — 192. Prix du transport au tombereau. — 193. *Transport au wagon.* — 194. Transport au camion. — 195. Transport à la corbeille.

§ 3. *Régalage et talutage.* — 196. Régalage. — 197. Foisonnement. — 198. Pilonnage. — 199. Roulage. — 200. Surhaussement des remblais. — 201. Réglement des talus.

§ 4. *Organisation des chantiers.* — 202. Conditions générales. — 203. Choix du mode de transport. — 204. Ordre des travaux. — 205. Composition des ateliers : Fouille et charge. — 206. Rouleurs et brouettes. — 207. Tombereaux et chevaux. — 208. Remarques. — 209. Durée des travaux. — 210. Emprunts et dépôts. — 211. Analyse des prix de terrassements.

§ 5. *Consolidation des talus.* — 1° *Déblais* : 212. Dégradations superficielles. — 213. Défenses contre ces dégradations. — 214. Dégradations dues à des causes internes. — 215. Prévision des éboulements. — 216. Travaux préventifs. — 217. Réparation des éboulements. — 2° *Remblais* : 218. Causes des dégradations. — 219. Défense des talus. — 220. Réparation des éboulements. — 221. Emploi de l'argile en remblai. — 222. Remblais sur terrain compressibles.

§ 1er

FOUILLE

160. Préliminaires. — Lorsque les projets sont approuvés, on exécute les travaux conformément aux prévisions de ces projets.

Ce n'est qu'exceptionnellement que les ingénieurs ont à diriger des chantiers. L'exécution des travaux est confiée à des entrepreneurs, qui s'engagent à les livrer achevés dans des conditions déterminées par le devis et le cahier des charges, et qui procèdent comme ils l'entendent, à leurs risques et périls. L'ingénieur n'intervient que pour contrôler les résultats obtenus et s'assurer si les travaux sont exécutés conformément aux conventions.

Quelquefois, néanmoins, les entrepreneurs font défaut, et les travaux doivent se commencer ou se terminer en régie, soit parce que l'adjudication n'a pas attiré de soumissionnaires, soit parce que l'entrepreneur abandonne les travaux en cours d'exécution, ou en est évincé. Les ingénieurs deviennent alors directeurs d'ateliers.

Ils doivent donc connaître parfaitement les méthodes et les règles suivies dans l'exécution des travaux, soit pour les diriger au besoin, soit pour se rendre compte des malfaçons ou des retards qu'il peut y avoir à constater, et des moyens d'y porter remède dans la limite de leurs attributions.

Cette connaissance est d'ailleurs indispensable pour la rédaction des projets et notamment celle des devis et analyses de prix.

161. Ordre général des travaux. — Les travaux de construction d'une route se font habituellement dans l'ordre suivant.

On commence par les ouvrages d'art courants. Ce sont les murs de soutènement que l'on doit établir en certains points pour maintenir les remblais, et les ponceaux destinés à franchir les cours d'eau à travers lesquels le transport des terres doit se faire.

On exécute ensuite les terrassements, et on termine par la chaussée.

S'il y a des ouvrages d'art exceptionnels, on les mène de front avec les terrassements, de façon à les terminer en même temps.

162. Piquetage. — Tous les travaux doivent, avant d'être mis en train, être piquetés par les soins des ingénieurs. Le piquetage a pour objet de marquer sur le sol tous les points qui définissent les ouvrages.

On recherche d'abord les piquets mis pendant les études. Si on ne les retrouve pas, on en place d'autres aux mêmes points.

On dresse de tous ces piquets *un état, où on indique leurs* numéros, leur position en plan par rapport à des repères déterminés, le niveau de leur tête par rapport aux repères de nivellement, la hauteur du déblai ou du remblai à faire, et tous les renseignements utiles pour retrouver en tout temps le tracé, et vérifier la conformité entre les travaux qui s'exécutent et le projet.

Cet état de piquetage est remis à l'entrepreneur, qui doit le vérifier et l'accepter avant de commencer l'exécution. Pour faciliter cette vérification, on s'astreint souvent à enfoncer les piquets d'un nombre exact de décimètres au-dessus ou au-dessous du niveau de la plate-forme des terrassements.

Sur chaque profil en travers, l'entrepreneur marque, en outre, par d'autres piquets, les bords de la plate-forme, le pied ou la crête des talus, la largeur des fossés, les limites de l'emprise.

Un piquetage spécial et très soigné est fait aussi pour chacun des ouvrages d'art.

103. Fouille. — Les travaux de terrassements se composent de cinq mains-d'œuvre auxquelles la terre est soumise successivement : 1° la fouille ; 2° le chargement ; 3° le transport ; 4° le déchargement ; 5° le régalage.

La fouille a pour objet d'ameublir les terres qui doivent être transportées, afin qu'elles puissent être saisies à la main ou enlevées par les pelles qui servent ordinairement à les charger.

Il y a des sols, comme certains sables, qui n'ont pas besoin d'être ameublis, parce qu'ils sont naturellement sans cohésion. Mais cette circonstance est exceptionnelle, et presque tous les déblais doivent être fouillés.

La fouille se fait avec divers engins, suivant le degré de dureté du sol.

164. Louchet. — Quant la terre est tendre, compacte et sans cailloux, de façon à se découper facilement en mottes, on emploie l'outil appelé louchet ou bêche. Cet instrument con-

vient dans les tourbes et certaines terres de bruyère. Le terrassier procède alors comme les jardiniers : il place son louchet verticalement, appuie avec le pied et détache une motte par abattage.

165. Pioche, pic, tournée. — Le plus souvent, les terres sont ameublées par la *pioche*. C'est une lame de fer plat A, taillée en tranchant à l'une de ses extrémités et portant à l'autre

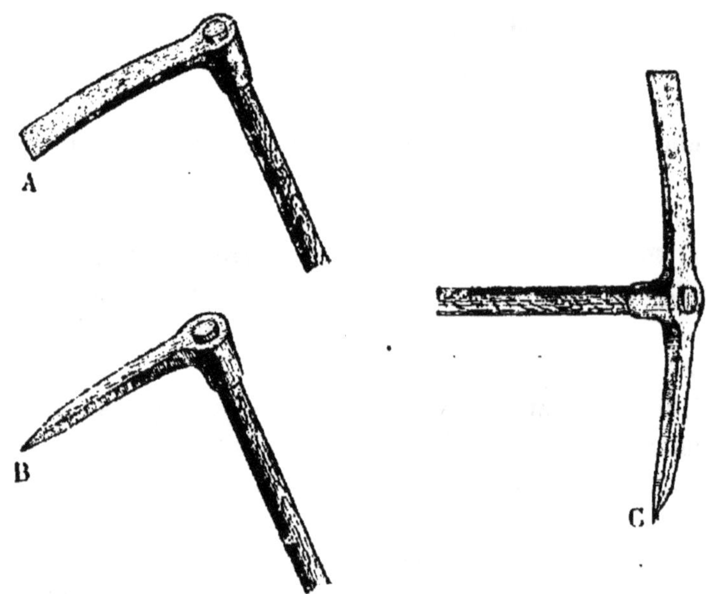

extrémité un œil ou une douille où l'on fixe un manche de $0^m,80$ à $0^m,85$ de longueur. L'ouvrier lance contre le sol sa pioche, qui s'y enfonce plus ou moins suivant la cohésion de la terre ; puis, en redressant le manche, il agit comme par un levier et détache une motte de terre. Le tranchant s'usant très vite, on a soin de le former d'une mise d'acier.

Lorsque la terre est mêlé de cailloux, ou qu'on attaque des roches tendres ou friables, la pioche ne pénétrerait pas assez dans le sol et serait exposée à s'ébrécher. On a recours alors au *pic*. C'est une tige de fer carrée B, terminée par une pointe en acier, et adaptée à un manche. On s'en sert comme de la pioche, mais il pénètre plus profondément. En outre, il glisse facilement contre la surface des cailloux qu'il rencontre, et n'est pas arrêté ni détérioré par cet obstacle.

Ordinairement la pioche et le pic sont réunis en un seul outil nommée *tournée*. C'est un morceau de fer C, portant en son milieu une douille où passe le manche, et terminé d'un côté par une pioche et de l'autre par un pic. L'ouvrier se sert de l'un ou de l'autre bout suivant les besoins.

Dans le langage vulgaire, les tournées reçoivent souvent le nom de pioches.

166. Abattage. — Dans les terres très compactes, on se sert souvent, pour accélérer la fouille des déblais qui ont une certaine profondeur, du procédé de l'abattage.

On commence par dégager la masse suivant un front vertical AB. Puis on fait, de chaque côté du bloc que l'on veut déblayer, des saignées verticales CD, EF, que l'on descend de

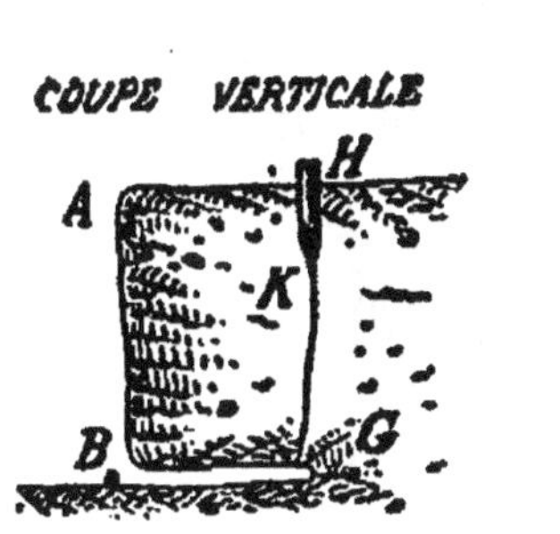

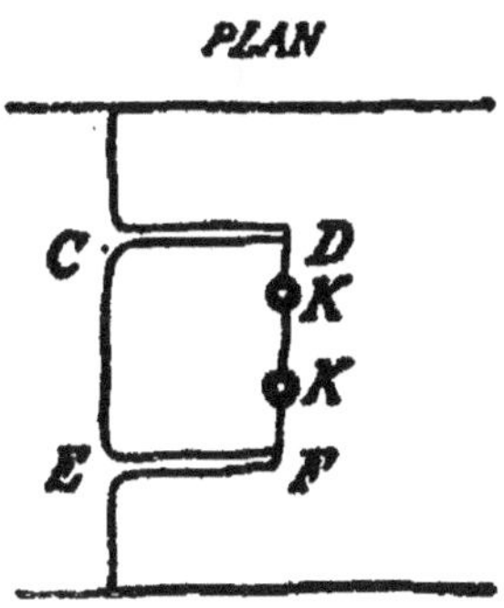

haut en bas ; ces saignées sont plus ou moins profondes et plus ou moins rapprochées suivant la compacité du sol. Cela fait, on sape la terre en dessous pour ouvrir une saignée horizontale BG. On a ainsi découpé un parallélipipède rectangle, qui ne tient plus que par une face FDGH. Pour le détacher, on se sert de forts piquets en bois K de 0m,10 de diamètre environ armés d'une pointe en fer et d'une frette ; on les place dans le plan du fond des saignées, et on les enfonce à coups de maillet. Une fente HG, qui se manifeste suivant la ligne FD, se propage bientôt jusqu'au fond, et toute la masse ainsi découpée tombe en avant et se brise.

Ce procédé est très expéditif et très économique. La terre se trouve ameublie par la chute, et ne demande plus que quelques coups de pioche. Malheureusement il est très dangereux : il arrive souvent que le bloc n'attend pas les coups de maillet pour se détacher et est entraîné par son simple poids pendant que les ouvriers sont encore occupés aux saignées. Ils reçoivent la masse de terre sur les bras ou les jambes et ont les membres fracturés; s'ils sont penchés vers le sol, la tête peut être atteinte et même ensevelie, et l'accident devient mortel. On ne doit recourir à l'abattage que dans des terres très fortes. Un surveillant spécial doit être chargé d'observer continuellement la surface du sol, et de donner l'alarme aussitôt que la moindre fissure se manifeste.

167. Temps employé à la fouille. — La fouille d'une terre est plus ou moins rapide, suivant son degré de cohésion, et aussi suivant la force des ouvriers. Le temps qu'un homme de force moyenne emploie pour déblayer un mètre cube est nul dans les sables mouvants, et peut s'élever à deux heures et même davantage dans les terres très compactes.

On peut admettre comme moyennes approximatives, les résultats suivants :

	Temps nécessaire à un homme pour fouiller un mètre cube.	Volume fouillé par un homme en une heure.
Terres végétales, terres légères . .	0h,5 à 0h,7	1mc,10 à 2mc,00
Terres franches	0 ,8 à 0 ,9	1 ,10 à 1 ,25
Argiles compactes	1 ,2 à 1 ,5	0 ,65 à 0 ,85
Tufs, graviers compactes	1 ,8 à 2 ,0	0 ,50 à 0 ,55

168. Expériences de Gasparin. — Les dénominations dont on vient de faire usage sont assez vagues. On a cherché à spécifier la qualité des terres, au point de vue de la fouille, d'une manière plus précise, en leur attribuant, par exemple, un coefficient déduit d'expériences déterminées.

De Gasparin[1] a proposé divers modes d'essai, qui s'appliquent aux différentes phases de l'acte de la fouille.

Dans la première phase, l'ouvrier lance la pioche pour qu'elle pénètre dans le sol. La faculté de pénétration était mesurée par l'enfoncement d'une bèche dite dynamométrique, ayant un poids de 2 kil. 75 et tombant bien verticalement d'une hauteur de 1 mètre.

Dans la seconde phase, l'ouvrier relève son manche, et la partie de la pioche qui a pénétré agit comme levier pour détacher une motte. Les résistances à cet effort sont de deux natures : il faut d'abord que la pioche se sépare de la terre, et ensuite que la terre se fende.

De Gasparin constatait le degré d'adhérence des terres aux outils, après les avoir délayées dans l'eau et laissées s'égoutter sur un tamis. Il y appliquait alors un disque métallique suspendu à l'un des plateaux d'une balance et chargeait l'autre plateau jusqu'à ce que le disque fût arraché. Le poids nécessaire donnait une mesure de l'adhérence aux outils.

La cohésion se déterminait à l'aide de briquettes prismatiques faites dans des moules au moyen de terre délayée et séchée. On mettait ces briquettes sur deux appuis de distance déterminée et on les rompait par flexion en les chargeant en leur milieu.

Ces expériences manquent de précision, et sont trop délicates pour être appliquées couramment sur les chantiers. Si elles peuvent donner une idée assez précise de la qualité des terres aux trois points de vue indiqués, elles n'établissent pas la proportion dans laquelle chacun des résultats obtenus doit concourir au coefficient moyen. Enfin, les propriétés physiques qu'il s'agit d'étudier sont essentiellement variables pour une même terre, suivant son état hygrométrique.

Il y a donc peu à espérer de cette méthode qui, en fait, n'a jamais été appliquée.

1. *Cours d'agriculture*, t. I, p. 141.

16

169. Méthode du génie. — Dans le génie militaire, on classe les terres, suivant le travail qu'exige leur fouille comparée à leur enlèvement.

On dit qu'une terre est à 1 homme lorsqu'elle n'a pas besoin d'être fouillée; l'atelier se compose alors d'un seul ouvrier, c'est celui qui enlève les terres. Si la terre doit être fouillée, il faut, en outre, un nombre de piocheurs d'autant plus grand que la terre est plus difficile. La terre est dite à 2, 3, 4..... hommes, suivant qu'il faut 1, 2, 3..... piocheurs pour alimenter l'ouvrier qui enlève les fouilles.

On admet que l'enlèvement se fait avec des pelles, et que la terre est chargée dans des brouettes. C'est une main-d'œuvre qui varie peu avec les diverses natures de terres, et on la considère comme constante.

Si donc il faut un temps t pour piocher le volume de terre qu'un homme charge en brouette dans le temps θ, les nombres des piocheurs et des pelleteurs devront être entre eux dans le rapport $\frac{t}{\theta}$, et la terre est dite à $\frac{t}{\theta} + 1$ homme.

Il est facile d'obtenir le rapport $\frac{t}{\theta}$ par une expérience. On met le même homme successivement à la fouille et à la charge d'une même quantité de déblai, et on mesure les temps qu'il emploie à chacune de ces mains-d'œuvre.

Quand il s'agit de régler la valeur d'une terre contradictoirement avec un entrepreneur, les officiers du génie choisissent l'homme qui fouille; le chargement en brouette est fait par un autre ouvrier au choix de l'entrepreneur. Les résultats sont alors aléatoires, les deux hommes n'ayant pas la même force ni la même adresse, et étant toujours des ouvriers exceptionnels.

Toute séduisante qu'elle est, cette méthode n'est pas employée dans le service des ponts et chaussées, où l'on continue à caractériser les terrains par leurs dénominations vulgaires ou minéralogiques. On se guide, pour évaluer le degré de résistance des terres, sur la pratique des ouvriers du pays et sur les exemples donnés par les travaux analogues exécutés antérieurement. On considère comme inutile de préciser davantage une opération telle que la fouille, qui varie énormément d'un point à un autre d'un même massif, et, sur le même point, d'un jour à l'autre.

170. Déblais de rocher au pic ou à la pince. — Lorsque le sol est formé de rocher, les procédés de fouille se compliquent.

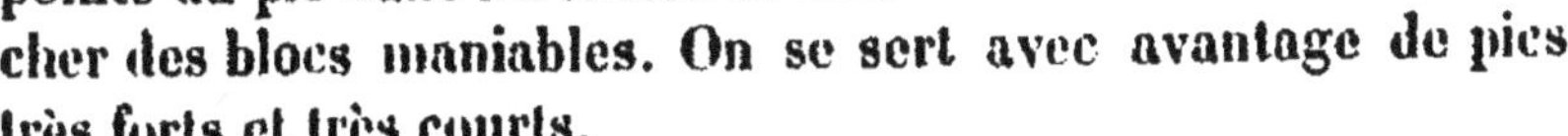

Quelquefois cependant, les roches sont assez tendres pour s'attaquer à la pioche ou au pic. Dans d'autres cas, elles sont fissurées, soit dans divers sens, soit suivant des plans de clivage parallèles, comme les schistes. On peut alors lancer la pointe du pic dans les fentes et détacher des blocs maniables. On se sert avec avantage de pics très forts et très courts.

D'autres roches présentent des fissures moins nombreuses et déterminant des blocs trop volumineux pour être détachés

au moyen du pic. On introduit alors dans les fentes le biseau d'une barre de fer d'environ 35 à 40 millimètres de diamètre et de $1^{m}20$ à $1^{m},50$ de longueur, nommée *pince*, dont l'extrémité est souvent retournée de façon à agir comme un levier coudé.

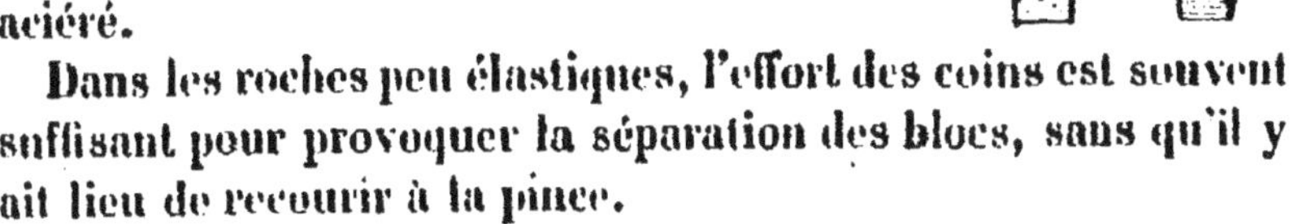

Lorsque les fissures sont trop étroites pour que la pince y puisse mordre, on en élargit l'orifice en y enfonçant à coups de masse des *ciseaux* ou des *coins* de diverses formes en fer aciéré.

Dans les roches peu élastiques, l'effort des coins est souvent suffisant pour provoquer la séparation des blocs, sans qu'il y ait lieu de recourir à la pince.

171. Exploitation des roches à la trace. — Quand la roche à déblayer est compacte et sans fissures, on a recours à d'autres procédés.

Quelquefois cette roche est précieuse, et peut fournir des pierres d'appareil pour la construction. Si l'on n'est pas trop pressé d'exécuter le déblai, on l'exploite comme les carrières de pierre de taille par le procédé de la *trace*, connu de toute antiquité.

On exploite les roches à la trace, exactement comme on abat des terres (n° 166), en faisant autour des blocs à détacher des saignées plus ou moins larges.

Les saignées s'obtiennent avec divers outils, suivant la dureté et le grain de la pierre. Le plus employé est le pic. Le pic est souvent double, et alors il prend vulgairement le nom de pioche.

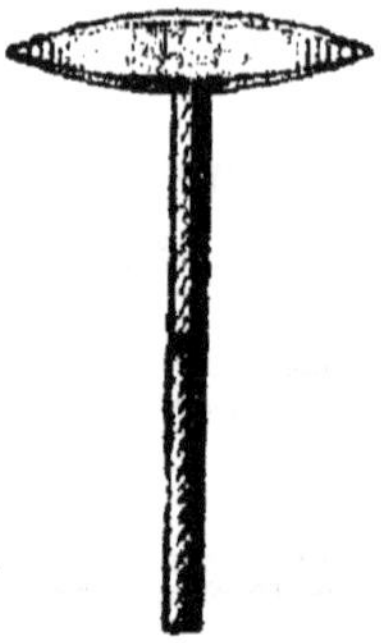

Les dimensions et la forme de ces outils varient suivant la nature de la roche. Les pointes sont d'autant plus fines que la pierre est plus dure.

Le point où on laisse retomber l'outil après l'avoir soulevé se désagrège. En frappant successivement tous les points d'une ligne, on y détermine une rainure, que l'on descend de la même manière jusqu'à la profondeur voulue.

Ces outils ne peuvent être soulevés à une grande hauteur, car il faut qu'ils retombent exactement en des points déterminés qui ne s'écartent pas de la ligne où doit être provoquée la fente. Dans ces conditions, leur chute ne donne lieu qu'à une force vive souvent insuffisante pour que la roche, si elle est très dure, soit désagrégée. Dans ce cas, on divise l'outil en deux, la *pointerolle* P et la *massette* M, qui sont manœuvrés par deux ouvriers distincts, ou par les deux bras d'un seul ouvrier. La pointerolle n'est pas soulevée et a constamment son tranchant appuyé sur la trace de la fente. La massette se manie comme un marteau, et peut acquérir une force vive considérable, qui se transmet à la roche par l'intermédiaire de la pointerolle. Les ouvriers sont munis de trousses où sont réunies plusieurs pointerolles de rechange, car cet outil s'émousse très vite.

Dans certaines roches très dures, comme les marbres, la pointerolle n'agit pas encore assez efficacement. On lui subs-

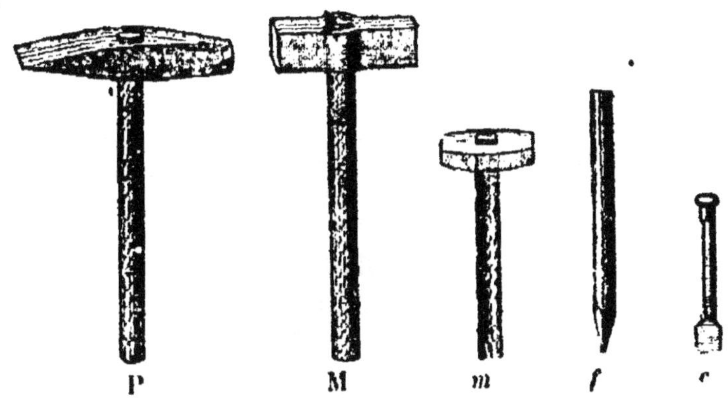

titue alors un *ciseau* (*c*) ou un *fleuret* (*f*) d'acier affûté, sur lequel on frappe à coups secs et vigoureux avec une massette légère (*m*).

Quand les roches n'ont pas une cohésion excessive, il n'est pas nécessaire que toutes les saignées soient poussées à fond. On dégage entièrement le bloc par dessous et sur les côtés, mais la saignée postérieure n'est creusée que sur une partie de la hauteur du bloc. On y engage alors des pinces ou des coins, et on fait ainsi éclater le reste.

On n'entrera pas dans de plus longs détails sur les procédés du débitage des roches à la trace, qui se rattachent à l'exploitation des carrières bien plus qu'à la construction des routes, où l'on est presque toujours trop pressé pour recourir à des moyens aussi lents.

172. Exploitation à la mine : percement des trous. — Lorsqu'on veut aller vite et qu'on ne tient pas à obtenir des morceaux équarris, ce qui est le cas des déblais, on a recours à la mine.

Ce procédé consiste à percer dans la roche des trous cylindriques profonds, nommés trous de mine, au fond desquels on met une substance explosive qui en éclatant provoque la rupture du massif.

Les trous sont percés au moyen d'un outil appelé, suivant sa longueur, *fleuret*, s'il peut être manœuvré par un seul ouvrier, ou *barre à mines* s'il exige deux ou plusieurs hommes. Son diamètre varie de $0^m,02$ à $0^m,05$ et sa longueur de $0^m,30$ à 2 mètres. Il est terminé par un biseau tranchant fortement

aciéré, dont la largeur dépasse un peu le diamètre de la tige. Cette disposition a pour objet d'éviter le frottement considérable qui aurait lieu si le diamètre du trou n'était pas supérieur à celui de la barre, et qui rendrait la manœuvre impossible.

On commence par amorcer le trou avec des pointerolles ou des ciseaux, et on continue avec le fleuret. Tant que la profondeur du trou est faible, et ne dépasse pas $0^m,60$ environ, il suffit d'un seul ouvrier. Il tient le fleuret d'une main, et de l'autre il frappe avec une masse de 1 à 2 kilog. Entre deux coups de marteau, il imprime au fleuret un mouvement de rotation sur son axe, d'environ un sixième de tour. Sans cette précaution, le biseau du fleuret, retombant toujours à la même place, s'engagerait dans une fente AB, où il refoulerait la matière sans produire aucun effet. S'il frappe CD après AB, il enlève au contraire les deux coins AOC et BOD sur toute l'épaisseur où son choc peut désagréger la roche. Quand le trou est plus profond ou que la roche est très dure, il faut deux ouvriers, dont l'un tient le fleuret, le soulève et le fait tourner sur son axe, et l'autre frappe avec une masse de 3 à 5 kilogrammes.

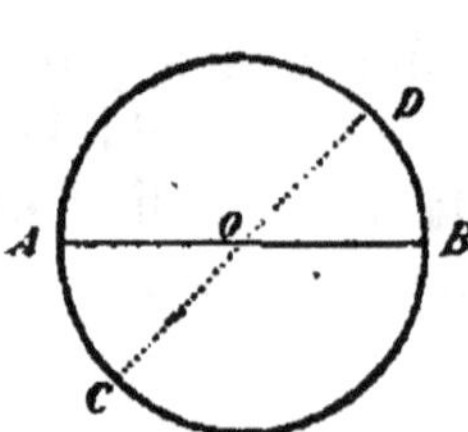

Pour les trous très profonds, on se sert de barres à mines qu'un ou plusieurs ouvriers soulèvent et laissent retomber dans le trou. Elles sont assez lourdes pour que leur chute provoque la désagrégation de la roche, sans qu'il soit nécessaire de les frapper avec des masses.

Pour empêcher le biseau des fleurets de se détremper en s'échauffant, et en même temps pour faciliter la désagrégation de la roche, on verse un peu d'eau dans les trous. Cette eau rend, en outre, l'extraction des détritus plus commode.

On donne aux trous de mine profonds un diamètre décroissant depuis l'orifice jusqu'au fond. On se sert à cet effet de fleurets ou de barres dont le diamètre diminue à mesure que les trous s'allongent.

L'enlèvement des détritus se fait au moyen d'une curette, outil dont la forme varie suivant leur nature. Habituellement c'est une simple cuiller plate emmanchée à une tige de fer; quelquefois c'est une cuiller à spirale ou un petit seau avec soupape à charnière ou à boulet. On descend cet outil au fond du trou, et en le relevant on ramène une partie des détritus qui s'y trouvaient à l'état de boue. On le descend plusieurs fois, jusqu'à ce que le trou soit vide.

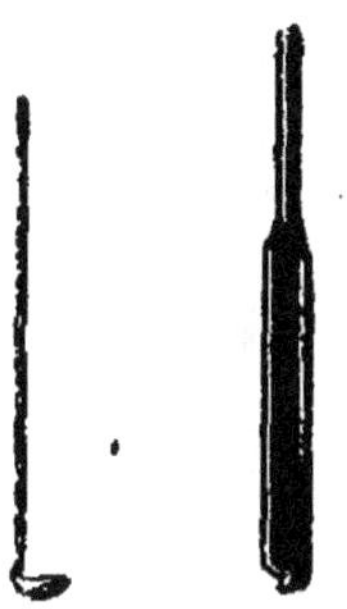

Si on emploie un explosif, comme la poudre, qui craigne l'humidité, il faut dessécher le trou aussi complètement que possible. On y parvient en promenant au fond du trou des étoupes fixées à une tige de fer.

172. Chargement et tir des mines. — Quand le trou est ainsi préparé, on place dans le fond une matière explosive, et on bourre le reste du trou de façon qu'il offre à la pression des gaz développés par l'explosion une résistance plus grande que la roche elle-même. Il faut d'ailleurs ménager dans cette bourre un conduit rempli de substances combustibles, destinées à communiquer à la charge l'inflammation d'une mèche placée au dehors.

La matière explosive la plus anciennement employée est la poudre de mine.

Le chargement se fait encore dans bien des cas par les procédés en usage de temps immémorial. On verse, au fond du trou, la quantité voulue de poudre. Mais il est préférable d'envelopper cette poudre dans des cartouches; on ne risque pas de voir des grains de poudre rester adhérents aux parois du trou, ce qui constitue un déchet et un danger. L'emploi des cartouches est indispensable quand la roche est perméable et qu'il y a de l'eau dans les trous : on emploie alors avec avantage du papier huilé, goudronné ou parcheminé. On se sert d'un *bourroir*, tige en fer ou en bois renflée à son extrémité, pour faire glisser la charge jusqu'au fond. La partie renflée du bourroir doit être en bois ou en cuivre, et non en fer, afin qu'au contact avec les parois dures du trou, elle ne dégage pas d'étincelles, qui seraient la source de dangers.

On introduit dans la charge l'*épinglette*, tige métallique terminée en pointe à une de ses extrémités et portant un œil à l'autre bout. Cette épinglette doit également être en cuivre. Les mineurs ont une tendance à préférer les épinglettes en fer qui, à diamètre égal, offrent plus de rigidité; mais elles doivent être proscrites rigoureusement des chantiers, à cause du danger qu'elles présentent. L'épinglette est destinée à réserver une communication entre la charge et l'extérieur. Sa pointe doit pénétrer jusqu'au centre de la charge.

On bourre alors le trou, en y faisant glisser une pelotte d'argile que l'on enfonce avec le bourroir. Cet outil porte une échancrure qui lui permet d'aller et venir pendant que l'épinglette est en place. Au lieu d'argile on emploie quelquefois des rondelles de carton ou du papier; mais cette pratique est dangereuse, comme on le verra plus loin, et doit être proscrite.

On achève de bourrer le trou avec des détritus ou des débris de roches tendres, en préférant les matières calcaires et argileuses, moins sujettes que les quartz ou sables silicieux à donner des étincelles au contact des outils.

Le trou de mine est alors préparé comme le montre la figure ci-contre.

On enlève l'épinglette avec précaution, de façon que la place qu'elle occupait présente un vide à parois parfaitement lisses.

On substitue à l'épinglette la *fusée*, petit tuyau de diamètre un peu inférieur, garni de poudre. On le fait en petits cornets de papier, nommés *canettes*, enfilés les uns dans les autres, et tapissés intérieurement d'une mince couche de poudre; ou bien en chalumeaux de paille ou de sureau où l'on a versé de la poudre fine. Il faut prendre garde que la fusée ne se replie ou ne se sépare en plusieurs parties, et s'assurer qu'elle a une longueur suffisante pour atteindre le fond du trou de l'épinglette.

On coupe la fusée au niveau de l'orifice du trou de mine, et on y adapte une *mèche*, c'est-à-dire, un corps qui, allumé en un de ses points, brûle lentement de proche en proche. La mèche est ordinairement un bout de corde soufrée ou une bande d'amadou.

Tir des mines. — Après avoir chargé la mine, l'ouvrier allume la mèche, et se retire à une distance suffisante pour être à l'abri des effets de l'explosion. La mèche doit avoir une longueur mesurée en conséquence.

Quand toute la mèche est consumée, le feu se communique à la fusée, qui brûle également de proche en proche mais rapidement, et arrive enfin à la charge de poudre.

Les effets de l'explosion sont variables suivant que la charge est plus ou moins bien calculée. Si elle est parfaitement en rapport avec la résistance du bloc à détacher, celui-ci tombe simplement en un ou plusieurs morceaux. Si la charge est trop forte, les fragments de rocher sont projetés plus ou moins loin. Enfin, avec une charge trop faible ou un bourrage mal fait, le trou est simplement débourré et les matières qu'il contenait sont projetées au loin comme les projectiles des armes à feu.

On tire ordinairement plusieurs mines à la fois. La retraite des ouvriers au moment du tir est un temps perdu que l'on abrège le plus possible. Le mieux est de faire partir ensemble, au moment où les ouvriers quittent le chantier pour leurs repas ou parce que leur journée est finie, toutes les mines qui ont été préparées dans une même reprise de travail. Outre qu'il n'y a pas de temps perdu, on évite les accidents, malheureusement trop fréquents, qui résultent d'un retour prématuré des ouvriers sur l'atelier. On s'arrange pour que les mines ne partent pas toutes à la fois, mais successivement, de façon qu'on puisse compter le nombre des explosions. On détermine d'ailleurs l'ordre des explosions avec méthode, en faisant éclater d'abord celles qui doivent dégager les autres. On y parvient facilement au moyen de mèches de longueurs différentes.

Ratés. — Il arrive quelquefois que le nombre des explosions n'est pas égal à celui des mines que l'on a chargées. C'est qu'il y a eu des *ratés*, c'est-à-dire, des mines où l'inflammation n'a pas atteint la charge.

Les ratés tiennent à diverses causes. Il peut arriver que la poudre de la charge ou de la fusée soit mouillée par les suintements de la roche ; ou bien que la fusée n'ait pas atteint le fond du trou de l'épinglette parce qu'elle était trop courte, ou se soit repliée avant de l'atteindre. Il peut y avoir des solutions de continuité dans la fusée, ou au point d'attache de la fusée et de la mèche. Celle-ci peut avoir été projetée ou éteinte par les éclats provenant d'une explosion voisine.

Il arrive quelquefois que des mines éclatent longtemps après le moment qui leur était assigné, et font, comme l'on dit, *long feu*. C'est ce qui se produit lorsque la fusée n'est pas bien garnie : il y a une période où l'inflammation se transmet, non par la poudre, mais par son enveloppe, qui brûle très lentement, surtout dans une espace presque dépourvu d'air. De même, quand la fusée n'est pas bien à fond, et que l'on a bourré avec du papier, celui-ci peut s'enflammer seul et ne provoquer l'explosion qu'après s'être consumé lentement.

Lors donc que le nombre des explosions est inférieur à celui des mines, il ne faut pas s'empresser de conclure qu'il y a des ratés, et il faut attendre assez longtemps, au moins cinq minutes, avant de revenir auprès des mines, qui pourraient faire long feu. Un grand nombre d'accidents proviennent d'un retour précipité des ouvriers après le tir.

Quand une mine a raté, on peut utiliser le même trou, après l'avoir débourré, en modifiant la charge ou remplaçant la fusée. On enlève les matières mises dans le trou avec des *débourroirs* en forme de tire-bouchons. Ces outils doivent être en cuivre, et il ne faut y recourir qu'après qu'on est absolument certain que le raté est bien définitif. Le plus prudent serait de ne jamais débourrer, car l'opération peut provoquer des étincelles ou un échauffement dangereux des outils.

174. Fusées de sûreté. — La plupart des accidents, dans l'exploitation des roches à la mine, proviennent d'une mauvaise installation ou d'un mauvais fonctionnement des fusées ou des mèches. On les évite, en se servant des fusées perfectionnées, dites *fusées de sûreté*, inventées par l'ingénieur anglais Bickford. Elles se composent d'une corde en chanvre ou en coton, dont l'âme est formée par un filet continu de poudre, et qui est elle-même recouverte d'un ruban enroulé en hélice.

Toute cette enveloppe est imprégnée de goudron. Elle présente une grande résistance.

L'emploi d'une fusée de sûreté est très simple. On introduit cette corde rigide dans le trou de mine, au lieu de l'épinglette, en ayant soin de la faire pénétrer vers le centre de la charge. Puis on bourre autour de cette fusée comme on eût fait autour de l'épinglette. On adapte enfin à l'extrémité une mèche que l'on allume, ou bien on met le feu directement à la fusée, que l'on a coupée en laissant passer hors du trou une longueur calculée en raison du délai que l'on veut ménager à l'explosion.

Les avantages de ce système de fusée sont évidents. On peut assigner presque mathématiquement le moment de l'explosion, car l'expérience indique la vitesse constante avec laquelle la combustion se propage dans la fusée. Cette vitesse oscille, dans d'étroites limites, autour d'une moyenne de $0^m,50$ par minute, suivant que le bourrage est plus ou moins serré; pour le bout resté en dehors du trou, on peut compter $1^m,25$ par minute. Il y a là une grande garantie par la sécurité des ouvriers.

Les ratés deviennent très rares. Ils ne peuvent avoir lieu que si la fusée a été coupée pendant le bourrage par l'emploi de fragments anguleux de roches dures, ou si la mèche s'éteint avant d'avoir allumé la fusée. Mais on peut se passer complètement de mèches, et un bourrage défectueux peut toujours être évité. En tout cas, les longs feux, qui sont les plus dangereux, n'existent plus.

Enfin, l'explosion est plus efficace. D'une part, on peut régler à volonté l'ordre dans lequel se succèdent les explosions d'une série de mines préparées en même temps. D'autre part, il y a moins de perte dans l'effet utile de la poudre. En effet, le trou cylindrique laissé par l'épinglette forme une lumière de dimension très notable, dont le diamètre atteint quelquefois le tiers de celui du trou de mine. Au moment de l'explosion, une partie des gaz s'échappe par la lumière et entraîne même souvent des grains de poudre intacts; la pression intérieure se trouve donc affaiblie. Les fusées de sûreté ont un diamètre moindre que les épinglettes, et, en outre, leur enveloppe laisse, après combustion dans un espace à peu près clos, une sorte de coke qui obstrue complètement le canal.

A côté de ces avantages, les fusées de sûreté ont l'inconvénient de coûter cher, et de donner une fumée assez épaisse, qui peut être une gêne dans certains travaux, comme ceux des souterrains.

175. Disposition des trous et doses de poudre. — Un trou de mine est un espace cylindrique, dont la poudre occupe le fond sur une longueur qui varie entre le dixième et le tiers de la profondeur totale; le reste est garni de bourre. Les gaz provenant de l'explosion exercent leur pression sur les parois du cylindre, dans l'espace occupé par la poudre, et leur effort est égal à leur tension multipliée par le diamètre et par la hauteur de cet espace.

Un trou de mine doit être disposé de façon que la section de moindre résistance de la roche, à partir du fond du trou de mine, présente une cohésion totale un peu inférieure, mais presque égale, à l'effort des gaz. On ne peut établir de règles pour le choix de la position des trous. L'expérience seule peut guider, et une longue pratique est nécessaire : il faut connaître les effets habituels de la poudre et la nature des roches qu'il s'agit de débiter. Il en est de même pour la profondeur à donner à chaque trou.

Lorsqu'un trou est percé, la charge de poudre doit être calculée de façon à vaincre la résistance que la roche présente en raison de la position et de la profondeur du trou. La pratique seule encore peut guider à ce sujet. Dans les petits trous à 1 homme, on emploie, en général, entre 60 et 150 grammes de poudre. On en met davantage dans les trous à plusieurs hommes, et on va quelquefois jusqu'à 1 kilogramme et plus.

On a proposé de diminuer la consommation de la poudre, en introduisant au fond du trou un demi-cylindre A en bois, de longueur égale à celle de la charge B de poudre. Le volume de la poudre est moitié moindre, mais elle produit le même effet, puisque, renfermés dans un espace moitié moindre, les gaz acquièrent la même tension, et agissent sur la même surface. Malgré cette économie, cette disposition est peu employée, par suite sans doute de la sujétion qu'elle occasionne.

A

B

176. Débitage des blocs. — Après l'explosion, on détache du massif, à la pince et au pic, tous les fragments de roche qui ont été ébranlés.

Il arrive souvent que ces fragments sont encore trop volumineux pour être enlevés. On les débite alors en frappant dessus à coups de masses; et même, lorsque les blocs sont très gros, en y pratiquant de petits trous de mine, où l'on fait partir des pétards.

177. Prix des déblais à la mine. — La dépense des déblais à la mine est très variable. Elle dépend surtout de la dureté des roches, mais aussi de l'habileté des mineurs et de la qualité de la poudre.

Vicat[1] cite des expériences d'où il résulte que, dans un calcaire compacte lithographique, il a fallu de 3 heures à $3^h,45$ de mineur pour extraire un mètre cube, non compris

1. *Annales des ponts et chaussées*, 1835, 2e semestre.

les manœuvres employés à l'enlèvement des déblais et aux travaux accessoires, et qu'on y a consommé de 100 à 160 grammes de poudre par mètre cube.

M. Ruelle a donné le relevé des frais de l'extraction à la mine des roches trachytiques et basaltiques rencontrées dans la percée du souterrain de Lioran dans le Cantal. Si l'on fait abstraction des travaux en galerie étroite, où il y a des sujétions qu'on ne rencontre pas dans les déblais, les résultats ont varié dans les limites suivantes, par mètre cube :

Journées de mineur, de 0,67 à 1,80 ; poudre, de 250 grammes à 1200 grammes ; faux frais pour outils, mèches, etc., de 0 fr. 33 à 1 fr. 35 ; dépense, de 2 fr. 85 à 9 fr. 60.

Aux prix actuels, on peut admettre que le prix d'un mètre cube de déblai à la mine dans les roches varie de 2 à 12 francs. Dans les calcaires tendres, il peut descendre au-dessous et s'abaisser à 1 fr. 50 et même 1 fr.

178. Dynamite. — La poudre n'est pas le seul agent employé pour les mines. On y a essayé les effets des diverses substances explosives qui ont été successivement découvertes depuis un demi-siècle. La plupart de ces essais n'ont pas eu de suite ; ils donnaient lieu à des dépenses plus considérables que la poudre, et ils étaient la source de dangers plus grands, soit parce que le maniement en était peu familier aux ouvriers, soit parce que, comme le pyroxyle, ils étaient sujets à des altérations qui en provoquaient l'explosion spontanée.

Il en est autrement de la *nitroglycérine*, qui, à force égale, coûte moins cher que la poudre, et qui paraît parfaitement stable, lorsqu'elle est neutre, résultat facile à atteindre avec un corps liquide. Aussi, la nitroglycérine se serait-elle répandue dans tous les travaux de mine, si son transport n'avait donné lieu à des accidents épouvantables qui l'ont fait prohiber dans tous les pays. L'emploi de la nitroglycérine n'est autorisé que si elle est fabriquée sur place ; et même alors les accidents sont à redouter, quoique sur une moindre échelle.

La cause de ces accidents réside dans la propriété qu'a cette substance de détoner par le choc lorsqu'elle est en couche mince. La moindre exsudation de liquide devient une source de danger.

M. Nobel, ingénieur suédois, a eu l'idée, en 1867, de faire disparaître cet inconvénient, en imbibant de nitroglycérine des substances solides, dans une proportion telle que l'exsudation en fût impossible. Le nouveau produit, nommé *dynamite*, donne des effets égaux à ceux de la nitroglycérine qu'il contient, sans présenter les mêmes dangers.

Il est nécessaire que la quantité de nitroglycérine incorporée dans la matière absorbante ne dépasse pas ce que celle-ci peut retenir, même sous les secousses : autrement le danger d'exsudation reparaîtrait. L'absorbant doit donc être choisi et étudié avec soin. M. Nobel a donné la préférence à certains sables siliceux très fins formés de carapaces ou enveloppes d'êtres organisés. Pendant longtemps, il employait exclusivement le *kieselgühr*, que l'on trouve à Oberlake près Unterlass (Hollande), et qui est formé de débris de tubes d'une algue microscopique, de la famille des diatomées.

Aujourd'hui on utilise également un sable analogue que l'on rencontre dans le Puy-de-Dôme, près de la ville de Randan, d'où lui vient son nom de *randanite*, et d'autres silices analogues récemment découvertes.

Ces carapaces ont une telle résistance et une telle élasticité que le broyage ne les détruit pas. Le liquide y reste emprisonné, et le choc est sans effet sur cette nitroglycérine enfermée dans des tubes microscopiques comme dans autant de flacons élastiques.

On peut faire absorber au kieselgühr un poids de nitroglycérine presque égal au sien. On s'en tient à 75 pour 100, et la dynamite ainsi composée, qui est la plus répandue et désignée sous le n° 1, ne graisse pas, même après un contact prolongé, le papier des cartouches où on l'enveloppe.

On a essayé d'autres absorbants, tel que le carbonate de magnésie et certains charbons ; mais ils ne présentent pas les mêmes garanties.

On fabrique, outre la dynamite n° 1, quelques autres variétés pour des usages spéciaux, savoir :

La dynamite n° 0, où la silice est remplacée par de la cellulose à laquelle on fait absorber également 75 pour 100 de son poids de nitroglycérine ; la dynamite nº 3, formée de poudre et de 20 à 25 pour 100 de nitroglycérine ; et diverses espèces, portées sous le nº 2, qui sont des mélanges à doses variables des dynamites nºs 0, 1 et 3.

Le transport de la dynamite n'offre pas de danger, malgré les préjugés qui existent encore à cet égard. Une simple étincelle ne suffit pas pour la faire éclater, comme la poudre, et elle ne craint pas les chocs comme la nitroglycérine.

Le contact du feu ne suffit pas pour faire détoner la dynamite : il provoque simplement sa combustion, si elle est à l'air libre ou dans des enveloppes elles-mêmes combustibles. Enfermée dans des enveloppes résistantes où le feu ne peut être introduit que par des fusées, elle résiste encore à l'inflammation dans bien des cas.

Pour obtenir sûrement l'explosion de la dynamite, il faut y déterminer une détonation primordiale, au moyen d'une capsule fulminante ou d'une forte charge de poudre ordinaire ; elle éclate alors violemment, même lorsqu'elle n'est recouverte que d'un corps mince et léger.

La dynamite est livrée au commerce sous forme de cartouches en papier parcheminé, préparées dans les usines. Ces cartouches ont de $0^m,10$ à $0^m,12$ de long et de $0^m,02$ à $0^m,03$ de diamètre ; elles renferment 100 grammes de dynamite. Pour provoquer l'explosion, on prépare des cartouches spéciales, dites cartouches amorces, qui contiennent seulement 25 grammes de dynamite, au centre de laquelle est placée une grosse capsule fulminante, de $0^m,02$ à $0^m,03$ de long et de $0^m,004$ de diamètre, renfermant de $0^{gr},15$ à $0^{gr},30$ de fulminate de mercure, ou bien 1 gramme au moins de bonne poudre noire.

Pour faire éclater une mine, on met une ou plusieurs cartouches au fond du trou, et par dessus une cartouche amorce où l'on a d'abord introduit l'extrémité d'une fusée. On bourre ensuite légèrement, avec une poignée de sable, ou simplement avec un peu d'eau, et on met le feu à la fusée.

La dynamite peut être employée pour exploiter des roches aquifères, car elle est insensible à l'humidité. On s'en sert également pour faire sauter des roches sous l'eau ou des blocs de glace.

Par les temps froids, la nytroglycérine gèle et la dynamite devient inerte. Cet effet se produit vers 6° au-dessus de 0°. Il faut alors la faire dégeler avant de l'employer, ou bien recourir à des amorces d'une puissance exceptionnelle. Des capsules renfermant de 1^{gr} à 1^{gr},50 de fulminate de mercure sont nécessaires pour provoquer la détonation de la dynamite gelée. Le plus souvent on n'a pas de telles amorces sous la main, et on préfère faire dégeler la dynamite. Cette opération est une des causes d'accident les plus fréquentes. Les mineurs placent les cartouches sur un poêle ou devant le feu, et s'imaginent qu'ils ne courent aucun danger, parce qu'ils l'ont fait maintes fois impunément ; néanmoins l'explosion vient quelquefois à se produire par une circonstance fortuite, souvent inexpliquée. On leur recommande de mettre les cartouches dans de l'eau chaude, loin du feu ; mais cette opération n'est pas elle-même à l'abri de tout danger : si une cartouche n'est pas bien close, l'eau y pénètre, et la nitroglycérine, qui a une grande densité, peut être chassée par l'eau de ses réservoirs et tomber au fond du vase. Le plus simple est peut-être de prescrire aux ouvriers de porter les cartouches dans les poches de leurs pantalons où elles s'échauffent assez pour dégeler.

Le prix de la dynamite est de 6 à 8 francs le kilogr. suivant sa composition. A poids égal ses effets sont supérieurs au triple de ceux de la poudre, qui vaut 2 fr. 50. Aussi le nouvel explosif tend-il à se répandre de plus en plus, et se répandrait bien plus rapidement encore sans les entraves que les préjugés apportent à sa circulation et à sa mise en entrepôt.

170. Détonation électrique. — Au lieu de porter l'inflammation à la substance explosive, poudre ou dynamite, au fond du trou de mine, au moyen d'une fusée de poudre, on peut provoquer la détonation en produisant au centre de la charge un foyer de chaleur suffisante par un procédé électrique.

On a essayé d'abord de placer dans la charge une petite spirale en fil de fer très mince faisant partie d'un circuit où l'on faisait passer un courant électrique au moment voulu. On préfère aujourd'hui provoquer une étincelle entre les extrémités de deux fils conducteurs, placées à très petite distance l'une de l'autre. On les entoure d'une gaîne de gutta-percha qui enveloppe un petit sachet de poudre ou mieux de fulminate de mercure. L'étincelle peut être obtenue d'une pile de deux ou trois éléments, sous l'influence d'une bobine de Ruhmkorff.

M. Bréguet construit maintenant pour cet usage un instrument portatif, nommé *coup de poing*, qui donne l'étincelle sans aucune pile. Un fort aimant en fer à cheval est neutralisé par une barre A de fer doux, qu'un levier permet de séparer brusquement. A ce moment, l'aimant reprend ses propriétés et provoque, dans les bobines dont ses pôles sont entourés, un courant d'induction qui se propage dans deux fils conducteurs attachés aux deux bornes *a* et *b*. Ces fils enveloppés d'une gaîne isolante se terminent à l'intérieur d'un petit sachet rempli de matière fulminante, où leurs extrémités sont presque en contact. La formation brusque du courant d'induction provoque une petite étincelle dans la très courte interruption de circuit qui existe entre les deux extrémités des fils.

La séparation brusque du fer doux s'obtient par un coup de poing donné sur un large bouton B ; de là vient le nom de l'instrument. Un verrou V l'empêche de fonctionner, même sous les chocs, avant le moment voulu, tant qu'il n'est pas ouvert.

180. Mines à acide. — L'extraction des roches à la mine est lente et coûteuse. Les trous de mines n'étant chargés que sur une longueur variant du tiers au dixième de leur longueur, il faut, pour loger un volume déterminé de poudre, broyer de trois à dix fois le même volume de roche, travail qui demande beaucoup de temps à des ouvriers spéciaux.

On a cherché à rendre cette opération plus rapide et plus avantageuse en concentrant une forte masse de poudre au fond d'un grand trou de plusieurs mètres de longueur, disposé de façon à détacher un gros bloc d'un seul coup.

M. Courbebaisse a eu l'idée d'agrandir la poche où la poudre doit être logée, tout en conservant au reste du trou de mine ses dimensions ordinaires. Ce résultat pourrait s'obtenir par des appareils mécaniques à ressort descendus au fond du trou et manœuvrés par des tiges sortant à l'extérieur. Mais dans ces conditions le forage de la poche serait très coûteux, et le système n'offrirait pas d'avantages sur les procédés ordinaires.

Dans les roches calcaires, l'agrandissement de la poche est obtenu par un procédé chimique. On fait parvenir au fond du trou de l'acide chlorhydrique, et le calcaire est attaqué et transformé en une dissolution de chlorure de calcium, que l'on peut facilement extraire par le trou de mine.

Tel est le principe sur lequel est basé le procédé de M. Courbebaisse.

Pour que l'acide fasse une poche au fond du trou de mine, il faut qu'il y soit amené par un tuyau qui l'isole des parois. On descend donc un tube AB de petit diamètre, qui s'arrête un peu au-dessus du fond de la poche à creuser, et qui est maintenu contre les parois par des mottes d'argile ou des étoupes. A la partie supérieure C, il s'ouvre en entonnoir, ou bien il communique avec un réservoir quelconque, muni de robinets permettant de régler l'écoulement.

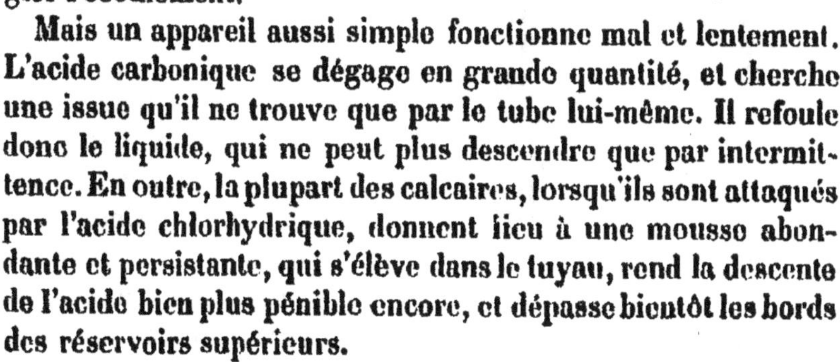

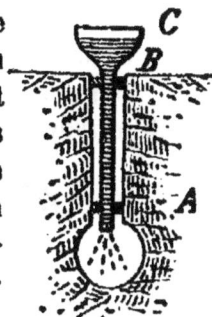

Mais un appareil aussi simple fonctionne mal et lentement. L'acide carbonique se dégage en grande quantité, et cherche une issue qu'il ne trouve que par le tube lui-même. Il refoule donc le liquide, qui ne peut plus descendre que par intermittence. En outre, la plupart des calcaires, lorsqu'ils sont attaqués par l'acide chlorhydrique, donnent lieu à une mousse abondante et persistante, qui s'élève dans le tuyau, rend la descente de l'acide bien plus pénible encore, et dépasse bientôt les bords des réservoirs supérieurs.

M. Courbebaisse évite ces inconvénients en ménageant un canal spécial pour la sortie de l'acide carbonique et de la mousse qu'il entraîne. Ce canal, comme le montre le croquis figuratif ci-contre, est le vide laissé entre le tuyau de descente AB de l'acide chlorhydrique et un autre tuyau concentrique, CDE. Le tuyau AB, qui est intérieur, sort du tuyau CDE en un point K et communique avec le réservoir R d'acide; le tuyau extérieur CD se retourne au-dessus d'un autre réservoir S. L'acide carbonique qui se dégage en abondance sur les parois de la poche M, à mesure qu'elle se creuse, ainsi que la mousse formée, s'engagent dans l'espace annulaire CD. La mousse tombe dans le réservoir S, où elle se résout en liquide.

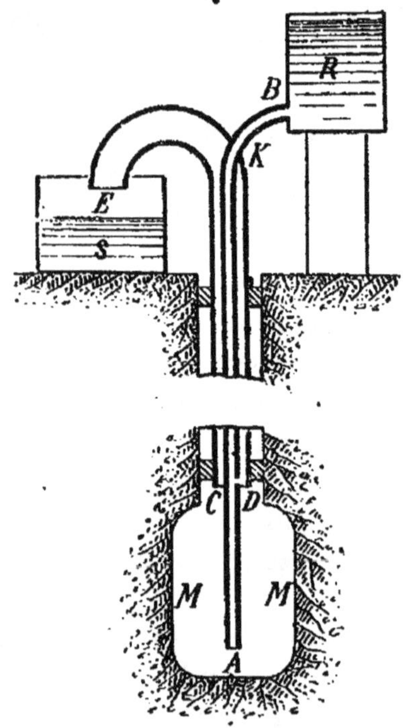

Ce liquide est encore loin d'être saturé de chaux, l'acide chlorhydrique n'ayant pu agir complètement avant son expulsion à l'état de mousse. Aussi le fait-on passer du vase S dans le réservoir R, et descendre de nouveau dans la poche ; et cela, plusieurs fois au besoin, jusqu'à ce que la dissolution soit presque neutre.

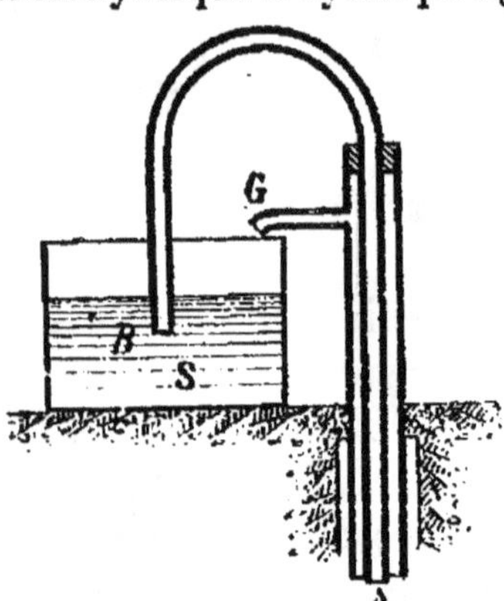

Cette dernière main-d'œuvre se fait toute seule, dans la disposition des appareils à siphon imaginés par M. Courbebaisse. Avec ces appareils, il n'y a plus qu'un seul réservoir S, où l'on met l'acide, et où se déverse la mousse par un ajutage G. Le tube intérieur AB, recourbé en siphon, plonge dans le réservoir ; il suffit de l'amorcer pour faire descendre le liquide au fond du trou. La mousse qui remonte entretient la constance du niveau et la permanence de l'écoulement, jusqu'à ce qu'il ne se dégage plus d'acide carbonique et que le siphon se désamorce[1].

Lorsque la roche est fissurée, l'acide se perd par les fentes et ne remonte pas ; en outre la roche n'est pas rongée sous forme d'une poche régulière et se ramifie suivant les fentes. Dans ce cas, on essaie de les boucher préalablement en introduisant dans le trou de l'eau tenant en suspension du plâtre ou de l'argile, que l'on comprime avec un piston d'étoupes ; ou bien, on enlève le tube intérieur, et on verse l'acide goutte à goutte, de façon qu'il produise son effet sur la roche avant de pénétrer dans les fissures, qui ne reçoivent plus que du chlorure de calcium neutre.

Une fois la poche suffisamment creusée, on vide le trou soit avec de petits seeaux, soit avec de longs paquets de chanvre au bout d'une ficelle, on l'étanche et on le sèche bien avec des paquets d'étoupes, qu'on tourne au fond avec un tire-bourre au bout d'une longue perche ; puis on le charge, en versant la moitié de la poudre, descendant une mèche Bickford, et versant ensuite le reste de la charge. Enfin, on bourre comme à l'ordinaire, et on tire.

Avec de semblables mines on peut faire tomber d'un seul coup des masses de plusieurs centaines de mètres cubes. La partie détachée se sépare du massif général sans projection de fragments et sans détonation ; à peine un peu de fumée dans les décombres dénote-t-elle la cause de cet effondrement.

Dans sa chute, cette masse se sépare en fragments, souvent de grande dimension. S'ils sont trop gros, on les divise avec des pétards mis dans de petits trous de mine.

Il faut, en outre, détacher à la pince, et au besoin par des pétards, les blocs simplement ébranlés qui entourent le trou de mine.

1. Les deux tubes, dont les figures ci-dessus ne sont qu'une représentation démonstrative, sont en réalité minces et formés de cuivre protégé par une couche de goudron ou de gutta-percha. Le diamètre du tube central est ordinairement de $0^m,015$, celui du tube extérieur de $0^m,03$, et celui du trou de mine de $0^m,055$.

Le prix de revient des mines à acide est très peu élevé, quand on opère sur de grandes masses, parce que la main-d'œuvre y entre pour une faible part. Il n'y a qu'un seul trou à percer pour plusieurs centaines de mètres cubes, et quoique ce trou soit profond, sa longueur n'est guère que de $0^m,015$ à $0^m,02$ par mètre cube ; c'est à peu près cent fois moins que par les procédés ordinaires.

Quant à la consommation de poudre, elle est à peu près la même. Théoriquement, elle devrait même être supérieure ; car l'effet de la poudre, étant dû à la pression des gaz sur la surface de la section verticale de la poche, varie, pour une même tension des gaz, proportionnellement au carré des dimensions, alors que son volume augmente suivant leur cube. La tension restant constante, quel que soit le volume, pour des poches toujours entièrement remplies, il faudra donc d'autant plus de poudre, pour obtenir les mêmes résultats, que la capacité des poches est plus grande. Mais, d'un autre côté, ces grandes mines sont mieux étudiées que les petites : on apporte plus de soin dans le choix de leur emplacement et dans leur établissement ; on calcule plus exactement le volume de poudre nécessaire ; on arrive à éviter les projections de matériaux ; et, en somme, la force de la poudre est mieux utilisée. Ces circonstances compensent l'augmentation théorique.

M. Courbebaisse évaluait, en 1855, la dépense de l'exploitation des roches calcaires par l'acide à 300 fr. pour des masses de 4 à 500 mètres cubes, soit de 0 fr. 60 à 0 fr. 75 par mètre cube. La dépense se décomposait comme il suit :

7 mètres de trou à 4 fr.	28 fr.
360 kil. d'acide à 0 fr. 20.	72
70 kil. de poudre à 2 fr.	140
Mains-d'œuvre diverses et faux frais. . . .	10
Enlèvement des blocs ébranlés.	20
Débit des gros blocs.	30
Total.	300 fr.

Aux cours actuels, ces prix seraient augmentés d'environ 20 pour 100.

Ces résultats sont confirmés par ceux que l'on obtient dans l'exploitation en grand des rochers des îles du Frioul pour les travaux du port de Marseille. La profondeur des trous est ordinairement de 8 à 10 mètres; ses limites extrêmes, rarement atteintes, sont 2 mètres et 15 mètres. L'expérience indique qu'un kilogramme de poudre fait sauter en moyenne $5^{mc},88$ de rocher, et qu'il faut 10 à 12 kilogrammes d'acide par kilogramme de poudre. Le prix moyen de l'extraction varie entre 0 fr. 66 et 0 fr. 75 par mètre cube. Mais il faut remarquer que, l'acide chlorhydrique étant à vil prix à Marseille, sa valeur au Frioul reste entre 6 et 10 fr. les 100 kilog., et que l'exploitation, faite en vue de travaux d'enrochement, recherche les gros blocs, qui auraient encore à être débités s'il s'agissait de fouilles à transporter en remblai.

Malgré ses avantages, la méthode de M. Courbebaisse a été peu employée dans les travaux de construction des routes, parce qu'il est rare qu'on ait à fouiller des déblais en roche calcaire assez volumineux pour justifier l'installation d'appareils encombrants, et que l'économie diminue à mesure qu'on applique le procédé à de plus petites masses.

181. Mines en galerie. — On construit aussi quelquefois des mines de dimensions encore plus grandes, appelées *mines en galerie* ou *mines monstres*, qui peuvent recevoir des centaines et mêmes des milliers de kilogrammes de poudre, et faire sauter d'un seul coup d'énormes masses dont les mètres cubes se comptent par milliers ou dizaines de mille. A cet effet, on perce dans le rocher des galeries en souterrain, assez grandes pour qu'un homme puisse s'y tenir et y travailler, ayant, par exemple, $1^{m},75$ de hauteur et $0^{m},80$ de large. Ces galeries sont conduites, soit verticalement, soit horizontalement, jusqu'au point où doit être mise la charge de poudre; elles ne sont pas tracées en ligne droite, mais en zig-zags, pour s'opposer au débourrage. On met au fond de la galerie la quantité de poudre voulue, dans des sacs bien serrés les uns contre les autres; puis on bourre après avoir placé une fusée disposée de façon que le raté en soit impossible. Le bourrage consiste à fermer hermétiquement la galerie, au moyen de murs en maçonnerie de ciment, s'étendant sur plusieurs mètres à partir de la charge ; et à remplir le reste de la galerie en maçonnerie à pierres sèches, en cailloux bien tassés ou en terre pilonnée.

On cite des mines de cette espèce qui ont fait sauter plus de 100.000 mètres cubes de rocher. Mais il ne semble pas qu'elles conduisent à une économie notable. Si on tient compte de tous les frais, la dépense par mètre cube se rapproche beaucoup de celle des mines à acide.

Cela tient à ce que, la consommation de poudre restant proportionnellement la même, le percement de la galerie, qui représente le trou de mine, est très coûteux, par suite de grandes dimensions qu'il faut lui donner. En outre, la roche ne se trouve le plus souvent fractionnée qu'en blocs très considérables, qu'il faut encore débiter à grands frais.

Ces mines monstres n'ont évidemment pas d'application dans la construction des routes, ni même des chemins de fer. Mais on y a quelquefois essayé un procédé analogue pour les grandes tranchées en rocher. On creuse, dans l'axe, et au niveau de la plateforme, une galerie que l'on charge de poudre, de distance en distance ou au moyen d'un boyau continu, et que l'on bourre ensuite comme dans le cas précédent. Au moment de l'explosion la masse de rocher qui est au-dessus de la galerie se soulève et retombe sur place ; il n'y a plus qu'à débiter les fragments. Mais il est très difficile de régler la charge convenablement; quelquefois on n'obtient qu'un simple débourrage des galeries, tandis que le plus souvent la roche est désagrégée sur une largeur supérieure à celle de la tranchée. Le volume relatif des galeries est trop grand, et le travail revient très cher. Ce peut être une ressource toutefois, quand les travaux sont urgents et qu'on ne regarde pas à la dépense.

§ 2

TRANSPORT, CHARGEMENT ET DÉCHARGEMENT

182. Différents modes de transport. — Lorsque les déblais sont fouillés, il faut les enlever pour les mettre en remblai ou en dépôt. Le transport se fait de différentes manières, suivant les circonstances, surtout suivant la distance où il a lieu. Dans la construction des routes, on emploie presque exclusivement la pelle, la brouette ou le tombereau. Quelquefois on a recours au wagon ou au camion, et dans certaines contrées on se sert de corbeilles.

183. Jet de pelle. — La pelle de terrassier est une plaque de tôle en forme d'ogive arrondie, munie d'une douille où se place un manche de bois recourbé.

Pour faire un transport à la pelle, l'ouvrier enfonce son ou-

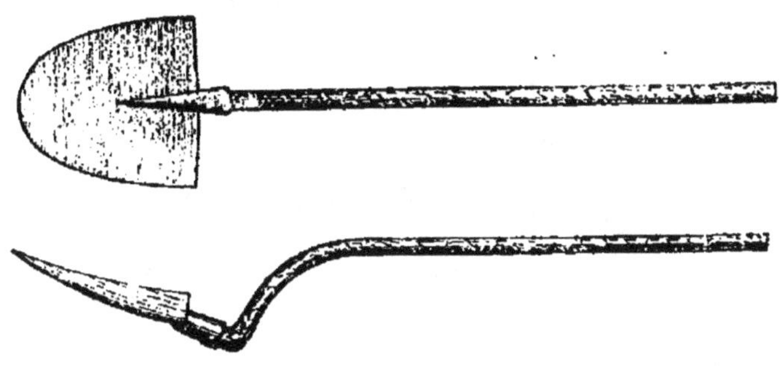

til dans les fouilles et en prend un certain poids qu'il lance avec force dans la direction du transport.

La distance à laquelle il la jette dépend évidemment de la quantité qu'il a prise : un simple caillou serait projeté à 15 ou 20 mètres, tandis qu'une énorme pelletée se déplacerait péniblement de quelques décimètres. Le travail produit dans ces deux cas par chaque jet de pelle serait très faible, et en outre demanderait beaucoup de temps.

Il y a donc, entre ces extrêmes, une moyenne qui procure le maximum de rendement utile du travail des ouvriers. Le maximum paraît répondre, pour des hommes de force ordinaire, à un poids de terre d'environ 2 kilog. 75, lancé, toutes les 5 secondes, à 4 mètres.

Dans ces conditions, le pelleteur enlève à peu près 2000 kil. de fouilles par heure. Cette quantité reste constante, mais elle représente des volumes variables de déblai, suivant la densité des terres, qui peut passer du simple au quadruple, et atteint environ en moyenne par mètre cube :

800 à 1.100 kilog. pour la tourbe sèche, le terreau, la terre de bruyère;

1.100 à 1.400 pour les terres végétales et les sables meubles;

1.400 à 1.800 pour la terre franche ou argileuse et les sables agglutinés;

1.800 à 2.000 pour l'argile compacte;

1.800 à 2.800 pour les roches diverses.

On adopte fréquemment la moyenne de 1.600 kilog. pour l'ensemble des terrassements d'une route.

Le temps que l'ouvrier passe à lancer un mètre cube de fouilles à 4 mètres avec une pelle peut donc varier depuis $0^h,35$ jusqu'à $1^h,40$. Il est représenté d'une façon générale par $\frac{\Delta}{2000}$, pour un déblai pesant Δ kilogr. au mètre cube. Si on fait $\Delta = 1600$ kil., on trouve $0^h,80$.

Réciproquement, le volume de déblai enlevé à la pelle par un ouvrier en 1 heure, a pour expression $\frac{2000}{\Delta}$; et, pour $\Delta =$ 1600, il est $1^{mc},25$.

Si la distance du transport est inférieure à 4 mètres, on charge davantage les pelles, de façon à obtenir encore le rendement le meilleur possible, mais on n'atteint pas le maximum indiqué ci-dessus.

Si la distance est supérieure, on la divise en relais, et, tous les 4 mètres, on place un pelleteur. Chacun d'eux lance les fouilles aux pieds du suivant, qui les reprend pour les lancer à son tour. Le jet de pelle est dit double ou triple, suivant qu'il y a deux ou trois relais de pelleteurs.

Quand il s'agit d'élever les terres, et non simplement de les transporter horizontalement, on peut encore se servir de pelles. Mais alors une partie de la force de l'homme est employée à animer le poids des fouilles d'une force vive verticale, et la distance du jet est diminuée. On admet que le même jet de pelle, qui servirait à lancer les fouilles à 4 mètres sur un sol de niveau, peut les élever à $1^m,60$ en les déplaçant seulement de $0^m,80$ horizontalement. Lorsqu'il y a des relais, les pelleteurs se placent, autant que possible, sur des gradins successifs ayant, en largeur et en hauteur, des dimensions qui se rapprochent de ces données.

Il résulte de là que, si les fouilles doivent être relevées d'une hauteur moyenne H et portées à une distance D, le temps employé sera le même que si le transport avait lieu de niveau à une distance $D + 2H$, puisque, si $H = 1^m,60$ et $D = 0^m,80$, auquel cas $D + 2H = 4$ mètres, le travail est le même que pour un jet horizontal de 4 mètres.

184. Prix du jet de pelle. — On peut, d'après ces données, évaluer les frais du transport à la pelle d'un mètre cube de déblai à une distance D donnée. Si chaque ouvrier lance la terre à 4 mètres, il faut $\frac{D}{4}$ ouvriers ; et, si p est le prix qu'on paie pour 1 heure de travail, la dépense par heure est $p\,\frac{D}{4}$. Le volume des déblais transportés est $\frac{2000}{\Delta}$. Donc le transport x d'un mètre cube coûte $x = \frac{pD\Delta}{4 \times 2000}$.

Si on prend 1.600 kilogrammes pour le poids moyen des terres, la formule devient $x = \frac{pD}{5}$.

Bien que le travail se paie généralement aujourd'hui à l'heure, on le rapporte encore souvent à la journée. On suppose alors la journée de 10 heures en moyenne. Dans les formules ci-dessus, p représente $\frac{1}{10}$ de journée. Si l'on supposait que *p* représentât le prix de la journée, il faudrait diviser tous les résultats par 10.

Quand les fouilles doivent être relevées d'une hauteur H, on remplace dans la formule D par D + 2H.

185. Transport à la brouette. — La brouette est une caisse en bois montée sur deux brancards et reposant sur le sol par deux pieds et une roue. L'ouvrier qui s'en sert est

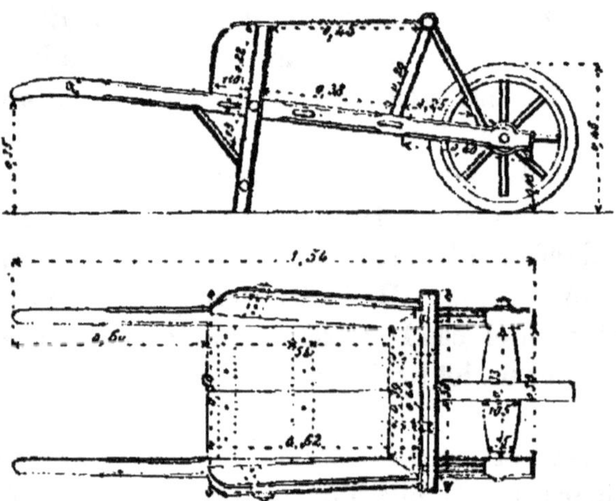

appelé *rouleur*. Il soulève les brancards, et alors la charge se répartit entre la roue et ses deux bras, suivant les lois de la statique.

Les fouilles sont d'abord chargées dans la brouette au moyen de pelles. Le rouleur saisit les brancards, pousse la brouette chargée devant lui, et la renverse pour la décharger quand il est arrivé à destination. Il la ramène vide au point de départ, en la traînant derrière lui.

La résistance qu'il éprouve dépend de la charge qui porte sur la roue. Il peut la faire varier en saisissant les brancards plus ou moins près de la caisse, et reportant par suite sur ses bras une fraction plus ou moins grande du poids.

Elle dépend aussi de l'état du sol; sur la terre ordinaire ou sur les remblais récents, elle est très grande. On la diminue en plaçant sur le chemin à parcourir des planches appelées *plats-bords*.

On diminue également l'effort de traction en adaptant à la brouette une roue de plus grand diamètre.

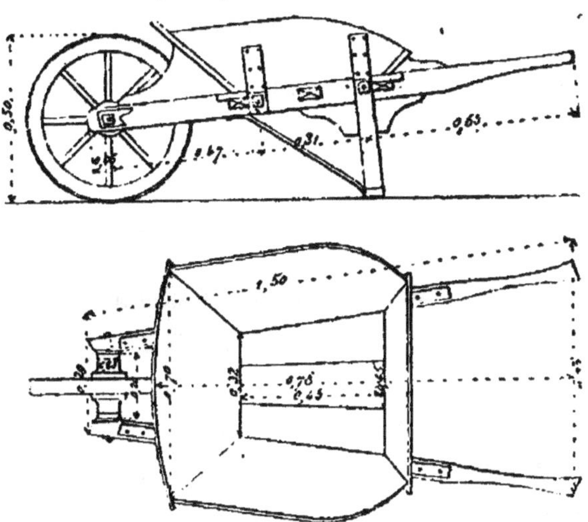

C'est ce qui a lieu dans le modèle des brouettes dites anglaises. En outre, dans ce modèle, les brancards ne sont pas parallèles; ils se rapprochent près de la roue et s'écartent davantage sous les bras du rouleur; la caisse est moins profonde et plus large, et ses parois sont évasées. Il en résulte une plus grande facilité dans le déchargement, qui n'exige pas un renversement complet de la caisse. Le centre de gravité de la charge se trouve moins haut par rapport aux mains, qui elles-mêmes sont plus écartées; la charge a donc une tendance moindre à se déverser, et le rouleur réagit plus facilement contre le balancement de l'appareil.

La brouette pèse environ 25 kilogrammes. Elle peut recevoir de 40 à 60 kilogrammes de fouilles, ce qui représente de $\frac{1}{20}$ à $\frac{1}{40}$, et, en moyenne, $\frac{1}{30}$ de mètre cube de déblai.

Le chemin que parcourt un rouleur, conduisant une brouette pleine et la ramenant vide, est évaluée à 3.000 mètres environ par heure, ce qui correspond à une vitesse moyenne de $0^{m},83$ par seconde.

186. Prix du transport à la brouette. — Pour un transport à une distance D, le rouleur, payé au prix p par heure, parcourt, aller et retour, une distance 2 D. Si sa vitesse par heure est L, il emploie à chaque voyage une fraction d'heure égale à $\frac{2D}{L}$, et la dépense qui en résulte est $\frac{2D}{L} p$. Pour une brouette de capacité C, le prix du transport d'un mètre cube est donc $x = \frac{2pD}{LC}$.

Si on admet que $C = \frac{1}{30}$ et L = 3.000, la formule devient $x = \frac{2pD}{100}$. C'est celle qui est habituellement employée.

Cette formule ne tient pas compte du temps que l'ouvrier perd à changer de brouette, quand il revient au point de départ, ni de celui qu'il emploie à décharger. On néglige ce temps devant la durée de la marche, qui est d'ailleurs en réalité, un peu plus rapide qu'on ne l'a supposé.

187. Chargement en brouette. — A cette dépense, il faut ajouter celle du chargement. Les terres sont jetées à la pelle dans la brouette à une distance horizontale qui ne dépasse pas un mètre, et à une hauteur de $0^m,50$. C'est à peu près comme si on lançait les terres à deux mètres de distance, c'est-à-dire à un demi-jet de pelle. Mais ces conditions sont loin de celles où l'on utilise le mieux possible la force de l'homme, et, en fait, le chargement demande plus que moitié du temps d'un jet de pelle. On peut admettre qu'en moyenne un homme charge à peu près 1/4 en sus de ce qu'il lancerait au jet de pelle normal, soit environ 2500 kilogrammes par heure.

Pour des déblais dont le mètre cube pèserait 1,600 kilogrammes, ce serait $1^{mc},56$ par heure. Fait par des hommes dont le travail est payé un prix p par heure, le chargement coûte, dans ces conditions $\frac{p}{1,56} = 0,64\,p$.

188. Transport au tombereau. — Le tombereau est une caisse analogue à la brouette, mais de plus grande dimension, ayant une capacité de $0^{mc},50$ à $2^{mc},50$. Il est porté par une paire de roues de grand diamètre et traîné par un cheval placé entre les brancards, auquel on ajoute un ou deux autres chevaux en flèche si cela est nécessaire. On ne met jamais plus de trois chevaux, parce que, en plus grand nombre, ils ne rendraient pas assez d'effet utile.

La caisse est portée par deux longerons articulés sur les brancards. Elle est maintenue, à l'avant, par une barre de fer réunie aux brancards, qui s'appuie sur deux ergots formés

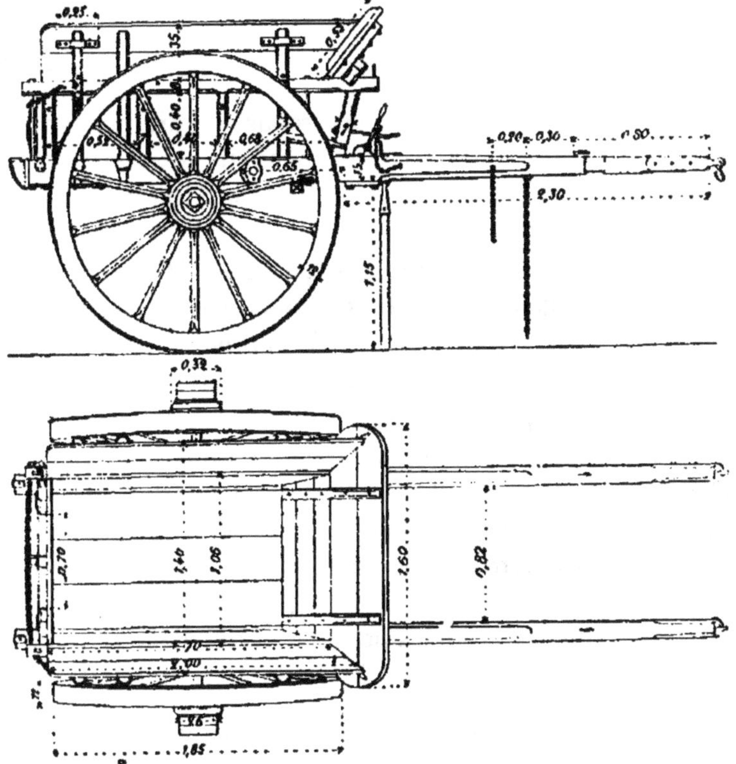

par les extrémités des longerons. Cette barre de fer est articulée près des brancards, et peut être renversée au moyen d'une manette qui y est adaptée. Lorsqu'on la renverse, la caisse peut tourner sur son essieu et basculer en arrière, sans que le cheval cesse d'être attelé.

Le fond postérieur de la caisse est mobile et fixé par des clavettes.

189. Cube du chargement. — Le volume des terres que l'on met dans un tombereau varie avec le nombre et la force des chevaux, le poids spécifique des déblais et l'état du sol. On peut le calculer comme il suit :

Soit q le poids d'un des chevaux, et n leur nombre ; Mq l'effort qu'on impose à chacun d'eux, f le coefficient de la résistance à la traction, π la charge brute, U la charge utile et Δ le poids du mètre cube de déblai. Le volume C du chargement, évalué en déblais mesurés avant d'être fouillés, est $C = \frac{U}{\Delta}$. On peut admettre entre π et U une relation de la forme $\pi = a + bU$. Donc $C = \frac{\pi - a}{b\Delta}$. D'ailleurs $\pi f = Mqn$, d'où $\pi = \frac{Mqn}{f}$.

Comme les chevaux ont un repos relatif pendant leur retour à vide, et un repos absolu pendant le chargement, et que les plus grandes distances de transport ne dépassent pas habituellement quelques centaines de mètres, on peut imposer aux chevaux un vigoureux effort, et faire $M = 0,3$. Le coefficient f varie, surtout avec les circonstances atmosphériques, entre 0,07 et 0,15 : on pourra faire en moyenne $f = 0,10$ ou 0,12. On a vu plus haut (n° 18) les valeurs de Δ. Quant aux constantes a et b, elles sont variables suivant les contrées et les usages des constructeurs ; mais les tombereaux sont des voitures lourdes, qui ont un poids mort considérable, n'augmentant pas beaucoup avec la charge utile, où a est grand et b est petit. On pourrait admettre, par exemple : $a = 500$ kilogr. et $b = 1,10$.

Si on adopte ces données pour des fouilles où $\Delta = 1.600$, et si on fait $q = 500^k$ et $f = 0,12$, la formule devient $C = \frac{1250\,n - 500}{1760}$; le cube du chargement est alors pour :

Un tombereau à 1 cheval, $C_1 = 0^{mc}.43$.
— à 2 chevaux, $C_2 = 1^{mc}.14$.
— à 3 chevaux, $C_3 = 1^{mc},85$.

190. Main-d'œuvre de la charge. — Le tombereau est chargé à la pelle. Il y a intérêt à mettre un grand nombre de chargeurs à la fois, afin de diminuer la durée du chargement, pendant lequel l'attelage ne travaille pas. Mais ce nombre est limité par l'espace dont les pelleteurs ont besoin pour ne point se gêner mutuellement. Ordinairement le tombereau est acculé au tas de fouilles, et on ne peut mettre plus de quatre chargeurs, deux de chaque côté.

Le conducteur des chevaux, qui reste disponible pendant que l'attelage est au repos, doit prendre la pelle, et aider les autres chargeurs, dont le nombre est alors réduit à trois au plus. Toutefois, on ne peut pas compter qu'il fasse le même travail qu'un terrassier de profession, parce qu'il est obligé d'avoir toujours l'œil sur les chevaux, et parce que cette main-d'œuvre lui est peu familière et souvent lui répugne.

Quelquefois, au lieu de laisser les chevaux aux brancards pendant le chargement, on les dételle aussitôt qu'ils reviennent d'un voyage, et on les attelle à un autre tombereau, préalablement chargé, qu'ils emmènent immédiatement. Il y a moins de temps perdu par les chevaux, mais ils ne profitent pas du repos qui leur est attribué dans l'autre système, et on est obligé de réduire le poids des chargements. En somme cette méthode ne semble pas présenter d'avantages, si ce n'est d'éviter au charretier une besogne qu'il fait de mauvaise grâce.

Les ouvriers chargeurs se tiennent à environ 1 mètre de distance du tombereau et jettent les terres par dessus les bords de la caisse, qui sont à peu près à 2 mètres au-dessus du sol. C'est donc comme s'ils avaient à faire un jet de pelle à 5 mètres (nº 183). On peut admettre qu'ils y emploient un temps égal au $\frac{5}{4}$ de celui que demande un jet de pelle normal, c'est-à-dire, une fraction d'heure égale à $\frac{\Delta}{1600}$ pour 1 mètre cube. Pour $\Delta = 1\,600$, ce serait 1 heure.

Si p est le prix de la journée du pelleteur, la charge en tombereau d'un mètre cube coûtera donc $\frac{p\Delta}{1600}$. Toutefois, quand le conducteur se mêle aux chargeurs, comme son temps est payé avec celui de l'attelage qu'il conduit, son travail est gratuit. En appelant n le nombre des autres chargeurs, et $\frac{1}{k}$ la quantité de fouilles que le conducteur charge pendant qu'un terrassier de profession charge l'unité, l'on ne paie que n fois un travail qui est en réalité $n + \frac{1}{k}$. Donc, le prix du chargement du mètre cube se réduit à $\frac{n}{n+\frac{1}{k}}\cdot\frac{\Delta}{1600}p$. Si on fait $n=3$, $\frac{1}{k}=\frac{1}{2}$ et $\Delta=1600$, ce prix devient $0,86p$.

La durée du chargement d'un tombereau de capacité C est égale au temps qu'un homme emploie à charger 1 mètre cube, divisé par le nombre des chargeurs et multiplié par la capacité C; c'est donc, en heures, $\frac{\Delta C}{1600\left(n+\frac{1}{k}\right)}$. Pour $n=3, k=2$ et $\Delta=1600$, ce serait 0,285 c.

191. Transport et déchargement. — Le transport se fait à la surface de terres fraîchement déblayées, ou sur des remblais récents. Le tirage y est pénible et les chevaux y traînent lentement les tombereaux chargés; mais ils n'ont ensuite qu'à ramener le poids mort du véhicule vide, et leur vitesse s'accélère. On estime le plus souvent qu'ils parcourent, en moyenne entre l'aller et le retour, 3000 mètres par heure.

Le déchargement se fait très simplement. La caisse des tombereaux est disposée de façon que le centre de gravité de la charge soit en arrière de l'essieu. Il suffit donc d'agir sur la manette et de renverser la barre de fer qui maintient la caisse pour que celle-ci bascule d'elle-même. Si on a eu soin d'enlever à l'avance le panneau postérieur, les terres glissent sur le plan incliné formé par le fond du tombereau. On fait avancer l'attelage d'un ou deux pas, pour que la totalité du chargement se dépose sur le sol, et on gratte les parois du tombereau à la pelle pour détacher les parties restées adhérentes. On relève ensuite la caisse et on remet en place le fond mobile et la barre de fer. Cette manœuvre est très rapide, et ne demande pas plus de 2 à 3 minutes.

192. Prix du transport au tombereau. — Le temps qu'emploie un tombereau à faire un voyage à la distance D, aller et retour, avec une vitesse moyenne L se compose de deux parties, le temps consacré à la marche $\frac{2D}{L}$, et celui qui est perdu pendant le chargement et le déchargement. Pour un volume C, le temps du chargement est $\frac{\Delta C}{1600} \times \frac{1}{\left(n+\frac{1}{k}\right)}$ (n° 190). Le temps du déchargement est indépendant du cube et vaut environ 0,04 (n° 191). On peut représenter la somme de ces deux quantités par $\frac{d}{L}$, d étant le chemin qui eût été parcouru à la vitesse L pendant le temps perdu. Donc la durée d'un voyage est $\frac{2D+d}{L}$, et sa dépense est $\frac{P(2D+d)}{L}$, si on représente par P le prix d'une heure de tombereau, chevaux et conducteur compris. Pour cette somme, on transporte le volume C à une distance D, et le prix X du transport d'un mètre cube à la même distance vaut $X = \frac{P(2D+d)}{LC}$.

Cette expression, réduite en nombres, se met sous la forme d'un binôme $X = AD + B$, où $A = \frac{2P}{LC}$ et $B = \frac{dP}{LC}$. Comme $\frac{d}{C}$ est presque constant, le terme B augmente à peu près proportionnellement à P ; il est donc d'autant plus fort que le nombre de chevaux est plus grand. Le facteur A au contraire est proportionnel à $\frac{P}{C}$; il diminue quand le nombre des chevaux augmente, parce que C varie plus vite et P moins vite que ce nombre.

193. Transport au wagon. — Il ne sera dit que quelques mots de ce mode de transport, qui ne s'applique qu'aux grands terrassements, tels qu'on les rencontre dans la construction des chemins de fer, et n'est employé que rarement dans celle des routes[1].

Dans ce système, le transport se fait dans des wagons roulant sur des rails, et traînés par des chevaux ou par des locomotives.

On amorce d'abord la tranchée par les procédés ordinaires, de façon à pouvoir poser la voie de fer, que l'on allonge au fur

1. Voir les *Chemins de fer*.

et à mesure que les travaux avancent et qui finit par avoir une longueur égale, non à la distance moyenne des transports, mais à l'intervalle qui sépare les deux extrémités du déblai et du remblai.

Le chargement se fait à la pelle, comme dans les tombereaux, et on ripe la voie lorsque les pelleteurs ne peuvent plus atteindre les wagons. Toutefois, pour éviter de déplacer constamment la voie, on fait souvent le chargement au double jet de pelle ou même avec des brouettes que l'on élève au niveau des bords des wagons et que l'on y décharge directement. On met d'ailleurs tous les wagons d'un même train en charge à la fois.

Le déchargement se fait facilement par le mouvement de bascule des wagons, dont les caisses sont disposées de façon à tourner autour de chevilles et déverser leur contenu soit à droite, soit à gauche, soit en avant.

Le transport est très économique, grâce au faible coefficient du roulement sur rails. Les frais de transport se calculent par la même formule que pour le tombereau : $X = \frac{P(2D + d)}{LC}$, les quantités P, d, L et C étant relatives au train.

Mais à cette dépense s'en ajoute une autre destinée à couvrir les frais généraux, savoir l'intérêt et l'amortissement du matériel, voie, wagons et, pour les transports à la vapeur, locomotives ; pose, déplacements et dépose de la voie, salaire des gardiens et aiguilleurs, etc. Ces frais sont très considérables, et varient dans chaque cas particulier. Il n'est guère possible d'établir une formule générale pour les évaluer. On en fait le calcul du mieux que l'on peut, en tenant compte de la durée probable des travaux, et on divise la somme calculée par le volume total des déblais à transporter. On obtient ainsi une constante qui s'ajoute, pour chaque mètre cube, au prix du transport proprement dit. Cette constante est d'autant moindre, pour une longueur donnée de voie, que la masse des déblais est plus considérable, et a d'autant moins d'importance relative que la distance moyenne des transports est plus grande.

Il résulte de là que les terrassements ne se font avantageusement au wagon que pour les tranchées volumineuses et les grandes distances de transport.

194. Transport au camion. — Le camion est un petit tombereau traîné par des hommes. Il porte un seul brancard, avec une traverse contre laquelle pressent deux hommes placés de part et d'autre du brancard. Un troisième pousse par derrière. On y charge environ 300 à 350 kg. de terre. ou six fois le poids que porte une brouette. Chaque homme traîne donc au camion le double de ce qu'il roule à la brouette.

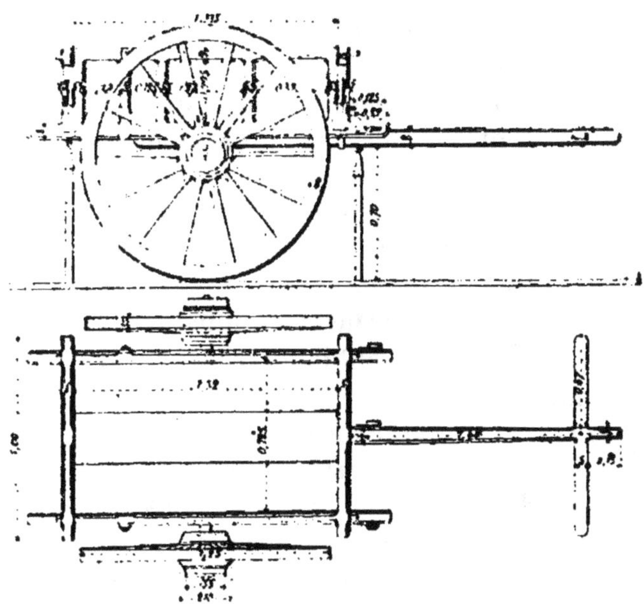

Malgré cela le camion est peu employé. L'avantage qu'il présente n'est pas aussi grand qu'il le paraît.

Un temps relativement considérable est perdu au déchargement, qui se fait d'une façon analogue à celui du tombereau, sauf que le brancard n'est pas articulé, mais est lâché par les hommes au moment où la caisse bascule.

Au chargement il y a aussi beaucoup de temps perdu, si les hommes qui ramènent le camion vide attendent qu'il soit chargé pour l'emmener de nouveau. S'ils l'abandonnent pour en prendre immédiatement un autre qui a été chargé d'avance, la perte de temps diminue, mais il faut réduire le chargement sous peine d'épuiser les hommes.

Le camion est moins commode que la brouette, car il ne peut passer partout et a besoin d'un chemin praticable de largeur suffisante pour ses roues.

Enfin, quand le sol est mauvais, il ne peut profiter comme elle de la ressource des plats-bords.

195. Transports à la corbeille. — Dans le midi de la France et les pays avoisinants, les transports de terre se font encore quelquefois par des corbeilles portées sur l'épaule. Des corbeilles plates sans anses, nommées vulgairement *banastes* ou *couffins*, en osier, jonc, copeaux de châtaigner ou corps analogues, sont répandues en grand nombre sur des tas de fouilles. Des ouvriers armés de pelles les remplissent continuellement chacune de 10 à 20 kilogrammes de terre. Les manœuvres chargés du transport viennent les prendre sur place et les chargent sur leur épaule. Ils sont aidés par un ouvrier qui se tient exprès sur le tas. Ils soutiennent la corbeille d'une main sur l'épaule pendant la marche ; puis ils la vident en la renversant.

Ils rapportent ensuite au lieu de chargement la corbeille vide, qu'ils laissent sur le tas pour en prendre une autre pleine.

Ce procédé peut être avantageux dans certaines circonstances, parce qu'il permet d'utiliser le travail des femmes, des vieillards et des enfants, qui, à résultat égal, se paie moins cher que celui des hommes. Il peut surtout s'employer lorsque l'on doit élever les fouilles suivant une rampe rapide, que l'homme chargé sur l'épaule gravit sans difficulté, tandis qu'en poussant une brouette il ne peut sans s'épuiser dépasser une certaine limite $\left(\frac{1}{12}\text{ environ}\right)$ au delà de laquelle il est obligé d'allonger le parcours au moyen de lacets.

§ 3

RÉGALAGE ET TALUTAGE

196. Régalage. — Les fouilles sont déchargées par tas successifs qui sont déposés les uns à côté des autres sous forme de cônes. Des ouvriers spéciaux sont chargés d'étaler ces tas, de casser les mottes trop grosses et de donner aux surfaces de remblai les formes définitives qu'elles doivent avoir.

Ils sont guidés, dans cette dernière partie du travail, par des piquets et même par des gabarits en lattes clouées sur des pieux.

Le régalage n'est pas pénible, mais il demande du soin et de l'intelligence. Un ouvrier peut régaler de 5 à 6 mètres par heure.

197. Foisonnement. — Les fouilles se présentent toujours sous forme de mottes plus ou moins grosses et plus ou moins régulières. Ces mottes se placent au hasard quand on les jette, s'arc-boutent et laissent entre elles des vides que le régalage ne fait disparaître qu'en partie.

Il en résulte que le volume d'un remblai est supérieur au cube des déblais qui l'ont fourni. La différence constitue ce qu'on appelle le *foisonnement*.

Le foisonnement varie suivant la nature des déblais. Dans les terres ordinaires, il est d'environ 1/10 ; dans les terres argileuses ou crayeuses, il atteint 1/5. Le rocher extrait à la mine a un foisonnement qui va jusqu'à 2/5.

Les effets du foisonnement s'effacent avec le temps. Un remblai qui est resté exposé à la pluie et aux intempéries se tasse ; les mottes se désagrègent, les vides se remplissent, et le volume est ramené à celui du déblai mesuré avant la fouille.

Le foisonnement reste persistant toutefois lorsque le remblai est en blocs de rocher, qui conservent des vides entre eux. Les menues pierrailles tombent dans les vides, mais le tassement est faible.

198. Pilonnage. — Pour obtenir un tassement immédiat, on a quelquefois recours au pilonnage à bras d'homme. Les pilons dont on se sert sont de différents modèles. Ils sont en fonte ou en bois d'orme tortillard fretté et garni d'une semelle en tôle. Leur manche est lisse, ou garni de chevilles en bois formant poignées. Leur poids est ordinairement de 10 à 15 kilogrammes.

Le pilonnage doit être fait par couches de 0m,08 à 0m,10. Les ouvriers soulèvent le pilon et le laissent retomber successivement sur les différents points du remblai en recouvrant chaque coup environ d'un tiers par le coup suivant. Ces coups de pilon écrasent les mottes et remplissent les vides.

Mais cette main-d'œuvre est très coûteuse, et généralement

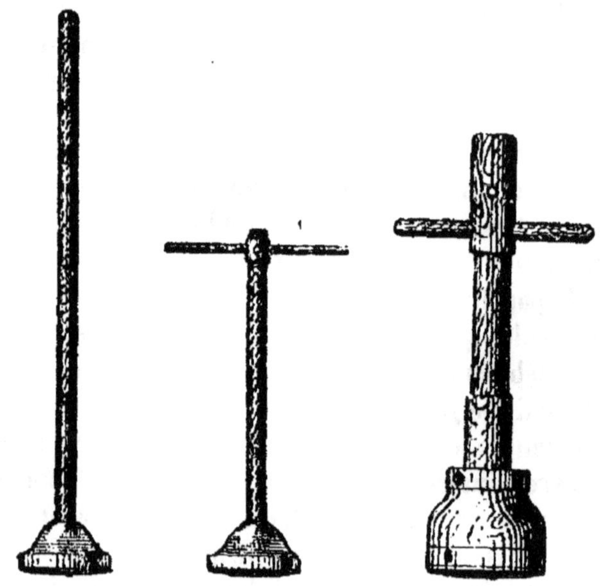

mal faite. Le travail est fastidieux et les résultats n'en sont guère apparents. Les entrepreneurs n'ont aucun intérêt à ce qu'il soit bien exécuté. Il exige donc une surveillance extrêmement active, qu'on ne peut obtenir qu'à grands frais. Aussi est-il bien rare qu'on y ait recours.

199. Roulage. — Ordinairement, on obtient un tassement au moins partiel par la pression des roues des tombereaux et par le choc du pied des chevaux.

A cet effet, on fait exécuter les remblais, non sur toute leur hauteur à la fois, mais par couches minces de $0^m,15$ à $0^m,20$, qui s'étendent sur toute la longueur et la largeur du remblai. Les tombereaux parcourent cette couche successivement dans tous les sens et tassent ainsi la terre en tous les points. Lorsqu'une couche est terminée, on procède à l'exécution de la couche suivante et ainsi de suite.

Ce mode de procéder, qui produit les mêmes effets que le pilonnage, est beaucoup plus économique. Il est indiqué dans tous les devis de construction de routes, et les ingénieurs doivent tenir la main à ce qu'il soit observé.

200. Surhaussement des remblais. — Malgré ces précautions, il subsiste toujours au premier moment un certain foisonnement, qui donne lieu, au bout d'un temps plus ou moins long, à un tassement équivalent. Lorsqu'on exécute les terrassements au wagon, il est d'ailleurs impossible de recourir au tassement par roulage, puisque les véhicules circulent sur une voie de fer.

On prévient alors les effets du tassement en surhaussant le remblai de la quantité dont il doit s'abaisser plus tard. On donne à la base AB la largeur qu'elle doit avoir, et aux talus AC, BD une inclinaison un peu plus raide que celle des talus définitifs AE, BF, en sorte que la plate-forme CD ait toujours la même largeur.

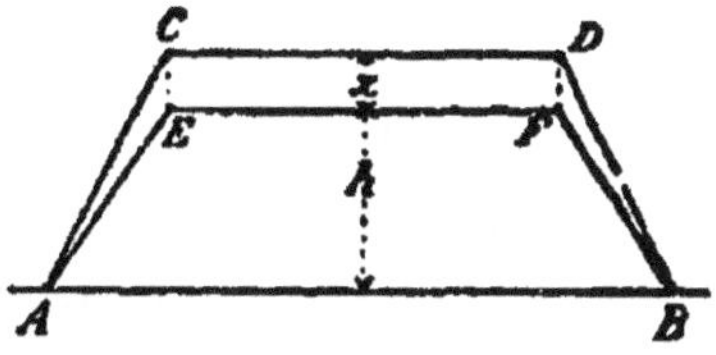

On peut d'ailleurs calculer la quantité x dont il faut surhausser la plate-forme. Soit f le foisonnement que l'on obtient au moment de l'exécution, et f' le foisonnement définitif. Les deux trapèzes sont entre eux comme leurs hauteurs, puisqu'ils ont des bases égales, et ils sont le produit d'une même quantité de déblai D ayant subi des foisonnements différents.

$$\text{Donc } \frac{D(1+f)}{D(1+f')}=\frac{x+h}{h};\ \text{d'où } \frac{x}{h}=\frac{f-f'}{1+f'}.$$

Si $f'=0$, comme pour les terres ordinaires, $\frac{x}{h}=f$. Dans le cas du rocher, il y a lieu de tenir compte de f'.

201. Règlement des talus. — Quand les terrassements sont finis, il reste à régler les talus, c'est-à-dire à leur donner très exactement la forme prévue au projet.

Les talus de remblai se dressent à peu près convenablement pendant le régalage. Il ne reste qu'à les pilonner avec une dame plate ou à les ratisser pour en faire disparaître les rugosités. Si le régalage n'a pas bien suivi les gabarits, on rapporte un peu de terre en certains points ou on en enlève avec la bêche.

Pour les talus de déblai, on a soin d'y laisser, au moment de la fouille, un peu de gras, en arrêtant les fouilles à quelques centimètres de la surface définitive. Un taluteur habile fait, de distance en distance, des saignées de 0m,20 à 0m,25 de large, dont le fond est exactement dressé suivant le profil. Puis on enlève à la pioche le gras resté entre les saignées successives.

Les bons taluteurs sont rares, et ne font guère plus de 4 à 5 mètres carrés par heure. Aussi le dressement des talus de déblai revient-il toujours fort cher.

Dans bien des cas, ce dressement est un luxe inutile, et il suffit d'éviter qu'il y ait sur les talus des bosses trop saillantes et surtout des creux où l'eau pourrait séjourner. On peut se contenter d'un dressement grossier, tels que le donnent les fouilles. Les végétations qui se développent rendent bientôt les inégalités invisibles.

On peut alors ne pas payer de main-d'œuvre spéciale pour cet objet, et admettre que ce talutage grossier est compris dans le prix des fouilles.

Si on veut un règlement soigné, il faut le compter à part, au mètre superficiel. Les entrepreneurs ont alors intérêt à le faire, et à le bien faire.

Quand les déblais sont en rocher, on ne dresse pas leurs talus, et on conserve la forme donnée par la fouille, avec les saillies et les creux, qui sont alors sans inconvénients.

§ 4

ORGANISATION DES CHANTIERS

202. Conditions générales. — L'exécution des terrassements nécessite un matériel et un personnel d'ouvriers dont il faut savoir se rendre compte. L'organisation des chantiers varie dans les diverses phases de l'exécution. Elle doit toujours être telle que la dépense soit réduite autant que possible, mais aussi que les travaux avancent suffisamment pour être terminés dans les délais prescrits. Il y a là deux conditions générales auxquelles il faut satisfaire.

Ces deux conditions sont souvent contradictoires. Si on veut opérer rapidement, il faut beaucoup d'ouvriers, qui coûtent cher, étant demandés en grand nombre, et il faut aussi beaucoup de matériel, dont l'acquisition absorbe un capital considérable.

203. Choix du mode de transport. — Il n'est pas indifférent de recourir, à un moment donné des travaux, à un mode de transport plutôt qu'à un autre. Plus les moyens sont puissants, moins le transport proprement dit est coûteux ; mais, en même temps, plus sont importants les frais généraux ou ceux qui résultent de la manœuvre des appareils.

Le prix d'un transport à une distance D, y compris les frais G de chargement, peut se mettre sous la forme générale $X = G + AD + B$, où G, A et B sont des constantes qui changent avec le mode de transport. A diminue à mesure que les moyens employés sont plus puissants ; mais B et G varient en sens contraire. Avec la brouette, $B = 0$; avec la pelle, $B = 0$ et $G = 0$. La dépense n'est donc pas la même suivant l'appareil qu'on emploie. On la calcule pour chacun des modes de transport dont on dispose, pelle, brouette ou tombereau, et on choisit celui qui donne pour X la plus petite valeur. En général, le mode indiqué est d'autant plus simple que la distance D est plus petite.

On peut calculer la distance à laquelle il convient d'abandonner un moyen de transport pour recourir à un autre plus puissant ; c'est la valeur de D pour laquelle les prix calculés deviennent égaux. On pose : $G_1 + A_1 D + B_1 = G_2 + A_2 D + B_2$ et on résout par rapport à D, ce qui donne

$$D = \frac{G_2 - G_1 + B_2 - B_1}{A_1 - A_2}.$$

C'est de cette manière que pour le mouvement des terres on calcule les limites d'application des formules de transport au jet de pelle, à la brouette et au tombereau à 1, 2 ou 3 chevaux.

Quelquefois cependant on ne s'en tient pas aux limites indiquées par le calcul. Ainsi les formules conduiraient souvent à abandonner la pelle et prendre la brouette dès que l'on a plus d'un jet à faire. Mais le transport à la brouette à de très petites distances, de 4 à 8 mètres, ne se fait pas en réalité dans les conditions que suppose la formule : les temps perdus que l'on avait négligés prennent une importance relative considérable, et une organisation économique des ateliers de rouleurs et de brouettes (n° 206) devient impossible à réaliser, par suite de l'encombrement qui résulte d'un matériel exagéré.

On admet en général que les transports se font à la pelle jusqu'à la distance de deux jets, ou 8 mètres ; et qu'au delà, on se sert de brouettes. Jusqu'à 30 mètres, d'ailleurs, on admet que, quelle que soit la distance, la dépense est la même que pour 30 mètres.

Si on compare la brouette au tombereau à 1 cheval, on trouve une limite variable suivant le prix de la journée des ouvriers et des chevaux. Cette limite tend à s'abaisser avec les progrès de l'industrie, qui font que la main-d'œuvre augmente plus vite chaque jour que la force mécanique ou animale. Elle tombe presque toujours dans les environs de 60 à 70 mètres. Mais il y a la même observation à faire que ci-dessus, quant à l'embarras et la difficulté d'organisation d'un chantier où les tombereaux seraient trop nombreux et se gêneraient mutuellement. Aussi admet-on le plus souvent que les tombereaux ne sont pas employés pour des distances moindres que 90 ou 100 mètres.

Pour les tombereaux de diverses natures, il n'y a pas lieu aux mêmes restrictions, et le calcul donne exactement les limites de distance où il convient de les employer.

204. Ordre des travaux. — On commence par fouiller les parties qui doivent être jetées à la pelle.

Ensuite, on attaque la tranchée, soit par un seul bout, si tout le déblai doit aller du même côté, soit par les deux bouts, s'il a son emploi partie à l'amont et partie à l'aval, ce dont on se rend compte au moyen du tableau du mouvement des terres.

Les piocheurs s'avancent en rang dans la tranchée, en l'abattant devant eux; on en met un nombre en rapport avec la rapidité qu'on veut imprimer au travail. Ils abattent les terres du haut en bas de la tranchée, en sorte que les fouilles tombent sur la plate-forme. Des pelleteurs les reprennent là pour les charger, d'abord dans des brouettes, puis, lorsque la distance de transport devient trop grande, dans des tombereaux.

205. Composition des ateliers. — Fouille et charge. — La composition des ateliers est déterminée par le volume de terrassements que l'on veut exécuter dans la journée.

On supposera dans ce qui suit, pour simplifier, que la journée de travail est de 10 heures, et que le poids moyen des terres est de 1600 kilog. par mètre cube. Si l'on se trouve dans des conditions différentes, la composition des chantiers ne sera plus exactement la même, mais on la fixera facilement en suivant la même marche.

L'unité sur laquelle se règlent les autres éléments du chantier est le pelleteur qui charge les terres. Cette main-d'œuvre est à peu près constante : un homme charge par heure, environ 1 mètre cube de déblai en tombereau, et $1^{mc},50$ en brouette. Si donc V est le volume de terre à enlever par journée de 10 heures, il faut $\frac{V}{15}$ ou $\frac{V}{10}$ chargeurs, suivant qu'on opère les transports à la brouette ou au tombereau.

Quant aux fouilleurs, leur nombre se règle, en raison de celui des chargeurs, suivant la dureté de la fouille, de façon que les déblais soient enlevés en entier par les pelles à mesure qu'ils tombent sur la plate-forme, et qu'il y en ait toujours assez. La méthode du génie militaire (n° 169) détermine parfaitement le nombre des fouilleurs par rapport à celui des chargeurs dans les déblais de terre.

206. Rouleurs et brouettes. — Lorsque le transport se fait à la brouette, l'atelier des rouleurs doit être organisé de façon que chacun d'eux trouve toujours une brouette pleine à enlever au moment où il en ramène une vide, et que, d'autre part, les chargeurs aient toujours des brouettes non entièrement remplies où ils jettent le contenu de leur pelle. On arrive à ce double résultat de la manière suivante :

On calcule le chemin que le rouleur parcourt pendant le chargement de la brouette. Dans les hypothèses moyennes admises précédemment (n° 187), ce serait $0,64 \times 3000$ C, pour une brouette de capacité C, et 64 mètres si $C = \frac{1}{30}$. La moitié de cette distance, 32 mètres, est la longueur de ce qu'on appelle le *relais*. Pour tenir compte des temps perdus, on fixe ordinairement le relais à 30 mètres.

On divise la distance de transport en plusieurs relais de 30 mètres, et sur chacun d'eux on installe un rouleur spécial avec une brouette.

Le premier rouleur prend au tas une brouette chargée et la porte au bout du premier relais, où il la quitte pour la livrer au second rouleur. Il prend en échange une brouette vide qu'il ramène au point de départ. Pendant ce double trajet, le pelleteur a eu juste le temps de charger une autre brouette, que le premier rouleur prend immédiatement et porte au bout du relais comme la précédente. En continuant ainsi de suite, le pelleteur et le premier rouleur s'alimentent mutuellement, sans interruption, de brouettes vides et de brouettes chargées.

Le second rouleur opère dans son relais exactement comme le premier dans le sien ; et le troisième fait de même.

Quand la distance du transport n'est pas un multiple exact de 30 mètres, on la divise encore en relais égaux, qui fonctionnent de la même manière. Mais alors un pelleteur ne peut alimenter exactement un atelier de rouleurs, car le parcours du relais demande ou plus ou moins de temps que la charge. Si la longueur r du relais est une fraction $\frac{m}{n}$ du relais normal, en sorte que $r = \frac{m}{n}\,30$, il faut n pelleteurs pour fournir à m ateliers de rouleurs. Par exemple, si le relais était de 40 mètres on aurait $\frac{m}{n} = \frac{4}{3}$ et il faudrait 3 pelleteurs pour 4 ateliers de rouleurs.

Le nombre n est fixé d'avance, comme il a été expliqué (N° 205). On prend pour m le nombre entier qui se rapproche le plus de $\frac{nr}{30}$.

Quant au nombre de brouettes nécessaires, il est toujours égal au nombre des rouleurs et des chargeurs réunis.

207. Tombereaux et chevaux. — Les tombereaux ne peuvent procéder par relais. Ils doivent aller chacun à distance entière. Au retour, il faut qu'ils trouvent des chargeurs disponibles pour les remplir ; mais il faudrait aussi que ces chargeurs pussent utiliser leur travail pendant le voyage du tombereau, en chargeant d'autres tombereaux. Cette double condition ne peut être remplie qu'autant que la durée du voyage est un multiple exact de la durée du chargement ; mais ces deux nombres ne sont pas en général multiples l'un de l'autre. On peut se rapprocher plus ou moins de cette condition en faisant varier le nombre des chargeurs ; mais ceux-ci se gênent mutuellement s'ils sont trop nombreux, ou bien le tombereau perd trop de temps s'ils ne le sont pas assez.

On préfère souvent attacher à chaque tombereau ou paire de tombereaux le nombre de pelleteurs convenable pour le chargement, trois par exemple, et les occuper, pendant l'absence des tombereaux, à la fouille, dont certaines parties leur sont réservées à cet effet.

Chaque tombereau conduit un volume C à la distance D en un temps $\frac{2D + d}{10\,L}$ exprimé en journées de 10 heures. Il enlève donc par jour un volume $\frac{10\,LC}{2D+d}$; et, pour enlever un volume V par jour, il faut V $\frac{2D+d}{10\,LC}$ tombereaux.

Le nombre de chevaux est égal à 1, 2 ou 3 fois celui des tombereaux, suivant la nature de l'attelage que l'on a dû choisir en raison de la distance.

208. Remarques. — 1° Il ne faut pas perdre de vue que, dans tous les calculs qui précèdent, la distance D n'est pas la distance moyenne, mais la distance réelle à l'instant considéré, modifiée s'il y a lieu pour les transports en rampe. Si donc on veut se rendre compte du matériel dont on a besoin, il faut se baser sur la plus grande des distances partielles qui figurent au tableau du mouvement des terres pour chaque nature de transport.

2° On voit que le matériel nécessaire est d'autant plus important que les travaux sont menés plus activement, puisqu'il est proportionnel au volume V à enlever chaque jour. Il faut donc un capital d'autant plus grand que l'on veut aller plus vite.

209. Durée des travaux. — Le temps qu'exige l'exécution de travaux de terrassement déterminés dépend quelquefois de la difficulté de la fouille. Quand on exploite des roches dures, chaque mineur ne fournit qu'une quantité limitée de fouilles chaque jour, et une tranchée ne peut recevoir que le nombre de mineurs qui y travaillent sans se gêner.

Le plus souvent, la durée des travaux est subordonnée aux nécessités du transport. Le temps qu'ils exigent est proportionnel au plus grand volume M de terres qu'on ait à faire sortir d'une tranchée par une même extrémité de cette tranchée, et en raison inverse du volume V enlevé par jour. Il est donc égal à $\frac{M}{V}$.

Le volume M se trouve au tableau du mouvement des terres. Quant au volume V, il dépend de la quantité de matériel et de personnel que l'on emploie; mais il n'est pas indéfini. La majeure partie des terrassements, dans la construction des routes, se fait au moyen de tombereaux, qui viennent se faire charger de front sur une plate-forme de 12 à 15 mètres de large. Ils ont besoin d'un certain champ pour se retourner, et il faut que les chargeurs aient les mouvements libres. Il en résulte qu'on peut à peine mettre 3 tombereaux en charge à la fois. Ces 3 tombereaux occupent au plus 12 pelleteurs, à supposer qu'on ne leur adjoigne pas les charretiers; ils ne peuvent enlever que 12 mètres cubes par heure, ou 120 mètres cubes par jour. La moindre durée du travail est donc $\frac{M}{120}$ jours.

Une activité de 120 mètres par jour donne 36.000 mètres en une année de 300 jours de travail effectif. Dans la construction des routes, on n'a jamais besoin d'aller au delà. C'est dans l'ouvrage relatif aux chemins de fer que sont indiqués les moyens d'enlever rapidement les énormes tranchées que supposent des volumes plus considérables.

Les parties des déblais qui se jettent à la pelle peuvent être exécutées aussi vite que l'on veut : il suffit d'avoir un nombre suffisant de pelleteurs ; on n'est limité que par la place qu'il faut à chacun d'eux pour ne pas gêner ses voisins, et cette place est très restreinte.

Le débit à la brouette est à peu près le même qu'au tombereau ; car on ne peut guère mettre plus de 8 à 10 brouettes en charge de front sur la largeur de la plate-forme.

210. Emprunts et dépôts. — On peut activer les terrassements en ne transportant pas les déblais en remblai, et les mettant en dépôt sur les bords de la tranchée, sauf à se procurer les remblais par des emprunts latéraux. On arrive à échelonner ainsi un nombre pour ainsi dire indéfini d'ouvriers tout le long des terrassements.

Mais ce système est rarement employé, parce qu'il est trop coûteux. Il faut fouiller deux mètres cubes de terre au lieu d'un seul, et payer des indemnités d'occupation de terrain. Le transport de chaque mètre cube a lieu à une petite distance, mais il s'applique à un volume double. La distance réelle doit d'ailleurs être augmentée (n° 159) de plusieurs fois la hauteur dont on élève les fouilles, hauteur qui est très grande pour les tranchées profondes et les remblais élevés où les procédés ordinaires seraient jugés insuffisants.

Quelquefois cependant ce système est appliqué pour éviter des transports très lointains. Il est facile de calculer dans quel cas il faut y recourir. On fait l'analyse du prix d'un mètre cube de déblai porté en remblai par la méthode ordinaire, d'une part, et celle de la somme des prix du mètre cube de dépôt et du mètre cube d'emprunt, d'autre part, et on exécute de la façon qui revient le moins cher.

Toutefois à prix égal et même quelque peu supérieur, on préfère le moyen des transports, pour les raisons exposées au n° 150.

211. Analyse des prix de terrassements. — Les prix des terrassements sont faciles à établir, d'après les explications qui précèdent.

On fait un prix particulier, par mètre cube, pour chaque nature de déblai provenant des tranchées ou des emprunts, et pour chaque mode de transport.

Ce prix se compose, pour les déblais enlevés à la pelle, de la fouille, du jet de pelle simple ou double, et du régalage.

Pour ceux qui doivent être enlevés à la brouette ou au tombereau, il se compose de la fouille, de la charge, du transport, déchargement compris, et du régalage.

Les prix de transport se calculent par les formules établies ci-dessus (§ 2), en raison de la distance moyenne fournie par le tableau du mouvement des terres.

S'il y a plusieurs natures de déblai, terre et rocher par exemple, on fait des prix distincts pour chacune d'elles.

Remarque. — Les prix de chargement, de transport et de déchargement se trouvent calculés assez exactement. Mais l'évaluation de la fouille est délicate et souvent aléatoire.

§ 5

CONSOLIDATION DES TALUS

1° Déblais.

212. Dégradations superficielles. — Les talus de déblai, dressés suivant les règles établies au ch. II (§ 5), se maintiennent en équilibre, mais ils peuvent éprouver des dégradations dues à d'autres causes que la forme de leur profil.

Parmi ces causes, les unes sont extérieures au sol, et produisent des dégradations superficielles, les autres sont internes et provoquent des éboulements.

Les dégradations superficielles sont dues le plus fréquemment au ravinement produit par la vitesse des eaux de pluie qui tombent sur les talus ou de celles qui y sont amenées par la pente des terres riveraines.

Quelquefois la surface du talus se sature d'eau et devient assez fluente pour couler; c'est ce qui se produit, par exemple, pendant les dégels.

Un talus argileux peut aussi devenir friable par suite d'une succession de périodes alternativement humides et sèches. La terre se gonfle par l'humidité, éprouve en se desséchant un retrait qui la fendille et la divise en petits fragments formant une masse sans cohésion, et roule alors vers le fond de la tranchée.

Enfin, certains sables mouvants sont mis en marche par les vents; ils s'accumulent contre les obstacles qu'ils rencontrent, tandis qu'ils laissent des creux dans les points qu'ils ont abandonnés.

213. Défense contre les dégradations superficielles. — Les moyens de prévenir ce genre d'accidents sont simples et faciles à imaginer.

1° On fait, sur le sol riverain, le long de la crête des tranchées, un fossé ABCD, dit *fossé de ceinture*, qui arrête les eaux tombées en dehors de la route, et les conduit aux lignes d'écoulement naturelles. Si son profil en long présente des points bas, on y ouvre une rigole transversale BE qui mène les eaux sur le talus. Celui-ci est alors garni, suivant sa plus grande pente EF, d'un caniveau pavé, sur lequel les eaux descendent et vont gagner le fossé de la route.

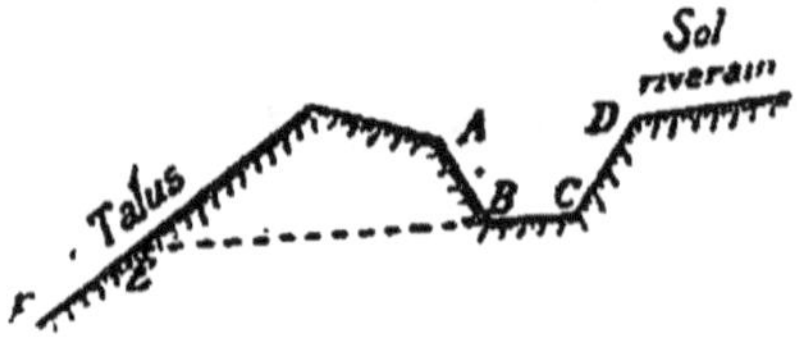

Le fossé de ceinture doit toujours être entretenu en parfait état. S'il venait à s'obstruer, l'eau y deviendrait stagnante et produirait les effets désastreux dus aux causes internes, dont il sera question plus loin.

2° Au lieu de dresser les talus à 45°, on diminue leur pente ; on leur donne par exemple 4/3 ou 3/2 de base pour 1 de hauteur. Le mouvement des corps qui tendent à descendre sur les talus et en particulier la vitesse de l'eau se trouvent ainsi amortis.

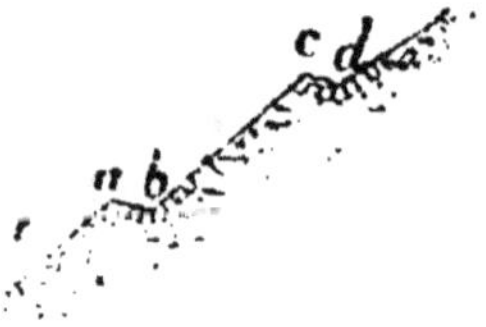

3° On divise le talus en plusieurs parties, au moyen de banquettes horizontales *ab*, *cd*, qui le disposent en gradins. Ces banquettes ont de 0m,50 à 1 mètre de largeur, et on leur donne une pente transversale vers l'intérieur des terres.

Chacune d'elles reçoit et arrête les eaux tombées sur la zone dont elle occupe le pied. Les eaux se réunissent le long de l'arête rentrante *b*, *d*, comme au fond d'une rigole, et elles sont évacuées par la pente longitudinale qu'on a soin de donner à cette rigole. On les fait descendre au besoin vers les fossés, s'il y a des points bas dans les banquettes, par un caniveau pavé, comme pour les fossés de ceinture.

Par suite de cet écoulement, les banquettes elles-mêmes sont souvent exposées à être affouillées : on les défend alors par un pavage.

Il est essentiel que ces banquettes soient constamment maintenues en bon état, afin que les eaux n'y séjournent pas.

4° On garnit la surface des talus de semis ou de plantations.

Le semis consiste à répandre des graines de plantes herbacées qui poussent facilement et s'enracinent profondément. La luzerne et le chiendent conviennent en général très bien. Comme les terres tranchées manquent souvent des éléments nécessaires à la végétation, on recouvre les graines d'une légère couche de terre végétale. Le talus se garnit bientôt d'un tapis de verdure.

Les racines des plantes s'opposent au déplacement de la terre, en même temps que leurs tiges forment obstacle à l'écoulement des eaux, dont la vitesse se trouve diminuée.

On arrive au même résultat au moyen des plantations. On choisit des essences à croissance rapide et à racines pivotantes et touffues. Ces racines sont comme des chevilles qui fixent la surface au sous-sol. En outre, à l'abri de leur feuillage, la végétation herbacée, venue spontanément ou par semis, se conserve mieux qu'à l'air libre. Le robinia (faux acacia) est souvent employé.

5° On enlève à la surface du talus les mauvaises terres sur une épaisseur de 0m,20 à 0m,30, et on les remplace par de la terre de bonne qualité, que l'on a soin de damer fortement à mesure qu'on la rapporte. Il est bon d'ailleurs de défendre cette terre rapportée par un semis.

6° Au lieu de terre damée et semée, on peut faire le revêtement en mottes de gazon, découpées à la bêche dans un pré, qui ont ordinairement 0m,25 de long et 0m,15 de large. On les arrache sur l'épaisseur occupée par les racines, qui est de 0m,10 à 0m,12.

Ces mottes sont posées sur le talus les unes à côté des autres, et l'herbe continue à pousser.

Elles peuvent être mises soit à plat, soit de champ. Dans le premier cas le revêtemént n'a que 0m,10 ou 0m,12 ; cela suffit pour une simple défense contre l'action des eaux de pluie ou du vent. Dans le second cas, le revêtement a 0m,15 ou 0m,25, et le sous-sol est alors défendu contre l'action des gelées ; l'herbe, d'abord emprisonnée dans les joints, ne tarde pas à se faire jour.

7° On peut enfin remplacer les mottes de gazon par des moellons; on a alors un perré, dont le mode de construction sera indiqué au chapitre VIII.

Par l'un quelconque de ces moyens simples et peu coûteux, on peut toujours préserver un talus de déblai des dégradations superficielles. Le plus souvent, on n'applique pas ces procédés préventivement. On attend que le mal se manifeste pour y porter remède.

214. Dégradations dues à des causes internes. — Les éboulements qui sont dus aux causes internes sont, au contraire, très coûteux à réparer lorsqu'ils se sont produits. Il y a donc grand intérêt à les prévenir. Malheureusement, cela n'est pas toujours facile, parce que les circonstances qui les provoquent ne sont pas toujours nettement apparentes au dehors.

Tous les accidents de cette catégorie se produisent dans les mêmes circonstances; c'est quand une tranchée est ouverte à travers des bancs plus ou moins puissants d'argile compacte ou glaise, recouverts d'une certaine épaisseur de terre perméable, comme sont les sables ou la terre végétale. Il est donc nécessaire de rappeler d'abord sommairement les propriétés physiques de l'argile.

L'argile est essentiellement imperméable. L'eau qui y séjourne la ramollit, mais ne la traverse pas.

Elle absorbe lentement l'eau, qui pénètre peu à peu de la surface au centre, en se ramollissant et subissant un foisonnement notable.

Soumise ensuite à la dessication, elle éprouve un retrait correspondant et reprend son volume primitif, mais en se fendillant.

L'argile sèche ou légèrement humide possède une très grande cohésion; elle a l'aspect et la ténacité des roches tendres. Cette cohésion ne peut être détruite que par un effort de traction considérable. La rupture a lieu de préférence suivant certaines surfaces préexistantes, nommées *délits*, qui présentent un aspect savonneux et où l'on voit souvent des arborisations colorées.

Lorsque l'argile s'imprègne d'eau, sa cohésion diminue, et elle finit par se transformer en bouillie absolument molle.

Le talus naturel de l'argile compacte est presque vertical,

quand elle est sèche ou légèrement humide; il devient très adouci quand elle est imbibée, et nul quand elle est molle.

Quand une couche de terre perméable est superposée à une couche d'argile, le talus de la tranchée peut s'ébouler par trois causes distinctes :

1° Il peut arriver qu'il existe une fente AB dans la masse d'argile. L'eau qui a traversé la couche perméable s'arrête à la surface MN de la couche imperméable et pénètre dans la fente. Elle exerce alors sur ses parois une pression hydrostatique considérable, qui pousse au vide du côté de la tranchée, et finit par détruire la cohésion de l'argile suivant la surface BC de moindre résistance. Ce phénomène est favorisé par la présence des délits. Le prisme ABCM est projeté au dehors et tombe sur le talus, entraînant la portion AMD du terrain perméable qui est au-dessus.

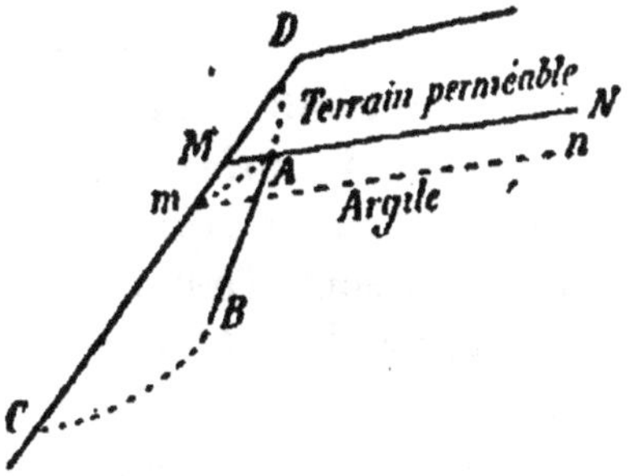

2° L'eau qui est parvenue à la surface de séparation MN a tendance à sortir en M et à s'écouler sur le talus; mais, s'il y a en M une obstruction, elle ne peut couler, et séjourne sur la surface MN. L'argile qui se trouve au-dessous se ramollit sur une épaisseur $MmNn$ de plus en plus grande et devient à la longue assez fluente pour ne plus tenir sous l'inclinaison adoptée. Alors un prisme mAM s'écroule sur le talus, entraînant dans sa chute une portion de la terre à qui l'argile sert de support.

3° Si la surface de l'argile est très inclinée, il peut arriver que la couche superposée vienne à glisser, lorsque l'argile est délavée. Soit P le poids de la terre superposée; ce poids peut être décomposé en deux, l'un $P \cos. \alpha$ normal à la surface MN, l'autre $P \sin. \alpha$ qui lui est parallèle et tend à entraîner la masse vers le vide. Cette masse est retenue par le frottement

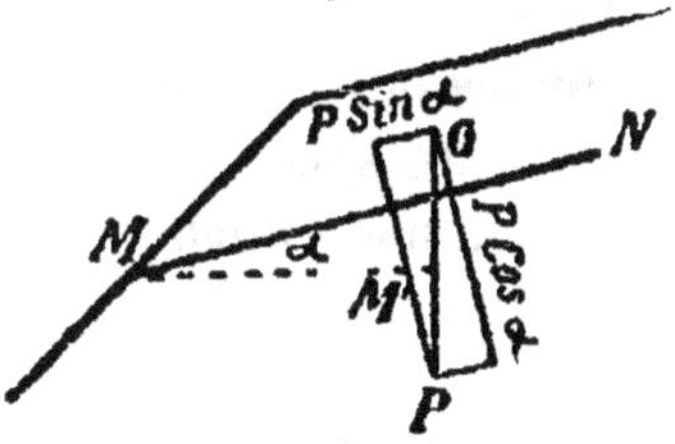

fP cos. α. Il peut y avoir glissement, si on a : fP cos. $\alpha <$ P sin. α ou $f <$ tg. α.

Cette dernière circonstance ne se présente pas souvent. Le glissement des couches l'une sur l'autre, seule cause que l'on soupçonnât avant les remarquables études de Sazilly sur ce sujet, suppose à la surface MN une inclinaison ou un degré de ramollissement également rares. Dans la plupart des éboulements constatés, on a trouvé le banc de suintement de l'eau, non pas en dessous, mais vers le milieu de la partie écroulée. Il peut y avoir glissement toutefois, lorsqu'une couche très mince d'argile est interposée entre le terrain perméable et un sous-sol compacte non argileux, comme un banc de rocher; alors cette couche mince se sursature d'eau et tombe en bouillie.

Quant au second cas, il se présente surtout pendant les gelées. L'humidité dont est imprégné le talus se congèle et en transforme la surface sur une certaine épaisseur en une masse dure et compacte, qui s'oppose à la sortie des eaux intérieures. Ces eaux sont d'ailleurs d'autant plus abondantes à ce moment là que le sol est recouvert de neige. Lorsque le dégel arrive, la résistance disparaît, mais ce n'est plus seulement de l'eau, c'est de la boue argileuse qui descend sur le talus.

Les fentes internes, indiquées au premier cas, peuvent préexister sous forme de délits, ou provenir des alternatives d'humidité et de sécheresse, qui, après avoir fait gonfler l'argile, lui font éprouver un retrait avec fissures. Elles sont surtout à craindre dans le cas où l'écoulement de l'eau à la surface séparative est intermittent.

215. Prévision des éboulements. — Il est assez facile de prévenir ces accidents, comme on le verra plus loin; mais il est souvent difficile de les prévoir. Il faut observer avec soin les talus des tranchées où l'on a rencontré de l'argile, reconnaître s'ils sont dans le cas d'une couche perméable superposée à une couche argileuse, et si l'eau qui arrive à ligne de séparation des deux couches a une tendance à sortir sur le talus.

Quand l'eau est abondante, et son écoulement continu, on

voit se former là une source ou un suintement prononcé, et on est averti. Mais si l'eau est en très petite quantité, le suintement est à peine apparent; il peut même être intermittent et échapper d'abord à l'observation la plus attentive. Or, d'une part, il faut bien peu d'eau pour remplir des fissures souvent imperceptibles et produire cependant des pressions hydrostatiques considérables, quand ces fissures sont profondes; d'autre part, ce sont les suintements intermittents qui provoquent le plus ordinairement les fissures.

Un talus de déblai découpé dans des terrains argileux doit donc être suivi de très près et pendant longtemps après l'ouverture de la tranchée.

216. Travaux préventifs. — Lorsqu'on est prévenu du danger, on y pare facilement au moyen de travaux très simples, qui ont été indiqués par de Sazilly. Ces travaux ont pour objet d'assurer un écoulement interne aux eaux qui arrivent à la surface séparative de l'argile et du terrain perméable, et de les conduire souterrainement, soit aux fossés, soit aux points bas du terrain naturel. C'est exactement le procédé employé pour le drainage des terres.

Le drainage appliqué par de Sazilly consiste en pierrées, dont on établit le fond un peu en contrebas de la surface séparative MN. On ouvre une tranchée ABCD, à parois presque verticales, dans le terrain perméable. On lui donne de $0^m,25$ à $0^m,30$ de largeur et on la descend un peu au-dessous du banc de suintement. On place au fond de la tranchée trois cours de briques B, E, C, et par-dessus une couche de $0^m,35$ à $0^m,40$ de pierrailles. On recouvre les pierrailles avec des mottes de gazon F, G, dont l'herbe est en dessous, puis on achève de remplir la tranchée en terre ordinaire. L'eau du banc de suintement pénètre dans cette pierrée, à laquelle on a soin de donner une pente longitudinale, et elle s'écoule vers les issues ménagées à la rigole souterraine.

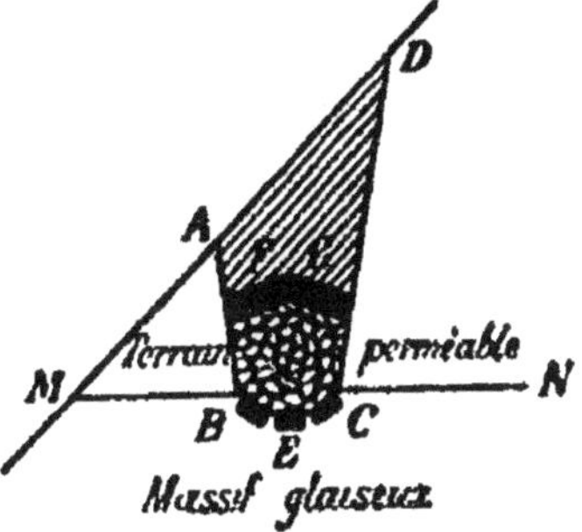

Lorsque ces issues sont sur le talus lui-même, ce qui est nécessaire si le banc de suintement présente des points bas, on fait transversalement une petite pierrée semblable, qui débouche sur le talus, et on place à la suite un caniveau pavé, sur lequel l'eau descend jusqu'au fossé, comme dans le cas des fossés de ceinture.

Au lieu de pierrées, on peut recourir aux tuyaux de poterie, comme dans le drainage agricole; mais il convient toujours de garnir les tranchées en pierrailles ou en remblais très perméables, afin d'assurer la descente des eaux jusqu'aux tuyaux.

Le plus souvent, on complète la défense en appliquant aux talus un des moyens indiqués au n° 213 pour les préserver des dégradations superficielles, toujours à craindre dans les terrains glaiseux.

Quand les eaux sont très abondantes, on donne aux pierrées des dimensions plus grandes, surtout en hauteur.

217. Réparation des éboulements. — Quand on n'a pas su prévoir les éboulements ou pu les prévenir, on est obligé de réparer ceux qui se produisent. Trois méthodes peuvent être employées.

Première méthode. — On enlève complètement les parties éboulées et on met à nu un nouveau talus solide, que l'on dresse convenablement et auquel on applique les moyens préventifs.

Deuxième méthode. — On enlève seulement les portions de terres éboulées qui sont gênantes pour la circulation, et on dresse le reste suivant un talus régulier. Puis on construit, au pied des parties ameublies, un mur de soutènement en maçonnerie, dont la masse s'oppose à ce que le mouvement continue.

Cette méthode n'est applicable que dans les cas où on trouve, pour établir le mur, un sol suffisamment résistant, un banc de rocher par exemple.

Troisième méthode. — On n'enlève également que les portions qui obstruent la route, et on assainit le reste, ainsi que le terrain resté intact, par un procédé qui rappelle sur une grande échelle le drainage de Sazilly.

Dans ce but, on fait, de distance en distance, de grandes coupures verticales, de haut en bas, à travers la masse éboulée, jusqu'à ce qu'on ait rencontré le sol resté fixe. On remplit ces coupures de moellons que l'on recouvre de terre damée. On divise ainsi les terres ameublies en compartiments, séparés par de grandes cloisons filtrantes, où se rendent les eaux dont les éboulis sont imbibés et celles qui se présentent de nouveau par les bancs de suintement. Les cloisons sont mises en communication avec les fossés.

Quel que soit le procédé employé, ces travaux de réparation sont toujours très coûteux, et il est bien préférable d'avoir recours aux moyens préventifs, dût-on même en exécuter quelques-uns d'inutiles.

2° Remblais.

218. Causes des dégradations. — Les talus de remblai sont exposés aux mêmes dégradations superficielles que les talus de déblai.

Des éboulements peuvent aussi s'y produire, lorsque l'on a employé de l'argile.

Les causes de ces accidents pourraient être les mêmes que pour les déblais, si l'on faisait la partie inférieure du remblai en argile et qu'on la recouvrît de terre perméable. Mais il n'en est presque jamais ainsi, les différentes sortes de terres se trouvant mélangées dans l'exécution du remblai, et les talus s'éboulent par suite d'un ramollissement général ou partiel de la masse, provenant d'une imbibition excessive.

Les mottes de terre glaise que l'on jette pour former le remblai laissent entre elles des vides qui constituent le foisonnement. Ces vides sont considérables, et, s'il pleut abondamment, l'eau y pénètre, les remplit, fait gonfler l'argile et la ramollit.

D'un autre côté, à mesure que le foisonnement disparaît, le remblai se tasse, mais les tassements sont inégaux dans les divers points, et la surface des talus et de la plate-forme se gondole. Il s'y forme des cavités où l'eau se réunit et séjourne. Ces sortes de petits étangs imbibent l'argile et la ramollissent sur certains points.

219. Défense des talus. — On pare aux dégradations superficielles par les mêmes moyens que pour les talus de déblai, par des banquettes en gradins, des semis, des plantations, des chemises de bonne terre, des gazonnements à plat ou de champ, des perrés.

Quant aux éboulements, on les prévient en faisant pilonner les remblais à mesure qu'on les exécute. On y arrive facilement en y faisant circuler les brouettes et les tombereaux, ainsi qu'il a été expliqué plus haut (n° 199). On doit d'ailleurs surveiller les talus et la plateforme, et remplir immédiatement les creux qui s'y produisent pendant le tassement.

Lorsqu'on ne peut appliquer le roulage, comme pour les remblais faits au wagon, ou qu'il est insuffisant, on a recours à des travaux de drainage analogues à ceux que l'on fait sur les talus de déblai.

220. Réparation des éboulements. — Les accidents aux remblais ne peuvent que bien rarement être prévus. On ne s'en occupe habituellement qu'après qu'ils se sont produits. Il s'agit alors de réparer le mal et non de le prévenir. La réparation se fait d'après les mêmes principes que pour les déblais. On arrête le mouvement en établissant des murs de soutènement au pied des talus ébranlés; ou bien, on fait dans le remblai des coupures longitudinales ou transversales que l'on remplit de moellons, en assurant un écoulement vers le thalweg aux eaux ainsi drainées.

221. Emploi de l'argile. — Tous les accidents peuvent d'ailleurs être évités, si l'on a soin de n'employer en remblai que de bonne terre et de rejeter celle qui est argileuse.

Si l'on ne peut s'en dispenser, on ne fait en argile qu'un noyau central, que l'on recouvre d'une épaisse chemise en terre ordinaire. Ce travail demande à être exécuté avec grand soin ; car la terre mise en couverture ne doit pas du tout être mélangée d'argile, et la séparation complète des deux catégories de remblais est difficile à obtenir en exécution.

222. Remblais sur terrains compressibles. — Lorsqu'on établit un remblai sur un terrain marécageux, ou tout autre terrain compressible, les terres s'y enfoncent par leur poids, jusqu'à ce qu'il s'établisse un équilibre entre la charge et l'élasticité du sol. Il y a là un volume souvent considérable de terre engloutie, qui s'ajoute au volume de remblai prévu suivant les profils.

Quelquefois, on évite cette perte de terres, en exécutant sur l'emplacement des remblais une véritable fondation, comme pour un ouvrage d'art. On y fait des enceintes de pieux et de palplanches, on y bat des pilotis, ou bien on étend sur le sol des lits de fascines destinés à répartir la pression sur une plus grande surface.

Il suffit d'indiquer sommairement les procédés auxquels on a recours dans ce cas ; il ne se présente presque jamais dans la construction des routes, dont le tracé peut être facilement détourné des terrains marécageux.

CHAPITRE VII

CHAUSSÉES

SOMMAIRE :

§ 1er. *Conditions auxquelles doivent satisfaire les chaussées.* — 223. Résistance au roulement. — 224. Influence de l'état de la chaussée : Aspérités. — 225. Mollesse. — 226. Flaches. — 227. Flexibilité. — 228. Défaut de liaison des matériaux. — 229. Boue et poussière. — 230. Influences dues à la voiture. — 231. Conclusion. — 232. Coefficient de traction.

§ 2. *Chaussées d'empierrement.* — 1° *Conditions d'établissement:* 233. Conditions spéciales. — 234. Encaissement. — 235. Epaisseur des chaussées. — 236. Choix des matériaux. — 237. Dureté. — 238. Nature des détritus. — 239. Grosseur des matériaux. — 240. Forme. — 241. Netteté. — 242. Diverses espèces de matériaux. — 243. Matières d'agrégation. — 244. Anciennes chaussées. — 245. Méthode de Trésaguet. — 246. Méthode de Mac-Adam. — 247. Méthode de Polonceau.

2° *Exécution des travaux:* 248. Ouverture de la forme. — 249. Approvisionnement des matériaux: Extraction. — 250. Cassage. — 251. Cassage mécanique. — 252. Triage et nettoyage. — 253. Transport. — 254. Emmétrage. — 255. Réception. — 256. Répandage. — 257. Approvisionnement des matières d'agrégation. — 258. Cylindrage. — 259. Modèles de rouleaux. — 260. Composition d'un atelier de cylindrage. — 261. Nombre de passages du rouleau. — 262. Durée du cylindrage. — 263. Prix du cylindrage. — 264. Cylindrage à la vapeur. — 265. Pilonnage.

§ 3. *Chaussées pavées.* — 1° *Conditions d'établissement:* 266. Définitions. — 267. Conditions spéciales. — 268. Fondation. — 269. Propriétés du sable. — 270. Epaisseur de la fondation. — 271. Fondation en béton. — 272. Joints. — 273. Choix des pavés. — 274. Nature des pavés. — 275. Taille. — 276. Forme. — 277. Echantillon. — 278. Appareil.

2° *Exécution des travaux:* 279. Extraction et préparation des pavés. — 280. Transport des pavés. — 281. Réception. — 282. Ouverture de la forme. — 283. Fourniture et réception du sable. — 284. Répandage du sable. — 285. Tracé et marche du pavage. — 286. Pose des pavés. — 287. Dressage. — 288. Analyse des prix. — 289. Comparaison entre les pavages et les empierrements. — 290. Conversion des pavages en empierrements. — 291. Chaussées mixtes.

§ 4. *Chaussées diverses.*—292. Blocages.—293. Cailloux roulés.— 294. Cailloux étêtés. — 295. Chaussées dallées. — 296. Trams. — 297. Chaussées en briques. — 298. Chaussées en asphalte. — 299. Chaussées en bois.

§ 1er

CONDITIONS AUXQUELLES DOIVENT SATISFAIRE LES CHAUSSÉES

223. Résistance au roulement. — Les voitures opposent aux moteurs une résistance qui varie suivant les conditions où se trouve la route, et suivant le mode de construction, l'attelage, le chargement et l'allure de la voiture.

Les causes qui influent sur la valeur de cette résistance sont donc très complexes. Quelques-unes peuvent être soumises à l'analyse ; les autres lui échappent. Presque toutes dépendent de coefficients numériques, qui ne peuvent être demandés qu'à l'expérience. Mais les essais de cette nature sont difficiles à réaliser ; car toutes les causes agissent simultanément, et il est très délicat de dégager de l'ensemble l'influence individuelle de chacune d'elles.

Deux savants, M. l'inspecteur général des ponts et chaussées Dupuit et M. le général Morin, ont essayé de 1834 à 1851, de déterminer cette influence. Malgré leur haute compétence et les soins apportés à leurs essais, ils sont arrivés à des résultats souvent contradictoires, quant aux effets partiels dus à chaque cause. Heureusement, ils sont tombés à peu près d'accord sur l'ensemble, c'est-à-dire sur la valeur moyenne de la résistance au roulement sur une route de nature déterminée.

Cette résistance se mesure habituellement par un coefficient que l'on considère comme constant pour un même chargement, toutes choses égales d'ailleurs. En d'autres termes, on admet que la résistance totale est proportionnelle au poids brut du véhicule et de sa charge.

On ne s'occupera pas ici de l'influence qu'a sur la traction la déclivité de la route. Cette question a été traitée au chapitre III (§ 5). Il suffit de rappeler qu'elle donne lieu à une résistance égale au produit du poids brut du véhicule par la déclivité de la route, positive ou négative suivant qu'elle est en rampe ou en pente.

Laissant de côté cette cause particulière, parfaitement déterminée et facile à calculer, on va passer en revue les autres circonstances qui agissent sur la résistance des véhicules à la traction.

Ces circonstances se rapportent, les unes à la chaussée, les autres à la voiture.

224. Influence de l'état de la chaussée. Aspérités. — La surface d'une chaussée présente toujours des aspérités. Elles sont quelquefois très marquées, par exemple, sur les pavages ou sur certaines chaussées empierrées dont les matériaux s'usent inégalement. Sur celles qui paraissent unies, il existe encore des aspérités, quoique peu apparentes, ne fût-ce que par suite des rugosités de la surface des pierres qui les constituent.

Il en résulte une résistance à la traction, qui obéit à une loi simple. Soit O l'essieu d'une roue posée sur une chaussée MN où se rencontre une aspérité C de hauteur h ; soit P le poids de la roue et de la charge qu'elle porte, et R son rayon. Pour surmonter l'obstacle, l'attelage doit faire monter le poids P d'une hauteur h et produire un travail équivalent à Ph, pendant qu'il avance d'une quantité a. L'effort qu'il exerce pour produire ce travail est variable, mais il vaut en moyenne $\frac{Ph}{a}$, ou, si l'on néglige h devant le rayon, $P\sqrt{\frac{h}{2R}}$.

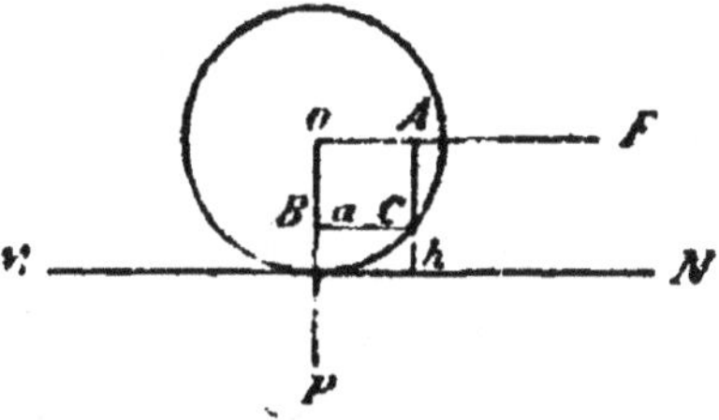

Cette résistance s'exerce à des intervalles plus ou moins éloignés, et produit des cahots plus ou moins prononcés, suivant l'état de rugosité de la surface. Sur les chaussées unies, elle est continue, mais à peine marquée ; sur les surfaces uniformément rugueuses, elle est plus accentuée ; sur les pavages, surtout lorsqu'ils sont usés, elle se reproduit au passage de chaque pavé et donne lieu à des cahots continuels.

Quand la chaussée est unie, mais présente de temps à autre des saillies isolées, qui prennent alors le nom de *têtes de chat*, les cahots sont intermittents.

Si l'on considère un parcours l tel qu'il s'y présente n obstacles analogues, l'effet produit pourra être assimilé a une résistance continue dont l'intensité F serait $\frac{nP}{l}\sqrt{\frac{h}{2R}}$.

225. Mollesse de la chaussée. — Comme tous les corps de la nature, une chaussée n'est jamais absolument dure, et les roues chargées de poids s'y enfoncent.

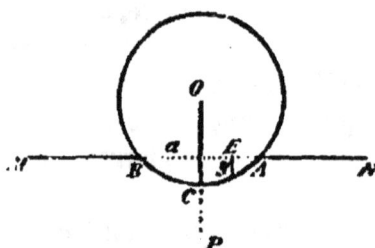

Si l'on considère d'abord une roue au repos, portant un poids brut P, elle pénètre dans la chaussée et s'y incruste, en refoulant un volume de matière représenté par le produit sb, où b est la largeur de la bande de la roue et s la surface du segment ABC.

De ce refoulement naissent des réactions du sol contre la roue, que l'on peut supposer en chaque point proportionnelles à l'enfoncement. La réaction, sur l'élément E, où l'enfoncement est y, est donc $mby\,dx$, m étant une constante qui varie en sens inverse de la dureté. La résultante de toutes les réactions est $mb\int_{-a}^{+a} y\,dx$, la corde AB étant représentée par 2 a. Or cette intégrale vaut mbs. Elle est égale au poids brut P ; donc $mbs = P$, et $s = \frac{P}{mb}$.

Quand la voiture est en marche, il reste, après le passage de la roue, un frayé qui provient du défaut d'élasticité des matériaux. Si on suppose que ce défaut soit absolu, le fond du frayé reste au-dessous de la chaussée primitive MN, à une profondeur h, comme l'indique la ligne CM' de la figure. La roue ne

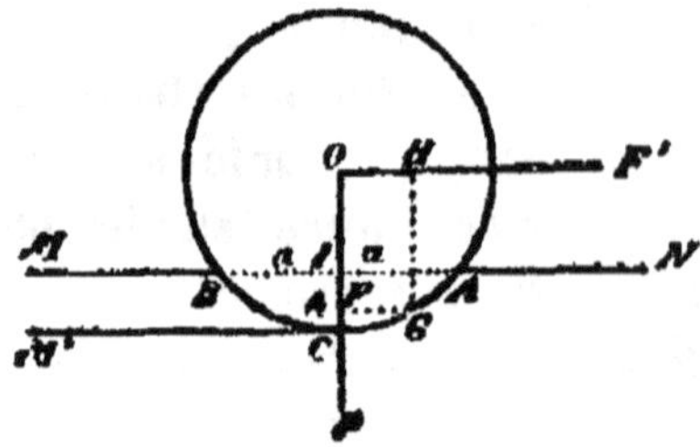

porte plus que sur la partie AC, et les réactions du sol ont une résultante appliquée en un point G compris entre A et C. Il s'ensuit que, pour maintenir la roue en équilibre, le cheval doit faire un effort F′ qui satisfasse à l'équation des moments $F'.GH = P.GF$. Or, GH peut être remplacé par R, h étant toujours très petit, et GF est, suivant la position du point G, une certaine fraction na de la demi-corde. Donc $F' = nP\frac{a}{R}$. Mais, l'arc ACB pouvant être confondu avec un arc parabolique, on a $a^2 = 2hR$ et $s = \frac{4}{3}ah$. On en déduit $a^3 = \frac{3}{2}sR$. La résultante des réactions du sol $mb\int y dx$, égale au poids P, ne doit plus être prise que de o à a, et ne vaut plus que $\frac{1}{2}mbs$. Donc $P = \frac{1}{2}mbs$, d'où $s = \frac{2P}{mb}$. En reportant cette expression dans la valeur de a, on trouve $a^3 = \frac{3PR}{mb}$.

$$\text{Donc} \quad F' = \frac{nP}{R}\sqrt[3]{\frac{3PR}{mb}} = K\frac{P^{\frac{4}{3}}}{R^{\frac{2}{3}}}$$

K est une quantité constante pour une même chaussée. Elle est égale à $n\sqrt[3]{\frac{3}{mb}}$; elle diminue donc quand la largeur des roues et la dureté de la chaussée augmentent.

L'élasticité des matériaux n'est jamais absolument nulle, et quelquefois elle est très grande. Les éléments de la partie BC du sol située en arrière de la verticale de l'essieu, tendent à remonter et à reprendre leur position primitive, lorsque la roue les quitte. Ils exercent donc également des réactions sur elle. Avec une élasticité qui serait parfaite, et où la vitesse de retour des molécules serait infinie, ces réactions seraient égales à celles qui se produisent sur AC. La résultante totale serait appliquée en C, et F′ deviendrait nul. Mais en réalité, un certain frayé reste toujours marqué, parce que l'élasticité de la matière n'est pas parfaite, et que, la vitesse de retour des molécules étant finie, une partie au moins d'entre elles ne revient à sa place qu'après que la roue s'en est déjà écartée. L'ensemble des réactions dans la partie BC, sans être nul, est donc moindre que l'ensemble de celles qui s'exercent en AC, et leur résultante totale s'applique encore en un certain point G situé entre A et C. Il en résulte qu'il faut toujours, pour les vaincre, un effort $F' = K\frac{P^{\frac{4}{3}}}{R^{\frac{2}{3}}}$, le coefficient K étant d'autant plus petit que la chaussée est plus élastique et plus dure.

226. Flaches. — On appelle flaches des dépressions plus ou moins prononcées qui se produisent à la surface des chaussées par suite de l'usure. Ces flaches s'observent très bien dans les temps de pluie, parce que l'eau y séjourne et forme de petites mares.

Dans les routes bien entretenues, elles ont peu de profondeur, 2 ou 3 centimètres au plus. Leur largeur et leur longueur sont variables.

Elles ont quelquefois de grandes longueurs, quand ce sont des commencements d'ornières.

Elles ont alors peu d'influence sur le tirage, du moins par suite de leur forme, et ne l'augmentent qu'à cause de la stagnation des eaux, qui y ramollit la chaussée.

Si les flaches sont courtes et successives, la chaussée prend la forme d'une sorte de sinusoïde ABC, que l'on peut considérer comme formée d'une série d'arcs de cercle L M, MN, NP.

La roue descend d'abord de A en B, puis remonte de B en C. L'effort qu'elle fait pour remonter est compensé par la poussée à la descente. Mais la compensation n'est pas complète.

En effet, considérons la roue dans les deux positions A, B. La surface déplacée par son enfoncement est la même, puisqu'elle est proportionnelle au poids brut (n° 225). Si l'on désigne par a' la corde de cette surface, pour la position (A) où la roue est sur une convexité, par a'' la corde de la surface qui répond à la concavité (B), et par a la corde de la surface produite par l'enfoncement sur un profil rectiligne dépourvu de flaches, et si R' est le rayon de courbure des flaches, on a les relations :

$$s=\frac{2a^3}{3R}=\frac{2a'^3}{3R}\left(1+\frac{R}{R'}\right)=\frac{2a''^3}{3R}\left(1-\frac{R}{R'}\right)$$

Les résistances correspondantes, proportionnelles aux cordes, ont donc pour expressions, si on désigne par λ une constante :

Sur un sol rectiligne $F'=\lambda\sqrt[3]{s}$

Sur la convexité $F'_1=\lambda\sqrt[3]{\frac{s}{1+\frac{R}{R'}}}$

Sur la concavité $F'_2=\lambda\sqrt[3]{\frac{s}{1-\frac{R}{R'}}}$

La moyenne $\frac{F_1'+F_2'}{2}$ est supérieure à F', et en diffère d'autant plus que $\frac{R}{R'}$ diffère moins de l'unité.

Les flaches ont donc pour effet d'augmenter le tirage du fait même de leur forme ; cette influence est d'autant plus marquée qu'elles sont plus courtes par rapport à leur profondeur.

227. Flexibilité. — Il résulte de ce qui précède qu'une chaussée flexible, qui s'infléchit en masse au passage des roues, parce que le sous-sol où elle s'appuie est compressible, donne lieu à une résistance supérieure à celle d'une chaussée rigide. Car chaque roue se trouve alors placée continuellement dans la partie concave d'une flache, dont le rayon de courbure est d'autant plus petit que la chaussée est plus flexible.

228. Défaut de liaison des matériaux. — Si la chaussée est composée de matériaux sans liaison entre eux et pouvant facilement se déplacer, le passage des roues a pour effet de creuser un frayé permanent et d'augmenter le tirage par suite d'un enfoncement plus profond des roues (n° 225).

En outre, les matériaux, se déplaçant alors pour prendre une nouvelle position d'équilibre, éprouvent un frottement mutuel et un soulèvement relatif, dont le travail est considérable et doit être équilibré par celui d'un effort du moteur.

229. Boue et poussière. — Lorsque la chaussée est garnie de détritus fluides, c'est-à-dire, de boue ou de poussière, la roue s'y enfonce, et il en résulte une résistance qui n'est nullement compensée par la réaction de ces détritus, absolument dépourvus d'élasticité. Cette résistance s'ajoute à celle de la partie solide de la chaussée et agit de la même manière.

De plus ces détritus sont refoulés à droite et à gauche du frayé de la roue. Ce mouvement latéral donne lieu à un travail supplémentaire, qui est d'autant plus grand que la matière est moins fluide.

230. Influences dues à la voiture. — Les résistances qui proviennent du mode de construction ou de la conduite de la voiture ont moins d'intérêt pour l'ingénieur que les précédentes. Il n'a pas d'action sur elles, et doit seulement les connaître pour en tenir compte s'il y a lieu.

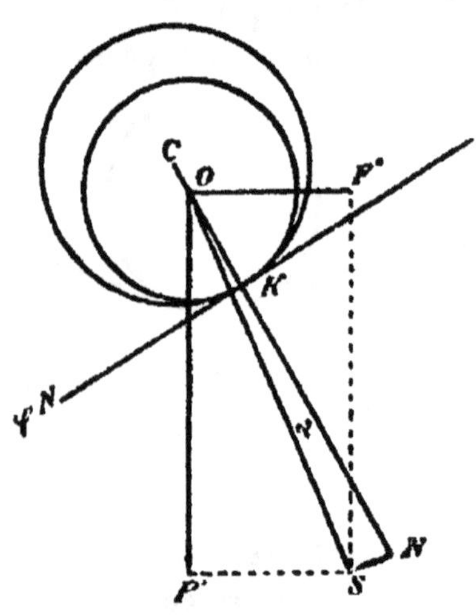

1° *Frottement à l'essieu.* — Pendant la marche de la voiture l'essieu roule sur la boîte du moyeu. Il en résulte un frottement, dont on peut calculer le travail.

Soit O l'axe de l'essieu et C celui de la boîte du moyen. Ces deux corps s'appuient l'un sur l'autre suivant une arête K, qui est dans le plan des deux axes. Ce plan, vertical au repos, prend pendant le mouvement une inclinaison, par suite de la traction, qui tend à faire monter l'essieu sur la boîte du moyeu.

L'essieu étant fixe relativement à la roue qui tourne, il se produit un frottement dont le travail doit être équilibré par une fraction F'' de l'effort de traction.

Pour un tour d'une roue de rayon R, portant un poids P', la force F'' développe un travail $2\pi RF''$, et le frottement, que l'on peut représenter par φ N, N étant la réaction normale en K, produit un travail $2\pi r\varphi N$, où r est le rayon de la fusée. On a donc $F'' = \frac{\varphi N r}{R}$. On peut sans erreur sensible remplacer N par P', et on a $F'' = \frac{\varphi r}{R} P'$.

Il faut remarquer que P' ne comprend pas le poids de la roue elle-même, mais seulement celui de la caisse de la voiture et de sa charge.

Pour la fonte roulant sur le fer, le coefficient φ varie de 0,05 à 0,12 lorsque les surfaces sont lubrifiées. Le premier chiffre répond au cas où l'on emploie de l'huile sur des surfaces parfaitement propres, comme dans les machines; le dernier, au cas où l'on a un cambouis ferme auquel sont mêlées des poussières de la route.

M. Dupuit a supposé dans ses expériences le coefficient φ toujours égal à 0,12, tandis que M. Morin n'a admis que 0,065. Cette divergence n'a pas une très grande importance, cette cause de résistance étant toujours assez faible par rapport aux autres.

2° *Diamètre des roues.* — Il résulte de ce qui a été exposé ci-dessus que la traction diminue quand le diamètre des roues augmente. En effet, si on fait la somme des trois résistances indiquées aux n° 224, 225 et 230 1°, et qu'on la divise par P, on trouve, en désignant par α, β et γ trois coefficients constants :

$$\frac{F + F' + F''}{P} = \frac{\alpha}{\sqrt{R}} + \beta \frac{P^{\frac{1}{2}}}{R^{\frac{1}{2}}} + \gamma \frac{P'}{P} \cdot \frac{1}{R},$$

et on voit que le rayon R est en dénominateur dans les trois termes.

M. Dupuit avait déduit de ses expériences que la résistance, toutes choses égales d'ailleurs, était en raison inverse de la racine carrée du diamètre des roues. M. Morin soutenait qu'elle était en raison inverse de ce diamètre lui-même. Cette divergence profonde, qui a donné lieu à des discussions animées, paraît inexplicable au premier abord : il semble difficile de ne pas reconnaître, même par des essais grossiers, si, lorsqu'une roue de 2 mètres donne lieu à la résistance 1, une roue de 1 mètre fournit une résistance 2 ou $\sqrt{2}$. Cela tient, sans doute, à la difficulté d'éviter les variations des influences étrangères, surtout de l'état de la chaussée, qui change d'un jour à l'autre suivant les circonstances atmosphériques, le vent, l'humidité, etc. Les expériences sur lesquels on s'appuyait sont d'ailleurs rarement comparables quant à la longueur des parcours, la charge des voitures, leur mode d'attelage, la lubréfaction des surfaces tournantes, l'état de conservation des bandages des roues, les vitesses etc. Aussi, bien qu'elle ait été soumise à l'Académie des sciences, la question est-elle restée indécise.

La formule trouvée ci-dessus semble indiquer que la vérité est entre les deux assertions. Elle montre d'ailleurs que l'on a sans doute eu tort de vouloir exprimer la loi par un seul terme, proportionnel à une puissance du diamètre, et que la proportionnalité de la résistance au poids brut P n'est pas rigoureuse.

Quoiqu'il en soit, le seul point acquis, tant par la théorie que par les expériences, c'est que l'augmentation des roues favorise la traction. Mais, ainsi qu'on l'a déjà remarqué, la dimension des roues est limitée, d'une part, par l'augmentation de poids mort qui en résulte, et d'autre part, par la nécessité de placer les points d'attelage à des hauteurs en rapport avec la taille des chevaux.

3° *Suspension.* — La suspension des voitures sur ressorts paraît sans influence sur la résistance lorsqu'elles marchent au pas. Au trot, il en est de même sur les chaussées unies, comme les bons empierrements, mais la traction diminue avec la suspension sur les chaussées raboteuses, dont les pavages sont le type, et d'autant plus que la vitesse est plus grande. Ces résultats s'expliquent facilement : la rencontre des aspérités produit, dans la masse de la voiture, une série de chocs, qui sont insensibles dans les faibles vitesses, et dont l'intensité augmente avec la rapidité de la marche. Ces chocs n'existent pas sur les chaussées dépourvues d'aspérités, et, sur les autres, ils sont amortis par le travail des ressorts.

4° *Largeur des bandes.* — Il semble rationnel que le tirage diminue lorsque la largeur des bandes augmente. La charge se répartissant sur une surface plus grande, l'enfoncement des roues dans la chaussée est moindre. On a vu (n° 225) que la résistance due à la mollesse de la chaussée variait en raison inverse de la racine cubique de la largeur des bandes. En outre, sur les chaussées uniformément raboteuses, plus une roue est large, plus elle a de chance, quand elle a été soulevée au sommet d'une aspérité, de rencontrer une nouvelle aspérité avant d'être descendue à son niveau primitif. Le travail à faire pour surmonter ce second obstacle est donc moindre avec des jantes plus larges.

On a observé, en effet, que le tirage diminue un peu, surtout sur les chaussées pavées, lorsque la largeur des bandes augmente, mais seulement pour les roues étroites. A partir de $0^m,08$ ou $0^m,10$, la largeur des bandes est sans influence sensible, et elle devient même nuisible, lorsqu'elle atteint de très grandes dimensions, comme celles de $0^m,25$ que l'on emploie pour le transport des très lourds fardeaux. Sur les chemins très mauvais où il y a beaucoup de boue et de poussière, l'avantage des larges bandes disparaît même pour les dimensions moyennes. Enfin, il est d'autant moins marqué que la vitesse est plus grande.

Ces différents résultats s'expliquent facilement. Quand la marche est rapide, les voitures sautent d'une aspérité sur une autre, et possèdent une vitesse acquise qui, surtout si elles sont suspendues, ne laisse pas à leur poids le temps de descendre en entier. En second lieu, on a vu (n° 41) que, lorsque la voiture se détourne et décrit une courbe, il y a au pourtour des bandages un frottement de glissement, qui augmente avec leur largeur. Enfin, par suite de leur fluidité, la boue et la poussière forment en avant de la roue un bourrelet, qui doit être expulsé à droite et à gauche de la roue ; or, ce bourrelet est d'autant plus volumineux et son expulsion demande d'autant plus de travail que la bande est plus large et que la vitesse est plus grande.

L'influence de la largeur des bandages est, du reste, très difficile à constater, et ne pourrait l'être que sur des bandages neufs. Aussitôt qu'ils ont fait quelque service, ils s'usent, surtout par les bords, qui s'arrondissent et ne portent plus réellement que sur une partie de leur largeur.

5° *Nombre de roues.* — On n'a pas observé que le nombre des roues eût une influence marquée sur la traction. En général, les voitures à quatre roues donnent plus de résistance que celles à deux roues, mais cela tient surtout à ce que les roues, celles au moins du train de devant, ont un diamètre moindre.

6° *Inclinaison du tirage.* — Les traits sont fixés, d'une part, à un point invariablement lié à l'essieu, d'autre part, au poitrail des chevaux limonniers. S'il y a d'autres files de chevaux, leurs traits sont attachés les uns aux autres, et partent de l'extrémité des brancards. On cherche à rendre les traits à peu près parallèles à la chaussée. Si le tirage est oblique, il en résulte une composante verticale, qui a pour effet de soulever les chevaux si elle s'exerce de bas en haut, ou de les presser sur le sol dans le cas contraire. Cet effort est une gêne pour l'animal, s'il est prononcé. Dans les voitures à deux roues, on s'arrange de façon que les traits restent à peu près horizontaux. Dans les voitures à quatre roues, on est obligé d'abaisser le point d'attache au niveau du train de devant, mais on l'élève le plus possible.

Dans les limites où elle est habituellement renfermée, l'inclinaison du tirage ne paraît pas avoir d'influence appréciable sur son intensité.

7° *Vitesse.* — Pour les voitures au pas, la vitesse de marche ne paraît pas faire varier sensiblement le tirage. Dans les transports au trot, elle n'a pas non plus d'influence si les chaussées sont unies, mais la résistance augmente avec elle quand les chaussées sont raboteuses. Cela s'explique par les chocs que les aspérités font subir à la voiture, et qui sont d'autant plus violents que la force vive est plus grande.

231. Conclusion. — Dans la construction des routes, on n'a pas à se préoccuper des résistances attribuables au mode d'établissement, d'attelage ou d'allure de la voiture, mais seulement de celles qui proviennent de la constitution de la chaussée.

Les conditions auxquelles doit satisfaire une chaussée sont donc les suivantes :

1° Elle doit être unie, et les aspérités qu'on ne peut éviter doivent être aussi peu saillantes que possible.

2° Elle doit être dure et élastique.

3° Elle ne doit pas présenter de flaches.

4° Elle doit être établie sur un sol résistant et non compressible, afin de ne pas s'infléchir sous les charges.

5° Les matériaux qui la composent doivent être parfaitement liés entre eux.

6° Elle doit être exempte de boue et de poussière.

Il faut que ces principes soient toujours présents à l'esprit dans la construction et l'entretien des chaussées. Leur application est d'ailleurs subordonnée à la question de dépense. Le but que l'on ne doit pas perdre de vue, c'est d'assurer une circulation aussi économique que possible, en tenant compte tant des intérêts du Trésor que de ceux du public. Il y a là des conditions contradictoires, auxquelles on ne peut donner à la fois satisfaction entière, et un problème dont il est souvent délicat de trouver la solution la plus avantageuse.

232. Coefficient de traction. — En dehors de l'influence de la déclivité de la route, toutes les causes qui viennent d'être énumérées donnent lieu à une résistance à la traction, qui varie avec chacune d'elles, mais dépend surtout de l'état de la chaussée. Cette résistance est habituellement considérée comme proportionnelle au poids brut P des véhicules, et se représente par f P.

La valeur du coefficient f, d'après les essais de MM. Dupuit et Morin et de quelques autres expérimentateurs, varie à peu près entre les limites suivantes :

De 0,016 à 0,035 sur les chaussées pavées ;

De 0,025 à 0,045 sur les chaussées empierrées ;

De 0,07 à 0,12 sur les accotements détrempés, les chemins en terre non empierrés ou les empierrements mobiles.

Sur les pavages ordinaires, dans un état normal d'entretien, le coefficient peut être fixé à 0,02 ; il serait 0,025 sur un pavage boueux et raboteux. Il augmente avec la vitesse des voitures, et s'élève à 0,035 pour les voitures très rapides sur de très mauvais pavés.

Sur les chaussées empierrées, dans l'état actuel des routes, le coefficient f est fixé en moyenne à 0,03, quelle que soit la vitesse. Il descend quelquefois au-dessous, avec des matériaux de choix et un entretien exceptionnel ; il s'élève au contraire plus haut quand les chaussées sont molles, couvertes de boue, ou composées de matériaux sans liaison[1].

Sur les accotements en terre, parfaitement secs et solides, le tirage est presque le même que sur une chaussée, et on peut y faire $f = 0,035$. Mais il augmente rapidement avec l'humidité.

§ 2

CHAUSSÉES D'EMPIERREMENT

1° Conditions d'établissement.

233. Conditions spéciales. — Les conditions énumérées au paragraphe précédent se réalisent de différentes manières. Le système de construction le plus répandu est celui des chaussées d'empierrement. Le caractère distinctif de ces chaussées, c'est d'être composées de pierres cassées ou de cailloux jetés pêle-mêle les uns sur les autres, et non rangés à la main.

En dehors des conditions générales communes à toutes les

1. Les expériences récentes faites par M. Lavalard sur le matériel de la Compagnie générale des Omnibus de Paris ont fourni un coefficient variant de 0,017 à 0,030.

chaussées, les empierrements doivent satisfaire à certaines conditions particulières qui résultent de leur mode d'établissement.

Les pierres qui les composent s'appuient sur le sol naturel, dont la nature est variable. Il est quelquefois solide et résistant, mais souvent il se compose de terre plus ou moins argileuse, qui peut se détremper par l'humidité. Si c'était de l'argile pure, et que l'eau y eût accès, il suffirait du moindre effort pour y faire pénétrer les pierres de la chaussée. Le passage des voitures aurait donc pour résultat d'enfoncer ces pierres dans le sous-sol. En outre, ce sous-sol étant maintenu latéralement et ne pouvant se déplacer que de bas en haut, l'argile détrempée remonterait à la surface par les interstices des pierres. On aurait donc une chaussée boueuse et dont les matériaux disparaîtraient en s'enfouissant.

Ce cas extrême est rare, et le plus souvent le sol est formé d'un mélange variable de parties sableuses et de parties argileuses. Les phénomènes indiqués ci-dessus ne se produisent donc que partiellement et leur intensité est proportionnelle à la plasticité de la terre.

Pour les empêcher, il faut s'attacher à deux choses : 1° détourner les eaux du terrain qui sert d'assiette à la chaussée, et, si on ne le peut complètement, faire qu'elles y séjournent le moins possible ; 2° répartir les charges reçues par les divers points de la surface de la chaussée sur la plus grande étendue possible du sol qui la supporte.

En outre, il faut que la chaussée soit assez épaisse pour n'être pas coupée par la circulation des plus lourds chargements.

234. Encaissement. — L'empierrement est répandu dans un encaissement, appelé aussi forme, creusé au milieu de la plateforme des terrassements.

La largeur et la profondeur de l'encaissement sont déterminées par celles que l'on adopte pour la chaussée ; on s'arrange pour que les bords de la chaussée affleurent ceux des accotements.

Le fond de l'encaissement est réglé, soit suivant une surface plane, soit suivant une surface bombée, parallèle à celle de la chaussée ou ayant une flèche moindre.

La forme plane a l'avantage d'être plus simple à dresser et de donner lieu à une chaussée plus épaisse vers le milieu, là où l'usure est précisément le plus rapide.

La forme bombée conduit à une économie de matériaux d'empierrement et à une diminution dans la fouille nécessitée par l'ouverture de l'encaissement. L'eau de pluie qui a pu traverser la chaussée, et qui séjourne sur le fond de l'encaissement, lorsque ce fond est argileux, est rejetée vers les bords, où le passage des voitures est moins fréquent qu'au milieu.

La forme bombée non parallèle à la surface réunit les avantages des deux autres, sauf la simplicité du dressement.

Consolidation de l'encaissement. — Il y a des cas où le fond de l'encaissement est formé d'un sol trop peu résistant pour supporter les pressions transmises par la chaussée, ou, s'il ne l'est pas habituellement, le devient dans certaines circonstances. Tels sont les terrains argileux recouverts par une chaussée perméable, où se produisent les phénomènes indiqués au n° 233.

Dans ce cas, on est obligé de prévenir les effets dus à cette circonstance par des travaux de consolidation appropriés.

On peut recourir au drainage, comme pour la consolidation des talus, afin de tenir le fond de l'encaissement constamment asséché. On y fait, de distance en distance, des saignées transversales, que l'on remplit de pierrailles (n° 216). Ces rigoles débouchent dans les fossés, où sont conduites ainsi d'une façon continue toutes les eaux qui ont pu atteindre le sous-sol de la chaussée. Au lieu de pierrées, on peut employer des tuyaux, comme dans le drainage agricole.

On peut aussi interposer une couche de sable entre la chaussée et le fond de l'encaissement. Le sable, perméable à l'eau quand il est sec, devient compacte et à peu près imperméable quand il est imbibé; il a en outre la propriété de répartir les pressions sur de grandes étendues: il empêche donc l'argile de se ramollir et les cailloux qu'il supporte de s'y enfoncer. On creuse l'encaissement de 0m,15 ou 0m,20 en sus de l'épaisseur de la chaussée, et on remplace la fouille par du sable.

Ce dernier remède est encore applicable, quand le sol est formé de roches gélives, comme certaines craies, qui, sans être argileuses, se comportent comme l'argile et se transforment comme elle en une pâte plastique au moment des dégels. On évite cet effet, en creusant l'encaissement à une profondeur telle que les gelées n'en puissent atteindre le fond, et remplaçant la partie enlevée par du sable ou même simplement de la terre de bonne qualité. Dans nos climats, les gelées ne pénètrent guère à plus de 0m,35 ou 0m,40 ; telle est l'épaisseur totale qu'il faut donner à l'ensemble de la chaussée et de la couche rapportée dans ce cas.

Dans les terrains marécageux, ces procédés peuvent être inefficaces, le drainage étant impuissant et le sable exposé à s'enfouir dans un terrain constamment mou et même fluide. On établit alors la chaussée sur une fondation composée d'un ou plusieurs rangs de grandes pierres plates, afin de répartir les pressions locales sur une base aussi large que possible. Si cette fondation paraît insuffisante, on la fait reposer elle-même sur un ou plusieurs lits de fascines, qui s'étendent sous la chaussée et même au delà. Mais il est préférable d'éviter de pareils sous-sols et de modifier le tracé en conséquence.

On n'a recours à ces consolidations que dans des cas tout à fait exceptionnels. Il est bien rare que le sol de l'encaissement ne soit pas assez résistant pour supporter les chaussées.

235. Épaisseur des chaussées. — L'épaisseur d'une chaussée peut être réduite à une limite très faible. Il suffit de quelques centimètres d'une croûte solide, pour supporter les roues des plus lourds chargements.

Beaucoup de chaussées se trouvent dans ces conditions.

D'après une statistique établie en 1874, il y avait alors onze départements où l'épaisseur moyenne des chaussées des routes nationales ne dépassait pas 0m,10; dans trois d'entre eux, elle restait au dessous de 0m,08. Néanmoins ces routes faisaient un excellent service.

Une épaisseur de 0m,07 à 0m,08 est donc rigoureusement suffisante.

Toutefois, il serait absurde, dans la construction d'une

route, de s'en tenir à cette limite extrême. Les chaussées s'usent sous le passage des voitures, et, bien que cette usure soit restituée par des matériaux neufs que l'entretien y incorpore chaque année, il n'est pas possible de compter sur un entretien toujours parfait et constant. Les fonds qu'on y consacre sont limités, et les personnes qui les distribuent peuvent n'être pas parfaitement éclairées sur les besoins de chaque route. Tel crédit, qui, entre des mains habiles, suffirait pour maintenir par l'entretien l'épaisseur d'une chaussée, peut être moins bien utilisé par d'autres agents. Il se produit souvent, à la suite de l'ouverture des voies de communication nouvelles, des courants de circulation imprévus, auxquels la chaussée doit résister par elle-même avant qu'on se soit procuré les ressources nécessaires à son entretien complet. Enfin, il faut prévoir les calamités publiques, telles que les guerres, qui privent d'entretien certaines routes, alors précisément qu'elles peuvent être soumises à une circulation excessive.

Les chaussées sont donc exposées, dans certaines circonstances, à diminuer d'épaisseur, au moins temporairement. Il est prudent d'y subvenir en ne limitant pas cette épaisseur au strict nécessaire au moment de la construction.

Il serait fâcheux, d'autre part, d'incorporer à grands frais dans les chaussées des matériaux inutiles, qui enfouiraient dans le sol un capital improductif.

On reste entre les extrêmes, et on admet que l'on pare aux éventualités les plus fâcheuses en doublant l'épaisseur considérée comme un minimum. Les chaussées de $0^m,15$ paraissent satisfaire à cette condition. Sur les routes importantes, on leur donne souvent quelques centimètres de plus, et l'on arrive même à $0^m,25$. C'est là une limite extrême, qu'on ne doit pas dépasser.

Quand le fond de l'encaissement est plat ou moins bombé que la surface de la chaussée, l'épaisseur sur les bords est moindre que sur l'axe, et les nombres qui viennent d'être indiqués s'appliquent à l'épaisseur moyenne.

230. Choix des matériaux. — Les matériaux à employer doivent présenter des qualités en rapport avec les conditions qu'une chaussée doit remplir. Ces qualités dépendent de leur nature et de la préparation qu'on leur a fait subir.

Les qualités naturelles sont le degré de dureté et l'espèce des détritus fournis par l'usure.

Les qualités obtenues par la préparation sont la grosseur des pierres, leur forme, leur propreté.

237. Dureté. — Les matériaux les plus durs sont presque toujours les meilleurs. Il y a lieu toutefois de distinguer entre ceux qui sont durs et élastiques, et ceux qui sont durs et cassants. Les uns et les autres satisfont à l'une des conditions principales des bonnes chaussées, la dureté. Mais les matériaux cassants s'usent beaucoup plus vite.

L'usure des pierres des chaussées se fait de trois manières, par *frottement*, par *écrasement* et par *choc*.

Le choc est produit par les fers des chevaux ou par la chute des roues qui tombent des sommets *successifs* des saillies que présentent les chaussées rugueuses.

L'écrasement se manifeste sous la pression excessive que certaines pierres ont à porter, lorsque la roue d'une voiture pesante vient à reposer isolément sur l'une d'elles.

Le frottement est le résultat du déplacement relatif des matériaux. Ce déplacement, très apparent dans les chaussées dont les matériaux sont mobiles, se produit encore dans celles qui sont bien liées. Sous le passage d'une roue lourdement chargée, les pierres successives qu'elle rencontre, lorsqu'elles ne s'écrasent pas, s'enfoncent plus ou moins, comme des coins, entre les pierres voisines, qu'elles déplacent un peu. Si la chaussée est élastique, elles reviennent ensuite à leur place, quoique incomplètement, ainsi que l'indique le frayé resté apparent. Dans ce mouvement, les pierres frottent les unes sur les autres ou contre les grains de sable qui les séparent.

Le craquement continu qui s'entend au passage des lourdes voitures sur les chaussées d'empierrement est la manifestation extérieure de ces divers phénomènes.

Les meilleurs matériaux sont ceux qui résistent le mieux à ces trois modes d'usure, c'est-à-dire qui sont les plus durs et les moins aptes à se casser par choc ou par pression.

Certains matériaux très durs, c'est-à-dire s'usant peu par le frottement et présentant une grande résistance à l'écrasement, donnent des chaussées médiocres parce qu'ils se brisent facilement sous les chocs.

En général, on ne choisit pas beaucoup, et on emploie les matériaux que l'on trouve à sa portée, pourvu qu'ils ne soient pas trop friables. Il y a lieu toutefois de se rendre compte s'il n'est pas avantageux de recourir à des matériaux plus coûteux, mais meilleurs. Il est clair, par exemple, que si on peut se procurer, pour un prix double, des pierres qui durent deux fois plus longtemps, il ne faut pas hésiter à les employer; la chaussée sera plus dure et aura moins de boue et de poussière, et il y aura un bénéfice économique, l'époque du renouvellement des matériaux étant ajournée.

238. Nature des détritus. — A mesure que les pierres de la chaussée s'usent, elles se réduisent en détritus qui forment la boue et la poussière. Ces détritus remplissent les interstices que les pierres laissent entre elles, ou, du moins, se mélangent partiellement avec les détritus qu'on y a mis artificiellement.

La nature de ces détritus a une certaine influence sur la qualité de la chaussée. Ils peuvent être plus ou moins liants, c'est-à-dire prendre une cohésion plus ou moins marquée, et avoir une adhérence plus ou moins forte aux pierres restées entières.

Les détritus sont liants, lorsque l'eau les transforme en boue plastique et collante, et que par la dessication ils deviennent durs et compactes. Ils sont maigres, lorsqu'ils présentent les propriétés contraires, c'est-à-dire se désagrègent par la sécheresse, et se tassent par l'humidité sans devenir plastiques ni adhérer aux matériaux.

On recherche l'une ou l'autre de ces qualités, ou des qualités intermédiaires, suivant les circonstances, et surtout suivant la nature du climat.

239. Grosseur des matériaux. — Les dimensions des pierres qui constituent un empierrement doivent être limitées.

Si elles étaient très grosses, elles laisseraient entre elles des vides considérables, remplis seulement de détritus, de dureté moindre que les pierres elles-mêmes; les roues des voitures passeraient donc successivement sur une série de points de résistance variable, la traction serait inégale et la chaussée dure et cahotante.

En outre, les pressions locales reçues par la surface de la chaussée se répartiraient mal sur le fond. De grosses pierres rondes ou anguleuses s'enfonceraient dans le sol sous des charges que les matériaux fins supportent sans danger. On voit facilement, par exemple, sur la figure ci-contre, la différence qu'il y aurait entre une chaussée composée de cubes tels que AMBS, occupant toute son épaisseur, et une chaussée composée de cubes dont les arêtes seraient moitié moindres. Une charge P, appliquée au point S, se transmet en un seul point M dans le premier cas, et se répartit sur trois points NML dans le second cas. Plus les matériaux sont fins, et mieux se fait cette répartition.

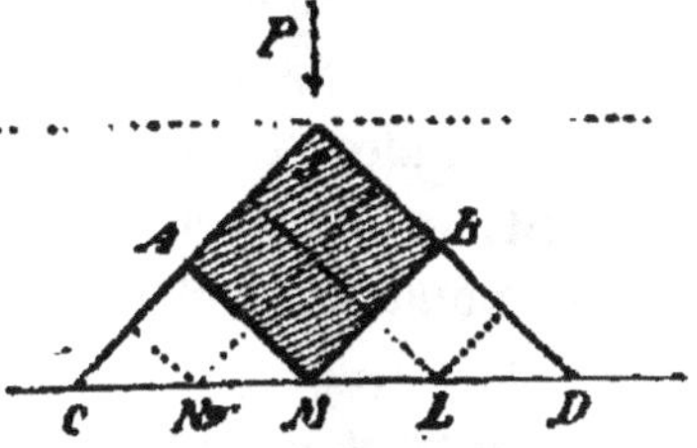

D'autre part, des matériaux très petits sont exposés à s'écraser, il est difficile de les assujettir bien solidairement par les détritus, et ils frottent les uns sur les autres par des surfaces nombreuses : ils s'usent donc rapidement. Si d'ailleurs, ils ne se trouvent pas naturellement en menus fragments, il faut les casser, et le cassage est d'autant plus coûteux qu'il est plus fin.

Il y a donc une limite supérieure et une limite inférieure à la grosseur des matériaux.

La limite supérieure est fixée presque toujours à $0^m,06$; chaque pierre doit pouvoir passer dans tous les sens par un anneau dont le diamètre intérieur est $0^m,06$.

Il serait peut-être plus rationnel de faire varier la grosseur suivant la nature des matériaux. Les pierres tendres peuvent être employées plus grosses que les pierres dures, car il est naturel de donner de plus fortes dimensions aux corps qui résistent moins bien aux pressions. Les matériaux tendres s'usent plus vite et s'égalisent mieux à la surface ; il y a moins de différence de dureté entre les pierres entières et les détritus, et les chaussées qu'ils constituent sont moins rugueuses. On pourrait donc prendre 0m,07 ou 0m,08 comme limite pour les matériaux très tendres, et 0m,05 seulement pour les pierres très dures.

Quant à la limite inférieure, les constructeurs la fixent, en général, à 0m,02 ou 0m,03. Comme il n'est guère possible qu'il n'y ait pas une certaine quantité de pierres n'ayant pas cette dimension, et que leur présence n'a pas des inconvénients bien graves, on se contente ordinairement d'exiger que la proportion n'en soit pas trop considérable.

Quelques ingénieurs pensent, en outre, qu'il est désirable que tous les matériaux soient sensiblement de même taille. Ils offrent alors tous une même résistance à l'usure et à l'écrasement; la chaussée est parfaitement homogène, et elle s'use uniformément, sans présenter de pierres saillantes ni de flaches.

D'autres, au contraire, considèrent comme un avantage d'avoir des pierres de grosseur inégale; les plus petites se logent dans les interstices des plus grosses, et il reste moins de vides à garnir de détritus pulvérulents.

On n'est pas bien fixé sur les avantages respectifs de ces deux systèmes. En fait, il est impossible d'avoir une grosseur uniforme, sous peine de payer les matériaux à un prix excessif; car il faudrait recourir à un triage minutieux, et il y aurait un déchet énorme dans la préparation. On se contente donc d'imposer aux dimensions des pierres une limite supérieure et une limite inférieure.

240. Forme des matériaux. — La forme des pierres a de l'influence soit sur la solidité de la chaussée, soit sur l'usure des matériaux. Si elles sont terminées en pointe ou par des arêtes aiguës, elles s'épaufrent sous de faibles pressions. Si elles sont sphériques ou ellipsoïdales, elles roulent les unes sur les autres et la liaison en devient difficile, sinon impossible.

Les formes les meilleures sont celles qui s'éloignent de ces deux extrêmes, et qui présentent des arêtes rectangulaires. Le cube est d'ailleurs préférable à tout autre type, car il offre la même résistance dans tous les sens.

Les pierres plates, minces dans un sens et larges dans les deux autres, s'appellent *plaquettes*; on nomme *aiguilles* celles qui sont allongées et étroites suivant deux de leurs dimensions. Elles doivent être également rejetées, car elles présentent des résistances très inégales dans leur diverses positions. Les aiguilles ne satisfont pas à la condition de passer en tous sens par un anneau de $0^m,06$, mais il n'en est pas de même de toutes les plaquettes. Il est donc nécessaire de stipuler dans les marchés qu'elles seront refusées.

On est souvent contraint d'accepter les formes arrondies. Tel est le cas où l'on trouve dans les rivières des cailloux roulés, dont les dimensions et la qualité sont d'ailleurs convenables. Ces matériaux n'ont pas besoin d'être cassés, et ils reviennent souvent à bas prix. Ils sont en général durs, parce qu'ils ont été transportés par des phénomènes géologiques anciens ou actuels et qu'ils ont perdu dans ce transport leurs parties les plus tendres. Ces avantages peuvent compenser et au delà l'inconvénient de leur forme.

241. Netteté des matériaux. — Les matériaux destinés aux empierrements doivent être parfaitement propres et purgés de toute gangue adhérente, parce que cette gangue est toujours de nature plus ou moins argileuse.

Ils peuvent toutefois rester mélangés avec du sable ou avec les débris de leur cassage, pourvu qu'ils ne soient pas souillés d'argile. Ces détritus n'ont aucun inconvénient, et ils servent à remplir une partie des vides entre les pierres de la chaussée, comme les matières d'agrégation qu'on y incorpore artificiellement. Mais il ne faut pas que ces détritus soient assez abondants pour envelopper les pierres et faire foisonner les fournitures. On verra d'ailleurs que les matières d'agrégation doivent être incorporées avec des soins particuliers, qu'on ne peut donner à du sable préalablement mêlé aux matériaux. La proportion de ces détritus doit donc toujours rester très faible.

242. Diverses espèces de matériaux. — Les espèces minéralogiques utilisées pour la confection des chaussées sont nombreuses. On pourrait en citer une cinquantaine, avec plusieurs variétés pour chacune.

On peut les classer de la manière suivante :

1° *Calcaires.* — Les *calcaires* présentent d'énormes différences dans leur dureté, depuis les marbres compactes jusqu'aux marnes proprement dites. Relativement aux autres espèces, ils sont tendres et donnent beaucoup de boue et de poussière. Leur boue est liante et leur poussière s'agrège sous la pression. Ils conviennent donc mieux aux climats secs qu'aux contrées humides.

2° *Silex.* — Les *silex* sont durs, mais cassants. Ils s'usent peu par le frottement, mais éclatent par les chocs. Ils se détruisent donc assez promptement. Leurs détritus ont des propriétés tout à fait opposées à celles des calcaires ; ils donnent une poussière siliceuse, qui ne se met pas en pâte, mais se tasse par l'humidité, et qui se désagrège complètement par la sécheresse. Les silex conviennent donc aux pays pluvieux et se comportent mal dans les contrées méridionales.

Il y a, du reste, des qualités très variables dans cette espèce. Certains silex caverneux, que l'on trouve par rognons épars, s'écrasent avec une rapidité extrême, tandis que les meulières compactes et les silico-calcaires sont très résistants.

3° *Quartz.* — Les *quartz* sont analogues aux silex, mais ils sont moins cassants. Ils donnent presque partout de bonnes chaussées, bien que leurs détritus manquent de liant.

4° *Grès.* — Les *grès* sonores et compactes sont d'excellents matériaux. Ils sont très durs et peu cassants. Leurs détritus sont encore assez maigres, mais plus liants que ceux des silex ou des quartz. Le grès doit toutefois être choisi avec soin ; les grès tendres sont friables et forment de très médiocres chaussées.

5° *Granites.* — Les *granites* et les roches composées analogues, telles que le *gneiss* et la *syénite*, sont en général de bons matériaux, durs, non cassants, et fournissant un détritus liant. Il y a cependant un choix, ces roches étant quelquefois assez friables ; dans ce cas, elles s'usent vite et fournissent beaucoup de boue en hiver.

6° *Porphyres.* — Les *porphyres* et les roches *feldspathiques* à peu près homogènes, comme le *pétrosilex* et les *eurites*, constituent des matériaux de première qualité. La dureté et l'élasticité relative de la pâte dont ils sont formés leur permet de résister très bien à l'usure et au choc, et ils donnent des détritus excellents. Malheureusement ils sont souvent très coûteux.

7° *Roches amphiboliques.* — Les *amphiboles*, *serpentines*, *ophites*, *diorites*, sont aussi parmi les meilleurs matériaux d'empierrement, et présentent des qualités analogues. Il y a cependant encore un choix à faire, leur degré de dureté étant variable.

8° *Roches volcaniques.* — Les *basaltes*, *trapps*, *laves* et autres roches volcaniques sont en général très résistants et ont un détritus liant. Le trapp des Vosges est peut-être ce que l'on connait de meilleur pour la confection des chaussées. Il y a toutefois des basaltes et surtout des laves poreuses qui s'écrasent assez facilement et qui fournissent beaucoup de poussière.

9° *Matériaux divers.* — On emploie enfin quelques roches de composition diverse, telles que les *schistes* et les *poudingues*, ou des matériaux artificiels, comme les *laitiers* de hauts fourneaux ou les *scories* de forges, dont la qualité est essentiellement variable.

10° *Mélanges.* — On est conduit quelquefois à recourir simultanément à des espèces différentes, soit qu'on les trouve naturellement mélangées, comme dans les graviers que l'on extrait de certaines rivières, soit qu'on ait jugé utile d'augmenter la dureté moyenne des chaussées en ajoutant des pierres plus résistantes à des matériaux tendres que l'on a sous la main. Ces mélanges peuvent donner de bonnes chaussées, mais à la condition que la dureté des diverses catégories ne soit pas très différente. Sans cela, les pierres les plus dures s'usent moins vite que les autres, et forment bientôt des saillies ou têtes de chat, qui détruisent l'uni de la surface et la rendent rugueuse. On atténue cet inconvénient, en n'admettant dans ces mélanges que des matériaux fins.

243. Matières d'agrégation. — Les interstices qui existent entre les pierres d'une chaussée sont considérables. L'expérience indique que, lorsque des matériaux fragmentaires sont jetés au hasard les uns sur les autres et amassés pêle-mêle, il reste entre eux des vides dont le volume atteint près de la moitié du volume total. Cette proportion varie suivant la forme et l'homogénéité des fragments et suivant leur rangement plus ou moins régulier. Lorsqu'on les tasse par secousses ou autrement, le volume du vide diminue.

M. Berthault-Ducreux, en 1834, fixait le vide à 0,46, et le considérait comme constant, à de petites variations près. Des expériences faites en 1879 au dépôt de l'École des ponts et chaussées, sur environ 650 échantillons de toute nature et de toute provenance, ont donné une moyenne de 0,48, les matériaux étant jetés à la pelle, sans aucun tassement.

Lorsque les matériaux ont été préalablement tassés, les vides diminuent. Le tassement par secousses dans une caisse, dans les expériences précitées, a réduit les vides à 0,43 en moyenne.

Si le tassement est produit sous une pression énergique, comme dans le cylindrage, les vides diminuent encore davantage.

Ces vides permettent aux pierres des déplacements relatifs lorsque les pressions qu'elles supportent changent de direction, ou que les pierres s'écrasent ou s'usent par le frottement. Ils sont donc une cause de mobilité des matériaux.

En second lieu, l'eau qui tombe sur cette espèce de crible traverse la chaussée immédiatement, et arrive en entier sur le fond de l'encaissement malgré le bombement de la surface.

Mais une chaussée livrée à la circulation ne reste pas longtemps à l'état de crible. Les détritus qui se forment par l'usure des matériaux tombent dans les vides et les remplissent. Chaque pierre se trouve alors encastrée dans une sorte d'alvéole à parois incompressibles, et ne peut plus se déplacer. La chaussée devient compacte et à peu près imperméable, et la majeure partie de l'eau qu'elle reçoit est évacuée par le bombement de la surface.

Une chaussée n'est définitivement prise, et n'a acquis sa

stabilité complète que lorsque les vides sont entièrement garnis de détritus. Jusque là, les pierres restent sans liaison et se déplacent sous le passage de chaque roue, et la chaussée est difficilement praticable ; car la traction y est deux ou trois fois plus pénible que sur les bonnes routes.

On évite à la circulation ce surcroît de travail en introduisant entre les pierres, pendant la construction même, des détritus tout formés que l'on appelle des *matières d'agrégation*.

Cette pratique, inconnue il y a un demi-siècle, est appliquée aujourd'hui, sous le nom de *cylindrage*, sur toute route qui mérite ce nom ; on s'en dispense encore dans la construction des chemins ruraux ou vicinaux d'importance tout à fait secondaire.

Le défaut de cylindrage présente en effet des inconvénients nombreux.

1° Il peut arriver que le détritus fourni par les matériaux eux-mêmes ne soit pas le plus convenable à leur agrégation, tandis qu'on rencontre au dehors des matières mieux appropriées. Ainsi, les pierres calcaires se trouvent souvent bien d'une gangue siliceuse, et certains cailloux roulés siliceux sont incapables de se lier si on ne les réunit par une substance marneuse.

2° Les vides qui restent nécessairement après tout tassement ne peuvent être remplis qu'après l'usure d'un volume correspondant de pierre pleine, et une réduction considérable de l'épaisseur de la chaussée. On est donc conduit à construire des chaussées beaucoup plus épaisses que celles que l'on veut obtenir, ou plutôt, comme souvent on oublie cette circonstance, on obtient des chaussées dont l'épaisseur est insuffisante.

3° Les détritus qui proviennent de l'usure des matériaux sont très coûteux, puisqu'ils sont payés au prix de ces matériaux eux-mêmes, tandis que les matières d'agrégation naturellement pulvérulentes, d'extraction facile, se trouvent presque toujours à bas prix.

4° Il en résulte pour la circulation une énorme dépense. En premier lieu, les matériaux, tant qu'ils restent sans liaison, fuient sous les charges et sont constamment déplacés ; le travail produit par ces mouvements augmente dans une forte proportion la résistance à la traction. En second lieu, la liaison ne s'obtient à la longue que par suite de l'usure des matériaux par frottement. Or, on se fait facilement une idée du travail considérable que représente la réduction en poudre par frottement de pierres aussi dures, et de la dépense qu'entraînerait une pareille opération si on la faisait à bras d'hommes. Dans les expériences faites au dépôt de l'École des ponts et chaussées, une machine d'un cheval-vapeur n'obtenait, en cinq heures de marche, qu'une moyenne d'un kilogramme de poussière sur des matériaux soumis au frottement par roulement les uns sur les autres, dans des conditions analogues à celles où ils se trouvent dans les chaussées.

Il est vrai que le cylindrage augmente les frais immédiats de construction, car il faut certains soins dans l'incorporation des matières d'agrégation. On n'obtiendrait qu'une chaussée détestable si on se contentait de les mélanger avec les pierres et de répandre le mélange dans la forme ; les matériaux resteraient longtemps mobiles et la prise de la chaussée coûterait encore beaucoup au public. Il faut d'abord serrer les pierres les unes contre les autres, afin qu'elles s'enchevêtrent dans une position aussi stable que possible ; puis ensuite faire pénétrer les matières d'agrégation dans les vides.

Malgré cela, on n'hésite pas à faire cette opération, dont la dépense est moindre que le déchet produit par l'usure des matériaux, et incomparablement inférieure à celle que l'on épargne à la circulation.

244. Anciennes chaussées. — Le système actuel de construction des chaussées s'est généralisé depuis une soixantaine d'années, sous l'influence des idées de l'ingénieur anglais Mac-Adam. Auparavant, il semblait indispensable d'établir toute chaussée sur une fondation en grosses pierres.

Autrefois, on mettait au fond de l'encaissement une ou deux rangées de pierres plates AB. Puis on limitait la chaussée par de grosses pierres C, D, appelées bordures, dont la face supérieure restait apparente ; ces bordures marquaient à la fois l'alignement du bord de la chaussée et le niveau de sa surface. On remplissait cette espèce de longue caisse de pierrailles que l'on triait en diverses grosseurs, et on avait soin de placer les plus grosses dans le fond, et les plus fines à la surface. Tout cet ensemble avait une épaisseur de $0^m,50$ à $0^m,60$, et souvent davantage.

Malgré cette épaisseur et leurs fondations, ces chaussées étaient ordinairement détestables.

L'ornière y était permanente, car les roues qui s'engageaient sur ces énormes tas de cailloux marquaient un frayé

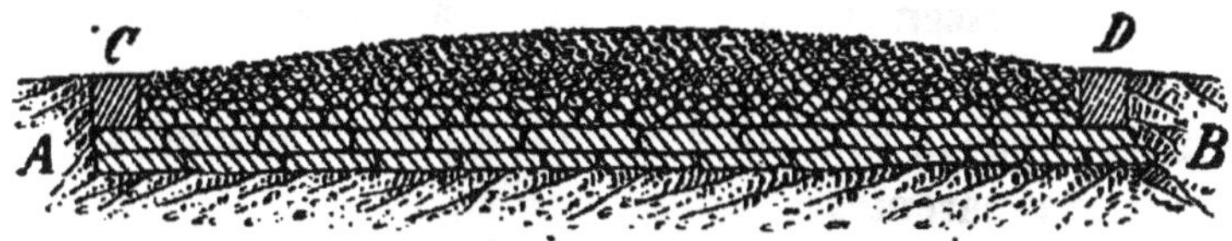

que suivaient toutes les voitures. De temps à autre les corvées venaient remplir ces ornières; mais les roues évitaient les matériaux neufs, passaient à côté et avaient bientôt formé une nouvelle ornière.

D'un autre côté, l'eau de pluie séjournait dans les ornières, dont le fond se trouvait ainsi ramolli, et en même temps elle traversait comme un crible le reste des matériaux restés sans liaisons. Les pierres plates, à supposer même qu'elles eussent été posées avec beaucoup de soin, s'enfonçaient en basculant dans un sous-sol détrempé; en sorte que la chaussée était bientôt bouleversée.

Cet état de choses était empiré par la présence des bordures qui, s'usant moins que la chaussée elle-même, faisaient saillie sur la surface et s'opposaient aussi bien à l'écoulement transversal des eaux qu'au passage des voitures de la chaussée à l'accotement ou réciproquement.

245. Méthode de Trésaguet. — Vers le milieu du siècle dernier, l'ingénieur de la généralité de Limoges, Trésaguet, chercha et réussit à améliorer cet état de choses, en appliquant à la construction des chaussées de nouveaux principes, qui sont résumés dans un mémoire présenté en 1775 à l'assemblée (conseil général) des ponts et chaussées et approuvé par elle. Voici la citation textuelle de ce mémoire :

« Le fond de l'encaissement sera réglé parallèlement à la forme superficielle de la chaussée : la profondeur de l'encais-

sement sera de 10 pouces ($0^m,27$), les côtés seront coupés en talus sous un angle d'environ 20°.

« L'encaissement préparé de la sorte, les bordures seront posées par des paveurs, de manière que leur surface soit recouverte par la pierraille et qu'il n'y ait que leur arête supérieure d'apparente.

« La première couche, dans le fond de l'encaissement, sera posée dê champ et non à plat, en forme de pavé de blocage, et affermie et battue à la masse, sans cependant qu'il soit nécessaire que les pierres ne se surpassent pas les unes les autres.

« Le surplus de la pierre (la 2ᵉ couche) sera également arrangée à la main, couche par couche, et battue et cassée grossièrement à la masse pour que les pierres s'enchevêtrent les unes dans les autres et qu'il ne reste aucun vide.

« Enfin, la dernière couche de 3 pouces ($0^m,08$) d'épaisseur, sera cassée de la grosseur d'une noix environ au petit marteau, à part et sur une espèce d'enclume, pour être ensuite jetée à la pelle sur la chaussée et former le bombement. On devra apporter la plus grande attention à choisir la pierre la plus dure pour cette dernière couche, fût-on même obligé d'aller dans des carrières plus éloignées que celles qui auront fourni la pierre du corps de la chaussée; la solidité de l'empierrement dépendant de cette dernière couche, on ne pourra être trop scrupuleux sur la qualité des matériaux qui y seront employés. »

Les améliorations introduites par Trésaguet sont les suivantes :

1° La fondation, au lieu d'être en pierres plates sans solidarité, qui peuvent se déplacer isolément, est composée de pierres de champ fortement assujetties les unes contre les autres, en forme de voûte ;

2° L'épaisseur totale de la chaussée est notablement diminuée, ce qui produit une économie dans la construction;

3° Les bordures sont recouvertes par la pierre et ne présentent plus au niveau du sol qu'une simple arête qui s'use presque aussi facilement que les pierres de la chaussée. Leurs inconvénients sont donc atténués.

Il faut ajouter que Trésaguet, à la suite de la suppression des corvées dans la généralité de Limoges, avait organisé un système d'entretien régulier, qui seul peut assurer la conservation des routes.

Il obtint des chaussées très solides et sut les maintenir dans un état de viabilité inconnu avant lui.

La méthode de Trésaguet fut suivie en France pendant plus d'un demi-siècle. Elle donna de très bonnes chaussées, dont une partie a été conservée jusqu'à nos jours.

Elle ne réussissait toutefois qu'à la condition d'être appliquée avec beaucoup de soins. Elle exigeait une surveillance minutieuse de la part des ingénieurs. Il fallait que les pierres des deux premières couches fussent rangées à la main avec précaution, bien serrées les unes contre les autres, affermies et battues à la masse. La moindre négligence permettait aux pierres de la fondation de se déplacer, et les exposait à se perdre en s'enfonçant dans le sous-sol et faisant remonter la terre à la surface, ou à être soulevées par les pierrailles qui s'enfonçaient dans leurs interstices, jusqu'à la surface, où elles formaient des têtes de chat.

Il fallait, en outre, que l'épaisseur de la couche supérieure fût constamment maintenue. Si cette épaisseur venait à se réduire, les pierres de la couche intermédiaire, formées de matériaux plus tendres, recevaient directement les charges, et, comme elles reposaient immédiatement sur les moellons de fondation, elles étaient écrasées comme entre une enclume et un marteau. La chaussée s'usait alors avec une rapidité extrême.

Bien que la méthode de Trésaguet fut la règle générale, on

s'en écartait dans certains cas. Sur un sol argileux ou mouvant, on en revenait aux anciens errements, en plaçant une fondation en pierres plates sous la fondation en pierres de champ. Au contraire, sur un fond solide et résistant par lui-même, comme les terrains pierreux, on supprimait quelquefois la fondation et on faisait la chaussée, comme aujourd'hui, d'une seule couche de matériaux homogènes. Cette dernière méthode, par exemple, a été appliquée par les ingénieurs français, dans la construction de la route du Simplon, au commencement de ce siècle.

246. Méthode de Mac-Adam. — Vers 1820 a commencé à se répandre, en Angleterre d'abord, puis bientôt dans toute l'Europe, la méthode de construction et d'entretien des chaussées appliquée alors aux environs de Bristol par l'éminent ingénieur Mac-Adam, qui a eu le talent d'amener les routes à un degré de perfection inconnu avant lui, et la bonne fortune de laisser son nom aux chaussées d'empierrement telles qu'on les construit aujourd'hui partout. Dans quelques contrées même les matériaux d'empierrement s'appellent *macadam*, et leur emploi a donné lieu au verbe *macadamiser*.

Le mérite de Mac-Adam a été contesté, et les principes théoriques sur lesquels il basait sa pratique ont été souvent reconnus faux. Mais il n'en est pas moins vrai que, tant par son exemple que par les discussions qu'il a provoquées, il est l'initiateur du régime nouveau, sous lequel les ornières ont fait place à des chaussées constamment solides et roulantes. Ce sont les idées de Mac-Adam qui, corrigées en ce qu'elles avaient d'excessif, ont servi de base à la doctrine moderne de la construction et de l'entretien des routes.

La principale réforme de Mac-Adam a été de condamner en principe le système des fondations et d'en généraliser la suppression, qui auparavant était une rare exception.

Il a fait voir que la fondation était inutile, pourvu que les matériaux fussent assez fins pour répartir convenablement la pression sur le fond de l'encaissement, et que la chaussée fût assez imperméable pour rejeter sur les accotements la majeure partie de l'eau tombée à sa surface. Il a fait voir, en même temps, que, ces conditions remplies, on pouvait réduire à très peu l'épaisseur de la chaussée.

Le nouveau système eut un grand succès, parce qu'il réunissait la simplicité à l'économie.

Il est très simple, car la construction de la chaussée se réduit au répandage des matériaux dans la forme et à leur régalage, et peut être confiée aux premiers manœuvres venus, tandis que celle des chaussées à la Trésaguet demandait des ouvriers exercés et une grande surveillance.

L'économie est moins évidente; car, s'il faut moins de matériaux, ces matériaux doivent être mieux choisis et entièrement cassés. Mais si l'on tient compte de la simplicité de la construction, il est bien rare que l'économie ne soit pas considérable.

Le seul reproche sérieux que l'on ait fait à cette méthode, c'est qu'elle exige impérieusement un entretien continu. Dans l'ancien système, une chaussée pouvait avoir des ornières profondes, ou s'user sur une grande épaisseur, les deux couches supérieures pouvaient même disparaître entièrement, sans que la circulation fût arrêtée. Les voitures pouvaient passer, tant bien que mal, sur la fondation, dont la solidité eût résisté encore longtemps à toutes les causes de destruction. Sur les routes à la Mac-Adam, l'usure totale ou partielle ne peut dépasser une certaine limite, très étroite lorsque les chaussées ont une faible épaisseur.

Mais cette circonstance, loin d'être un inconvénient, s'est trouvée un des principaux avantages de la nouvelle méthode, en forçant à organiser partout, sur les bases les plus rationnelles, un entretien régulier et continu, sans lequel il n'y a pas de bonne chaussée durable.

La suppression des fondations a entraîné celle des bordures. Ces grosses pierres que l'on plaçait sur les bords de la chaussée pour la limiter en largeur et en hauteur servaient à guider les ingénieurs lors des rechargements de la chaussée. Mais, ainsi qu'on l'a vu plus haut, elles formaient obstacle à la fois à la circulation et à l'écoulement des eaux. Dans le nouveau système, la limite entre la chaussée et l'accotement n'est plus nettement marquée, et la transition entre les deux parties de la route est pour ainsi dire insensible. Les eaux s'écoulent transversalement sans difficulté, et les voitures passent sans effort de la chaussée à l'accotement, ou réciproquement. On cherche même dans l'entretien à donner à la route un aspect superficiel homogène sur toute sa largeur, en répandant sur les accotements de petits cailloux et les détritus provenant du nettoyage des matériaux d'empierrement ou de la chaussée.

247. Méthode de Polonceau. — L'ingénieur français Polonceau eut le premier l'idée d'incorporer artificiellement aux chaussées les matières d'agrégation, que l'on demandait, avant lui, uniquement aux détritus provenant de l'usure des pierres. C'est en 1834 qu'il publia ses idées à ce sujet. Ces idées si rationnelles eurent toutefois peine à se faire jour; elles étaient en contradiction avec celles des ingénieurs de l'époque, et avec les prescriptions de Mac-Adam, alors servilement suivies. « Il ne faut, disait celui-ci, répandre aucune matière sur la chaussée sous prétexte d'unir les matériaux; les pierres cassées se rangent, s'entremêlent de manière à former une surface unie et solide, qui ne peut être altérée par les vicissitudes du temps ni par l'action des roues. »

Polonceau demandait les détritus destinés à remplir les vides à des matériaux très tendres qu'il mélangeait avec les matériaux durs. Puis il faisait passer sur la chaussée ainsi composée de lourds chargements qui écrasaient la matière tendre et respectaient la pierre dure. Ces chargements étaient portés sur des cylindres ou rouleaux compresseurs, sortes de très larges roues que l'on faisait circuler plusieurs fois sur la chaussée. Il obtenait ainsi immédiatement des chaussées constituées comme si elles avaient eu un long usage, et il livrait à la circulation des surfaces unies et roulantes dès le premier jour.

Le procédé de Polonceau est appliqué généralement aujourd'hui sous le nom de cylindrage, et fait partie intégrante de toute construction de chaussée un peu soignée. La seule modification que l'on ait apportée à sa pratique, c'est de substituer aux matériaux tendres des détritus pulvérulents ou friables.

pour économiser les frais de l'écrasement, et de ne les introduire qu'après avoir fixé les matériaux fortement serrés dans un équilibre stable.

2° Exécution des travaux.

248. Ouverture de la forme. — L'encaissement s'exécute par les procédés ordinaires de la fouille. Les terres qui en proviennent sont jetées à la pelle sur les accotements, régalées et dressées suivant la pente voulue.

Dans les parties en remblai, il conviendrait de ne creuser la forme qu'après le tassement complet des terres. On laisse donc s'écouler le plus de temps possible avant d'entreprendre l'exécution de la chaussée. Toutefois l'avantage d'avancer l'époque où la route sera livrée à la circulation fait souvent renoncer à cette précaution, et on se contente de parer aux tassements prévus par un surhaussement du remblai (n° 200).

Le fond de l'encaissement est ensuite dressé avec soin suivant la forme plane ou courbe qui lui est assignée. Ce travail s'exécute comme le règlement des talus (n° 201). Des cerces droites ou courbes permettent de vérifier à chaque instant si le règlement est exact.

249. Approvisionnement des matériaux : Extraction. — Les matériaux destinés à la confection de la chaussée sont alors apportés par des tombereaux et déchargés dans l'encaissement.

Ces matériaux proviennent des carrières qui ont été indiquées au devis.

Souvent on trouve dans les champs voisins des cailloux qui, à l'état naturel ou après avoir été cassés, sont propres à constituer un bon empierrement. On en opère le ramassage et on obtient ainsi des matériaux à bon compte. En général, si on les ramasse en saison convenable, non seulement les propriétaires ne sont pas exigeants pour les indemnités à réclamer, mais ils sont satisfaits de voir épierrer leurs terres sans qu'il leur en coûte. Il n'y a donc à payer que la main-d'œuvre du ramassage, quelquefois un cassage partiel, et un transport à petite distance.

Quand on est à proximité d'un cours d'eau qui roule des galets ou de gros graviers, on les enlève à la pelle, après avoir cassé ceux qui seraient trop gros, et on les charge dans des tombereaux. Ces matériaux sont souvent très économiques.

Si l'on n'a pas ces ressources, il faut recourir aux carrières ouvertes artificiellement. Elles sont de plusieurs natures.

Quelquefois, ce sont des terres excessivement pierreuses que l'on fouille pour les rendre meubles, et que l'on jette à la pelle sur une claie inclinée. La terre passe par les mailles, et le caillou roule au pied de la claie. La dépense consiste dans la fouille de deux ou plusieurs mètres cubes de terre pierreuse, suivant sa richesse en cailloux, et dans le jet de pelle de cette terre. Cette opération doit être faite par un temps sec, afin que la terre se détache bien par le choc et le frottement contre la claie. Si les cailloux ne sont pas assez propres, on achève de les nettoyer en les remuant au rateau, ou même en les lavant.

Le plus souvent, on n'a que des roches compactes. On commence par en opérer l'extraction comme pour les déblais, puis on les casse à la grosseur voulue. On a vu (nº 243) qu'il reste, dans les pierres cassées, de 0,46 à 0,48 de vide. Pour avoir un mètre cube de matériaux, il suffit donc d'extraire de $0^{mc},54$ à $0^{mc},52$ de roche. Mais il se produit pendant le cassage un déchet dont il faut tenir compte. S'il est de 10 pour 100, par exemple, il faut en réalité compter sur environ $0^{mc},60$ de pierre compacte pour 1 mètre de pierre cassée.

250. Cassage. — Le cassage est une opération importante et qui demande des soins et de l'intelligence, si on veut éviter des déchets considérables. Les morceaux doivent être de dimension égale autant que possible et renfermée entre d'assez étroites limites. Ils doivent avoir des formes régulières; les aiguilles et les plaquettes doivent être évitées (nºs 239 et 240).

Le cassage se fait au moyen de masses en fer adaptées à des manches en bois.

Pour briser les gros blocs de plus de 0^m,15 à 0^m,20, on se sert de masses de 4 à 6 kilgr. qu'on laisse retomber après les avoir soulevées.

Les blocs sont ensuite réduits à leur état définitif avec des marteaux de 1 à 2 kilogr. Le casseur se tient sur les jambes courbé vers la terre, et frappe sur le tas. C'est un travail très fatigant.

Quelquefois, il place devant lui une large pierre plate, sur laquelle il pose les blocs, et qui lui sert d'enclume. Le cassage se fait ainsi très bien; mais il y a une main-d'œuvre supplémentaire, car il faut apporter chaque bloc sur l'enclume.

Quelques casseurs travaillent assis. Ils ont entre les jambes une enclume, et se servent d'un marteau court, assez semblable, quant aux dimensions, à ceux des menuisiers. Ce mode de travail paraît convenir aux vieillards, aux enfants, aux femmes et aux complexions faibles. Mais il n'est pas avantageux pour les hommes robustes.

On se contente souvent d'une massette formée d'un cylindre en fer d'un demi-kilogramme à peine, ayant de 0^m,08 à 0^m,10 de long et 0^m,03 de diamètre environ, aux extrémités duquel sont soudées deux fortes têtes de clous en acier. Le manche en est très flexible, et son élasticité permet d'imprimer à cette faible masse une force vive considérable.

Le cassage n'est pas toujours sans danger avec les matériaux durs que l'on emploie habituellement, et surtout avec les quartz et les silex. Les éclats de pierre qui sautent peuvent blesser les jambes ou la figure. Les casseurs se mettent à l'abri, au moyen de masques ou simplement de lunettes en fil de fer, et en se garnissant les jambes de bottes de paille, de guêtres ou de tabliers en cuir.

Le cassage doit avoir lieu à la carrière ou dans des chantiers spéciaux, hors de la route. Les pierres se saliraient si on les cassait sur des terres fraîchement remuées, et d'ailleurs les ateliers de matériaux doivent fonctionner en même temps que ceux de terrassement et non postérieurement.

Le prix du cassage varie suivant la grosseur et la dureté des blocs. Il est nul quand on extrait du gravier ayant naturellement la grosseur voulue. Il exige quelquefois, au contraire, une journée entière d'ouvrier, et même davantage, par mètre cube.

251. Cassage mécanique. — Le cassage est une opération minutieuse et pénible. On a cherché à substituer les machines à la main de l'homme pour ce travail.

Ces machines sont de divers modèles.

On emploie, dans quelques carrières, notamment dans la Sarthe, une machine formée de deux forts rouleaux, dans les parois desquels sont implantées des dents. Ces rouleaux sont de diamètre différent, et tournent en sens inverse. Les blocs de pierre brute placés au-dessus de l'intervalle qui sépare les rouleaux, sont entraînés par les dents et obligés de passer entre les rouleaux, où ils sont broyés par la pression, et déchirés par le mouvement relatif des deux cylindres.

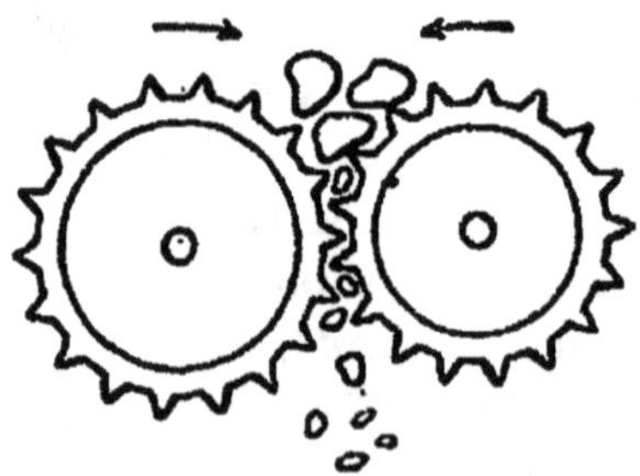

Le concasseur le plus employé se compose de deux fortes mâchoires en fonte, l'une A fixe, l'autre B mobile autour d'une charnière C. Une bielle D, mise en mouvement par un excentrique, et animée d'un mouvement alternatif, appuie la mâchoire mobile contre la mâchoire fixe et la laisse ensuite retomber partiellement. Dans la première position, la pierre est écrasée; dans la seconde, les produits de l'écrasement tombent. Les mâchoires sont garnies de plaques striées pour empêcher le glissement des blocs.

Ces machines doivent avoir une grande force. Elles sont mises en mouvement par des moteurs à vapeur.

Elles donnent un cassage très rapide, mais toujours imparfait. Les fragments obtenus par compression sont de forme et de dimension très variables. Il y a beaucoup de plaquettes et d'aiguilles, beaucoup de pierres à angles aigus. Si la compression est trop forte, une partie des blocs est broyée et réduite à l'état de détritus; si elle est trop faible, il reste des fragments trop gros. Il y a donc lieu de procéder à un triage minutieux, malgré lequel les matériaux sont loin d'avoir un aspect aussi satisfaisant que par le cassage à la main.

On a fait des expériences et des calculs pour démontrer que le cassage à la machine est très économique. Les frais spéciaux par mètre cube de pierre brute cassée sont en effet peu élevés. Mais il y a presque toujours un déchet considérable, qui oblige à extraire plus de roche que dans la méthode ordinaire, pour obtenir un même volume de pierre cassée. La forme des matériaux étant imparfaite, ils sont de qualité inférieure. Enfin, les frais généraux sont très importants. Les machines coûtent cher et sont sujettes à de fréquentes réparations, en sorte qu'il faut presque toujours en avoir une de rechange; il faut avoir une machine locomobile. Ce matériel coûteux doit être amorti rapidement, car il s'use très vite, surtout dans les organes tournants, constamment exposés à une poussière, le plus souvent siliceuse, qui ronge le fer. Les machines ne rendent de services réels que dans les grandes carrières où l'on exploite, chaque jour et pendant toute l'année, de fortes masses de matériaux qui s'expédient au loin et se débitent sur une vaste échelle. On en fait usage, par exemple, dans les carrières de Belgique qui exportent des pierres cassées jusqu'à Paris.

Mais, dans la construction et l'entretien des routes ordinaires, elles seraient en général plus onéreuses qu'économiques. Les frais généraux se répartiraient sur un cube trop faible. Le débit de chaque carrière étant d'ailleurs très limité, il faudrait, soit déplacer à chaque instant la machine et son moteur, soit transporter les pierres brutes de la carrière à l'atelier de cassage où la machine serait fixe. Il résulterait de là des frais de transport considérables et des pertes de temps. Aussi, les machines à casser se sont-elles peu répandues.

252. Triage et nettoyage. — Une fois la pierre cassée, il faut en séparer les pierres trop grosses et les détritus.

Les concasseurs mécaniques sont toujours accompagnés de

plusieurs cribles inclinés, à mailles de dimensions décroissantes, qui reçoivent un mouvement de secousses, et classent les produits du cassage en catégories de diverses grosseurs.

Dans l'exploitation ordinaire, on se sert de claies sur lesquelles on jette à la pelle le produit brut du cassage, ou d'un simple rateau, en ayant soin d'opérer par un temps sec s'il y a de la terre adhérente. Les morceaux qui paraissent trop gros sont essayés à un anneau de fer ayant intérieurement le diamètre prescrit, $0^m,06$ par exemple, et mis de côté pour être cassés de nouveau, s'ils n'y peuvent passer dans tous les sens.

253. Transport. — La pierre cassée est chargée à la pelle dans des tombereaux et transportée sur la route.

Le prix de transport s'obtient par la même formule que pour les terrassements $X = \frac{P(2D+d)}{LC}$ (N° 192). La valeur de la distance moyenne D se calcule de la manière suivante. Soit C la carrière, AB la route, et D le point de jonction du chemin CD qui conduit de la carrière à la route; et soient a, b, c les distances des points A, B et C au point D. Le volume à approvisionner sur la section AD, si l'on désigne par K le cube demandé par mètre courant, sera Ka et aura son centre de gravité au milieu de AD. Le parcours moyen correspondant est donc $c+\frac{a}{2}$. De même, sur BD sera porté un volume Kb à une distance moyenne $c+\frac{b}{2}$. La distance moyenne de transport (n° 152) est donc :

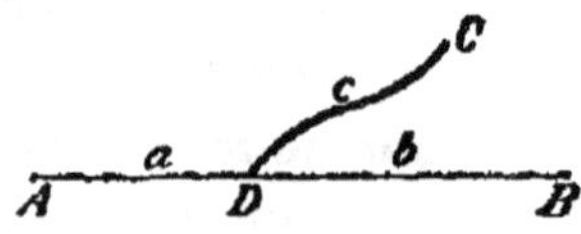

$$D = \frac{Ka\left(c+\frac{a}{2}\right)+Kb\left(c+\frac{b}{2}\right)}{Ka+Kb} = c + \frac{a^2+b^2}{2(a+b)}.$$

Lorsqu'il y a plusieurs carrières, chacune d'elles approvisionne une partie seulement de la route, qui se trouve divisée en sections dont il faut fixer les limites.

Soient C et C' deux carrières, A et A' les points où aboutissent les chemins qui les joignent à la route. Si les frais d'extraction sont les mêmes, le point M qui sert de limite aux deux sections est évidemment le milieu du trajet CAA'C'. Mais si les frais d'extraction du mètre cube sont différents, et qu'on les représente respectivement par E et par E', il faut choisir le point M de telle façon que le prix de la pierre y soit le même de quelque côté qu'elle arrive. On pose donc :

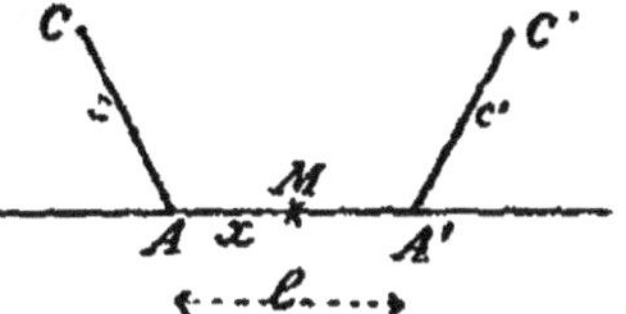

$$E + \frac{P[2(c+x)+d]}{LC} = E' + \frac{P[2(c'+l-x)+d]}{LC}$$

d'où l'on tire $x = \frac{c'+l-c}{2} + \frac{LC}{4P}(E'-E)$.

254. Emmétrage. — Les tombereaux sont déchargés sur le milieu de la forme, et la pierre est ensuite soumise à l'emmétrage, opération qui a pour objet de constater que le volume fourni est bien celui qui a été demandé.

Les pierres sont ramassées sur le milieu de l'encaissement et mises en tas sous forme d'un prisme continu appelé *cordon*, dont les talus sont réglés à 45°, et auquel on donne une hauteur telle que l'aire du trapèze de sa section soit égale au cube demandé par mètre courant.

Il ne faut pas oublier que ce cube est supérieur à celui de la chaussée que l'on veut obtenir, parce que les vides entre les pierres, qui sont d'abord d'environ 0,46, se réduisent par le cylindrage. Cette compression est variable suivant la proportion de matières d'agrégation que l'on doit incorporer à la chaussée. Elle peut être poussée d'autant plus loin que les matériaux sont plus durs, et dans les conditions normales, elle atteint entre le tiers et le cinquième du volume primitif. La section du cordon doit donc dépasser celle de la chaussée dans la proportion correspondante. C'est là une condition qu'il ne faut pas perdre de vue dans l'établissement des devis.

Un ouvrier emploie environ un quart d'heure pour emmétrer un mètre cube de matériaux.

255. Réception. — Quand le cordon est préparé, l'ingénieur procède à la *réception* des matériaux. La réception porte sur la quantité et sur la qualité.

On s'assure d'abord que le cordon a partout les dimensions prescrites, en y appliquant un gabarit, formé de tringles en menuiserie, qui présente en creux le profil en travers du cordon.

Pour vérifier la qualité de la fourniture, on fait démolir le cordon, de distance en distance, suivant des longueurs d'arêtes bien déterminées, afin de connaître exactement le volume V sur lequel on opère.

On reconnaît, par une simple inspection, si la pierre est bien purgée de terre. Si elle en a conservé, on ordonne un nouveau passage à la claie de toute la fourniture. Quelquefois, cette mesure serait rigoureuse, et, si la quantité de terre n'est pas suffisante pour compromettre la chaussée, on l'admet alors telle quelle, sous réserve d'un rabais équivalent à la main-d'œuvre qui n'a pas été faite.

On recueille ensuite les plus grosses pierres, et on les essaye à l'anneau de fer. Celles qui n'y passent pas sont mises de côté, et on en constate le volume G.

On jette ensuite le reste sur une claie dont les mailles aient un écartement égal à la plus petite dimension que tolère les devis. On met de côté le détritus qui a passé, et on en mesure le volume D.

Le reste se compose de la pierre saine, dont on détermine également le volume S.

On a ainsi séparé les matériaux de la coupure en trois lots, dont le volume total $G + D + S$ est en général supérieur au volume V, parce que les détritus remplissaient une partie des vides.

On fait les moyennes des résultats obtenus sur les diverses coupures, et on applique ces moyennes à l'ensemble de la fourniture.

S'il y a trop de grosses pierres ou de détritus, et qu'il y ait inconvénient à employer les matériaux en cet état, on refuse la fourniture et on exige qu'elle soit repassée tout entière, que le cassage soit complété et que les matériaux soient nettoyés.

Si l'on juge que les matériaux peuvent servir tels qu'ils sont, on les reçoit, mais en réduisant le prix alloué pour le cassage d'une fraction égale à $\frac{G}{V}$. On ne tient pas compte des détritus, à moins qu'ils ne puissent être utilisés comme matières d'agrégation ; on paie alors une fraction $\frac{D}{V}$ de la fourniture au prix de ces matières. Enfin, on réduit le volume total à recevoir dans le rapport de $G + S$ à V, si ce rapport est moindre que l'unité.

Le mesurage des volumes se fait ordinairement dans des caisses en bois rectangulaires et sans fond, ayant $0^{mc},10$ de capacité. Sur l'une des faces intérieures, on implante neuf clous, qui divisent la hauteur en dix parties égales. Pour faire un mesurage, on place la caisse sur le sol, et on y jette les cailloux ou les détritus, en les régalant au fur et à mesure. Quand la caisse est pleine, on la soulève, puis on la replace à côté. On continue ainsi de suite, jusqu'à ce qu'on ait épuisé le tas à mesurer. A la fin, il n'y a qu'une partie de la caisse qui soit remplie : on observe à quel clou s'arrête le niveau des matériaux, et ce clou indique le nombre de centièmes de mètre cube qu'il faut ajouter aux dixièmes représentés par le nombre de caisses remplies entièrement. On obtient ainsi les volumes à $0^{mc},01$ près.

256. Répandage. — Quand les matériaux ont été reçus, on les répand dans l'encaissement. Cette opération très simple consiste à étaler le cordon à droite et à gauche, avec des pelles et à le régaler en lui donnant la forme voulue. On vérifie le bombement avec des cerces.

257. Approvisionnement des matières d'agrégation. — Avant de procéder au cylindrage, on approvisionne sur un des accotements les matières d'agrégation, que l'on emmètre sous forme d'un cordon ou de tas isolés à formes géométriques.

Le volume des matières d'agrégation est variable suivant la manière dont le cylindrage est conduit. Soit *m* le volume du vide dans 1 mètre cube de matériaux emmétrés sans tassement, et V le volume de chaussée cylindrée correspondant. Le volume du plein est $1 - m$ dans les deux cas. Les vides, dans le volume V de chaussée, s'élèvent donc à $V - (1 - m)$; ce nombre représente le rapport de la quantité de matières d'agrégation qu'il faut approvisionner au nombre des mètres cubes de pierre cassée. Par exemple, si $m = 0,46$ et $V = 0^{mc},75$, il faut 21 mètres cubes de matières d'agrégation pour 100 mètres cubes de pierre cassée.

On choisit les sables que l'on rencontre au plus près et dont l'extraction est le plus économique, pourvu que leur nature soit appropriée à celle des matériaux. Il est quelquefois nécessaire d'aller chercher plus loin des matières d'agrégation meilleures, des marnes, par exemple, pour les cailloux siliceux arrondis, qui ne feraient pas prise avec du sable ordinaire.

258. Cylindrage. — La dernière opération de la construction des chaussées est le cylindrage. Elle se conduit comme il suit:

On divise la chaussée en sections qui ne soient pas trop longues; car il est bon que les chevaux puissent souffler souvent. Les pièces ne doivent pas avoir plus de 500 mètres. Quand l'une d'elles est complètement cylindrée, on passe à la suivante.

On fait d'abord passer le rouleau compresseur sur l'une des rives de la chaussée. Quand il est parvenu à l'extrémité de la pièce, on retourne l'attelage, qui revient par l'autre rive. Puis on recommence en suivant toujours les mêmes zones dans le même sens, jusqu'à ce que les deux rives soient suffisamment affermies. On attaque ensuite les zones contiguës et on termine par l'axe.

Aux premiers passages, le rouleau s'enfonce dans les matériaux mobiles, soulève devant lui un bourrelet qu'il aplatit en avançant, et laisse par derrière un large frayé uni. Il se forme aussi un bourrelet latéral, qu'un ouvrier a soin de régaler immédiatement.

Ces bourrelets s'accentuent de moins en moins sous les passages suivants du rouleau, et la première phase de l'opération est terminée quand ils ne sont plus sensibles.

On achève la compression, en effectuant de nouveaux passages dans le même ordre, après avoir ajouté au rouleau des charges successivement croissantes.

Ces charges ne doivent toutefois pas dépasser le point où commence la rupture ou l'écrasement des pierres.

Si, par suite du tassement du fond ou d'inégalités dans le répandage, il se produit des flaches sous l'action du rouleau, elles sont immédiatement remplies en matériaux de moyenne grosseur.

On obtient ainsi un serrage aussi complet que possible des pierres les unes contre les autres.

En même temps qu'on fait passer le rouleau, on a soin, si le temps n'est pas pluvieux, d'arroser les pierres, afin de lubréfier leurs surfaces et de faciliter leur déplacement relatif. On accélère ainsi le tassement, et l'équilibre que prennent les pierres est plus stable.

Il reste encore à remplir les vides avec les matières d'agrégation.

Ces matières sont répandues à la surface au jet de pelle en couche mince. Une faible partie seulement pénétrerait dans les interstices des pierres, si on ne les y forçait. On se sert quelquefois pour cela de balais que l'on promène sur la chaussée. Mais ce procédé est peu efficace et ne remplit les vides que sur une couche superficielle peu épaisse. La matière n'achève de descendre que par les secousses dues à l'ébranlement des matériaux pendant le cylindrage consécutif.

On réussit beaucoup mieux par l'arrosage. L'eau projetée par un tonneau muni d'un tube à trous tombe sur le sable et l'entraîne vers le fond de l'empierrement, dont les vides se garnissent progressivement de bas en haut.

En même temps qu'on arrose, on fait passer de nouveau le rouleau compresseur pour empêcher les pierres de se déplacer sous l'action de l'eau et du sable mouillé, et pour comprimer ce sable lui-même.

Une fois la matière d'agrégation incorporée, on fait encore passer le rouleau une ou plusieurs fois si cela est nécessaire.

jusqu'à ce que la prise complète de la chaussée soit obtenue.

Son état doit alors être tel que les voitures chargées n'y produisent pas de dépression sensible. On en juge souvent en projetant sous le rouleau un caillou, qui doit s'écraser sans s'enfoncer.

259. Divers modèles de rouleaux. — Les rouleaux compresseurs sont de différents modèles. Ils ont tous pour organe principal un cylindre en fonte, et quelquefois en forte tôle,

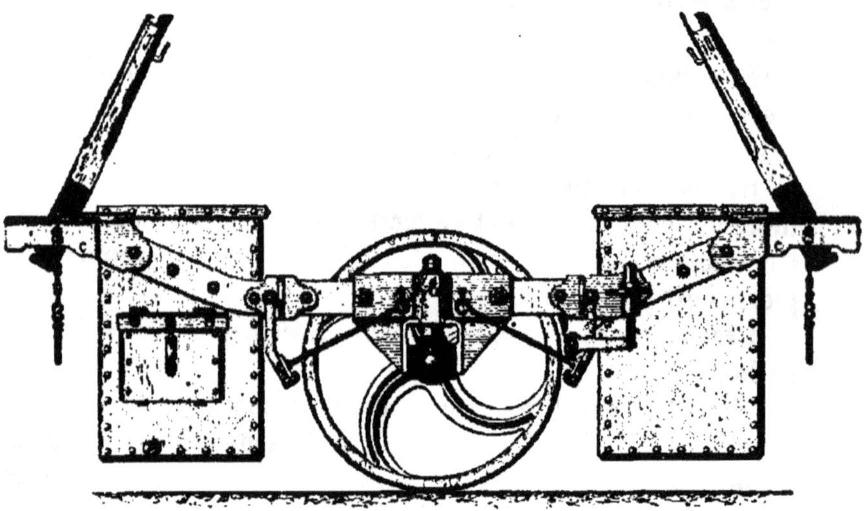

dont l'axe tourne sur des paliers fixés à un brancard. A ce brancard sont adaptées des caisses, dans lesquelles on peut mettre du gravier ou des moellons, pour augmenter à volonté le poids de l'appareil.

La figure ci-dessus représente le type des rouleaux compresseurs construits aujourd'hui par M. Bouilliant. Cet appareil est entièrement en fonte et en fer ; les brancards seuls sont en bois. Il pèse environ 3.200 kilog. lorsqu'il est vide, et 6.400 kilog. quand les caisses sont garnies de gravier. Le diamètre de son cylindre est de 1m,20, et sa largeur de 1m,10. Son prix est de 2.000 francs.

La pression qu'il exerce sur la chaussée est, par centimètre de largeur, de 29 kilog. à vide, et de 58 kilog. à charge complète.

On construit encore d'autres types, les uns plus légers, les autres plus lourds ; mais celui-là peut être considéré comme dans des conditions moyennes.

Dans l'un de ces types, désigné sous le nom de rouleau mixte, le cylindre, au lieu d'être vide, porte à l'intérieur une caisse en tôle, avec trou d'homme, dans laquelle on peut introduire du gravier ou mieux de l'eau comme surcharge.

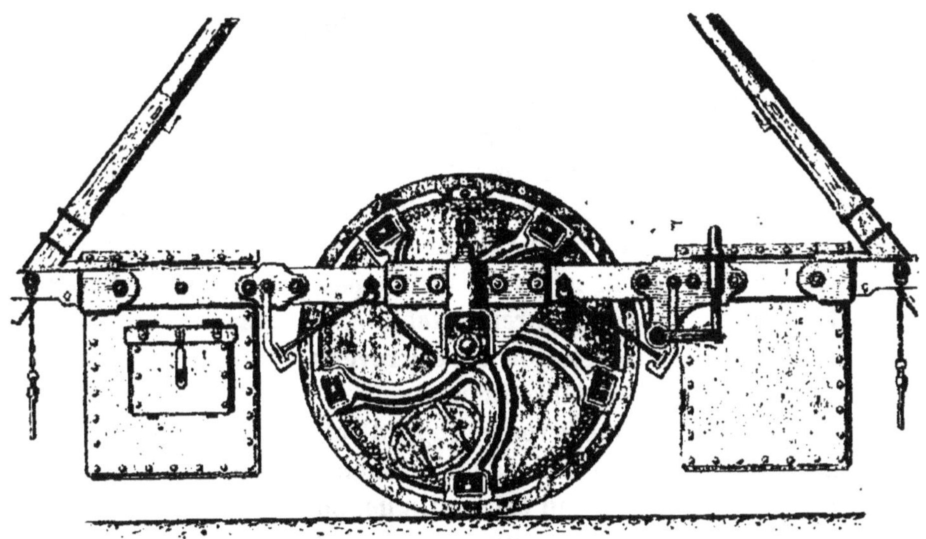

Son diamètre est de 1m,60 et sa largeur de 1m,20. Le poids de l'appareil vide est de 5.300 kil. environ, et se trouve porté à 10.000 kil. par la surcharge. La pression qu'il exerce varie donc de 54 à 83 kil. par centimètre de largeur.

Lorsqu'on emploie ce type de rouleau, il faut avoir soin de remplir complètement la caisse cylindrique, afin que le centre de gravité de la charge qu'elle renferme soit sur l'axe. Sans cela, le vide restant toujours à la partie supérieure, il y aurait une élévation inutile et constamment renouvelée de la masse, et un travail considérable serait dépensé sans profit pour la compression. En outre, si cette surcharge incomplète se composait de pierres, ces pierres rouleraient les unes sur les autres, et se réduiraient en poudre.

Les rouleaux, ne pouvant tourner, portent un brancard à

chaque bout. Lorsque l'on est parvenu à l'extrémité de la pièce et qu'il faut revenir sur ses pas, on dételle les chevaux et on les attelle à l'autre brancard.

On évite cet inconvénient par diffférentes dispositions, comme celle qui a été imaginée par M. Houyeau. Le brancard est adapté à un cercle en fer qui tourne autour d'une couronne en fonte placée au-dessus du cylindre. Dans les appareils de ce type, construits aujourd'hui par MM. Bauquin, à Nantes, le cylindre a une largeur de $1^m,24$ et un diamètre de $1^m,31$. L'appareil vide pèse de 3.000 à 3.500 kil., et il reçoit une surcharge de 3.500 à 4.000 kil.; sa pression, par centimètre de largeur, varie donc de 24 à 60 kil. Son prix est d'environ 2.000 francs.

La résistance au roulement étant en sens inverse du diamètre des cylindres, il y a intérêt à augmenter ce diamètre. Mais cette dimension est limitée par les difficultés de construction, et par la nécessité de ne pas placer la surcharge trop haut, afin d'en assurer la stabilité. Après avoir adopté des cylindres de 2 mètres, on en est revenu aux diamètres plus petits qui viennent d'être indiqués.

On a reconnu que le rouleau agit d'autant plus efficacement, à charge égale, que sa largeur est moins grande. Il faut aussi que la génératrice, qui est rectiligne, porte à peu près également en tous les points sur la surface de la chaussée, ce qui serait incompatible avec le bombement qu'on donne à celle-ci, pour les cylindres trop allongés. On a donc été conduit à diminuer la largeur autant que possible; mais on est limité par la stabilité nécessaire à l'appareil et par la pression que le sous-sol est en état de supporter sans se défoncer. On s'en tient donc à des génératrices de $1^m,10$ à $1^m,30$.

Pour les cylindrages qui se font dans des contrées accidentées, les rouleaux sont munis de freins, que l'on serre à la descente.

260. Composition d'un atelier de cylindrage. — Un atelier de cylindrage se compose, outre le rouleau, des chevaux nécessaires à la traction, des conducteurs de ces chevaux, des manœuvres pour les mains-d'œuvre accessoires et du service de l'arrosage.

Le nombre des chevaux peut se régler comme il suit. Au début, la résistance à la traction est très considérable ; on ne possède pas d'expériences à ce sujet, mais on peut admettre que son coefficient est au moins 0,15. Il diminue à mesure que le cylindrage avance, et vers la fin, il se réduit à 0,05 environ. On peut donc admettre qu'il passe du triple au simple. La surcharge doit être réglée progressivement, de façon que l'effort de traction reste à peu près constant. Dans ce cas, il faut un nombre de chevaux tel que chacun d'eux n'ait à faire qu'un travail modéré, mais continu.

On préfère, comme il a été vu ci-dessus, doubler seulement la charge au lieu de la tripler. Les chevaux peuvent faire un effort plus grand en commençant, parce que, vers la fin, ils auront moins à tirer et trouveront ainsi un repos relatif. Or, il y a un grand intérêt à ce que la traction diminue à mesure que le cylindrage avance. Les pieds des chevaux s'impriment dans la chaussée, tant qu'elle n'est pas définitivement prise, et bouleversent plus ou moins l'empierrement. Cet effet est d'autant plus redoutable que l'effort des chevaux est plus énergique, et d'autant moins fâcheux que la chaussée est plus loin de sa prise.

A la résistance due au roulement du cylindre, il faut ajouter celle qui résulte de la déclivité de la route.

Si donc on représente par f le coefficient de résistance à la traction à un moment donné, par r la déclivité de la route, par π le poids des chevaux et par n leur nombre, par M le coefficient de l'effort qu'on veut leur imposer, et par P le poids du rouleau, on a la relation $M\pi n = P\,(f + r)$, et on en tire $n = \frac{P\,(f+r)}{M\pi}$. On prendra pour le nombre de chevaux le nombre entier qui se rapproche le plus de cette fraction.

Si, par exemple, on suppose $f = 0{,}15$, $r = 0{,}03$, $M = 0{,}18$, $P = 3000$ et $\pi = 500$, on trouvera $n = 6$.

Les chevaux, lorsque leur nombre dépasse 4, sont habituellement guidés par deux conducteurs.

Il faut, en outre, des manœuvres pour régaler les pierres sous le passage du rouleau, pour répandre les matières d'agrégation, pour mettre la surcharge dans les caisses et pour l'en retirer. Ces manœuvres sont au nombre de 4 à 8, suivant les circonstances; il en faut d'autant moins que le cylindrage est plus difficile et que le nombre des passages est plus grand.

Enfin l'atelier d'arrosage comprend deux tonneaux, dont l'un sur la chaussée et un au remplissage, et un plus grand nombre, si l'eau est plus loin. Chaque tonneau a son cheval et son conducteur, qui doit puiser l'eau, le cheval étant au repos pendant le remplissage. Le plus souvent, on lui adjoint un manœuvre pour ce puisage.

261. Nombre de passages du rouleau. — Pour produire un cylindrage convenable, le rouleau doit passer plusieurs fois sur chaque point de la chaussée. Si n est le nombre de ces passages, a la largeur du cylindre et A celle de la chaussée, l'appareil aura circulé sur la pièce un nombre de fois, représenté par $N = n\frac{A}{a}$.

Le nombre n est très variable; il peut descendre à 8 et s'élève quelquefois à 30.

Ce nombre dépend des dimensions et du poids de l'appareil, et de la perfection du travail obtenu. Il varie aussi un peu avec la résistance du sous-sol, le cylindrage étant évidemment plus long quand le sous-sol est mou, et qu'une partie du travail est inutilement employée à le comprimer.

Mais ce sont surtout la nature et la forme des matériaux et l'épaisseur de la chaussée qui influent sur le nombre des passages.

Les matériaux très durs s'épaufrent moins que les tendres, et se coincent plus difficilement. Les matériaux ronds roulent les uns sur les autres et s'arc-boutent moins facilement que s'ils sont anguleux. Les petites pierres demandent, pour se mettre chacune en équilibre stable, presque autant de déplacements successifs que les grosses; et, comme dans une même chaussée elles sont plus nombreuses, elles exigent un cylindrage plus prolongé. Enfin, les pierres dont la surface est polie se rangent plus facilement que celles dont les frottements sont très durs.

Une chaussée est d'autant plus longue à cylindrer qu'elle est plus épaisse. Mais la durée du cylindrage n'est pas proportionnelle à l'épaisseur. Elle augmente d'abord moins vite qu'elle, puis ensuite plus rapidement, à partir d'une certaine limite, qui varie, suivant les matériaux, entre $0^m,08$ et $0^m,12$ environ. Aussi prescrit-on souvent d'exécuter la chaussée en deux couches, qui sont approvisionnées, répandues et cylindrées successivement.

262. Durée du cylindrage. — La durée du cylindrage dépend du nombre de passages et de la rapidité de chacun d'eux.

Soit L le chemin parcouru par le rouleau en une heure, et l la longueur de la pièce, chaque passage demande un temps $\frac{l}{L}$. Il faut y ajouter le temps perdu à l'extrémité de la pièce. Si on le représente par $\frac{d}{L}$, chaque passage prend un temps $t = \frac{l+d}{L}$, et la durée du cylindrage d'une pièce est égale à Nt, N étant le nombre des passages (N° 261). Par kilomètre, ce serait $\frac{1.000\,Nt}{l}$.

Avec les efforts que l'on demande aux chevaux, on peut admettre que L vaut de 2.500 à 3.000 mètres. Le temps perdu d est d'environ 2 minutes si on dételle. Avec les appareils à retournement, il se réduit à 10 ou 15 secondes. Mais il ne s'éloigne pas beaucoup de 2 minutes, si on laisse souffler les chevaux, et si on tient compte du temps de chargement de la surcharge.

Avec ces hypothèses, un passage du rouleau sur une pièce de 500 mètres de longueur demanderait de 12 à 14 minutes; et le cylindrage d'un kilomètre où le rouleau passerait N fois, exigerait de 24 N à 28 N minutes.

263. Prix du cylindrage. — Si on représente par P le prix de l'heure de l'atelier de cylindrage, le prix d'un passage sur une pièce serait $x = \frac{P(l+d)}{L}$.

Mais il faut tenir compte, en outre, des menues dépenses de graissage et d'entretien, et des frais généraux représentés par l'intérêt et l'amortissement du rouleau. Si son prix est C, si r est le taux de l'intérêt et r' celui de l'amortissement, ces frais généraux s'élèvent annuellement à C $(r+r')$. Ils doivent être répartis sur le nombre d'heures T pendant lesquelles l'appareil travaille dans une année, ce qui donne, par heure, une dépense $P' = \frac{C(r+r')}{T}$.

Si on représente par p la dépense par heure pour graissage et entretien, on voit que P doit être augmenté de $P'+p$, et que le prix d'un passage est en réalité : $x = \frac{(P+P'+p)(l+d)}{L}$.

On évalue souvent p à 0 fr. 10 cent. Quant à P', il varie suivant les circonstances. En admettant $C=2.000$, $r'=0{,}10$, $r=0{,}05$ et $T=1.000$ (100 journées de 10 heures), on trouve $P'=0$ fr. 30 cent. Dans ce cas, il faudrait compter $x = \frac{(P+0.40)(l+d)}{L}$.

264. Cylindrage à la vapeur. — Les cylindrages coûtent cher, en raison de la main-d'œuvre nombreuse et de la grande force animale qu'ils emploient. Cette dépense devient excessive sur les chaussées en forte rampe. Dans les villes, elle est encore augmentée par la gêne qui résulte pour les manœuvres de l'activité de la circulation. Aussi a-t-on cherché depuis longtemps à substituer la vapeur aux chevaux pour la traction des rouleaux.

On a d'abord placé sur un rouleau ordinaire une machine à vapeur dont le piston mettait en mouvement l'arbre du cylindre. Mais cet appareil manquait de stabilité, et la chaudière penchait tantôt en avant et tantôt en arrière. Bien qu'on y eût adapté deux petits rouleaux qui limitaient ces mouvements alternatifs, il en résultait des variations continuelles dans la résistance, qui se traduisaient par des variations en sens inverse dans la tension de la vapeur et par des soubresauts dans la marche. En outre, cet appareil était trop lourd et s'enfonçait quelquefois avec les cailloux dans le sous-sol.

La première machine qui ait fonctionné pratiquement a été construite en 1860 par M. Ballaison. Elle a servi de type à celles dont on se sert encore à Paris. Cet appareil se compose de deux rouleaux ordinaires d'égal diamètre portant un bâti

ROULEAU AVELING ET PORTER.

sur lequel est installée une machine à vapeur locomobile qui les met en mouvement. La charge se répartit à peu près également sur les deux rouleaux. Celui de derrière circule sur une chaussée déjà préparée par celui de devant; la résistance qu'éprouve la machine est donc assez régulière, et ne présente pas ces variations énormes qui avaient fait échouer les premiers essais faits avec un seul rouleau. Un changement de marche, semblable à celui des locomotives, permet à la machine de revenir sur ses pas sans se retourner, lorsqu'elle est au bout de la pièce à cylindrer. Enfin, les axes des deux rouleaux sont disposés de façon à converger, au moyen d'une crémaillère à la main du mécanicien; on peut ainsi faire décrire à l'appareil des courbes, même de très petit rayon, suivant les besoins.

On emploie beaucoup en Angleterre un modèle un peu différent, inventé par MM. Aveling et Porter, de Rochester. Cet appareil commence à se répandre en France, où il est construit actuellement par M. Albaret, à Liancourt (Oise). Dans cet appareil, la locomobile est portée par quatre larges roues, servant de rouleaux; les deux roues de derrière sont motrices, et celles de devant, pouvant tourner autour d'une cheville ouvrière, sont directrices. La largeur de chacune de ces roues est de 0m,40 à 0m,60. Les pistes des roues sont indépendantes, ou, du moins, se recouvrent très peu; mais la résistance est répartie sur quatre points, et, en somme, ne varie pas de manière à rendre la marche de la vapeur trop irrégulière. La zone cylindrée se trouve ainsi divisée en quatre parties où passent quatre petits rouleaux indépendants; chacun d'eux peut s'adapter parfaitement à l'inclinaison transversale qui résulte du bombement de la chaussée. On a pu donner ainsi 2 mètres de largeur de voie au rouleau, sans qu'il cesse d'exercer partout une pression uniforme. Un levier de changement de marche permet à cette machine d'aller indifféremment dans les deux sens.

Le cylindrage à vapeur présente de nombreux avantages. Il peut se faire sans encombrement dans les villes, malgré l'activité de la circulation. Il permet l'emploi de rouleaux très lourds, qui ne pourraient être traînés que par des chevaux trop nombreux pour utiliser convenablement leur force. Il supprime les dérangements produits par les pas des chevaux et permet ainsi de diminuer le nombre des passages en chaque point. Il se prête facilement à l'ascension des rampes ; en augmentant le débit de la vapeur et diminuant la vitesse, on arrive à surmonter à peu près tous les obstacles. C'est ainsi qu'on a vu en 1879 les rouleaux de la Ville de Paris cylindrer sans difficulté les rampes du jardin du Trocadéro.

A côté de ces avantages, l'emploi de la vapeur a quelques inconvénients. Le bruit de la machine et surtout son aspect effrayent les chevaux de luxe. Il en est résulté à Paris quelques accidents, qui ont conduit à interrompre la circulation sur les parties de chaussée que l'on cylindre. Cet inconvénient, sérieux dans les villes, n'existe pas en rase campagne, surtout lorsqu'il s'agit de la construction de routes neuves, où il n'y a pas de circulation.

On a objecté aussi que, dans certaines contrées, il peut y avoir difficulté à se procurer l'eau destinée à l'alimentation de la chaudière. Mais il faut remarquer que, dans ce cas, il faudrait renoncer au cylindrage par chevaux, car il ne peut guère se faire convenablement sans arrosage.

Enfin, les rouleaux à vapeur représentent un gros capital ; les plus simples reviennent à 14 ou 15.000 francs. Ils s'usent vite et donnent lieu à des réparations coûteuses. Ils ont besoin d'abris pour être remisés la nuit ou quand ils ne fonctionnent pas. La conduite d'une machine à vapeur ne peut être confiée au premier ouvrier venu, et il faut un mécanicien à l'année, dont le salaire coûte cher et court lors même qu'il n'est pas utilisé.

Il résulte de là des frais généraux considérables, qui demandent à être répartis sur une grande masse de cylindrages. Ce système n'est donc avantageux que si la machine trouve un emploi presque continu pendant toute l'année.

265. Pilonnage. — Quand on ne dispose pas de rouleaux compresseurs ou que ceux-ci ne peuvent fonctionner, comme dans des cours de maisons, sur de petites places, ou sur des pentes trop fortes, on peut y substituer le pilonnage (nº 198).

Le répandage ne doit être fait que par couches de $0^m,06$ à $0^m,08$. On pilonne la chaussée, jusqu'à ce que le serrage des pierres soit obtenu. Puis on introduit la matière d'agrégation par petites parties, en arrosant chaque fois, et on continue de pilonner, jusqu'à ce que la chaussée ait fait prise.

Le pilonnage ne donne jamais d'aussi bons résultats que le cylindrage, et il coûte beaucoup plus cher. On y a rarement recours dans la construction des chaussées, et il n'est employé que pour leur entretien. Sur les fortes rampes, on préfère des rouleaux légers auxquels on fait faire un grand nombre de passages.

§ 3

CHAUSSÉES PAVÉES

1° Conditions d'établissement.

266. Définitions. — On appelle chaussées pavées toutes celles qui sont formées de pierres posées à la main et assujetties les unes contre les autres. Chaque pierre porte le nom de *pavé*.

Lorsque les pierres sont très petites et ne dépassent pas 2 ou 3 centimètres, on obtient des *mosaïques*. Elles ne sont employées que comme ornement. Les pavages réels se composent de pierres ayant au moins de $0^m,05$ à $0^m,06$ de dimension sur leur plus petit côté.

On distingue les *blocages* des pavages proprement dits. Dans le premier système, les pavés sont irréguliers et semblables aux moellons bruts des maçonneries de remplissage. Dans le second, les pierres sont équarries et ont des dimensions fixes et régulières.

Les pavés proprement dits ont une hauteur égale ou analogue à leurs dimensions transversales. Lorsque la hauteur est notablement plus faible, ils prennent le nom de *dalles*.

On s'occupera spécialement dans ce paragraphe des pavages

proprement dits, c'est-à-dire de ceux qui sont formés de pavés équarris réguliers.

267. Conditions spéciales. — Les pavés, étant juxtaposés et recevant isolément les uns après les autres les charges qui circulent sur la chaussée, transmettent intégralement ces charges au sous-sol dans l'espace que chacun d'eux occupe. De là résulte la nécessité d'interposer entre les pavés et le sous-sol naturel une matière élastique et susceptible de répartir les pressions.

Si le sous-sol était très dur, par exemple en rocher, le pavé se trouverait placé comme sur une enclume, et, par suite des charges et des chocs qu'il reçoit, serait exposé à se fendre d'abord, puis à s'écraser. Il constituerait d'ailleurs une chaussée tellement dure que les véhicules seraient soumis à des trépidations et à des cahots insupportables, qui les détérioreraient rapidement.

Si le sous-sol était composé de terre argileuse, se détrempant et devenant plastique par l'humidité, le pavé s'y enfoncerait et ferait remonter la terre par les joints, sous forme de boue. Il arriverait surtout que, le degré de plasticité de la terre étant variable d'un point à un autre, l'enfoncement des pavés serait irrégulier, et le profil de la chaussée, bientôt couverte de flaches nombreuses et profondes, serait complètement bouleversé.

268. Fondation. — Il est donc nécessaire, dans tous les cas, de mettre les pavés sur une couche de fondation, qui doit présenter les qualités suivantes :

1° Répartir les pressions locales sur la plus grande étendue possible ;

2° Présenter une compressibilité faible et égale en tous ses points ;

3° Conserver une résistance uniforme par tous les temps, humidité comme sécheresse ;

4° La conserver partout, alors même que celle du sous-sol serait variable.

269. Propriétés du sable. — Le sable bien pur présente précisément ces diverses propriétés.

1° On a déjà vu (n° 239), que tous les matériaux fragmentaires entassés répartissent les pressions reçues en un point de leur surface sur une base d'autant plus large qu'ils sont plus fins. Le sable est donc essentiellement propre à produire cet effet.

2° Quand le sable a été bien tassé par une compression préalable, il devient très peu compressible, et les variations de résistance qu'il peut présenter en ses divers points sont à peu près insensibles.

3° Quand le sable est mouillé, il se durcit et se tasse, au lieu de se ramollir. Il conserve donc la même résistance qu'en temps sec, pourvu qu'il ait été soumis à un tassement préalable, comme il vient d'être dit.

4° Le sable ne cède pas aux pressions, et conserve à la surface une résistance uniforme, alors même que la résistance du sous-sol vient à varier.

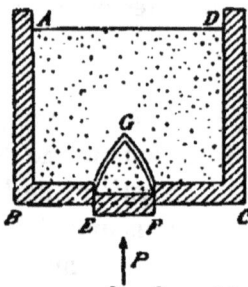

Cette dernière propriété, extrêmement remarquable, a été mise en lumière par des expériences dues à MM. Moreau et Niel, officiers du génie. Dans une caisse ABCD, ils ont mis une couche de sable bien tassé. Une partie EF du fond de la caisse était mobile, et maintenue en place par une force P, qui mesurait la pression supportée isolément par cette partie.

Cette force était, à l'origine, égale au poids du cylindre de sable superposé au plateau mobile. Si on venait à faire diminuer progressivement la force P, on ne voyait se produire aucun mouvement à la surface du sable. Puis, à un moment donné, la force P restait constante, et il se détachait de la masse un solide ogival EFG qui descendait avec le plateau. Cette expérience réussissait aussi bien, lorsque la surface du sable était surchargée de poids, même très considérables.

Il résulte de là que les grains de sable, en s'arc-boutant, sont susceptibles de former, au-dessus des parties de la base qui viennent à céder, des sortes de voûtes, où les pressions se reportent sur les parties restées fixes, qui leur servent de culées.

Le sous-sol d'une chaussée pavée peut être considéré comme le fond de la caisse ci-dessus, et les parties ramollies correspondent au plateau mobile. La pression y diminue, et la charge placée à la surface, composée des pavés et des poids qu'ils supportent, ne subit ni mouvement ni enfoncement.

Le sable ne satisfait aux conditions ci-dessus que s'il est bien pur. Lorsqu'il est mélangé de terre argileuse, il perd en partie ses propriétés, pour prendre celles de l'argile, qui sont précisément opposées.

Un sable dont les grains sont anguleux est préférable au sable à grains ronds; car l'arc-boutement y est plus solide.

La grosseur des grains paraît d'ailleurs indifférente.

270. Épaisseur de la fondation. — L'épaisseur de la couche de fondation varie suivant la nature du sable et suivant l'homogénéité du sous-sol. Il faut que le sommet G de l'ogive qui tend à se détacher, lorsqu'une portion EF du fond vient à céder, n'atteigne pas la surface AD. La couche sera donc d'autant plus épaisse que les parties du sous-sol susceptibles de se ramollir auront plus de superficie, et que la forme de l'ogive sera plus surhaussée.

Il est difficile d'indiquer des règles rationnelles à cet égard. On se guide sur les usages locaux, fruit de l'expérience. On considère ordinairement $0^m,10$ et $0^m,30$ comme des limites extrêmes, qui sont rarement atteintes, et on adopte le plus souvent une épaisseur comprise entre $0^m,15$ et $0^m,25$. Le sable ayant en général peu de valeur, il est préférable de pécher par excès.

271. Fondation en béton. — Pour les voies très fréquentées des grandes villes, comme à Londres et à Paris, les fondations en sable présentent une résistance quelquefois insuffisante. Par suite de la rapidité avec laquelle les travaux doivent être conduits, il est rare que le sable ait été soumis à une compression préalable assez énergique, et il en résulte des inégalités de tassement qui à la longue déforment la surface et produisent des flaches. En outre, la boue de la chaussée, chargée de matières organiques, filtre à travers les joints et mélange une partie de ces matières avec le sable de fondation, qui se transforme en une vase noire fétide, et perd toutes ses qualités.

Dans ce cas, on prend le parti d'exécuter la fondation en béton et de réunir les pavés avec du mortier.

Le béton employé à Londres est un béton maigre, composé d'une partie de chaux hydraulique ou même de ciment pour 7 parties d'un mélange convenable de sable et de cailloux. On lui donne 0m,15 d'épaisseur, et on en régularise la surface par un enduit de mortier fin, que l'on règle très exactement au bombement voulu à l'aide d'une cerce. Sur cette fondation on pose les pavés à plein bain de mortier, en interposant quelquefois un matelas de sable de 0m,02 à 0m,03 entre la fondation et les pavés.

Ce système de construction, employé à Londres pour les pavages neufs, qui se font tous en pavés de granit, commence à se répandre à Paris. Toutefois l'expérience n'a pas encore prononcé sur sa valeur, lorsque les pavés sont en grès, sur lequel le mortier adhère moins bien que sur le granit.

272. Joints. — Les pavés sont juxtaposés, mais, comme ils ne sont jamais parfaitement taillés, ils ne s'appuient l'un contre l'autre que par les bosses qu'ils présentent. Il reste donc entre eux des intervalles vides, qu'on appelle des *joints*.

Ces joints doivent être remplis de sable. Sans cela, les saillies par lesquelles les pavés se touchent seraient bientôt émoussées par suite des chocs, et les pavés se trouveraient isolés et sans stabilité.

Des joints qui seraient laissés vides se rempliraient d'ailleurs d'eau pendant les pluies, et l'évaporation en serait très lente. Cette eau, chargée des détritus de la route, en partie de nature organique, les déposerait à la surface de la couche de fondation, qui se transformerait en vase et perdrait toute sa qualité. C'est un effet qui se produit toujours à la longue, surtout dans les chaussées des villes où la circulation est très active, malgré le soin que l'on prend de garnir les joints de sable.

Le sable joue encore un rôle important dans les joints : il a pour effet de répartir les pressions sur une plus grande étendue de la couche de fondation. Les expériences déjà citées ont montré, en effet, que, dans un espace limité, comme une caisse dont le fond vient à céder sur toute sa surface, la pression supportée par ce fond est moindre que le poids du sable superposé. Par suite de l'arc-boutement des grains, une portion de la charge est soutenue par les parois de la caisse. Un pavé dont les joints sont garnis de sable se trouve dans les *mêmes conditions*; il est partiellement soutenu par les pavés voisins et ne peut s'enfoncer sans les entraîner.

Le sable pour les joints doit présenter les mêmes qualités que pour la fondation; il doit être en outre assez fin pour tenir dans la largeur du joint.

La transformation progressive en vase des joints de sable, et par suite de la fondation elle-même, est un inconvénient grave et qui altère profondément les meilleurs pavages. On a cherché à y remédier en substituant au sable des substances compactes et imperméables.

On peut avoir recours au mortiér de sable et de chaux hydraulique ou de ciment. Mais ce système ne réussit que si la fondation est elle-même en mortier ou en béton, ou pour des passages peu fréquentés comme les cours et les portes cochères. Autrement, sous les trépidations qui se produisent, le mortier se déségrège ou se détache du pavé, et laisse passer l'eau de la chaussée, qui va transformer le sable de la fondation en vase.

On maçonne toutefois habituellement dans les villes une largeur de pavage de $0^m,50$ le long des bordures de trottoirs, où l'eau coule continuellement. Mais il est prudent d'asseoir cette largeur sur une fondation elle-même consolidée par du mortier.

On fait aussi quelquefois les joints en bitume. Mais cette substance adhère mal aux pavés, et l'eau pénètre par les fissures qui se produisent. On ne réussit à les éviter qu'en desséchant absolument les pavés et les chauffant dans du goudron ou du bitume fondu. Ce mode de pavage devient alors une chaussée de luxe et n'est pas applicable aux voies publiques.

On a eu encore l'idée d'enfoncer à la partie supérieure des joints de petites tringles de bois. Mais ce procédé manquait complètement son objet : les tringles étaient promptement amincies par les vibrations, et fournissaient, par leur altération, des détritus organiques.

273. Choix des pavés. — Les pavés eux-mêmes doivent satisfaire à certaines conditions. Il faut que chacun d'eux soit assez résistant pour ne pas s'écraser sous les charges qu'il doit recevoir, et pour ne pas s'user rapidement sous le passage fréquemment renouvelé de ces charges. Il faut, en outre, que la surface de la chaussée soit unie, ce qui exige que chaque pavé présente le moins possible d'aspérités, et que tous les pavés occupent et conservent le niveau qui leur est assigné par le profil de la chaussée les uns par rapport aux autres.

Les qualités de pavés résultent de leur nature, de leur mode de préparation et de leurs dimensions.

274. Nature des pavés. — On recherche les pierres les plus résistantes dont on dispose. Quelquefois on emploie les calcaires durs; le plus souvent, on choisit du grès, et, sur certains points, on a recours au granit et au porphyre.

Quelle que soit la pierre adoptée, on doit rechercher avant tout l'homogénéité dans sa qualité. Mieux valent des pavés plus tendres, mais d'égale dureté, qu'un mélange de pavés plus durs, mais de résistance inégale. Car, si l'usure n'est pas la même pour tous, il se forme bientôt sur les chaussées des flaches qui les rendent détestables.

Les pavés calcaires sont trop tendres pour les circulations un peu actives; on ne les emploie avec succès que pour les rues peu fréquentées. Certains calcaires très durs, comme les marbres, font un meilleur usage; mais ils ont l'inconvénient de se polir et de devenir glissants; ils sont d'ailleurs très coûteux. Il est rare enfin que les pavés calcaires soient suffisamment homogènes.

Le grès est excellent, lorsqu'il est choisi avec soin. Il résiste très bien aux chocs, il s'use peu et ne se polit pas. Mais le grès tendre doit être proscrit; il se brise facilement, et absorbe l'humidité, qui en facilite la désagrégation. On a cherché à employer des pavés de grès tendre, en les imprégnant d'une substance de nature à prévenir ces effets. Ainsi, on les faisait bouillir dans du bitume fondu, qui en pénétrait les pores et en rendait la surface compacte et imperméable. Ils se comportaient bien dans les commencements, mais bientôt la croûte consolidée, qui était très mince, s'usait et laissait à nu la matière tendre. On a donc renoncé à ce coûteux et inutile palliatif, pour s'en tenir à l'emploi exclusif des grès durs.

Le granit et le porphyre ont une résistance supérieure à celle du grès, tant à l'usure qu'à la rupture, et ils n'absorbent pas l'humidité. On les lui substitue avec succès sur les chaussées où la circulation est très importante. Ils présentent toutefois le grave inconvénient de se polir et de donner des chaussées glissantes, où les chutes de chevaux sont plus fréquentes que sur les chaussées de grès. On y remédie dans une certaine mesure en n'employant que des pavés de petit échantillon et multipliant ainsi les joints qui servent de points d'arrêt aux fers des chevaux.

On peut remarquer, d'ailleurs, que cet inconvénient n'a d'importance réelle que si les pavés de porphyre sont une exception, et parce que les animaux n'en ont pas l'habitude. S'ils y circulaient constamment, ils y adapteraient facilement leur marche. A Londres, on n'emploie que du granit.

275. Taille des pavés. — Les pavés, préparés par brisure de bancs de roches amorcés à la trace, présentent au sortir de la carrière des bosses et des flaches qu'il faut faire disparaître, ou tout au moins réduire, car elles donnent lieu à de graves inconvénients.

En premier lieu, ces bosses forment des aspérités qui augmentent la résistance des véhicules à la traction.

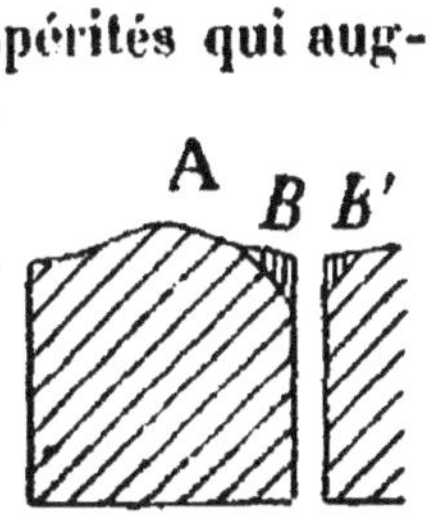

A B B'

En second lieu, lorsqu'à une bosse A succède une arête B dans le sens de la marche des voitures, les roues en tombant, épaufrent cette arête et celle du pavé contigu B', en sorte que le joint BB' se creuse. Si le joint considéré est parallèle à la marche des voitures, les roues parvenues à la saillie A n'y restent pas et tombent dans le joint en glissant sur la pente AB. La circulation est donc plus fréquente sur le joint que sur le milieu du pavé, qui s'use en se bombant de plus en plus et dont la surface tend à prendre la forme d'une calotte sphérique.

Enfin, la présence des bosses oblige à laisser des joints au moins égaux à leur saillie. Or, les grands joints exagèrent les inconvénients signalés ci-dessus; car, lorsqu'ils se sont creusés, ils forment des sortes d'ornières, d'où les roues ont peine à sortir.

Une chaussée où les pavés deviennent sphériques est en outre détestable pour la circulation, surtout pour celle des voyageurs qu'elle soumet à des cahots fatigants. Elle offre plus de résistance à la traction que les chaussées unies. Enfin, elle est difficile et même dangereuse pour les chevaux, dont les pieds ont peine à se tenir sur une surface bombée, surtout si cette surface est glissante, soit par suite du poli qu'elle aurait pris sous le frottement des roues, soit par l'interposition d'un peu de boue grasse.

On évite ces inconvénients, ou du moins on les atténue, en employant des pavés dont on a fait disparaître les bosses. Cette préparation peut être plus ou moins parfaite. On appelle pavés *smillés* ceux où les faces sont planes.

Toutefois, il ne semble pas qu'il y ait intérêt à pousser cette taille trop loin. Pour smiller un pavé, on emploie des outils qui agissent par percussion, et la surface se trouve attendrie sur une certaine profondeur; en sorte que l'usure en est plus rapide.

On ne doit d'ailleurs jamais supprimer les joints, ni les réduire à une trop petite largeur. Autrement, les pieds des chevaux qui auraient glissé sur un pavé, ne trouveraient plus rien pour les arrêter. En outre, dans l'entretien, ainsi qu'on le verra plus loin, on est conduit à soulever des pavés isolés, opération qui deviendrait impossible sans un joint où l'on puisse faire pénétrer un outil. Enfin, il faut la place de la couche de sable qu'il convient d'interposer entre les pavés. Un joint d'environ $0^m,01$ est donc toujours nécessaire, et il est inutile de tailler les faces des pavés plus finement qu'en vue de ce résultat.

276. Forme des pavés. — Les pavés sont des cubes ou des parallélipipèdes rectangles dont la hauteur est égale à l'une des dimensions transversales ou comprise entre elles.

Si la dimension verticale était relativement trop petite, le pavé serait exposé à se fendre par flexion; si elle était trop grande, il manquerait de stabilité, et aurait tendance à se renverser.

Dans quelques contrées, on emploie des pavés démaigris, ayant la forme des troncs de pyramides dont la plus grande base est à la surface. Lorsque le démaigrissement est exagéré, ces pavés manquent de stabilité. Une charge P, qui porte sur une arête B, tend à faire basculer le pavé autour de l'arête A. En outre, à mesure que les pavés s'usent, les joints qui les séparent s'élargissent.

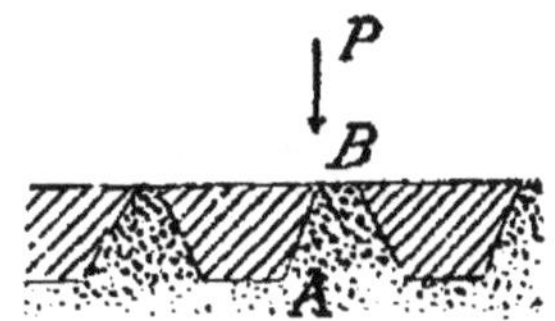

On reproche aussi à ces pavés de ne pouvoir être retournés sur différentes faces, comme les pavés rectangulaires, lorsque la surface est usée. Mais on verra que cette objection n'est pas sérieuse, car ce retournement des pavés est un mode vicieux d'entretien.

D'autre part, cette tolérance diminue notablement le prix des fournitures, en réduisant les déchets de carrière; et cette forme de pavés se prête beaucoup mieux à la main-d'œuvre de l'entretien. Si le démaigrissement est peu prononcé, s'il ne dépasse pas 1/10e, par exemple, les inconvénients signalés ci-dessus sont peu sensibles : la stabilité des pavés ne paraît pas compromise, et l'élargissement du joint est peu prononcé pour une usure déjà très grande.

Les pavés cubiques étaient exclusivement employés autrefois. L'usage des pavés oblongs, où l'une des dimensions horizontales est plus longue que l'autre, essayé à Paris, il y a une cinquantaine d'années, tend à se généraliser. Si l'on a soin de mettre leur longueur transversalement à la marche des voitures, il y a, dans le sens de cette marche, un moins grand nombre de joints dans chaque rangée de pavés que s'ils étaient cubiques. Or, c'est surtout dans ce sens que l'usure se produit le plus rapidement sur les arêtes, et que le bombement de la tête des pavés tend à se prononcer.

Pour un même creusement de joints, les pavés oblongs auront encore des parties planes, alors que les pavés cubiques seraient devenus sphériques. Les figures ci-contre, qui représentent un pavage usé à pavés oblongs, en font ressortir les avantages.

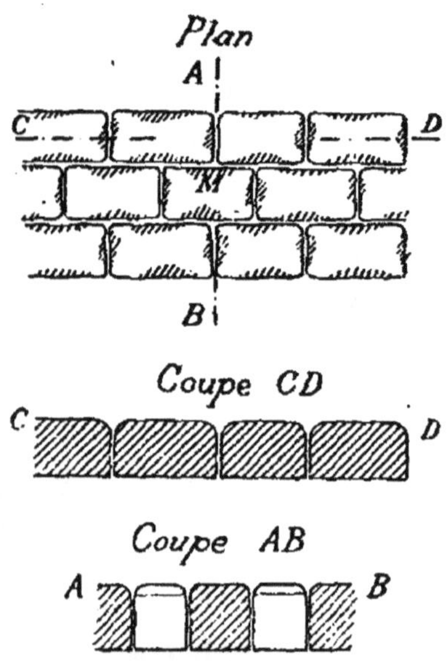

Il est à remarquer d'ailleurs, qu'en dehors des arêtes placées dans les joints longitudinaux, ce qui s'use le plus dans un pavé, c'est la partie M placée à la suite d'un de ces joints. Il y a donc tout intérêt à diminuer le nombre de ces points M.

Les pavés oblongs coûtent un peu plus cher que les pavés cubiques, parce que, à volume égal, ils présentent plus de surface, et que la main-d'œuvre de la préparation est surtout en raison de la surface.

On leur reproche aussi de ne pouvoir être réemployés sans retaille que sur quatre faces, tandis que les pavés cubiques peuvent être retournés six fois. Mais cette objection est sans portée, ainsi qu'on l'a fait remarquer au sujet des pavés démaigris.

277. Échantillon. — L'échantillon d'un pavé est l'expression de ses dimensions dans les trois sens.

Quand l'échantillon est gros, les pavés offrent beaucoup de résistance à la rupture et de stabilité individuelle. Mais, si quelques-uns d'entre eux viennent à s'enfoncer, et lorsque, par suite de l'usure, leurs têtes prennent du bombement, la chaussée devient très cahotante. En outre, les roues, qui ont une tendance à glisser sur ces surfaces sphériques pour descendre dans les joints, éprouvent à chaque instant des déplacements latéraux très notables. La circulation y devient donc mauvaise.

Les petits échantillons évitent ces inconvénients. Mais ils ne sont admissibles que pour des matériaux très durs et posés avec soin.

L'échantillon des pavés de Paris, fixé à 6 ou 7 pouces (de 0m,16 à 0m,19) en 1420, a été augmenté de 1 pouce en 1667, et porté, en 1730, à 8 ou 9 pouces (de 0m,22 à 0m,24). Ce dernier modèle a été employé pendant un siècle, et ce n'est qu'en 1835 qu'on a essayé des échantillons réduits, en même temps que la forme oblongue.

Les résultats ont été excellents, et depuis lors on a renoncé aux gros pavés cubiques de 0m, 23. Les dimensions habituelles se tiennent entre 0m,15 et 0m,19 pour les pavés cubiques. Les pavés oblongs n'ont que de 0m,10 à 0m,12 de largeur et même moins; leur longueur va jusqu'à 0m,25 ou 0m,30. Leur queue est de 0m,15 à 0m,16.

Les petits pavés, à volume égal, coûtent plus cher que les gros, parce qu'ils doivent être faits en matériaux plus durs, et parce que leur préparation est plus longue, la main-d'œuvre étant en grande partie proportionnelle aux surfaces, et non aux volumes; leur emploi est également plus coûteux, le travail de la pose d'un pavé croissant peu avec l'échantillon. Aussi, quoiqu'ils emploient un moindre cube de pierre, les pavages de petit échantillon reviennent en général à un prix un peu plus élevé. Mais ils donnent des chaussées incomparablement meilleures.

Quel que soit l'échantillon adopté, il est essentiel qu'il reste homogène dans toute l'étendue d'un même pavage.

Les pavés se plaçant par rangées juxtaposées, on voit immédiatement que tous ceux d'une même rangée ont nécessairement la même largeur.

Il faut encore qu'il aient même longueur, afin de présenter la même surface. L'incompressibilité du sable n'est pas absolue, et il se tasse toujours un peu, d'une quantité proportionnelle à la plus forte pression qu'il ait à supporter. Or, pour une même charge maxima, cette pression varie avec la surface du pavé qui la transmet. Les pavés les plus larges s'enfoncent donc moins que les plus petits, et la surface de la chaussée devient inégale.

La hauteur doit aussi être la même pour tous les pavés. Le tassement total du sable, pour une même pression, est proportionnelle à son épaisseur. Or, sous un pavé plus haut, il y a moins de sable ; son enfoncement est donc moindre.

Les mêmes considérations font voir que les pavés des ranges successives doivent être d'échantillon identique.

Cette condition est une des plus essentielles. Lorsqu'on dispose de pavés de dimensions variables, il faut, avant de les employer, les *échantillonner*, c'est-à-dire les trier et les séparer en plusieurs lots homogènes, dont on fait des portions successives de chaussées, en ayant soin que l'échantillon progresse toujours dans le même sens de l'une à l'autre.

278. Appareil. — Les pavés se disposent par lignes continues de largeur constante, que l'on nomme des *ranges*.

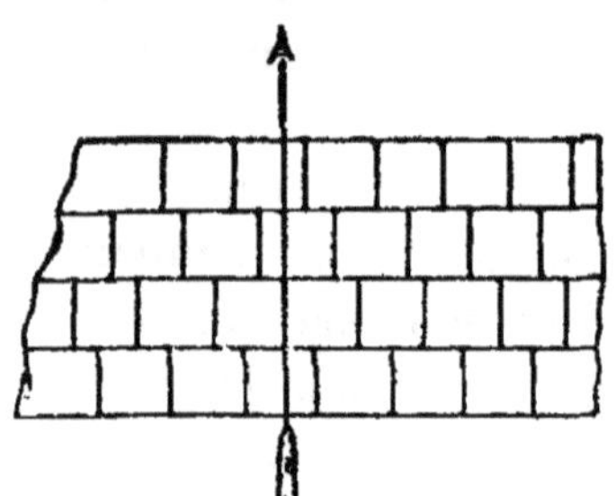

La direction des ranges doit être normale à celle de la marche des voitures. Si elle lui était parallèle, une roue, une fois engagée dans un joint continu, n'en sortirait pas, n'ayant pas de motif pour remonter la surface convexe des pavés. Chaque joint formerait bientôt une ornière et la chaussée ne serait qu'une série de sillons parallèles.

Si les pavés sont oblongs, les ranges ont pour largeur leur plus petite dimension, la plus grande étant perpendiculaire à l'axe. On a vu (nº 276) que l'avantage des pavés oblongs provenait précisément du moindre développement des joints longitudinaux.

Par les mêmes raisons, les joints qui séparent les pavés des ranges successives doivent se découper, c'est-à-dire, ne pas se présenter en prolongement les uns des autres. Un joint, dans une range, doit tomber vers le milieu d'un pavé de la range contiguë. S'il ne tombe pas exactement au milieu, il ne doit pas s'en écarter d'un tiers à droite ou à gauche.

La tendance des roues à tomber dans les joints parallèles à leur marche étant la cause principale à laquelle est dû le bombement des têtes des pavés, on a eu l'idée de supprimer complètement cette espèce de joints, en plaçant les ranges obliquement par rapport à l'axe de la chaussée. Mais le succès n'a pas justifié cet essai. Les roues attaquaient les angles trièdres des pavés, et le bombement ne se produisait ni plus ni moins que dans le système ordinaire. On a donc renoncé à ces appareils, dont la pose donnait lieu à des sujétions particulières.

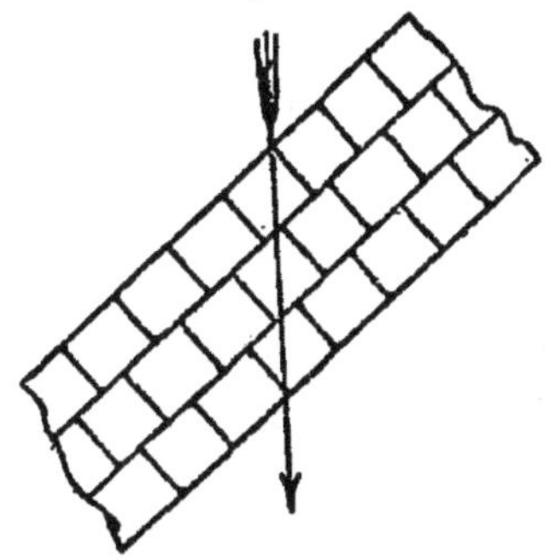

Lorsque deux chaussées se croisent, il y a circulation dans le sens de chacune d'elles, et, en outre, pour passer de l'une à l'autre. Pour éviter que des joints continus s'offrent à aucun de ces courants, on dispose les ranges, dans la partie commune aux deux chaussées, parallèlement aux bissectrices des angles que font leurs axes, ou à une ligne qui s'en rapproche.

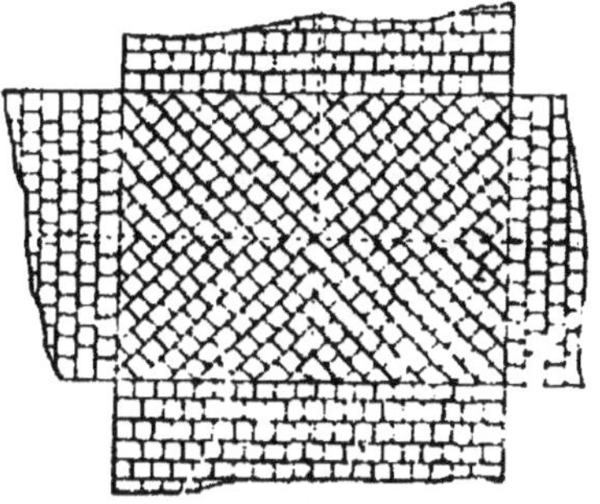

Bordures. Lorsque la chaussée est limitée longitudinalement par une ligne droite, trottoir ou accotement, il devient impossible de conserver à la fois la découpe et l'égalité d'échantillon. Car, si les ranges M partent de la rive avec des pavés égaux, le dernier joint de la range intermédiaire N appareillée en découpe sera nécessairement à une distance de la rive égale à la moitié (*a*) d'une longueur de pavé, ou à une fois et demie (*b*) cette longueur.

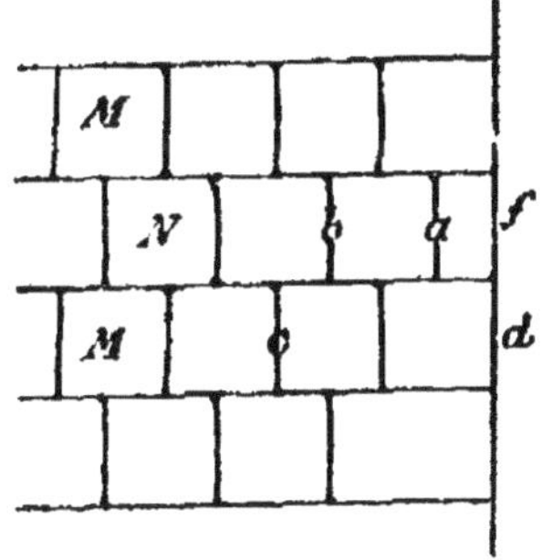

C'est à ce dernier parti que l'on s'arrête. Ces pavés plus longs que les autres s'appellent des *boutisses*.

L'ensemble des boutisses et des autres pavés contigus à la rive forme la *bordure*.

Lorsque la bordure s'appuie sur un trottoir solide, elle a la même hauteur que le reste du pavage. Si elle n'est limitée que par un accotement sans résistance, on donne quelquefois aux pavés qui la constituent une hauteur un peu plus grande, afin qu'ils présentent plus de masse et soient moins sujets à se déplacer latéralement. Il ne faut pas toutefois que cet excédent dépasse la moitié de l'épaisseur courante; car les pavés trop hauts sont exposés à se renverser. Il paraît préférable, lorsqu'on veut renforcer la bordure, de ne pas en augmenter la hauteur, mais de placer à toutes les ranges des boutisses, qui ont alternativement 1 fois 1/2 et 2 fois (*bf* et *cd*) la longueur d'un pavé.

Autrefois, on donnait aux bordures des dimensions considérables dans les trois sens. Elles n'avaient souvent aucun rapport avec celles des ranges, et on ne pouvait les raccorder qu'au moyen de fausses coupes qui rendait la pose compliquée et détruisaient l'homogénéité du pavage sur les bords. Leur but n'était pas simplement d'obtenir une rive rectiligne, mais de maintenir la solidité du pavage. Une chaussée bombée forme une sorte de voûte dont ces bordures étaient les culées. Mais elles présentaient de graves inconvénients. Elles tassaient moins que les pavés plus petits, s'usaient moins qu'eux et moins que l'accotement. Elles faisaient donc saillie des deux côtés, retenaient les eaux sur la chaussée et formaient obstacle au passage des voitures de la chaussée à l'accotement ou réciproquement. Elles étaient donc la source d'entraves à la circulation et de dégradations continuelles.

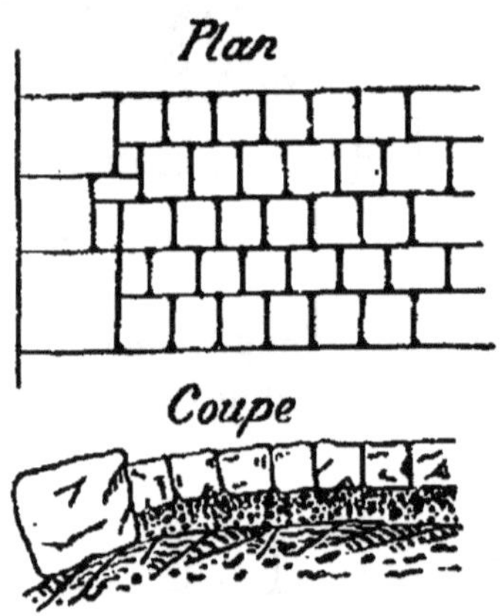

Caniveaux. — Lorsque l'eau doit suivre ou traverser une chaussée, on la dirige au moyen d'un caniveau, en inclinant le pavage à droite et à gauche d'un axe creux. Cette disposition, fréquente lorsque l'on plaçait les ruisseaux dans l'axe des chaussées, est plus rare depuis qu'on fait les chaussées bombées et que l'eau suit les bordures de trottoirs. On a cependant encore à faire traverser les chaussées par des caniveaux, dans les villes dépourvues d'égouts.

L'appareil des pavages dans les caniveaux présente une certaine difficulté. L'inclinaison du pavage de part et d'autre de l'axe ne peut avoir lieu, dans chaque rangée, qu'à la rencontre de deux pavés, c'est-à-dire, suivant un joint. Si on voulait avoir une ligne droite continue au fond du caniveau, il faudrait donc y placer un joint continu, dont les inconvénients seraient aggravés par la présence constante de l'eau.

Pour l'éviter, on peut mettre alternativement au point bas des ranges successives un joint comme ci-dessus et le milieu d'un pavé, qui est alors posé horizontalement. Mais cette disposition forme une série de petites cuvettes barrées par les pavés horizontaux, d'où l'eau ne peut jamais sortir, et donnent lieu à des cahots pour les voitures qui les suivent.

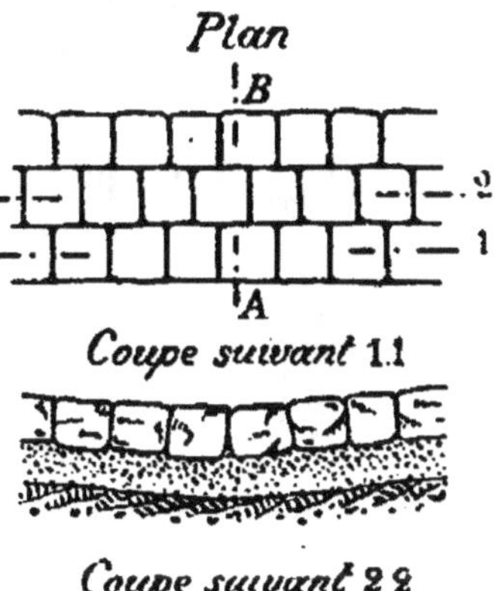

On prend un parti intermédiaire, en choisissant pour axe du caniveau une ligne AB moyenne entre les files de joints transversaux. Le point bas de chaque range est alternativement à droite et à gauche de cet axe, et offre à l'écoulement de l'eau une ligne sinueuse où la stagnation de l'eau et les cahots sont beaucoup moins prononcés.

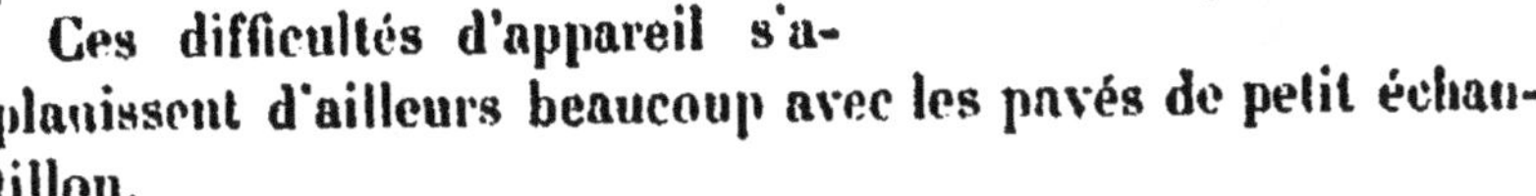

Ces difficultés d'appareil s'aplanissent d'ailleurs beaucoup avec les pavés de petit échantillon.

2° Exécution des travaux.

279. Extraction et préparation des pavés. — Les carrières qui fournissent les pavés sont formées, soit de bancs, soit de blocs isolés. Ceux-ci ne sont pas toujours apparents et sont quelquefois enfouis au sein de la terre. Pour en reconnaître la présence on peut se servir d'une sonde formée d'une tige de fer, avec un manche transversal en bois, que l'on enfonce dans le sol jusqu'à ce qu'on éprouve une résistance. La pointe en est terminée en forme d'olive, et, en essayant de la faire pénétrer dans le bloc, on peut juger jusqu'à un certain point s'il est de bonne qualité.

Quand on a trouvé des bancs ou des blocs convenables, on en fait le découvert, en enlevant par les procédés ordinaires de la fouille la terre superposée.

La roche mise à nu est d'abord débitée en gros blocs rectangulaires, ayant une épaisseur égale à l'une des dimensions des pavés, et dans les autres sens un multiple des autres dimensions. On laisse toutefois un peu de gras, pour tenir compte du déchet résultant des opérations suivantes.

Cette extraction se fait à la trace, au moyen de rainures marquées sur la roche avec le *mortaisoir*, gros marteau de 4 kil. dont les deux têtes se terminent en coins de 60° environ. Quand les rainures sont assez profondes, on y place des coins en fer que l'on frappe avec une masse de 10 kil.

Ces blocs sont ensuite débités à la grosseur des pavés par le *briseur*, armé d'un lourd marteau de 9 à 14 kil. tranchant par les deux bouts. Il marque sur le bloc, en s'aidant d'une règle, des lignes qui limitent les dimensions des pavés. Puis avec son marteau, il frappe à petits coups pour étonner la roche jusque dans son centre. Il fait la même chose sur chacune des deux faces. Un coup sec et fort appliqué ensuite sur le bloc suffit pour le faire fendre suivant les lignes étonnées.

Les petits blocs ainsi obtenus ont quelquefois encore les dimensions de deux pavés. Ils sont alors passés au *recoupeur* qui les sépare en deux par un procédé analogue, mais avec un marteau un peu moins lourd, de 4 à 8 kil. seulement, les émonde et leur donne la forme et les dimensions d'un pavé.

Une dernière main-d'œuvre est donnée par l'*épinceur*, qui se sert d'un marteau léger, de 1 à 3 kil. nommé *épincette*. Il avive les arêtes, achève l'émondage et fait disparaître toutes les bosses qui dépassent la limite tolérée.

Le pavé passe quelquefois dans les mains d'un *smilleur* qui, avec une pointe semblable à celle dont font usage les tailleurs de pierre, dresse les faces de manière à les rendre exactement planes. On est allé même jusqu'à les tailler, comme des moellons piqués, au ciseau et à la boucharde. Mais cette façon, qui est coûteuse, se fait rarement, par les motifs qui ont été indiqués (n° 275).

280. Transport des pavés. — Les pavés sont chargés dans des tombereaux, qui les transportent sur la route en construction. Ils sont déchargés sur l'accotement et rangés en lignes régulières, où on les espace assez pour pouvoir les examiner un à un.

Le chargement et le déchargement doivent se faire avec précaution, afin de ne pas épaufrer les angles ou les arêtes. Il convient d'y mettre deux ouvriers, dont l'un se tient sur le tombereau, et qui se passent les pavés à la main. Ils n'en peuvent guère manipuler plus de 2 à 300 par heure, suivant l'échantillon.

Le même cube de grès dur ou de granit pèse environ 2.500 kil.; le mètre cube de porphyre, environ 2.700 kil. D'après l'échantillon, on peut calculer le poids d'un nombre donné de pavés, et en déduire la quantité qu'on en peut transporter dans un tombereau, suivant l'état des chemins.

281. Réception. — La réception des pavés est préparée

par le conducteur des travaux et faite par l'ingénieur. Elle porte sur le nombre, sur les dimensions et sur les qualités.

Le nombre se constate facilement, si on a eu soin de faire ranger les pavés en lignes régulières et de les y espacer régulièrement.

On mesure ensuite au mètre les dimensions de ceux qui paraissent différer des pavés voisins.

La qualité se reconnaît de différentes manières, savoir :

1° *Par l'aspect de la matière :* Le grain doit être fin et serré, la cassure cristalline et brillante.

2° *Par la densité :* En général la dureté est proportionnelle à la densité pour une même nature de matériaux ; on pèse un certain nombre de pavés sur une bascule, lorsqu'on en dispose.

3° *Par la porosité :* Les pavés sont d'autant plus tendres qu'ils sont plus poreux et absorbent plus d'eau ; on plonge les pavés dans l'eau, après les avoir pesés, et on les pèse de nouveau après l'immersion ; souvent, quand on n'a pas de moyens de les peser, on se contente de les arroser et de voir combien de temps la surface met à s'assécher.

4° *Par la sonorité :* C'est le caractère le plus habituellement consulté ; on frappe le pavé avec un marteau, et le son est d'autant plus sec et vibrant que le pavé est plus dur et plus homogène ; les fils et les moyes qu'il peut renfermer sont parfaitement décelés par ce signe ; la nature du son éclaire immédiatement les personnes qui ont quelque habitude des réceptions.

Il importe que les pavés présentent ces qualités au plus haut degré ; mais ce qui importe encore davantage, c'est qu'il les présentent au même degré. L'homogénéité est la condition primordiale d'un bon pavage.

Quand on a examiné ainsi tous les pavés, on marque, à la couleur, d'un signe particulier tous ceux qui sont reçus, et d'un autre signe tous ceux qui sont refusés. On ne laisse commencer le pavage qu'après que ceux-ci ont été enlevés et remplacés par d'autres pavés reconnus de bonne qualité.

Cet examen doit être fait sévèrement : la qualité de la chaussée en dépend essentiellement. L'entretien pourrait, à la rigueur, corriger des défauts de pose; mais si la qualité des pavés est mauvaise, et surtout variable, la chaussée sera et restera toujours mauvaise.

282. Ouverture de la forme. — La forme doit avoir été ouverte et dressée avant l'apport des matériaux. Elle se prépare comme pour les empierrements (n° 248). Il faut remarquer que, l'encaissement étant beaucoup plus profond que dans le cas des empierrements, la totalité des fouilles ne trouve pas toujours place sur les accotements, et une partie en doit être enlevée au tombereau pour être portée en dépôt.

Quant au fond de l'encaissement, il convient de le faire parallèle au bombement de la chaussée, afin que le tassement du sable soit le même partout.

283. Fourniture et réception du sable. — Le sable, dont l'extraction et le transport se font comme pour les terrassements, est déchargé sur le milieu de la forme et emmétré en cordon. Quelquefois, lorsqu'on n'a pas le temps ou la place pour faire les cordons, on se contente de compter le nombre de tombereaux de capacité connue qui apportent le sable; mais c'est moins exact et moins sûr.

Si le sable, bon pour la fondation, est trop gros pour les joints, on en fait passer à la claie une certaine quantité, qui est emmétrée à part sur l'accotement.

Enfin, on fournit également à part une certaine quantité de sable destiné à être répandu à la surface, que l'on dépose sur l'accotement ou que l'on n'apporte qu'après la pose des pavés.

Avant son emploi, le sable est soumis à une réception rigoureuse. La quantité est constatée par les dimensions du cordon. Quant à la qualité, qui consiste essentiellement dans l'absence de parties argileuses, on la constate, soit en mettant du sable en suspension dans l'eau, où il doit tomber immédiatement sans laisser de trouble, soit en le frottant entre les mains, qui ne doivent pas se salir. Lorsqu'il s'agit de sable fin, le toucher, et au besoin la loupe, font reconnaître si les grains sont ronds ou anguleux.

284. Répandage du sable. — Le sable est régalé dans l'encaissement, suivant une épaisseur uniforme, qui doit dépasser celle de la fondation de la quantité nécessaire pour garnir les joints, c'est-à-dire, de 0m,02 à 0m,04 environ, suivant l'échantillon et la largeur des joints. Quand on emploie pour les joints du sable tamisé, on le répand à la surface du sable brut, préalablement régalé; l'épaisseur de cette couche doit dépasser de 2 à 3 centimètres celle qui est nécessaire pour garnir les joints; elle est donc de 0m,04 à 0m,07.

Pour obtenir un bon pavage, il convient de tasser le sable de fondation avant la pose des pavés. On peut le faire avec un rouleau compresseur, ou au moyen de pilons; le mieux est encore d'arroser le sable à grande eau. On a soin de recharger les flaches qui ont pu se produire pendant ce tassement.

Dans ce cas, la couche supérieure destinée au remplissage des joints, qui doit rester meuble, n'est répandue qu'après la compression de la couche de fondation.

Ce tassement préalable, bien que très utile, n'est pas toujours pratiqué, au grand détriment de la qualité des pavages. On compte souvent, pour obtenir le même résultat, sur le dressage (n° 287), qui est loin cependant d'avoir la même efficacité.

285. Tracé et marche du pavage. — Pour diriger les paveurs, on tend des cordeaux fixés à des fiches de fer enfoncées dans le sable.

Une première série de cordeaux est placée parallèlement à l'axe, à la hauteur que doit avoir la surface de la chaussée. On en met un au milieu, un sur chaque bord, et deux ou plusieurs autres intermédiaires, de façon à figurer parfaitement le profil de la chaussée.

On dispose ensuite d'autres cordeaux transversaux qui indiquent la direction des ranges, et que l'on espace de façon qu'ils séparent un nombre déterminé de ces ranges, dix ou vingt par exemple.

Un premier compagnon paveur met en place les boutisses et carreaux de bordure, ce qui achève le tracé de l'ouvrage.

Deux autres compagnons attaquent le pavage en partant

des bordures opposées et complètent d'abord chaque rangée, en allant l'un vers l'autre. Lorsqu'ils se rejoignent, ils posent un pavé central, appelé *clausoir*, qui doit remplir exactement la place restée libre. Si l'échantillonnage des pavés est parfait, cela se fait tout naturellement. Mais il y a dans les fournitures de petites irrégularités, d'où il résulte que le dernier vide n'est pas toujours absolument de même dimension, et que le clausoir doit être choisi spécialement parmi les pavés disponibles.

286. Pose des pavés. — La main-d'œuvre du pavage se fait au moyen du marteau de paveur, qui a d'un côté la forme d'une spatule ogivale, et de l'autre celle d'une masse prisma-

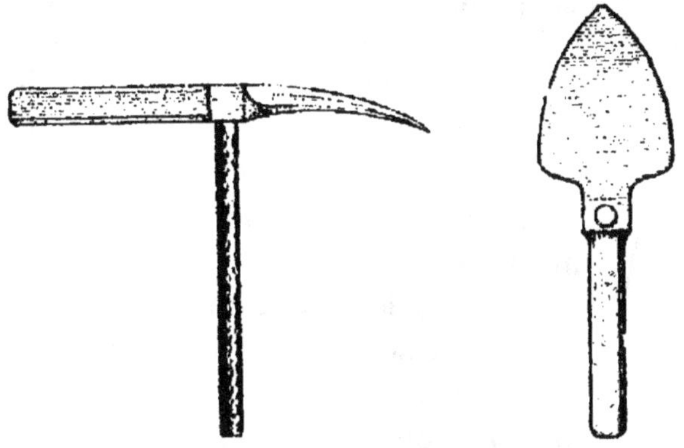

tique. Le compagnon creuse dans le sable avec la spatule la place d'un pavé, puis en présente un, qu'il a pris dans le tas mis à sa portée ou que lui passe un servant. Il l'assujettit en frappant avec la masse prismatique de son marteau les faces apparentes, tant sur la fondation que contre les pavés voisins.

Si le pavé s'enfonce trop, ou reste en saillie, il le déplace et ajoute ou enlève du sable dans l'emplacement préparé ; puis il présente de nouveau le pavé et l'assujettit définitivement.

Il prend alors une certaine quantité de sable dans la spatule et en garnit les joints.

Il se présente parfois des pavés que leurs bosses ne permettent pas d'asseoir convenablement au point où on veut les employer. Les paveurs peuvent recouper eux-mêmes ces bosses au moyen d'un petit marteau d'épinçage mis à leur disposition. Mais c'est un travail qu'ils font mal le plus souvent, et ils rendent le pavé irrégulier. Il vaut mieux leur interdire le recoupage, et leur prescrire de rejeter les pavés qui ne s'adapteraient pas bien, sauf à les employer ailleurs ou à les rebuter définitivement s'ils ne trouvent place nulle part.

287. Dressage. — Une fois posés, les pavés sont soumis au *dressage*. Le dresseur est armé d'un lourd pilon en bois, nommé *hie* ou *demoiselle*, qui est armé de fer à sa partie inférieure et muni de deux manches courbes. Il soulève cet outil d'une quantité déterminée et le laisse retomber sur le pavé. Le choc ainsi produit doit être égal ou supérieur au plus fort des chocs qui se produisent normalement sur les chaussées par suite de la circulation. Il est répété trois ou quatre fois sur chaque pavé, et on admet qu'il produit sur le sable un tassement définitif, qui ne sera pas augmenté par le passage des plus lourds chargements.

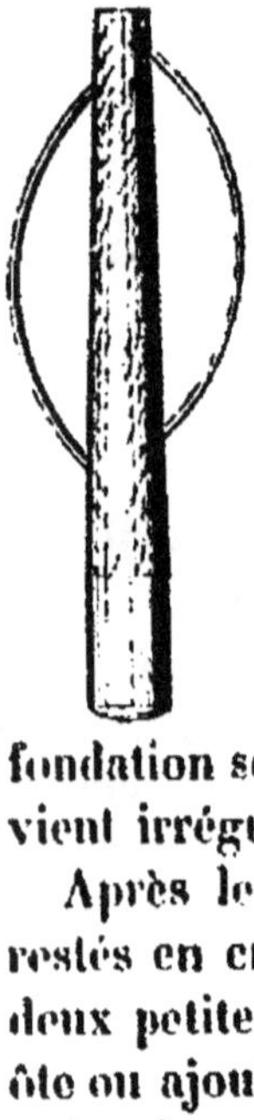

Le dressage est une opération fort simple, mais cependant délicate. Elle n'a pas pour but, comme on le croit trop souvent, de régulariser la surface de la chaussée, mais de la soumettre à une action supérieure à celle qu'elle aura à supporter. Il faut que chaque pavé soit battu identiquement de la même façon; tandis que le dresseur a une tendance instinctive à frapper plus fort sur les pavés en saillie, et à ménager ceux qui sont plus bas. Le sable de fondation se trouve alors inégalement tassé et le pavage devient irrégulier par l'usage.

Après le dressage, le paveur repasse; s'il y a des pavés restés en creux ou en saillie, il les enlève, en se servant de deux petites pinces en fer qu'il introduit dans les joints, et il ôte ou ajoute du sable, puis remet le pavé en place.

Le dressage fait descendre dans le fond une partie du sable mis dans les joints, et il faut achever de les remplir. On le fait au moyen de petits tas de sable apportés à la pelle sur place et poussés au-dessus des joints avec le pied ou autrement. On l'y fait pénétrer avec une fiche, bâton ferré terminé par une lame plate.

Lorsqu'on a de l'eau à sa disposition, il est bien préférable d'en lancer en abondance à la surface de la chaussée; le sable se trouve entraîné et tassé dans les joints beaucoup mieux que par le fichage.

Quand le pavage est fini, on y répand une couche de sable uniforme de 1 à 3 centimètres d'épaisseur, et c'est en cet état qu'on le livre à la circulation. La pression des roues achève de remplir parfaitement les joints et corrige les imperfections du fichage. Il semblerait même que cette précaution rendît le fichage inutile. Mais ce sable superficiel, broyé par les roues, se transforme en poussière et en boue, à laquelle se mélangent des détritus organiques, et ne présente pas les qualités requises.

288. Analyse des prix. — Un atelier complet de paveurs pour construction neuve se compose de 4 à 5 paveurs, servis par autant de manœuvres, et d'un dresseur. Un chef d'atelier fait le tracé et dirige les opérations ; il peut facilement surveiller deux ateliers à la fois.

Chaque atelier, ainsi constitué, peut faire de 4 à 10 mètres carrés de pavage par heure, suivant l'échantillon. On peut admettre, comme règle approximative, que, si a représente le côté moyen, exprimé en centimètres, d'un cube équivalent au volume de chaque pavé, il faut à un paveur, pour poser un mètre carré, un nombre d'heures représenté par $\frac{10}{a}$

Le prix des chaussées pavées s'établit, soit au mètre carré, soit au mètre courant lorsqu'il s'agit d'une chaussée neuve de largeur constante.

Les éléments de ce prix sont :

1° La fourniture du sable nécessaire pour la fondation, les joints et la couche superficielle à répandre après le dressage;

2° La fourniture des pavés, dont on évalue le nombre d'après l'échantillon, en tenant compte de la largeur des joints ;

3° La main-d'œuvre, comprenant environ $\frac{10}{a}$ heures de paveur et de manœuvre, a étant le nombre de centimètres de l'arête du pavé supposé cubique, un temps de dresseur 4 ou 5 fois moindre, et le temps du chef d'atelier égal à celui du dresseur ou moitié moindre.

Le détail d'un mètre cube de sable se compose d'ailleurs, comme pour les matières d'agrégation, de l'extraction, du chargement, du transport et de l'emmétrage.

Quant aux pavés, on les évalue habituellement au millier, dont il est facile de calculer le volume d'après l'échantillon. Le prix du mille de pavés comprend d'abord les frais de carrière, savoir : la découverte des bancs, le mortaisage, le brisage, la recoupe et l'épinçage; il ne faut pas oublier qu'il se produit un déchet, d'autant plus grand que la réception est plus sévère quant à la forme et à l'uniformité de l'échantillon. Le temps consacré par les ouvriers à ces diverses mains-d'œuvre est variable, suivant la nature de la roche et suivant le fini du travail. Des observations faites dans le Pas-de-Calais ont montré qu'un atelier pouvait préparer par heure environ 20 pavés de dimension moyenne répondant à peu près à l'échantillon de $0^m,16$ en cube.

Les pavés sont ensuite chargés en tombereau, transportés à pied d'œuvre, déchargés et rangés en ligne; il y a, en outre, à tenir compte des menus frais de la réception.

La formule du prix de transport est, comme pour les terres (n° 192), $X = \frac{P(2D + d)}{L.C}$, dans laquelle d représente le temps employé au chargement et au déchargement de 1.000 pavés, et C le nombre, divisé par 1.000, des pavés mis dans le tombereau.

289. Comparaison entre les pavages et les empierrements. — Lorsqu'il s'agit d'établir une chaussée, on peut se demander s'il est préférable de la faire en pavage ou en empierrement. C'est une question qui a été très controversée, vers 1850, lorsqu'on a commencé à introduire à Paris les chaussées macadamisées, qui y étaient inconnues antérieurement.

Cette question n'est pas susceptible d'une solution générale. Elle doit être discutée dans chaque cas particulier, suivant les circonstances. On ne peut qu'indiquer les éléments de la discussion, qui se trouvent dans les caractères propres à chaque nature de chaussée.

Les frais de premier établissement sont incomparablement moindres pour les empierrements que pour les pavages.

La résistance à la traction est notablement plus grande sur les empierrements que sur les pavés pour les voitures marchant au pas. Pour les voitures au trot, la différence diminue, et s'efface d'autant plus que l'allure est plus rapide.

Les chaussées pavées donnent lieu à des cahots continus, à un bruit assourdissant, et à des trépidations qui se transmettent dans les habitations qui les bordent. Les chaussées empierrées échappent à ces inconvénients.

En revanche, les empierrements fournissent beaucoup de boue et de poussière, tandis que les pavés en donnent peu. Ces détritus s'enlèvent facilement sur les routes à fréquentation moyenne ; mais on ne peut s'en débarrasser qu'en gênant la circulation, lorsque celle-ci est très active.

Le pied des chevaux est bien mieux assuré sur l'empierrement que sur le pavage, et les chutes y sont moins fréquentes.

L'entretien ne peut être fait sur les pavages que par des compagnons paveurs, tandis que celui des empierrements ne réclame pas des ouvriers d'état spéciaux ; mais il doit être continu, tandis qu'un pavage ne demande que des réparations peu fréquentes. Toutefois, la gêne apportée à la circulation est moindre dans le premier cas que dans le second. Dans les grandes villes, on a presque renoncé à entretenir couramment les chaussées pavées, et on n'y fait que les réparations strictement indispensables jusqu'à ce quelles se détériorent au point qu'il faille les refaire entièrement ; il en résulte que la plupart des chaussées pavées y laissent presque constamment à désirer.

Les frais annuels d'entretien sont moindres pour les pavages que pour les empierrements. Mais, avec les premiers, il faut tenir compte de l'amortissement, et mettre en réserve le capital nécessaire pour procéder à un renouvellement total au moment où les pavés seront hors de service. L'avantage peut alors rester aux empierrements. Cependant, quand la fréquentation est très grande, l'entretien des empierrements devient excessivement coûteux, et on a dû y renoncer dans certaines rues des grandes villes par motif d'économie.

On se décide pour un système ou pour l'autre, suivant que telle ou telle considération parait prépondérante.

Ainsi, dans les villes, on macadamise les voies fréquentées surtout par les voitures de luxe : l'uni de la suface, l'absence des cahots, de bruit et de trépidations, la sécurité pour les chevaux, importent plus que l'économie réalisée sur les frais d'entretien.

Dans les rues fréquentées par le roulage et les transports au pas, on conserve le pavage, parce que la résistance à la traction y est moindre, et que c'est là le point capital. Il en est de même dans les rues à circulation mixte, où les avantages et les inconvénients des deux systèmes se compensent et où la fréquentation n'est pas assez considérable pour justifier le personnel permanent que l'entretien du macadam exige.

Sur les routes en rase campagne, on n'a guère à envisager que la question de dépense. Pour comparer les deux systèmes, il faut calculer l'intérêt et l'amortissement du capital d'établissement et les frais annuels d'entretien, et y ajouter la dépense que fera le public pour se servir de la route (n° 32). Cette dépense est moindre sur les pavés que sur les empierrements, et, comme elle est en général l'élément le plus important des frais annuels, il en résulte que cette comparaison donne le plus souvent l'avantage aux chaussées pavées.

Néanmoins on préfère presque toujours les chaussées empierrées, qui coûtent beaucoup moins cher à établir, par deux motifs, dont l'un est bon et l'autre mauvais.

La mauvaise raison, c'est que celui qui fait construire la

route, État, département ou commune, ne voit que son intérêt particulier, qui est de dépenser le moins possible, et ne porte pas en ligne de compte l'intérêt pourtant prédominant du public, qui est d'avoir une chaussée où les frais de traction se réduisent au minimum.

La bonne raison, c'est que les capitaux dont on dispose, dans une période déterminée, ne sont pas indéfinis, mais limités à une somme donnée, en sorte que, si les routes coûtent plus cher, on en fait un moins grand nombre et on rend moins de services à la société.

La question, en effet, n'est pas tant de faire des routes où la circulation soit aussi économique que possible, que de tirer la plus grande utilité du capital disponible. Or, si cette utilité est en raison inverse du prix de transport des choses qui circulent sur les routes, elle est aussi proportionnelle à la quantité de ces choses. Il est donc souvent préférable de donner des débouchés dans un plus grand nombre de directions, sauf à grever la circulation de quelques frais.

La question peut se résoudre par le calcul. Si C est le capital disponible, et A le prix de premier établissement d'un kilomètre de routes dans un système donné, on construira $\frac{A}{C}$ kilomètres. Soit T le nombre des tonnes kilométriques qui emprunteront ces routes, et P le prix du transport d'une tonne à un kilomètre, qui peut se calculer par la formule $P = p + \frac{A(r+a)+E}{T}$, p étant la dépense faite par le public, r le taux de l'intérêt de l'argent, a celui de l'amortissement, et E la dépense annuelle de l'entretien d'un kilomètre ; l'utilité tirée du capital C est proportionnelle à $\frac{\frac{C}{A} \cdot T}{P}$.

Dans un autre système, elle serait proportionnelle à $\frac{\frac{C}{A'} \cdot T'}{P'}$.

Il reste à voir si l'on a : $\frac{T}{AP} \gtrless \frac{T'}{A'P'}$.

Ce calcul conduira presque toujours à donner la préférence aux empierrements, comme on le fait habituellement.

290. Conversion des pavages en empierrements. — Lorsque des chaussées anciennes sont pavées, on a été tenté souvent de les transformer en chaussées empierrées. L'avantage de cette conversion est au moins douteux, et dans bien des cas l'opération est onéreuse. On dépense de l'argent pour faire la transformation; les frais d'entretien annuels sont presque toujours augmentés; on offre au roulage une chaussée dont la résistance à la traction est plus grande. Il y a donc perte de tous les côtés. Ce n'est que lorsque le pavage est entièrement usé, et que la chaussée doit être refaite de toutes pièces que la conversion est indiquée. Chaque cas doit être étudié et discuté avec soin. L'administration a, du reste, recommandé aux ingénieurs de ne pas procéder à de semblables changements sans une autorisation spéciale.

291. Chaussées mixtes. — Les chaussées pavées convenant mieux au gros roulage et à la circulation au pas, et les chaussées empierrées aux voitures légères et rapides, on a eu l'idée, sur les routes qui ont une grande largeur et dans les rues des villes, d'offrir à la fois les deux systèmes sur une même voie. On en voit de nombreux exemples à Paris.

On doit se demander quelle est la partie de la largeur qu'il convient de paver.

La disposition qui vient la première à l'esprit, c'est de mettre le pavage au milieu et les empierrements de part et d'autre. Cela revient simplement à empierrer les accotements d'une chaussée pavée. Ce système est bon en rase campagne, mais il est défectueux dans les grandes villes, où la chaussée est bordée d'un trottoir nécessairement accompagné d'un caniveau pavé. L'empierrement s'use plus vite que les pavés, et bientôt il forme une cuvette où l'eau séjourne. Si on veut prévenir cet inconvénient en donnant à la chaussée empierrée une saillie sur les pavages, cette saillie intercepte l'écoulement latéral des eaux de la chaussée centrale. En outre, si les bandes empierrées n'ont pas la largeur d'une voie double, les voitures qui les suivent ne peuvent s'y croiser : il faut qu'elles s'astreignent à marcher sur la chaussée de droite ; ce qui n'est pas toujours possible, car ce sont surtout des voitures légères, qui ont à stationner tantôt à droite et tantôt à gauche.

Il est préférable, dans ce cas, de placer l'empierrement au milieu et les pavages sur les côtés. On peut alors sans inconvénient mettre la chaussée empierrée en saillie sur la surface pavée, et l'écoulement des eaux est assuré tant que cette saillie subsiste. Les voitures qui suivent les pavages sont des voitures lourdes, qui n'ont que rarement à stationner et qui peuvent tenir constamment leur droite ; les voitures légères, qui suivent alors le milieu, se détachent facilement du côté où elles ont besoin de se rendre.

On peut aussi paver une moitié de la chaussée à partir de l'axe, et empierrer l'autre moitié. C'est un système que l'on adopte souvent dans les rues où il y a une ligne de tramways, et qui est également acceptable en rase campagne.

§ 4

CHAUSSÉES DIVERSES

292. Blocages. — Les pavés de blocage proprement dits sont formés de pierres brutes que l'on place les unes à côté des autres, sans les assujettir à former des rangées régulières. On choisit de préférence des roches qui donnent facilement des moellons plats, comme les schistes. Ces moellons sont posés sur une forme de sable. Pour en assurer la stabilité, on met en dessous celle des faces transversales qui paraît la plus plane. La surface de la chaussée présente une série d'aspérités qui la rendent excessivement rugueuse, cahotante et très pénible aux pieds des hommes et des animaux. Ce système vraiment barbare a

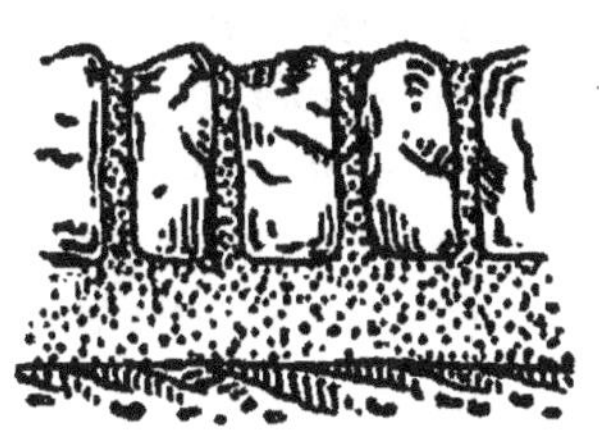

aujourd'hui à peu près complètement disparu, sauf dans les ruelles de quelques villes. Il est employé encore quelquefois pour les caniveaux de 0m,40 à 0m,50 de largeur qui bordent les trottoirs des chaussées en empierrement.

293. Cailloux roulés. — Dans beaucoup de contrées, où les grès sont rares, on utilise pour les pavages les cailloux roulés que l'on trouve en abondance dans le lit des fleuves ou sur les plages de la mer. On en fait un blocage, qui est très économique, et qui offre une résistance pour ainsi dire indéfinie à l'usure, les cailloux roulés étant en silex ou en matériaux analogues extrêmement durs. Les cailloux sont placés debout sur une forme de sable et bien serrés les uns contre les autres. Ces chaussées se comportent assez bien, mais la circulation y est très désagréable, car elle se fait sur les têtes des cailloux, qui sont des surfaces ovoïdes. Si les cailloux sont de gros échantillon, la surface de la chaussée n'est qu'une série de têtes de chats, et ressemble à un vieux pavage usé outre mesure ; la circulation des voitures ne peut s'y faire qu'avec des cahots intolérables. Si l'échantillon est petit, les cahots disparaissent et font place à une simple trépidation ; mais les pieds des chevaux, qui glissent continuellement sur ses surfaces dures et polies, ne trouvent pas des joints assez larges et assez profonds pour les retenir, et les têtes des cailloux sont tellement pointues que les piétons n'y peuvent circuler sans gêne et même sans douleur. On emploie donc un échantillon moyen, qui est, dans les moins mauvaises de ces chaussées, de 0m,07 à 0m,08 de diamètre.

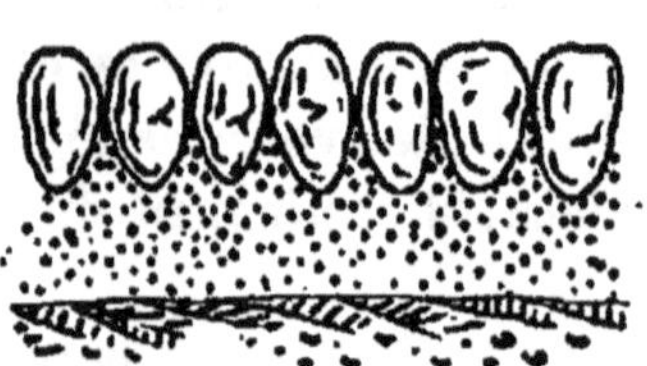

On a soin, d'ailleurs, pour atténuer les désagréments de ce genre de pavage, de placer le petit bout en dessous, et de mettre le gros bout à la surface, aux dépens de la stabilité des matériaux.

294. Cailloux étêtés. — On obtient aujourd'hui de très bonnes chaussées en faisant usage de cailloux étêtés. Ce sont des cailloux roulés de gros échantillon dont on a fait sauter la tête au marteau, de façon à lui substituer une surface plane. On enlève également deux éclats sur la hauteur pour obtenir deux faces planes parallèles. On a ainsi des sortes de pavés très durs qui s'appareillent facilement, les faces planes latérales se juxtaposant dans le sens de la marche des voitures, et les faces rondes se plaçant dans les creux les unes des autres.

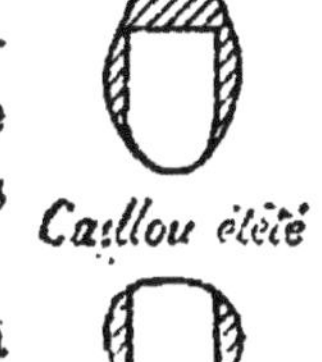

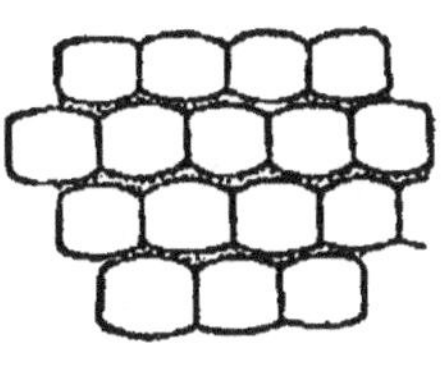

Ce système de chaussées est très répandu dans beaucoup de villes, surtout dans le midi de la France, où il a remplacé avec grand avantage les anciens blocages en cailloux roulés non étêtés.

295. Chaussées dallées. — Dans certains pays, notamment en Italie, on se sert de dalles au lieu de pavés. Les dalles ont de 0m,12 à 0m,16 d'épaisseur, et des dimensions transversales de 0m,40 à 0m,50. Quelquefois elles sont de forme irrégulière et s'assemblent à joints incertains. Le plus souvent, elles sont de forme régulière et se disposent par ranges de largeur constante. On a soin, dans ce cas, d'incliner les ranges à 45° sur l'axe, afin de ne pas avoir de joints longitudinaux, dont la longueur serait excessive.

Ces chaussées sont très roulantes ; mais le pied des chevaux n'y est pas assuré. Pour éviter qu'ils n'y glissent trop facilement, on creuse dans les dalles, à des intervalles de 0m,15 ou 0m,20, des stries, qui imitent les joints des pavés ordinaires, mais dont l'efficacité laisse à désirer.

Ce système de chaussée est agréable pour les voyageurs, mais il est très coûteux, car le choix, la préparation et la pose des dalles demandent des soins minutieux. Elles doivent être faites en matériaux très durs, parce que leurs larges dimensions les exposent à porter à faux, et aussi parce qu'on doit chercher à ce qu'elles n'aient besoin que de rares réparations, ces réparations étant difficiles et gênantes pour la circulation. L'homogénéité de nature et de dimensions est encore plus nécessaire pour les dalles que pour les pavés ; car le moindre enfoncement d'une d'entre elles donne lieu à une flache importante. La taille de leurs faces doit être presque aussi soignée que celle des pierres de taille dans les constructions. Enfin la pose doit être faite avec assez de perfection pour que chaque dalle porte également en tous ses points sur le sable, et pour que le sable soit uniformément tassé. Quand une dalle est usée ou avariée, son enlèvement et son remplacement par une dalle identique donnent lieu à des difficultés et à des sujétions qui rendent l'entretien de ce genre de chaussées très coûteux, en même temps qu'il entrave beaucoup la circulation.

296. Trams. — Dans d'autres villes, on emploie un système mixte, qui participe du pavage et du dallage, et qui a été essayé sans succès à Paris et à Londres, où il était connu sous le nom de *tram*. C'est une chaussée dans laquelle la piste des chevaux et celles des roues sont marquées à l'avance et appropriées chacune à leur destination. Le centre, où marchent les chevaux est formé d'un pavage ordinaire en pavés ou cailloux roulés, de $0^m,60$ à $0^m,75$ de large ; les côtés, destinés au roues, sont des bandes de $0^m,40$ à $0^m,60$ en dalles. On conserve ainsi les avantages des dallages, et on évite leur principal inconvénient qui est le glissement des chevaux. Ce système est d'ailleurs moins coûteux et d'un entretien plus facile que les dallages proprement dits.

Dans les rues étroites, on n'établit qu'une seule piste. Habituellement on en met deux, qui sont séparées par une partie en pavage ordinaire. Dans les voies très larges, on ajoute une troisième et même une quatrième piste.

Ces chaussées sont très favorables aux voitures à une seule file de chevaux, mais beaucoup moins à celles qui sont attelées de deux chevaux de front, car ces animaux ont alors chacun deux pieds sur les dalles. Excellentes dans les rues étroites à une seule voie et à très faible circulation, elles perdent en partie leurs avantages quand il y a plusieurs voies, par suite de la nécessité où se trouvent les voitures de faire place à d'autres ou de les dépasser. On a constaté que, à Turin et à Milan, où ce système est usité, quatre voitures sur dix, et les plus rapides, ne pouvaient pas suivre les voies. A Londres et à Paris, où la circulation est plus active, où les allures sont très diverses, depuis le pas jusqu'au grand trot, où une partie des voitures stationnent le long des trottoirs, très peu d'entre elles s'assujettissaient à suivre le tram, et le rôle des deux parties se trouvait continuellement interverti. Aussi les voitures évitaient les trams, lorsque des chaussées ordinaires se présentaient à côté. On y a donc complètement renoncé.

297. Chaussées en briques. — Dans d'autres contrées, où les pierres sont rares, comme en Hollande, on construit des chaussées pavées en briques. On pose les briques de champ sur une fondation de sable ou de béton, et on garnit les joints de mortier. Mais la brique est très peu résistante ; elle se brise et s'écrase sous les charges les plus modérées, et s'use avec une rapidité excessive. Les chaussées en briques deviennent promptement fâcheuses, et résistent fort mal même à la faible circulation de voitures légères qui a lieu dans un pays où, comme en Hollande, tous les gros transports se font par eau. Aussi, dans les principales villes, on construit maintenant en pierre le milieu des rues les plus fréquentées par les voitures.

298. Chaussées en asphalte. — Dans les rues des villes à grande circulation, le passage des voitures sur les pavages donne lieu à un bruit quelquefois assourdissant, et à des trépidations fâcheuses dans les maisons en bordure. L'empierrement pare à ces inconvénients, mais il produit beaucoup de poussière et de boue, qui sont un désagrément pour les piétons et même pour les voitures, et qui projettent aux égouts une masse considérable de détritus sableux.

On a cherché depuis longtemps à substituer aux types ordinaires, dans ces circonstances, des chaussées qui fussent à l'abri de ces divers inconvénients. On y est parvenu de deux manières : par les dallages en asphalte et par les pavages en bois.

L'*asphalte* est une roche calcaire, imprégnée d'une hydrocarbure, nommé bitume, que l'on trouve dans diverses contrées et principalement sur les confins de la Suisse et de la France, dans les départements de l'Ain et de la Savoie, à Seyssel, ou dans le val de Travers [1]. Le bitume est une substance combustible, de composition variable, formée de deux éléments distincts, l'un fixe et solide, l'autre liquide et volatil, que l'on peut séparer par distillation. Il est plus ou moins visqueux, à une température donnée, suivant la proportion de ces deux éléments. L'huile de pétrole et la houille sont des sortes de bitumes qui occupent les extrémités de l'échelle.

Le bitume se rencontre aussi en dehors de l'asphalte. Il est quelquefois en liberté, comme sur le lac Asphaltique (Judée) ; mais, le plus souvent, il imprègne des substances minérales, de la terre, par exemple, comme à l'île de la Trinité (Antilles), ou du sable, comme à Bastennes, dans les Landes [2].

Par le froid, le bitume est sec et cassant ; à la température ordinaire, il est solide ; il devient malléable par les très fortes chaleurs. Lorsqu'on le chauffe, il se ramollit, et devient liquide au-dessus de 100°. Si on le chauffe à l'air libre à plus de 140°, il s'altère : une partie se volatilise ou se résout en gaz, et il reste un résidu noir charbonneux. Enfin, si on l'enflamme, il brûle avec une fumée intense.

Lorsque le bitume imprègne des terres ou des sables, il est facile de l'en extraire ; il suffit de jeter le tout dans l'eau bouillante ; le bitume se ramollit et laisse glisser la terre, qui tombe au fond de l'eau, tandis que lui-même vient nager à la surface.

Dans l'asphalte, les molécules calcaires, qui se trouvent agglomérées par le bitume, restent sans liaison lorsque celui-ci devient liquide, c'est-à-dire à une température d'environ 100°. L'asphalte tombe alors en poudre, mais il n'entre pas en fusion.

Pour certaines applications, il est nécessaire d'avoir de l'asphalte fondu, que l'on puisse couler dans une forme. On y

1. La ville de Paris admet aussi l'asphalte de Volant (Haute-Savoie) et de Saint-Jean-de-Maruéjols (Gard).

2. En dehors du bitume de la Trinité, le devis des travaux de la ville de Paris cite les produits des mines de Lussat et Malintrat (Puy-de-Dôme), et de Macatu (Espagne).

parvient en incorporant à l'asphalte naturel un excès de bitume qui le rend fusible à une température de 130° à 140°. Ce résultat s'obtient lorsque la matière renferme 16 pour 100 de bitume. Or, les roches naturelles les plus riches n'en contiennent pas plus de 12 pour 100. On les enrichit en brassant de l'asphalte en poudre avec du bitume fondu. Le produit est coulé dans des moules de dix litres environ de capacité, où il se solidifie en refroidissant, et porte le nom de *mastic d'asphalte* ou *mastic bitumineux*.

Les premiers essais de chaussées en asphalte, à Paris, remontent à 1837; mais on a longtemps tâtonné avant de trouver la meilleure forme sous laquelle le bitume doit être employé.

On a d'abord préparé des pavés artificiels composés de cailloux agglutinés par du mastic d'asphalte. Les joints étaient remplis de mastic coulé au moment de la pose. On a aussi essayé de faire des empierrements en versant dans la forme un mélange de pierre cassée et de mastic en fusion. Ces deux systèmes, qui ont une grande analogie, ont également échoué. En hiver, le bitume trop sec était broyé entre les cailloux. En été, ils se ramollissait et devenait plastique : une partie des pierres s'y enfonçait, tandis que les autres remontaient à la surface où elles formaient des rugosités et étaient bientôt broyées. On n'avait, dans tous les cas, que des chaussées détestables.

Vers 1840, on obtint des chaussées beaucoup meilleures, en coulant une couche de mastic fondu sur une fondation de béton. C'est le système encore usité pour les trottoirs et pour les passages et cours de maisons. Ces chaussées se comportent bien, à la condition que le béton de fondation soit parfaitement sec; autrement, l'eau, en se vaporisant, soulève le bitume quand il est visqueux, et forme des cloches qui s'écrasent sous la moindre pression. Toutefois ce système ne résiste qu'à des circulations modérées. Essayé dans les rues de Paris, en 1848, il a échoué, par suite de la rapidité des dégradations, qui prenaient un développement extrême pendant l'hiver, les réparations ne pouvant se faire qu'en temps sec.

On a eu aussi l'idée d'employer la roche asphaltique à l'état naturel, comme une roche quelconque, sous forme d'empierrements concassés et jetés pêle-mêle avec ou sans matières d'agrégation. On obtenait ainsi de bonnes chaussées, qui se comportaient à peu près comme les chaussées ordinaires et s'usaient presque aussi vite. On y a renoncé, à cause de la dépense excessive qui en résultait.

Ce n'est que vers 1855 qu'on est parvenu à des résultats pratiques par le méthode commo sous le nom *d'asphalte comprimé*. Elle consiste à reconstituer la roche bitumineuse naturelle, préalablement désagrégée, après l'avoir étendue en couche mince sur un sol résistant. La fondation est formée d'une couche de béton de $0^m,15$ d'épaisseur, recouverte d'une enduit de mortier de portland, de $0^m,01$ d'épaisseur, parfaitement réglé au bombement voulu. On prend aussi quelquefois pour fondation une chaussée d'empierrement bien solide, dont la surface nettoyée à vif est régularisée par un enduit en mortier de portland. La roche naturelle, réduite en poudre par des procédés mécaniques et portée ensuite à une température de 120° environ, est transportée dans des voitures fermées jusqu'à pied d'œuvre. Elle est répandue encore chaude sur la fondation en quantité suffisante pour donner une couche de 4 à 5 centimètres; il faut pour cela que la poudre ait une épaisseur de 6 à 7 centimètres. On étale cette poudre avec une spatule, et on la régale suivant le profil voulu. Puis des ouvriers armés de pilons en fer chauffés compriment avec précaution la poudre, de façon à recoller les molécules désagrégées de la roche. On achève de régaler la surface par un lissage obtenu au moyen de sortes de gros fers à repasser légèrement courbés, que l'on a également fait chauffer; on pilonne de nouveau, cette fois très énergiquement, et on saupoudre de sable très fin, pour prévenir le glissement des pieds des chevaux. On y fait enfin passer un petit rouleau pesant de 4 à 500 kilogr. et ayant de $0^m,70$ à $0^m,80$ de largeur. La chaussée peut être livrée à la circulation au bout de quelques heures.

Les chaussées en asphalte comprimé sont excellentes, à la condition d'avoir été posées sur une fondation parfaitement sèche. Si le béton sur lequel on répand l'asphalte est humide, son eau se vaporise au contact de la roche chaude, et la vapeur ne peut s'échapper qu'en se frayant des issues à travers la croûte bitumineuse. Il se forme ainsi une série de fentes verticales, qui transforment cette croûte en une sorte de mosaïque dont les éléments s'écrasent, loin de se ressouder, sous le passage des voitures. Un sous-sol compressible produit le même résultat. Il faut aussi que l'épaisseur de la couche soit bien uniforme, et que la fondation ne présente aucune flache, et ne soit pas susceptible de devenir flacheuse.

Les soins apportés dans les travaux d'établissement, aussi bien que le choix des matières, sont une condition essentielle de succès.

Ces chaussées sont exemptes de boue et de poussière, car leur usure est très lente. On estime qu'elles ne perdent pas annuellement plus de $0^m,001$ d'épaisseur par millier de colliers quotidiens. Elles ne sont salies que par les déjections des chevaux. Elles procurent aux voitures un parcours doux, sans bruit, sans cahots, et débarrassent les maisons de toute trépidation. Pendant l'hiver, le tirage y est moindre que sur le pavé; en été, il ne dépasse guère celui des empierrements, sauf lorsque la chaussée reste exposée à un soleil ardent; car alors l'asphalte se ramollit au point de conserver la marque du frayé des roues. Enfin l'asphalte comprimé n'a pas de joints; il est donc complètement imperméable, et ne permet pas la formation de cette boue dont s'imprègne le sous-sol des chaussées pavées.

A côté de ces avantages, précieux dans les grandes villes, l'asphalte a l'inconvénient de ne pouvoir être construit et surtout réparé que par les jours secs, qui, dans certains climats, sont rares et de courte durée; s'il survient des avaries en hiver, elles prennent des proportions considérables. Les fortes gelées, les neiges persistantes, les pluies continues, paraissent être l'origine de dégradations d'autant plus désastreuses qu'elles ne sont pas bien expliquées. Il en résulte que l'entretien de ces chaussées est très difficile et très coûteux.

On a craint aussi, dans l'origine, qu'elles ne fussent dangereuses pour les chevaux, à cause de l'absence de joints pour retenir leurs pieds s'ils venaient à glisser. Mais on a constaté que l'asphalte n'est pas glissant par lui-même, car il ne se polit jamais. Il ne devient glissant que par la superposition, à la surface, d'une couche mince de substances étrangères plastiques ou glissantes, comme la boue ou le verglas. La boue provient des chaussées voisines d'où elle est apportée par les roues; elle est sans inconvénient, si elle est très molle, mais devient glissante, si elle est grasse. Dans ce cas, comme en temps de verglas, il suffit de jeter un peu de sable sur la chaussée pour faire cesser tout danger. Les déjections des chevaux causent aussi des chutes, qu'il est difficile de prévenir, mais qui ne paraissent pas toutefois assez nombreuses pour faire renoncer aux avantages que présententent les chaussées bitumineuses dans les villes.

L'importance des frais de construction et d'entretien est le principal obstacle à ce qu'elles s'y répandent davantage.

Quant aux routes en rase campagne, elles ne supporteraient pas de semblables frais. Les réparations y deviendraient même à peu près impossibles, par suite de l'outillage spécial qu'elles exigent.

299. Chaussées en bois. — Les pavages en bois sont très répandus en Amérique, où le bois est abondant et les pierres dures relativement rares. Les premiers essais qui en ont été faits en Europe remontent déjà loin. Dès 1843, M. Devilliers, signalant un système de pavage en bois employé à Londres, lui attribuait des avantages marqués sur d'autres systèmes antérieurement appliqués. Ces essais ont été renouvelés à diverses reprises, tant en Angleterre qu'en France, et ils ont dû être successivement abandonnés. En 1850, M. Darcy considérait le bois comme définitivement condamné. Cette matière présente néanmoins de tels avantages, pour la circulation dans les villes, que les constructeurs ne se sont pas découragés; après quelques tentatives infructueuses faites vers 1865, on est parvenu enfin à établir les pavages en bois dans des conditions telles qu'on n'hésite pas à les substituer partout aux empierrements, à Paris comme à Londres.

Les reproches que l'on a longtemps adressés à ce système de pavage peuvent se résumer comme il suit :

1° Le bois n'est pas très résistant, et il s'écrase facilement. On avait donc cru d'abord devoir n'employer que des bois très durs, le cœur de chêne, par exemple. Mais il arrivait que ces bois très durs n'étaient pas suffisamment homogènes, et que les chaussées devenaient promptement inégales.

2° Afin de répartir les pressions par la plus grande surface possible sur la couche de fondation, qui n'était que du sable ou du béton médiocre, on assurait la solidarité des pièces par des assemblages quelquefois compliqués, et on posait même souvent le pavage proprement dit sur des planchers en charpente. Par les temps humides, le bois se gonflait, et comme, par suite du bombement de la chaussée, il formait une sorte de voûte dont les bordures de trottoirs étaient les culées, il exerçait sur elles une poussée assez forte pour les déplacer. Quand les bordures résistaient, la chaussée se soulevait, se séparait de sa fondation, et risquait de se défoncer.

3° Le bois dur que l'on employait devenait très glissant quand il était mouillé, et comme les chaussées ne présentaient pas de joints ou n'en avaient que de peu profonds, les chutes de chevaux étaient fréquentes.

4° On faisait remarquer que les eaux qui séjournent sur les chaussées sont chargées de détritus organiques, dont le bois s'imprègne et qui en fermentant donnent lieu à des exhalaisons fétides et malsaines.

5° On craignait qu'en cas d'incendie le bois de la chaussée ne vînt à s'échauffer et à prendre feu lui-même, ainsi qu'on en a vu des exemples en Amérique, où non seulement la voie charretière, mais les trottoirs eux-mêmes sont en bois.

6° Enfin, la poussière provenant de l'usure de cette nature de chaussée est formée de petites écharpes qui, en voltigeant, peuvent fatiguer et blesser les yeux des passants, ainsi que cela a été constaté en Amérique.

Le système de pavage en usage aujourd'hui remédie à un certain nombre de ces inconvénients ; ceux qui subsistent sont sans importance sous nos climats, ou sont prévenus par les soins donnés aux chaussées.

Au lieu de bois dur, on emploie au contraire du bois assez tendre, que l'on met debout et qui présente une grande homogénéité dans ce sens. On se rappelle que l'homogénéité est la qualité primordiale de tout pavage, et surtout de ceux qui, comme le bois, ne peuvent être régularisés par l'entretien. Le sapin rouge de Suède possède cette qualité à un haut degré ; il a en outre l'avantage d'être l'un des bois les moins chers. La chaussée s'use alors uniformément et ne devient inégale qu'après la disparition du tiers ou de la moitié de l'épaisseur du pavage.

La fondation est un béton avec mortier de portland, qui offre une grande solidité. Il n'est plus besoin d'assurer la solidarité des pièces de bois, qui reposent isolément sur cette fondation et ont la forme et la disposition des pavés ordinaires.

Le bois reste, il est vrai, toujours glissant lorsqu'il est mouillé ; mais, avec une essence tendre et à fibres debout, le glissement est moins prononcé. Les joints ne s'y opposent qu'imparfaitement, car ils disparaissent presque complètement par l'usage et ne se creusent jamais. Mais il suffit de répandre à la surface de la chaussée un peu de menus graviers, quand les circonstances l'exigent ; les graviers s'incrustent dans le bois et lui donnent une rugosité suffisante.

Le danger d'incendie n'existe guère sous le climat de Paris ou de Londres, et avec les moyens de secours dont on y dispose.

Il n'y a pas non plus à s'y préoccuper de l'effet de la poussière, les chaussées étant balayées tous les jours et arrosées pendant les sécheresses.

Quant aux émanations insalubres, on les pallie en imprégnant la surface des pavés de substances créosotées dont l'odeur subsiste fort longtemps et ne paraît pas incommoder sensiblement le public ni les habitants des maisons riveraines. On s'oppose d'ailleurs plus efficacement à la pourriture du bois et à la fermentation en garnissant les joints, sur une certaine hauteur à partir de la base, par un bain de goudron et de créosote qui empêche l'humidité de pénétrer sous les pavés. Néanmoins, on a été, à Londres, obligé de refaire en pavés de granit une partie des stations de voitures de place.

Les pavages en bois demandent à être construits avec beaucoup de soin et de régularité.

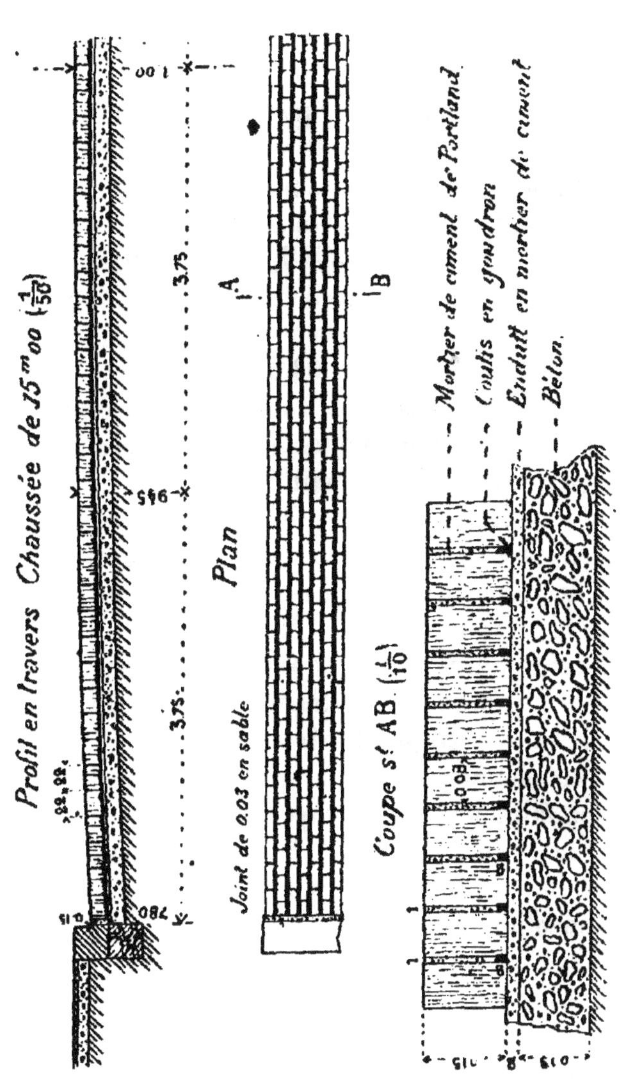
CHAUSSÉE EN BOIS
Profil en travers Chaussée de 15m00 (1/50)
Plan
Joint de 0.03 en sable
Coupe s.t AB (1/10)
Mortier de ciment de Portland
Coulis en goudron
Enduit en mortier de ciment
Béton

On les établit sur une fondation en béton de ciment, composé de 200 kil. de portland pour 1 mètre cube d'un mélange formé de 1/3 de sable et 2/3 de cailloux. Cette fondation a de $0^{m},15$ à $0^{m},20$ d'épaisseur; on la recouvre d'une couche de mortier fin, que l'on dresse très exactement suivant le profil de la chaussée. A cet effet, le profil est tracé de distance en distance par des piquets, sur lesquels on cloue des planches flexibles, servant de gabarit; des règles promenées sur deux gabarits consécutifs nivellent exactement la surface du mortier suivant le profil voulu.

Les pavés sont des parallélipipèdes rectangles égaux découpés dans des madriers bien sains de sapin rouge de Suède. Leurs dimensions sont environ : $0^{m},22$ de longueur, $0^{m},15$ de hauteur, et de $0^{m},07$ à $0^{m},08$ de largeur. On les pose directement sur la fondation en ranges séparées par des joints égaux, dont la largeur uniforme est assurée au moyen de tringles placées provisoirement entre ces ranges.

Quand tous les pavés sont présentés, on enlève les tringles, puis on verse à la surface, au moyen de poches, une certaine quantité de goudron mélangé de créosote ou de bitume fondu, qui descend au fond des joints, et les garnit sur une épaisseur de 3 à 4 centimètres. En se figeant, cette matière encastre les pavés dans une croûte imperméable et antiseptique.

On achève de remplir les joints au moyen de mortier de ciment à consistance de coulis, que l'on verse sur la chaussée et que l'on fait pénétrer au moyen de balais.

Quand le pavage est terminé, on répand sur la chaussée une couche de menus graviers aigus, qui s'incrustent dans le bois et consolident la surface.

Le pavage en bois est très apprécié du public, par suite de la suppression de la boue, de la poussière et du bruit. Il n'exige, pour ainsi dire, aucune réparation, et son nettoiement est plus facile et moins coûteux que celui des pavages et surtout des empierrements. Il n'envoie pas, comme ceux-ci, dans les égouts des masses de sable qu'il faut enlever à grands frais.

En dehors des réserves que font encore quelques ingénieurs au point de vue des odeurs et de la salubrité, et, sauf ce qu'une plus longue expérience indiquera sur la manière dont ils se comporteront en temps de fortes gelées et à la suite des dégels, le seul défaut des pavages en bois, c'est de s'user très vite et d'exiger à des intervalles d'un petit nombre d'années une réfection totale, non seulement coûteuse, mais gênante pour la circulation. On estime que, sur les voies à grande circulation, l'usure superficielle est de $0^m,01$ à $0^m,02$ par an dans les deux premières années, et que, dans les années suivantes, cette proportion s'accroît; la durée de la chaussée, qui doit être renouvelée quand elle a perdu environ 5 à 7 centimètres de son épaisseur, est donc limitée à quatre ou cinq ans sur ces voies. Pour les rues à activité moyenne, la durée serait de six à dix ans. Ces données sont le résultat de quelques observations recueillies à Londres ; le pavage en bois à Paris est trop récent pour qu'on y ait pu en faire de semblables.

CHAPITRE VIII

OUVRAGES ACCESSOIRES

SOMMAIRE :

§ 1er

AQUEDUCS ET PONCEAUX

300. Préliminaires. — Outre les terrassements et la chaussée, la construction d'une route comporte d'autres travaux, qui prennent le nom d'ouvrages d'art lorsqu'ils sont exécutés en maçonnerie ou en métal. Ces travaux peuvent avoir une grande importance. Tels sont les ponts et les viaducs au moyen desquels on fait franchir à la route les rivières et les vallées profondes. La construction des ponts et des viaducs fait l'objet de volumes spéciaux. Il n'en sera donc pas question ici.

Quand la route traverse un thalweg où l'eau ne coule qu'exceptionnellement ou avec peu d'importance, l'ouvrage nécessaire pour permettre à cette eau de passer d'un côté à l'autre du remblai s'appelle *ponceau*. Il devient un pont, quand son ouverture dépasse une certaine limite, fixée habituellement à 4 mètres.

Un ponceau prend le nom d'*aqueduc* lorsque ses dimensions transversales sont petites relativement à sa longueur.

301. Définitions. — Le remblai interrompu au passage du thalweg est soutenu, de part et d'autre, par un mur nommé *piédroit*.

L'intervalle entre les deux piédroits est l'*ouverture* de l'ouvrage. On le désigne quelquefois sous le nom de *débouché linéaire*. Le *débouché* proprement dit est la section mouillée, ou le produit de l'ouverture par la hauteur de l'eau qui passe entre les piédroits.

La continuité de la chaussée est assurée par une construction qui s'appuie sur les piédroits et couvre leur intervalle. C'est un *tablier*, quand elle est en bois ou en métal. C'est un *couvercèau*, quand elle est formée de pierres plates ou dalles simplement posées sur les piédroits. Elle se nomme *voûte*, quand elle est composée d'une série de pièces appuyées les unes contre les autres et se soutenant au-dessus du vide par leur pression mutuelle.

Les ponceaux ou aqueducs dallés prennent quelquefois le nom de *dalots*.

Il ne sera pas traité ici de la construction des tabliers en bois, qui ne sont plus employés que pour des passerelles provisoires. On ne s'occupera pas non plus des tabliers métalliques, rarement adoptés pour d'aussi petits ouvrages; on trouverait, au besoin, les renseignements nécessaires dans le *Traité des ponts métalliques*.

302. Ouverture. — Quel que soit le mode de construction d'un ponceau, on doit se rendre compte, avant tout, de l'ouverture qu'il convient de lui donner.

Lorsqu'il existe à proximité un autre ponceau sur le même cours d'eau, les renseignements qu'on se procure permettent presque toujours de se rendre compte s'il a un débouché convenable. On adopte ou l'on n'adopte pas le même débouché, suivant ces renseignements, et suivant les circonstances diverses qui peuvent conduire à le modifier, comme par exemple le plus ou moins de largeur de la vallée aux abords des ouvrages [1].

A défaut d'études spéciales, auxquelles on n'a pas intérêt à se livrer pour des ouvrages de si faible importance, on opère d'après des lois empiriques, qui suffisent dans la plupart des cas. On admet, par exemple, que, dans les grandes crues, le débit d'un cours d'eau varie, d'un point à un autre, comme la racine carrée de la surface versante, et que l'on peut faire les ouvertures dans le même rapport que les débits. Si donc on représente par x et par l les ouvertures de deux ponceaux placés en des points du thalweg où les surfaces versantes sont respectivement s_x et s_l, on pose : $\frac{x}{l} = \frac{\sqrt{s_x}}{\sqrt{s_l}}$. On se rend compte sur les cartes des quantités S_x et S_l et l'on calcule x connaissant l'ouverture l d'un ouvrage existant, modifiée au besoin si elle paraît insuffisante ou exagérée. On peut suivre aussi la règle suivante : on donne à l'ouvrage une ouverture qui varie de $0^m,40$ à $1^m,56$ par millier d'hectares de surface versante, suivant la perméabilité du sol et la déclivité de ses pentes.

303. Hauteur. — Les ponceaux doivent être disposés de façon que la hauteur libre sous la voûte ou les couverceaux soit supérieure à celle que les eaux peuvent atteindre. Dans les

1. On sait, par l'exemple des grands fleuves (Voir l'*Hydraulique fluviale*), que la hauteur d'une crue peut varier considérablement en des points assez voisins, suivant les largeurs, les pentes, etc. De tels faits montrent combien la question des débouchés est délicate ; mais il n'y a pas lieu, à propos de ponceaux, de la traiter à fond.

aqueducs dallés, il suffit que le dessous des dalles soit à $0^m,20$ ou $0^m,30$ au-dessus du niveau des plus hautes eaux. Dans les ponceaux voûtés, il convient de laisser davantage, soit $0^m,50$ ou $0^m,60$, entre le point culminant du dessous de la voûte et les hautes eaux, parce que les retombées de la voûte diminuent le débouché et donnent lieu à un certain remous.

D'autre part, le dessus des dalles ou de la voûte ne doit pas dépasser le fond de l'encaissement de la chaussée de la route et doit même rester en contrebas, car il y aurait inconvénient à faire porter directement les matériaux sur des corps durs, où ils seraient écrasés comme sur des enclumes. On laisse sous la chaussée un matelas de terre de $0^m,15$ à $0^m,20$.

Quand la hauteur du remblai n'est pas commandée par d'autres considérations, on fixe la montée de l'ouvrage d'art d'après la première de ces deux conditions, et le niveau de la chaussée d'après la seconde.

Si les exigences du tracé obligent à maintenir la chaussée plus élevée, la hauteur de l'ouvrage est indéterminée, et on a le choix entre plusieurs solutions, comprises entre deux limites extrêmes, savoir : 1° celle où l'on ne donne au ponceau que la montée strictement nécessaire pour le passage des eaux ; 2° celle où on élève sa partie culminante jusqu'à la chaussée.

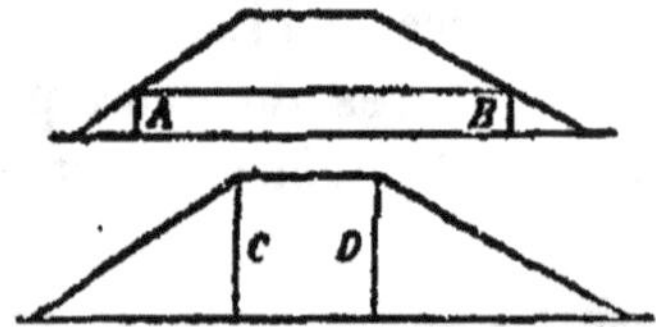

Dans le premier cas (AB), l'ouvrage est plus long, puisqu'il s'étend entre les pieds du remblai. Dans le second (CD), il est plus élevé. On choisit l'une ou l'autre des dispositions, ou bien on prend un parti intermédiaire, de manière à faire la moindre dépense. Le plus souvent, il y a avantage à ne pas élever l'ouvrage au niveau de la chaussée.

304. Construction des ponceaux voûtés. — Dans les ponceaux voûtés, le vide entre les piédroits est recouvert par une voûte en berceau cylindrique.

La surface inférieure, qui reste apparente, est la *douelle* ou l'*intrados* de la voûte ; la surface supérieure, qui est recouverte par le remblai, est *l'extrados*.

PONCEAU DE 1 MÈTRE D'OUVERTURE AVEC MURS EN AILES

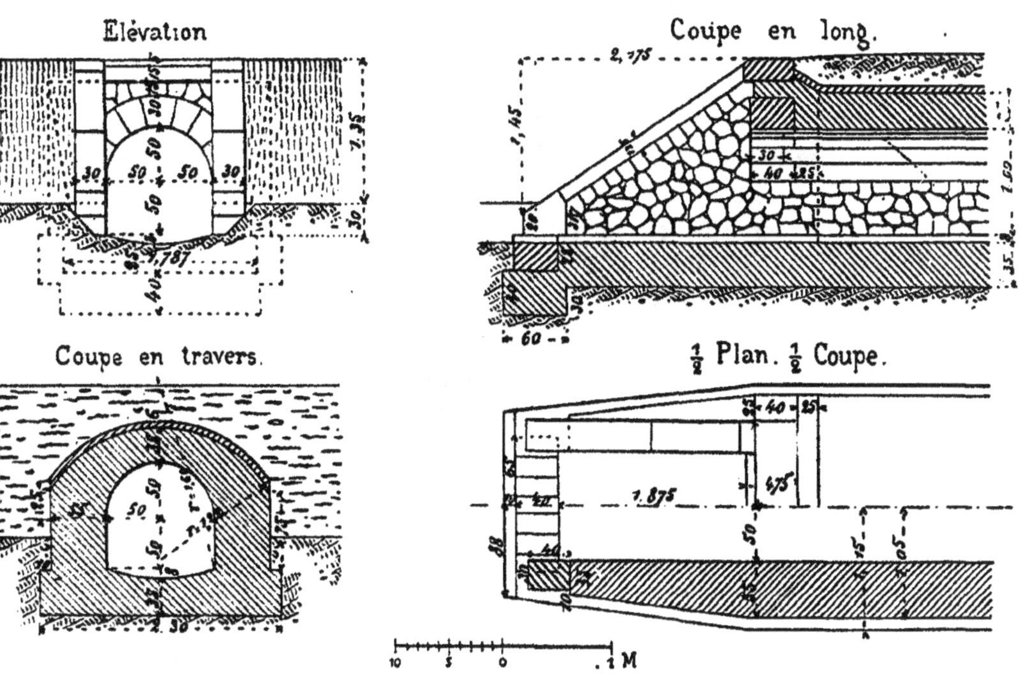

Les pierres qui constituent la voûte se nomment *voussoirs*. Le voussoir supérieur, placé dans l'axe de la voûte, est la *clef*. Les plans qui séparent les voussoirs sont les *joints*.

Les piédroits envisagés par rapport à la voûte se nomment *culées*.

Les joints suivant lesquels la voûte repose sur les culées sont les *naissances*.

On appelle *montée* de la voûte la hauteur verticale du berceau, depuis les naissances jusqu'au-dessous de la clef.

La voûte est *surbaissée*, lorsque la montée est moindre que la moitié de l'ouverture. Elle serait *surhaussée* dans le cas contraire; mais on ne construit plus de voûtes surhaussées pour les ponts.

305. Formes de l'intrados et de l'extrados. — La seule courbe usitée pour l'intrados et pour l'extrados des ponceaux est le cercle.

Si la montée est la moitié de l'ouverture, l'intrados forme un demi-cercle entier, et la voûte est dite en *plein-cintre*. Dans les voûtes surbaissées, on trace l'intrados suivant un arc de cercle passant par les naissances et le dessous de la clef.

Le poids des voussoirs détermine dans la voûte une *poussée* horizontale qui tend à renverser les culées, et qui est d'autant plus grande pour une même ouverture que la voûte est plus surbaissée. Aussi, sous peine de donner aux culées une dimension excessive, doit-on réduire le surbaissement des voûtes à une limite, qui, dans les ponceaux, ne descend pas au-dessous de $\frac{1}{5}$ ou $\frac{1}{6}$ de l'ouverture tout au plus. Cette condition limite le rayon de l'arc de cercle à une fois et demie au plus l'ouverture.

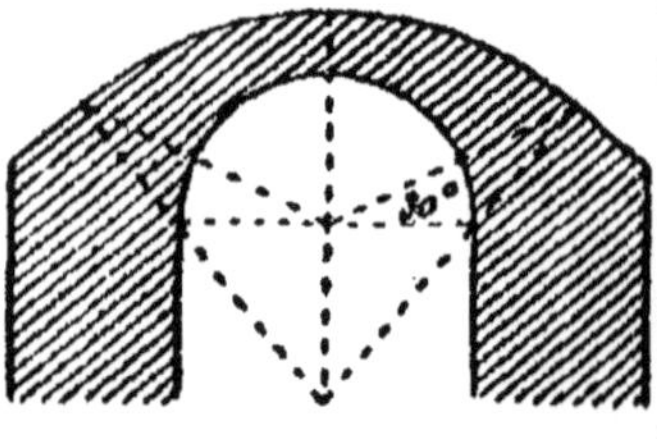

L'extrados est tracé suivant un arc de cercle de rayon tel que l'épaisseur de la voûte aille en augmentant à partir de la clef. Cette disposition a pour résultat d'offrir des surfaces de joints de plus en plus larges à mesure que les pressions mutuelles des voussoirs augmentent.

A partir du joint qui est incliné à 30° sur l'horizon, ou à partir des joints des naissances quand ils ont une inclinaison supérieure, l'extrados se continue ordinairement suivant une ligne droite tangente à l'arc du cercle.

306. Épaisseur des voûtes et des culées. — Les voûtes sont d'autant plus épaisses que l'ouverture est plus grande. Pour un ponceau d'une ouverture d, on peut déterminer l'épaisseur à la clef par la formule empirique suivante : $e = \frac{1^m + 0{,}1d}{3}$.

Le rayon de l'extrados est réglé de façon que cette épaisseur soit doublée sur le joint incliné à 30° sur l'horizon. On a alors, entre ce rayon R′, le rayon R de l'intrados et l'épaisseur à la clef, la relation : $R' = R + 3e + \frac{3e^2}{R}$.

Les culées doivent supporter le poids de la voûte et résister, sans se renverser, à leur poussée. Elles sont donc d'autant plus épaisses que l'ouverture est plus grande, que la voûte est plus surbaissée et que les piédroits sont plus élevés. La théorie de la résistance des matériaux apprend à calculer les dimensions des culées des ponts. Pour les ponceaux, on se guide sur les ouvrages existants, ou l'on s'en rapporte à une formule empirique, telle que la suivante qui donne toujours des dimensions convenables pour les voûtes en plein-cintre : $x = (0{,}8 + 0{,}1\,h)(0{,}5 + 0{,}2\,d)$, où h est la hauteur de la culée depuis la fondation jusqu'à la naissance. Pour les voûtes surbaissées, il faut augmenter de $\frac{1}{5}$ l'épaisseur ainsi calculée.

Quelquefois on donne aux culées une épaisseur variable, moindre aux naissances qu'aux fondations ; on rachète le plus souvent la différence par des redans en forme d'escalier.

307. Radier. — Quand le terrain solide se trouve à une petite profondeur, on y établit directement les piédroits, après l'avoir simplement dérasé, de manière qu'il présente une assiette horizontale. Mais si le fond est en terre qui ne résisterait pas bien aux pressions et aux affouillements, on l'enlève sur une épaisseur de 0m,20 à 0m,60 et on le remplace par une maçonnerie qui s'appelle *radier*. Le radier s'étend sous le vide de la voûte comme sous les piédroits, et on lui donne en largeur et en longueur des dimensions qui débordent l'ouvrage de 0m,05 à 0m,15 tout au pourtour. Souvent il affecte sous la voûte une forme concave, dont la flèche varie de 1/10 à 1/40 de l'ouverture.

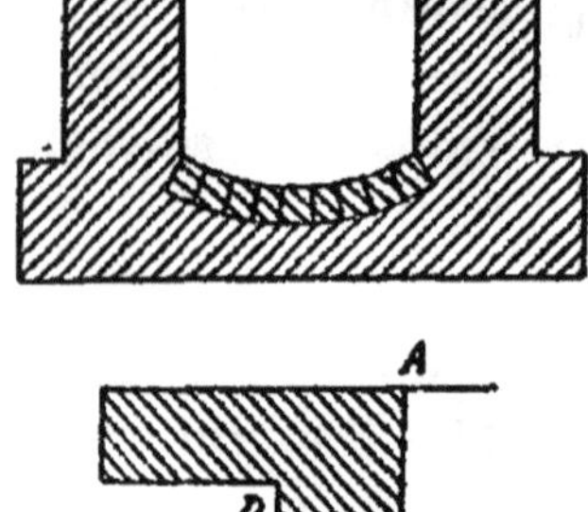

Quand le terrain sur lequel repose le radier est encore affouillable, et qu'on redoute qu'il ne puisse être bouleversé par les eaux qui s'infiltreraient par-dessous, on consolide les deux têtes du radier au moyen d'un *garde-radier*. C'est un mur transversal en maçonnerie ou en béton, semblable au radier, mais qui est implanté à une plus grande profondeur (ABCD).

308. Nature des matériaux. — Les voussoirs des voûtes ont des joints qui concourent au centre de la courbe d'intrados. Ils doivent donc être taillés. On les fait quelquefois en moellon smillé. Pour les très petites ouvertures, celles, par exemple, qui ne dépassent pas 1 mètre, on peut se dispenser de la taille et faire la voûte en maçonnerie ordinaire. On se contente de régulariser au têtu le parement des moellons qui doivent paraître en douelle.

Les piédroits se font en maçonnerie ordinaire, avec parements en moellons têtués, quelquefois smillés et rarement piqués. Il importe que les parements tant de la douelle que des piédroits soient rejointoyés avec beaucoup de soin lors de la construction, surtout dans les très petits ouvrages, car les réparations y sont difficiles.

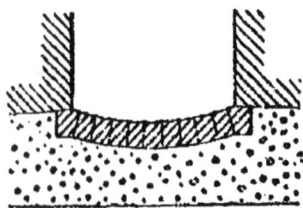

Le radier se fait en maçonnerie ordinaire ou en béton. Si l'on craint que le béton ne résiste pas suffisamment à l'action du courant, on garnit

PONCEAU DE 1 MÈTRE D'OUVERTURE AVEC MURS EN RETOUR

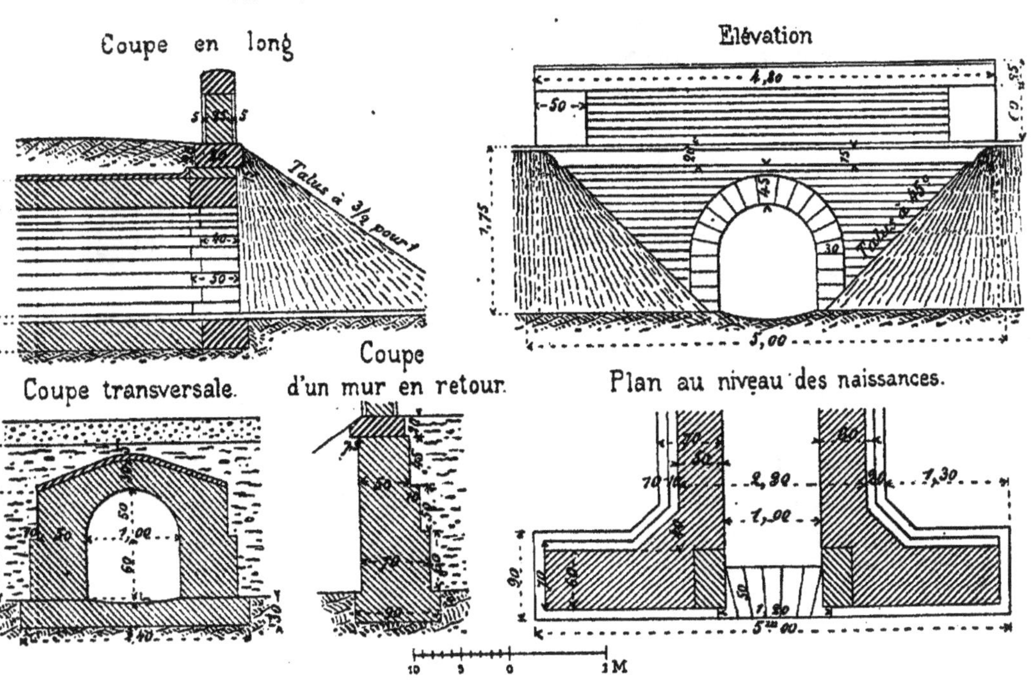

le radier, sous le vide de la voûte, en maçonnerie de moellons têtués, en pierres d'appareil ou en pavés posés avec mortier.

309. Chape. — L'extrados de la voûte est garni d'un enduit imperméable, nommé *chape*, destiné à empêcher l'eau de s'infiltrer dans les joints des voussoirs, et de descendre sur la douelle après avoir délavé la chaux du mortier.

Les chapes se font en mortier fin de chaux hydraulique ou de ciment. On leur donne une épaisseur variable de façon à garnir les irrégularités des maçonneries à l'extrados, et à présenter une surface lisse recouvrant les parties saillantes de 2 à 3 centimètres. Sur les voûtes de grande ouverture, où les inégalités sont trop prononcées, on commence par les régulariser par une couche de béton de 5 à 6 centimètres.

Le mortier des chapes doit être très serré et fortement appliqué. On le comprime vigoureusement, au moment de l'emploi, avec des spatules ou des pilons en bois; mais il ne faut pas en lisser la surface.

310. Têtes. — La construction qui vient d'être expliquée règne sous tout le remblai et finit par atteindre les talus. Il faut prendre des dispositions spéciales pour raccorder l'ouvrage avec ceux-ci et soutenir les remblais, de façon que les terres ne viennent pas obstruer l'entrée du ponceau. Ces raccordements forment ce qu'on appelle les *têtes*; c'est la partie la plus coûteuse de l'ouvrage.

Diverses dispositions sont employées pour les têtes.

311. Murs en retour. — Dans le système des murs en retour, on arrête la voûte au point où elle émerge du talus, et on la coupe verticalement ainsi que les piédroits. Puis on construit un mur de soutènement, perpendiculaire à l'axe de l'ouvrage, dont le parement extérieur est dans le plan de la tête de la voûte.

Ce mur intercepte le remblai, et permet d'en supprimer la partie inférieure sur toute son étendue. (Planches, pages 411 et 415.)

Le mur en retour est établi sur fondation semblable au radier, et qui fait corps avec lui. Il s'élève jusqu'au-dessus de la chape et s'étend sur les piédroits et sur la voûte.

Les terres que l'on jette pour achever le remblai, au point A où finit le mur, tombent à la fois suivant la pente AK du talus, et le long du mur AB, en prenant leur talus naturel. Elles forment ainsi un quart de cône droit circulaire dont le sommet se projette en A. On est donc conduit à donner au mur en retour une longueur AB, égale au rayon de la base de ce cône, c'est-à-dire à une fois et demie la hauteur du remblai, dont le talus est à $\frac{3}{2}$.

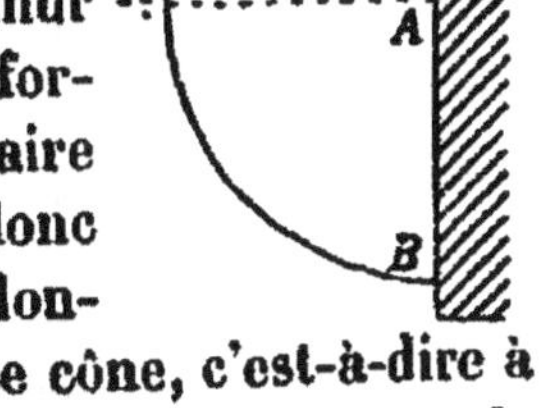

A cette longueur, il faut en ajouter une autre égale à la profondeur du lit du cours d'eau, si on suppose les berges réglées à 45°, et une banquette de 0m,30 à 0m,50, qu'on laisse entre la crête de la berge et le pied du quart de cône. Il faut enfin enraciner le mur dans les terres d'une certaine quantité AL, qui est le plus souvent de 0m,20 à 0m,30.

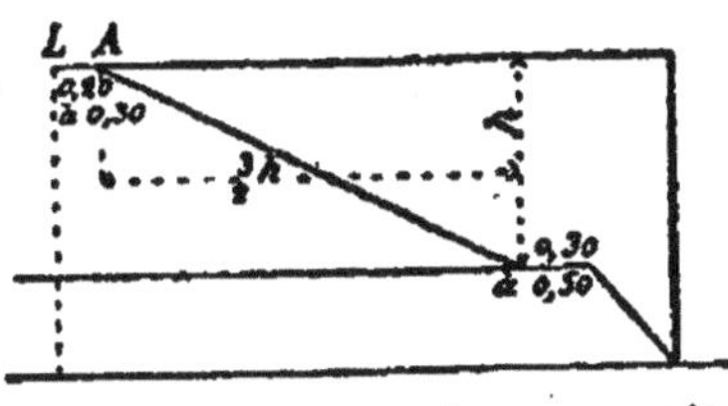

Ces dispositions fixent la longueur du mur.

312. Quarts de cône. — Cette longueur est très grande, et on cherche à la réduire. A cet effet, on ne laisse pas les terres prendre leur talus naturel, mais on donne au quart de cône une base elliptique, de façon que son talus, le long du mur, soit à 45° seulement. Pour soutenir les terres, on garnit la surface du quart de cône de plaques de gazon ou même de perrés.

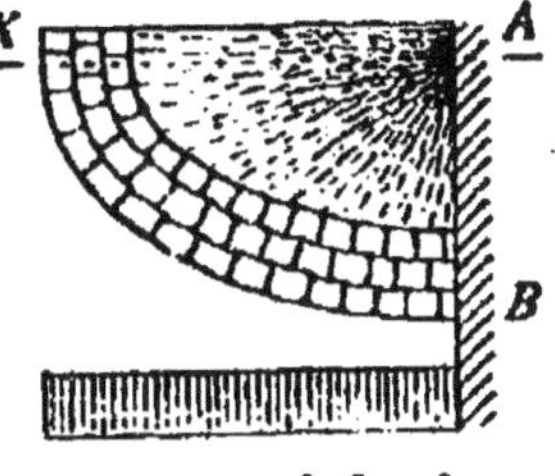

Sur les cours d'eau sujets aux inondations, on défend, en tout cas, le pied du quart de cône par des perrés, jusqu'à 0m,50 ou 0m,60 au-dessus des plus hautes eaux prévues.

313. Pilothes. — Les terres que maintiennent les murs en retour viendraient s'y appuyer en sifflet et seraient exposées à s'ébouler, si on ne prenait des dispositions spéciales pour les soutenir. A cet effet, le couronnement du mur est refouillé de façon que sa face supérieure se retourne perpendiculairement au parement du talus. Ce couronnement est ordinairement formé de pierres de taille ou de moellons piqués, et porte le nom de *plinthe*.

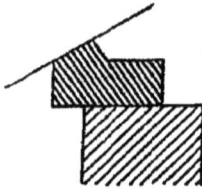

La plinthe fait saillie sur le parement du mur, qu'elle abrite ainsi contre les eaux de pluie. Elle est découpée en chanfrein, suivant la pente du talus.

La plinthe règne sur toute la longueur du mur, dont elle augmente beaucoup la dépense d'établissement.

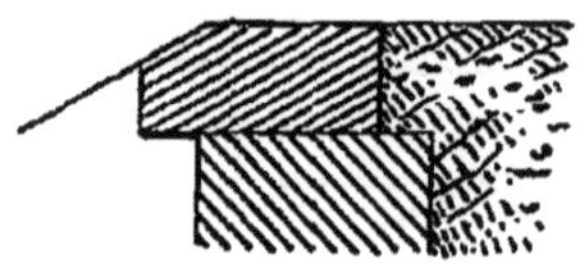

Quand le mur s'élève jusqu'au niveau de la plate-forme de la route, la plinthe existe encore, mais elle n'est pas refouillée. On dresse sa face supérieure suivant un plan qui affleure les accotements ou les trottoirs.

314. Murs en ailes. — Dans le système dit des *murs en ailes*, les murs de soutènement qui retiennent le remblai sont dirigés obliquement (ABCD), ou parallèlement (ABEF) à l'axe. Dans ce dernier cas on les nomme *murs en ailes droits* ou *murs en prolongement* des culées. (Planches, pages 407 et 420.)

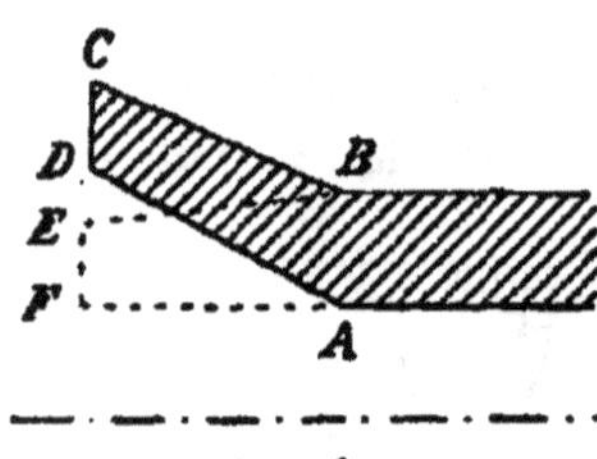

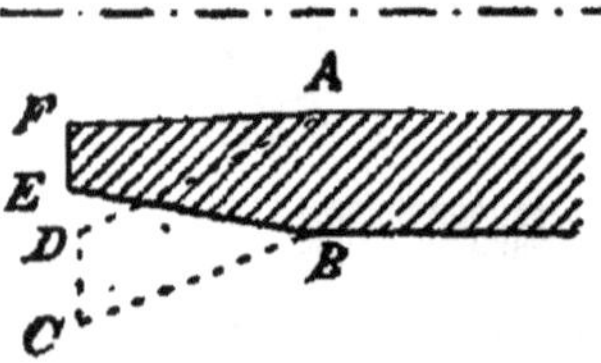

La face supérieure du mur est alors dérasée dans le plan des talus, en sorte que sa hauteur est variable, depuis son enracinement sur la culée, où elle doit dépasser le dessus de la chape, jusqu'au pied du talus, où elle est nulle.

Le volume des maçonneries, dans ce système, est donc notablement moindre que dans celui des murs en retour. En outre, la plinthe ne règne plus qu'au-dessus de la voûte et sur la largeur des murs (de B en B). Il résulte de là que les murs

PONCEAU DE 2 MÈTRES D'OUVERTURE

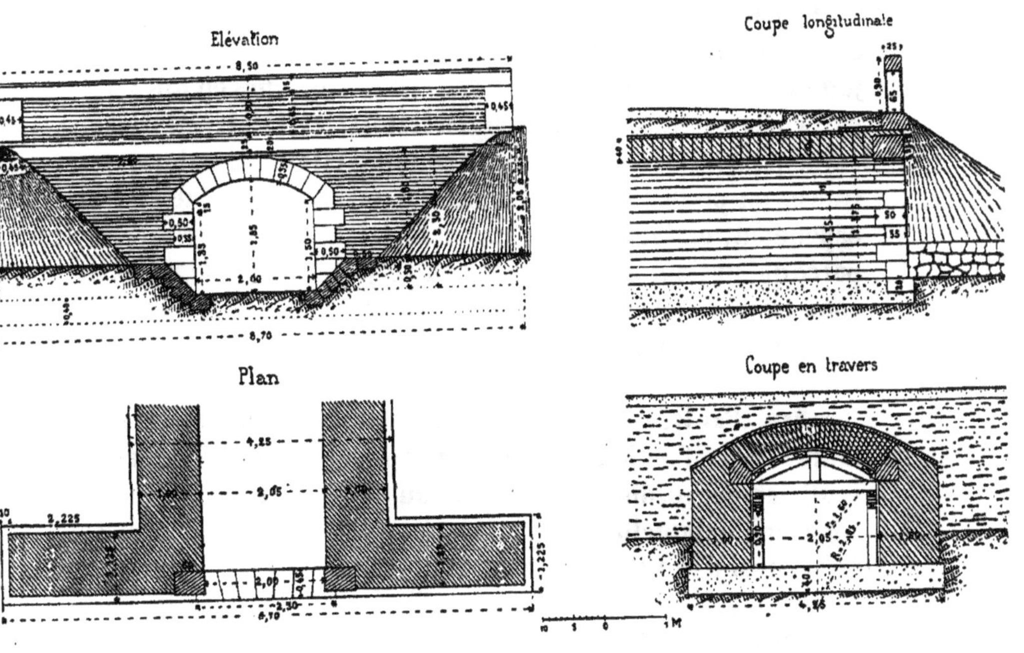

en ailes sont généralement plus économiques que les murs en retour, surtout lorsque ceux-ci doivent être garnis de parapets.

Cette économie se marque principalement pour les murs en ailes droits, dont la construction est en même temps plus simple. Aussi cette dernière disposition est-elle la plus fréquemment employée.

315. Dimensions des murs en ailes ou en retour. — Quelle que soit la disposition à laquelle on s'arrête, les dimensions de ces murs se calculent comme celles des murs de soutènement (§ 3).

On leur donne, en chaque point, une épaisseur moyenne comprise entre le quart et le tiers de la hauteur, sans toutefois jamais descendre au-dessous de $0^m,35$. Les murs en ailes ont, par conséquent, une épaisseur décroissante à partir de leur enracinement dans les culées. Les murs en retour ont, au contraire, un profil constant sur toute leur longueur. Quelquefois cependant, on leur donne aussi une épaisseur décroissante, parce qu'on tient compte de la contre-poussée que le quart de cône exerce sur le parement extérieur, et aussi parce qu'on les considère comme des solides encastrés.

316. Fruit. — On donne souvent un fruit intérieur à ces murs, et on l'obtient par redans, comme dans les murs de soutènement ordinaires. Quant au parement extérieur, on supprime habituellement tout fruit, et on le fait vertical. On évite ainsi d'inutiles embarras d'appareil dans la coupe des pierres et, dans certains cas, des dispositions de détail compliquées.

317. Appareil : Sommier. — On a déjà vu (n° 308), que l'appareil de la section courante d'un ponceau voûté se compose de voussoirs dont les joints concourent au centre de l'intrados.

Lorsque la voûte est surbaissée, elle s'appuie, aux naissances, sur une pierre d'appareil nommée *sommier*, qui a une face suivant le joint de naissance et une autre face horizontale. Les directions de ces faces faisant un angle aigu, qui doit toujours être évité dans l'appareil des pierres, on descend le joint horizontal en contre-bas des naissances, et l'angle aigu se trouve remplacé par un pan coupé.

318. Bandeau de tête. — Sur la tête, la voûte se termine par une partie en pierre de taille ou moellon piqué, qu'on appelle le *bandeau* de tête.

Dans les ponceaux, le bandeau de tête a une largeur uniforme, qui est généralement égale à l'épaisseur à la clef de la voûte courante.

Mais les voussoirs ont des longueurs, dans le sens de l'axe, alternativement plus grandes et plus petites, de façon à présenter la disposition dite *en harpe*.

Cette disposition a pour but d'assurer la liaison du bandeau avec le corps de la voûte. Elle n'est pas particulière aux têtes de voûtes, et se reproduit constamment, chaque fois que des maçonneries de nature différente doivent se réunir en un seul corps.

319. Chaînes d'angle. — Le parement des piédroits et celui des murs en retour forment un angle saillant exposé aux dégradations; on le fait en pierres de taille appareillées en harpes. Ces pierres constituent les *chaînes d'angle*.

Dans le système des murs en ailes, le plan de la tête fait avec le parement du mur, dans la partie supérieure aux naissances, un angle rentrant, que l'on consolide quelquefois en y plaçant une chaîne d'angle formée de pierres évidées, qui s'engagent à la fois dans les deux parties de la construction. On assure ainsi la solidarité des deux murs. Mais ces chaînes en pierres de taille évidées sont coûteuses; le plus souvent, on s'en dispense, et on se contente d'enchevêtrer le mieux possible les moellons de la maçonnerie dans les angles.

320. Rampants. — La face supérieure des murs en ailes, dérasée suivant le plan des talus, doit être protégée contre les intempéries et les chocs. On la garnit d'un couronnement en pierre de taille nommé *rampant*.

Le rampant est souvent formé de simples *dalles* posées sur

le mur. Pour prévenir tout glissement, on place au pied du rampant un bloc D, nommé *dé*, qui repose sur la fondation et y est même quelquefois encastré.

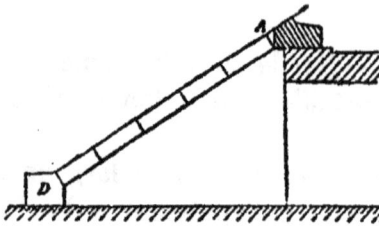

Le rampant se raccorde avec la plinthe, au moyen d'une saillie triangulaire A, qui fait corps avec la plinthe prolongée sur l'étendue du rampant.

Le rampant peut aussi être formé d'une série de pierres disposées en escalier et reposant chacune isolément sur une base horizontale. Ces pierres ont une section pentagonale, dont deux des côtés sont normaux au talus. Le dé n'est plus alors nécessaire. Ce système est plus coûteux que le précédent.

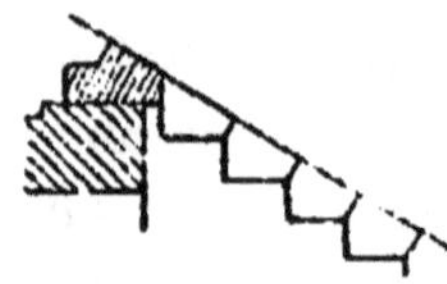

La largeur du rampant ne varie pas comme celle du mur en ailes. On la fait uniforme, et on recouvre de terre la partie de ce mur qui déborde le rampant.

321. Appareil du Radier. — Lorsque le radier est appareillé, on lui donne la forme d'une voûte renversée (n° 307). Cette disposition a pour objet, d'abord, de diriger le courant vers l'axe, lorsqu'il y a peu d'eau ; ensuite, de prévenir les affouillements, c'est-à-dire le bouleversement du radier, quand le courant est assez violent pour dégrader les joints et pénétrer sous le radier. En outre, si le sous-sol vient à tasser un peu sous la charge de l'ouvrage, ce tassement a lieu surtout sous les culées, et le radier se trouve encore soumis à une poussée de bas en haut, dans la partie qui se trouve sous le vide du ponceau. La forme de voûte renversée lui permet de résister à ces efforts.

Par des raisons analogues, la tête du radier, c'est-à-dire le bandeau de pierre qui le limite à chacune de ses extrémités, est appareillée en voûte plate-bande résistant du dedans en dehors.

On n'a recours à ces appareils que si on redoute des courants violents et des affouillements. Quand le courant doit rester tranquille, on se contente d'un radier en béton ou en maçonnerie ordinaire, ou même on supprime le radier.

322. Saillie de la pierre de taille. — Lorsque l'on présente en parement de la pierre de taille à côté de la maçonnerie ordinaire ou du moellon smillé, on a soin de lui donner une petite saillie sur les parements moins soignés, dont elle masque ainsi les petites irrégularités.

Pour des ouvrages de peu d'importance comme les ponceaux, cette saillie est seulement de 0m,02 à 0m,03. On la supprime souvent dans les aqueducs dont l'ouverture ne dépasse pas 1 mètre.

323. Garde-corps. — Lorsque la plinthe est au niveau des accotements, le mur de tête du ponceau forme un précipice à pic, qui peut être la source d'accidents. Ce danger n'est pas très sérieux pour les ponceaux de petit débouché, lorsqu'on a fait les murs en ailes, car la longueur du précipice se réduit à l'ouverture même de l'ouvrage. Mais quand l'ouverture est large, ou que les murs sont en retour, il faut mettre des défenses sur les plinthes.

Ce sont quelquefois de simples banquettes de sûreté en terre, comme celles que l'on place sur la crête du talus des remblais élevés.

D'autres fois, on pose, de distance en distance, des bornes dont la souche fait partie de la plinthe. Pour plus de sécurité, on peut réunir la tête de ces bornes par une barre de fer, passée dans des anneaux en fer ou des sphères creuses en fonte, scellés dans les bornes.

Le plus souvent, on construit un parapet en maçonnerie. Le parapet se compose d'une murette de 0m,30 à 0m,40 de largeur, couronnée par une pierre de taille nommée *bahut*.

Le bahut a de 0m,25 à 0m,35 d'épaisseur, et il est taillé en courbe à sa partie supérieure, afin de faciliter l'écoulement des eaux de pluie. Lorsque la murette n'est pas elle-même en pierre de taille, on la met en retraite sur les bahuts, qui ont ainsi quelques centimètres de largeur en sus.

La murette se fait ordinairement en moellon smillé, quel-

PONCEAU DE 4 MÈTRES D'OUVERTURE

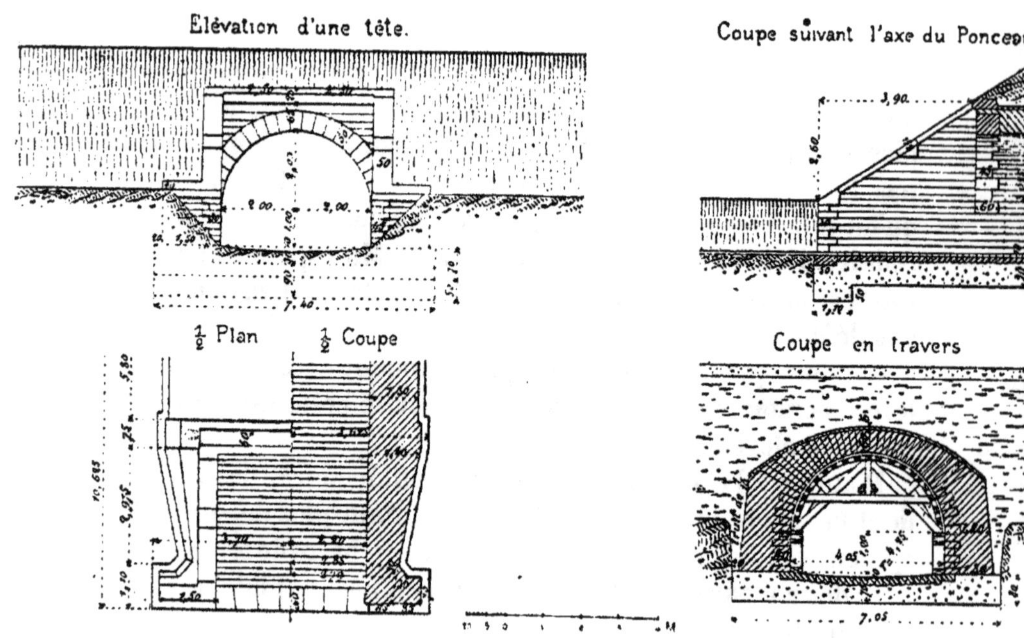

quefois en maçonnerie ordinaire simplement têtuée. On peut aussi la construire en briques ; elle n'a alors qu'une épaisseur égale à la longueur des briques, qui est généralement de 0^{m},22.

Les parapets sont terminés, à leurs extrémités, par des dés en pierre de taille, qui en occupent toute la hauteur, sur une longueur de 0^{m},40 à 0^{m},60.

La hauteur totale des parapets, depuis la plinthe jusqu'au sommet du bahut, est de 0^{m},80 à 1 mètre.

Ces parapets sont très coûteux, parce qu'ils emploient beaucoup de pierre de taille. D'un autre côté, ils rétrécissent la largeur de la route d'environ 1 mètre.

On évite ces inconvénients avec les garde-corps métalliques. Sur les grands ouvrages, on fait des parapets en fonte moulée, à laquelle on peut donner la forme que l'on veut. Pour les simples ponceaux, on se contente de sceller dans les plinthes des barres de fer carré de 0^{m},02 à 0^{m},03 de côté, que l'on coiffe d'une autre barre semblable, appelée *lisse*, et que l'on consolide au moyen de barres en croix de Saint-André.

Les fers apparents sont toujours recouverts d'une peinture à l'huile à trois couches, dont la première est une couche d'impression au minium.

324. Cintres. — Une voûte se construit par la pose successive des voussoirs, à partir des naissances jusqu'à la clef. Les premiers voussoirs se maintiennent tout seuls, tant que l'inclinaison du joint ne dépasse pas le coefficient de frottement des pierres contre le mortier mis sur le joint, c'est-à-dire, à peu près jusqu'à 30°. Mais les autres ne peuvent rester en équilibre que lorsque la clef est en place. Il faut donc, pendant la construction, soutenir la voûte par un échafaudage, qui prend le nom de *cintre*.

Le cintre doit présenter une surface extérieure unie, pareille à l'intrados de la voûte, c'est-à-dire dressée suivant un cylindre circulaire droit. On obtient cette surface au moyen de voliges minces flexibles, dont l'ensemble forme le *platelage*. Ces voliges sont clouées sur des madriers longitudinaux M, qui portent le nom de *couchis*.

Les couchis reposent sur des formes tranversales en charpente espacées de $1^m,20$ à $1^m,80$ les unes des autres, et y sont fixés par de fortes pointes.

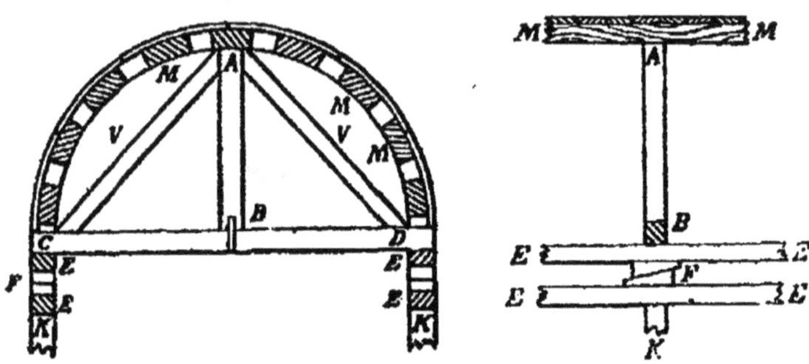

La composition des fermes est la suivante :

Des *vaux* V, extradossés suivant la forme circulaire voulue, portent directement les couchis. Ils sont posés sur deux *arbalétriers* AC,AD, inclinés à 45° environ sur l'horizon. Les arbalétriers sont appuyés, à leur pied, sur une pièce horizontale CD nommée *entrait* ou *tirant*, et à leur partie supérieure contre un poteau vertical AB, appelé *poinçon*; ils s'y assemblent à tenon et à mortaise avec ou sans embrèvement. Le poinçon repose sur l'entrait; mais il ne le charge pas et le soulage au contraire pendant la construction, car il est maintenu en équilibre par la poussée des arbalétriers; on réunit ces deux pièces par une frette de fer B.

Les bois des fermes ont de $0^m,15$ à $0^m,20$ d'équarissage. Les couchis sont des madriers de $0^m,05$ à $0^m,10$ d'épaisseur. Le platelage est en voliges de peuplier de $0^m,015$ à $0^m,02$.

Les fermes du cintre reposent sur des paires de semelles longitudinales EE, séparées par des *coins* F posés au-dessous de chaque ferme. Les semelles sont supportées par des *poteaux* verticaux K qui s'appuient sur le radier.

Les coins placés entre les semelles ont pour objet d'assurer un décintrement sans secousses. Quand la voûte est clavée, il faut enlever le cintre avec de grandes précautions. Si on le jetait brusquement à bas, en faisant par exemple tomber les poteaux, les pressions mutuelles des voussoirs se modifieraient brusquement; les voussoirs seraient soumis à des chocs qui pourraient les briser et provoquer l'écroulement de la voûte. Il est donc nécessaire d'enlever doucement le cintre en le laissant descendre très lentement. On y parvient en faisant glisser peu à peu l'un sur l'autre, par de petits coups de marteau, les coins qui supportent les fermes successives.

On simplifie souvent les cintres, surtout pour les petites ouvertures. Néanmoins, il est préférable de faire des cintres complets, pour obtenir des voûtes plus régulières. Le bois n'étant payé qu'en location, la dépense supplémentaire qui en résulte est le plus souvent insignifiante.

325. Aqueducs dallés ou dalots. — On trouve dans certaines carrières, comme à Lourdes, dans les Hautes-Pyrénées, des bancs schisteux qui fournissent à bas prix des dalles de grande longueur, pouvant atteindre 3 ou 4 mètres, avec l'épaisseur correspondante.

Ces dalles permettent d'établir des ponceaux dallés de grande ouverture. Mais l'emploi de ces grandes dalles est limité à une région peu étendue, à cause des difficultés auxquelles donne lieu leur transport.

Les dalles que l'on rencontre couramment n'ont que de $0^m,70$ à $1^m,20$ de longueur. Elles ne peuvent couvrir que des intervalles de moins de 1 mètre. Aussi les ouvrages dallés sont-ils le plus souvent appelés aqueducs, leurs dimensions transversales étant faibles par rapport à leur longueur.

Les dalles doivent être débitées sur une épaisseur de $0^m,15$ à $0^m,20$. Elles sont posées sur les deux piédroits, et portent sur chacun d'eux d'une longueur à peu près égale à leur épaisseur.

L'épaisseur des piédroits varie de $0^m,35$ à $0^m,60$, suivant l'ouverture. Néanmoins, on ne descend pas au-dessous de $0^m,50$ lorsque les matériaux ne sont pas très résistants.

Les dalles sont des libages bruts ou simplement dégrossis ; il est absolument inutile de tailler des pierres qui sont constamment cachées.

AQUEDUC DALLÉ DE $0^m.60$ D'OUVERTURE

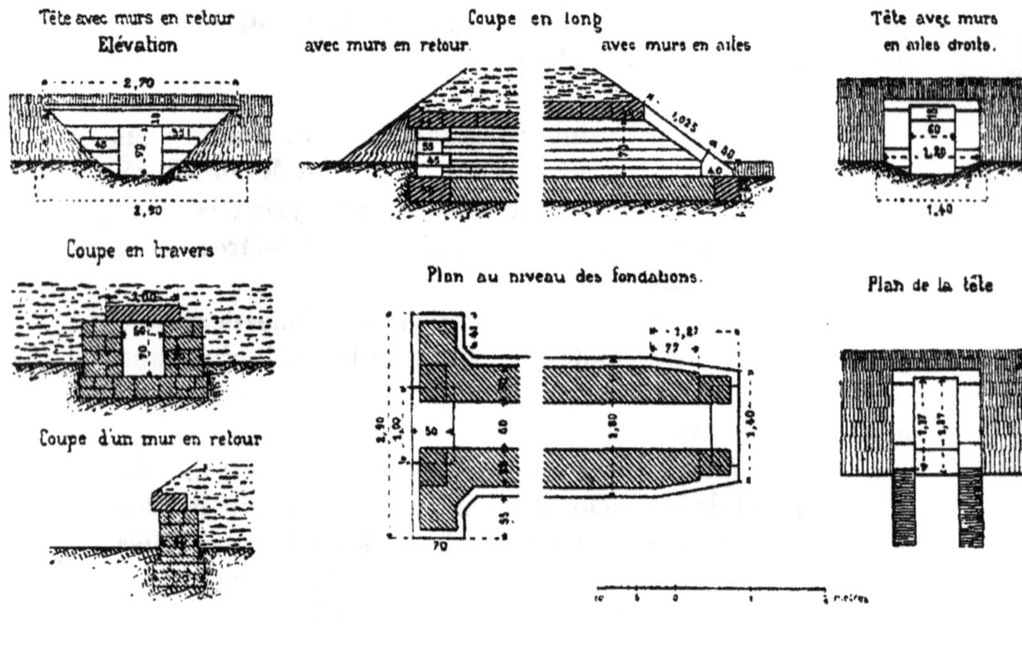

Les têtes des dalots se font comme celles des ponceaux voûtés. La plinthe ne repose plus sur un mur continu ; elle couvre directement le vide, et n'est elle-même qu'une dalle spéciale ; elle doit avoir une longueur égale à l'ouverture de l'ouvrage, augmentée de la largeur des deux rampants, quand les murs sont en ailes.

Les couverceaux des dalots ne sont pas garnis de chapes ; ils ne présentent d'autres joints que leurs surfaces d'appui sur les piédroits, qui sont horizontales et peu exposées à un délavage des mortiers, d'ailleurs sans inconvénient. Si les dalles sont brutes, et que les joints qu'elles laissent entre elles soient trop larges, on recouvre ces joints de pierres plates qui empêchent la terre du remblai de passer au travers.

Il est rare que l'on garnisse de garde-corps les plinthes des aqueducs dallés, qui n'offrent qu'un précipice de peu de hauteur et de peu de longueur.

326. Dalots accolés. — Quand on est gêné par la hauteur pour établir une voûte, on peut construire des dalots qui fournissent le débouché nécessaire. On divise l'ouverture en deux ou plusieurs parties égales qui ne dépassent pas la largeur convenable en raison des dalles dont on dispose, et on construit, parallèlement aux piédroits, un ou plusieurs murs intermédiaires, formant piles, sur lesquels on fait reposer les extrémités d'autant de cours de dalles qu'il y a de divisions.

327. Avant-Métré. — Quand le projet d'un ponceau est arrêté, il faut en faire l'avant-métré, pour se rendre compte des quantités de maçonneries et de mains-d'œuvre de chaque nature que sa construction exigera.

Il est difficile de donner des règles générales sur la manière de faire les avant-métrés. Il s'agit de volumes et de surfaces à déterminer géométriquement. Chacun suit un peu ses inspirations personnelles dans ce travail.

Une première recommandation, c'est de coter le dessin avec beaucoup de soin et d'exactitude. Il faut y inscrire toutes les longueurs nécessaires aux calculs, soit d'avance, soit au fur et à mesure qu'on en a besoin. Cela est indispensable pour qu'il n'y ait pas d'hésitation sur les données du calcul, et pour que la vérification puisse s'en faire facilement.

On procède ensuite par grandes masses géométriques bien déterminées, comprenant chacune l'ensemble ou une portion définie de l'ouvrage. Puis on rattache les détails à chaque masse, par addition ou par soustraction.

On peut, par exemple, considérer isolément les fondations, les têtes avec leurs murs en ailes ou en retour, les piédroits, le corps de la voûte. On peut, au contraire, calculer le volume d'un parallélipipède rectangle circonscrit à l'ouvrage et ayant même hauteur totale, même longueur et même largeur; puis en retrancher les vides existants entre les faces de ce parallélépipède et les parements de l'ouvrage.

Veut-on, par exemple, déterminer la section transversale et le volume d'une voûte conforme au croquis ci-contre. On calcule la surface du rectangle ACCA, et celle du trapèze CCDD; on ajoute la surface du segment DED. Puis on retranche du total la superficie du demi-cercle BFB. Le volume de la voûte sera le produit du résultat par sa longueur.

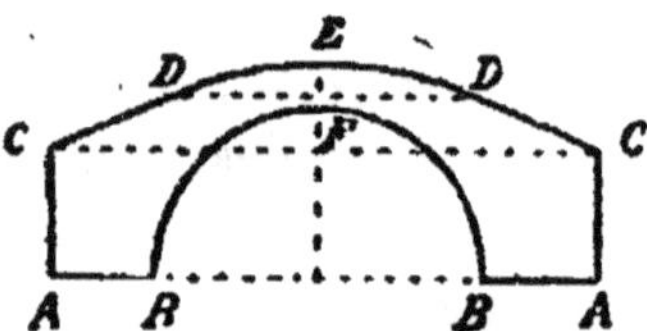

Les calculs de l'avant-métré se font sur un tableau qui présente les dispositions ci-dessous, ou des dispositions analogues :

DÉSIGNATION des OUVRAGES	NOMBRE DE PARTIES semblables	DIMENSIONS réduites			SURFACES ou cubes			POIDS	OBSERVATIONS et CROQUIS
		LONGUEUR	LARGEUR	HAUTEUR ou épaisseur	AUXILIAIRES	PARTIELS	DÉFINITIFS		
1	2	3	4	5	6	7	8	9	10

Dans la colone 1, après avoir écrit en gros caractères le titre de l'ouvrage, on inscrit successivement les diverses parties que l'on considère ; il est essentiel que cette désignation soit faite avec clarté, afin qu'il soit facile de voir la marche suivie dans les calculs.

Lorsqu'une désignation s'applique à plusieurs parties semblables, dont on ne donne les éléments que pour une seule, on en met le nombre dans la colonne 2 ; ce nombre concourt alors au produit à effectuer.

Les colonnes 3, 4 et 5 donnent les dimensions des diverses parties que l'on calcule successivement. On dit qu'une dimension est *réduite*, lorsqu'elle ne se trouve pas directement sur le dessin, et qu'elle résulte d'un calcul, comme la largeur moyenne d'un trapèze, la demi-base d'un triangle, la surface d'un cercle ou segment de cercle, le développement d'un arc. Il est utile d'indiquer dans la colonne d'observations les éléments du calcul qui a conduit à cette dimension réduite, lorsqu'elle ne ressort pas immédiatement de l'inspection de la figure. Les surfaces ou cubes qui résultent du produit des quatre colonnes précédentes s'inscrivent à la suite.

Il est plus utile d'avoir une colonne d'observations que des colonnes distinctes pour les cubes et pour les surfaces, car il ne saurait y avoir de confusion à cet égard. La colonne des surfaces ou cubes se subdivise en trois (6, 7 et 8), parce que le résultat cherché provient souvent de l'addition ou de la soustraction de résultats partiels calculés précédemment, ou de la multiplication d'un de ces résultats partiels par un élément nouveau. Ainsi, dans l'exemple ci-dessus, il a fallu calculer plusieurs surfaces, les ajouter, en retrancher une autre, puis multiplier le reste par une longueur. Il y aurait confusion, si on inscrivait les surfaces ou cubes auxiliaires ou partiels dans une même colonne avec ceux qui sont définitifs.

Quand les quantités sont très petites et de forme compliquée, on se dispense quelquefois de donner le détail de leur calcul ; on inscrit seulement le résultat en mettant en observation cette mention : surface ou volume calculé.

La 9e colonne est réservée aux matières qui, comme les métaux, se paient au poids et non au volume ou à la surface. On en calcule le volume, et on le multiplie par la densité du métal, que l'on inscrit dans la colonne d'observations.

L'avant-métré se divise en plusieurs articles, qui font connaître séparément la quantité de chaque nature de travail différente.

On commence par évaluer le volume des fouilles qu'il faudra faire dans le sol pour établir l'ouvrage. Ce volume résulte des profils qu'on a levés, et où l'on fait un déblai de largeur suffisante pour l'assiette de l'ouvrage, avec le talus que comporte le terrain.

On fait ensuite le calcul du volume général des maçonneries, sans se préoccuper de la nature des matériaux à employer.

Puis on fait la répartition de ce volume, en calculant séparément le cube de la pierre de taille, celui du moellon piqué ou smillé, celui du béton. En retranchant leur somme du volume général, on obtient la maçonnerie ordinaire.

Enfin, on évalue les parements vus de chaque nature, qui se paient à part et à des prix différents, à cause de la taille particulière, du ragrément et du rejointoiement qu'ils exigent. On a ainsi les surfaces vues de pierre de taille, de moellon piqué, de moellon smillé, de maçonnerie brute ou têtuée. On calcule aussi la surface de la chape, qui se paie ordinairement au mètre carré.

On détermine enfin le volume du bois affecté au cintre, ainsi que le poids des fers qui entrent dans ce cintre pour les clous, les frettes et pour les boulons, quand les chevilles en bois ne paraissent pas suffisantes.

Si le garde-corps est en fer, on en fait le volume et on en calcule le poids d'après la densité du fer. On calcule aussi la surface apparente des fers, pour connaître la dépense en peinture, si on juge utile de payer cette peinture à part. Enfin, on compte les trous de scellement, qui se paient généralement à la pièce.

Un avant-métré est difficile à réussir, même pour les ouvrages les plus simples. Il faut beaucoup d'attention et beaucoup de méthode pour ne pas se tromper et pour ne rien omettre.

§ 2

PLANTATIONS

328. Utilité des plantations. — La plupart des routes sont aujourd'hui garnies de rangées d'arbres; mais on n'a pas toujours été d'accord sur l'utilité des plantations, qui ont en effet des avantages, mais aussi des inconvénients, au moins sur certaines parties de routes.

Les arbres sont un ornement, et, à ce point de vue, ils constituent pour les voyageurs une distraction qui abrège la durée apparente du trajet. Ils jalonnent la route, et la font apercevoir de loin par les personnes qui s'y rendent. En temps de neige, lorsque les fossés ne sont plus visibles, ils délimitent la route et empêchent les accidents. En été, ils donnent de l'ombre qui procure de la fraîcheur aux passants, et s'oppose à une dessication trop profonde de la chaussée. Enfin, ils constituent un capital qui n'est pas sans importance, et rendent productives des parties des routes qui ne sont pas utilisées directement par la circulation [1].

A côté de cela, les arbres ont le défaut de donner ou de maintenir l'humidité là où elle est nuisible, et de salir les chaussées par les feuilles mortes qu'ils laissent tomber en automne.

Ces inconvénients étaient très redoutés à l'époque où les routes étaient mal entretenues, où la boue était permanente, et où on cherchait avant tout à ouvrir un large accès à l'air et au soleil. Ils subsistent encore, par des motifs analogues, dans les tranchées profondes et partout où la fraîcheur est à redouter. Mais ces cas sont rares sur les routes modernes, où l'on a plus souvent à combattre les effets de la sécheresse. En automne, il est vrai, les feuilles mortes tombent en abondance sur

1. On peut estimer à 250.000 kilomètres la longueur des routes, chemins et canaux susceptibles d'être plantés, ce qui, à raison de 200 pieds par kilomètre, fait 50.000.000 de pieds. C'est la valeur d'au moins 120.000 hectares de forêt de haute futaie.

la chaussée, et cette chute coïncide avec l'humidité naturelle, qu'elle favorise. Mais le balayage continuel, qui a lieu sur toute route bien entretenue, fait disparaître ces feuilles et atténue beaucoup le mal.

329. Historique des plantations. — Les différents points de vue qui viennent d'être exposés ont tour à tour prédominé, et il en est résulté une grande variation dans les prescriptions administratives au sujet des plantations.

Sous la féodalité, les seigneurs et les administrateurs provinciaux faisaient à leur fantaisie. Les premières ordonnances royales sur les plantations des routes remontent à Henri II (1552). Elles avaient surtout pour objet d'assurer la construction du matériel de l'artillerie, et ordonnaient la plantation, exclusivement en ormeaux, des bords des routes royales.

Une ordonnance de Henri III (1579), voulait que, « pour empêcher à l'avenir toute entreprise ou anticipation sur les routes, elles soient plantées et bordées d'arbres. »

Un arrêt du conseil du roi de 1720, enjoignait aux propriétaires de planter des lignes d'arbres à une toise du bord extérieur des fossés des grands chemins.

Une loi du 9 ventôse an XIII (28 février 1805), ordonnait que les routes seraient plantées et que les plantations seraient faites sur le sol même des routes.

Quelques années plus tard, le décret du 16 décembre 1811 revenait à l'ancien système, et obligeait les propriétaires riverains à planter sur leurs propres fonds, à un mètre du bord extérieur des fossés.

Cette disposition n'empêcha pas l'administration de faire planter des arbres à ses frais et sur le sol des routes, lorsqu'elle le jugeait utile, et ces plantations se multiplièrent à mesure que l'entretien se perfectionna.

Enfin, le 9 août 1850, une circulaire ministérielle décida que toutes les routes ayant au moins 10 mètres de large seraient plantées d'arbres, sur le sol même du domaine public et aux frais de l'administration.

330. Alignements. — La circulaire du 9 août 1850 et une instruction du 17 juin 1851 sur la rédaction des projets de plantations ont fixé les règles qui doivent être observées dans ce genre de travaux.

La plantation consiste en une rangée d'arbres de chaque côté, pour les routes de 10 à 16 mètres de large, et en deux rangées, pour celles qui ont 16 mètres ou plus. Toutefois, on doit observer les prescriptions de l'article 671 du code civil, et tenir les arbres à la distance de 2 mètres au moins de la limite des propriétés riveraines.

Les lignes d'arbres sont placées sur la route à $0^m,50$ de l'arête intérieure des fossés ou des talus de remblai, et à $4^m,50$ au moins de l'axe. Cela exclut les plantations des routes de moins de 10 mètres entre fossés, et laisse un certain jeu pour celles qui ont davantage. Toutefois, les routes de moins de 10 mètres sont quelquefois plantées exceptionnellement, par exemple dans les pays montueux où les arbres servent de défense contre les accidents, ou dans les contrées très sèches, où soufflent des vents violents.

La distance d'un arbre à l'autre, dans chaque rangée, est de 10 mètres, quelquefois de 5 mètres seulement. L'adoption de ce nombre rond facilite le bornage kilométrique des routes.

Lorsqu'il y a deux rangées, leur intervalle est d'au moins 3 mètres, et les arbres sont placés en quinconces.

Dans les traverses des bourgs et des villes, les lignes d'arbres sont interrompues, à moins que la traverse ne soit assez large pour former boulevard. Dans ce cas, il faut au moins 3 mètres entre la ligne d'arbres et la façade des maisons.

331. Choix des essences. — On choisit les essences qui sont le mieux appropriées au sol de la route et au climat de la région, et qui sont aptes à fournir, lors de l'abatage des arbres, du bois d'œuvre de bonne qualité. On évite les arbres fruitiers, qui seraient dégradés par les passants au moment de la maturité des fruits.

Quelquefois, surtout lorsque l'espacement des arbres n'est que de 5 mètres, on fait alterner les essences de prompte venue avec celles dont la croissance est plus lente, afin qu'au moment des abatages la route ne soit pas dépourvue de feuillage.

Souvent on signale chaque kilomètre et chaque hectomètre de la route par un arbre d'essence différente de celle qui a été adoptée pour la plantation courante.

Les essences les plus employées sont les suivantes :

1° L'*orme*, qui réussit dans presque tous les terrains, surtout si le climat est tempéré, et fournit un bois recherché ; il est malheureusement sujet aux attaques d'insectes qui le font périr, et on ne doit l'adopter qu'après s'être assuré que la plantation sera à l'abri de cette chance d'accident ; l'orme a un feuillage peu fourni et peu étendu, et il est une source d'ombre peu abondante ;

2° Le *frêne*, qui présente des qualités analogues à l'orme, mais n'est pas exposé aux attaques des insectes ; il se plaît surtout dans les terrains frais ;

3° Le *hêtre*, très bel arbre, qui vient dans les terrains secs et pierreux et dans les climats un peu frais ;

4° Le *chêne*, qui pousse très lentement, mais devient vigoureux, surtout dans les contrées septentrionales, et donne un bois d'une grande valeur ;

5° Le *châtaigner*, dont la croissance est rapide, et qui fournit un bois de construction recherché ; son feuillage épais donne beaucoup d'ombre, mais répand, en automne, des feuilles mortes en abondance ; c'est d'ailleurs un arbre fruitier, très exposé aux atteintes des passants au moment de la maturité des châtaignes ;

6° Le *peuplier*, dont la croissance est très rapide, car il peut s'abattre avantageusement au bout de vingt-cinq à trente ans, et dont le bois se vend partout facilement comme bois blanc ; il convient très bien pour alterner avec des arbres à bois dur et à croissance lente ; il croît facilement à peu près dans tous les terrains ; le peuplier d'Italie, dont on peut rapprocher les tiges les unes des autres, est excellent comme défense au bord des cours d'eau et des précipices ; l'inconvénient des peupliers est de répandre sur les routes, en automne, des feuilles à parenchyme épais et persistant ;

7° Le *platane*, très employé dans le Midi, où il pousse facilement à peu près dans tous les sols; il a un beau port et un feuillage épais qui donne beaucoup d'ombre; son bois, utilisé pour le charronnage, n'a pas une grande valeur, et la chute de ses feuilles salit beaucoup les routes, ainsi que le rejet de son écorce;

8° Le *sycomore* et *l'érable*, qui ont une grande analogie avec le platane;

9° L'*acacia*, qui réussit partout et demande peu de soins, mais a le défaut d'être cassant et de fournir peu d'ombre; son bois est très dur, mais a peu d'applications;

10° L'*ailante* ou *vernis du Japon*, qui vient très bien dans tous les sols, surtout les sols légers, et porte un beau feuillage.

Quelques autres essences sont utilisées dans des conditions exceptionnelles, comme le *bouleau*, qui peut remplacer l'acacia dans les climats froids et les terrains exposés aux vents violents; le *cyprès*, employé en rideau contre les vents dans le sud-est de la France; l'*eucalyptus*, dans les climats très-chauds.

Les arbres résineux sont peu employés, parce que leur croissance se trouve arrêtée tout court, s'ils viennent à perdre leur flèche; beaucoup d'entre eux d'ailleurs s'élargissent à la base et encombrent le sol.

Les arbres de pur agrément et d'un mauvais produit, comme le tilleul et le marronnier, ne sont pas admis sur les routes.

332. Main-d'œuvre de la plantation. — On choisit les sujets à planter dans les meilleures pépinières de la contrée, et surtout dans celles où le sol ressemble le plus à celui de la route.

Les plants doivent avoir, à 1 mètre du collet de la racine, de $0^m,12$ à $0^m,16$ de circonférence. La hauteur du fût, depuis le collet jusqu'à la couronne, doit être de $1^m,80$ à $2^m,40$, et la hauteur totale de l'arbre, de $2^m,30$ à $3^m,50$. L'âge des sujets varie de trois à cinq ans pour les essences à bois tendre, et de cinq à sept ans pour les arbres à croissance lente.

La plantation se fait dans la saison morte, entre l'automne

et le printemps, de préférence avant l'époque où les fortes gelées sont à craindre, afin que les plants ne soient pas exposés à être gelés avant d'être mis en place.

Les arbres sont arrachés dans les pépinières avec tous les soins voulus; leurs racines sont empaillées pour le transport et jusqu'à leur mise en place, qui se fait de la façon suivante :

On ouvre une fosse, d'un mètre cube environ de capacité, à laquelle on donne d'autant plus de profondeur que les racines sont plus pivotantes. On dresse le plant, et on le maintient bien vertical dans l'alignement indiqué, puis on rejette les terres dans la fosse.

Quelquefois ces terres sont de mauvaise qualité : on les remplace alors, en tout ou en partie, par de la terre végétale que l'on va chercher au plus près possible.

On entoure les jeunes plants d'une défense d'épines, pour les garantir contre la main des hommes et la dent des animaux. On emploie habituellement des tiges d'aubépine; à défaut d'aubépine, on a recours à l'églantier. On en met une douzaine de brins autour de l'arbre, et on les attache avec quatre ou cinq fils de fer.

Enfin, quelques jeunes plants n'ont pas assez de consistance pour se tenir droits et ont une tendance à se courber ou à se renverser. On les soutient par des *tuteurs*, perches de $2^m,60$ à $3^m,10$ de long, et de $0^m,05$ à $0^m,07$ de diamètre, qu'on enfonce de $0^m,60$ au moins dans le sol. Le tuteur doit être planté en même temps que l'arbre; mis après coup, il pourrait écorcher les racines. On y attache l'arbre par trois liens en osier ou en fil de fer. On interpose des tampons en paille ou en mousse, afin de garantir l'arbre des effets du frottement contre le tuteur ou les liens.

333. Analyse des prix des plantations. — Le prix d'un pied d'arbre est généralement compris entre 2 et 3 francs. Il se compose des éléments suivants :

1° Fouille d'un mètre cube de terre, et enlèvement de cette terre si elle est de mauvaise qualité;

2° Fourniture et apport d'un mètre cube de terre végétale, dans le cas où on ne réemploie pas celle de la fouille;

3° Fourniture du plant, y compris soins d'arrachage et empaillage des racines, et transport à pied d'œuvre;

4° Fourniture d'un tuteur, s'il y a lieu;

5° Main-d'œuvre de la plantation, demandant de une heure à une heure et quart d'ouvrier;

6° Fourniture et pose des tiges épineuses; cet épinage coûte en moyenne entre 0 fr. 10 et 0 fr. 20 c.

Dans les devis pour les plantations, on ajoute au prix, calculé d'après ces bases, un cinquième pour les chances de mortalité, qui restent pendant deux ans à la charge des entrepreneurs; puis, comme dans tous les projets, un vingtième pour faux frais et un dixième pour bénéfice.

§ 3

MURS DE SOUTÈNEMENT

334. — Il est quelquefois impossible de prolonger un talus de remblai jusqu'au sol. C'est ce qui arrive dans le cas où la pente transversale du terrain naturel AD est la même que celle du talus BC, ou, du moins, en diffère assez peu pour que le point de rencontre soit rejeté excessivement loin. Il se pourrait aussi que le pied du talus vînt à tomber dans un cours d'eau, sur un chemin existant, ou en tout autre endroit qu'il convient de laisser libre.

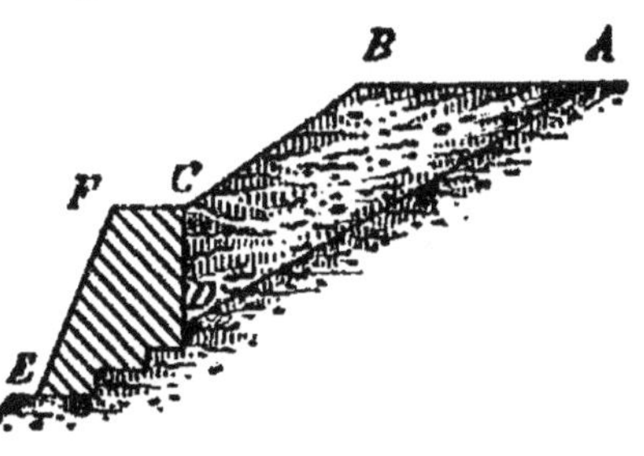

Dans ce cas, on interrompt le remblai, et on y substitue un mur en maçonnerie CDEF, que l'on appelle mur de soutènement.

Les murs de soutènement sont fréquemment employés dans les contrées montueuses, lorsque les tracés circulent à flanc de coteau.

Le plus souvent, le mur de soutènement s'élève jusqu'au niveau de la plateforme des terrassements. Dans ce cas, il est couronné d'un garde-corps. Ce pourrait être une simple banquette de sûreté (n° 22); mais ordinairement on fait un parapet en maçonnerie auquel on donne de 0m,35 à 0m,50 de largeur, et de 0m,70 à 1 mètre de hauteur.

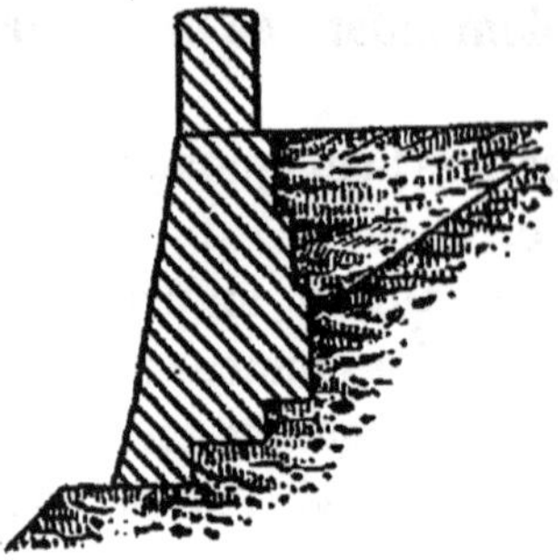

Les murs de soutènement se font, soit en maçonnerie à pierres sèches, soit en maçonnerie à bain de mortier. Le parapet est rarement en pierres sèches, parce qu'il n'offrirait pas une résistance suffisante aux chocs.

Quand le mur est maçonné à bain de mortier, on ménage de distance en distance, surtout vers le pied, des ouvertures verticales nommées *barbacanes*, de 0m,05 à 0m,10 de largeur, et de 0m,30 à 1 mètre de hauteur, afin d'assurer l'écoulement de l'humidité qui pourrait s'accumuler par derrière.

Les parois des murs de soutènement peuvent être verticales ou inclinés. On appelle *fruit* le talus de la paroi.

On donne toujours du fruit à la paroi extérieure. La théorie et l'expérience indiquent qu'un même volume de maçonnerie supporte une charge de terre d'autant plus grande que le fruit extérieur est plus marqué. On le fixe ordinairement entre 1/5 et 1/10.

Quand au fruit intérieur, du côté des terres, les avis semblent partagés; quelques ingénieurs le font vertical, d'autres donnent au mur le plus grand empatement possible. La théorie de la résistance des matériaux permet de résoudre la question dans les cas qui se présentent. Il faut que le mur résiste au renversement auquel le poussent les remblais, et en même temps qu'il ne s'enfonce pas dans le terrain où il est fondé, ou du moins y produise un tassement uniforme. On est ainsi conduit à élargir la base d'autant plus que le sol de fondation est plus compressible, et à tenir, au contraire, la paroi extérieure verticale si l'on fonde sur le rocher.

Le fruit intérieur s'obtient en général par redans, comme

on le voit dans la figure ci-dessus, c'est-à-dire, par une succession de parois verticales réunies en escalier. La construction en est plus facile que celle des faces inclinées.

L'épaisseur moyenne des murs de soutènement se calcule d'après les règles exposées dans les traités de résistance de matériaux. Son rapport à la hauteur diminue en sens inverse de celle-ci, et reste compris environ entre 1/3 et 1/4 pour les murs en maçonnerie pleine, et entre 2/3 et 1/2 pour les murs à pierres sèches.

§ 4

PERRÉS

335. — Lorsqu'un talus est menacé de dégradations superficielles par les eaux, on le consolide en le recouvrant d'un perré.

C'est un revêtement à pierres sèches, qui diffère du mur de soutènement en ce que ses deux faces, sensiblement parallèles, suivent la pente du talus au lieu de l'intercepter.

On donne aux perrés une épaisseur uniforme qui varie de 0m,30 à 0m,50, mais est le plus souvent fixée à 0m,35. Quelquefois l'épaisseur augmente du sommet à la base, commençant par exemple à 0m,30, et s'élargissant de 0m,05 par mètre.

Les perrés se construisent en moellons, dont la plus grande dimension est perpendiculaire au talus. Ces moellons n'ont pas tous la même queue ; les uns, plus longs que l'épaisseur moyenne du perré, doivent être enfoncés dans la terre ; les autres, plus courts, s'appuient sur de petites pierres et des éclats qui garnissent le fond de l'encaissement. On assujettit les moellons les uns contre les autres en enfonçant à la masse des éclats de pierres dans les joints.

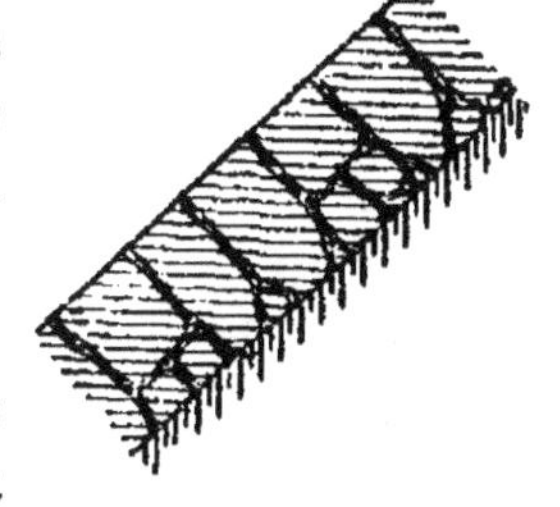

On fait quelquefois les perrés en moellons smillés ou équarris, posés par assises régulières, mais il est préférable de se servir de moellons bruts ou simplement têtués, et de les appareiller en joints de hasard. Cela est moins coûteux et les tassements qui peuvent se produire après coup sont moins apparents. Les lignes qui limitent le perré sur les côtés ou vers le haut, doivent néanmoins être régulièrement dressées, et les moellons qui les composent sont taillés en conséquence.

Quand le perré s'appuie sur de la terre argileuse exposée à être délayée par l'eau qui aurait pénétré dans les joints, on le pose sur une couche de sable.

On a soin, d'ailleurs, de garnir les joints en terre végétale, où l'on sème du gazon. L'eau y pénètre alors difficilement.

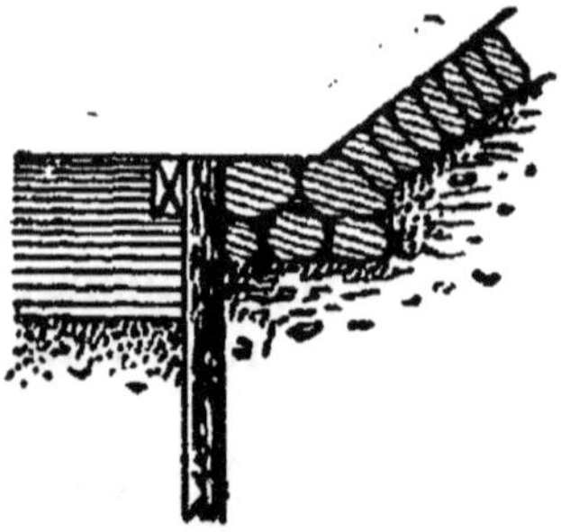

Le pied du perré doit reposer sur une base solide. Lorsqu'elle n'existe pas naturellement, comme cela se présente le plus souvent pour les perrés qui baignent dans les cours d'eau, on établit une fondation artificielle.

Il suffit souvent de creuser au pied du perré une rigole que l'on garnit en forts enrochements. Si les enrochements eux-mêmes sont exposés à l'affouillement, on les défend par des lignes de pieux, et, au besoin, de palplanches.

§ 5

SOUTERRAINS

330. — On est quelquefois conduit à exécuter certaines parties de routes en souterrain.

On n'entrera ici dans aucun détail sur la construction des souterrains, dont il est traité dans un autre ouvrage de l'Encyclopédie[1].

1. Voir les *Chemins de fer*.

Il suffit de rappeler que, ces ouvrages étant très coûteux, on réduit, à leur passage, la route à ses plus petites dimensions. On donne 5 mètres à la chaussée, et on y joint de part et d'autre un trottoir de 1 mètre. Il suffit de 4 mètres de hauteur libre le long du trottoir, ce qui porte à 5 ou 6 mètres la hauteur sous clef, suivant la forme de la voûte.

La solution par souterrain est rarement adoptée dans la construction des routes, où elle peut presque toujours être évitée par des lacets convenables. Elle ne se justifie guère que si elle permet d'éviter les plateaux exposés aux neiges abondantes pendant une partie de l'année, comme au Lioran, ou des gorges dévastées par les torrents ou par les avalanches, comme dans certaines parties des Alpes.

Coûteux de construction, les souterrains sont d'un entretien difficile, la chaussée y restant constamment humide. Mais leur principal inconvénient est l'obscurité. Les chevaux et les bestiaux s'y effrayent. Les conducteurs des voitures ne voient pas nettement celles qu'ils croisent ni les bordures des trottoirs. Ils ne peuvent donc avancer que lentement et avec précaution. Les bestiaux montent sur les trottoirs et deviennent un danger pour les piétons qui ne les voient pas.

Il paraît facile de remédier à cela en éclairant le souterrain; mais c'est souvent une illusion. Si le souterrain est court, s'il n'a pas plus de 2 ou 300 mètres, les têtes laissent entrer à l'intérieur une lumière diffuse supérieure à celle des lampes, mais qui ne suffit pas pour éclairer, parce que l'œil du voyageur, sortant du plein jour, n'a pas le temps de s'adapter à cette clarté plus douce. L'éclairage n'est efficace que la nuit, ou pour les souterrains très longs, comme celui du Lioran, où l'œil à le temps de se faire à cette faible lumière.

§ 6

TROTTOIRS

337. Bordures. — On a vu (n° 17) qu'il est commode et avantageux de mettre les accotements en saillie, quand on dispose d'une largeur de chaussée suffisante.

Sur les points où la circulation est active, le bord de ces accotements doit être protégé contre les roues des voitures. On y place une motte de gazon.

Si on a de vieux pavés de rebut, on peut les utiliser pour le même objet. Ces pavés forment alors une bordure, et l'accotement devient un véritable trottoir.

A défaut de vieux pavés, on emploie des pierres brutes. On peut en général se les procurer à bas prix ; mais elles constituent une bordure irrégulière, exposée à être déchaussée par le choc des roues, qui s'y détériorent elles-mêmes en frottant contre les rugosités des pierres.

Pour les véritables trottoirs, on fait les bordures en pierres taillées, ayant de 0m,30 à 0m,50 de hauteur et de 0m,15 à 0m,25 de largeur, que l'on enfonce de 0m,15 à 0m,30 dans le sol. La taille est poussée plus ou moins loin, suivant la perfection que l'on veut atteindre. Ce sont quelquefois des libages à peine dégrossis ; d'autres fois, ce sont des pierres de taille bouchardées et ciselées.

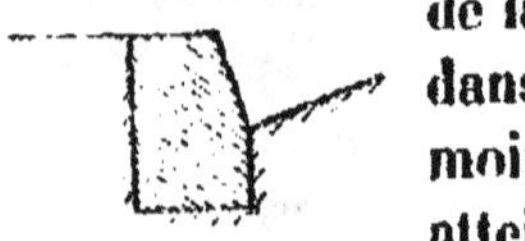

On donne un fruit au parement extérieur, du côté de la chaussée, afin que les roues ne viennent pas porter sur l'arête. Ce fruit doit être au moins égal à la pente transversale de la chaussée, augmentée de l'inclinaison des roues des voitures sur les essieux.

Quand le sol est mauvais, on fait, sous la bordure, une fouille où l'on établit une fondation en sable, en pierres sèche, en béton ou en maçonnerie. Cette fondation a de $0^m,30$ à $0^m,50$ de large, et descend jusqu'à une couche suffisamment solide.

L'eau qui provient de la chaussée, et souvent celle qui descend des maisons dans les villes, circule le long de la bordure. Pour éviter le ravinement, on établit un caniveau en pavés ou en blocage de $0^m,40$ à $0^m,50$ de largeur.

Lorsqu'une roue suit la bordure, et que le caniveau a de l'eau, celle-ci éclabousse les passants. On a essayé de leur épargner ce désagrément en faisant passer l'eau sous la bordure même. On la fait en deux morceaux, dont l'un B, creusé en cuvette, reçoit les eaux et leur donne écoulement, et l'autre A, taillé en biseau, recouvre le premier. Cette disposition est très coûteuse et peu employée.

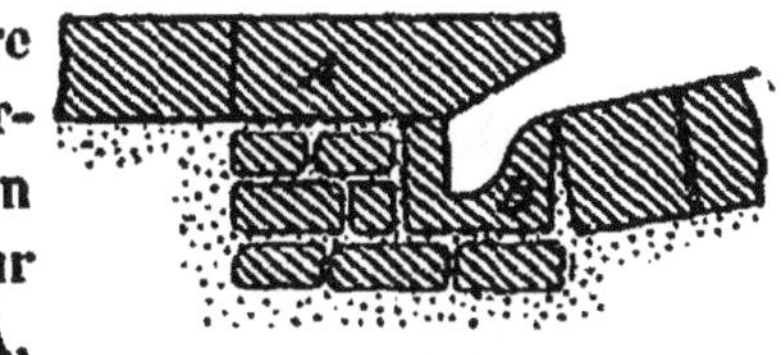

La nature des matériaux dont on fait les bordures est variable. Elle est la même que celle des pierres de taille dures en usage dans chaque contrée. Quand la circulation est extrêmement active, comme dans les rues des grandes villes, on n'hésite pas à faire des sacrifices pour avoir des bordures résistantes. C'est ainsi qu'à Paris on les fait en granit.

338. Chaussée des trottoirs. — La chaussée des trottoirs est aussi très variable, suivant l'importance de la circulation et les matériaux dont on dispose.

En rase campagne, le trottoir reste en terre, et on y laisse pousser le gazon. Aux abords des villes, on y répand du sable ou du gravier, que l'on bat à la dame, ou même on y fait un véritable empierrement.

Dans les villes, les trottoirs sont pavés.

Dans le midi, on se sert de petits cailloux roulés que l'on choisit plats et que l'on pose de champ. On y trace souvent des dessins en donnant des dispositions régulières aux cailloux de couleurs différentes. Ce genre de trottoir, quoiqu'un peu dur aux pieds, est assez agréable à la vue comme à la circulation.

Souvent, on emploie de petits pavés refendus de 0m,05 à 0m,10 d'épaisseur, que l'on pose à bain de mortier sur une aire en sable ou en béton.

On rencontre aussi des trottoirs en briques posées de champ à bain de mortier. Mais les briques s'usent promptement et le trottoir devient flacheux et inégal.

Très souvent, la chaussée du trottoir se fait en dalles, grandes pierres plates de quelques centimètres d'épaisseur, que l'on taille parfaitement et que l'on pose sur une forme de sable ou de béton. A Paris la plupart des trottoirs sont en dalles de granit.

Dans beaucoup de villes, les trottoirs se font aujourd'hui en ciment. On répand sur le sol une couche de 0m,08 à 0m,10 de béton, sur laquelle on applique une couche de 0m,02 à 0m,03 de ciment, ou mieux de mortier de ciment gâché serré. On donne à la surface l'apparence d'une pierre bouchardée entre ciselures, en y appliquant des planches ou des rouleaux gravés, pendant que le ciment est encore mou. Ce bouchardage artificiel a pour objet de maintenir le pied, qui, autrement, serait exposé à glisser sur une surface lisse. Les variations de température produisent dans le ciment des dilatations et des contractions, d'où résultent des fissures : on les prévient, en laissant de distance en distance dans l'enduit des joints réels qui se perdent dans l'ensemble des joints artificiels.

Enfin, on fait beaucoup de trottoirs en mastic de bitume, qu'on coule chaud sur une fondation de béton de 0m,10 d'épaisseur environ, recouverte d'un enduit de mortier de chaux hydraulique de 0m,01 au moins.

Le béton doit être très sec avant qu'on y verse le bitume; s'il est humide, l'eau, saisie subitement par une température très élevée, se volatilise, et la vapeur emprisonnée forme des cloches sous la couche de bitume, qui alors ne repose pas sur le béton. Sous les charges de la circulation, ces parties soulevées s'affaissent et la chaussée se désagrège.

Le bitume que l'on emploie est le mastic en pains. On le fait fondre dans une chaudière, à 120° environ, et on y ajoute un peu de sable, environ les deux tiers de son poids. Il se forme une sorte de mortier, qui est moins cher que le bitume pur et au moins aussi résistant, et qui est moins exposé à se fendre par les variations de température. Pendant toute la fusion, on brasse bien la matière, afin d'empêcher les parties en contact avec les parois de la chaudière de se surchauffer et de s'altérer.

La pose du mastic bitumeux se fait comme il suit : Un ouvrier prend du mastic fondu dans une poche et le verse sur le béton. L'applicateur l'étale avec une spatule en bois, en lui donnant l'épaisseur voulue, qui varie entre 0m,015 et 0m,025, et qui lui est marquée par des règles posées à plat sur le béton. Pendant que la matière est encore molle, on y répand, avec un tamis, du petit gravier que l'on enfonce en frappant avec une batte. Ce gravier augmente la résistance de la surface à l'usure, et le battage applique parfaitement la chape en mastic sur le béton. Aussitôt refroidi, le trottoir est livré à la circulation.

On a essayé de substituer au mastic d'asphalte divers produits artificiels connus sous le nom de *bitumes factices*. Il semble bien simple d'imiter l'asphalte en mélangeant du calcaire broyé ou de la chaux en poudre avec le goudron qui se forme en abondance pendant la distillation du bois ou de la houille. Mais ces produits ne donnent pas en général de bons résultats. Le mélange de deux substances aussi hétérogènes que la chaux et le goudron se fait imparfaitement, la cohésion de la matière est insuffisante, et la chaussée ne résiste pas. Outre qu'il est impossible d'arriver, comme l'a fait la nature par des procédés inconnus, et sous des pressions sans doute gigantesques, à faire que chaque atome de calcaire soit entouré de bitume, le goudron renferme des parties volatiles, qui, en se dégageant à la longue, diminuent encore la cohésion. Toutefois, on réussit mieux depuis quelques années, en se servant du brai de gaz : c'est le résidu qui reste après qu'on a fait distiller le goudron obtenu dans la fabrication du gaz et qu'on a extrait toutes les huiles légères ou lourdes. Le brai fond à peu près comme le bitume ; avec de la craie broyée très fin on en fait un mastic factice qui résiste assez bien dans les endroits peu fréquentés, tels que cours de maisons ou passages de portes cochères, dans les caves, dans les enduits de réservoirs, etc., mais qui doit être proscrit de toutes les voies publiques.

339. Profil en travers. — On donne à la chaussée des trottoirs une pente tranversale d'environ 0,04, pour que l'eau n'y séjourne pas. Cette pente descend vers le fossé ou le talus du remblai sur les parties de route en rase campagne. Dans les villes, où le trottoir est extérieurement bordé de maisons, la pente est dirigée vers la bordure et rejette les eaux dans le caniveau.

§ 7

ÉGOUTS

340. Utilité des égouts. — L'eau qui se réunit dans les caniveaux, le long des bordures de trottoirs, dans les villes, ne peut être évacuée au dehors, et elle s'accumule dans les caniveaux, dont elle suit la pente, jusqu'à ce qu'elle tombe dans un cours d'eau naturel. Il en résulte que, pendant les grandes pluies, et surtout au moment des forts orages, les parties basses des villes reçoivent une quantité d'eau énorme, qui parfois envahit toute la chaussée. Cette masse d'eau, ayant une grande vitesse, ravine les caniveaux et les chaussées elles-mêmes. Dans les temps secs, les caniveaux charrient les eaux ménagères provenant des maisons, auxquelles s'ajoutent souvent les produits du balayage de la chaussée chargés des déjections des chevaux; les joints des pavés et leur fondation s'imprègnent alors de substances organiques, qui, en s'altérant, dégagent des odeurs fétides et maintiennent une infection permanente. Enfin, pour que l'eau puisse arriver aux lignes d'écoulement naturelles, il faut que tous les caniveaux successifs soient disposés en pente continue, et que les rues ne présentent aucune contre-pente.

On remédie à tous ces inconvénients en construisant des *égouts*. Ce sont des canaux couverts qui sont établis au-dessous de la surface des voies publiques, à une profondeur suffisante pour qu'on puisse en disposer la pente à son gré, et la diriger vers les cours d'eau naturels, alors même que la rue aurait une pente en sens inverse.

De distance en distance, les caniveaux sont mis en communication avec les égouts, au moyen de bouches.

341. Mode de construction des égouts. — Un égout n'est autre chose qu'un aqueduc sans têtes et de longueur indéfinie. Il se construit de la même façon, et se compose, comme tout aqueduc, d'un radier, de deux piédroits et d'une voûte.

Le radier a une pente longitudinale, nécessaire pour l'écoulement de l'eau. Cette pente est variable, suivant la disposition des rues et la profondeur du thalweg où les eaux sont dirigées. Les villes étant souvent sur le bord des rivières, la pente des égouts y est alors très faible.

Connaissant la pente du radier et la quantité d'eau qui afflue dans l'égout pendant les forts orages, on peut calculer le débouché nécessaire. Ce débouché, très faible à l'origine des rues les plus hautes, où un simple tuyau suffirait, prend une importance croissante, à mesure que les branches se réunissent, et que l'égout s'approche de son embouchure. C'est ainsi qu'à Paris les égouts collecteurs sont de petites rivières de $3^m,50$ de largeur et de 2 mètres de profondeur. L'hydraulique enseigne à calculer ce débouché.

Mais, en général, ce n'est pas le débit qui détermine les dispositions des égouts ; c'est la nécessité de ménager des moyens de circulation aux hommes chargés de leur nettoyage. Les eaux qui arrivent aux égouts sont troubles ; elles sont salies par les eaux ménagères et les boues des chaussées. Comme la pente, et, par suite, la vitesse du courant, est faible, les matières en suspension se déposent, et le canal serait bientôt obstrué si on ne le dégageait souvent. Il faut donc qu'un homme au moins puisse pénétrer dans l'égout, y circuler et y travailler.

En outre, on profite des égouts pour y placer les tuyaux de conduite des eaux distribuées dans les maisons ou sur la voie publique, afin de les visiter, de les réparer et d'y faire des branchements plus facilement.

Or, pour qu'un homme puisse circuler, il faut au moins 0m,50 de largeur au radier; pour qu'il se tienne debout, il faut 2 mètres de hauteur; la largeur, au droit des épaules, ne peut être moindre que 0m,80. Tel était, en effet, le type primitivement adopté. Mais avec ces dimensions, l'ouvrier a juste la place pour passer et ne peut presque pas faire de mouvements; il éprouve donc une grande gêne pour exécuter son travail, et il le fait mal.

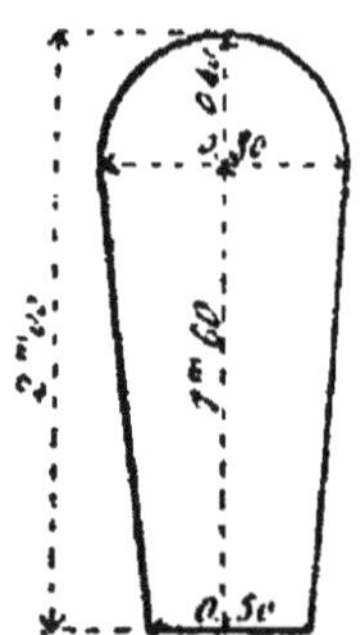

Dans les égouts plus récents, on a porté à 1m,20 la largeur aux naissances de la voûte; et, au lieu de réunir les naissances au radier par des murs à fruit rectiligne, on les raccorde par des parois courbes, tangentes à l'intrados de la voûte et verticales au niveau des naissances. On a ainsi obtenu une section ayant la forme d'un œuf. Lorsqu'on veut ménager la place d'un tuyau de conduite, on augmente les dimensions, tout en conservant la même forme : on donne, par exemple, 0m,70 au radier, 1m,50 aux naissances et 2m,15 sous clef.

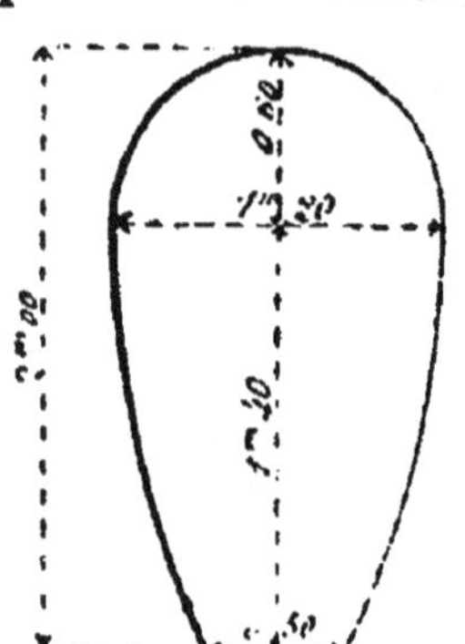

Ces dimensions suffisent pour assurer le service. Les ouvriers circulent, en marchant sur le radier, munis de grandes bottes imperméables.

Quand le débit est assez grand pour que l'eau puisse s'élever, dans un égout du type ci-dessus, à une hauteur gênante pour la marche et pour le travail, on augmente la largeur. Enfin, pour les très grands débits, on fait couler l'eau dans une cuvette spéciale, à laquelle on peut donner de la profondeur, et on établit à droite et à gauche, ou d'un côté seulement, une banquette que l'eau n'atteint pas et où se fait la circulation. On arrive quelquefois à des dimensions analogues à celles des tunnels de chemins de fer. La figure ci-dessous montre les dimensions de l'égout collecteur général de Paris à Clichy.

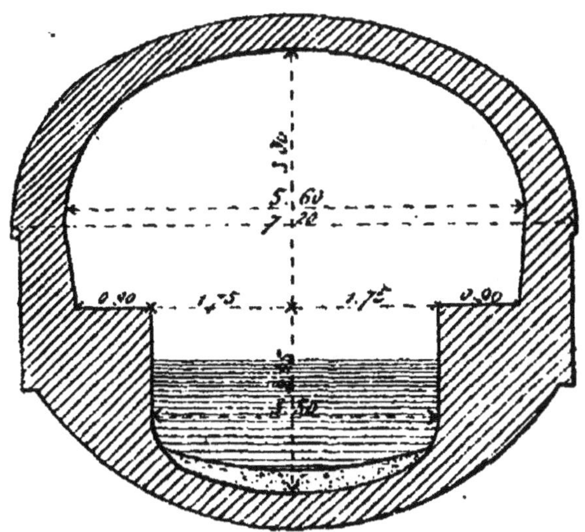

Les égouts reçoivent un revêtement en maçonnerie, auquel on donne d'autant plus d'épaisseur que l'ouverture est plus grande. Les règles données à ce sujet pour les aqueducs peuvent être appliquées à peu près exactement aux égouts.

342. Exécution des travaux. — On commence par exécuter la fouille nécessaire à l'établissement de l'égout. Cette fouille ne peut pas, comme en rase campagne, être descendue avec des talus à 45° ; la largeur des rues ne le permettrait pas. On tient les talus verticaux, et on étrésillonne pour prévenir les éboulements, d'autant plus à redouter que le sol des villes est souvent composé de terres rapportées. L'étrésillonnement doit donc être fait avec beaucoup de soin et continuellement surveillé. Il se compose de planches ou madriers placés longitudinalement sur la paroi mise à nu, et soutenus à leurs extrémités, et au besoin en leur milieu, par des poteaux verticaux en charpente, dont l'écartement est maintenu par des pièces de bois transversales fortement coincées. La force des madriers et leur espacement, ainsi que les intervalles des poteaux, se règlent suivant le degré de consistance des terres remuées. Mais il faut toujours exagérer les précautions, les éboulements pouvant avoir les conséquences les plus graves, tant pour les ouvriers que pour les maisons riveraines.

On construit ensuite successivement le radier, les piédroits et la voûte, comme à l'ordinaire. Le cintre employé pour la voûte est très simple et très léger; il n'y a qu'une petite longueur, et se transporte à mesure qu'une partie de voûte est terminée.

Quand l'ouvrage est achevé, on laisse aux mortiers le temps de se solidifier, puis on rejette dans la fouille une partie de la terre qu'on en avait extraite; enfin on refait la chaussée qui avait été démontée.

Cette construction demande un certain temps, pendant lequel la circulation est interrompue. Dans les rues fréquentées, on cherche à diminuer la durée de cette interruption par tous les moyens possibles. A cet effet, on installe d'abord un grand nombre d'ouvriers à la fouille; leur nombre n'est pas limité, car il s'agit de terres à jeter à la pelle. Mais la majeure partie de ces terres doivent être enlevées au tombereau, et il faut que l'atelier des tombereaux puisse circuler, ce qui limite la rapidité de la fouille.

Quant à la maçonnerie, elle peut être attaquée sur plusieurs points à la fois. Mais la rapidité du travail est encore limitée ici par l'atelier des voitures qui apportent les matériaux, moellons, chaux, sable, eau, etc. Or toutes ces sujétions sont proportionnelles au cube des maçonneries. On va donc d'autant plus vite que ce cube est plus réduit, ce qui ne peut être obtenu qu'avec des matériaux très résistants. On emploie, dans ce cas, de la pierre très dure et du mortier de ciment. Avec la meulière et le ciment romain, on réduit, à Paris, le revêtement des égouts à un anneau de 0m,30 d'épaisseur, qui s'augmente seulement un peu vers le radier; le radier lui-même n'a que 0m,20 ou 0m,25 d'épaisseur.

Le ciment durcit très vite, en sorte que les fouilles peuvent être remplies et les voûtes recouvertes dès le lendemain de leur construction. Avec les mortiers ordinaires, il faut attendre plusieurs jours, et même des semaines, suivant la qualité de la chaux.

La surface intérieure des égouts doit être garnie d'un enduit lisse, autant que possible en ciment, afin que l'eau ne pénètre pas dans les joints, et qu'il ne s'offre aucune rugosité de nature à retenir les corps en suspension.

343. Bouches. — Les *bouches*, par où l'eau passe de la chaussée à l'égout, sont des ouvertures ménagées sous les trottoirs et servant d'orifice à des puits qui communiquent

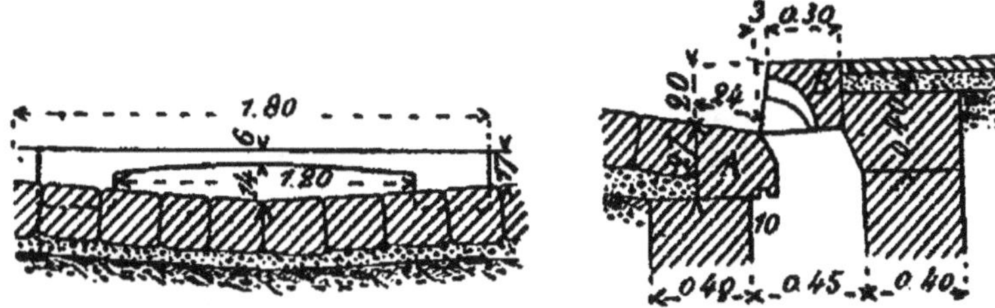

avec les égouts. La bavette A, engagée dans le pavé et légèrement concave, avance un peu au-dessus de l'orifice du puits où elle déverse l'eau du ruisseau. Le couronnement B recouvre le reste de l'orifice ; c'est une forte pierre qui affleure la bordure du trottoir, et est évidée à la partie inférieure.

Quelquefois le couronnement est formé d'une plaque de

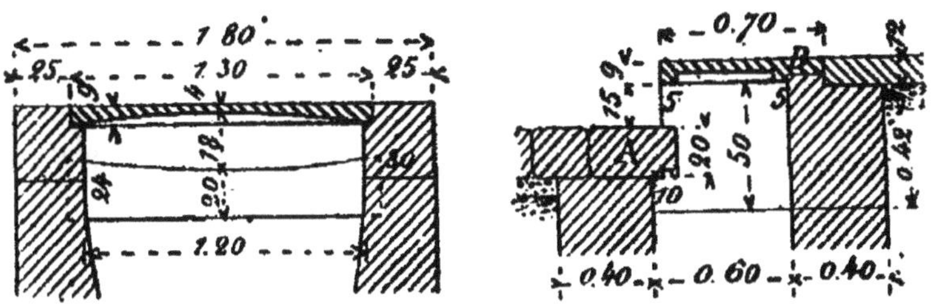

fonte, posée sur des dés. Mais la fonte se polit, devient glissante et provoque des accidents.

Comme la bouche est sous le trottoir, et l'égout dans l'axe

de la rue, la cheminée qui les réunit est oblique. On préfère aujourd'hui faire les cheminées verticales, et en réunir le fond à l'égout au moyen d'un *branchement*, c'est-à-dire d'un bout d'égout transversal et semblable à l'égout principal.

Autrefois, surtout lorsque le ruisseau était au milieu de la rue, l'orifice du puits de descente aboutissait à la chaussée et non sous le trottoir. On le recouvrait d'une simple grille en fonte, qui laissait tomber l'eau. Ce système est dangereux, parce que la fonte se polit et devient glissante. Il est d'ailleurs difficile de régler l'écartement des barreaux de façon que, d'une part, ils n'offrent pas un vide dangereux pour le pied, et, d'autre part, ils présentent une issue suffisante à l'eau, malgré les pailles et autres immondices qui parfois s'y accumulent.

On est obligé de mettre une bouche d'égout dans tous les points bas des chaussées où une rampe succède à une pente. En outre, si l'on ne veut pas faire traverser les rues par des caniveaux, il faut une bouche pour chaque pâté de maisons.

344. Regards. — Des cheminées verticales, appelées *regards*, analogues aux cheminées pour bouches, mais de plus grandes dimensions, sont établies de distance en distance pour la descente des hommes qui vont travailler dans les égouts. Ces puits sont carrés et ont $0^m,80$ de côté. On y descend par des échelles en fer scellées dans les parois. Leur orifice est fermé par une plaque en fonte, pleine ou à claire-voie.

Les regards se faisaient autrefois sur l'axe des égouts, et les plaques de fonte affleuraient la chaussée ; elles étaient une source de danger pour les chevaux, qui y glissaient, et d'embarras pour la circulation lorsqu'elles étaient ouvertes. Aujourd'hui on place les regards sous les trottoirs, et on les raccorde avec l'égout par des branchements transversaux. Les inconvénients de la plaque subsistent pour les piétons. On atténue beaucoup le danger, en se servant de plaques pleines, évidées sur une certaine épaisseur, où l'on coule une couche d'asphalte.

345. Branchements particuliers. — Dans les villes où le système des égouts est perfectionné, comme à Paris, on ne laisse arriver aux ruisseaux que l'eau tombée sur la chaussée elle-même ou sur les trottoirs. Les eaux reçues par les toits des maisons et par les pavés de leurs cours, les eaux ménagères et même les eaux vannes, sont dirigées par des tuyaux dans des branchements particuliers, sans passer par la voie publique. Ces branchements sont exactement semblables aux égouts. Ils se terminent aux murs de fondation des maisons.

§ 8

BORNES KILOMÉTRIQUES

ET TABLEAUX INDICATEURS.

346. Bornes kilométriques. — On place le long des routes des bornes qui déterminent la position de chacun de leurs points.

Ce bornage offre une certaine utilité pour les voyageurs auxquels il fournit des renseignements sur leur marche et sur les distances qu'ils parcourent entre les villes traversées par les routes. Mais il est surtout indispensable pour le service, où il est nécessaire à tout moment de désigner des points précis pour la division des cantons, la police de la route, les approvisionnements de matériaux, les renseignements statistiques, en un mot, tous les détails de l'administration.

La forme des bornes et la méthode à suivre dans leur établissement ont été réglées par une circulaire du 21 juin 1853, dont voici les principales dispositions.

Le numérotage des bornes kilométriques a lieu par département. On place la première borne à 1 kilomètre du point où la route entre dans le département, et on lui donne le n° 1 ; la borne n° 2 est au kilomètre suivant, et ainsi de suite. Si la route traverse des enclaves appartenant à d'autres départements, le kilométrage les enjambe sans en tenir compte, de façon à n'indiquer que le parcours réel de la route sur le territoire du même département. Toutefois, il y a encore beaucoup de départements où le kilométrage, antérieur à 1853, est rapporté à un grand centre d'où se détache la route, comme Paris ou Lyon.

On inscrit, en outre, sur la borne, le nom du département, au-dessus du numéro du kilomètre.

Sur chacune des faces latérales, on met le nom de la localité voisine la plus importante à laquelle conduit la route, avec la distance.

Enfin, on ajoute, dans le bas, un nombre qui représente l'altitude approximative du socle de la borne au-dessus du niveau de la mer.

La forme des bornes kilométriques est un dé rectangulaire surmonté d'un demi-cylindre. La largeur du dé, qui est en

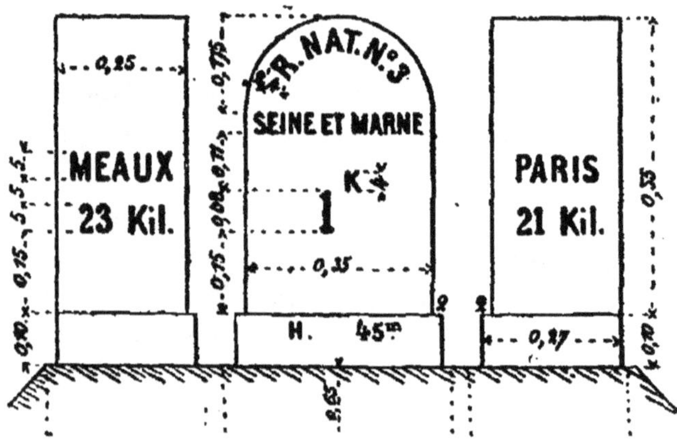

même temps le diamètre du cylindre, est de 0m,35, et l'épaisseur de la borne, de 0m,25. Elle pose sur un socle, qui fait une saillie de 0m,02, sauf postérieurement; ce socle a donc 0m,39 de face et 0m,27 de côté. Sa hauteur est 0m,10, en sorte que la hauteur totale de la borne, socle compris, est 0m,65.

La borne se prolonge au-dessous du sol par une souche non taillée, qui doit avoir au moins une longueur égale, afin d'en assurer la stabilité.

Les bornes sont toujours du côté gauche de la route, et

autant que possible sur la crête extérieure de l'accotement. Sur les routes très étroites, on les met en dehors du fossé ou sur les banquettes de sûreté.

Ces bornes se font en pierre dure, quelquefois en bois ou en fonte. Les inscriptions y sont gravées et rechampies en noir; celles dont on n'est pas certain et qui peuvent varier sont simplement peintes sur les faces.

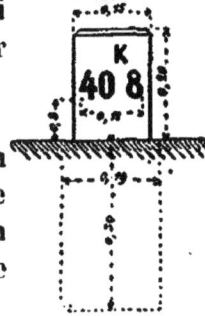

347. Bornes hectométriques. — En outre des bornes kilométriques, on place une petite borne à chaque hectomètre. C'est un simple dé de 0^m,20 de hauteur et de 0^m,15 de côté.

On se contente d'inscrire sur la face le numéro du kilomètre dont il fait partie, et à côté celui de l'hectomètre.

La souche doit s'enfoncer dans le sol d'au moins 0^m,30.

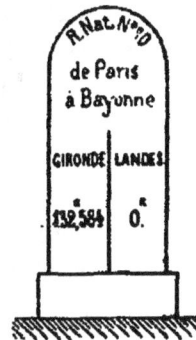

348. Bornes départementales. — Enfin, à la limite des départements, on place une borne analogue aux bornes kilométriques, mais plus étroite, où l'on inscrit le numéro de la route, les noms des deux départements limitrophes et la longueur que la route a parcourue dans le département qu'elle abandonne.

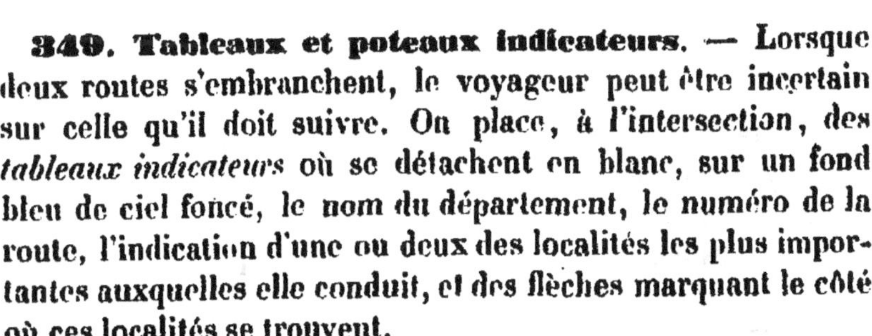

349. Tableaux et poteaux indicateurs. — Lorsque deux routes s'embranchent, le voyageur peut être incertain sur celle qu'il doit suivre. On place, à l'intersection, des *tableaux indicateurs* où se détachent en blanc, sur un fond bleu de ciel foncé, le nom du département, le numéro de la route, l'indication d'une ou deux des localités les plus importantes auxquelles elle conduit, et des flèches marquant le côté où ces localités se trouvent.

S'il y a des habitations à l'embranchement, les tableaux sont posés sur les murs. Si l'intersection des routes est en rase campagne, on adapte les tableaux, sous forme de plaques en fonte, à des poteaux, dits *poteaux indicateurs*, également en fonte.

On met des tableaux indicateurs semblables à l'entrée et à la sortie des villes, bourgs et villages que traversent les routes.

§ 9

ITINÉRAIRES ET PLANS D'ALIGNEMENT

350. Itinéraires. — Lorsqu'une route est livrée à la circulation, on a souvent besoin de renseignements sur ses dispositions générales ou de détail, soit pour l'organisation du service, soit pour les devis de fournitures, soit pour les permissions à donner et les servitudes à autoriser.

Afin que l'ingénieur et ses employés ne soient pas obligés de se déplacer à chaque instant, on prépare et on conserve dans les bureaux des plans itinéraires, où sont relatés tous les détails de chaque route et les faits qui s'y rattachent.

L'itinéraire est tracé sur une bande de dessin de $0^m,31$ de hauteur, pliée par plis alternatifs de $0^m,21$ de largeur.

Il est divisé, dans sa hauteur, par deux traits, en trois zones distinctes réservées, savoir :

Celle du haut, aux profils en long et en travers ;

Celle du milieu, au plan ;

Celle du bas, aux ouvrages d'art.

Dans la première zone, on figure le profil en long à l'échelle de 0,0002 pour les longueurs, et de 0,001 pour les hauteurs ; on y inscrit les longueurs des pentes et rampes, leurs cotes extrêmes, leur déclivité, la position et la désignation des ouvrages d'art. On donne des renseignements minéralogiques et géologiques sur les terrains où la route est assise. Enfin, on figure un type de profil en travers de la route, sur chacune des parties où ce type varie, et aux points, comme sur les ponts, où il présente des dispositions particulières.

ITINÉRAIRE

Calcaire jurassique

Sol sablonneux

Pont de

25 k

L = 550 m — *p. 0,02*

L. 400 m — *r. 0,05*

L. 150 m — *r. 0,04*

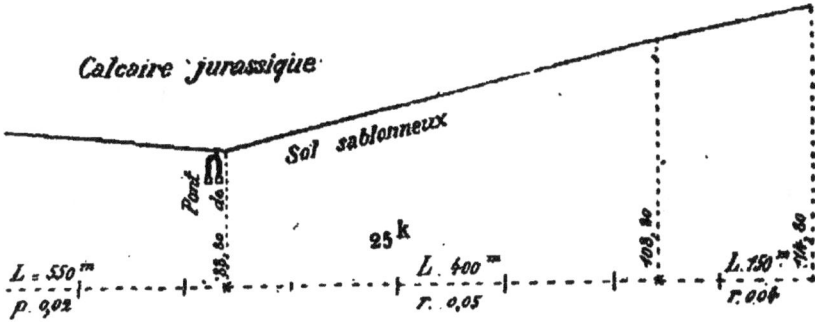

88,80 — 108,90 — 114,80

Profil sur le milieu du pont de au point 24830m

1,60 — 3,40 — 3,40 — 1,60

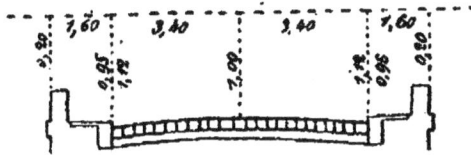

COMMUNE DE

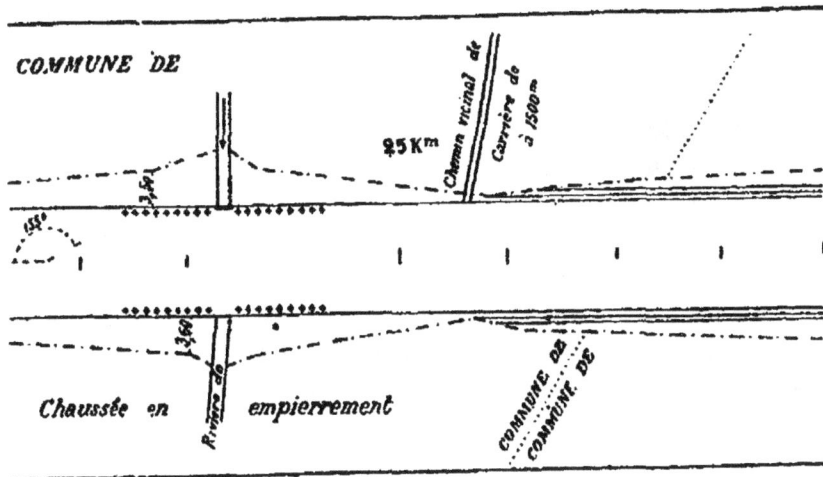

Chemin vicinal de Carrière de à 1500m

25 Km

Chaussée en empierrement

Rivière de

COMMUNE DE

COMMUNE DE

Pont de en plein cintre au point 24830m

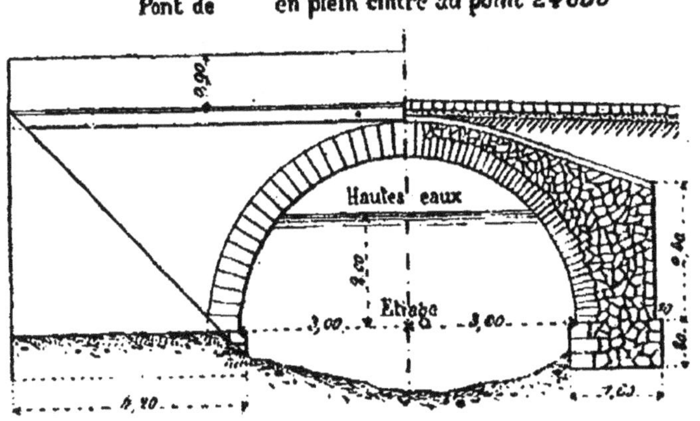

Sur la bande centrale, l'axe de la route est développé en ligne droite. On trace de part et d'autre, les arêtes des accotements, des talus et des fossés; on indique la nature de la chaussée, les ouvrages d'art, les plantations, les traverses, les constructions isolées, les chemins croisés par la route, la séparation des communes, la nature et la date des autorisations accordées, etc. L'échelle des longueurs est 0,0002, et celle des largeurs 0,002.

Sur la bande inférieure, on fait des plans, coupes et élévations cotées des ouvrages d'art, et on inscrit à côté une note sommaire sur l'époque de leur construction, leur mode de fondation, le niveau des hautes et des basses eaux, les matériaux qui y ont été employés, etc. L'échelle est de 0,01 pour les ouvrages de moins de 10 mètres d'ouverture, et choisie suivant les circonstances pour les ouvrages de plus grande dimension.

351. Plans d'alignement. — Lorsqu'une route traverse une ville ou une agglomération d'habitations, il est nécessaire d'en dresser le plan.

C'est sur le plan de traverse que les ingénieurs étudient le projet des alignements qui doivent être imposés aux constructions riveraines nouvelles ou à celles qu'il y aurait lieu de refaire après démolition. Leur projet est examiné par les autorités compétentes, et soumis à des enquêtes publiques. Un décret, rendu sur l'avis du Conseil d'État, arrête définitivement le plan d'alignement.

Les maisons qui bordent la voie publique et sont en saillie sur l'alignement, ne peuvent recevoir de travaux confortatifs, ce qui constitue pour leurs propriétaires une lourde servitude. Il importe donc que le plan de traverse soit dressé avec le plus grand soin et rapporté avec la plus grande exactitude.

Il est dressé à l'échelle de $0^m,005$ par mètre, sur une bande de $0^m,35$ de hauteur, et est accompagné du profil en long de la traverse et de profils en travers. Toutes les lignes d'opération sont rapportées et cotées sur le plan, qui comprend des amorces de la route en rase campagne, sur une longueur de 50 mètres au moins de part et d'autre de la traverse.

PLAN D'ALIGNEMENT

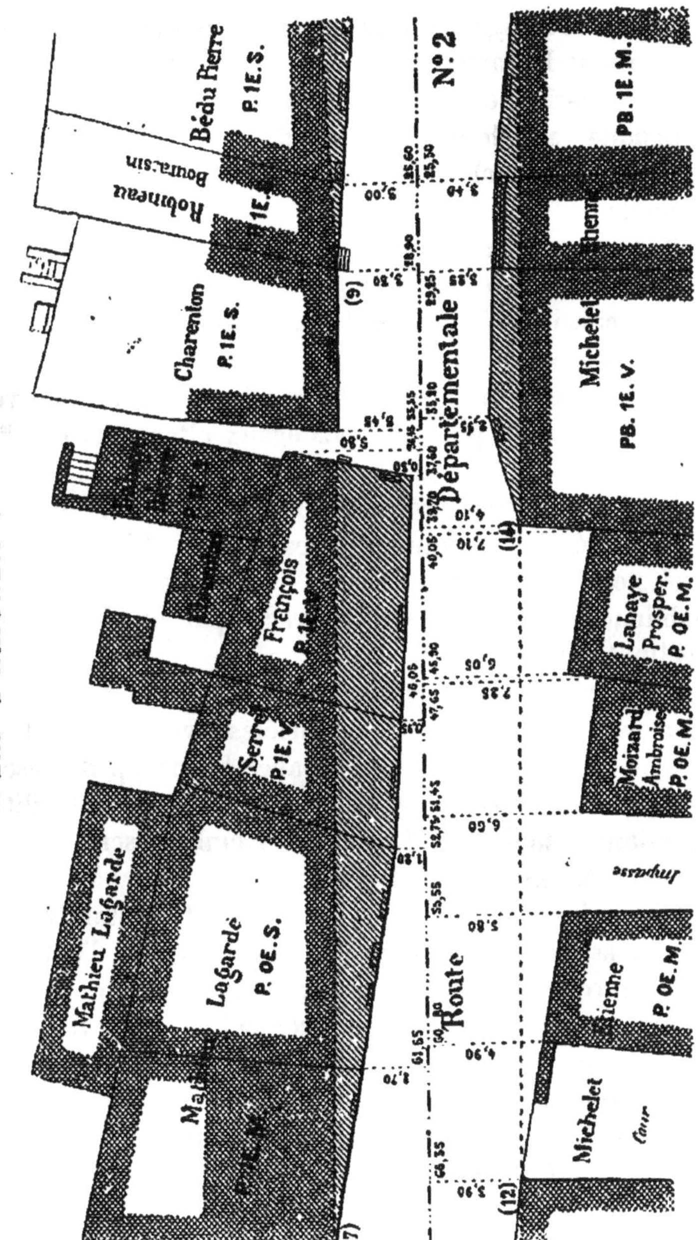

On y détermine la position de chaque maison par le nu de la façade, et on figure toutes les saillies fixes, telles que marches et perrons; les avant-corps mobiles, comme les devantures en menuiserie, sont tracés en pointillé.

Chaque parcelle porte le nom du propriétaire, et des annotations, par initiales, indiquant l'état de la construction, par exemple :

B, construction en bois ;

P, construction en pierre ;

0E, maison à simple rez-de-chaussée ;

1E, maison à 1 étage ;

S,M,V, construction solide, médiocre, en état de vétusté.

Les plans sont pliés par plis égaux alternatifs de 0m,25 de largeur.

Les alignements proposés sont tracés à l'encre rouge, et leurs extrémités sont numérotées par des chiffres pairs sur la droite et impairs sur la gauche. Sur les places et promenades publiques, on se contente de tracer par une ligne ponctuée les limites de la grande voirie.

Le tracé des alignements doit être fait de façon à ne pas aggraver la servitude des propriétés riveraines, et les reculements doivent être proposés avec beaucoup de réserve. Il faut donner aux traverses la largeur qu'exige la facilité de la circulation, mais non chercher des embellissements pour les villes. L'élargissement doit être pris du côté où le dommage est le moindre pour les propriétaires. On maintient, autant que possible, les façades établies en vertu d'autorisations antérieures régulières. Les alignements ne sont jamais curvilignes, et leurs sommets coïncident toujours avec des limites de propriétés, de façon à ne briser aucune façade. Enfin, on ne s'assujettit pas à faire les deux côtés exactement parallèles, si on ne peut l'obtenir en se refermant dans les règles précédentes.

QUATRIÈME PARTIE

ENTRETIEN DES ROUTES

CHAPITRE IX

GÉNÉRALITÉS SUR L'ENTRETIEN

SOMMAIRE :

352. Importance du sujet. — L'entretien des routes fait l'objet spécial du service ordinaire des ponts et chaussées, auquel la plupart des ingénieurs sont attachés. Il constitue un art dont l'étude et l'application souvent difficile présentent un intérêt imprévu. Bien des personnes s'étonnent qu'on ait recours à un personnel savant, comme celui des ponts et chaussées, pour diriger un travail aussi simple que de jeter, comme on dit, des cailloux sur les routes. Elles ne réfléchissent pas qu'on jette des cailloux sur les routes depuis des siècles, mais qu'il n'y a guère qu'un demi-siècle que les routes sont couramment praticables, moins encore qu'elles sont bonnes. C'est un résultat qui n'a été acquis qu'à la suite de recherches nombreuses et savantes et de discussions approfondies, parfois passionnées, qui ont fait de l'entretien des routes une science basée sur un corps de doctrines et sur des principes rationnels.

L'entretien des routes se rattache, d'ailleurs, aux questions les plus importantes de l'économie politique. Les frais de transport entrent pour une part considérable dans le prix de revient des produits, et la richesse publique profite en entier de toutes les économies réalisées sur ces frais.

La circulation moyenne, sur l'ensemble des routes, tant nationales que départementales, qui comprennent un réseau de 80.000 kilomètres environ, est d'au moins 60.000 colliers par an. Chaque centime de diminution, dans les frais du passage d'un collier sur un kilomètre, produit donc une économie annuelle de près de 50 millions. Ce chiffre serait sans doute doublé si l'on tenait compte des chemins vicinaux. On comprend d'après cela l'importance des soins apportés à l'entretien des routes.

Aujourd'hui, on estime que le coefficient de la résistance des chaussées à la traction ne dépasse pas 0,03 sur les routes en bon état d'entretien. Lorsqu'elles étaient mauvaises, il s'élevait peut-être au double. Or le prix de la force motrice destinée à vaincre cette résistance est un des éléments principaux du prix des transports, qui se chiffrent, comme on l'a vu, à près d'un milliard sur les routes et chemins.

« Lorsqu'on envisage à ce point de vue la question, a dit excellemment M. l'ingénieur en chef Vallès, on ne trouve pas qu'il y ait dans la science de l'entretien de détails trop infimes. L'humble pierre cassée que nous voyons sur les tas d'approvisionnement de nos routes va devenir bientôt un des éléments de la richesse du pays. »

353. Principe du point à temps. — L'objet de l'entretien est de maintenir les routes en tel état que les voitures s'y trouvent toujours dans les meilleures conditions possibles. Il faut donc qu'il soit dirigé de façon à écarter à chaque moment tout obstacle ou toute source de résistance à la circulation, et à prévenir ou arrêter dès leur naissance toutes les dégradations auxquelles les routes sont sujettes.

Ce résultat ne peut être obtenu qu'au moyen d'une surveillance continue et par l'organisation de ressources constamment disponibles en matériaux et en main-d'œuvre.

Trésaguet avait senti cette nécessité et la signalait le premier, dans un mémoire publié en 1775. Il proposait d'organiser un système d'entretien régulier par cantonniers, assez analogue à celui qui a été adopté depuis. Mais ces idées, quelque justes et simples qu'elles fussent, ne se répandirent pas jusqu'au moment où les innovations de Mac Adam les mirent à l'ordre du jour. En réduisant l'épaisseur des chaussées et supprimant leurs fondations, Mac Adam construisait des routes qui ne pouvaient vivre et rester bonnes que par un entretien suivi. Il a donc été conduit à rechercher et à mettre en pratique les vrais principes de l'entretien, et c'est aux succès qu'il a obtenus dans cette voie, plus encore qu'à ses méthodes de construction, qu'est due la célébrité qui s'attache à son nom. Mac Adam avait des routes excellentes, alors que les autres ingénieurs en étaient encore aux ornières. Il transformait, par le simple entretien, les plus mauvaises chaussées, et faisait voir que les meilleures se perdent immédiatement, si on les abandonne.

Dans l'enquête ouverte devant le parlement anglais, en 1818, sur les procédés de Mac Adam, M. Valker, insistant sur la nécessité de saisir les moindres dégradations à leur début, et d'y porter immédiatement remède, afin d'empêcher le mal de s'aggraver par le retard, faisait remarquer que « *faire un point à temps était l'axiome des bonnes ménagères.* » Cette heureuse comparaison résume, en effet, d'une manière saisissante toute la théorie de l'entretien des routes. Elle a passé dans le langage usuel, et l'on appelle *principe du point à temps* celui que l'on a appliqué depuis lors.

354. Organisation du personnel. — L'application du principe du point à temps exige qu'il y ait constamment sur les routes un personnel spécial occupé à leur donner les soins nécessaires.

Trésaguet proposait de diviser les routes en cantons, sur chacun desquels l'entrepreneur chargé de l'entretien maintiendrait un ouvrier, qui devrait « parcourir le canton toutes les semaines, et plus souvent dans les mauvais temps, et réparer à lui seul les petites dégradations qui auraient pu se former en si peu de temps et en arrêter les progrès. »

Cette idée est la base de l'organisation moderne. Attribuer un canton déterminé à un ouvrier, toujours le même, et seul chargé de l'entretien, c'est mettre en jeu le principe de la responsabilité, base de toute bonne administration. Seulement, il a paru que cette responsabilité serait plus effective si elle ne passait pas par l'intermédiaire d'un entrepreneur. On enrôle donc directement les cantonniers, et on les investit d'une sorte de fonction publique à laquelle ils sont appelés par des nominations officielles.

Les cantonniers agissent sous les ordres des ingénieurs et des conducteurs des ponts et chaussées.

355. Ingénieurs. — A la tête de chaque *département* est placé un *ingénieur en chef*, qui a la direction et la responsabilité de l'entretien de l'ensemble des routes du département.

Sous ses ordres, plusieurs *ingénieurs ordinaires* s'occupent plus spécialement d'une circonscription, nommée *arrondissement*, où ils dirigent l'entretien, suivant les vues de l'ingénieur en chef, mais aussi d'après leurs inspirations personnelles, surtout dans les détails dont ils ont la responsabilité.

Les ingénieurs ordinaires doivent visiter avec soin toutes les routes qui leur sont confiées au moins quatre fois par an, et plus souvent si cela est utile.

356. Conducteurs. — Les ingénieurs sont aidés dans leur tâche par des *conducteurs*, qui sont comme leurs lieutenants.

Le conducteur a la surveillance d'une *subdivision*, comprenant une longueur de routes telle qu'il puisse les visiter en détail au moins deux fois par mois, tout en se réservant assez de temps pour les autres exigences du service. La subdivision se compose, en général, de 40 à 80 kilomètres de routes, suivant leur distribution et la complexité de leur entretien et des affaires qui s'y rapportent.

Le conducteur donne les ordres généraux aux chefs cantonniers, examine le travail des cantonniers, rend compte de leur conduite, et propose les punitions et les récompenses. Il parcourt les routes à pied et non en voiture, afin d'en voir à fond tous les détails, et de donner posément à ses subordonnés les explications nécessaires. Il rend compte de ses tournées par des procès-verbaux qu'il adresse deux fois par mois à l'ingénieur ordinaire.

Le conducteur prépare, en outre, le travail administratif des ingénieurs. Il tient la comptabilité de toutes les dépenses qui se font dans sa subdivision. Si une pétition ou affaire quelconque est soumise à l'ingénieur ordinaire, celui-ci, avant de répondre, consulte le conducteur, en lui demandant les renseignements nécessaires, et même le plus souvent son avis.

S'il y a des études à faire sur le terrain, c'est le conducteur qui en est chargé. C'est lui qui examine en détail, avant la réception, les matériaux d'entretien fournis par les entrepreneurs. C'est lui qui surveille l'exécution des travaux neufs.

Pour assurer l'autorité qui s'attache à ses fonctions, les ingénieurs ne doivent donner aucun ordre direct aux cantonniers, ou traiter aucune affaire, sans les faire passer par le conducteur.

357. Employés secondaires. — Dans les subdivisions très chargées, le conducteur est quelquefois aidé par un agent, qu'on appelait autrefois *piqueur*, et qui est aujourd'hui désigné sous le nom *d'employé secondaire*.

Un certain nombre de ces agents sont, en outre, occupés aux écritures et aux dessins dans les bureaux des ingénieurs. C'est parmi eux que se recrute la majeure partie du corps des conducteurs.

358. Cantonniers. — Les *cantonniers* sont chargés de la main-d'œuvre de l'entretien. Chacun d'eux est affecté à un *canton*, dont la longueur, variable suivant l'état des routes, les méthodes d'entretien et l'importance de la circulation, est généralement comprise entre 2 et 4 kilomètres.

A certains moments, quand il y a beaucoup de main-d'œuvre à faire à la fois, on adjoint au cantonnier un ou plusieurs ouvriers à la journée, que l'on nomme *auxiliaires*. Il faut s'efforcer d'en réduire le nombre autant que possible, et d'organiser le service de façon qu'il puisse s'en passer. Les auxiliaires coûtent plus cher que les cantonniers, et travaillent moins bien ; la surveillance en est difficile et peut donner lieu à des abus. On ne doit avoir recours à eux qu'en cas de nécessité absolue.

Les cantons sont groupés par *brigades*; chaque brigade comprend cinq ou six cantonniers. L'un d'entre eux prend le titre de *chef*, et est chargé de surveiller et de diriger les autres.

Le cantonnier-chef a un canton plus court que celui des simples cantonniers, afin qu'il lui reste un temps suffisant pour la surveillance. Dans quelques départements, on l'a même déchargé de tout travail manuel. Ce système avait reçu une consécration officielle, à une certaine époque, où l'on autorisait l'emploi d'agents, nommés *ambulants*, uniquement chargés de tournées sur les routes; mais on a supprimé cette nature d'emploi, et on a jugé préférable de s'en tenir au règlement, qui donne au chef-cantonnier une partie de route à soigner. Il s'y entretient la main et ne perd pas toute pratique des travaux. Son canton, qui doit être le mieux tenu de la brigade, sert de modèle aux autres et affirme sa supériorité, ce qui contribue à lui donner l'autorité nécessaire. Enfin, la nécessité pour lui d'être un ouvrier spécial et exercé coupe court à toutes les demandes des personnes étrangères à l'art de l'entretien, qui seraient bien aises, en captant la faveur du préfet ou de l'ingénieur en chef, d'obtenir un petit emploi et de gagner quelques centaines de francs au moyen d'un certain nombre de promenades sur les routes. Il est très important que ces places soient réservées aux cantonniers, dont elles entretiennent l'émulation, et que des cantonniers seuls y puissent aspirer.

Les cantonniers-chefs visitent leur brigade au moins une fois par semaine. Ils rendent compte de ces visites sur des feuilles de tournée, qu'ils remettent au conducteur, après avoir indiqué la date de chaque tournée, les noms des cantonniers rencontrés, le lieu et l'heure de la rencontre, l'occupation du cantonnier, la manière dont il a exécuté les ordres antérieurs et les instructions donnés pour les jours suivants.

Les qualités d'un bon chef cantonnier sont nombreuses et difficiles à réunir. Il faut qu'il soit assez intelligent et assez exercé pour diriger chaque jour le travail de la brigade, d'après les ordres généraux donnés par le conducteur, mais en les interprétant et les modifiant, au besoin, sous sa responsabilité, suivant l'état de l'atmosphère ou d'autres circonstances.

Il faut qu'il soit plein de zèle et d'activité; qu'il ne recule pas devant une tournée supplémentaire, s'il faut compléter ou modifier les instructions données la veille; qu'il s'assure, par des visites imprévues et hors de tour, de l'assiduité des cantonniers; qu'il n'hésite pas à se mettre en route la nuit pour arriver au point du jour à l'extrémité de la brigade; qu'il se présente à l'improviste, en passant, s'il le faut, par des chemins détournés; en un mot, qu'il soit toujours attendu, sans jamais l'être. Enfin, il faut que le cantonnier chef ait de l'autorité sur ses subordonnés; il doit avoir un caractère respectable, et se faire respecter par sa conduite et son jugement.

Règlement des cantonniers. — Un règlement du 20 février 1882, reproduisant avec quelques modifications celui qui était en vigueur depuis 1835, fixe les conditions auxquelles est assujetti le travail des cantonniers. On va en résumer les dispositions les plus essentielles.

Les cantonniers sont nommés par le préfet du département sur la présentation de l'ingénieur en chef. Ils doivent offrir certaines garanties et satisfaire aux conditions suivantes :

1° Être âgés de moins de quarante ans et de plus de vingt et un ans;

2° N'être atteints d'aucune infirmité s'opposant à un travail journalier;

3° Avoir déjà travaillé dans des ateliers de construction ou de réparation des routes;

4° Être porteurs d'un certificat de moralité;

5° Savoir lire et écrire.

Dans quelques départements où l'instruction est arriérée, il n'est pas toujours possible de trouver des candidats satisfaisant à cette dernière condition, et, dans ce cas, on n'y tient pas la main.

Les cantonniers sont congédiés par le préfet, sur la proposition de l'ingénieur en chef.

Ils portent à leur coiffure un signe distinctif, qui empêche de les confondre avec d'autres ouvriers. Ils ont, en outre, un signal ou guidon, formé d'une plaque numérotée au bout d'un jalon, qui doit être toujours planté à moins de 100 mètres de l'endroit où ils travaillent.

Ils sont assujettis à rester sur les routes, sans désemparer, depuis le lever jusqu'au coucher du soleil en hiver, et, en été, de cinq heures du matin à sept heures du soir. Ils ne doivent pas s'éloigner en temps de pluie, de neige ou autres intempéries; c'est même à ce moment qu'ils ont à redoubler de vigilance. Toutefois, ils sont autorisés à se faire des abris fixes ou portatifs, où ils se réfugient pour laisser passer le gros des tourmentes.

Ils doivent aide et assistance aux passants, mais gratuitement et seulement en cas d'accidents.

Ils sont pourvus, à leurs frais, d'une partie des outils dont ils ont besoin. Ils doivent les entretenir en bon état, ainsi que divers objets et outils qui leur sont remis par l'administration, notamment la tournée et le pilon.

On leur donne, en outre, un *livret* destiné à recevoir les observations des agents qui les visitent dans leurs tournées. Le livret est divisé en colonnes où s'inscrivent la date et l'heure de la rencontre, le nom et la qualité des agents, les notes sur le travail et la conduite du cantonnier, les ordres et les instructions qui lui sont donnés. Le plus souvent, le travail fait ou à faire s'exprime à la fois en nature et en quantité, c'est-à-dire sous forme de tâches remplies ou à remplir.

L'ingénieur trouve dans les livrets, lorsqu'il visite les routes, un moyen de contrôle facile et efficace, non seulement sur les cantonniers, mais aussi sur les agents chargés de les surveiller. Il y trouve, en outre, une série de documents très précieux sur le temps passé à chaque catégorie de mains-d'œuvre. Enfin, les agents de tout ordre ne peuvent remplir convenablement les feuilles des livrets qu'en analysant sérieusement les besoins des routes et observant tout ce qui s'y passe.

Aussi, le livret est-il un des éléments essentiels du service. Le cantonnier doit l'avoir constamment sur lui, et ne s'en dessaisir que sur un ordre de ses chefs. L'oubli ou la perte du livret sont gravement punis.

Néanmoins, les renseignements sur le travail des cantonniers ne sont fournis que d'une manière générale par le livret, dont le format ne se prête pas à des détails nombreux ni précis. On le complète par une *feuille de travail*, qui est renouvelée tous les mois, où le cantonnier inscrit, chaque jour, la nature des travaux auxquels il s'est livré, et le temps qu'il y a passé. A la fin du mois, le conducteur récapitule ces renseignements et les envoie à l'ingénieur, qui peut suivre ainsi régulièrement la marche de l'entretien de toutes les routes de son service.

Le zèle des cantonniers est entretenu par un système de punitions et de récompenses. Si le livret ne peut être présenté par le cantonnier, il subit une retenue d'une demi-journée de salaire. Un cantonnier qui n'est pas trouvé à son poste est passible d'une retenue de deux journées pour la première fois, de trois pour la seconde, et d'un renvoi définitif pour la troisième. S'il n'a pas suffisamment travaillé, on lui inflige une amende égale aux dépenses nécessaires pour compléter son travail; s'il a négligé une partie de son service, on lui retient une somme équivalente aux frais nécessaires pour réparer les dégradations qui sont le fruit de sa négligence. Tout ou partie de ces amendes est distribué aux cantonniers qui se sont le plus distingués par leur zèle et par leur travail. En outre, tous les ans, il est accordé au cantonnier le plus méritant de chaque arrondissement, et au cantonnier-chef qui a rendu les meilleurs services dans le département, une gratification égale à un mois de salaire.

Les cantonniers sont enfin divisés en trois classes, et les cantonniers-chefs en deux classes, égales en nombre, mais dont le salaire est différent. Ce classement, qui est renouvelé tous les ans, n'est pas fait seulement d'après l'ancienneté des services; on tient compte surtout, pour les avancements, des services rendus pendant l'année précédente. Un cantonnier négligent peut même descendre de classe, et être remplacé par un cantonnier moins ancien, dont le travail est meilleur: mais c'est une faculté dont on n'use qu'avec réserve.

CHAPITRE X

ENTRETIEN DES CHAUSSÉES EMPIERRÉES

SOMMAIRE :

§ 1er. *Principes généraux.* — 359. Mode de dégradation des chaussées. — 360. Objet de l'entretien. — 361. Distinction entre l'entretien proprement dit et les emplois.
§ 2. *Entretien proprement dit.* — 362. Époudrement. — 363. Ébouage. — 364. Époudrement et ébouage mécaniques. — 365. Évacuation des eaux. — 366. Effacement des frayés. — 367. Suppression des flaches. — 368. Ramassage des feuilles. — 369. Déblaiement des neiges. — 370. Sablage. — 371. Arrosage. — 372. Pilonnage et soins divers.
§ 3. *Emploi des matériaux.* — 373. Nécessité des emplois. — 374. Méthodes d'emploi. — 375. Emplois partiels. — 376. Entretien des emplois. — 377. Emplois-béton. — 378. Rechargements généraux cylindrés. — 379. Comparaison des deux méthodes. — 380. Aménagement des rechargements généraux. — 381. Période de transition. — 382. Conclusion.
§ 4. *Approvisionnements.* — 383. Nature des matériaux. — 384. Pierres brutes. — 385. Forme des tas. — 386. Obligations des entrepreneurs. — 387. États d'indication. — 388. Réception. — 389. Régie.

§ 1er

PRINCIPES GÉNÉRAUX

Les dégradations se produisent sur toutes les parties des routes; mais c'est surtout sur la chaussée qu'il faut les empêcher ou y porter remède. L'entretien des parties accessoires, accotements, fossés, talus, etc., n'a pour objet que d'assurer le maintien du bon état de la chaussée elle-même. On va donc s'occuper d'abord des méthodes d'entretien des chaussées, en commençant par les empierrements, qui sont de beaucoup les plus répandus.

359. Mode de dégradation de ces chaussées. — Les chaussées empierrées se dégradent de trois manières, par l'usure des matériaux, par le changement de nature de la chaussée et par l'altération de la forme de la surface.

Quand un véhicule roule sur une chaussée, ou qu'un cheval y applique son fer, ils rencontrent de petites aspérités qu'ils écrasent. S'ils portent sur une pierre de trop petite dimension, ils la rompent en plusieurs fragments, qui s'écrasent à leur tour et se transforment en détritus. Enfin, ils tendent à enfoncer les pierres dans la chaussée, et provoquent ainsi des frottements intérieurs, d'autant plus marqués que les matériaux sont plus mobiles. Ces frottements produisent de la poudre, qui s'ajoute à celle qui provient de l'écrasement. Toutes ces causes détruisent petit à petit la substance même de la chaussée et en déterminent *l'usure*.

Les détritus formés par l'usure restent en partie dans le corps de la chaussée, et le reste forme à sa surface la poussière, qui par l'humidité se transforme en boue. La poussière et la boue altèrent *la nature de la chaussée*. Au lieu d'offrir aux roues une surface dure et roulante, elle leur présente une couche de matière molle et provoque une résistance à la traction d'autant plus marquée que la couche de détritus est plus épaisse. La présence de la neige sur une chaussée produit le même effet, et peut même parfois rendre la circulation impossible. Enfin, quand l'eau séjourne longtemps sur une chaussée, elle en ramollit la gangue et rend les matériaux mobiles. Une sécheresse prolongée peut produire le même effet, en désagrégeant la matière d'agrégation.

Si les matériaux ne sont pas bien homogènes, ou que la chaussée ne soit pas partout dans des conditions identiques, certaines parties s'usent plus que les autres, et il se produit des *flaches*, signe de la déformation de la surface, Au lieu de flaches, on a des *frayés*, et même des *ornières*, lorsque certaines pistes sont fréquentées par les voitures, à l'exclusion du reste de la chaussée. Ces frayés se produisent infailliblement sur les chaussées couvertes de boue ou de poussière. Après qu'une voiture y a passé, la piste qu'elle a marquée présente un fond plus net et plus résistant que les parties avoisinantes.

et toutes les voitures qui surviennent y placent instinctivement leurs roues.

360. Objet de l'entretien. — L'entretien a pour but de s'opposer à toutes ces causes de dégradation ou de réparer celles qu'il ne peut empêcher.

Parmi ces dernières, la principale est l'usure des matériaux. Elle est inévitable, et on ne peut que la réparer en remplaçant les matériaux usés.

Les déformations de la surface se réparent, au besoin, lorsqu'elles se sont produites, par l'introduction de matériaux neufs dans les parties qui se sont enfoncées. Mais on peut les prévenir en s'attachant à n'employer que des matériaux bien homogènes, en évitant tout ce qui peut ramollir partiellement certains points de la chaussée, enfin surtout, en dépistant les voitures, c'est-à-dire, en faisant disparaître toute trace des voitures précédentes.

Quant à l'altération de la nature de la chaussée, on l'évite en empêchant l'eau d'y séjourner, en s'opposant aux sécheresses excessives, et surtout en enlevant la neige, la boue et la poussière.

361. Distinction entre l'entretien proprement dit et les emplois. — On voit, d'après ce qui précède, qu'une chaussée peut être maintenue en parfait état pour la circulation, sans qu'il y soit fait usage de matériaux neufs. Les matériaux ne sont utiles que pour remplacer ceux qui sont usés, ou pour combler les flaches. Mais les flaches peuvent être évitées, ou, du moins, maintenues dans des limites où elles sont sans inconvénients.

Il faut donc distinguer *l'entretien proprement dit*, composé de mains-d'œuvre qui ont seulement pour but de maintenir la chaussée en bon état, et *l'emploi des matériaux*, qui a pour objet de conserver l'épaisseur de la chaussée, en lui restituant l'équivalent de l'usure.

§ 2

ENTRETIEN PROPREMENT DIT

362. Époudrement. — La poussière s'enlève au balai. Les balais doivent être manœuvrés avec la plus grande légèreté; ils ne doivent qu'effleurer la surface et non pénétrer dans la chaussée, d'où ils feraient sauter les menues pierrailles. On se sert ordinairement de balais ronds de bouleau, à brins très flexibles placés circulairement au bout d'un long manche de 2 à 3 mètres. Des branches de jeune bouleau encore garnies de leurs feuilles sont excellentes. Le cantonnier chemine à reculons sur l'axe de la route, en tenant le manche très peu incliné sur l'horizon, et il promène légèrement le balai à la surface de la chaussée, en chassant la poussière alternativement à droite et à gauche. Pour éviter la pression due au poids du balai sur la chaussée, on l'équilibre quelquefois en plaçant un contrepoids à l'autre extrémité du manche; le cantonnier peut alors suspendre l'appareil à son épaule au moyen d'un baudrier, et exécuter la manœuvre sans fatigue.

Quand la couche de poussière est épaisse, on peut se servir d'un balai carré, dit anglais, à brins de jonc flexible, habituellement de piazzava, implantés dans une traverse en

bois, à laquelle le manche est fixé obliquement. On pousse alors la poussière devant soi, en s'efforçant d'agir aussi légèrement que possible pour ne pas désagréger la surface de la chaussée.

363. Ébouage. — Lorsque la boue est liquide, on l'enlève également avec le balai. On peut se servir du balai de bouleau, mais le balai anglais est préférable. L'ébouement se fait successivement par moitié de la chaussée à partir de l'axe, et l'ouvrier pousse la boue devant lui jusqu'aux bords de la chaussée.

Lorsque la boue est trop compacte, on l'enlève avec un rabot. C'est une plaque rectangulaire, de 0^m,30 de large et

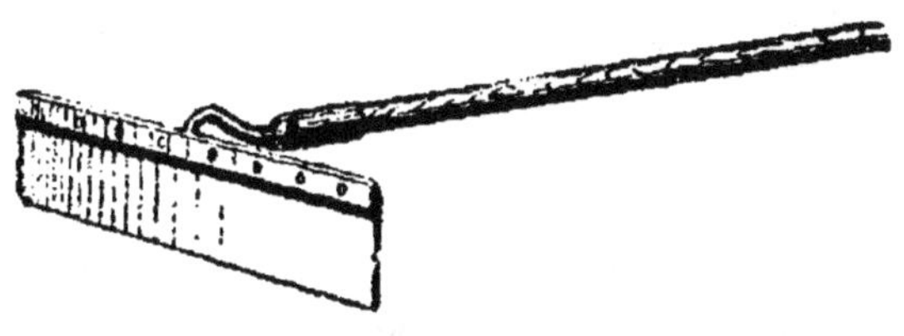

de 0^m,15 de haut, en bois ou en tôle, placée perpendiculairement au bout d'un manche. On s'en sert comme du balai anglais, sauf qu'on attire la boue à soi, au lieu de la repousser.

Quand la boue est très grasse et collante, qu'elle s'attache aux roues et enlève les pierrailles des chaussées, l'ébouement ne peut se faire sans dégradations profondes, et pourtant il serait alors très essentiel. Si on peut se procurer de l'eau, on arrose la chaussée pour rendre la boue plus fluide, et alors on peut ébouer.

Les produits de l'ébouage et de l'époudrement sont mis en tas sur les accotements. On les réserve pour servir de matières d'agrégation dans les emplois de matériaux. Quand ils sont trop abondants ou de mauvaise qualité pour cet usage, on les utilise pour recharger les parties basses des accotements, ou pour obtenir des accotements en saillie sur la chaussée, si ce type est admissible sur la route. A défaut d'emploi direct, on les met à la disposition des propriétaires voisins, qui y trouvent un engrais et un amendement précieux; car ces produits renferment des déjections d'animaux qui en font une substance azotée, et leurs parties minérales, réduites à l'état de poudre, sont facilement assimilables. Le plus souvent, ce sont les cantonniers qui les jettent sur les terres riveraines, avec le consentement de leurs propriétaires. Si les propriétaires s'y opposent, et qu'on n'ait pas l'emploi de ces détritus sur la route, on les fait enlever par des tombereaux; mais c'est là une dépense considérable, qu'il est presque toujours possible d'éviter.

Dans les villes, sur les surfaces unies, telles que les trottoirs

ou les dallages en asphalte, on se sert aussi d'un balai spécial, formé d'une feuille de caoutchouc, saisie entre deux lames de bois réunies par des écrous.

364. Ébouage et époudrement mécaniques. — On a essayé de substituer les machines aux simples outils indiqués ci-dessus, pour obtenir un enlèvement plus prompt et plus économique de la boue et de la poussière.

Une première série d'essais avait pour but de mettre entre les mains du cantonnier un outil plus puissant que le balai ou le rabot ordinaire. On attachait une série de balais ou de racloirs étroits à une traverse fixée sur une brouette à une ou deux roues. On mettait cinq ou six balais ou racloirs à côté les uns des autres, en sorte que le cantonnier, en poussant cet appareil devant lui, nettoyait d'un seul coup une largeur de 0m,80 à 1 mètre.

Mais ces instruments coûtaient cher. Ils étaient relativement lourds, difficiles à manier par un seul homme, qui ne pouvait alors les employer avec la légèreté nécessaire; ils étaient donc une cause d'usure des chaussées. En outre, ils étaient encombrants, et devaient être transportés au canton par le cantonnier, sans préjudice de la brouette, où il place ordinairement tous ses outils. Il lui fallait faire deux voyages au lieu d'un, et il perdait ainsi le temps qu'il pouvait gagner sur le balayage ou le raclage.

On a donc renoncé à ces appareils, et on a reconnu que,

pour les rendre pratiques, il fallait les simplifier au point d'en revenir aux outils ordinaires à manche.

Dans une autre série d'essais, on a cherché à substituer la force des chevaux à celle de l'homme pour manœuvrer des engins analogues, mais plus puissants. C'étaient toujours des séries de balais ou de racloirs fixées à des traverses, seulement celles-ci étaient portées par des voitures et traînées par des chevaux.

Il est inutile de faire la description de ces appareils, qui ont tous disparu, sauf la balayeuse mécanique du système

Tailfert, employée avec succès à Paris et dans quelques villes. Le balai en est cylindrique, et formé de brins implantés normalement dans un arbre en bois, tournant sur des paliers et mis en mouvement, au moyen d'engrenages, par la rotation même des roues de la charrette qui le supporte. L'axe de cet arbre est oblique par rapport à la piste de la voiture, et, par suite, par rapport à l'axe de la chaussée. La boue se trouve ainsi conduite, sous forme d'un bourrelet longitudinal, dans les ruisseaux, d'où on la fait couler aux bouches d'égout. La charrette est traînée par un cheval, et dirigée par un conducteur assis sur un siège, qui a sous la main des leviers propres à régler la pression du balai sur la chaussée.

Cette machine est bonne pour enlever beaucoup de boue en peu de temps, et elle fonctionne avec succès dans les rues des villes. Sur les routes, elle ne rendrait que de mauvais et coûteux services. En effet, plus les dimensions des appareils augmentent, et plus leurs défauts s'exagèrent. D'abord, ils représentent un capital important, dont l'amortissement doit entrer en ligne de compte. Ensuite, ils ne peuvent être manœuvrés par de simples cantonniers, et ils exigent un cheval et son conducteur; or, dans la campagne, on ne trouve pas souvent de telles ressources disponibles au moment où l'on en a besoin, et, si l'on veut se les assurer par des locations à l'année, on est conduit à des dépenses excessives. Enfin ces appareils ne font que de médiocre besogne. Leur action est toute mécanique et sans intelligence ; une fois réglés, ils balaient toujours et partout de la même manière ; tandis qu'un cantonnier sait bien qu'il faut appuyer plus sur certains points que sur d'autres, qu'il faut ménager les parties creuses, forcer sur les parties saillantes. La balayeuse mécanique nettoie imparfaitement, si elle est réglée pour un travail trop léger ; elle déchausse les cailloux et produit une usure rapide, si elle est réglée de façon à agir vigoureusement.

L'emploi de ces appareils suppose d'ailleurs les chaussées dans un état de saleté qu'elles ne doivent jamais présenter sur les routes.

On y a donc renoncé pour s'en tenir aux balais et aux rabots ordinaires.

365. Évacuation des eaux. — Au moment de la fonte des neiges et par les pluies abondantes, le cantonnier parcourt son canton, armé du balai et de la pioche, afin d'assurer un écoulement immédiat à toutes les eaux stagnantes. Avec le balai, il chasse l'eau des flaches existant sur la chaussée; avec la pioche, il désobstrue toutes les issues par où elle peut s'écouler, et ouvre au besoin des saignées spéciales.

366. Effacement des frayés. — Lorsqu'un frayé se manifeste, par suite du passage successif d'une série de voitures sur la même piste, on le fait disparaître simplement en balayant la chaussée, lors même que la quantité de boue ou de poussière ne serait pas notable. C'est là une des principales occupations des cantonniers.

On a eu quelquefois recours à des obstacles placés sur les frayés pour dépister les chevaux ; on y mettait des pierres brutes, des pavés ou de petits tas de cailloux. Mais ces obstacles constituent une gêne et même un danger pour la circulation, et ce procédé barbare doit être condamné.

Si le balayage ne suffit pas, on peut faire de distance en distance de petits emplois de matériaux, comme il sera expliqué au § 3.

367. Suppression des flaches. — Les flaches qu'offre toujours la surface de la chaussée peuvent s'amoindrir peu à peu et disparaître tout à fait par un emploi intelligent des procédés de curage. En balayant ou rabotant plus énergiquement les parties qui paraissent en saillies, en ne curant que légèrement les flaches et en y amenant les grains les plus grossiers des détritus enlevés, on peut arriver à rétablir le profil normal de la chaussée.

Si ces procédés ne suffisent pas, et que la flache s'accentue au lieu de diminuer, on la repique et on y fait un emploi de matériaux (§ 3).

Cet emploi devient nécessaire également, lorsque des trous ou ornières profondes se produisent subitement sur la route, comme cela arrive parfois à la suite de dégels, de pluies abondantes ou d'un roulage extraordinaire, sur les chaussées peu solides ou assises sur un mauvais sous-sol.

368. Ramassage des feuilles mortes. — En automne, les routes plantées se couvrent de feuilles mortes, qui ont l'inconvénient d'entretenir l'humidité sur la chaussée. On les enlève, soit au rabot avec la boue, soit au balai de bouleau, qui doit être, pour cet usage, assez dur. Ce travail est délicat, et il faut de l'adresse pour ne pas détériorer en même temps la chaussée.

Les feuilles sont mises en tas, puis jetées sur les terrains riverains, s'il n'y a pas d'opposition, ou enlevées au tombereau pour être déposées dans quelque creux, où elles pourrissent et se transforment en terreau, utilisé ensuite dans les pépinières.

369. Déblaiement des neiges. — Quand le sol est couvert de neige, la circulation y devient difficile ; elle est même impossible aussitôt que la neige atteint une certaine épaisseur. La neige doit donc être enlevée au plus vite. Cette opération s'exécute avec le balai, si la neige est pulvérulente et peu épaisse. Le cantonnier procède comme pour l'époudrement, mais en se contentant d'abord de mettre à nu une largeur d'environ $2^m,50$, afin de rendre promptement praticable une plus grande longueur. Si la couche de neige est trop épaisse ou trop compacte, il emploie le rabot en bois ou en fer, en se plaçant sur le côté de la chaussée en tirant à lui à partir de l'axe.

Dans les contrées où les neiges sont abondantes, ces méthodes ne permettraient pas de les déblayer assez vite. On a alors recours aux *charrues à neige*. Ce sont des châssis triangulaires formés de pièces assemblées en forme de V. On traîne la charrue sur le sol, la pointe en avant, en sorte que la neige est chassée à droite et à gauche par les ailes, et se ramasse, sous forme de bourrelets, de part et d'autre d'une voie qui a la largeur de l'écartement des ailes. On charge le châssis de pierres ou de pavés en nombre suffisant pour qu'il s'enfonce constamment dans la neige et ne se soulève pas, sans toutefois risquer de dégrader la chaussée.

Il y a des charrues de différents modèles : les unes peuvent être traînées par un ou plusieurs hommes ; les autres demandent des chevaux.

370. Sablage. — Dans les temps de verglas, ou lorsque le déblaiement a laissé à la surface de la chaussée une petite couche de neige tassée, les chevaux sont exposés à glisser, surtout sur les pentes. On s'y oppose en répandant à la volée avec la pelle une petite quantité de sable. Les détritus mis en réserve à la suite du balayage ou de l'ébouage sont très bons pour cet usage. On emploie aussi de la cendre, de la sciure de bois, du tan ou les autres matières analogues que l'on peut avoir sous la main.

371. Arrosage. — Dans la saison sèche, certaines chaussées se désagrègent, parce que les pierres sont enchâssées dans une matière d'agrégation friable, comme le sable siliceux. On y remédie, quand on le peut, en arrosant. On arrose aussi les traverses des villes, au point de vue de l'agrément et de la salubrité.

L'arrosage se fait, soit au moyen d'arrosoirs, soit par des tonneaux montés sur roues, auxquels sont adaptés des tubes percés de trous par où l'eau s'échappe en filets. Dans les villes où l'on a de l'eau en pression, l'arrosage se fait aussi à la lance.

Sur les routes, on ne peut guère avoir recours qu'à l'arrosoir ou à de petits tonneaux qu'un homme puisse traîner sur une brouette. Les tonneaux à cheval constitueraient un matériel trop coûteux et dont l'emploi serait subordonné à la possibilité de trouver disponibles en temps utile les chevaux et les conducteurs.

Pour que l'arrosage soit efficace, il faut qu'il soit renouvelé souvent, au moins deux fois par jour, matin et soir, pendant toute la durée de la sécheresse. Il est rare, d'ailleurs, que les cantonniers aient de l'eau à leur disposition, à proximité de tous les points de leur canton, et ils perdent beaucoup de temps à l'aller puiser. C'est donc une main-d'œuvre très coûteuse, et, malgré son utilité, on la pratique rarement.

On peut quelquefois multiplier les ressources en eau, en creusant, en des points où le sol n'est pas perméable, des puisards où l'on dirige l'eau des talus et des fossés.

On a essayé de maintenir dans les chaussées une fraîcheur permanente, en y introduisant, pendant l'été, des sels déliquescents, absorbant l'humidité de l'atmosphère. Les plus communs sont le chlorure de magnésium et le chlorure de calcium. Dans le département de la Seine-Inférieure, où ce système a été appliqué en grand par M. Lechalas, on dissolvait le chlorure de calcium dans l'eau, et on répandait la dissolution sur la chaussée, à l'arrosoir ou au tonneau, en quantité suffisante pour mettre environ 1 kilog. de sel par mètre courant de route. On arrosait 3 fois en juin, 2 fois en juillet et 1 fois en août : cela suffisait pour que la chaussée conservât toujours un degré convenable d'humidité. Malgré le prix peu élevé du chlorure de calcium (environ 2 centimes par kilog.), on arrive ainsi à une dépense de 120 fr. par kilom., sans compter le transport et la main-d'œuvre du répandage. C'est beaucoup trop pour le simple arrosage. Aussi ce procédé ingénieux ne s'est-il pas répandu.

Dans les villes, où la dépense serait abordable, les sels déliquescents ont l'inconvénient de dessécher l'atmosphère au lieu de la rafraîchir.

372. Pilonnage et soins divers. — Il y a des chaussées qui se soulèvent et se désagrègent à la suite de certaines intempéries. Telles sont celles qui reposent sur un sol crayeux, au moment des dégels. On leur rend leur assiette en les comprimant avec des pilons. Le pilonnage se fait avec un pilon de 12 kilogr. environ, de l'un des modèles indiqués au n° 265, que l'on soulève de $0^m,30$ environ, et que l'on laisse retomber de son propre poids bien d'aplomb. Les coups de pilon doivent se succéder en se recouvrant du tiers ou de la moitié. Quand toute la surface a été parcourue, on recommence si cela est nécessaire.

En dehors de ces travaux, les chaussées réclament encore parfois d'autres soins. Ainsi, pendant les gelées, il faut s'assurer qu'il n'y a nulle part des flaches où la glace serait prise, et, si le fait se produit, il faut casser et enlever cette glace. Ainsi encore, il se présente quelquefois à la surface des pierres saillantes ou têtes de chat provenant, soit d'une fondation, soit de l'incorporation par mégarde d'une pierre trop grosse pendant la contruction ou l'entretien : il faut briser ces saillies à coups de masse.

§ 3

EMPLOI DES MATÉRIAUX.

373. Nécessité des emplois. — Au moyen des mains-d'œuvre bien simples qui viennent d'être indiquées, et qui se réduisent, pour ainsi dire, à l'usage du balai, du rabot et du pilon, on maintient les chaussées en très bon état, et la circulation y trouve une surface constamment propre et roulante.

Cet entretien n'exige pas de matériaux neufs, ou du moins n'en demande que des quantités extrêmement faibles, dans les cas prévus aux nos 366 et 367.

Mais une chaussée s'use nécessairement au passage des voitures. Les détritus qu'enlève le balai ou le rabot sont formés aux dépens de la substance de la chaussée. Cette substance disparaît peu à peu, et, si elle n'est renouvelée, la chaussée disparaît à son tour.

Quelques ingénieurs avaient fait la remarque que, plus une chaussée est belle et roulante et moins l'effort de traction y est considérable, moins aussi la chaussée doit s'user; car la majeure partie du travail fait par les moteurs pour vaincre la résistance au roulement est employée à écraser et user les matériaux. Ils en avaient conclu que les routes pouvaient s'entretenir pour ainsi dire sans matériaux, ou du moins avec une très petite consommation, en sorte qu'on pouvait avoir des routes excellentes avec une dépense modérée. Ils énonçaient cette idée sous forme d'un axiome paradoxal, en disant : *maximum de beauté, minimum de dépense*. L'expérience a eu bientôt prouvé que c'était là en effet un paradoxe. Sans doute, sur une chaussée bien nette, où le tirage est faible, les voitures détruisent moins de matériaux que sur une chaussée mal tenue ; mais l'économie n'est pas équivalente à l'augmentation des frais de main-d'œuvre, et, d'un autre côté, un nettoyage trop fréquent, avec quelque soin qu'il se fasse, produit à la surface une usure qui compense, et au delà, l'économie réalisée d'autre part. Les chaussées où l'on avait exagéré la main-d'œuvre de l'entretien se sont trouvées réduites à des épaisseurs insuffisantes et il a fallu les refaire à neuf à grands frais.

En somme, l'usure est inévitable, et il faut la réparer en incorporant à la chaussée des matériaux neufs.

374. Méthodes d'emploi. — On arrive à ce résultat par deux méthodes distinctes. Dans la méthode ancienne, encore la plus répandue, on applique le principe du point à temps, et on remplace l'usure par des matériaux neufs d'une façon continue et par petites portions. On répand, pour ainsi dire chaque jour, une quantité de matériaux égale à celle qui s'use. Ce répandage se fait par pièces isolées, de peu d'étendue, que l'on appelle des *emplois partiels*.

L'autre méthode, plus moderne, mais non encore généralement usitée, est celle des *rechargements généraux cylindrés*. Dans ce système, on laisse la chaussée s'user, jusqu'à ce qu'elle soit réduite à une épaisseur au-dessous de laquelle il y aurait inconvénient à ce qu'elle descendît; puis on reconstruit de toutes pièces une chaussée neuve sur la chaussée usée.

375. Emplois partiels. — Dans la première méthode, les matériaux, approvisionnés par tas le long de la route, sont répandues par petites parties, pendant toute la durée de l'hiver, à la surface de la chaussée.

On choisit, pour le répandage, la saison humide, où la chaussée est toujours un peu ramollie, afin d'obtenir une liaison entre les emplois et la chaussée. Par les temps secs, la surface étant trop dure, les pierres nouvelles formeraient une croûte isolée et seraient exposées à s'écraser sous la pression des roues.

On choisit de préférence, pour y faire des emplois, les points où la chaussée est déprimée; les flaches sont faciles à constater par la pluie, parce que l'eau y séjourne.

On commence par piquer avec la pioche le pourtour de la

partie où l'on veut faire un emploi ; on fait ainsi une rigole continue qui doit avoir de quatre à six centimètres de profondeur. Puis on pique grossièrement, en hachures irrégulières, tout l'intérieur de la pièce, surtout sur les parties les plus élevées. Les matériaux provenant de cette préparation sont ramassés au rabot et au balai, et mis de côté pour être réemployés.

Le cantonnier va alors chercher des matériaux neufs au tas le plus voisin, dans sa brouette ou avec une vannette, et il les dépose dans la flache qu'il a piquée. Il les étale ensuite au rateau, en s'efforçant d'amener les plus grosses pierres au centre, et de laisser les plus petites vers les bords. Puis il achève de garnir le pourtour avec les menus matériaux provenant du piquage, de manière à bien relier l'emploi avec la partie conservée de la chaussée.

Quelquefois, on abandonne l'emploi ainsi préparé et on laisse aux voitures le soin de la prise. Mais, outre qu'on impose ainsi une gêne à la circulation, les pierres, étant sans liaison, sont dérangées par le passage des roues et surtout sous le pas des chevaux, et une partie d'entre elles s'écartent et sont écrasées en pure perte.

On l'évite en procédant au pilonnage des matériaux. On pilonne d'abord faiblement, puis plus fort, en ayant soin de commencer par les bords et de terminer par le centre. Quand on dispose de matières d'agrégation, on les répand à la surface quand elle est bien comprimée, et on les fait pénétrer entre les interstices à l'aide du pilon, ou en les arrosant si on a de l'eau. On continue de pilonner jusqu'à ce que la pièce ait fait prise.

Il peut arriver que le temps reste sec à l'époque où les emplois doivent se faire. On procède alors de la même façon, mais en ayant soin d'arroser la flache avant le piquage et après le répandage des matériaux. Le pilonnage permet de réussir un emploi fait dans ces conditions.

Le choix des flaches qui doivent être successivement rechargées doit être fait avec art. Il ne faut pas qu'elles gênent par trop la circulation, et, en même temps, il ne faut pas qu'elles créent une tentation de frayé. Une partie de route rechargée est toujours moins roulante que la vieille chaussée; aussi les voitures les évitent-elles avec soin. Si tous les emplois se présentaient à la suite les uns des autres, sur un même alignement, toutes les voitures passeraient à côté, et bientôt des frayés se prononceraient. Il faut donc placer les emplois les uns à droite, les autres à gauche ou au milieu, de telle façon qu'une voiture n'en puisse éviter un sans se jeter sur un autre. Il arrive quelquefois qu'on ne réussit pas, et que les chevaux trouvent une piste : il ne faut pas hésiter, dans ce cas, soit à défaire une partie de ce qu'on a fait, soit à leur barrer le passage par un emploi supplémentaire.

Les emplois doivent s'échelonner partout pendant tout l'hiver. Il ne faut pas entreprendre le répandage complet des matériaux en commençant à une extrémité du canton pour finir à l'autre. On comble d'abord les flaches les plus importantes sur toute l'étendue du canton; et, quand ces emplois sont bien incorporés à la chaussée, on recommence sur les flaches voisines, et ainsi de suite, de façon à répandre partout chaque mois environ le cinquième ou le sixième de l'approvisionnement.

376. Entretien des emplois. — Les emplois doivent être surveillés attentivement pendant les premiers temps. Ils sont composés de matériaux encore relativement mobiles, et ils se dégradent facilement.

On doit profiter de la pluie pour les pilonner de nouveau; quand ils se désagrègent par la sécheresse, il faut les arroser et les pilonner encore.

Si les pieds des chevaux dérangent les pierres, on les remet en place, et on les assujettit au pilon, après avoir arrosé si l'on peut.

Quand les roues des voitures marquent un frayé sur l'emploi, il faut le faire disparaître, ainsi que les bourrelets qui l'accompagnent, avec le pilon, quelquefois même en ajoutant un peu de matériaux neufs. Mais il ne faut jamais rabattre les bourrelets avec le rateau ou la griffe.

On ne doit abandonner un emploi que lorsqu'il n'est plus apparent et a fait corps avec la vieille chaussée.

377. Emplois-béton. — Les répandages de matériaux sur les chaussées sont une gêne considérable pour la circulation, tant qu'ils ne sont pas parfaitement incorporés; cette gêne se manifeste par le soin avec lequel les voitures cherchent à les éviter. Ils ne peuvent avoir lieu que pendant l'hiver, car les emplois font difficilement prise dans la saison sèche.

On a cherché à remédier à ces inconvénients par une procédé connu sous le nom d'emplois-béton, qui a été appliqué avec succès, à une certaine époque, dans le Jura.

On sépare au rateau ou au crible les matériaux provenant des fournitures ou du piquage des pièces, en trois catégories, savoir : 1° les pierres de $0^m,03$ et au-dessus; 2° les pierres de $0^m,015$ à $0^m,03$; 3° les pierrailles de moins de $0^m,015$.

On prend 4 à 5 parties de la 1re catégorie, et on les mélange avec une partie de détritus un peu gras, provenant de préférence des curages de la route, que l'on a eu soin d'arroser au préalable et de gâcher sous forme d'une pâte liante. Puis on mélange la pierre et la boue avec des griffes et des pelles, exactement comme on fait du béton. Le travail est poussé jusqu'à ce que chaque pierre soit entourée de boue. La proportion de pierres et de détritus n'est pas absolue et varie suivant la nature de ceux-ci.

Ce béton est jeté dans la forme de la pièce, préalablement piquée à fond et bien arrosée sans présenter de flaques d'eau. Le béton est régalé à la pelle, puis fortement tassé avec des pilons.

On répand immédiatement sur ce béton comprimé des pierres de la deuxième catégorie, simplement arrosées, mais non mises en béton, et on les enfonce au pilon dans la première couche.

Enfin on garnit cette seconde couche de la même façon avec la pierraille n° 3, et on achève de glacer l'emploi en le saupoudrant de détritus et le pilonnant.

Ces emplois résistent immédiatement au pied des chevaux et aux roues des voitures. Ils ont besoin d'être surveillés un ou deux jours seulement, pendant lesquels on répare au pilon, avec l'aide au besoin d'un peu de détritus, les gerçures, frayés et autres traces d'altération qui peuvent se produire.

Au bout de ce temps, la liaison est complète, et la pièce se confond avec la chaussée ancienne.

Ces emplois peuvent se faire par toutes les saisons, sauf en temps de gelée. Par la pluie, on diminue la quantité d'eau ; par les temps secs, on l'augmente. On peut donc répartir les emplois pendant toute l'année, et ne pas les concentrer tous sur les mois d'hiver, où les cantonniers conservent ainsi plus de liberté pour les curages.

Ce système est évidemment très perfectionné, et impose à la circulation la moindre gêne possible. Mais il absorbe une main-d'œuvre énorme, et ne permet pas toujours, avec les crédits dont on dispose, d'approvisionner une quantité de matériaux en rapport avec l'usure de la route, bien que cette usure soit amoindrie par suite des soins dont sont entourés les matériaux. Il exige qu'on ait à sa disposition beaucoup d'eau, qu'il n'est pas toujours facile de se procurer. Enfin, il demande une grande intelligence chez les agents de tout ordre ; les proportions d'eau et de détritus à mêler à la pierre doivent être réglées très exactement et varier suivant les circonstances atmosphériques, et leur mise en œuvre exige une habileté particulière de la part du cantonnier.

Le procédé ne réussit pas d'ailleurs aussi bien avec tous les matériaux. Quand ils sont de nature siliceuse et que leurs détritus sont maigres, on ne peut constituer le béton que par l'addition de sables gras ou marneux, qu'il faut souvent chercher au loin, et qui augmentent encore la dépense.

Ce procédé doit être réservé pour les petites réparations exceptionnelles à faire pendant l'été, mais ne peut être généralisé.

378. Rechargements généraux cylindrés. — Dans ce système, on laisse la chaussée s'user jusqu'à la limite inférieure qu'on regarde comme admissible. Cette limite peut être fixée à 0m,08 ; mais il paraît prudent de ne pas descendre au-dessous de 0m,10. Quand la chaussée est arrivée à ce point, on la recharge, c'est-à-dire que l'on fait par-dessus une chaussée entièrement neuve, d'épaisseur suffisante pour subvenir à l'usure d'un certain nombre d'années.

La construction se fait comme celle des chaussés des routes nouvelles. Il faut seulement avoir soin de piquer la surface sur laquelle on l'asseoit, afin de mieux assurer la liaison des des deux parties.

Pour ne pas interrompre la circulation, on ne fait d'abord le rechargement que sur la moitié ou le tiers de la largeur. Les voitures passent sur l'autre partie, et descendent au besoin sur les accotements pour les croisements.

379. Comparaison des deux méthodes. — La méthode des rechargements généraux cylindrés présente de sérieux avantages :

1° Elle peut s'appliquer en toute saison, bien qu'elle réussisse un peu mieux par les temps humides ; pendant les grandes sécheresses, il faut seulement arroser un peu plus abondamment. On peut donc choisir pour le répandage l'époque où les cantonniers sont le moins occupés au curage, ce qui évite l'emploi d'auxiliaires. Le printemps et l'automne sont les saisons les plus favorables.

2° Elle permet de diminuer le nombre des cantonniers, qui se trouvent déchargés d'une partie importante de leurs occupations.

3° Le travail peut être fait à l'entreprise ou à la tâche, ce qui donne toujours des résultats plus économiques que le travail en régie.

4° Il y a une économie notable sur les matériaux, qui ne sont pas exposés, comme dans les emplois partiels, à être dispersés par les chevaux et écrasés par les voitures.

5° On obtient immédiatement une chaussée de profil normal, tandis que les emplois partiels ne font que substituer des bosses à des creux.

6° Sur les points où la circulation est très active, le rechargement général se fait dans les mêmes conditions que sur les parties peu fréquentées, tandis que les emplois partiels ne peuvent alors recevoir les soins dont ils ont besoin, et sont en partie gaspillés.

7° Enfin, les rechargements généraux offrent en tout temps à la circulation des chaussées en bon état, tant sur les parties neuves que sur les autres. Ils produisent seulement une gêne locale sur les points où l'on travaille; mais cette gêne est un simple encombrement et ne se traduit pas par une augmentation sensible dans les efforts de traction. Grâce au cylindrage, le public n'a plus à faire les frais de la prise des matériaux, et il en résulte pour les transports une économie considérable. Le pilonnage des emplois partiels ne peut être assez complet pour atteindre le même but, sous peine de dépenses excessives; il laisse les matériaux imparfaitement liés pendant longtemps, et il en résulte des résistances supplémentaires pour les voitures. Les répandages partiels durent pendant tout l'hiver, qui est précisément la saison où les chaussées sont naturellement moins bonnes. Cette aggravation est même d'autant plus marquée que la circulation est plus importante, car la quantité de matériaux à répandre dans le même temps est plus grande, les pièces sont plus nombreuses et ne peuvent recevoir les mêmes soins.

Quelques ingénieurs ont contesté une partie de ces avantages, et ont fait au système des rechargements généraux diverses objections, qui peuvent se résumer comme il suit :

1° L'économie sur les fournitures de matériaux est plus apparente que réelle. La consommation en est moindre, mais ils sont plus coûteux; car il est plus difficile de réunir en un seul point une même marchandise en grande quantité à des intervalles éloignés que d'en avoir un peu continuellement. Par exemple, une partie des matériaux d'entretien est fournie par des ramassages dans les champs voisins, où on les enlève à peu près gratuitement, les propriétaires étant heureux de voir épierrer leurs champs; pour un rechargement général, cette ressource est souvent insignifiante, et il faut aller à grands frais aux carrières. En somme, la demande sur le point indiqué pour être rechargé augmente considérablement, alors que l'offre reste la même. — Cette assertion est fondée, mais il reste à démontrer que cette augmentation de dépense est supérieure à la diminution résultant de la réduction du cube.

2° L'économie sur les cantonniers est dépassée par la dépense qu'exige le cylindrage. — Cela peut être vrai, si l'on se contente de comparer les déboursés. Mais l'argument tombe complètement, si on considère que le cylindrage est l'équivalent, non seulement du travail épargné aux cantonniers, mais aussi de celui que les véhicules laissent dans les emplois pour en compléter la prise. La résistance à la traction étant diminuée dans une forte proportion pendant l'hiver, le public gagne le total des frais supplémentaires qu'exige ce surcroît de résistance.

3° L'opération est une grande gêne pour la circulation ; les approvisionnements énormes qu'il faut faire encombrent la route ; pendant le répandage et le cylindrage, la moitié de la chaussée est soustraite à la circulation, qui doit se faire en partie sur les accotements. — Cette gêne est réelle, mais elle est toujours réduite à une faible longueur, puisqu'on ne cylindre guère à la fois plus d'un demi-kilomètre. On peut d'ailleurs l'atténuer en choisissant une saison où les accotements sont solides, en les consolidant au besoin avec du sable ou de menus matériaux, et surtout en menant vivement l'opération du répandage et du cylindrage.

4° On a fait observer que les accotements ne s'usent pas avec la chaussée, et ne peuvent, par conséquent, jamais se raccorder avec elle, si on la laisse s'user, pendant plusieurs années, sans remplacer l'usure. L'accotement est-il de niveau avec la chaussée au moment du rechargement, il sera plus élevé qu'elle dès l'année suivante, et se mettra de plus en plus en saillie. — Cela n'est pas un inconvénient, puisque cette disposition en saillie est la meilleure pour les accotements (n° 17). On peut toutefois l'éviter, si l'on veut, en faisant le rechargement en saillie sur les accotements, et dressant ceux-ci suivant une pente transversale un peu plus forte que la pente normale ; quand le niveau de la chaussée a atteint l'accotement, on recoupe celui-ci pendant l'entretien de façon qu'il fasse toujours suite à la surface de la chaussée.

5° Une dernière objection, peut-être la plus sérieuse, à l'emploi des matériaux par rechargements généraux, c'est que ce système est trop rationnel. Les emplois partiels ne demandent que des combinaisons annuelles fort simples, et les renseignements fournis par les cantonniers, joints aux observations personnelles des conducteurs, permettent aux ingénieurs de se rendre compte facilement et promptement des besoins de chaque partie de route et des moyens d'y satisfaire. Les rechargements généraux doivent être aménagés, c'est-à-dire entrepris et suivis avec méthode après une étude approfondie. Il y a, en effet, des relations nécessaires entre la longueur des sections entre lesquelles on divise une route ou un ensemble de routes pour les recharger à tour de rôle, l'épaisseur des rechargements et la durée de l'intervalle entre deux rechargements successifs en un même point. Ces quantités ne peuvent d'ailleurs pas être choisies arbitrairement ; elles sont commandées, dans une certaine mesure, par l'état actuel des chaussées, notamment par leur épaisseur moyenne. Si l'on considère la période de transition, depuis le moment où l'on a pris le parti de substituer la méthode des rechargements généraux à celle des emplois partiels, jusqu'à ce que ceux-ci aient été supprimés partout, l'organisation se complique encore bien davantage.

Lorsque tous les points du programme sont bien arrêtés, il faut s'y tenir et n'y rien changer, sous peine d'exposer les chaussées à péricliter. Si, par exemple, on intervertissait l'ordre dans lequel les sections doivent être rechargées, celles qui auraient été ajournées descendraient au-dessous de l'épaisseur limite considérée comme acceptable.

D'un autre côté, il faut observer les changements qui peuvent se produire dans les courants de la circulation. Il peut en résulter, dans les besoins des routes, des variations imprévues, qui obligent à remanier les études précédentes.

En résumé, il faut préparer l'aménagement et le suivre avec beaucoup de méthode, tout en le remaniant chaque fois que de nouveaux besoins se font sentir.

380. Aménagement des rechargements généraux. — La longueur à recharger chaque année dépend évidemment de la durée de la période d'aménagement, c'est-à-dire de l'intervalle entre deux rechargements successifs d'une même section. Si on représente par θ cette durée, exprimée en années, et par L la longueur totale des routes à entretenir, il faut, chaque année, recharger une longueur $\frac{L}{\theta}$.

Quant à l'épaisseur r du rechargement, elle doit être suffisante pour subvenir à l'usure pendant le temps θ; en sorte que, si u est l'usure annuelle, c'est-à-dire l'épaisseur dont la chaussée diminue en un an, il est nécessaire que $r = \theta u$.

Mais cette valeur de r n'est pas arbitraire; elle est déterminée par l'épaisseur e au-dessous de laquelle on ne veut pas laisser descendre les chaussées, et par l'état moyen de ces chaussées. Si on appelle m leur épaisseur moyenne, il est clair que $m = e + \frac{r}{2}$, d'où l'on déduit : $r = 2(m - e)$.

La durée de l'aménagement se trouve donc ainsi déterminée, puisque $\theta = \frac{r}{u}$, et que u est une donnée dont on ne dispose pas.

On voit donc que la durée θ de la période d'aménagement dépend de l'épaisseur moyenne m des chaussées. Si l'on disposait de cette moyenne, on pourrait choisir arbitrairement θ. Mais les routes ont une certaine épaisseur déterminée, qu'on ne peut changer que par des travaux extraordinaires, et non par le simple entretien.

On est donc conduit, pour l'application de la méthode, à adopter un aménagement commandé par les circonstances. On s'assure de l'épaisseur moyenne m de l'ensemble des chaussées; on se fixe une épaisseur e au dessous de laquelle on ne laissera descendre aucune partie de ces chaussées. On calcule l'épaisseur $r = 2\,(m - e)$ des rechargements. On se rend compte, le mieux qu'on peut, de l'usure annuelle u, et on calcule la durée $\theta = \frac{r}{u}$ de la période d'aménagement. On en déduit la longueur moyenne x à recharger chaque année, en posant $x = \frac{L}{\theta}$, L étant la longueur totale du réseau.

Remarques. — 1° On ne peut donner à r une valeur moindre que $0^m,06$, si on admet les matériaux cassés à cette grosseur. On ne peut guère, d'autre part, faire $e < 0^m,08$. Il s'ensuit que $e + \frac{r}{2}$, qui est égal à m, ne peut être inférieur à $0^m,11$. Le système d'emploi des matériaux par rechargements généraux n'est donc applicable, à titre régulier, que sur un réseau où l'épaisseur moyenne est au moins de $0^m,11$. Encore cette limite est-elle bien faible. Car on a vu qu'il serait préférable de prendre $e = 0^m,10$, et alors la moyenne devrait être $0^m,13$. Elle monterait à $0^m,14$ pour un rechargement de $0^m,08$.

2° Si m diffère peu de e, $m-e$ est petit, et par suite, r et θ le sont aussi. Les rechargements, peu épais et fréquemment renouvelés, deviennent alors coûteux. Il en est de même si u est grand relativement à r.

3° La longueur annuelle à recharger, fixée à $\frac{L}{\theta}$, est en réalité variable, et ce nombre n'est qu'une moyenne. Ce qui est fixe, c'est le crédit annuel affecté au réseau des routes. Mais la dépense par unité de longueur n'est pas la même sur les diverses sections. Si donc on représente par P, P', P''... la dépense pour le rechargement de l'unité de longueur de chaussée, dans des sections dont les longueurs respectives seraient x, x', x''... on doit avoir $Px = P'x' + P''x'' + \ldots$, avec $x + x' + x'' + \ldots = L$, le nombre des sections étant égal à θ.

4° Quand on connaît la longueur totale à recharger chaque année pour un ensemble de routes, on peut se demander s'il est préférable de subdiviser cette longueur en petites sections discontinues et éparses, ou d'accumuler tous les rechargements sur un seul point. Ainsi, si l'on doit chaque année recharger 10 kilomètres, vaut-il mieux porter les matériaux sur 10 portions distinctes d'un kilomètre chacune ou sur 10 kilomètres contigus d'une même route ? Le dernier système paraît de beaucoup préférable comme se prêtant moins aux mécomptes et se pliant mieux aux exigences nouvelles qui peuvent se présenter.

381. Période de transition. — Lorsqu'on veut passer du système d'entretien par emplois partiels à la méthode des rechargements généraux, la transformation ne peut pas être brusque. La route doit être soumise à un régime transitoire mixte, pendant un nombre d'années égal précisément à la durée θ de la période d'aménagement, le régime normal ne pouvant être établi qu'au bout de ce temps.

Si, pour fixer les idées, on suppose partout aux chaussées l'épaisseur moyenne m, il est clair que le premier rechargement que l'on fera n'aura pas l'épaisseur $r=2(m-e)$ mais seulement $m-e$, de façon à donner à la chaussée son épaisseur normale maxima qui est égale à $m+\frac{m-e}{2}$[1]. La première section de l'aménagement ne recevra donc que la moitié des matériaux ; l'autre moitié sera répandue sous forme d'emplois partiels sur les autres sections. L'année suivante, la première section ne recevra rien, et la seconde section sera complétée à l'épaisseur maxima ; et ainsi de suite, jusqu'à la fin de la période, où la première section sera réduite à l'épaisseur e, et les autres auront des épaisseurs régulièrement croissantes.

382. Conclusion. — L'emploi des matériaux par rechargements généraux paraît supérieur au système des emplois partiels. Mais son application régulière, tant dans la période de transition que dans le fonctionnement normal, exige des combinaisons assez compliquées, d'autant plus difficiles à établir que les deux coefficients dont on a besoin, épaisseur moyenne et usure annuelle des chaussées, ne sont jamais connus bien exactement, comme on le verra au chapitre XIII. On a vu d'ailleurs que le système n'est applicable que dans le cas où l'épaisseur moyenne est supérieure à un minimum qu'on peut fixer à $0^m,13$, condition qui n'est pas réalisée dans tous les départements. Il y a là des obstacles qui s'opposent à la généralisation de cette méthode.

On y a recours, dans bien des services, mais seulement pour des applications partielles. Le plus souvent, on adopte un régime mixte, qui consiste à faire sur les chaussées des emplois partiels de matériaux en quantité notoirement insuffisante, et à y opérer de temps à autre des rechargements généraux, lorsque l'usure a atteint la limite admissible.

1. Si on a $m-e<0,06$, on ne pourra procéder, pour la première section, par rechargements cylindrés ; il faudra recourir à la méthode des emplois partiels, en les multipliant de façon à employer dans l'année le volume total affecté à la section.

Il faut, du reste, même quand on opère par rechargements généraux, réserver chaque année et répartir le long des routes une certaine quantité de matériaux destinés aux réparations de l'entretien courant qui réclament de petits emplois, comme le comblement des trous accidentels et des flaches profondes dont le balai ne peut avoir raison.

§ IV

APPROVISIONNEMENT DES MATÉRIAUX

383. Nature des matériaux. — Les matériaux destinés à l'entretien doivent satisfaire aux mêmes conditions que ceux qui ont servi à la construction des chaussées. Ils doivent être durs, cassés à une grosseur qui ne dépasse $0^m,06$ en aucun sens, nettoyés et dépourvus de toute matière terreuse. Ils peuvent renfermer des détritus provenant du cassage, mais en très petite quantité. Les pierres cassées sont préférables aux cailloux roulés.

Toutefois, lorsqu'on ne fait pas usage de matières d'agrégation dans les emplois, ou qu'on ne se sert pour cela que des produits du curage, on recherche de préférence les matériaux qui ont du liant, c'est-à-dire dont les détritus se mettent facilement en pâte compacte et adhèrent fortement aux pierres. On sacrifie même quelquefois la dureté à cette qualité spéciale. Mais il ne faut pas aller trop loin dans cette voie; le liant est ordinairement l'indice d'une qualité inférieure, quant à la résistance; et, si l'on calculait bien, il y aurait le plus souvent avantage à faire usage de matières d'agrégation spéciales pour obtenir la liaison.

Quelques ingénieurs n'attachent qu'une importance secondaire au choix des matériaux d'entretien. Ils font remarquer qu'on peut obtenir d'excellentes chaussées avec toutes les qualités : il suffit, pour cela, de soigner tous les détails de l'entretien. Mais il est rare que le surcroît de main-d'œuvre demandé par des matériaux qui s'usent rapidement ne conduise pas à une dépense plus grande que l'acquisition de matériaux durs. En tout cas, il y a plus de boue et de poussière à enlever, un plus grand nombre d'emplois à faire, et il en résulte une plus grande gêne et de plus grands frais pour la circulation. Si celle-ci est très active, l'usure de la chaussée devient si rapide qu'on trouve à peine le temps de jeter les pierres pour la remplacer; les emplois se font au hasard et ne reçoivent aucun soin, et on peut dire que l'entretien est impossible. Ce n'est réellement que sur les chaussées très peu fréquentées que les matériaux de dureté médiocre sont admissibles.

On peut réunir les deux qualités, liant et dureté, en mélangeant deux ou plusieurs espèces qui les possèdent séparément. Mais ces mélanges, comme il a déjà été remarqué (n° 242), donnent lieu à des chaussées rugueuses, parce que les pierres tendres s'usent plus que les dures. Le résultat est toutefois meilleur, si l'on a soin de faire casser les matériaux très fin, à la grosseur de 0m,04, par exemple, et si le mélange est bien homogène.

384. Pierres brutes. — En dehors de la pierre cassée, on fait approvisionner sur les routes une certaine quantité de pierre brute, sous forme de moellons tels qu'ils sortent des carrières. Ces pierres sont destinées à être cassées par les cantonniers, à leurs moments perdus, dans la saison d'été, pendant les gelées ou au moment des grandes pluies. Dans certains départements, les cantonniers sont munis d'abris portatifs sous lesquels ils se mettent pour ce cassage, et qui les garantissent de la pluie ou du soleil.

385. Forme des tas. — Les pierres brutes sont mises sur les accotements par tas rectangulaires d'un mètre cube.

La pierre cassée est emmétrée sur les accotements par tas prismatiques quadrangulaires, dont les arêtes sont horizontales, et les faces latérales inclinées à 45° sur l'horizon.

Habituellement, le rectangle qui repose sur le sol a 2m,50 de long et 1m,50 de large, et la hauteur du tas est de 0m,50; la base supérieure a alors 1m,50 sur 0m,50. La hauteur étant

$0^m,50$, et la section moyenne, au milieu de la hauteur, 2 mètres carrés, on compte ce tas pour un mètre cube.

Mais son volume exact est $1^{mc},0417$[1].

Lorsque la largeur des accotements est insuffisante, on diminue la largeur du tas, en augmentant sa longueur. Ainsi, on réduit la surface supérieure à une simple arête, de $3^m,35$ de longueur, et le prisme devient triangulaire; le rectangle placé sur le sol a $4^m,35$ sur 1 mètre. Le volume exact de ce tas est $1^{mc},0042$.

Sur les routes peu fréquentées, où les approvisionnements sont peu considérables, on divise la fourniture en tas d'un demi-mètre cube. On leur donne alors une forme semblable à celle du tas précédent, sauf que l'on réduit l'arête supérieure à $1^m,333$ et les dimensions de la base à $2^m,333$ sur 1 mètre. Le volume de ce tas est $0^{mc},50$ exactement.

Quand on procède par rechargements généraux, on donne aux tas des longueurs plus grandes, et même on les remplace par des cordons continus, comme pour la construction des chaussées.

386. Obligations des entrepreneurs. — Les matériaux d'entretien des routes nationales sont approvisionnés par des entrepreneurs, qui prennent à bail chacun la fourniture d'un lot pour un nombre déterminé d'années, à la suite d'adjudications publiques. Ces lots sont de peu d'étendue, et échoient ainsi, non à de grands entrepreneurs, qui ne feraient que sous-traiter leurs marchés par parties en se réservant de gros avantages, mais à de petits tâcherons qui se contentent d'un

1. Par application de la méthode exacte, on trouve :

$$V = \frac{0,5.\,0,5}{2} \cdot \frac{2,5 + 2.\,1,5}{3} + \frac{1,5.\,0,5}{2} \cdot \frac{1,5 + 2.\,2,5}{3} = 1,0417.$$

modeste bénéfice, ou même à des propriétaires ou fermiers riverains, trop heureux d'utiliser ainsi leur matériel de transport au moment où il n'est pas employé dans les travaux agricoles, tout en débarrassant leurs champs de la pierre qui les gêne.

Les entrepreneurs doivent fournir chaque année les quantités de matériaux qui leur sont demandées, et les déposer sur les points indiqués. Ces matériaux doivent provenir des carrières désignées aux devis, être cassés hors de la route, et présenter toutes les qualités requises quant au cassage et au nettoyage.

Les matériaux sont déchargés sur les accotements et ne doivent pas empiéter sur la chaussée. Ils sont ensuite emmétrés comme il a été expliqué ci-dessus (nº 385).

Tous les approvisionnements d'une même année sont placés sur un même accotement, et on change de côté chaque année. De cette façon, il ne peut y avoir de confusion entre les matériaux non encore reçus et ceux qui proviennent de la fourniture précédente.

La moitié de la fourniture annuelle doit être approvisionnée sur la route avant le 1er juin, les trois quarts le 15 juillet, et la totalité le 1er septembre. Si l'entrepreneur se met en retard, on lui fait une retenue équivalente au dixième de ce qui manque au moment de la réception.

387. États d'indication. — Les quantités de matériaux à approvisionner sur les différents points des routes sont fixées par l'ingénieur à l'entrepreneur par un ordre de service nommé *état d'indication*.

Cet état ne peut être arrêté que lorsque l'ingénieur connaît exactement les fonds qui sont mis à sa disposition pour chaque route. Or, il n'est généralement fixé à ce sujet qu'assez tardivement et postérieurement à l'époque où l'entrepreneur doit se mettre à l'œuvre. Les crédits affectés à l'entretien des routes sont votés chaque année par les Chambres, et répartis ensuite par les soins du ministre des travaux publics entre les divers départements. L'ingénieur en chef étudie alors la sous-répartition de ces crédits entre les divers arrondissements, et, dans chaque arrondissement, entre les diverses routes et sections de route, et soumet cette sous-répartition au préfet. Ce n'est qu'après l'approbation du préfet qu'il la notifie à l'ingénieur ordinaire. Toutes ces formalités demandent du temps et l'on n'attend pas qu'elles soient remplies pour donner des ordres aux entrepreneurs. Dès l'origine de la campagne, aussitôt après la réception de la fourniture antérieure, c'est-à-dire à la fin du mois de septembre de l'exercice précédent, on leur remet des états d'indication provisoires, qui indiquent approximativement les quantités qui seront probablement demandées, en se tenant toujours un peu au-dessous de la réalité, afin de ne pas être exposé à réduire la commande. L'état d'indication définitif est remis lorsque la sous-répartition des crédits est arrêtée.

De cette façon, l'entrepreneur peut profiter de toute la campagne pour faire son travail, et il est sans excuse s'il se met en retard.

388. Réception des matériaux. — Les matériaux sont reçus par l'ingénieur ordinaire, assisté du conducteur, aussitôt que l'approvisionnement est terminé.

La réception est préalablement préparée par le conducteur. L'ingénieur désigne au hasard un certain nombre de tas sur lesquels on opère une vérification semblable à celle qui a été expliquée au n° 255. Les dimensions des tas sont vérifiées d'abord avec un gabarit en menuiserie; puis on éventre les tas désignés, et on constate leur qualité au point de vue du cassage et du nettoyage.

L'ingénieur convoque l'entrepreneur à la réception; il constate en sa présence l'exactitude des opérations faites par le conducteur, et de celles qu'il juge utile de faire lui-même; puis il en dresse procès-verbal. Les résultats obtenus sur les tas désignés sont étendus à l'ensemble de la fourniture, sur laquelle on opère, s'il y a lieu, les retenues motivées par les imperfections qu'elle présente.

389. Régies. — Lorsqu'un entrepreneur ne satisfait pas aux conditions de son marché, qu'il n'a pas présenté, par exemple, la moitié des fournitures au 1er juin, et qu'il ne paraît pas en mesure de rattraper le temps perdu, on le fait *mettre en demeure*, par un arrêté du préfet, d'avoir, dans un délai donné, organisé les ateliers sur un pied suffisant pour terminer son marché en temps utile. On lui prescrit habituellement d'avoir à apporter, chaque semaine, un cube déterminé de matériaux sur la route. Si cet arrêté reste sans effet, le préfet prend, sur le rapport des ingénieurs, un autre arrêté qui ordonne la *mise en régie* de l'entreprise. A partir de ce moment, l'entrepreneur est tenu de quitter la direction des chantiers, et les travaux s'exécutent sous les ordres directs des agents de l'administration, qui opèrent aux frais et risques de l'entrepreneur.

Ces régies sont presque toujours onéreuses pour lui. D'abord, elles sont menées par des conducteurs, qui sont des fonctionnaires publics, plus rompus à l'administration qu'à la pratique des affaires. Ensuite, les fournitures faites par la régie se trouvent toujours dans les conditions de travaux urgents, faits avec précipitation et par suite coûteux. En effet, ce n'est jamais qu'à la dernière extrémité et après avoir perdu tout espoir d'activer l'entrepreneur, que l'ingénieur propose la mise en régie ; le retard est déjà, à ce moment-là, difficile à réparer. Il faut encore attendre le délai de la mise en demeure, puis soumettre au ministre l'arrêté de mise en régie pour avoir son approbation. Tout cela demande du temps et aggrave la situation. Le conducteur qui prend en main la régie se trouve donc conduit à recourir à des mesures extraordinaires, tout en ne disposant que de chantiers mal organisés à l'origine.

Il faut tâcher d'éviter le plus possible ces régies. Si, dans un service, on y a souvent recours, on éloigne des adjudications les bons entrepreneurs, qui craignent avec raison que cette situation provienne plutôt de la faute de l'administration que de l'impéritie des fournisseurs précédents.

Or, un des meilleurs moyens de les éviter, c'est de remettre les états d'indication provisoires dès le commencement de l'automne, et de tenir la main à ce que la préparation des fournitures commence immédiatement.

CHAPITRE XI

ENTRETIEN DES CHAUSSÉES PAVÉES

SOMMAIRE :

390. Causes de dégradation des pavages. — 391. *Soufflage*. — 392. Application du soufflage aux flaches. — 393. *Repiquage*. — 394. Enlèvement des pavés usés. — 395. *Relevés à bout*. — 396. Ebouage et soins divers. — 397. Fourniture des matériaux. — 398. Organisation des ateliers.

390. Causes de dégradation des pavages. — Les chaussées pavées se dégradent par suite de diverses causes, dont les effets peuvent se réduire à trois :

1° Certains pavés isolés s'enfoncent, soit que la fondation ait cédé en un point, soit que le pavé, plus tendre que les autres, se soit usé plus vite ou ait été brisé. Il se forme là un creux qui retient l'eau s'il vient à pleuvoir et où les roues tombent avec choc. Ces chocs, outre les cahots qui en résultent pour les voitures, ébranlent et dégradent les six pavés contigus à celui qui s'est enfoncé.

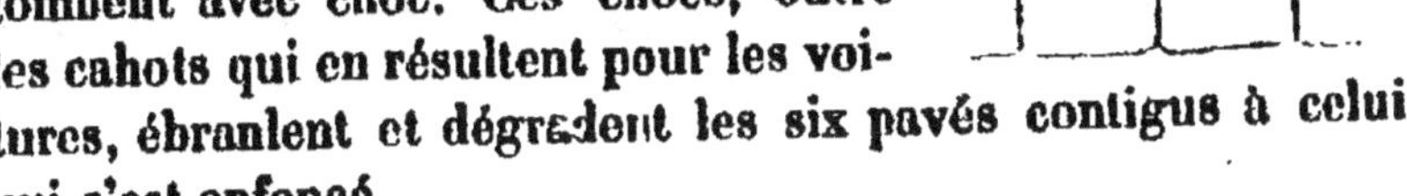

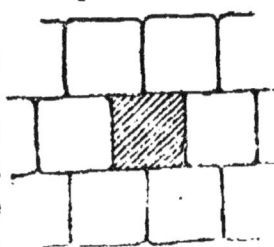

2° Le sable de fondation ou le sous-sol qui le supporte se tasse sur une certaine étendue, et produit une flache à la surface. Les flaches, outre qu'elles sont défavorables à la circulation, retiennent l'eau des pluies qui s'infiltre dans les joints, ramollit la fondation et rend les pavés mobiles.

3° Les pavés s'usent plus sur les joints que sur le milieu; il en résulte que leur surface s'arrondit et prend une forme bombée. Le bombement s'accentue principalement dans le sens longitudinal. Lorsqu'il est très prononcé, surtout avec des pavés de gros échantillon, la circulation devient détestable, par suite des cahots qui en résultent, et le tirage des voitures, surtout des voitures rapides, augmente dans une forte proportion.

On remédie à ces dégradations par trois procédés, le *soufflage*, le *repiquage* et le *relevé à bout*.

301. Soufflage. — Lorsqu'un pavé isolé s'est enfoncé, on le ramène à son niveau par le procédé du soufflage.

Grattoir. Pince.

On dégarnit les joints sur $0^m,03$ de profondeur, au moyen de la fiche aiguë ou grattoir, bâton terminé par une longue pointe en fer. La boue qui en provient est soigneusement écartée, de façon à ne pas retomber dans les joints et se mélanger au sable.

Le pavé est alors soulevé de quelques centimètres au moyen de pinces que l'on introduit dans les joints ; il est maintenu dans cette position, à l'aide d'un petit coin en fer ou d'un éclat de pavé, ou simplement avec le pied.

On achève de rendre meuble tout le sable des joints en le fouillant avec le grattoir ou avec la fiche plate (n° 287), et on le force à descendre sous le pavé. Du sable neuf, apporté à cet effet, est ensuite introduit dans les joints en quantité suffisante pour les regarnir complétement. Ce sable est poussé avec le pied et descend dans les joints par son poids ou à l'aide de la fiche plate.

On dresse ensuite le pavé, en le damant vigoureusement à la hie.

Le soufflage est singulièrement facilité si l'on dispose d'eau que l'on verse dans les joints pour entraîner le sable. C'est même le seul moyen d'être assuré que la base du pavé est partout garnie de sable.

Le soufflage ne réussit pas aussi bien sur tous les pavages. Il est très facile avec des pavés démaigris qui s'enlèvent facilement de leur alvéole, démasquant immédiatement leurs quatre faces et offrant ainsi un chemin facile au sable qui doit descendre au fond. Il n'est pas même nécessaire d'ameublir le vieux sable des joints, si on fait le soufflage à l'eau. Avec les pavés rectangulaires, il faut dégrader les joints sur toute leur profondeur; s'ils sont de gros échantillon, ils sont difficiles à soulever et à maintenir pendant l'introduction du sable; enfin lorsque les joints sont très étroits, les pinces ont peine à mordre et on ne réussit quelquefois qu'à briser le pavé en essayant de le soulever.

Quand le pavé est brisé préalablement ou pendant l'opération, on l'enlève entièrement, et, après avoir garni le fond de sable, on remet à la place un pavé neuf de même qualité et de même échantillon que le reste du pavage. On se sert de préférence pour cet usage de vieux pavés, provenant de repiquages ou de relevés à bout, qui ont été retaillés.

392. Application du soufflage aux flaches. — On peut relever par le même procédé des flaches qui n'ont pas une trop grande étendue. On commence par dégarnir tous les joints sur 0m,03 de profondeur, et on enlève au balai la boue qui en provient. Puis on soulève successivement les pavés un à un, en les garnissant de sable et les ramenant au niveau voulu par le procédé qui vient d'être indiqué.

Toutes les flaches peuvent être réparées ainsi; mais quand elles comprennent un grand nombre de pavés, la dépense devient excessive et on préfère avoir recours au repiquage.

393. Repiquage. — Le repiquage consiste à démonter entièrement la flache et à la reconstruire.

On commence par nettoyer parfaitement toute la flache au balai; puis on soulève avec des pinces un pavé vers le milieu, comme pour le soufflage; mais on l'extrait entièrement. Les autres pavés sont ensuite facilement démontés par un simple coup de pince; les pavés du pourtour sont laissés en place.

Quand la flache est dégarnie, on enlève le sable altéré qui forme la couche supérieure de la fondation. L'altération est due à la boue qui s'est mélangée au sable, boue qui a souvent l'aspect d'une vase noire et fétide par suite de la corruption des matières organiques, telles que feuilles mortes et déjections des animaux. Mais il faut avoir grand soin de n'ôter que le sable altéré et de ne pas piocher le sable de bonne qualité resté en dessous, qui forme une excellente fondation bien tassée.

On verse ensuite dans la flache le sable neuf nécessaire, et on commence par bourrer le dessous des pavés du pourtour, qui n'ont pas été enlevés. Enfin, on rapporte les autres pavés et on les remet en place, en procédant comme pour un pavage neuf.

394. Remplacement des pavés usés. — Il peut se trouver dans la flache des pavés hors de service, par exemple, des pavés brisés ou désagrégés. On les remplace par des pavés neufs ou provenant de la retaille de ceux qu'on a enlevés dans les repiquages précédents ou dans les relevés à bout.

Très souvent, la tête des pavés est arrondie, et on ne juge pas à propos de les remettre en place tels quels. On peut être tenté d'utiliser les mêmes pavés, en les renversant et mettant la face arrondie soit sur la forme, soit dans les joints. Mais il est préférable de ne pas se servir de ces vieux pavés, et de les rejeter hors du chantier, en les remplaçant par des pavés neufs ou provenant de retaille.

En effet, si on met la tête bombée en dessous, cette surface arrondie tend à rouler sur la forme, lorsque le pavé reçoit une pression qui ne s'exerce pas en son centre. Si on met la vieille tête latéralement on a un joint trop large et la chaussée est mauvaise. Il est préférable de faire sauter la partie bombée et de réemployer le pavé ramené ainsi à la forme rectangulaire.

Quelquefois, on fait faire sur place cette recoupe des têtes arrondies par les paveurs eux-mêmes. Mais ils la font assez mal, par défaut d'habitude. En outre, ces pavés recoupés n'ont plus les mêmes dimensions que les autres, et, de quelque manière qu'on les pose, on n'a plus une chaussée homogène; la condition essentielle d'un bon pavage n'est donc pas remplie.

Il est préférable de faire enlever ces pavés de l'atelier, et de les porter à un chantier spécial où des piqueurs de grès les retaillent. Ils peuvent alors être échantillonnés, et employés en repiquages ou en relevés à bout comme des pavés neufs.

Les pavés nouveaux que l'on introduit dans les repiquages doivent être du même échantillon, non seulement en plan, mais aussi en hauteur, que les pavés conservés. Si ceux-ci sont usés, ce n'est pas leur hauteur primitive, mais celle qu'ils ont au moment de la réparation qui doit guider. Autrement, les tassements ne seraient pas les mêmes, et la surface de la chaussée deviendrait bientôt inégale.

395. Relevés à bout. — Lorsque l'ensemble d'une chaussée pavée est en mauvais état, on la refait entièrement; cette opération s'appelle un relevé à bout.

Le relevé à bout n'est qu'un repiquage sur une grande échelle, et il se fait de la même façon.

On considère comme simple repiquage la réfection d'une portion de chaussée dont la surface à démonter, non compris les pavés du pourtour qui restent en place, ne dépasse pas deux mètres carrés.

Quand les relevés à bout deviennent nécessaires, la plupart des pavés ont une tête sphérique dont le bombement est trop prononcé. Il faut donc enlever les pavés démontés et les remplacer presque tous par des pavés neufs ou retaillés. Dans ce cas, on doit échantillonner avec soin ces pavés, et n'employer ensemble que ceux de même échantillon, sauf à diviser le relevé en sections sur lesquelles cet échantillon varie successivement par degrés peu marqués.

396. Ebouage et soins divers. — Les chaussées pavées, en dehors des réparations qui viennent d'être indiquées, demandent peu de soins journaliers.

Elles donnent lieu à peu de poussière et de boue, car les pavés s'usent très lentement. La boue qu'elles présentent provient quelquefois du sable qui s'échappe des joints, mais est presque tout entière apportée du dehors, soit des accotements, soit des chemins voisins, par les voitures. On l'enlève facilement au balai. Ce balayage ne demande pas les mêmes précautions que celui des chaussées empierrées, et il peut être fait vigoureusement. Les balayeuses mécaniques peuvent y être appliquées avec succès.

Quand les joints se sont dégarnis de sable, à la suite des tassements du sous-sol ou par un ébranlement des pavés, on les regarnit avec du sable neuf.

397. Fourniture des matériaux. — Les pavés et le sable nécessaires à l'entretien des chaussées pavées sont fournis par des entrepreneurs, à qui l'on remet, comme pour les pierres cassées, des états d'indication faisant connaître les quantités à fournir et les points où les approvisionnements doivent être déposés.

Les délais de fourniture sont indiqués dans les devis ; ils sont généralement fixés à la fin d'avril, parce que les réparations des pavages se font surtout en été.

Avant leur emploi, les pavés et le sable sont soumis à une réception minutieuse, comme celle qui a lieu pour les pavages neufs (nos 281 et 283). Tous les pavés refusés doivent être enlevés immédiatement et portés hors de la route.

Les mêmes entrepreneurs sont aussi chargés, le plus souvent, de la retaille des vieux pavés, qu'ils doivent échantillonner et porter aux endroits qui leur sont indiqués.

398. Organisation des ateliers. — Les travaux d'entretien des pavages ne peuvent guère être faits, comme pour les empierrements, par des cantonniers ayant chacun un canton à maintenir en bon état sous sa responsabilité. Sauf les soufflages, ils exigent le concours de plusieurs ouvriers. Aussi les fait-on pour la plupart à l'entreprise.

L'entrepreneur met sur la route un atelier de paveurs, au commencement de mai. Cet atelier se compose d'un arracheur, d'un dresseur, et de deux ou trois paveurs suivis de leurs aides. L'atelier commence les repiquages à une extrémité de la route ou section de route qu'il doit réparer, puis les continue en avançant vers l'autre extrémité, de façon à avoir tout terminé au mois d'octobre.

L'administration fait suivre l'atelier par un surveillant, généralement le chef-cantonnier, qui marque et mesure le travail. Armé d'une fiche pointue il dessine, en dégradant un peu les joints, les limites de chaque flache. Il est porteur d'une *feuille de repiquage*, où il inscrit le nombre des pavés compris dans la flache et leur échantillon. On en conclut la superficie de la flache, dont la réparation se paie au mètre carré. Il inscrit aussi le nombre de pavés réemployés, de pavés enlevés comme ne pouvant être utilisés, et de pavés neufs mis dans la flache. Il fait accepter ces résultats par le chef d'atelier de l'entreprise.

L'exactitude des renseignements relatés sur la feuille de repiquage repose entièrement sur le soin et la probité du surveillant. Il faut donc qu'il soit contrôlé de près par ses chefs. Le conducteur et l'ingénieur doivent se rendre souvent sur les lieux, se faire présenter la feuille de repiquage, et en comparer les indications avec l'aspect des flaches où la réparation est encore apparente. Il y a là une difficulté assez sérieuse, dont on ne vient à bout que grâce au zèle et à la conscience des agents de tout ordre.

Ce système d'entretien présente en outre d'autres inconvénients.

Il abandonne le principe du point à temps. On commence les repiquages à un bout de la route, pour les terminer à l'autre bout. On ne passe donc qu'une fois par an sur chaque point de la chaussée, dont les dégradations sont ainsi sujettes à attendre longtemps les soins nécessaires.

Il est difficile d'obtenir de l'entrepreneur un travail bien fait. La trace des réparations disparaît en peu de jours, et les malfaçons échappent si elles n'ont été constatées immédiatement. L'entrepreneur a intérêt à faire vite plutôt que bien. Il a une tendance à réparer les larges flaches et à laisser de côté les petites, parce que le plus long et le plus coûteux c'est l'arrachage du premier pavé. Or, l'autorité d'un simple surveillant n'est pas toujours assez grande pour l'obliger à faire les choses comme il convient.

Aussi a-t-on cherché à remplacer les entrepreneurs par des cantonniers stationnaires, au moins pour les réparations courantes. On leur confie le soufflage des pavés isolés, et les petits repiquages qui peuvent se faire par voie de soufflage. En réunissant deux cantonniers paveurs, et leur adjoignant des auxiliaires, on peut même leur faire exécuter les repiquages et ne laisser à l'entreprise que les grands relevés à bout auxquels les inconvénients signalés ne s'appliquent pas.

Le travail des cantonniers revient plus cher que celui des ouvriers d'entrepreneur, parce qu'il se fait plus lentement, mais il est plus soigné. Il est, en outre, continu et réglé d'après le principe du point à temps. Les dégradations peuvent être saisies dès leur début et réparées immédiatement, sans prendre les proportions qu'un long abandon leur fait atteindre.

On peut encore, ainsi que cela se pratique dans l'Allier, avoir des ateliers de paveurs en régie, qui fonctionnent comme les ateliers d'entrepreneurs, en parcourant de mai en octobre les routes du département. Pendant la mauvaise saison, ils s'occupent à la retaille des vieux pavés et même à l'épinçage d'une certaine quantité de pavés neufs, que l'on approvisionne spécialement pour cet objet à l'état brut.

Il y a d'ailleurs toujours, sur les routes pavées, des cantonniers pour l'entretien des parties accessoires, telles que les accotements et fossés, et des zones empierrées qui existent entre la chaussée et l'accotement sur un certain nombre de routes.

CHAPITRE XII

ENTRETIEN DES PARTIES ACCESSOIRES

SOMMAIRE :

399. Accotements. — Une chaussée ne peut se maintenir en bon état qu'autant qu'on prévient ou répare les dégradations qui peuvent se produire dans les parties accessoires de la route, parmi lesquelles se présentent en premier lieu les accotements.

Lorsque les accotements sont en saillie sur la chaussée, ils ne réclament, pour ainsi dire, aucun entretien. Il faut seulement veiller à ce que les coupures, faites dans ces accotements pour écouler l'eau de la chaussée, ne s'obstruent pas, soient toujours au niveau ou au-dessous des bords de la chaussée et présentent une pente suffisante vers les fossés ou les talus de remblai. On enlève de temps en temps à la pelle les dépôts qui se forment dans ces rigoles, et on rétablit avec soin leur profil. Ces dépôts sont habituellement des sables provenant de l'usure de la route, et constituent d'excellentes matières d'agrégation pour l'entretien de la chaussée.

Quand les accotements ne sont pas en saillie, ils exigent beaucoup plus de soins.

Pour assurer l'écoulement des eaux de la chaussée, il faut qu'ils se raccordent avec elle, en conservant leur pente transversale. On est donc obligé de les décaper, lorsque le niveau de la chaussée varie.

Il faut aussi que rien ne gêne l'écoulement de l'eau à leur

surface, et, à cet effet, on est obligé d'enlever l'herbe qui y pousse, à mesure qu'elle se montre.

Enfin, il faut rabattre les ornières et les marques de pas qui se produisent dans l'accotement lorsqu'une voiture y a passé au moment où il est détrempé.

On voit que la mise en saillie des accotements donne lieu à une économie notable dans l'entretien.

400. Fossés. — Les fossés sont quelquefois exposés à se raviner par l'écoulement des eaux d'orage. On les protège par les moyens indiqués au n° 20.

En outre, les fossés s'obstruent par le dépôt des matières entraînées par les eaux qui s'y rendent. Ces dépôts proviennent de la boue de la chaussée ou de la surface des talus de déblai. Le cantonnier rétablit de temps en temps le profil normal des fossés, en se guidant au moyen de cordeaux pour les arêtes et de nivelettes pour les pentes. Les produits de ce curage sont souvent placés sur les accotements qui ont besoin d'être rechargés ou qu'on veut mettre en saillie sur la chaussée. Autrement, on les rejette sur les terres riveraines qui les refusent rarement (n° 363).

401. Talus et banquettes. — Les talus donnent lieu à peu de travaux courants. On a vu (chap. VI, § 5) que les talus sont exposés à des accidents très graves, dont la réparation ne rentre pas dans l'entretien. Les seuls soins que les cantonniers aient à y donner c'est de veiller à ce qu'il ne s'y forme pas de trous ou de cuvettes où l'eau puisse séjourner, et de boucher ceux qui s'y seraient produits.

L'entretien des banquettes de sûreté dont les talus sont gazonnés consiste à arracher les chardons et autres mauvaises herbes, à tondre l'herbe trop haute, à remplacer les gazons morts ou détruits, à faire disparaître les taupinières, à arroser en été, à maintenir libres les issues ménagées à l'eau sous les banquettes.

402. Ouvrages d'art. — Il se produit, à la surface des ouvrages d'art, et surtout sur les joints, des mousses et des herbes qu'on enlève en grattant avec un couteau les parties qui en sont infestées.

Les mortiers des joints se dégradent par suite de ces végétations, par les chocs et par les gelées. On achève de vider au moyen d'un crochet les joints dégradés, et on les garnit de mortier neuf.

Il arrive que des pierres se brisent ou s'épaufrent par suite de chocs ou par l'effet de la gelée. On peut quelquefois se contenter de garnir la partie détruite de mortier de ciment. Le plus souvent, il faut enlever la pierre avariée et la remplacer par une neuve. C'est un travail que les cantonniers sont rarement en état de faire, et qui doit être confié à un entrepreneur.

Enfin, il peut se produire dans les ouvrages des tassements qui en altèrent les formes et compromettent leur existence. Il ne s'agit plus alors d'entretien courant, mais de grosses réparations qui donnent lieu à des études spéciales.

Les peintures des bornes hectométriques ou kilométriques et des tableaux indicateurs doivent être surveillées, et rechampies toutes les fois que les caractères ne s'y lisent plus avec netteté.

403. Plantations. — Les plantations demandent des soins nombreux, surtout pendant les premières années.

La terre qui entoure le pied des arbres doit être rendue meuble par un *binage*, afin que l'air arrive aux racines et que l'humidité y descende mieux ; le binage a lieu deux fois, au printemps et à l'automne, pendant trois ou quatre ans après la plantation, et une seule fois, au printemps, pendant les six ou sept années suivantes. Le binage devient inutile pour des sujets plantés depuis dix ans, et quelquefois auparavant dans les terrains suffisamment humides.

On a soin d'entourer les arbres d'une petite rigole formant *cuvette* autour de leur pied, où l'on dirige les eaux provenant de la chaussée, qui apportent non seulement la fraîcheur mais aussi la fertilité.

Tous les ans, vers la fin de février, on procède à l'*échenillage* des arbres, ainsi que des haies et de toutes les plantations existant sur les dépendances des routes. On enlève au sécateur les portions de branches qui portent des bourses, bourrelets, anneaux ou autres nids d'insectes. Ces bouts de branches sont mis en tas et brûlés. Il est bon de renouveler cette recherche au moment de la poussée des feuilles.

Deux fois par an, en mai et en août, on procède à *l'ébourgeonnement*, qui consiste à couper au ras du tronc les pousses qui se montrent au-dessous de la première couronne de branches.

A la fin de l'automne ou pendant l'hiver, a lieu la *taille*, qui a pour objet de supprimer les branches dont la direction ne serait pas en harmonie avec la forme de l'arbre, de raccourcir celles qui sont trop longues, de supprimer une des cimes, lorsqu'il s'en manifeste deux, de rendre une flèche à un arbre étêté en redressant une branche, d'enlever les bois morts ou viciés.

Enfin, de temps en temps, tous les trois ans, par exemple, on fait un *élagage*, qui consiste à enlever la couronne de branches inférieures, et à supprimer quelques branches dans les couronnes supérieures où elles seraient trop abondantes et nuiraient ainsi au développement de la cime.

Les plantations demandent encore divers soins de détail, qui n'ont pas lieu à une époque déterminée. Ainsi, il arrive souvent que l'écorce des arbres est meurtrie : on enlève toute la partie écorchée, et on met à nu le bois, en avivant les bords de la plaie jusqu'à l'écorce non altérée ; puis on couvre la plaie de terre glaise ou de bouse de vache, maintenue, au besoin, par une toile, pour éviter la dessication. Certains insectes viennent se loger entre le bois et l'écorce et provoquent ainsi le dépérissement des arbres ; il faut détruire ces insectes quand on les voit circuler, et ne pas hésiter à mettre le bois à nu en enlevant l'écorce sous laquelle les insectes sont venus se placer.

Il faut enfin, dans les plantations nouvelles, redresser les arbres qui, par le tassement des terres ou l'action du vent, ont dévié de leur position primitive, remplacer les épines qui auraient disparu, redresser et remplacer au besoin les tuteurs, rétablir les liens qui se seraient détachés, en un mot ne négliger aucun des menus soins que réclament les jeunes plants.

Pépinières. — Les arbres qui viennent à périr sur les routes sont remplacés par des arbres nouveaux. Ces arbres sont choisis dans les meilleures pépinières de la contrée. Mais ces pépinières sont souvent éloignées, et le transport des sujets, toujours en petit nombre, à de grandes distances, donne lieu à des difficultés et à des dépenses excessives.

Dans beaucoup de départements, on a organisé pour cet objet, aux frais de l'État, des pépinières, qui peuvent même au besoin fournir les sujets pour les plantations neuves. On affecte à ces pépinières de petites parcelles de terrain faisant partie du domaine public, qui se trouvent sur le bord des routes et ne sont utilisées ni pour la circulation, ni pour le service. Ces parcelles sont cultivées par les cantonniers à peu de frais, et offrent pour le remplacement des plantations des ressources pour ainsi dire à pied d'œuvre.

On a aussi organisé sur quelques points des pépinières spéciales plus importantes, qui sont confiées à des cantonniers en retraite.

CHAPITRE XIII

ÉVALUATION ET RÉPARTITION

DES DÉPENSES D'ENTRETIEN

SOMMAIRE :

404. Préliminaires. — 405. Détermination de la richesse des chaussées. — 406. Détermination de l'usure. — 407. Consommation des matériaux. — 408. Influence de la fréquentation. — 409. Unité de fréquentation. — 410. Influence de la qualité des matériaux. — 411. Influence du mode d'emploi. — 412. Détermination des éléments de la consommation. — 413. Détermination de la qualité des matériaux. — 414. Recensement de la circulation. — 415. Résultats du recensement de 1882. — 416. Comptage ambulant. — 417. Méthode de M. Vallès. — 418. Formule de la dépense d'entretien. — 419. Discussion. — 420. Budget minimum d'une route. — 421. Budget normal. — 422. Répartition des crédits. — 423. Cas des rechargements généraux. — 424. Routes pavées. — 425. États de décomposition des dépenses d'entretien.

404. Préliminaires. — L'entretien des routes donne lieu chaque année à des dépenses considérables, dont le montant est fixé par les Chambres ou par les Conseils généraux.

Les Chambres votent en bloc le crédit qui sera affecté à l'entretien de toutes les routes nationales. Ce crédit est divisé par le ministre des travaux publics entre les divers départements. Dans chaque département, le Préfet répartit la somme allouée entre les arrondissements et les routes de chaque arrondissement.

Les Conseils généraux votent immédiatement la somme qui sera dépensée sur chaque route départementale.

Cette répartition se fait sur la proposition des ingénieurs. Ceux-ci ont donc à se rendre compte des besoins de chacune des routes qui leur sont confiées.

Cette appréciation est difficile. Il ne s'agit pas seulement d'obtenir de bonnes routes, ce qui serait toujours facile en appliquant des sommes illimitées à de bonnes méthodes; mais il faut employer de la manière la plus utile les fonds limités qui sont affectés à l'entretien.

Parmi les besoins des routes, il en est d'absolus, auxquels il faut subvenir sous peine de laisser se déprécier le capital que ces routes représentent : tel est le remplacement des matériaux usés. D'autres réclament une satisfaction moins urgente et moins complète, qui correspond au degré de facilité que l'on veut offrir à la circulation.

Le *budget minimum* d'une route est celui qui permet seulement de satisfaire aux besoins absolus. Le *budget normal* est celui qui assure à la circulation des conditions satisfaisantes.

Lorsque le crédit affecté à une route est arrêté, il faut encore se rendre compte de la manière dont il doit être dépensé, de la part qu'il faut faire aux approvisionnements des matériaux et aux différentes mains-d'œuvre de l'entretien. Si on dépensait tout en main-d'œuvre, on aurait des routes admirables, mais dont les chaussées s'useraient et disparaîtraient bientôt. Si, au contraire, on employait toutes les ressources uniquement à l'acquisition et au répandage des matériaux, la chaussée s'enrichirait, mais serait détestable.

Or, les routes représentent un capital que l'entretien a pour mission de conserver intact, mais non d'augmenter. Si les chaussées s'usent, c'est que les dépenses d'entretien ne se renferment pas en réalité dans les crédits qui y ont été affectés. L'usure représente un emprunt qui est fait au capital de la chaussée, et ce capital va en se dépréciant de plus en plus. La route est belle et vit dans le luxe, mais en mangeant son bien.

Si au contraire les chaussées augmentent d'épaisseur, c'est que les fonds votés pour l'entretien ne reçoivent pas leur destination; on emprunte au budget d'entretien pour enrichir les routes, et on y incorpore un capital supplémentaire, contre la volonté du législateur, et au détriment d'autres services auxquels ce capital eût peut-être été plus utilement affecté.

Il y a là un ensemble de considérations très délicates, qui embarrassent non seulement les ingénieurs chargés de présenter les propositions, mais aussi les conseils et les autorités qui ont à prendre des décisions au sujet de l'évaluation et de la répartition des crédits d'entretien.

405. Détermination de la richesse des chaussées. — La richesse ou le capital d'une chaussée d'empierrement est représenté par la masse des matériaux dont elle est formée.

Pour connaître sa richesse, en un point donné, on fait un *sondage*. C'est une coupure, un petit fossé, que l'on creuse en travers de la chaussée sur toute sa largeur. Afin de ne pas interrompre la circulation, la coupure se fait en deux fois, successivement à droite et à gauche de l'axe.

Le produit de la fouille du sondage est passé à la claie, qui sépare la pierre du détritus. Le détritus est considéré comme sans valeur, et on exprime la richesse de la chaussée par le volume de pierre qui n'a pas traversé la claie.

Ce volume se mesure au moyen de caisses sans fond, comme celles qui sont employées pour les réceptions (n° 255).

Cette évaluation laisse une certaine place à l'arbitraire. Le volume des pierres séparées par la claie dépend de la grosseur de ses mailles; car une chaussée qui n'est pas neuve renferme des matériaux de toute grosseur, depuis la pierre de $0^m,06$ jusqu'au sable impalpable. Si l'on veut des résultats comparables, il faut faire une convention et fixer la grosseur des mailles de la claie. On fait habituellement usage de claies dont les mailles ont $0^m,02$.

On a demandé souvent aux sondages un autre renseignement que la richesse de la chaussée, et on les a faits dans la pensée de connaître *l'épaisseur* de la chaussée. On espérait d'ailleurs en déduire la richesse, en multipliant l'épaisseur par la largeur, qui semble facile à mesurer, étant apparente à la surface et visible sur la coupe du sondage.

Néanmoins, la largeur est quelquefois assez incertaine, car il n'y a pas toujours une séparation nette entre la chaussée et l'accotement.

Quant à l'épaisseur, on l'obtient en mesurant un certain nombre d'ordonnées sur la coupe du sondage, et en faisant la moyenne.

Si la chaussée a une fondation, elle est nettement séparée du sous-sol, et les ordonnées peuvent être mesurées exactement; mais leur moyenne n'est encore qu'approximative, car la fondation est rugueuse et irrégulière.

S'il n'y a pas de fondation, la ligne de séparation du sous-sol et de la chaussée est rarement nette; il y a le plus souvent, surtout sur les routes anciennes, transition insensible, une partie des matériaux s'étant enfoncés dans la terre. L'épaisseur obtenue est alors plus ou moins arbitraire.

En tout cas, ce mesurage ne donne l'épaisseur moyenne qu'avec une approximation relativement grossière, au demi-centimètre près, par exemple.

Mais, à le supposer exactement connu, le volume brut de la chaussée n'en fait pas connaître la richesse. La proportion des détritus de valeur négligeable qu'elle renferme est très variable d'une chaussée à l'autre, et, dans la même chaussée, à diverses époques, suivant la nature des matériaux, l'âge de la chaussée et la marche de l'entretien. Cette proportion peut descendre au-dessous de 10 pour 100, et s'élever au delà de 50 pour 100.

Le volume de chaussée compacte n'est d'ailleurs pas comparable à celui des matériaux employés à la construction ou à l'entretien, qui se mesurent après emmétrage avec environ 0,46 ou 0,48 de vides. Dans les chaussées, ils ont subi un tassement, soit par le cylindrage, soit par la circulation, et, malgré les détritus qui les entourent, ils fournissent, le plus souvent, après le démontage et l'emmétrage, plus d'un mètre cube de pierre emmétrée, par mètre cube de chaussée.

Les sondages, avec passage à la claie et mesurage de la pierre encore saine, paraissent seuls capables de donner une idée de la valeur en capital d'une chaussée.

406. Détermination de l'usure. — Chaque année, une certaine quantité de matériaux est détruite par la circulation; on a souvent besoin de la connaître.

L'usure annuelle peut se déterminer par des sondages faits à un intervalle d'un an. La diminution de la richesse donne l'usure.

Le plus souvent, on a fait des emplois de matériaux destinés à compenser cette usure. Si on appelle v le volume des emplois sur la partie considérée, et u son usure; si on désigne par δ la différence de richesse accusée par les sondages, on a : $u = v + \delta$. La quantité δ peut être nulle, quand la chaussée n'a pas changé; elle peut devenir négative, si l'épaisseur a augmenté.

Si au lieu de faire les sondages à un intervalle d'un an, on les espace davantage, de façon qu'ils embrassent un nombre n d'années, et qu'on ait employé dans cet intervalle un volume V de matériaux neufs, l'usure totale U pour ces n années est $U = V + \delta$. L'usure moyenne annuelle u est égale à $\frac{U}{n} = \frac{V}{n} + \frac{\delta}{n}$. Or $\frac{V}{n} = v$ représente le volume annuel des emplois. Quand à $\frac{\delta}{n}$, si la route est à peu près convenablement entretenue, c'est un nombre très petit, et qui peut même devenir négligeable devant v. On pourrait alors prendre $u = v$ et se dispenser des sondages. Or la quantité V est facile à connaître, si on se reporte aux procès-verbaux de réception des matériaux, qui sont conservés dans les bureaux des ingénieurs.

On a proposé d'autres méthodes pour déterminer l'usure des chaussées. L'une des plus répandues consiste à lever de temps à autre un profil en travers de la chaussée, au point voulu, et de rapporter ce profil à un repère de niveau bien fixe. On voit ainsi quelle est la diminution de l'épaisseur, et cette diminution donne la mesure de l'usure de la chaussée compacte.

On abrège le lever des profils en se servant de la règle imaginée par M. Mary. Elle consiste en une règle en bois bien dressée, un peu plus longue que la moitié de la largeur de la route. Cette règle est portée à une de ses extrémités par un pied a que l'on fait reposer sur une borne préalablement scellée dans l'accotement. L'autre extrémité est soutenue par une tige filetée d qui porte sur l'axe de la chaussée. Un fil à plomb c, ou tout autre système de niveau permet de vérifier si la règle est horizontale. Si elle ne l'est pas, on la rend horizontale en manœuvrant la vis d. A des intervalles égaux, de $0^m,25$ par exemple, la règle est percée d'une ouverture destinée au passage d'une réglette divisée, habituellement en cuivre. La face supérieure sert de lignes d'abscisses, et la division de la réglette lue en *b* donne l'ordonnée.

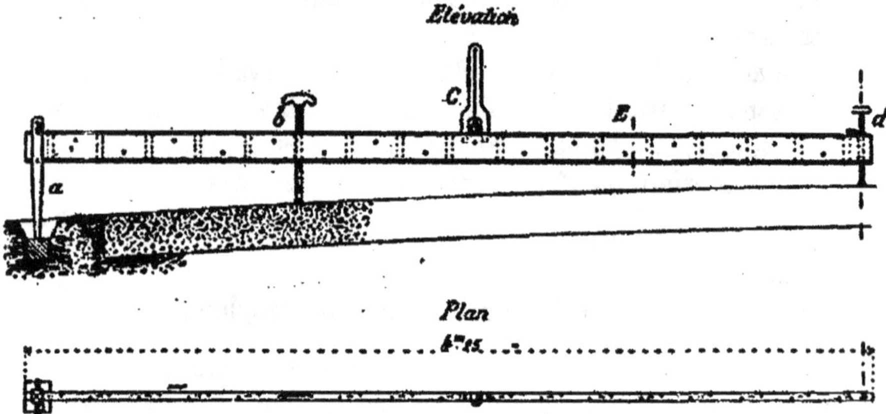

Par cette méthode, on mesure la différence d'épaisseur des chaussées, mais elle est exprimée en chaussée compacte, telle qu'elle résulte de sa composition intime. S'il y a eu des variations dans cette composition, on n'en tient pas compte. En outre, pour ajouter le volume des emplois faits entre les deux mesurages, il faut transformer ce volume en cube équivalent de chaussée compacte, ou bien évaluer la chaussée compacte en matériaux emmétrés. Or, cette transformation ne peut se faire que d'une manière arbitraire, à moins que l'expérience ne soit accompagnée de sondages.

Une troisième méthode consiste à mesurer le volume des détritus que l'on enlève par l'ébouage et l'époudrement, et que l'on ne réemploie pas sur la route. Mais elle donne des résultats complètement incertains. D'abord, il peut se faire que les détritus que l'on a incorporés de nouveau à la chaussée aient changé sa composition intime. Ensuite, il est difficile de recueillir sans déchet et de mesurer exactement les détritus. Enfin il arrive le plus souvent que les détritus recueillis ne représentent pas ceux qui proviennent de la chaussée : il s'y mélange des feuilles mortes et des déjections ; la poussière est en partie soulevée par le vent et portée sur les terres riveraines, sur les accotements ou sur d'autres parties de la chaussée ; la boue est entraînée en partie sur les accotements, sur les talus de remblai et dans les fossés ; des détritus étrangers sont apportés des chemins voisins par le vent, par les roues des voitures et les pieds des chevaux. En somme, cette méthode exige des soins minutieux, un choix particulier des stations où on l'applique, et ne peut inspirer aucune confiance.

L'usure moyenne annuelle des chaussées, sur les routes nationales, est approximativement de 42 mètres cubes de matériaux par kilomètre, et correspond à une diminution d'épaisseur de 8 millimètres environ.

407. Consommation des matériaux. — Pour qu'une route conserve son épaisseur, il faut que, chaque année, on lui restitue en matériaux neufs l'équivalent de ce qu'elle a perdu par l'usure. C'est ce qu'on appelle la *consommation* des matériaux.

La quantité de matériaux qui se consomment annuellement sur les diverses routes est très variable. La consommation dépend, en effet, de diverses causes, dont les principales changent d'une route à l'autre.

Ces causes principales sont : 1° la fréquentation de la route ; 2° la qualité des matériaux ; 3° la méthode d'entretien. La nature du climat et les accidents du profil en long ont aussi sur l'entretien une grande influence, qui se fait sentir, il est vrai, plutôt sur les parties accessoires des routes que sur les chaussées elles-mêmes, mais dont il y a lieu de tenir compte dans une certaine mesure.

408. Influence de la fréquentation. — Il est clair que plus il passe de voitures sur une route et plus ces voitures sont chargées, plus la chaussée doit s'user, toutes choses égales d'ailleurs.

On est généralement d'accord pour admettre que la consommation est proportionnelle à la fréquentation.

Cette loi a cependant été contestée. Il est certain que sur les routes où il ne passe presque aucune voiture, il faut néanmoins faire des emplois de matériaux, ne fût-ce que pour réparer les dégradations dues aux intempéries, et que leur volume est très considérable relativement à la circulation. D'autre part, on a observé que, sur certaines chaussées très fréquentées, l'usure semblait croître plus vite que la fréquentation. Il y aurait donc une circulation moyenne pour laquelle la consommation relative atteindrait un minimum.

Il faut remarquer toutefois que, dans les cas extrêmes, toutes les circonstances autres que la fréquentation ne sont pas les mêmes ; que les méthodes d'entretien notamment doivent se prêter à des exigences particulières. Ainsi, pour des circulations excessives, par exemple de 1500 à 2000 colliers par jour, il passe sur une chaussée, aux heures où se fait l'entretien, peut-être deux ou trois voitures par minute. Le cantonnier ne peut pour ainsi dire ni ébouer, ni époudrer, ni soigner ses emplois, qu'il fait au hasard et abandonne aussitôt.

Ces cas exceptionnels ne sont pas de nature à faire rejeter la loi généralement admise de la proportionnalité entre la fréquentation et la consommation.

409. Unité de fréquentation. — La consommation s'énonçant en mètres cubes de matériaux, la loi ci-dessus suppose que la fréquentation soit numériquement exprimée.

Or, la circulation d'une route se compose d'éléments très divers. Il y a les piétons ; les animaux isolés, bêtes de somme, gros et menu bétail ; les cavaliers ; les voitures enfin, à 2 ou à 4 roues, traînées par un nombre de chevaux, bœufs, mulets ou ânes, variant de un à huit. Les voitures vont au pas ou au trot ; elles sont plus ou moins chargées ; leurs roues sont plus ou moins hautes et ont des jantes de largeur variable ; leur construction n'est pas la même pour le transport des personnes que pour celui des marchandises. Ces différents éléments n'agissent pas sur les chaussées de la même manière : les piétons ne les usent pas ; les animaux isolés et les cavaliers, très peu ; les grosses voitures de roulage et d'agriculture usent beaucoup, mais moins que les voitures très lourdes au trot ; les voitures particulières, même au trot, et celles qui sont vides ou peu chargées, produisent une usure très modérée.

On est fort embarrassé pour faire une somme de tous ces

éléments, et on n'y peut parvenir qu'en choisissant une unité nécessairement assez arbitraire à laquelle on rapporte chaque catégorie de transports.

Deux unités sont principalement en usage, la *tonne* et le *collier*.

Quand on adopte la tonne, on cherche à se rendre compte des poids bruts des voitures qui circulent sur la route, et on fait le total de tous ces poids.

Quand on adopte le collier, on compte le nombre de chevaux attelés qui passent dans un temps donné.

La fréquentation est habituellement rapportée à la journée de vingt-quatre heures. Cependant, les tonnages s'expriment souvent pour l'année entière.

L'évaluation de la circulation en colliers est la plus commode, car il est plus facile de compter des chevaux que de peser des voitures. Malheureusement, les fréquentations exprimées en cette unité ne sont pas toujours comparables. Le poids et la force des chevaux peuvent être différents d'une région à une autre; les charges que traînent des chevaux de même force varient aussi avec leur allure et avec le profil des routes. Il est clair, par exemple, que le gros cheval de Brie qui rentre à la ferme une énorme charrette de foin use plus les chaussées que chacun des quatre chevaux de Tarbes qui font courir dans les Pyrénées une calèche avec deux touristes. Il y a des voitures qui, après avoir transporté leur chargement, reviennent à vide et exercent alors sur les chaussées une action beaucoup moins énergique.

Pour tenir compte de ces circonstances, on a été conduit à substituer, dans l'évaluation de la fréquentation, un nombre fictif au nombre de colliers réellement comptés. On compte séparément les animaux attelés aux voitures de diverse espèce, et on affecte le nombre qui répond à chaque espèce d'un coefficient établi de manière à tout ramener à la même unité au point de vue de l'usure des chaussées.

410. Influence de la qualité des matériaux. — La consommation augmente évidemment à mesure que la qualité des matériaux devient plus médiocre. Toutes choses égales d'ailleurs, on admet que la consommation est en raison inverse de la qualité.

Cette loi suppose encore que la qualité soit exprimée numériquement. On donne, à cet effet, à chaque espèce de matériaux un coefficient de qualité, évalué de 0 à 20. Dans cette appréciation on ne doit faire entrer en ligne de compte que la dureté, c'est-à-dire la résistance à l'écrasement et à l'usure, et non les autres propriétés, comme le liant des détritus et la facilité de prise des emplois.

411. Influence du mode d'emploi. — On a vu que la consommation n'est pas la même, suivant que l'on fait l'emploi des matériaux par voie de rechargements généraux ou par répandages partiels. Elle peut aussi être réduite, dans une certaine mesure, par les soins apportés aux emplois. Si on ne fait que jeter les pierres et les abandonner, elles sont en partie écrasées inutilement ; si on y incorpore des détritus, si on pilonne les emplois, si on ramène toutes les pierres égarées, on en économise une partie.

Les soins apportés aux mains-d'œuvre de l'entretien proprement dit peuvent aussi faire varier la consommation. Ainsi, si une chaussée est soumise à un balayage et à un râclage continus, elle est dure et roulante, les matériaux restent parfaitement liés, l'écrasement des pierres entières n'est pas à craindre, car elles sont solidement encastrées ; mais, quelques précautions qu'on prenne, on enlève de la surface des grains qui auraient encore pu durer, et on déchausse des pierrailles qui s'écrasent. Si au contraire la chaussée n'est pas soumise à un curage régulier, ses matériaux deviennent mobiles, et s'usent par frottement, sans préjudice de ceux qui s'écrasent pour être mal assis.

L'influence du mode d'emploi est toutefois peu importante à côté de celle de la fréquentation et de la qualité des matériaux.

412. Détermination des éléments de la consommation. — La consommation étant soumise aux conditions qui viennent d'être indiquées, il est nécessaire, pour connaître les besoins des routes, de faire des observations pour déterminer la valeur de chacun des éléments qui la font varier.

En ce qui concerne la main-d'œuvre de l'emploi des matériaux et de l'entretien, on en connaît l'importance par les notes prises sur les feuilles de travail des cantonniers.

413. Détermination de la qualité des matériaux. — La qualité des matériaux est ce qu'il y a de plus difficile à déterminer.

On admet, comme résultat de l'expérience, que les meilleurs matériaux, ceux qui méritent le coefficient 20, s'usent à raison de 15 mètres cubes par an, par kilomètre et par 100 colliers quotidiens. Pour des matériaux de qualité q, cette consommation serait $M = \frac{300}{q}$. Si donc on compte ce qu'on a mis sur des parties de routes qui semblent se conserver en état constant, on a la qualité q en divisant le nombre 300 par la consommation M, en sortie que $q = \frac{300}{M}$.

On diminue ou on augmente quelque peu le résultat ainsi obtenu, quand on a observé que la chaussée s'use ou gagne de l'épaisseur.

Ce mode de calcul est basé sur la connaissance de la fréquentation exprimée en colliers, qui est malheureusement toujours assez incertaine, et qui ne représente pas absolument la même chose dans les diverses contrées.

Lorsqu'il s'agit de matériaux provenant de carrières nouvelles, la méthode est en défaut et on ne peut que les assimiler à des matériaux analogues de qualité connue.

On a cherché à déterminer la qualité des matériaux par des expériences directes. La méthode qui se présente le plus naturellement à l'esprit, et qui a été mise en pratique dans tous les départements en 1879, consiste à construire, sur une route de surveillance facile, par exemple à proximité de la résidence des ingénieurs, une certaine longueur de chaussée avec les matériaux à essayer, et à observer avec soin la circulation qui se produit en cet endroit. De temps à autre, on mesure l'usure qui s'est produite, par un des procédés indiqués au n° 367. On peut se procurer ainsi l'élément M, et calculer $q = \frac{300}{M}$.

Ces expériences n'ont pas réussi. Appliquées à des matériaux de qualité connue, elles ont fourni presque partout des résultats en désaccord complet avec les faits acquis par la pratique. Cet insuccès paraît dû à diverses causes, parmi lesquelles il faut placer en première ligne la difficulté de mesurer l'usure, les causes d'erreur dans les procédés employés étant de même ordre que la quantité à mesurer. Dans beaucoup de départements, d'ailleurs, on a reculé devant la dépense de comptages spéciaux et on a admis une circulation hypothétique. Enfin, il faut observer que ce n'est pas en deux ou trois ans, mais après un délai bien plus long, qu'on pourrait espérer tirer quelques conclusions de ce genre d'essais : une chaussée neuve ne se trouve pas dans les mêmes conditions qu'une chaussée ancienne; elle ne renferme que des matériaux entiers et de la matière d'agrégation, tandis que plus tard, elle aura des parties de toute grosseur. Ce n'est qu'après sa transformation qu'il est réellement possible d'en observer l'usure normale, et non dans la période de transition, qui peut durer plusieurs années.

Ces expériences absorbent un temps relativement considérable du personnel. A supposer qu'elles réussissent, elles ne fourniraient de renseignements que sur un petit nombre d'échantillons. Elles sont coûteuses, car il faut apporter de loin les matériaux, afin de mettre les chaussées d'essai à la portée des ingénieurs. Enfin, elles ne tiennent pas compte des influences dues à l'exposition et à la déclivité des points où les matériaux seront employés.

Pour tous ces motifs, on a pris le parti de les abandonner, toute simple et séduisante que parût la méthode au premier abord.

On a essayé d'obtenir la qualité des matériaux plus rapidement et à moins de frais par des essais de laboratoire. Mais l'usure sur les routes se produit par des causes complexes, et le laboratoire ne peut que tâcher d'en dégager quelques-unes, sans assigner la proportion dans laquelle chacune d'elles produit son effet.

Les trois principales causes de destruction des matériaux sont leur écrasement sous la pression des roues, leur usure par le frottement, et leur rupture sous les chocs que produisent les pieds des chevaux ou la chute des roues qui tombent après avoir surmonté une aspérité.

La résistance à l'écrasement se constate de la manière suivante. On découpe dans la pierre de petits cubes que l'on dresse parfaitement, et on les place entre les plateaux d'une presse hydraulique ou de tout autre appareil pouvant fournir de fortes pressions. On note la charge sous laquelle les cubes se rompent, et, en la divisant par leur surface portante, on a leur résistance à l'écrasement par centimètre carré.

On peut mesurer la résistance à l'usure, en appliquant un cube semblable sur une meule qui tourne, et mesurant le poids de matière qui a disparu, après un nombre déterminé de tours. Si on a soin d'employer des cubes de même dimension toujours également pressés, et d'arrêter l'essai après le même nombre de tours de la meule, tournant avec la même vitesse, les résultats obtenus fournissent une échelle du degré de résistance des pierres à l'usure.

Cet essai est encore assez coûteux, car la taille de matériaux aussi durs que ceux qu'on emploie sur les routes est difficile. Aussi ne peut-on opérer que sur un très petit nombre d'échantillons, qui souvent ne représentent pas la moyenne des pierres de la même origine, si elles ne sont pas parfaitement homogènes.

On évite ces difficultés, et on opère à la fois sur un grand nombre de pierres, non taillées, mais simplement cassées, en se servant de l'apparei imaginé par M. Deval, conduc-

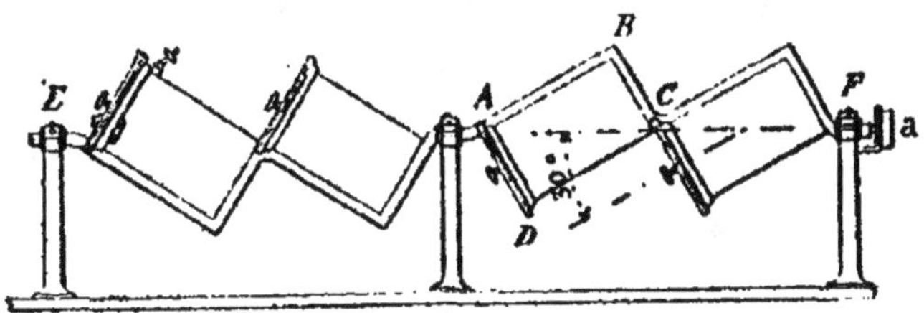

teur des ponts et chaussées. Cet appareil donne en même temps l'usure due à des chocs modérés. Il se compose essentiellement d'une caisse cylindrique ABCD adaptée a une arbre EF, autour duquel elle tourne. L'axe du cylindre est oblique par rapport à l'axe de rotation. On enferme dans cette caisse, dont un des fonds est mobile, un poids donné de matériaux cassés, puis on la fait tourner. Dans ce mouvement, les pierres roulent les unes sur les autres et s'usent par frottement. En même temps, le centre de gravité étant constamment déplacé, elles tombent les unes sur les autres et s'entrechoquent. Si l'on a soin de mettre dans la caisse toujours la même quantité de matériaux et de faire faire à l'appareil le même nombre de tours avec la même vitesse, les usures sont comparables. On les constate en recueillant et pesant la poussière formée.

Des essais nombreux ont été faits avec cette appareil au laboratoire de l'école des ponts et chaussées. On mettait chaque fois 5 kil. de matériaux dans le cylindre, et on lui faisait faire 10.000 tours en 5 heures. La machine employée, que représente la figure ci-dessus, porte huit caisses semblables, montées sur deux arbres qu'un petit moteur d'un cheval-vapeur fait tourner simultanément. On peut donc essayer huit échantillons de pierres à la fois.

Les résultats obtenus ainsi sont toutefois entachés d'assez nombreuses erreurs. Le frottement n'a lieu qu'à la surface des pierres ; or, il y a quelquefois au pourtour une croûte qui n'est pas de même qualité que le cœur : on obtient alors, non la résistance moyenne des matériaux, mais seulement celle de la croûte. En outre, l'usure des pierres cassées se fait, dans l'appareil, surtout par les angles ; en sorte que si elles sont arrondies ou si leurs angles sont préalablement émoussés, le résultat n'est plus du tout le même qu'avec des angles vifs. Ce procédé ne donne absolument rien avec des cailloux roulés, tels que ceux qu'on extrait du lit des rivières.

En somme, les essais de laboratoire n'ont pas fourni de résultats bien précis. Ils paraissent toutefois pouvoir rendre des services pour le classement provisoire de matériaux non encore connus.

414. Recensement de la circulation. — La fréquentation se détermine au moyen de recensements qui se renouvellent à des intervalles de 5 ou 6 ans.

On choisit, pour y installer des observateurs chargés de

noter les colliers qui passent, des stations placées en des points où la circulation est moyenne par rapport à la section de route où elles se trouvent. La meilleure division est celle où les sections ont pour limites des chemins affluents. Entre deux de ces chemins, la circulation ne varie pas beaucoup. On met un poste d'observation vers le milieu de la section, ou à chacune de ses extrémités. On applique à la section entière les résultats constatés au poste central unique, ou la moyenne de ceux qu'on a trouvés aux deux postes extrêmes. Les résultats sont d'autant plus exacts que les postes sont plus rapprochés. Mais, sous peine de faire une dépense excessive, on ne peut les multiplier outre mesure. Dans le dernier recensement, les postes étaient distants d'environ 8 kilomètres en moyenne.

Le choix de ces postes est délicat. Il est souvent difficile de savoir le point de chaque section où la circulation est moyenne. Il y a une tendance instinctive à choisir des points où la fréquentation est plus grande, car on sait que les résultats des comptages peuvent avoir une influence sur la répartition des crédits d'entretien ; et il faut une certaine énergie de conscience pour réagir contre cette tendance. La réaction peut, d'un autre côté, être exagérée, et alors on fait les observations en des points qui donnent moins que la moyenne.

Le recensement dure, chaque fois, pendant une année. Mais on n'observe pas tous les jours ; ce serait beaucoup trop coûteux. Les comptages sont espacés à des intervalles d'environ deux semaines, de façon à en obtenir 24 ou 28 dans l'année. On fait d'ailleurs varier chaque fois le jour de la semaine, afin de faire disparaître, dans la moyenne, les influences dues aux habitudes locales, telles que les marchés réguliers et le repos ou les déplacements du dimanche.

Le relevé est confié à des cantonniers ou à des observateurs spéciaux, munis d'une feuille de pointage partagée en colonnes et en cases, où ils piquent un trou d'épingle chaque fois qu'une voiture passe.

Chaque comptage dure 24 heures. Cependant, sur les routes où la circulation est peu importante la nuit, on ne fait qu'un petit nombre de comptages de 24 heures, une ou deux fois par saison, par exemple, et on réduit la durée des autres observations à la période du jour où la circulation est notable.

On fait la moyenne de toutes les observations de jour et la moyenne des observations de nuit, et on admet que la somme de ces deux moyennes représente la circulation quotidienne au point considéré.

Les colliers sont divisés en plusieurs catégories, suivant qu'ils sont attelés à des voitures d'agriculture, de roulage ou de messagerie, ou a des voitures particulières, ou bien qu'il s'agit de chevaux non attelés, mais montés par des cavaliers; on distingue les voitures vides de celles qui sont chargées; on note le passage des bestiaux; on peut aussi classer les voitures en suspendues et non suspendues. Des colonnes spéciales sont réservées sur la feuille de pointage pour chaque catégorie. Mais ce classement demande, de la part des observateurs, une grande intelligence, et il est rarement exact. Aussi cherche-t-on à le simplifier, et, dans le dernier recensement ordonné par l'administration, l'a-t-on réduit à trois catégories, comprenant chacune toutes les voitures où le collier traîne sensiblement une même charge brute. Ce sont: 1° les voitures chargées de produits et de marchandises de toute nature; 2° les voitures publiques de transport pour voyageurs, chargées ou vides; 3° les voitures vides et les voitures particulières pour voyageurs. Malgré cette simplification, bien des observateurs se trouvent encore dans l'embarras, surtout pour discerner si une voiture dont la charge est incomplète doit être comptée comme chargée ou comme vide.

En même temps qu'on relève le nombre des colliers, on se rend compte, le mieux que l'on peut, des charges brutes et utiles traînées par chaque catégorie de colliers. En les appliquant aux nombres trouvés par le comptage, on a une idée du tonnage, c'est-à-dire des poids qui circulent sur les routes. La détermination de ces charges est délicate, et les résultats qu'on en déduit quelque peu incertains.

415. Résultats du recensement de 1882. — Le dernier recensement sur les routes nationales a eu lieu en 1882. Outre les trois catégories de voitures indiquées ci-dessus, on y a introduit deux catégories nouvelles comprenant, l'une les animaux de grande taille non attelés, chevaux, bœufs, mulets, ânes, l'autre le menu bétail, moutons, chèvres, porcs.

Voici les résultats généraux de ce recensement pour l'ensemble des routes nationales de la France.

On a trouvé qu'il y passe chaque jour, en moyenne :

1° Colliers attelés.	1re catégorie. Voitures chargées..	102,7
—	2e catégorie. Voitures publiques.	10,5
—	3e catégorie. Voitures vides ou particulières.	106,6
	Total. . .	219,8
2° Animaux non attelés.		44,6
3° Têtes de menu bétail.		82,2

Pour ramener ces nombres à une même unité, au point de vue de l'usure des routes, on a adopté les coefficients suivants :

Le collier attelé à une voiture chargée ou à une voiture publique a été pris pour unité. Les colliers attelés aux voitures vides et aux voitures particulière ont été comptés pour moitié de leur nombre. Un animal non attelé a été estimé comme équivalent à un cinquième de collier; une tête de menu bétail, à un trentième.

La circulation *réduite*, calculée sur ces bases, se trouve ainsi, en moyenne générale pour l'ensemble de la France, ramenée à :

1° Colliers attelés.	1re catégorie. Voitures chargées..	102,7
—	2e catégorie. Voitures publiques.	10,5
—	3e catégorie. Voitures vides ou particulières	53,3
2° Animaux non attelés		8,9
3° Têtes de menu bétail		2,9
	Total. . .	178,3

Le poids brut traîné par un collier a été évalué en moyenne à :

1 tonne, 51 par collier de voiture chargée; 0 tonne, 93 par

collier de voiture publique; 0 tonne, 47 par collier de voiture vide ou particulière. Soit 0 tonne, 98 par collier de toute catégorie.

Les poids utiles correspondants, non compris les personnes transportées, ont été évalués à :

1 tonne, 03 par collier de voiture chargée; 0 tonne, 19 par collier de voiture publique; 0 tonne, 00 par collier de voiture vide ou particulière. Soit 0 tonne, 49 par collier de toute catégorie.

Les tonnages qui en résultent sont les suivants :

Tonnage quotidien :

A distance entière : brut, 215 tonnes; utile, 108 tonnes.

Tonnage kilométrique : brut, 8.056.000 tonnes; utile, 4.056.000.

Tonnage annuel :

A distance entière : brut, 78.500 tonnes; utile, 39.400.

Tonnage kilométrique : brut, 2.940.000.000 de tonnes; utile, 1.600.000.000.

Remarque. — Le poids moyen des chevaux, qui a été observé en même temps que celui des voitures, est d'environ 500 kil. pour les voitures de roulage, de 450 kil. pour les voitures de messagerie et de 430 kil. pour les voitures particulières. Si l'on compare ces poids aux charges brutes, on voit que ces charges sont environ, en nombres ronds :

De 3 fois le poids du cheval pour les voitures chargées ;

De 2 fois le poids du cheval pour les voitures publiques ;

De 1 fois le poids du cheval pour les voitures vides ou particulières.

410. Comptage ambulant. — M. l'ingénieur en chef Laterrade a proposé de substituer à la méthode habituelle de recensement de la circulation, une méthode qu'il a désignée sous le nom de *comptage ambulant.*

Dans cette méthode, les observateurs, au lieu de se tenir sur des stations, circulent sur les routes et notent au passage les colliers qu'ils rencontrent. Ils notent à part les voitures marchant dans le même sens qu'eux, mais qu'ils ont dépassées. Ils consignent l'heure à laquelle ils ont commencé leur tournée sur chaque route ou section de route, et l'heure à laquelle ils l'ont terminée.

Si on désigne par o le nombre de voitures qu'a croisées l'observateur ambulant dans une tournée de durée t, par m' le nombre de voitures marchant dans le même sens que lui qui l'ont dépassé, par m'' le nombre de celles de même sens qu'il a dépassées, M. Laterrade démontre que la circulation moyenne f sur la section de route parcourue serait, si elle se maintenait constamment sur le même pied que pendant la tournée, exprimée par $f = \frac{o + m' - m''}{t}$. Si l'on fait une série de tournées ayant ensemble une durée T, pendant lesquelles l'observateur a croisé un total de voitures des trois catégories ci-dessus représenté par O, M' et M'', la circulation moyenne devient $F = \frac{O + M' - M''}{T}$.

Cette quantité mesure exactement la circulation, à la condition que les tournées soient réparties en nombre égal sur les différentes heures de la journée et sur les différents jours de l'année.

En pratique, M. Laterrade confie les observations aux agents que leurs fonctions appellent à parcourir régulièrement les routes : ce sont les cantonniers-chefs et les conducteurs. Mais ces agents ne font pas de tournées la nuit ni les dimanches, qui sont précisément les moments où la circulation est exceptionnelle et généralement le moins active. Il y a donc lieu de modifier et presque toujours de réduire les nombres trouvés. Pour cela, on fait faire, de temps en temps, des tournées spéciales de nuit ou du dimanche, qui servent à déterminer le coefficient de réduction.

Si l'on représente, pour abréger, par C la quantité $M + M' - M''$, et qu'on exprime le temps en minutes, $\frac{1440C}{T}$ représente la circulation moyenne par jour, sous réserve de la réduction ci-dessus. Elle tombe ainsi presque toujours au-dessous de $\frac{1000C}{T}$, nombre que M. Laterrade appelle la *circulation proportionnelle*. La circulation réelle $F = K. \frac{1000C}{T}$, K étant un coefficient de réduction déduit des observations spéciales de nuit et du dimanche.

Dans le département de Lot-et-Garonne, ce coefficient était 0,84 en 1876, et descendait à 0,73 quand on réduisait au quart le nombre des colliers marchant à vide.

Dans ce système, toute classification est supprimée, et, si l'on veut se rendre compte de l'importance des catégories, on a recours à des observations spéciales.

Cette méthode présente les avantages suivants. Au lieu d'avoir la circulation en un seul point ou en un petit nombre de points de la route, section de route ou série de routes à étudier, on l'observe successivement partout. On n'est donc pas exposé aux fraudes, même involontaires, qui résultent du choix des stations. On peut fractionner chaque route en autant de sections que l'on veut : il suffit pour cela de noter l'heure du passage de l'ambulant à l'extrémité de chaque section. On peut, au contraire, grouper les sections à volonté. Le comptage se fait d'une façon continue, et se poursuit indéfiniment : on n'a donc pas à attendre plusieurs années pour constater les modifications qui peuvent se produire dans la circulation. Enfin, les observations sont confiées aux conducteurs et aux cantonniers-chefs, agents plus capables et plus responsables que les observateurs qu'on peut employer dans le comptage stationnaire.

Mais, d'un autre côté, le comptage ambulant ne réussit pas, lorsque la circulation est variable aux différentes heures du jour, et non uniforme comme le suppose son principe, à moins qu'on ne réalise, ce qui est impossible en pratique, la condition de passer successivement aux différentes heures du jour sur chaque section de route. Il absorbe l'attention des agents et les oblige de subordonner les intérêts du service à la statistique de la circulation. Enfin le coefficient de réduction est variable, non seulement avec les départements, mais avec les routes et même les sections de route : il faudrait donc le déterminer pour chaque section, au moyen d'expériences nombreuses et de dépenses excessives, et son caractère aléatoire ôterait toute authenticité aux résultats du recensement.

Après un essai sur une assez grande échelle, on a dû renoncer à cette méthode.

417. Méthode de M. Vallès. — M. l'ingénieur en chef Vallès a proposé et appliqué, dans le département de l'Aisne, la méthode suivante.

Chaque cantonnier était chargé de faire, à des intervalles de huit jours pleins, le comptage des colliers qui passaient sur son canton, pendant la durée de sa présence. On avait ainsi 49 comptages par an sur chaque canton, mais non la circulation de nuit, pour laquelle il fallait faire des observations spéciales, ainsi que pour les dimanches.

Cette méthode a une certaine analogie avec celle de M. Laterrade. Elle lui est supérieure, en ce que les comptages sont faits nécessairement à toutes les heures du jour sur toutes les sections. Mais elle prélève un temps notable sur le travail des cantonniers; et, sur les routes très fréquentées, elle absorberait des journées entières. Elle prête d'ailleurs aux mêmes critiques que le comptage ambulant en ce qui concerne les coefficients de réduction. Elle n'a pas été appliquée autre part que dans le service de M. Vallès.

418. Formule de la dépense de l'entretien. — La consommation des matériaux étant soumise aux lois qui viennent d'être analysées, l'ingénieur a peu d'action sur cet élément de la dépense de l'entretien des routes, puisque les causes qui dépendent de lui sont celles qui ont le moins d'influence. On admet qu'il se consomme, chaque année, par kilomètre, un volume $M = \frac{300.\,C}{q}$ mètres cubes de matériaux de qualité q, sous une circulation de C centaines de colliers quotidiens. Cette formule est le résultat des lois qui ont été énoncées ; mais il faut se rappeler que les coefficients C et q ne sont qu'imparfaitement connus et qu'on n'est pas même toujours d'accord sur leur définition.

L'entretien d'une route donne lieu à des dépenses dont les unes sont proportionnelles à ce volume M, et les autres en sont indépendantes.

Il faut d'abord se procurer les matériaux ; si P est le prix du mètre cube à pied d'œuvre, cette acquisition donne lieu à une dépense M. P.

Il faut ensuite en faire l'emploi, d'où il résulte une nouvelle dépense P′ par mètre cube. Si l'entretien se fait par emplois partiels, P′ représente la valeur du nombre n de journées qu'un cantonnier, recevant un salaire quotidien p, consacre à prendre les pierres aux tas d'approvisionnement, à les porter aux emplois, à les y régaler, à leur faire faire prise. On a donc $P' = np$. Dans le cas des rechargements généraux, P′ est le résultat de l'analyse des prix.

Il faut enfin enlever par l'ébouage et l'époudrement le produit de l'usure de ces matériaux, ce qui conduit à une dépense P″ par mètre cube, que l'on peut représenter par $n'p$, si n' est le nombre de journées que le cantonnier emploie à enlever les détritus formés par un mètre cube.

A ces frais s'ajoutent ceux qui se font pour l'entretien des fossés, accotements et talus. Ces frais dépendent peu de la circulation, mais surtout des influences climatériques et de la nature du sol. Pour chaque contrée, ils sont représentés, sur chaque kilomètre, par un nombre fixe N de journées de cantonnier, donnant lieu à une dépense Np.

Il y a enfin l'entretien des ouvrages d'art, qui est essentiellement variable sur les différentes routes, et les frais généraux et divers, frais de surveillance, de comptabilité, d'impressions, qui varient avec la longueur des routes et la circulation, mais qui dépendent surtout de l'organisation administrative du service.

Étant donnée une route ou un ensemble de routes de longueur L, où se trouvent des ouvrages d'art dont l'entretien annuel donne lieu à une dépense A, si l'on représente par K les frais généraux annuels, il résulte de ce qui précède que la dépense à laquelle donne lieu l'entretien annuel se représente par l'expression :

$$D = \{ M [P + (n + n')p] + Np \} L + A + K$$

où M représente la consommation annuelle par kilomètre ;
P le prix du mètre cube de matériaux, avant l'emploi ;
p le prix de la journée de cantonnier ;
n le temps qu'il passe à l'emploi d'un mètre cube ;
n' le temps qu'il passe à l'enlèvement des détritus fournis par un mètre cube ;
N le temps qu'il passe, annuellement, aux fossés, accotements et talus, par kilomètre ;
A les dépenses de l'entretien annuel des ouvrages d'art ;
K les frais généraux annuels.

Dans le cas des rechargements généraux, np devrait être remplacé par P', évalué par une analyse de prix.

419. Discussion. — 1° Il y a, dans cette formule, des facteurs dont l'ingénieur ne dispose pas, ou, du moins, qu'il ne peut réduire sans diminuer le capital de la route. C'est d'abord la quantité M ; si l'on ne met pas assez de matériaux, la chaussée perd de son épaisseur, et il n'y a pas entretien, mais emprunt sur le capital. Les prix P et p sont fixés par les circonstances. On n'est guère maître non plus de la dépense A, qu'on ne peut réduire sans compromettre les ouvrages.

Ce qu'on peut faire varier, ce sont les nombres n, n' et N, et les frais généraux K.

Les emplois peuvent être plus ou moins soignés. Si on se contente de répandre les matériaux dans les flaches, sans piquer celles-ci, sans arranger ni pilonner les emplois, si on ne leur donne aucun soin subséquent, on aura une mauvaise route, mais l'élement n de la dépense sera petit.

De même le curage de la chaussée peut-être plus ou moins complet, plus ou moins fréquent. Si on balaie tous les jours, on a une route magnifique, mais n' est très grand. Si on ne balaie que peu ou point, n' est petit, mais la route est détestable.

Les fossés, accotements et talus peuvent enfin recevoir plus ou moins de soins, et la quantité N varier en conséquence.

Quant aux frais généraux, qui ont pour objet principal l'administration des routes, ils sont susceptibles aussi d'être réduits ou développés à volonté.

Ces quantités variables ne peuvent toutefois être indéfiniment réduites. Toutes ces dépenses sont nécessaires et on ne pourrait les faire descendre au-dessous de certaines limites sans rendre les chaussées tellement mauvaises que non seulement la circulation en souffrirait, mais le capital même des routes serait compromis.

2° Les différents termes de la formule ne sont pas indépendants les uns des autres. La quantité n est une fonction de M. En effet, parmi les mains-d'œuvre de l'emploi, l'une des principales est le transport des matériaux depuis le tas d'approvisionnement jusqu'à la flache; or, ce transport est d'autant moindre que les tas sont plus rapprochés et par suite plus nombreux. D'autre part, l'usure est moindre, quand on donne aux emplois beaucoup de soins. Donc M et n varient en sens inverse, mais suivant une loi qui n'est pas déterminée. La dépense D est donc une fonction assez complexe de l'une de ces variables, et est susceptible d'un minimum, qui dépend du prix relatif des matériaux et de la main-d'œuvre. Il est clair néanmoins que plus les matériaux sont coûteux et la main-d'œuvre à bon marché, plus il y a intérêt à forcer le temps passé à soigner les emplois.

La consommation M n'est pas non plus indépendante de n' ni de K. D'une part, on a vu que le curage des chaussées peut être une source d'économie de matériaux ou de consommation exagérée, suivant la manière dont il est fait. D'autre part, il est certain qu'une bonne administration conduit à l'économie. Mais ces influences ne peuvent être analysées.

420. Budget minimum d'une route. — Pour qu'une route puisse se maintenir, sans perdre de son capital, il faut qu'elle soit pourvue d'un crédit d'entretien suffisant pour satisfaire à la formule du n° 418, dans laquelle les quantités variables ont reçu la valeur minima qui soit compatible avec la conservation de la route.

L'expérience indique quelle est cette valeur. On peut la fixer à peu près à 1/3 de journée pour chacune des quantités n et n', et à 25 journées pour N dans les régions ordinaires.

Quant aux frais généraux, il est difficile d'en assigner la

limite, et il faut les évaluer dans chaque cas particulier; on les réduit en diminuant le personnel affecté à la surveillance, en supprimant les recherches statistiques sur les routes, etc.

421. Budget normal. — Avec le budget minimum, les routes se conservent, mais elles sont mauvaises, et elles ne rendent pas à la circulation tous les services voulus. En dépensant un peu plus, on a des routes belles et bonnes, et on procure au public qui fait les transports une énorme économie. Le budget d'une route est normal, lorsqu'il permet d'offrir à la circulation des conditions convenables.

Quand le budget dépasse cette limite, on peut avoir des routes admirables, mais alors il y a luxe et mauvais emploi des deniers publics.

On peut se demander où est la limite entre l'état de luxe et l'état normal. Cette limite est évidemment arbitraire, et elle se déplace à mesure que le progrès de l'entretien rend les transports plus faciles et le public plus exigeant. Dans l'état actuel des chaussées, si l'on considère comme normales les dépenses qui se sont faites dans les six dernières années pour l'entretien des routes nationales, on trouve les moyennes suivantes : $n = 0{,}97$; $n' = 0{,}79$ $N = 42{,}5$.

422. Répartition des crédits. — Lorsqu'on dispose d'un crédit donné T, à répartir entre diverses routes, on peut arriver à la répartition en se servant de la même formule, par la marche suivante.

On retranche d'abord de T les frais généraux K et la dépense A d'entretien des ouvrages d'art. Puis on calcule, pour chaque route, le crédit minimum m qu'elle doit recevoir, crédit dont le montant peut s'évaluer par l'expression : $m = \left[\frac{300C}{q}\left(P + \frac{2}{3}p\right) + 25p\right] l$, où l est la longueur de la route, la quantité 25 pouvant varier suivant les régions.

Le reste $R = T - K - A - \Sigma m$ doit être réparti entre toutes les routes de façon à leur permettre d'être également soignées, c'est-à-dire de recevoir les mêmes nombres n, n' et N de journées de cantonnier. Pour cela, il faut ajouter à la somme m, pour chaque route, une autre somme $\delta = \left[\frac{300C}{q}\left(n+n'-\frac{2}{3}\right)+(N-25)\right]pl$, où $n+n'$ et N auraient été choisis de façon que $\Sigma\delta = R$.

On voit que le problème est indéterminé, l'une des deux quantités N ou $n+n'$ pouvant être prise arbitrairement. On pourra, par exemple, se donner la quantité N, qui ne doit varier qu'entre des limites assez restreintes suivant les circonstances climatériques de chaque route ; et on en déduira par le calcul la quantité $n+n'$.

423. Cas des rechargements généraux. — Quand l'entretien se fait par rechargements généraux cylindrés, la fourniture annuelle se décompose en deux parties, dont l'une est destinée aux menues réparations d'entretien courant et répartie sur la totalité des routes, et l'autre est affectée aux rechargements. La première portion est une fraction $\frac{1}{m}$, un dixième par exemple, de la fourniture totale.

L'emploi de la première fraction $\frac{M}{m}$ se fait par répandages partiels, qui donnent lieu à une dépense $\frac{M}{m}(P+np)$. Le reste est mis en rechargements généraux cylindrés, et coûte $\frac{m-1}{m}M(P+P')$.

En somme, la formule de la dépense annuelle devient :

$$D = \left[M\left(\frac{P+np}{m}+\frac{(m-1)(P+P')}{m}+n'p\right)+Np\right]L+A+K.$$

Dans ce cas, on a moins de latitude que dans le cas des emplois partiels ; car on ne dispose pas de la quantité P', prix de l'emploi par cylindrage, qui remplace np pour la majeure partie des matériaux. Le budget minimum est donc plus élevé.

424. Routes pavées. — Pour les routes qui ont des chaussées pavées, il n'est guère possible d'étudier leur budget d'une façon rationnelle.

La consommation annuelle des pavés est très variable sur une même route, qui peut rester plusieurs années sans avoir besoin d'aucun pavé neuf, et en réclamer subitement un grand nombre; c'est ce qui se produit lorsqu'un relevé à bout sur une grande échelle devient nécessaire.

Aussi, rien n'est irrégulier comme les dépenses d'entretien des chaussées pavées.

On a cherché à se rendre compte de l'usure qu'éprouvent des pavés de qualité donnée sous une certaine circulation. Mais, outre que ces expériences sont coûteuses et de longue haleine, elles n'apprennent pas grand'chose. Les pavés se réduisent surtout par les recoupes que l'on fait à la suite des repiquages ou des relevés à bout pour enlever les têtes arrondies, et l'usure proprement dite est négligeable à côté de ce déchet.

A Paris, on estime que les pavés durent en moyenne trente-trois ans. Sur les routes, où la circulation est beaucoup moindre, leur existence est plus longue, et se prolonge peut-être soixante ans.

La théorie de l'entretien des chaussées pavées a été, du reste, peu étudiée : elle a peu d'importance, les routes pavées ne présentant que 7 pour 100 de la longueur totale des routes nationales, et moins encore des routes départementales.

425. États de décomposition des dépenses d'entretien. — Chaque année les ingénieurs font un relevé des dépenses faites sur les routes nationales dont l'entretien leur est confié, et ils décomposent ces dépenses en leurs éléments. Les résultats de ces calculs sont réunis par l'administration qui y trouve des renseignements précieux, tant pour comparer la marche des différents services que pour établir la répartition des crédits d'entretien.

Les deux derniers états complètement connus sont ceux de 1882 et 1883. Ils ont fourni, en moyenne, pour l'ensemble des routes nationales, les principaux résultats suivants :

	DÉPENSE totale.	DÉPENSE par kilomètre.	DÉPENSE par kilomètre et par 100 colliers.
1° CHAUSSÉES PAVÉES. *Longueur : 2.560 kil.* (1). — *Fréquentation : 449 colliers* (3).			
	fr.	fr.	fr.
Fournitures (pavés et sable).	1.140.842	445	99
Main-d'œuvre.	896.799	347	76
Bandes latérales empierrées.	326.513	»	»
Dépense totale. . . .	2.364.154	924	205
2° CHAUSSÉES EMPIERRÉES. *Longueur : 34.979 kil.* (2). — *Fréquentation : 157 colliers* (3).			
	fr.	fr.	fr.
Matériaux	10.159.636	290	185
Main-d'œuvre	5.714.796	164	105
Dépense totale. . . .	15.874.432	454	290
3° ENSEMBLE. *Longueur : 37.539 kil.* (2). — *Fréquentation : 177 colliers.* (3)			
	fr.	fr.	fr.
Chaussées	18.238.586	483	273
Accotements, fossés et talus.	3.863.612	103	»
Ouvrages d'art	1.603.705	»	»
Frais généraux et divers.	2.157.680	»	»
Dépense totale. . . .	25.863.583	689	390

Renseignements divers relatifs aux chaussées empierrées :

Coefficient moyen de qualité des matériaux, 10,97.
Prix moyen du mètre cube de matériaux, 8 *fr*. 24.
Consommation totale de matériaux, 1.232.789^{mc}.
Consommation par kilomètre, 35^{mc},25.
Consommation par kilomètre et par 100 colliers, 22^{mc},33.
Prix moyen de la journée d'ouvrier, 2 *fr*. 51.

1. Cette longueur est la longueur officielle des routes au 1er janvier 1883. Elle comprend, outre les chaussées proprement dites, les autres chaussées non empierrées, telles que dallages en asphalte, tabliers de ponts en charpente, etc.
2. Longueur officielle au 1er janvier 1883.
3. D'après le recensement de 1882.

Nombre moyen de journées employées, par kilomètre, aux fossés, accotements et talus, 41 j. 02.

Nombre moyen de journées employées par mètre cube :

Pour l'emploi et la prise des matériaux, **0** *j.* **92** ;

Pour l'ébouage et l'époudrement, **0** *j.* **80**.

Remarques. — 1° On voit, par cette statistique, que la quantité $22^{mc},33$ de matériaux consommée par kilomètre et par 100 colliers est inférieure aux besoins, puisque la quantité $M \frac{300}{q}$ serait, pour $q = 10,97$ égale $27^{mc},34$. Il y a donc un déficit de $5^{mc},01$, compris entre un quart et un cinquième. En réalité ce déficit n'existe pas ; il est comblé par des rechargements généraux, dont la dépense ne figure pas au budget de l'entretien courant, et est prélevée sur des fonds spéciaux, dits de 2e catégorie, mis en réserve pour cet objet, ou sur des crédits figurant à la 2e section du budget.

2° Une circulation de 100 colliers par jour représente 36.500 colliers par an. La dépense correspondante étant 390 fr., le passage d'un collier sur un kilomètre de route coûte à l'État, pour l'entretien courant environ 0 fr. 011, et s'élève à 0 fr. 015, si on tient compte de la 2e catégorie et de la 2 section du budget.

FIN

CHEMINS VICINAUX

PAR

LÉOPOLD MARX

Inspecteur général des Ponts et Chaussées en retraite, membre du comité consultatif de la vicinalité.

SOMMAIRE :

INTRODUCTION

Les règles techniques qui servent à la construction et à l'entretien des routes sont aussi applicables à la construction et à l'entretien des chemins vicinaux. Ces règles ont été développées dans la partie de cet ouvrage consacrée aux routes et il n'y a pas intérêt à les répéter.

La présente étude n'aura donc pour objet que l'organisation administrative de la vicinalité en France.

Nous examinerons la création et la constitution du réseau des chemins vicinaux, la nature et l'importance des ressources qui leur sont consacrées, le mode d'emploi de ces ressources et les mesures prises pour assurer la conservation de ces chemins. Nous y joindrons un aperçu des législations étrangères et nous donnerons comme résumé la situation du réseau fournie par les derniers renseignements officiels.

Afin d'ailleurs de fixer les idées sur l'importance des mesures adoptées, nous avons, autant que possible, constaté par des chiffres les résultats moyens obtenus en conséquence de ces mesures. Ces chiffres se rapportent généralement à la période quinquennale 1876 à 1880. Ils ont été établis d'après les comptes rendus annuels des opérations de la vicinalité publiés par le ministère de l'intérieur, et dont le dernier volume paru concerne l'année 1880.

CHAPITRE PREMIER

CRÉATION ET CONSTITUTION
DES CHEMINS VICINAUX

---

§ 1er

ORIGINES DE LA VICINALITÉ

1. Les lois ont depuis longtemps fait une distinction entre les chemins de terre servant à l'usage public général et ceux d'une utilité plus restreinte destinés, soit à relier les circonscriptions administratives voisines : départements, arrondissements ou communes ; soit à donner satisfaction à leurs intérêts immédiats.

Les premiers ont pris aujourd'hui la dénomination de routes nationales ; les seconds constituent le réseau des routes départementales et des chemins vicinaux.

Nous ne nous occuperons que des chemins vicinaux.

2. Un légiste du XIIIe siècle, Beaumanoir, les définit ainsi dans une classification des voies de terre insérée dans les coutumes du Beauvoisis « La troisième classe allant de ville à autre, de marché à autre, de châtel à autre et de ville-chapitre à autre. » Ces chemins devaient avoir une largeur de 16 pieds (5m,20).

Au commencement du XVIe siècle, un autre légiste, Bouteiller, dans sa *Somme rurale*, les désigne sous le nom de « traverse » et les définit : « Chemins qui traversent d'un pays à l'autre et sont communs à tous pour gens, pour bestes et pour charrois. » D'après la coutume, ils devaient alors avoir de 20 à 22 pieds (6m,50 à 7m,15).

3. C'est encore cette désignation de traverse qui prévaut à la fin du XVIIe siècle, où l'on réserve le nom de chemins vicinaux à des voies plus importantes qui se rapprochent de nos routes départementales.

L'arrêt du Conseil du 28 avril 1671 donne les indications suivantes : « On appelle chemins vicinaux ceux qui conduisent d'une ville à l'autre ou d'un bourg à l'autre et ne sont pas royaux. Et ceux qui conduisent d'un village ou hameau à l'autre ou lesquels seront les plus courts pour aller d'une ville à l'autre seront et passeront pour chemins de traverse. »

L'arrêt précité prescrit une largeur de 16 pieds (5^m,20) pour les chemins vicinaux et de 8 pieds (2^m,60) pour les chemins de traverse.

4. Le vocable chemins vicinaux, malgré la signification précise et appropriée que lui donnaient les anciens[1], n'est plus reproduit qu'à la révolution.

L'arrêt royal du 6 février 1776, qui comprend toutes les voies de terre à l'usage collectif, ne le mentionne pas, bien que la classification fixée par cet arrêt ne s'éloigne pas de celle encore adoptée de nos jours, comme il ressort de l'extrait ci-après :

« La première classe comprendra les grandes routes qui traversent la totalité du royaume ou qui conduisent de la capitale dans les principales villes, ports ou entrepôts de commerce. Largeur prescrite, 42 pieds (13^m,65).

« La seconde, les routes par lesquelles les provinces et les principales villes du royaume communiquent entre elles ou qui conduisent de Paris à des villes considérables. Largeur prescrite, 36 pieds (11^m,70). »

Ces deux premières classes correspondent à nos routes nationales.

« La troisième, celles qui ont pour objet la communication entre les villes principales d'une même province ou de provinces voisines. Largeur prescrite, 30 pieds (9^m,75). » Ce sont nos routes départementales.

1. Le Digeste (Loi II, § 22) donne la définition suivante : « *Vicinales sunt viæ quæ in vicis sunt vel quæ in vicos ducunt.* »

« Enfin les chemins particuliers destinés à la communication des petites villes et des bourgs seront rangés dans la quatrième classe. Largeur prescrite, 24 pieds ($7^{m},80$). » Cette quatrième classe représente bien nos chemins vicinaux.

5. La désignation de chemins particuliers, bien qu'elle donne plutôt l'idée d'une propriété privée, se trouve encore rappelée dans l'avis du conseil du 18 novembre 1781, qui ordonne qu'à partir de sa publication : « les rues, chemins et communications particulières des villes, bourgs et villages, qui ne font pas partie des grandes routes et chemins royaux, seront retirés des baux d'entretien des ponts et chaussées. »

6. On trouve enfin la dénomination de chemins vicinaux, qui va persister jusqu'à nos jours, dans la loi du 6 décembre 1793, dont l'article 1er porte : « Tous les grands chemins, ponts et levées, seront entretenus par le Trésor. Les chemins vicinaux continueront d'être aux frais des administrés, sauf le cas où ils deviendraient nécessaires au service public. »

Un arrêté du gouvernement du 11 juillet 1797 confirme cette dénomination et constitue, pour ainsi dire, l'état civil des chemins vicinaux en ordonnant « qu'il sera fait, dans chaque département, un état général des chemins vicinaux, état d'après lequel l'administration départementale désignera ceux qui, à raison de leur utilité, doivent être conservés et prononcera la suppression de ceux reconnus inutiles qui seront rendus à l'agriculture. »

Enfin, la loi du 1er ventôse an XIII (28 février 1805), relative aux plantations sur les voies publiques, prescrit « de rechercher et de reconnaître les anciennes limites des chemins vicinaux, de fixer d'après cette reconnaissance leur largeur suivant les localités, sans pouvoir cependant, lorsqu'il sera nécessaire de l'augmenter, la porter au delà de 6 mètres, ni faire aucun changement aux chemins vicinaux qui excèdent actuellement cette dimension.

§ 2

LOI DU 28 JUILLET 1824

7. Les mesures indiquées précédemment (6) n'ont pas donné de résultats appréciables pour la constitution de la vicinalité. Un petit nombre de communes a dressé l'état des chemins réclamé par l'arrêt du 11 juillet 1797. Un plus petit nombre encore en a déterminé les limites ou fixé la largeur. Ces opérations exigeaient une excitation et une surveillance des autorités locales qui ont fait défaut et des ressources qu'on ne pouvait prélever que sur les excédants trop rares des budgets communaux.

La loi du 28 juillet 1824, par cela même qu'elle était uniquement consacrée aux chemins vicinaux, affirmait leur importance. Elle permettait aux communes d'assurer leur existence en créant en leur faveur des ressources spéciales ; si, comme nous le verrons par la suite, elle n'a pas donné des résultats immédiats, elle a posé les premiers jalons, et il est bon d'indiquer quelles étaient ses principales dispositions.

L'article 1er fait connaître comment les chemins seront classés vicinaux. Les articles 2 à 6 portent qu'en cas d'insuffisance des ressources ordinaires, il sera pourvu par des prestations, en nature ou en argent, à la volonté des contribuables, aux dépenses ordinaires de ces chemins. Dans l'article 7, elle les protège contre les dégradations résultant de circulations excessives dues aux transports industriels. Par son article 8, elle supprime les privilèges qui pourraient être invoqués en faveur des propriétés de l'État ou de la couronne. Enfin, l'article 9 prévoit le cas où un même chemin intéresserait plusieurs communes, et décide que, s'il y a discord entre elles sur la proportion de cet intérêt et des charges à supporter, ou refus de subvenir aux dites charges, le préfet prononcera, en Conseil de préfecture, sur le vu des délibérations des Conseils municipaux assistés des plus imposés.

8. En vertu de ces prescriptions, il a été classé, de 1825 à 1836, 39.812 kilomètres de chemins de grande communication et 651.824 kilomètres de chemins vicinaux ordinaires.

La dénomination de chemins de grande communication, qui devait s'appliquer plus tard à un réseau considérable des voies départementales, s'était créée d'elle-même et sans être inscrite dans la loi. Le nombre des chemins vicinaux ordinaires avait été exagéré par les communes dans les premiers classements et a dû être notablement réduit par la suite.

Mais la construction avait marché très lentement. En douze années, 4.132 kilomètres de chemins de grande communication seulement avaient été amenés à l'état d'entretien.

Les documents font défaut pour les chemins vicinaux ordinaires; il est certain que leur construction était encore moins avancée, puisqu'en 1866, et après la réduction du réseau de près de moitié (il avait été ramené à 364.452 kilomètres), il restait encore plus des deux tiers à l'état de lacune.

La loi de 1824 manquait d'un élément essentiel, l'obligation. Elle créait bien des ressources spéciales pour la construction et l'entretien des chemins vicinaux, mais elle laissait le vote de ces ressources facultatif. Elle indiquait comment s'effectuerait la répartition des dépenses entre les communes intéressées à un même chemin; mais qu'importait cette répartition, si le fonds à répartir n'était pas assuré ? De plus, elle ne contenait aucune disposition sur l'exécution des travaux.

L'administration reconnut, comme le dit avec raison le Ministre de l'intérieur, M. de Montalivet, dans son rapport au roi, sur le service vicinal en 1838, que le moment était venu de substituer le droit d'action au droit de conseil, d'où la loi du 21 mai 1836, qui est encore aujourd'hui la charte des chemins vicinaux.

§ 3

LOI DU 21 MAI 1836

9. Trois articles de cette loi ont surtout contribué au développement considérable, pris par les voies vicinales.

L'article 5 qui, à défaut par le conseil municipal de voter les ressources nécessaires où d'en avoir fait emploi, autorise le préfet à imposer la commune d'office.

L'article 6 qui, dans le cas où un chemin vicinal intéressera plusieurs communes, donne au préfet le droit de désigner les communes devant concourir à sa construction et à son entretien.

L'article 9, qui place les chemins de grande communication sous l'autorité du préfet.

Nous mentionnerons successivement les autres dispositions de la loi de 1836 au fur et à mesure que nous aurons à faire connaître leur application.

10. De même que les indications assez vagues de l'article 9 de la loi de 1824 avaient suffi, sous l'impulsion des besoins, pour constituer les chemins de grande communication, de même l'article 6 de la loi de 1836, prévu pour quelques cas exceptionnels, est devenu l'origine d'une classe de chemins intermédiaires, qui, sous la dénomination de chemins d'intérêt commun ou de moyenne vicinalité, est parvenue, à la fin de 1881, à un développement de plus de 82.000 kilomètres.

§ 4

CLASSIFICATION DES CHEMINS VICINAUX

11. En conformité de ce qui précède, les chemins vicinaux sont aujourd'hui divisés en trois classes :

Les chemins vicinaux ordinaires pour les relations de commune à commune, de hameau à commune et pour assurer les communications avec les voies d'un ordre plus élevé, mais sans sortir du territoire de la commune.

Les chemins d'intérêt commun qui établissent les communications d'un groupe de communes avec leur chef-lieu de canton, avec une gare de chemin de fer, avec un marché important. Ils s'étendent rarement au delà des limites de l'arrondissement ;

Les chemins de grande communication qui servent généralement aux relations des communes avec le chef-lieu d'arrondissement ou de département, avec les villes principales voisines, avec les stations importantes de chemin de fer, et qui se continuent souvent sur plusieurs arrondissements.

Ces distinctions n'ont rien d'absolu en ce qui concerne les deux dernières classes au sujet desquelles nous devons faire une importante observation.

12. Jusqu'en 1871, l'administration des chemins de grande communication et des chemins d'intérêt commun présente de notables différences. Les premiers ne pouvaient être classés que par le conseil général, qui en déterminait la direction et désignait les communes qui devaient contribuer à leur construction et à leur entretien. Le contingent communal fixé par l'assemblée départementale ne devait, en aucun cas, dépasser les deux tiers des ressources spéciales créées par la loi de 1836.

Pour les chemins d'intérêt commun, le classement était prononcé par le préfet, qui désignait les communes intéressées et fixait leur contingent qui pouvait atteindre la totalité des ressources spéciales.

La loi du 18 août 1871 a donné aux conseils généraux tous les pouvoirs que le préfet exerçait en ce qui concerne les chemins d'intérêt commun et assimilé entièrement ces derniers aux chemins de grande communication pour les classements et la fixation des contingents. La seule différence qui subsiste entre les deux catégories de chemins est la faculté assez peu rationnelle de pouvoir demander à une commune la totalité de ses ressources spéciales pour les chemins d'intérêt commun, quand on ne peut en exiger que les deux tiers pour les chemins de grande communication. Il est très rare, bien entendu, que les conseils généraux usent de ce droit excessif. On peut donc dire que l'assimilation est presque complète, et, dans plusieurs départements, on a repris déjà la dénomination unique de chemins de grande communication.

Le moment n'est pas éloigné où il n'y aura plus que deux classes de chemins vicinaux.

§ 5

PROPRIÉTÉ DES CHEMINS VICINAUX

13. La propriété des chemins de traverse ou vicinaux resta jusqu'à la Révolution dévolue aux propriétaires des domaines traversés, chargés d'ailleurs de veiller à l'entretien de ces chemins.

Le décret du 26 juillet 1790, sanctionné le 15 août suivant par le roi, déclara que cette possession, originaire de la féodalité, devait disparaître avec elle comme les justices seigneuriales.

« Nul ne pourra dorénavant, dit ce décret, à l'un ou l'autre de ces titres, prétendre aucun droit de propriété ou de voirie sur les chemins publics, rues et places des villages, bourgs ou villes. »

La question de savoir si les chemins vicinaux faisaient

partie du domaine public ou du domaine communal a été discutée.

L'article 1er de la loi du 1er décembre 1790 et l'article 538 du code civil favorisaient la première interprétation. Néanmoins, la plupart des dispositions législatives mettant la construction et l'entretien des chemins vicinaux à la charge des communes (décret des 28 septembre - 6 octobre 1791, loi du 1er décembre 1798, arrêté consulaire du 23 juillet 1802), il a paru plus équitable d'attribuer à ces communes la possession du sol sur lequel ils sont assis. On a dû insérer par suite, dans la loi organique du 21 mai 1836 (article 10), une disposition spéciale pour assurer leur imprescriptibilité.

14. La question, ainsi résolue pour les chemins vicinaux ordinaires, laissait encore quelques doutes pour les chemins de grande communication dont le maintien intéresse plusieurs communes et pour lesquels les indemnités d'acquisition sont le plus souvent payées sur les fonds centralisés de ces communes ou sur les subventions de l'État ou des départements. Il semblerait que le sol dût appartenir à la collectivité des communes représentée par le département. En l'absence de dispositions précises, on a conservé à chaque commune la propriété des parties de chemins de grande communication ou d'intérêt commun situées sur son territoire, mais c'est évidemment une solution vicieuse et qui devra être réformée.

§ 6

CLASSEMENT DES CHEMINS VICINAUX

15. Le décret du 28 septembre - 6 octobre 1791 indique que les chemins nécessaires à la communication des paroisses devront être reconnus par les directoire du district, mais il ne formule pas dans quels termes devra être faite cette reconnaissance.

Comme nous l'avons vu (6) l'arrêté du gouvernement du 11 juillet 1797 prescrit de dresser dans chaque département un état général des chemins vicinaux, d'après lequel l'administration désignera ceux de ces chemins qui doivent être maintenus. Cet arrêté n'a été mis à exécution que dans un petit nombre de départements.

La loi du 28 juillet 1824 prescrit, article 1er, que les chemins vicinaux devront être reconnus par un arrêté du préfet sur une délibération du conseil municipal. La loi du 21 mai 1836 a maintenu ces dispositions, mais en vertu de la loi du 16 août 1871, relative aux conseils généraux, c'est la commission départementale qui prononce aujourd'hui le classement des chemins vicinaux ordinaires. Ce classement peut être réclamé par une délibération du conseil municipal ou par une demande des intéressés.

16. Lorsqu'il s'agit d'un chemin déjà existant, le maire et l'agent-voyer cantonal en font la reconnaissance constatée par un procès-verbal, accompagné d'un plan d'ensemble. Ce procès-verbal contient les renseignements sur l'utilité du chemin et sur la situation financière de la commune. Ces pièces sont soumises dans la commune à une enquête de quinze jours dans la forme ordinaire. A la suite de l'enquête, le conseil municipal est appelé à donner son avis. Le dossier complet est renvoyé à la commission départementale qui statue sur le classement et fixe en même temps la largeur à donner au chemin.

Lorsqu'il s'agit d'un chemin à ouvrir, l'enquête s'effectue dans les formes prescrites par l'ordonnance du 23 août 1835 sur le dépôt d'un plan accompagné d'un profil en long et d'un rapport justificatif.

La commission départementale statue comme précédemment, et si l'établissement du chemin ne comporte pas l'expropriation de propriétés bâties, elle déclare en même temps l'utilité publique du projet. Dans le cas où l'acquisition de propriétés bâties est nécessaire, l'utilité publique doit être prononcée par un décret (loi du 3 juin 1864).

17. Les chemins d'intérêt commun et de grande communication sont classés par le conseil général. Si le chemin existe, le conseil général peut prononcer sans enquête et sur le vu d'un avant-projet soumis préalablement aux délibérations des conseils municipaux des communes intéressées et des conseils d'arrondissement. S'il s'agit d'un chemin à ouvrir, il est procédé comme pour les chemins vicinaux ordinaires, seulement l'enquête doit se faire dans les formes prescrites par l'ordonnance royale du 18 février 1834 ou par l'ordonnance royale du 23 août 1835, selon que les travaux intéressent plusieurs communes ou une seule. Les conseils municipaux et les conseils d'arrondissement donnent leur avis sur le vu de cette enquête.

Les délibérations prononçant le classement fixent la largeur du chemin et déclarent l'utilité publique dans les conditions indiquées pour les chemins vicinaux ordinaires.

§ 7

ACQUISITION DES TERRAINS

18. La décision qui classe dans l'une des trois catégories et fixe la largeur à donner à un chemin déjà existant attribue par cela même à ce chemin et, sauf le cas de propriétés bâties, la propriété du sol nécessaire, non seulement pour lui donner cette largeur, mais aussi pour toutes les parties accessoires essentielles, comme les fossés, les talus de remblais et de déblais. Par une dérogation essentielle aux principes généraux de l'expropriation, l'indemnité préalable n'est pas exigée pour la prise de possession des terrains.

Dans le cas où il n'y a pas accord avec le propriétaire, l'indemnité due est fixée par le juge de paix sur le rapport de deux experts désignés par les parties, et, au besoin, d'un tiers-expert désigné par ce magistrat.

19. Lorsqu'il s'agit de propriétés bâties, de redressement ou d'ouverture d'un chemin, les terrains, sauf arrangement

amiable, sont acquis, conformément aux prescriptions de la loi du 3 mai 1841, pour l'expropriation pour cause d'utilité publique, mais le jury spécial chargé de régler l'indemnité n'est plus composé que de quatre jurés présidés par un directeur qui peut être ou le juge de paix, ou un membre du tribunal de première instance désigné par ce tribunal (article 16 de la loi du 21 mai 1836). Le directeur a voix délibérative en cas de partage.

20. Indépendamment de la dérogation au droit commun signalée pour la suppression de l'indemnité préalable en cas d'élargissement d'un chemin existant, la loi du 21 mai 1836 a décidé, article 18, que l'action en indemnité des propriétaires, pour les terrains ayant servi à la confection des chemins vicinaux ou à l'extraction des matériaux serait prescrite par le laps de deux ans.

Le législateur a pensé que, dans beaucoup de cas, le terrain à prendre pour l'élargissement avait été usurpé sur le sol du chemin, ou que le chemin avait été classé et construit sur des promesses verbales de cession gratuite des terrains, promesses qui ne sont pas toujours réalisées. Néanmoins cette prescription est excessive, surtout quand il s'agit d'ouverture ou de redressement, et nous devons dire qu'elle n'est appliquée généralement, que si la bonne foi des réclamants peut être suspectée.

§ 8

DÉCLASSEMENT DES CHEMINS

21. Les formalités pour le déclassement des chemins sont semblables à celles suivies pour leur classement : enquête et avis du conseil municipal pour les chemins vicinaux ordinaires; pour les chemins de grande communication et d'intérêt commun, enquête et avis des conseils municipaux intéressés et du conseil d'arrondissement. La commission départemen-

tale dans le premier cas, le conseil général dans le second, prononce le déclassement et décide s'il y a lieu de maintenir le chemin dans les voies urbaines ou rurales, ou d'en aliéner les terrains.

Cette aliénation peut se faire directement au profit des riverains ; sinon, il est procédé comme pour la vente des propriétés communales.

Les mêmes formalités doivent être remplies pour l'aliénation des excédents de largeur.

§ 9

OCCUPATION TEMPORAIRE DES TERRAINS

22. Un arrêté du préfet désigne les terrains où doivent être extraits les matériaux nécessaires aux travaux des chemins vicinaux, ou pour recevoir les dépôts des terres provenant de ces chemins. A défaut d'arrangement amiable avec les locataires et propriétaires de ces terrains, l'indemnité due est réglée par le conseil de préfecture sur rapport d'experts. (Article 17 de la loi du 21 mai 1836.)

CHAPITRE II

RESSOURCES APPLICABLES

AUX CHEMINS VICINAUX

§ 1er

LÉGISLATION

ANTÉRIEURE A LA LOI DU 28 JUILLET 1824.

23. Les premières prescriptions arrêtées pour assurer les communications des habitants entre eux avaient surtout en vue la construction et l'entretien des ponts presque seuls indispensables avec les moyens de transport alors en usage.

Les Capitulaires du IXe siècle (819-830) prescrivent la réparation des ponts par les habitants des campagnes, et une amende est infligée à ceux qui ne répondront pas aux appels des officiers royaux.

Dans les siècles suivants, les seigneurs sont chargés de la conservation en bon état des ponts et des chemins, mais ils reçoivent le droit d'établir des péages, et, dans les cas où le produit de ces péages serait insuffisant, ils peuvent appeler les habitants des communes à contribuer de leur personne aux travaux de réparation. (Ordonnance de Vernon du 1er mars 1381. Charles VI.)

Les seigneurs employaient rarement les produits des péages à l'entretien des chemins et préféraient naturellement réclamer des corvées à leurs vassaux. On en trouve la preuve dans les édits et ordonnances royales du 6 mai 1413 (Charles VI), 23 décembre 1499 (Louis XII), septembre 1535 (François Ier), et dans l'édit de 1552 (Henri II), qui rappellent aux seigneurs qu'ils ne doivent pas détourner l'argent des péages de leur destination.

Quand la royauté eut pris plus de puissance, le roi prescrivit à ses officiers de saisir les produits des péages des seigneurs qui négligeraient d'entretenir les chemins et défendit d'imposer des corvées tant que ces produits n'auraient pas été entièrement consacrés à cet entretien. (Ordonnance de Charles IX (1560) et de Henri III (1579.)

24. Ces péages se maintinrent jusqu'à la Révolution, bien que beaucoup eussent été établis sans droit à l'origine. Ainsi, une commission chargée en 1780 d'en vérifier la légitimité, en supprima 3341 sur 5668. Alors, pas plus que dans les siècles précédents, leur produit n'était consacré à l'amélioration des chemins. Il est très probable que la corvée imposée par les seigneurs en faisait tous les frais.

La suppression de la féodalité n'avait pas détruit ce droit de corvée considéré par un grand nombre d'auteurs comme une compensation offerte par les serfs ou qui leur était imposée en échange de leur affranchissement.

Cependant nous n'avons trouvé aucune disposition légale qui règle l'application de la corvée aux travaux des chemins vicinaux; et il est problable que les seigneurs fixaient arbitrairement le nombre des journées d'après les besoins.

25. Ces journées, imposées par les seigneurs, ne se confondaient pas avec celles réclamées par l'État pour les travaux des routes royales, et qui, seules, furent abolies par l'édit de février 1776, rétablies temporairement par la déclaration du 11 août de la même année, et enfin supprimées définitivement par l'arrêt du conseil du 6 novembre 1786.

L'article 2 de ce dernier arrêt charge bien les assemblées provinciales de tout ce qui concerne la contribution représentative de la corvée pour la confection des chemins et grandes routes, mais le mot chemin est pris là dans une acception générale, et il ne s'agit évidemment que des corvées applicables aux routes royales.

On doit donc considérer que les corvées ont seules constitué les ressources spéciales aux chemins vicinaux jusqu'au décret du 28 septembre-6 octobre 1791, concernant les biens et les usages locaux de la police rurale, dont l'article 2 prescrit que les chemins seront rendus praticables et entretenus aux dépens des communautés sur le territoire desquelles ils sont établis, et autorise à cet effet une imposition au marc la livre de la contribution foncière. C'était, on le voit, de véritables centimes additionnels; nous ne croyons pas qu'ils aient été souvent imposés aux communes.

26. Depuis la Révolution jusqu'en 1824, les chemins vicinaux ont été construits et entretenus à l'aide des ressources générales des communes, et, d'après leur situation en 1824 et même en 1836, il ne paraît pas que la part qui leur était accordée fût considérable.

Les ressources disponibles étaient surtout employées dans l'intérieur des villages, et c'est par une réaction nécessaire que l'administration s'est longtemps refusée à considérer comme faisant partie des chemins vicinaux, les rues des villages qui en formaient le prolongement. Il a fallu la loi spéciale du 8 juin 1864 pour que les communes puissent classer ces rues et y employer les ressources vicinales.

§ 2

RESSOURCES SPÉCIALES

CRÉÉES DEPUIS LA LOI DU 28 JUILLET 1824.

27. La loi du 28 juillet 1824 autorise, dans le cas d'insuffisance des revenus des communes, l'imposition de deux journées de prestation et de cinq centimes additionnels au principal des contributions directes. Ces impositions doivent être votées par le conseil municipal, assisté des plus imposés pour le vote des centimes, et autorisées par le préfet.

La loi du 21 mai 1836 a porté le nombre des journées de

prestation à trois ; elle dispense le conseil municipal de l'adjonction des plus imposés pour le vote des centimes, et, condition plus importante encore, elle autorise, comme nous l'avons dit (9), l'imposition d'office par le préfet, en cas de refus du conseil municipal soit de voter, soit d'employer ces ressources.

L'article 3 de la loi du 24 juillet 1867 permet aux communes de voter trois centimes extraordinaires affectés exclusivement à la petite vicinalité.

D'après la loi du 11 juillet 1868, ces trois centimes peuvent être remplacés par une quatrième journée de prestation, pendant la durée d'exécution de cette loi portant allocation de subventions pour l'achèvement des chemins vicinaux.

La loi de finances du 31 du même mois donne aux conseils généraux le pouvoir de voter sept centimes additionnels pour subventions aux chemins de grande communication, et, dans les cas extraordinaires, aux chemins des autres catégories.

A ces ressources viennent se joindre les produits divers, les allocations des communes sur les revenus ordinaires, les subventions de l'État, les souscriptions particulières, etc.

27. Les ressources consacrées aujourd'hui aux chemins vicinaux peuvent se résumer comme il suit :

1° *Ressources créées par les communes.*

Ressources ordinaires : Revenus ordinaires ; trois journées de prestation ; cinq centimes spéciaux.

Ressources extraordinaires : trois centimes spéciaux ou quatrième journée de prestation ; impositions extraordinaires autorisées par une décision spéciale ; allocations sur les fonds libres ; produit des coupes de bois, vente de terrains, etc. ; emprunts autorisés.

2° *Ressources éventuelles.*

Souscriptions particulières ; subventions industrielles.

Subventions départementales : sur centimes spéciaux ; sur centimes facultatifs ; sur impositions extraordinaires ou emprunts autorisés.

Subventions de l'État : fonds créés par des lois spéciales.

Il n'est pas sans intérêt de donner quelques détails sur la constitution et sur le rendement de ces ressources.

Afin d'éviter les chiffres exceptionnels, nous prendrons, pour le rendement de chacun des impôts, la moyenne du produit de la période quinquennale de 1876 à 1880.

§ 3

REVENUS ORDINAIRES

28. Malgré la création de ressources spéciales, les communes ont souvent consacré une partie de leurs revenus ordinaires aux travaux de la vicinalité. Le produit moyen annuel de cette affectation pour la période quinquennale 1876-1880 a été de 9.425.294 fr. 55.

§ 4

PRESTATION EN NATURE

29. Nous n'insisterons pas sur ce point qu'il n'y a d'autre rapport, que l'exécution d'un travail en nature, entre la prestation telle qu'elle s'effectue aujourd'hui sur les chemins et l'ancienne corvée dont le souvenir est souvent invoqué par des esprits prévenus.

Il nous suffira de rappeler non pas d'après un pamphlet, mais d'après les considérants à l'appui de l'édit d'abolition de la corvée (février 1776), considérants qu'on ne saurait accuser d'exagération, que le corvoyeur pouvait être appelé au loin à l'exécution de travaux n'ayant pour lui qu'une utilité souvent contestable, qu'il était exposé à la perte de ses bestiaux par suite de la trop grande fatigue qui leur était imposée, que lui-même pouvait être blessé, estropié ou emporté par les maladies qu'occasionnait l'intempérie des saisons, qu'il était en butte à des amendes, à des punitions de toute espèce résultant de la résistance à une loi trop dure pour pouvoir être exécutée sans réclamation; d'autant plus que l'autorité devait être confiée dans ses dernières branches à des employés subalternes entre les mains desquels la justice distributive s'égarait trop souvent.

Tout le poids de cette charge, ajoutent les considérants, retombe sur le peuple; les propriétaires, presque tous privilégiés, en sont exempts ou n'y contribuent que très peu.

La prestation, imposée à tous sans distinction, et ayant plus égard qu'on ne le dit généralement à la situation de fortune des contribuables par l'imposition des voitures et des bêtes de somme, la prestation effectuée presque toujours à proximité du domicile pour des travaux intéressant directement le prestataire, à des époques fixées par les conseils électifs et avec un délai d'exécution considérable, quand il s'agit de travaux à la tâche, ne peut donc être en aucune façon assimilée à la corvée.

30. L'acquit de l'impôt en nature est loin d'être impopulaire, comme on l'a répété. La preuve, c'est qu'une fois débarrassé des conditions d'inégalité et de rigueur signalées précédemment, il se rétablissait en l'absence de toute prescription légale, malgré les lois du 15 mars 1790, du 28 août 1792, du 17 juillet 1793, qui prononçaient l'abolition de toute corvée, de quelque nature qu'elle fût.

Et non seulement les populations s'y soumettaient sans difficulté, mais l'administration cherchait à régulariser la pratique d'un impôt pour ainsi dire proscrit par les lois.

Dans un arrêté du 23 juillet 1802, relatif à une convocation extraordinaire des conseils municipaux, le ministre de l'intérieur leur posait la question de l'organisation uniforme des prestations.

Nous ne savons s'il a été répondu à cette demande. Dans tous les cas, il ne paraît pas qu'il ait été donné suite aux réponses faites, car, dans une instruction du 27 mai 1805, le même ministre constate que la prestation est encore en vigueur et qu'il importe d'établir une base uniforme pour faire cesser les variations qu'elle présente. Il déclare toutefois qu'il y a lieu d'exonérer l'habitant dont la contribution foncière est inférieure au produit de quatre journées de travail.

Il ne fut encore pris aucune disposition générale, et une circulaire ministérielle du 9 avril 1817 insista de nouveau sur la nécessité de faire de la prestation une obligation commune à tous et d'en régler l'application en accordant la faculté de rachat.

31. La loi du 28 juillet 1824 n'a donc fait que régulariser un état existant, et, comme nous venons de le faire voir, par la volonté même des intéressés.

Les dispositions de cette loi n'ont donné lieu à aucune difficulté en ce qui concerne les prestations, et elles sont à peu près reproduites dans la loi du 21 mai 1836, dont nous allons rappeler les termes.

32. Article 3 : « Tout habitant, chef de famille ou d'établissement, à titre de propriétaire, de régisseur, de fermier ou de colon partiaire porté au rôle des contributions directes, pourra être appelé à fournir chaque année une prestation de trois jours :

« 1° Pour sa personne et pour chaque individu mâle, valide, âgé de 18 ans au moins et de 60 ans au plus, membre ou serviteur de la famille, et résidant dans la commune ;

« 2° Pour chacune des charrettes ou voitures attelées, et en outre pour chacune des bêtes de somme, de trait, de selle au service de la famille, de l'établissement ou de la commune. »

Article 4 : « La prestation sera appréciée en argent, conformément à la valeur qui aura été attribuée annuellement pour la commune à chaque espèce de journée par le conseil général sur les propositions des conseils d'arrondissement.

« La prestation pourra être acquittée en nature ou en argent, au gré du contribuable. Toutes les fois que le contribuable n'aura pas opté dans les délais prescrits, la prestation sera de droit exigible en argent.

« La prestation non rachetée en argent pourra être convertie en tâches, d'après les bases et évaluations de travaux, préalablement fixées par le conseil municipal. »

33. En conformité de ces dispositions, il est dressé dans chaque commune, par le contrôleur des contributions directes, assisté du maire, des répartiteurs et du receveur municipal, un état matrice des contribuables soumis à la prestation avec indication en argent des journées d'hommes, d'animaux et de voitures dues par chacun d'eux. Cet état, dont la durée est de quatre ans, doit être tenu annuellement au courant des mutations survenues.

Après le vote du nombre des journées par le conseil municipal ou l'imposition d'office par le préfet, il sert à dresser le rôle de l'année.

Des avertissements, mentionnant tous les détails portés au rôle, sont ensuite envoyés aux contribuables avec mise en demeure de déclarer, dans le délai d'un mois à dater de la publication du rôle, s'ils entendent se libérer en nature.

A défaut de ces déclarations, les contribuables doivent payer les sommes portées au rôle, qui sont recouvrées comme les contributions directes.

34. Ces sommes représentent la valeur des journées dues par les prestataires d'après un tarif fixé par le conseil général (32); ce tarif est notablement inférieur au prix de la journée salariée. La différence moyenne a été, en 1880, pour la journée d'homme, 37 p. 0/0, pour la journée de cheval, 48 p. 0/0; mais les écarts de ces moyennes sont considérables d'un département à l'autre et varient de 14 à 60 p. 0/0 pour les hommes, de 22 à 89 p. 0/0 pour les chevaux, sans qu'ils soient toujours justifiés. Il en résulte, pour des contrées voisines, des inégalités de charge qui ont donné lieu à de justes plaintes, et il conviendra d'y avoir égard dans les modifications qu'on se propose d'apporter à la loi du 21 mai 1836.

Malgré cette différence entre le prix de la journée salariée et le taux du rachat, les prestataires ont, jusqu'ici, préféré se libérer en nature, quoique la proportion des rachats tende à augmenter.

Dans l'origine et de 1837 à 1857, cette proportion ne dépassait pas en moyenne 20 p. 0/0 du montant total des rôles. Depuis cette époque, la proportion a été en augmentant, et elle est arrivée à 40 p. 0/0 dans ces dernières années.

Cela tient, en grande partie, à l'accroissement constant du prix de la journée salariée, accroissement que n'a pas présenté le taux du rachat, et aussi à la surveillance plus grande exercée sur les travaux des prestataires.

35. La conversion en tâche inscrite dans la loi est certainement le mode d'exécution des prestations le plus avantageux pour les communes, puisque le travail effectué répond à la somme portée aux rôles; c'est aussi le plus avantageux pour le prestataire qui, dans la plupart des cas, peut se libérer à son jour et à son heure. Cependant elle n'a encore été adoptée que par 19.507 communes sur 36.074 et n'est pas appliquée dans 28 départements.

Par suite des bénéfices de la conversion, et, comme nous l'avons dit, d'une surveillance plus efficace, les travaux effectués par les prestataires donnent une plus-value d'environ 16 p. 0/0 sur le produit des rôles.

Cette plus-value n'a pu être calculée et appliquée qu'aux prestations effectuées sur des travaux donnés à l'entreprise. C'est le bordereau des prix ayant servi à l'adjudication des travaux qui fournit les termes de comparaison avec les travaux effectués par les prestataires, estimés d'après le rôle des journées ou le tarif de conversion en tâches. La plus-value constitue ainsi un bénéfice réel au profit des communes, les entrepreneurs devant, aux termes de l'article 26 des clauses et conditions générales qui leur sont imposées, prendre en compte aux prix de leur marché les travaux des prestataires.

36. Les dégrèvements réclamés et obtenus sur les prestations ne représentent que 1,50 pour 0/0 du montant des rôles et les non-valeurs seulement 0,72 pour 0/0. Très peu d'impôts présentent d'aussi bonnes conditions de recouvrement.

37. Le produit de la prestation qui n'était que de 20.772.183 f.

en 1837, est arrivé, en 1880, à 60.899.350 francs. Cette augmentation tient en partie à ce que le taux de rachat a été successivement augmenté dans beaucoup de départements, et surtout à ce que les communes se sont imposées à un plus grand nombre de journées. La différence entre le produit du maximum de journées et le produit des journées votées, n'est que de 2,21 pour 0/0.

Le nombre des communes imposées d'office à la prestation est très restreint et représente seulement 2,80 pour 0/0 de la totalité.

Le produit annuel moyen de la prestation pendant la période 1876-1880, a été de 58.448.047 francs, dont 34.507.201 francs, ont été acquittés en nature.

Depuis 1837, elle a fourni près de deux milliards aux travaux de la vicinalité.

§ 5

CENTIMES SPÉCIAUX ORDINAIRES

38. La valeur du centime communal varie nécessairement dans de fortes proportions d'une commune à l'autre.

Il est inférieur à 10 fr. dans. . . .	1.709	communes.
Il varie de 10 à 100 fr. dans.	29.302	—
— de 100 fr. à 2.000 fr. dans. . .	4.978	—
et n'est supérieur à 2,000 fr. que dans. .	85	—
Total égal au nombre des communes.	36.074	

Le produit de ces centimes par département présente de même des variations considérables.

Le produit moyen pour la période 1876-1880, a été de 39.460 fr. 60

En écartant les deux extrêmes, la Corse (5.439 fr. 04) et la Seine (538.270 fr.), il varie encore de 7.636 fr. 18 dans les Hautes-Alpes à 137.578 fr. 19 dans le Rhône.

Le produit moyen annuel des centimes spéciaux ordinaires votés en faveur des chemins vicinaux, pour la période de 1876-1880, a atteint 14.140.870 fr. 91.

Il est à remarquer d'ailleurs que les communes s'imposent plus volontiers des prestations que des centimes, car, tandis que, en 1880, le produit des journées votées ne différait que de 2,21 pour 0/0 du chiffre maximum (37) représentant trois journées, le produit des centimes était de 18,28 pour 0/0 au-dessous du maximum de cinq centimes.

§ 6

CENTIMES SPÉCIAUX EXTRAORDINAIRES

QUATRIÈME JOURNÉE DE PRESTATION

39. Les centimes spéciaux extraordinaires ont fourni une moyenne annuelle de 2.316.859 fr. 19 pendant la période considérée. C'est une imposition moyenne de 0,67 de centime par commune. Nous avons compris dans ce produit celui de la quatrième journée de prestation qui peut remplacer les centimes spéciaux extraordinaires, aux termes de la loi du 11 juillet 1868.

Un petit nombre de communes, environ 1.000 par année, ont profité de cette autorisation; mais ce qu'il y a de particulier, c'est que la plupart d'entre elles ont continué à s'imposer de cette quatrième journée, bien que le délai fixé par la loi fût expiré.

§ 7

IMPOSITIONS EXTRAORDINAIRES ET EMPRUNTS

40. Les impositions extraordinaires sont votées par les communes conformément aux lois du 18 juillet 1827 et du 24 juillet 1867.

Leur produit annuel moyen, de 1876 à 1880, a été de

4.585.879 fr. 33, c'est-à-dire près du double de ce qu'ont produit les centimes spéciaux extraordinaires.

Quant aux emprunts, ils ont été contractés, soit à la caisse des chemins vicinaux dont nous parlerons au paragraphe des subventions du trésor, soit plus rarement à d'autres caisses. Ces emprunts ont fourni un chiffre annuel moyen de 8.927.099 fr. 67.

§ 8

SOUSCRIPTIONS PARTICULIÈRES

PRODUIT DES COUPES DE BOIS, VENTES DE TERRAINS, ETC.

41. Les souscriptions particulières en nature et en argent ont produit dans la période considérée un chiffre moyen annuel de 2.418.606 fr. 85, qui prouve l'intérêt des populations aux travaux de la vicinalité.

Le produit moyen des coupes de bois, des ventes de terrains communaux abandonnés volontairement par les communes, pendant la même période, a été de 3.092.516 fr. 85 et confirme notre observation.

§ 9

SUBVENTIONS INDUSTRIELLES

41. Le but principal de la loi du 21 mai 1836, et on doit reconnaître qu'il a été rempli, était de favoriser les populations agricoles, auxquelles d'ailleurs elle demandait par la prestation ses principales ressources. On voulait assurer l'écoulement des produits de la terre en facilitant leur transport aux lieux de vente et de consommation.

L'industrie ne pouvait manquer aussi d'utiliser les chemins vicinaux, mais elle le faisait dans des conditions ruineuses pour les communes. Les chaussées des chemins vicinaux, construites avec l'économie commandée par les ressources, ne pouvaient résister aux transports effectués dans l'intérêt des exploitations de mines, de carrières, de forêts ou d'usines avec des véhicules lourdement chargés, et le plus souvent dans les saisons les plus défavorables.

La loi du 21 juin 1824 l'avait prévu, et son article 7 prescrit que, dans ce cas, les entrepreneurs, industriels ou propriétaires seront tenus de contribuer aux réparations par une subvention spéciale.

La loi organique du 21 mai 1836 a, dans son article 14, reproduit et complété cette prescription dans les termes ci-après : « Toutes les fois qu'un chemin vicinal, entretenu à l'état de viabilité par une commune, sera, habituellement ou temporairement dégradé par des exploitations de mines, de carrières, de forêts ou de toute entreprise industrielle appartenant à des particuliers, à des établissements publics, à la couronne ou à l'État, il pourra y avoir lieu à imposer aux entrepreneurs ou propriétaires, suivant que l'exploitation ou les transports auront lieu pour les uns ou pour les autres, des subventions spéciales dont la quotité sera proportionnée à la dégradation extraordinaire qui devra être attribuée aux exploitations. Ces subventions pourront, au choix des subventionnaires, être acquittées en argent ou en prestations en nature, et seront exclusivement affectées à ceux des chemins qui y auront donné lieu. »

Ces prescriptions étaient justes. Si les habitants d'une commune avaient consenti à des sacrifices souvent considérables, afin de faciliter la culture de leurs propriétés et d'assurer leurs communications avec les communes voisines, il ne fallait pas que, dans un court espace de temps, les résultats de ces sacrifices fussent compromis, sinon anéantis, par les exploitations industrielles.

Cependant l'application de l'article 14 de la loi du 21 mai 1836 a soulevé de nombreuses critiques et une vive opposition de la part des industriels et des exploitants. Ils ont prétendu que, contribuant à toutes les charges de la commune comme les autres habitants, auxquels ils procurent généralement du travail, ils ne devaient pas être astreints à un impôt spécial, nuisible d'ailleurs au développement industriel du pays.

42. Le conseil d'État s'est probablement ému de ces oppositions, et, ne pouvant déroger à la loi, il en a entouré l'application de formalités qui en rendent l'exécution bien difficile.

Parmi ces formalités, nous citerons l'obligation de la constatation directe et matérielle des dégradations. Cette constatation, réclamée par un grand nombre d'arrêts, est impraticable quand le chemin est fréquenté par différents industriels, puisqu'il n'est pas possible de distinguer les dégradations dues aux uns ou aux autres. Elle est onéreuse, puisqu'elle empêche la réparation du chemin au fur et à mesure que les avaries se produisent, seul procédé économique. Elle est vexatoire pour les habitants qu'elle oblige à subir, pendant un temps assez long, les conséquences du mauvais état du chemin.

L'évaluation du dommage causé par les dépenses effectuées pour l'entretien continu, la répartition de ces dépenses proportionnellement au nombre et au poids des chargements, en tenant compte de la saison des transports, est le seul système applicable.

Le conseil d'État l'a reconnu parfois, mais sa jurisprudence n'a pas été constante, et il a repoussé trop souvent les justes réclamations des communes en leur imposant des formalités presqu'irréalisables.

43. Il n'est pas réclamé de subventions industrielles dans 19 départements. Ce sont généralement des départements pauvres ou essentiellement agricoles.

La moyenne du produit annuel des subventions industrielles pendant la période 1876-1880 a été de 1.468.914 fr. 05, chiffre qui n'est pas sans importance, surtout si l'on considère que quelques départements y entrent pour des parts considérables. Ce sont surtout ceux où s'exploite la betterave, dont les transports s'effectuent dans des conditions de poids et de saison véritablement désastreuses pour les chaussées. L'Aisne figure pour 271.131 fr. 41 dans le chiffre précité; le Pas-de-Calais pour 235.472 fr. 07 ; l'Oise pour 148.903 fr. 12 ; la Somme pour 114.649 fr. 03 ; le Nord pour 104.848 fr. 40. Ces chiffres constituent pour ces départements une ressource sans laquelle l'entretien des chemins fréquentés par l'industrie serait à peu près impossible.

La fixation du chiffre des subventions résulte souvent d'abonnements amiables dont les chiffres sont acceptés par la commission départementale pour les chemins de grande communication ou d'intérêt commun, et par les conseils municipaux pour les chemins vicinaux ordinaires.

§ 10

SUBVENTIONS DÉPARTEMENTALES

44. La loi du 21 mai 1836 a autorisé les départements à pourvoir au paiement des subventions, votées par le consel général en faveur des chemins vicinaux, à l'aide de centimes facultatifs ordinaires et de centimes spéciaux. Le nombre de ces derniers, fixé à cinq par la loi de finances du 18 juillet 1836, a été porté à sept par une disposition de la loi de finances du 31 juillet 1867, reproduite dans les lois de finances des exercices suivants.

Les comptes rendus du service vicinal confondent dans un même chiffre le produit des centimes facultatifs et celui des centimes spéciaux votés par les conseils généraux. La moyenne annuelle de ces produits a été de 28.069.057 fr. 78, pendant la période que nous considérons, et représente une imposition moyenne de 8c,18 facultatifs ou spéciaux par département.

Le produit des centimes extraordinaires, emprunts et ressources éventuelles, est plus considérable, et la moyenne annuelle de 1876 à 1880 s'est élevée à 35.630.480 fr. 81, ce qui donne, pour la moyenne totale annuelle du concours des départements, de 1876 à 1880, le chiffre important de 63.699.538 fr. 59.

§ 11

SUBVENTIONS DE L'ÉTAT

45. Le concours de l'État pour la construction des chemins vicinaux a été en croissant au fur et à mesure qu'on a compris le rôle considérable que ces voies modestes remplissaient dans le développement de la richesse publique.

Dans l'origine, ces subventions étaient accordées sous forme de secours aux communes, à la suite de disettes ou de chômages. Elles répondaient au double but de soulager la misère et de favoriser l'exécution de travaux utiles.

C'est ainsi qu'une subvention de 6 millions a été répartie entre les communes, à la suite d'un décret de l'assemblée nationale du 22 septembre 1848; que de 1852 à 1856 les chemins vicinaux ont participé pour 12.558.092 fr. aux crédits ouverts par le gouvernement pour assurer du travail à la classe ouvrière.

Plus tard, en vertu d'une lettre impériale du 18 août 1861, une subvention de 25 millions a dû être répartie entre les départements pour l'achèvement des chemins d'intérêt commun.

46. Mais c'est par la loi du 11 juillet 1868 que le gouvernement est venu en aide, de la manière la plus large et la plus efficace, à la construction des chemins vicinaux.

Elle accordait une subvention de 100 millions payables en dix annuités, pour l'achèvement du réseau de la petite vicinalité, après fixation, dans chaque département, des chemins les plus urgents qui, seuls, devaient bénéficier de cette subvention.

Chaque annuité a été répartie en ayant égard aux besoins, aux ressources et aux sacrifices des communes et des départements, sauf une réserve d'un dixième à répartir directement entre les départements dont le centime avait une valeur inférieure à 20.000 francs.

Une autre subvention de 15 millions était affectée, dans les mêmes conditions, à l'achèvement des chemins de grande communication.

Enfin, par une innovation qui a donné de précieux résultats, la loi a créé une caisse des chemins vicinaux, où les communes, et, par substitution, les départements sont autorisés à emprunter les sommes nécessaires à la construction des chemins, avec libération par le paiement de trente annuités représentant chacune 4 pour 0/0 de la somme empruntée. Le total des avances à faire par la caisse des dépôts et consignations ne devait, en aucun cas, dépasser 200 millions.

Les départements dont le centime était inférieur à 20.000 fr., étaient autorisés à emprunter à la caisse les sommes nécessaires pour l'achèvement des chemins de grande communication et d'intérêt commun existants.

47. Le premier avantage de cette loi fut d'obliger les communes à diviser leurs chemins vicinaux ordinaires en trois catégories, suivant leur degré d'urgence. Cette opération s'est effectuée sous le contrôle des conseils généraux. Comme nous l'avons dit, les premiers classements avaient été faits sans méthode, ni mesure. Il en était résulté des inégalités choquantes dans les longueurs classées d'un département à l'autre, en tenant compte de la population et de la superficie, et surtout une très fâcheuse dissémination des ressources.

Des déclassements successifs avaient ramené la longueur du réseau de la petite vicinalité de 651.824 kilomètres en 1837, à 364.452 kilomètres en 1867, sur lesquels plus des deux tiers, 251.816 kilomètres, restaient à construire.

On n'a considéré comme urgents et susceptibles de bénéficier de la subvention que les chemins classés dans les deux premières catégories, et on a éliminé ainsi 109.314 kilomètres, dont l'ajournement permettait de réunir toutes les ressources sur les communications réellement utiles.

Le second avantage, fut de poser en principe que la subvention serait accordée en raison des sacrifices faits par les communes et les départements, sacrifices qui sont toujours le meilleur critérium des besoins.

Enfin, le troisième était la facilité donnée aux communes

d'emprunter dans des conditions très modérées et sans que, pour cela, l'État fût astreint à des sacrifices trop onéreux. En utilisant les fonds déposés par les communes à la caisse des dépôts et consignation, le Trésor n'avait à payer qu'une différence de 1 franc 10 pour 0/0 pour assurer le remboursement des sommes prêtées, par trente annuités à 4 0/0, payées par les communes ou les départements.

48. Les nécessités financières ont obligé à réduire l'annuité de dix millions à distribuer à titre de subventions, et la loi du 25 juillet 1873 a porté de 10 à 14 ans l'exécution complète de la loi de 1868. Néanmoins, on est arrivé à construire, en 12 ans, 130.681 kilomètres de chemins vicinaux ordinaires, c'est-à-dire plus de 10,000 kilomètres par an.

D'un autre côté, les communes avaient promptement reconnu les conditions favorables des emprunts à la caisse des chemins vicinaux, et, dès la fin de 1878, les 200 millions affectés au service de cette caisse étaient entièrement absorbés par les demandes.

La loi du 10 avril 1879 créa en sa faveur une nouvelle dotation de 300 millions, autorisa les emprunts pour les chemins vicinaux de toute classe existants au moment de la promulgation de la loi, jusqu'à concurrence de 200 millions, en réservant 60 millions pour les chemins nouveaux et 40 millions près le réseau vicinal algérien.

Les sommes empruntées pouvaient de plus être consacrées au rachat des péages des ponts concédés.

Le service des emprunts était assuré pour un certain temps, mais il ne restait plus à distribuer comme subventions, sur les ressources créées par la loi du 11 juillet 1868, que les trois annuités de 1880, 81 et 82, réduites au chiffre de 5.750.000 francs.

On pouvait craindre, sinon l'interruption, du moins un notable ralentissement des travaux.

49. La loi du 12 mars 1880 accorda une nouvelle subvention de 80 millions, mais on pensa que les besoins les plus urgents étaient satisfaits, et que les fonds de l'État devaient surtout servir de stimulant en venant augmenter les ressources ordinaires ou extraordinaires créées par les communes

ou les départements, ou, en d'autres termes, que l'on pouvait ne plus faire entrer les besoins dans la répartition des subventions.

Ces subventions pouvaient être allouées pour toutes les classes de chemins; mais elles n'étaient accordées que pour une année, pour des travaux déterminés à l'avance et en faveur desquels les conseils municipaux ou les conseils généraux avaient voté un quantum de la dépense, déterminé par un règlement d'administration publique, en raison de la valeur du centime communal ou départemental.

50. L'État est venu largement en aide à la vicinalité depuis 1868, mais on ne peut douter que, par la plus-value des immeubles, par l'accroissement des échanges, il n'ait recouvré déjà une partie de ses sacrifices.

§ 12

BUDGET MOYEN DES RESSOURCES

51. D'après les chiffres qui précèdent, la moyenne annuelle des ressources de la vicinalité, pendant la période 1876-1880, s'est élevée à 174.957.983 fr. 52 répartis comme il suit, quant à leur origine :

Fonds communaux	100.936.567 fr.	63
Ressources éventuelles	3.887.518	50
Fonds départementaux.	62.724.200	33
Fonds du trésor	7.409.697	06
Total égal	174.957.983	52

Dans la première période quinquennale qui a suivi la promulgation de la loi du 21 mai 1836, le budget moyen de la vicinalité était de 48.609.792 francs.

Il a donc plus que triplé depuis cette époque.

§ 13

RÉPARTITION DES RESSOURCES

52. Chaque année, le conseil général du département fixe par ligne dans la session d'août les contingents, tant en nature qu'en argent, que les communes auront à fournir pour l'entretien et la construction des chemins de grande communication et d'intérêt commun pendant l'année suivante.

Il arrête, en même temps, le chiffre des subventions accordées aux mêmes chemins sur les fonds du département, et fait entre eux la répartition des subventions de l'État.

L'ensemble de ces sommes, auxquelles viennent s'ajouter les fonds de report des exercices précédents et les produits éventuels, constituent le budget des recettes de chaque chemin. Sur le vu de ce budget, le préfet arrête sur les propositions de l'agent-voyer en chef, le budget des dépenses.

53. Pour les chemins vicinaux ordinaires, l'emploi, pendant l'année suivante, de la part des revenus ordinaires affectée à la vicinalité, des ressources spéciales déduction faite des contingents arrêtés par le Conseil général pour les chemins de grande communication et d'intérêt commun, des ressources éventuelles, du produit des emprunts, des subventions départementales et de celles du Trésor, enfin du reliquat des années précédentes, est soumis, dans la session du mois de novembre, à l'approbation du conseil municipal, puis à la ratification du préfet.

§ 14

DES RELIQUATS

54. Les ressources spéciales à la vicinalité ne peuvent, comme pour les autres services, être mises intégralement, dès le début de l'exercice, à la disposition des agents chargés de l'exécution des travaux. Ces ressources sont fournies, en grande partie, par les prestations, que le contribuable est libre d'acquitter en nature ou en argent. Celui-ci doit, comme nous l'avons dit (33), faire connaître après la publication du rôle comment il entend se libérer ; mais en général il déclare qu'il s'acquittera en nature, sauf à s'acquitter en argent si, lorsqu'il est convoqué pour effectuer la prestation, il trouve préférable de ne pas répondre à la convocation.

Le recouvrement en argent des prestations non exécutées exige un certain temps, puisqu'il faut attendre le délai fixé pour l'exécution des prestations, le dépouillement des rôles, la notification au contribuable, et il en résulte qu'une partie notable des ressources ne devient disponible, au plus tôt, que vers le milieu de l'année, et le plus souvent dans les derniers mois.

On ne peut donc exiger que toutes les ressources de l'année soient employées au courant de l'exercice, d'où des reliquats à reporter sur les exercices suivants. Ces reliquats, limités aux prestations non acquittées et recouvrées en argent, auraient déjà présenté une certaine importance, mais par d'autres circonstances : défaut de rédaction des projets en temps utile, difficultés pour la prise de possession des terrains, etc., etc., des sommes importantes sont venues s'ajouter au produit des prestations non acquittées et, pour la période 1876-1880, le reliquat moyen annuel s'est élevé à la somme considérable de 71.089.217 fr. 04, plus des 5/12 du budget total des ressources.

Cette somme se répartit comme il suit :

Chemins de grande comunication. . . .	7.515.456 fr.	42
— d'intérêt commun	8.299.093	79
— vicinaux ordinaires	55.274.666	83
Total égal	71.089.217 fr.	04

Le montant du reliquat diffère notablement d'un département à l'autre ; et pour l'exercice 1880, il a varié de 186.000 fr. dans Maine-et-Loire, à 2.576.000 francs dans Nord et à 2.708.000 francs dans la Seine.

Voici, d'ailleurs, comment les reliquats se répartissent dans les départements, eu égard à leur importance :

Reliquats de 100 à 200.000 fr.,	2	départements
de 200 à 300.000	6	—
de 300 à 400.000	7	—
de 400 à 500.000	8	—
de 500 à 600.000	6	—
de 600 à 700.000	11	—
de 700 à 800.000	12	—
de 800 à 900.000	6	—
de 900 à 1.000.000	8	—
au-dessus de 1.000.000	21	—

La richesse du département n'a pas de rapport avec l'importance du reliquat.

Dans le groupe de 200 à 300.000 francs, nous trouvons à la fois les Bouches-du-Rhône et la Lozère ; pour celui où il dépasse 1.000.000, on compte, comme nous l'avons vu, le Nord et la Seine, mais aussi la Corse et la Haute-Savoie.

55. Les développements qui précèdent nous ont paru nécessaires sur cette question, qui n'a pas encore été examinée avec tout l'intérêt qu'elle comporte.

Il n'existe pas, croyons-nous, de branches de l'administration où des fonds aussi considérables soient laissés sans emploi.

Tout en faisant la part de la difficulté que nous avons signalée, du recouvrement en temps utile d'une partie des prestations rachetées, il est certain pour nous que la décentralisation presque absolue du service des chemins vicinaux ordinaires contribue pour beaucoup au maintien de cette fâcheuse condition.

Il est à remarquer, en effet, que la division du reliquat entre les diverses classes de chemins n'est nullement proportionnée aux ressources annuelles. Tandis que, pour les chemins de grande communication, le reliquat ne s'élève qu'à 14,85 p. 0/0 du montant de ces ressources, on trouve 26,15 p. 0/0 pour les chemins d'intérêt commun, et on arrive à la proportion considérable de 68,68 p. 0/0 pour les chemins vicinaux ordinaires.

CHAPITRE III

EMPLOI DES RESSOURCES

---

§ 1er

DU PERSONNEL

56. La loi du 28 juillet 1824 ne fait aucune mention du personnel qui sera chargé de la direction des travaux de la vicinalité. Celle du 21 mai 1836 se borne, en son article 11, aux indications suivantes :

« Le préfet pourra nommer des agents voyers ;

« Leur traitement sera fixé par le conseil général et prélevé sur les fonds affectés aux travaux ;

« Les agents voyers prêteront serment. Ils auront le droit de constater les contraventions et délits, et d'en dresser procès-verbaux. »

La même cause qui a conduit au développement des chemins de grande communication après la loi de 1824, des chemins d'intérêt commun après celle de 1836, bien que ces chemins n'aient pas même été dénommés dans ces lois, c'est-à-dire la nécessité de répondre à un développement imprévu des besoins, a conduit avec les dispositions incomplètes que nous venons d'indiquer, à la constitution d'un personnel qui comprenait, au 1er janvier 1884, 4.542 agents, répartis comme il suit :

87 agents voyers en chef ;
399 agents voyers d'arrondissement ;
4.056 agents voyers cantonaux.

57. Le nombreux personnel des agents voyers ne constitue pas un corps unique et hiérarchisé, malgré les avantages que présenterait cette mesure, tant pour les départements que pour les agents.

Il en résulte un défaut de tradition qui n'est pas sans influence sur l'exécution des travaux.

Les conseils généraux ont craint, à tort selon nous, que la constitution d'un corps spécial, placé nécessairement sous la direction de l'administration centrale, ne fût une atteinte à leurs prérogatives, et ils ont résisté, jusqu'à présent, à toutes les propositions qui leur ont été faites dans ce sens.

La dépense moyenne annuelle du personnel, pendant la période 1876-1880, en y comprenant les indemnités et les secours, s'est élevé à 8.604.530 fr. 21, représentant environ 4.90 p. 0/0 de la dépense, proportion très modérée.

58. L'article 46, § 7, de la loi du 10 août 1871 attribue aux conseils généraux la désignation des services auxquels sera confiée l'exécution des travaux sur les chemins vicinaux de grande communication et d'intérêt commun.

Les mêmes services sont alors chargés des travaux des chemins vicinaux ordinaires, sans autre justification que la pratique qui a suppléé au silence de la loi.

Il faut reconnaître, d'ailleurs, que la répartition et l'emploi des prestations appliquées généralement aux trois classes de chemins exigent qu'il en soit ainsi.

Jusqu'à présent, et ainsi qu'il résulte d'un relevé fait par le ministère de l'intérieur au 1er janvier 1883, les conseils généraux se sont arrêtés, pour le personnel, à l'une des trois combinaisons suivantes :

1° Le service vicinal est confié à un agent voyer en chef ayant sous ses ordres des agents voyers d'arrondissement et des agents voyers cantonaux. Ces agents sont nommés par le préfet, sauf contrôle du ministre de l'intérieur pour la nomination de l'agent voyer en chef.

Dans deux départements, le service est chargé des travaux des routes départementales, sans que celles-ci aient été déclassées.

2° Le service vicinal est confié à l'ingénieur en chef du département, ayant sous ses ordres des agents voyers d'arrondissement et de canton.

3° Le service vicinal est confié à l'ingénieur en chef du département et aux ingénieurs ordinaires, ayant sous leurs ordres des conducteurs des ponts et chaussées ou des agents voyers cantonaux.

Les départements se répartissent comme il suit, d'après ces trois combinaisons.

Départements où le service vicinal est entièrement confié aux agents voyers 57

Départements où l'ingénieur en chef remplit les fonctions d'agent voyer en chef, ayant sous ses ordres des agents voyers. 3

Départements où le service vicinal est confié aux ingénieurs 27

La question de la réunion ou de la séparation des services des routes et des chemins a été longuement et souvent débattue.

Les ingénieurs et les agents voyers ont discuté les motifs qui devaient faire préférer l'un ou l'autre système.

Il ne pouvait y avoir aucune solution, parce qu'il n'y a pas réellement, en faveur de l'un ou de l'autre des raisons tout à fait déterminantes, et c'est le cas d'appliquer le dicton populaire « tant vaut l'homme, tant vaut la chose. »

59. L'entretien des chemins de grande communication et d'intérêt commun est confié à des cantonniers nommés et révoqués par le préfet sur la proposition de l'agent voyer en chef.

Dans beaucoup de départements, on a institué des cantonniers communaux, chargés de l'entretien du réseau de la vicinalité ordinaire pour une ou plusieurs communes, ce qui assure à ce réseau le bénéfice de l'entretien continu.

A la fin de 1880, on comptait 24.924 cantonniers sur les chemins de grande communication, 12.440 sur les chemins d'intérêt commun, 17.315 sur les chemins vicinaux ordinaires :

en tout, 54.679 cantonniers dont le salaire représentait pour l'année une dépense de 29.939.385 fr. 80.

Nous devons faire remarquer toutefois que, dans beaucoup de communes, les cantonniers de la petite vicinalité ne donnent que deux ou trois journées de travail par semaine.

§ 2

PRÉPARATION DES PROJETS

60. Les éléments essentiels de la préparation des projets, comme le profil en long et les profils en travers, les fossés et les chaussées, présentent des dispositions variables, non seulement d'une classe de chemins à l'autre, mais encore pour une même classe d'un département à l'autre, ou dans un même département.

Il faut tenir compte avant tout des ressources généralement restreintes, et se conformer à la nature plus ou moins accidentée du pays, au poids habituel des chargements, à l'espèce de véhicules en usage, aux déclivités déjà existantes sur les parties du chemin qui devront être conservées pendant un temps assez long.

L'uniformité serait une faute, et, s'il est utile de donner à la circulation toutes les facilités désirables, il est souvent indispensable de ne pas sacrifier à ces facilités les exigences aussi légitimes d'une prompte ouverture des communications.

61. Dans les pays de plaine ou médiocrement accidentés, on a généralement adopté les dispositions suivantes :

Chemins de grande communication. — Largeur en couronne, 7 ou 8 mètres ; largeur des chaussées, 4 mètres ; déclivités longitudinales ne dépassant pas $0^m,06$ par mètre.

Chemins d'intérêt commun. — Largeur en couronne, 6 à 7 mètres ; largeur des chaussées, 3 à 4 mètres ; déclivités longitudinales ne dépassant pas $0^m,07$ par mètre.

Chemins vicinaux ordinaires. — Largeur en couronne, 6 mètres; largeur des chaussées, 3 mètres; déclivités maxima, $0^m,08$ par mètre.

La largeur en gueule des fossés est généralement de 1 mètre pour les trois classes de chemins, avec une profondeur de $0^m,33$.

Les rayons des courbes de raccordement des alignements droits ne descendent pas au-dessous de 15 mètres.

62. Dans les pays montagneux, les dimensions indiquées sont notablement diminuées, afin d'éviter la dépense des terrassements et des murs de soutènement. Souvent la largeur en couronne a été réduite à 6 mètres, et même à $5^m,50$ pour les chemins de grande communication ou d'intérêt commun, en supprimant les fossés, toutes les fois que la nature des terrains le permettait. Souvent aussi, on a dû adopter des déclivités atteignant jusqu'à $0^m,10$ par mètre.

Les épaisseurs données aux chaussées ont de même beaucoup varié. Dans bien des cas et pour les chemins à faible circulation ouverts dans des terrains résistants, on s'est contenté de réparer les rouages au fur et au mesure qu'ils se produisaient, et on arrivait par l'entretien à constituer une zône de résistance suffisante.

Avant tout, l'on a dû se conformer aux ressources. Les agents qui ont rendu le plus de service à la vicinalité ne sont pas ceux qui ont produit les travaux les plus réguliers et les plus conformes aux dispositions généralement admises; mais ceux qui ont su, dans le moindre temps, répondre à un plus grand nombre de besoins.

63. Ces principes n'ont pas toujours prévalu dans les projets pour la construction des ouvrages d'art.

Par suite du défaut de centralisation et de l'indépendance absolue des départements, beaucoup de ces ouvrages ont été édifiés avec un luxe d'appareil, et par suite un excédent de dépenses, qui eut été mieux employé à augmenter la longueur du réseau. On n'a pas toujours compris qu'une grande simplicité, qui n'exclut pas d'ailleurs l'élégance et la grandeur des lignes, était le caractère obligé des travaux de la vicinalité.

Cependant l'État contribuant pour de fortes sommes à l'exécution des travaux, l'administration centrale avait le droit et le devoir d'assurer le plus fructueux emploi des sacrifices faits par le trésor.

Une circulaire du ministre de l'intérieur, en date du 9 août 1879, a prescrit de lui adresser les projets des travaux d'art s'élevant à plus de 10.000 francs, pour être soumis au comité consultatif de la vicinalité, institué par décret du 7 juillet précédent, et chargé d'étudier et de donner son avis sur les questions administratives ou techniques intéressant le service vicinal.

Le sous-comité technique, délégué par ce comité, a examiné, dans l'espace de cinq ans, 710 projets montant en totalité à 37.283,900 francs.

Pour 572 de ces projets, la dépense prévue était inférieure à 100.000 francs, mais on y compte 5 ponts de 2 à 400.000 fr., 2 ponts de 400.000 à 500.000 francs, et 4 ponts qui dépassent ce chiffre.

§ 3

APPROBATION DES PROJETS

64. L'article 16 de la loi du 21 mai 1836 porte : « Les travaux d'ouverture et de redressement des chemins vicinaux seront autorisés par arrêté du préfet. »

Cet article est absolu dans sa concision, et il s'agit non seulement des directions et des dispositions principales, mais encore des projets d'exécution des travaux.

La loi du 10 août 1871 qui a transmis aux conseils généraux la plus grande partie des pouvoirs des préfets, leur a-t-elle donné tous ceux compris dans le paragraphe de l'article 16 que nous venons de citer ?

L'article 44 de cette loi est ainsi conçu : « Le conseil général opère la reconnaissance, détermine la largeur et prescrit l'ouverture des chemins vicinaux de grande communication et d'intérêt commun. Les délibérations qu'il prend à cet égard produisent les effets spécifiés aux articles 15 et 16 de la loi de 1836. »

Le paragraphe 7 de l'article 46 énumérant les objets pour lesquels le conseil général statue définitivement porte : « classement et direction des chemins vicinaux de grande communication et d'intérêt commun. Désignation des communes qui doivent concourir à la construction et à l'entretien des dits chemins et fixation du contingent annuel de chaque commune, le tout sur l'avis des conseils compétents. »

Enfin l'article 86 est ainsi conçu : « La commission départementale prononce, sur l'avis des conseils municipaux, la déclaration de vicinalité, le classement, l'ouverture et le redressement des chemins vicinaux ordinaires, la fixation de la largeur et de la limite des dits chemins. Elle exerce à cet égard les pouvoirs conférés aux préfets par les articles 15 et 16 de la loi du 21 mai 1836. »

Ces différents articles ne parlent pas des projets d'exécution, et comme ils limitent la transmission des pouvoirs des préfets aux objets qu'ils mentionnent, on a pu soutenir avec raison que l'autorité administrative restait toujours chargée de l'approbation de ces projets.

Cependant on a objecté que, pour les routes départementales, le paragraphe 6 de l'article 44 précité réserve aux conseils généraux l'approbation des projets, plans et devis des travaux à exécuter, et qu'il n'y avait pas de raison pour qu'ils n'eussent pas les mêmes pouvoirs pour les chemins de grande communication et d'intérêt commun.

Les conditions ne sont pas les mêmes. Il s'agit, dans le premier cas, de fonds exclusivement départementaux, tandis que, pour les chemins, les ressources sont fournies en grande partie par les communes.

Le législateur a donc pu ne pas laisser à la même autorité le soin d'approuver les projets des travaux.

C'est ainsi que l'avait compris d'abord le gouvernement (circulaire du ministre de l'intérieur du 20 novembre 1873). Mais depuis, revenant à des idées de décentralisation plus étendue et considérant qu'après tout une partie des fonds devait être votée, spécialement pour chaque projet, par l'Assemblée départementale, le ministre de l'intérieur a décidé que les projets d'exécution seraient soumis au conseil général ou à la commission départementale, suivant qu'il s'agirait de chemins de grande communication et d'intérêt commun ou de chemins vicinaux ordinaires.

Nous regrettons cette décision. Il semble qu'après le classement, l'approbation des directions et des largeurs, après le vote des crédits, les assemblées délibérantes ont dit leur dernier mot et qu'il est dangereux de les faire intervenir dans des questions techniques étrangères à beaucoup de leurs membres, et dont la solution comme la responsabilité doit être laissée à l'administration et aux fonctionnaires spéciaux placés sous ses ordres.

§ 4

EXÉCUTION DES TRAVAUX

65. Nous n'avons pas à entrer dans les détails techniques d'exécution des travaux, qui sont les mêmes évidemment pour les chemins que pour les routes. Comme nous l'avons dit en commençant, il n'y a pas de méthodes ou de procédés distincts pour faire des terrassements, construire une chaussée ou des travaux d'art, et nous ne pouvons que renvoyer aux parties de ce recueil où ces questions sont traitées.

Il nous reste à parler des dispositions administratives se rapportant à l'exécution des travaux, en distinguant les travaux effectués en nature de ceux payés en argent.

66. Le règlement général arrêté par chaque préfet pour l'exécution de la loi du 21 mai 1836, conformément à l'article 21 de cette loi, doit indiquer la date à partir de laquelle les prestataires pourront être appelés sur les chantiers, la durée du travail qui leur sera demandé ainsi qu'aux bêtes de

somme et de trait, les distances maxima auxquelles ils devront se rendre en dehors du territoire de leur commune.

De plus, le préfet fixe chaque année par des arrêtés spéciaux l'époque où les travaux de prestation devront être terminés.

Les rôles comprenant les prestataires qui ont déclaré vouloir se libérer en nature sont envoyés dans les communes. Le maire, assisté de l'agent voyer, dresse des extraits de ces rôles indiquant la répartition des travailleurs entre les différents chantiers et déterminant les jours d'ouverture et de fermeture de ces chantiers.

Quand les prestations se font à la journée, chaque prestataire reçoit, cinq jours à l'avance, un bulletin lui indiquant le lieu où il doit se rendre, à quelle heure et avec quels outils.

Les travaux s'effectuent sous la direction d'un surveillant qui constate la présence des prestataires et l'emploi de leurs journées.

Après l'époque fixée pour la clôture du chantier, l'agent voyer cantonal reçoit les travaux en présence du maire, émarge les cotes ou parties de cotes acquittées en nature sur l'extrait de répartition, et l'envoie à l'agent voyer d'arrondissement pour être remis au receveur municipal. Celui-ci consigne les émargements sur le rôle général des prestataires de la commune et poursuit le recouvrement en argent des journées non acquittées.

Quand les prestations se font à la tâche, le bulletin remis au prestataire lui indique cette tâche et le délai fixé pour son exécution.

Après ce délai, l'agent voyer cantonal fait, en présence du maire et du prestataire, la réception des travaux, émarge l'extrait de rôle dans la proportion des travaux effectués et l'envoie à l'agent voyer d'arrondissement comme pour les prestations à la journée.

67. Les conditions dans lesquelles s'effectuent les travaux à prix d'argent sont à peu près les mêmes que pour les travaux publics.

La règle générale est l'adjudication ; mais on peut passer des marchés de gré à gré quand les dépenses n'excèdent pas 3.000 francs, quand les travaux ne comporteraient pas les délais d'une adjudication ou quand, par leur nature ou leur spécialité, ils exigeraient des conditions particulières d'aptitude.

On peut aussi traiter de gré à gré après une tentative infructueuse d'adjudication.

Les travaux peuvent être exécutés en régie avec l'autorisation du préfet, autorisation qui n'est cependant nécessaire qui si la dépense en argent doit dépasser 300 francs.

Le terme de régie n'est pas tout à fait exact, en ce sens que ce n'est que dans les cas exceptionnels qu'un régisseur est désigné pour recevoir des avances de fonds.

Les travaux en régie doivent, généralement, être effectués à la tâche et les ouvriers payés sur mandats individuels.

§ 5

COMPTABILITÉ

68. L'établissement d'une comptabilité uniforme pour les chemins vicinaux a présenté de sérieuses difficultés.

Il a fallu tenir compte : 1° de la diversité des ressources et comme origine et comme nature ; 2° de la diversité des ordonnateurs, le préfet pour les ressources centralisées des chemins de grande communication et d'intérêt commun, le maire pour les ressources appliquées à la petite vicinalité, dont les dépenses se règlent comme toutes les dépenses communales ; 3° des résistances de toute nature qu'on devait rencontrer dans les départements qui avaient adopté des systèmes de comptabilité divers, et plus ou moins réguliers.

Ce n'est que le 6 janvier 1871 qu'une décision du ministre de l'intérieur déclara obligatoire dans les départements une instruction générale sur le service des chemins vicinaux, instruction comprenant un règlement complet sur la comptabilité.

Il faut remarquer d'ailleurs que la comptabilité administrative des dépenses ne date en France que de la loi du 21 mars 1817.

Pour les travaux publics, le premier règlement, conforme aux prescriptions des ordonnances du 14 septembre 1822 et du 21 mai 1838, fut seulement promulgué le 16 septembre 1843, et il a fallu le règlement du 28 septembre 1849 et l'adoption du principe absolu de la constatation permanente des dépenses par les agents les plus rapprochés des travaux pour arriver à la régularité actuelle, qui ne s'est établie qu'après un certain temps.

Le règlement de la comptabilité des chemins vicinaux est l'œuvre d'une commission nommée en 1868 par le ministre de l'intérieur.

Cette commission avait pensé, avec raison, qu'en présence de travaux similaires, elle devait adopter les lignes générales de la comptabilité des travaux publics, sauf à les simplifier, s'il était possible, en les adaptant aux conditions spéciales de la vicinalité.

Nous n'insisterons donc que sur quelques points, par lesquels la comptabilité vicinale diffère de celle des ponts et chaussées.

69. La base de la comptabilité est le carnet tenu par l'agent voyer cantonal, sur lequel les dépenses sont inscrites au fur et à mesure de leur constatation, par ordre chronologique, sans lacune et sans classification.

Ces dépenses sont inscrites non seulement en quantité, mais aussi en argent, afin de permettre une très notable simplification sur la comptabilité des travaux publics.

Au lieu de reporter en détail les chiffres inscrits au carnet sur un sommier ou livre de comptabilité, pour en extraire ensuite, comme le fait le conducteur des ponts et chaussées, les divers éléments de dépense à transmettre à l'ingénieur ordinaire, l'agent voyer cantonal rédige ces différentes pièces, situations d'entrepreneurs, états des cantonniers et ouvriers auxiliaires, etc., etc., d'après les chiffres inscrits sur le carnet, et il ne porte sur le livre de comptabilité que les totaux de ces situations et de ces états.

D'après le même procédé, l'agent voyer d'arrondissement au lieu de transcrire en détail sur son livre de comptabilité les situations et autres états de dépense fournis par l'agent voyer cantonal, se borne à se servir de ces documents pour la rédaction des pièces adressées à l'agent voyer en chef et ne porte que les totaux sur ce livre.

Il en résulte une grande simplification des écritures, sans que pour cela on soit privé des documents nécessaires pour arriver au détail des dépenses qu'on retrouve au besoin, soit dans les situations des entreprises, soit dans les états de journées ou les mémoires, soit enfin sur le carnet de l'agent voyer cantonal.

70. Pour les chemins de grande communication ou d'intérêt commun, les paiements font l'objet de propositions dressées par l'agent voyer d'arrondissement et transmises, avec les pièces justificatives à l'appui, à l'agent voyer en chef.

Celui-ci, sur le vu de ces pièces, dresse un certificat de paiement qu'il remet au préfet pour la délivrance des mandats.

71. Pour les chemins vicinaux ordinaires, les dépenses doivent être mandatées par le maire ; on a renoncé à l'intervention de l'agent voyer en chef, qui eût exigé des écritures nombreuses. Néanmoins, on a obtenu des garanties suffisantes en faisant délivrer le certificat de paiement par l'agent voyer cantonal chargé de la surveillance et de la direction des travaux sous le contrôle de l'agent voyer d'arrondissement, auquel il envoie son certificat avec les pièces à l'appui.

Celui-ci, après vérification et inscription sur ses registres, envoie le certificat au maire qui signe le mandat de paiement placé à la suite du certificat.

72. Les travaux effectués par les prestataires sont portés en dépense comme les travaux à payer en argent, mais dans

des colonnes spéciales réservées dans chacun des comptes ouverts aux registres de comptabilité.

Le chiffre des dépenses portées est calculé conformément aux évaluations du rôle (66).

Les prestations exigent de plus une comptabilité spéciale, afin de faire ressortir les sommes qu'il y a lieu de recouvrer en argent.

Le compte ouvert à la prestation, dans le livre de comptabilité de l'agent voyer cantonal, donne pour chaque commune la répartition de cette prestation entre les différents chemins de grande communication, d'intérêt commun, et l'ensemble des chemins vicinaux ordinaires.

L'agent voyer y inscrit au fur et à mesure de la rentrée des extraits de rôle (66) le montant des prestations acquittées en nature et celui des recouvrements à faire en argent.

Quand les prestations s'effectuent sur des chantiers dépendant d'une entreprise, on inscrit, dans des colonnes spéciales, l'évaluation des travaux aux prix de l'entreprise, et la comparaison des chiffres fait ressortir s'il y a eu ou non plus-value.

Le livre de comptabilité de l'agent voyer d'arrondissement ne comprend le décompte des prestations que pour les chemins de grande communication et d'intérêt commun, et fait connaître, par chemin et pour chacune des communes intéressées à un chemin, la répartition des prestations entre les différentes natures de travaux effectués. Il indique aussi les sommes à recouvrer, en faisant ressortir, s'il y a lieu, comme celui de l'agent voyer cantonal, l'évaluation des travaux aux prix de l'entreprise.

Les prestations effectuées figurent dans le registre de l'agent voyer en chef sur le compte d'inscription des certificats délivrés, puisque, comme ces certificats, elles constituent une dépense faite en faveur du chemin.

73. L'agent voyer cantonal adresse, chaque mois, à l'agent voyer d'arrondissement les pièces justificatives des dépenses faites sur les chemins de grande communication et d'intérêt commun accompagnées d'un bordereau, sur lequel sont ins-

crites, s'il y a lieu, les sommes dues pour acquisitions de terrains.

A la fin de chaque trimestre, et plus souvent si l'agent voyer en chef le croit nécessaire, l'agent voyer cantonal adresse un état sommaire indiquant, par commune pour les chemins vicinaux ordinaires, la situation des dépenses faites et des certificats de paiement délivrés.

Dans les mêmes conditions, l'agent voyer d'arrondissement adresse à l'agent voyer en chef deux états sommaires des dépenses de son service, l'un pour les chemins de grande communication et d'intérêt commun, l'autre pour les chemins vicinaux ordinaires.

74. Enfin, à tous les degrés de la hiérarchie, il doit être dressé à la fin de chaque exercice quatre tableaux faisant connaître :

1° Les ressources constatées pour l'année;

2° Les dépenses effectuées ;

3° L'état d'avancement des chemins ;

4° Divers renseignements statistiques : le nombre des cantonniers et les dépenses qu'ils ont occasionnées, les prix moyens d'entretien et de construction, le nombre et l'importance des ouvrages d'art.

Les tableaux de l'agent voyer cantonal ne comprennent que les renseignements relatifs aux chemins vicinaux ordinaires. Ils sont dressés par commune.

Les tableaux de l'agent voyer d'arrondissement se rapportent aux chemins de grande communication et d'intérêt commun. A l'aide de ces tableaux, l'agent voyer en chef dresse les états comprenant les indications qui précèdent pour les chemins de toutes les catégories.

Ce sont ces états qui servent à la rédaction des comptes rendus généraux des opérations de la vicinalité, dressés annuellement par le ministre de l'intérieur.

On a beaucoup réclamé contre la rédaction de ces tableaux et contre le travail qu'ils demandent aux agents. Mais seuls ils permettent à l'administration centrale de contrôler les résultats obtenus et d'en rendre compte au corps législatif.

A ce titre, ils doivent être maintenus.

75. C'est surtout pour la petite vicinalité que l'adoption du règlement sur la comptabilité a été une incontestable amélioration.

La confusion de la comptabilité vicinale avec la comptabilité communale a amené beaucoup trop souvent la confusion des ressources, et ce n'était généralement pas au profit des chemins.

L'obligation, imposée aux percepteurs, de n'avoir à payer aucun mandat non accompagné du certificat de l'agent voyer a été le seul moyen de rétablir la régularité, mais elle n'est pas passée immédiatement dans la pratique, et les agents n'ont pas toujours rencontré chez les fonctionnaires des finances le concours qui leur était dû.

Aujourd'hui, les mesures prescrites par le règlement sont mieux observées, et on n'a plus à craindre que les ressources spéciales créées par la loi pour la construction et l'entretien des chemins vicinaux soient employées, même les prestations, à la réparation de la maison commune ou du clocher de l'église.

76. Les différentes règles que nous venons d'indiquer, se sont appliquées, pendant la période 1876-1880, à une dépense moyenne annuelle de 173.430.594 fr. 59, qui s'est répartie, comme il suit, entre les différentes catégories de chemins :

Chemins de grande communication. . . .	50.578.652 fr.	63
Chemins d'intérêt commun.	31.731.447	42
Chemins ordinaires.	80.551.993	21
Frais généraux et du personnel	10.568.501	33
Total égal	173.430.594	59

Cette somme est inférieure de 1.527.388 fr. 93, au montant des ressources indiquées ; cette différence ira grossir le montant des reliquats dont nous avons signalé l'importance (54).

CHAPITRE IV

MESURES DE CONSERVATION DU MATÉRIEL

77. Les agents des chemins vicinaux devront tenir pour la conservation du matériel un inventaire et des registres du mouvement des objets portés sur cet inventaire.

Les dispositions adoptées sont celles prescrites par l'instruction sur la tenue des bureaux des ingénieurs des ponts et chaussées, du 28 juillet 1852.

Il est à craindre que le défaut de centralisation du service n'ait pas permis d'assurer, dans beaucoup de départements, l'exécution complète de ces dispositions.

CHAPITRE V

CONSERVATION ET POLICE DES CHEMINS

§ 1er

RÈGLEMENT GÉNÉRAL

78. D'après l'article 21 de la loi du 21 mai 1836, chaque préfet devait pourvoir par un règlement, à tout ce qui était relatif aux alignements, aux autorisations de construire le long des chemins, à l'écoulement des eaux, aux plantations, à l'élagage, aux fossés, à leur curage et à tous autres détails de surveillance et de conservation.

Le projet de ce règlement devait être communiqué au conseil général et soumis, pour approbation, au ministre de l'intérieur.

Afin d'éviter les diversités qui devaient nécessairement se produire en grand nombre, l'administration centrale a adressé aux préfets un spécimen qui, sauf quelques variations peu importantes, a été adopté dans tous les départements.

Il a été remplacé plus tard par un nouveau règlement conforme à l'instruction générale approuvée le 6 janvier 1871 (68).

§ 2

PRESCRIPTION DE VOIRIE

79. Les règles adoptées pour la conservation et la police des chemins reproduisent, en grande partie, les dispositions des anciens arrêtés et ordonnances de grande voirie.

Il est interdit de faire sur le sol et le long des chemins vicinaux et sans y être préablement autorisé, aucun ouvrage de nature à intéresser la conservation de la voie publique ou la facilité de la circulation. Cette prescription emporte nécessairement la réglementation des alignements, des constructions ou des réparations, des dépôts et des excavations, des déversements et des retenues d'eau, des plantations, etc., etc., sur les terrains joignant les lignes vicinales.

80. Les autorisations sont données, pour les chemins vicinaux ordinaires, par le maire, sur l'avis de l'agent voyer cantonal, et par le préfet sur l'avis de l'agent voyer en chef pour les chemins de grande communication et d'intérêt commun.

Conformément à l'article 2 de la loi du 4 mai 1864, les sous-préfets peuvent donner les autorisations de construire le long des chemins de grande communication, quand il existe un plan d'alignement régulièrement approuvé.

§ 3

RÉPRESSION DES CONTRAVENTIONS

81. En prescrivant l'incription au règlement particulier à chaque département des mesures nécessaires à la conservation des chemins, la loi du 21 mai 1836 avait annulé toutes les dispositions pénales contenues dans les anciennes lois et ordonnances relatives à la voirie et dont l'application aux chemins vicinaux pouvait d'ailleurs être contestée.

Les contraventions aux prescriptions du règlement préfectoral doivent donc être déférées au tribunal de simple police, conformément à l'article 471 du code civil, § 5.

Le législateur a supprimé avec raison la juridiction administrative, beaucoup trop lente et beaucoup moins à la portée des intéressés.

Il y a cependant une exception pour le cas d'usurpation de terrain, où la contravention doit être jugée par le conseil de préfecture, d'après une disposition explicite de l'article 8 de la loi du 9 ventôse an XIII; seulement, le conseil ne peut que constater l'usurpation et ordonner la restitution du terrain usurpé, cette loi ne contenant aucune disposition pénale. On doit alors, pour assurer l'exécution de la décision du conseil et punir la contravention, traduire le contrevenant devant le tribunal de simple police, en vertu de l'article du code civil précité.

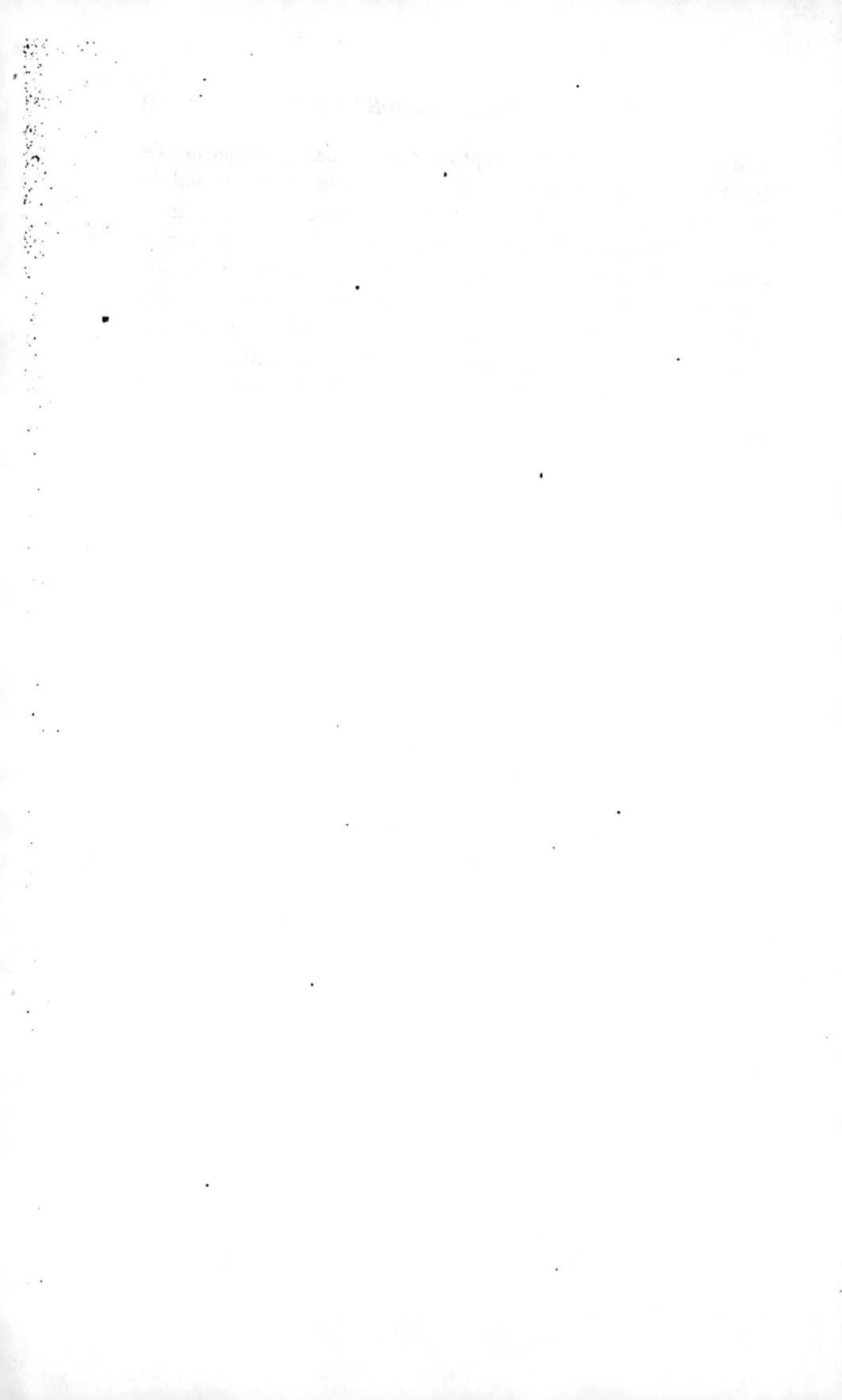

CHAPITRE VI

LÉGISLATION ÉTRANGÈRE

82. Il n'est pas sans intérêt, avant de terminer ce travail, de passer rapidement en revue les dispositions principales des législations étrangères, en matière de vicinalité.

Nous avons pris une partie des renseignements qui suivent dans un volume publié en 1873 par les soins du ministre de l'intérieur, et dans une très intéressante notice de M. de Crisenoy, ancien directeur des affaires communales et départementales, auteur de plusieurs écrits très intéressants sur la vicinalité.

§ 1er

AUTRICHE

83. La loi en vigueur est celle du 3 novembre 1868, sur la construction et l'entretien des routes qui ne sont pas à la charge du trésor public.

Ces routes sont les routes provinciales se rapprochant de nos routes départementales, les routes de district corrrespondant à nos chemins de grande communication, les routes et chemins communaux représentant notre petite vicinalité.

Par une anomalie singulière et probablement pour mieux assurer leur bonne construction, les ponts et les ouvrages d'art peuvent être classés dans une catégorie supérieure à celle de la voie sur laquelle ils sont situés.

Les routes de districts sont entretenues, à défaut d'autres ressources, à l'aide d'une contribution payée par les communes intéressées, sans qu'elle puisse dépasser 10 p. 0/0 du total des impôts.

Ces communes peuvent être obligées de plus à faire casser un certain nombre de mètres cubes de matériaux.

Les diètes provinciales sont autorisées à accorder des subventions sur les fonds de la province pour la construction de ces routes.

Les routes et chemins communaux sont à la charge des communes sur lesquelles ils sont situés. Des subventions peuvent leur être accordées sur les fonds du district.

Les routes de district et communales sont administrées par une commission spéciale dont les membres sont nommés par les conseils municipaux, mais qui peut être dissoute par l'administration supérieure.

Les fonctions de ces membres sont gratuites :

Les commissions peuvent autoriser les communes à remplacer par des prestations en nature la part d'impôt en argent qu'elles ont à payer ou à racheter en argent l'obligation de casser des matériaux.

§ 2

BELGIQUE

84. La loi qui régit la vicinalité en Belgique est du 10 avril 1841, mais elle a été modifiée par des lois du 18 janvier 1842, du 20 mai 1863, du 19 mars 1866.

Les chemins vicinaux ordinaires sont à la charge des communes, sauf le cas où les conseils provinciaux auront décidé que, suivant l'usage, ils seront, en tout ou en partie, à la charge des riverains.

En cas d'insuffisance des revenus ordinaires, il est pourvu aux dépenses de la vicinalité, à l'aide :

1° D'une journée de prestation par chaque chef de famille non indigent et payant moins de trois francs de contributions directes ;

2° De deux journées de prestation pour chaque chef de famille payant plus de 3 francs de contributions directes, ainsi que pour chaque cheval, bête de trait ou de somme à fournir avec conducteur et moyens de transport;

3° De centimes spéciaux qui doivent entrer au moins pour un tiers dans la contribution totale.

Le contribuable qui rachète ses prestations jouit d'une remise du cinquième.

Sur la demande des communes ou avec l'approbation du gouvernement, le conseil provincial peut remplacer la prestation par un impôt en argent.

Des subventions peuvent être réclamées aux industriels en cas de dégradations extraordinaires.

Les chemins de grande communication sont classés, sur l'avis des conseils municipaux des communes intéressées, par le conseil provincial qui désigne les communes chargées de contribuer aux dépenses et les proportions dans lesquelles chacune d'elles doit y contribuer.

Dans le cas où les communes appartiennent à des provinces différentes, le classement est prononcé par un arrêt royal.

Les chemins peuvent recevoir des subventions sur le budget provincial.

Les conseils provinciaux doivent compléter la loi par des règlements destinés à pourvoir aux mesures de détail et notamment à l'institution et au paiement du personnel chargé de la direction et de la surveillance des travaux.

Indépendamment de ce personnel, un inspecteur général et deux ingénieurs, attachés au ministère de l'intérieur, sont chargés de la haute surveillance des travaux effectués à l'aide des subventions de l'État.

§ 3

GRANDE-BRETAGNE

85. Aucune route n'est entretenue aux frais du trésor et les chemins de terre ne diffèrent que suivant la nature des ressources employées à leur construction et à leur entretien.

Les unes (*highways*) sont établies et entretenues par les communes et associations de communes au moyen d'une taxe spéciale, dont le produit est mis à la disposition d'un inspecteur chargé d'assurer l'exécution des travaux.

Dans le cas d'associations de communes, cet inspecteur est placé sous la direction d'une commission composée des magistrats du comté et des représentants des différentes communes, et qui a la faculté d'acquérir et de déposséder.

Chaque commune reste néanmoins chargée des dépenses à faire sur son territoire, et la commission solde seulement les frais généraux et les frais de personnel, à l'aide de fonds auquel chaque commune contribue dans la proportion de sa richesse.

Les autres routes (*Turn pike roads*) sont construites et entretenues par des entrepreneurs, à l'aide d'un droit de péage concédé par un acte du parlement pour un temps limité, après lequel la route est réunie au réseau des *highways*.

L'acte de concession donne à l'entrepreneur le droit d'expropriation des terrains nécessaires à l'ouverture ou au redressement des routes, droit que, par une anomalie singulière, les communes ne possèdent que pour l'élargissement des routes existantes.

La prestation en nature a été abolie par une loi de 1835.

§ 4

ITALIE

86. Ce que nous appelons chemins vicinaux a reçu, en Italie, la dénomination de chemins communaux, et la première appellation sert à désigner les chemins ruraux.

Les chemins communaux ont été classés, en conformité d'une loi du 29 mars 1865, sur les voies de terre, mais qui, comme notre loi du 21 juin 1824, ne comprenant pas l'institution de ressources assurées, n'a pas donné de grands résultats.

La loi du 30 août 1868, a véritablement constitué la vicinalité, en établissant un réseau de chemins obligatoires classés sur la proposition des conseils municipaux et l'avis des délégations provinciales, et pour lesquels elle a créé les ressources suivantes :

1° Cinq centimes additionnels à la contribution directe ;

2° Une taxe sur les principaux intéressés, égale au produit des centimes additionnels, taxe établie pour 20 ans, mais libérable en un seul paiement de moitié du produit total ;

3° Quatre journées de prestation établies sur les mêmes bases qu'en France ;

4° Des péages établis pour 20 ans, d'après un tarif approuvé par la délégation provinciale ;

5° Une subvention de l'État dont le montant annuel, qui ne peut descendre au-dessous de trois millions, est fixé par décret, sur l'avis des conseils provinciaux et du conseil d'État ;

7° L'autorisation d'emprunter, soit à la caisse des dépôts et prêts en Italie, soit à la caisse des travaux publics en Sicile.

Le ministre de la guerre a été autorisé à faire travailler les troupes disponibles à la construction des chemins ; mais, jusqu'à présent, le fait ne s'est présenté que dans la province de Palerme.

Les détails relatifs à l'administration, à la construction et à l'entretien des chemins vicinaux sont arrêtés par un règlement délibéré par les délégations provinciales.

Lorsqu'un chemin intéresse plusieurs communes, elles peuvent se constituer en association administrée par un conseil, conformément aux délibérations de l'assemblée générale des intéressés, dans des conditions qui rappellent les dispositions de notre loi du 21 juin 1865 sur les syndicats.

La haute surveillance du service vicinal est comprise dans les attributions du ministère des travaux publics et exercée par les ingénieurs de l'État.

Les mesures de police et de conservation sont analogues à celles en vigueur sur les routes nationales.

§ 5

PAYS-BAS

87. Il n'existe pas de lois spéciales et les chemins vicinaux sont entretenus par les communes sur le territoire desquels ils sont situés, au même titre que les autres propriétés communales.

Les communes peuvent s'imposer à la prestation, mais sans que son emploi soit restreint aux travaux de la vicinalité.

Les mesures de police et les formalités que les communes doivent remplir pour obtenir des subsides provinciaux font l'objet d'un règlement arrêté par les états de la province, qui nomment les inspecteurs de district chargés de diriger et de surveiller les travaux.

§ 6

ALLEMAGNE

88. La constitution allemande n'a réservé à l'administration impériale que les voies de communication qui intéressent le commerce général, et elle a laissé à chaque royaume le soin de s'occuper des voies secondaires.

En Prusse, un projet de loi comprenant des dispositions spéciales pour toutes les voies de terre avait été présenté aux chambres en 1865; mais il résulte des informations que nous avons prises qu'aucune suite n'a été donnée à cette proposition.

En réalité, ce projet ne consacrait pas un principe nouveau et confirmait seulement la règle, en usage encore aujourd'hui, qu'en matière de vicinalité chaque province peut adopter un régime spécial, sanctionné par un règlement formulé par le conseil de régence en tenant compte des conditions du sol, du climat et de l'importance du trafic.

Quelques-uns de ces règlements sont anciens, comme ceux de la Prusse occidentale (18 avril 1844) ; d'autres sont récents, comme ceux du Schleswig-Holstein (16 février 1879).

D'après leurs dispositions principales, l'ouverture de nouveaux chemins et l'amélioration des chemins existants doivent être approuvées par la régence de la province, sur l'avis des intéressés et des représentants du cercle.

Les chemins sont à la charge des communes sur lesquelles ils sont situés ; mais ces communes peuvent s'associer pour la construction et l'entretien des chemins d'un intérêt collectif.

L'association est l'objet d'un statut dont les articles sont soumis, sur l'avis des représentants du cercle, à l'approbation de la régence, qui peut seule en prononcer la dissolution.

Les dépenses sont réparties entre les habitants comme les autres dépenses communales, mais les communes peuvent décider que les habitants auront le droit de s'acquitter par des mains-d'œuvre et des charrois dans une certaine proportion.

Ces prestations sont imposées et s'exécutent dans des conditions qui s'approchent beaucoup de celles prescrites par notre loi du 21 mai 1836.

Les industriels qui doivent profiter de l'ouverture d'un chemin peuvent être appelés, sur la demande de la commune et par décision de la régence, à contribuer aux dépenses de construction et d'entretien.

Il n'existe pas de personnel spécial, et les travaux s'exécutent sous la direction d'un conseiller provincial assisté d'une commission élue par les représentants du cercle et dont les membres ont droit au remboursement des dépenses faites dans l'intérêt de leurs fonctions.

Une loi du royaume de Prusse du 13 mai 1879 a constitué des banques d'État autorisées à faire des prêts aux communes pour la construction des chemins vicinaux.

89. On rencontre des dispositions analogues dans les autres États de l'Allemagne.

Cependant, dans le Wurtemberg et d'après un arrêté ministériel du 30 juin 1828, qui paraît être encore en vigueur aujourd'hui, l'entretien des chemins vicinaux est à la charge des propriétaires riverains. Néanmoins, si cette charge était supérieure, soit aux ressources des obligés, soit aux avantages que doit leur procurer le chemin, une part de contribution équitable peut être imposée par le pouvoir législatif aux communes, aux particuliers ou aux districts intéressés.

§ 7

SUISSE

90. La législation vicinale de la Suisse, dont les cantons s'administrent en dehors du pouvoir central, présente nécessairement de grandes variations d'un canton à l'autre. Elle était, en grande partie, réglée d'après d'anciens usages. Cependant, de 1834 à 1870, sept cantons ont édicté des lois spéciales sur les voies de communication de toutes catégories.

En général on désigne, par l'expression *routes communales* les voies de communication répondant à nos chemins vicinaux. Par opposition, les routes d'État sont appelées *routes cantonales*.

Les routes communales sont à la charge des communes sur le territoire desquelles elles sont situées. Elles sont parfois entretenues en vertu de servitudes ou de charges anciennes par des particuliers ou des associations.

Dans quelques cantons, ces particuliers et ces associations ont pu se racheter en payant, en cinq annuités, une taxe débattue à l'amiable.

Dans le Tessin, les communes se forment en associations privées, comme en Italie, pour les chemins d'intérêt commun.

Il n'existe pas de lois créant des ressources spéciales pour la vicinalité dont les dépenses sont payées, sauf le cas de coutumes locales, sur le budget général de la commune.

L'administration cantonale vient souvent en aide aux communes pour les constructions et rectifications de chemins, et, en général, les projets sont rédigés, par ses soins et à ses frais, par les agents des travaux publics.

La prestation en nature n'existe pas et n'est plus réclamée dans dix cantons. On l'emploie rarement dans les cantons de Zurich et de Lucerne. Dans le canton de Fribourg, elle est régie par des dispositions empruntées à notre loi du 21 mai 1836.

Dans les autres cantons, tantôt la prestation constitue un impôt spécial acquitable, concurremment avec l'impôt en argent, tantôt elle peut être effectuée par les habitants en acquit de ce dernier impôt. Souvent elle n'est imposée qu'aux habitants des communes rurales, et parfois seulement aux propriétaires d'attelages pour le transport des matériaux ou le cylindrage des chaussées.

Enfin, dans certains cantons, les prestations sont employées indistinctement sur les routes cantonales et sur les routes communales.

Dans les cantons où la législation a été renouvelée, les travaux de construction et d'entretien s'effectuent pour les chemins de toute catégorie sous la direction des autorités cantonales, par les agents désignés par elles.

Exceptionnellement, et dans quelques cantons seulement, les communes emploient, à leurs frais, des agents spéciaux.

CHAPITRE VII

SITUATION

91. Toute l'institution des chemins vicinaux est contenue dans la loi du 21 mai 1836 dont nous avons passé en revue les principales dispositions.

Cette loi répondait à des besoins si réels qu'elle a pris des développements non prévus par le législateur, comme nous l'avons signalé pour les chemins d'intérêt commun (10) et pour le personnel (56).

Nous n'en connaissons pas une autre qui ait donné des résultats plus féconds et dont les bienfaits aient affecté une plus grande masse de la population.

92. Depuis la mise en vigueur de la loi du 21 mai 1836, jusqu'au 1er janvier 1882, il a été dépensé en France, pour les chemins vicinaux, 4.595.946.359 fr., qui ont servi à la construction de 374.791 kilomètres de chemins de toute classe, à l'entretien de cette longueur, au fur et à mesure de la construction et à celui des 50.769 kilomètres considérés comme en état de viabilité au 1er janvier 1837.

La longueur construite a nécessité l'établissement de :

567.295 ponceaux ou aqueducs au-dessous de 5 mètres d'ouverture ;

18.473 ponts de 5 à 15 mètres d'ouverture ;

3.905 ponts au-dessus de 15 mètres ;

93. Il reste à construire, pour terminer le réseau, 167.424 kilomètres. Il n'est pas douteux qu'on trouvera dans les ressources ordinaires et extraordinaires des communes et des départements, dans le concours de l'État, les crédits nécessaires à cette construction.

Il sera plus difficile d'assurer l'entretien à l'aide des ressources annuelles ordinaires, les seules rationnellement et régulièrement applicables.

Cet entretien ne peut être évalué en moyenne, pour l'ensemble des chemins, à moins de 0 fr. 25 par mètre.

On a dépensé, en 1880, 0 fr. 23, et ce n'est pas faire une part bien grande à l'augmentation toujours croissante de la main-d'œuvre et des matériaux que de supposer une majoration de 10 p. 0/0.

Pour la longueur totale du réseau, c'est une dépense de.	148.246.250 fr.
à laquelle il faut ajouter, pour le personnel et les frais généraux	10.000.000
Total des dépenses annuelles.	158.246.250 fr.
On ne peut compter, pour le produit des ressources ordinaires, en y comprenant les prélèvements probables sur les revenus des communes et les centimes facultatifs des départements, sur plus de	122.000.000
Il y aurait donc un déficit annuel de . .	38.246 250 fr.

représentant environ dix centimes spéciaux.

La nécessité d'accroître, dans un avenir prochain, les ressources ordinaires de la vicinalité est incontestable.

On ne peut songer à augmenter le nombre des journées de prestation, dont l'institution est violemment attaquée aujourd'hui avec plus de prévention que de logique ; mais peut-être pourrait-on chercher l'amélioration de leur produit, en obligeant les conseils généraux à se rapprocher davantage, dans la fixation du taux de rachat, de la valeur vénale des journées dans leur département.

Nous avons constaté (34) les différences choquantes que présente ce taux d'un département à l'autre, et il semble qu'on ne réclamerait rien d'exorbitant en décidant qu'il ne saurait être abaissé au-dessous des trois quarts du prix de la journée salariée.

Nous avons indiqué, dans la statistique de la prestation

en nature (*Journal de la Société de statistique de Paris*, janvier 1884) que l'adoption de cette mesure donnerait une augmentation de 14.000.000 francs, dont il convient de ne prendre que 40 p. 0/0, pour ne tenir compte que des prestations rachetées en argent.

Ce serait déjà un produit de 5.600.000 francs qui réduirait le déficit à 32.646.250 francs, soit environ au produit de 8 centimes additionnels.

Il ne faut pas perdre de vue que les chiffres que nous indiquons résultent de moyennes ; les déficits seront naturellement au-dessus ou au-dessous des proportions indiquées, et, pour tenir compte de ces écarts, la loi générale devra autoriser de nouvelles impositions qui ne s'éloigneront pas de 10 centimes à répartir entre les communes et les départements.

94. On a pensé que, du moment où l'on devait, pour assurer l'entretien du réseau construit, modifier les impositions inscrites dans la loi du 21 mai 1836, il y avait intérêt à proposer pour cette loi quelques changements dont l'expérience avait constaté l'utilité.

Un projet a été préparé dans ce but par le comité consultatif de la vicinalité.

Les principales dispositions nouvelles qu'il présente, en dehors de l'augmentation du nombre des centimes, sont les suivantes :

Toutes les voies vicinales et départementales ne formeraient que deux classes, les chemins vicinaux ordinaires et les chemins de grande communication.

Cette dernière classe comprendrait, après revision du réseau, les voies actuelles classées comme routes départementales, chemins de grande communication ou d'intérêt commun.

L'entretien de toutes ces voies serait obligatoire, mais la construction ne pourrait être exigée que dans la limite des ressources disponibles.

Le taux du tarif du rachat des prestations ne devrait pas descendre au-dessous des trois quarts de la valeur vénale des journées salariées.

L'approbation des dispositions générales des projets serait exclusivement réservée aux conseils locaux, mais celle des détails techniques d'exécution dépendrait de l'autorité administrative.

Enfin des garanties seraient stipulées en faveur des agents voyers, dans les cas où les départements ne leur maintiendraient pas le service.

95. Ces modifications se justifient par leur énoncé.

Une de leurs conséquences les plus importantes serait la re vision du réseau qui s'effectuerait sinon sous la direction, du moins sous le contrôle de l'administration centrale.

Aujourd'hui, le rapport entre la longueur des voies de terre de chaque département et sa superficie varie de 0,66 pour les Basses-Alpes et le Var, à 2,21 pour le Rhône.

Si on compare cette longueur au chiffre de la population, on trouve un écart plus considérable encore, 0,59 pour le Nord à 5,89 pour la Lozère.

Ces divergences pouvaient s'admettre quand les communes et les départements supportaient, seuls ou presque seuls, les charges du réseau et avaient par suite le droit de réclamer une liberté complète.

L'État, qui intervient aujourd'hui dans une assez large mesure, a intérêt à ce que les besoins ne soient pas exagérés et à ce que toutes les parties de la France soient desservies, autant que possible, dans une égale proportion.

La part qu'il prend dans les dépenses justifierait aussi la vérification sur place, par l'administration centrale, du bon emploi de ses deniers, vérification qui pourrait s'effectuer, sans empiéter en quoi que ce soit sur l'autonomie départementale ou communale, et qui ne serait que profitable à la bonne exécution des travaux.

96. Dans tous les cas, il conviendra de s'écarter le moins possible et dans les limites du strict nécessaire de la loi du 21 mai 1836, et de ne pas oublier que cette loi est pour la France la véritable poule aux œufs d'or.

ANGERS, IMPRIMERIE BURDIN ET Cie, 4, RUE GARNIER

www.ingramcontent.com/pod-product-compliance
Lightning Source LLC
Chambersburg PA
CBHW060831220326
41599CB00017B/2303

* 9 7 8 2 0 1 2 7 6 8 3 9 0 *